奔跑吧 Linux 内核 第2版

卷1：基础架构

笨叔◎著

U0234092

人民邮电出版社

北　京

图书在版编目（CIP）数据

奔跑吧Linux内核. 卷1，基础架构 / 笨叔著. -- 2
版. -- 北京 : 人民邮电出版社，2021.1
ISBN 978-7-115-54999-0

Ⅰ. ①奔… Ⅱ. ①笨… Ⅲ. ①Linux操作系统 Ⅳ.
①TP316.85

中国版本图书馆CIP数据核字(2020)第190280号

内 容 提 要

本书基于 Linux 5.0 内核的源代码讲述 Linux 内核中核心模块的实现。本书共 9 章，主要内容包括处理器架构、ARM64 在 Linux 内核中的实现、内存管理之预备知识、物理内存与虚拟内存、内存管理之高级主题、内存管理之实战案例、进程管理之基本概念、进程管理之调度和负载均衡、进程管理之调试与案例分析。

本书适合 Linux 系统开发人员、嵌入式系统开发人员及 Android 开发人员阅读，也可供计算机相关专业的师生阅读。

- ◆ 著　　　　笨　叔
  责任编辑　谢晓芳
  责任印制　王　郁　焦志炜
- ◆ 人民邮电出版社出版发行　　北京市丰台区成寿寺路 11 号
  邮编　100164　　电子邮件　315@ptpress.com.cn
  网址　https://www.ptpress.com.cn
  北京市艺辉印刷有限公司印刷
- ◆ 开本：787×1092　1/16
  印张：38.75
  字数：1011 千字　　　　　　　2021 年 1 月第 2 版
  印数：10 501 – 13 000 册　　　2021 年 1 月北京第 1 次印刷

定价：139.00 元

读者服务热线：(010)81055410　印装质量热线：(010)81055316
反盗版热线：(010)81055315
广告经营许可证：京东市监广登字 20170147 号

模拟面试题

在阅读本书之前，请读者先完成关于 Linux 内核的模拟面试题，以检验自己对 Linux 内核的了解程度。

下面一共有 20 道题，每道题 10 分，一共 200 分。读者可以边阅读 Linux 内核源代码边做题，请在两小时内完成。如没有特殊说明，以下题目基于 Linux 5.0 内核和 ARM64/x86_64 架构。

1．请简述数值 0x1234 5678 在大小端字节序处理器的存储器中的存储方式。

2．假设系统中有 4 个 CPU，每个 CPU 都有 L1 高速缓存，处理器内部实现的是 MESI 协议，它们都想访问相同地址的数据 A（大小等于 L1 高速缓存行大小），这 4 个 CPU 的高速缓存在初始状态下都没有缓存数据 A。在 $T0$ 时刻，CPU0 访问数据 A。在 $T1$ 时刻，CPU1 访问数据 A。在 $T2$ 时刻，CPU2 访问数据 A。在 $T3$ 时刻，CPU3 想更新数据 A 的内容。请依次说明 $T0 \sim T3$ 时刻 4 个 CPU 中高速缓存行的变化情况。

3．什么是高速缓存重名问题和同名问题？虚拟索引物理标签（Virtual Index Physical Tag，VIPT）类型的高速缓存在什么情况下会出现高速缓存重名问题？

4．请回答关于页表的几个问题。

❑ 在 ARMv8 架构中，在 L0～L2 页表项中包含了指向下一级页表的基地址，那么这里的下一级页表基地址是物理地址还是虚拟地址？

❑ 请画出在二级页表架构中从虚拟地址到物理地址查询页表的过程。

❑ 为什么页表要设计成多级页表？直接使用一级页表是否可行？多级页表又引入了什么问题？

❑ 内存管理单元（Memory Management Unit，MMU）可以遍历页表，Linux 内核也提供了软件遍历页表的函数，如 walk_pgd()、follow_page() 等。从软件的视角，Linux 内核的 pgd_t、pud_t、pmd_t 以及 pte_t 数据结构中并没有存储指向下一级页表的指针，它们是如何遍历页表的呢？

5．为用户进程分配物理内存时，分配掩码应该选用 GFP_KERNEL，还是 GFP_HIGHUSER_MOVABLE 呢？为什么？

6．假设使用 printf() 输出时指针 bufA 和 bufB 指向的地址是一样的，那么在内核中这两块虚拟内存是否冲突？

7．请回答关于缺页异常的几个问题。

❑ 若发生匿名页面的缺页异常，判断条件是什么？

❑ 什么是写时复制类型的缺页异常？判断条件是什么？

❑ 在切换新的 PTE（页表项）之前为什么要先把 PTE 内容清零并刷新 TLB？

❑ 在 SMP 系统中，是否多个 CPU 内核可以同时在一个页面中发生缺页异常？

8．page 数据结构中的 _refcount 和 _mapcount 有什么区别？请列举 page 数据结构中关于 _refcount 和 _mapcount 的案例。

9．在页面分配器中，分配掩码 ALLOC_HIGH、ALLOC_HARDER、ALLOC_OOM 以及 ALLOC_NO_WATERMARKS 之间有什么区别？它们各自能访问系统预留内存的百分比是多少？思考为什么页面分配器需要做这样的安排。

10. 假设有这样的场景——请求分配 order 为 4 的一块内存，迁移类型是不可迁移（MIGRATE_UNMOVABLE），但是 order 大于或等于 4 的不可迁移类型的空闲链表中没有空闲页块，那么页面分配器会怎么办？

11. 把/proc/meminfo 节点中 SwapTotal 减去 SwapFree 等于系统中已经使用的交换内存大小，我们称之为 S_swap。写一个小程序来遍历系统中所有的进程，并把进程中/proc/PID/status 节点的 VmSwap 值都累加起来，我们把它称为 P_swap，为什么这两个值不相等？

12. 请简述 fork()、vfork()和 clone()之间的区别。在 ARM64 的 Linux 内核中如何获取当前进程的 task_struct 数据结构？

13. 请回答关于负载计算的几个问题。

❑ 如何理解负载、量化负载、权重、优先级、额定算力、实际算力、衰减等概念？

❑ 在 PELT 算法中，如何计算第 n 个周期的衰减？

❑ 在 PELT 算法中，如何计算一个进程的可运行状态的量化负载（load_avg）？

❑ 在 PELT 算法中，如何计算一个调度队列的可运行状态的量化负载（runnable_load_avg）？

❑ 在 PELT 算法中，如何计算一个进程的实际算力（util_avg）？

14. 假设进程 A 和进程 B 都是在用户空间运行的两个进程，它们不主动陷入内核态。

❑ 调度器准备调度进程 B 来运行，在做进程切换时需要做什么事情才能从进程 A 切换到进程 B？

❑ 进程 B 开始运行时，它从什么地方开始运行第一条指令，是直接运行暂停在用户空间的那条指令吗？为什么？

15. 在一个双核处理器的系统中，在 Shell 界面下运行 test 程序。CPU0 的就绪队列中有 4 个进程，而 CPU1 的就绪队列中有 1 个进程。test 程序和这 5 个进程的 nice 值都为 0。

❑ 请画出 test 程序在内核空间的运行流程图。

❑ 运行 test 程序一段时间之后，CPU0 和 CPU1 的就绪队列有什么变化？

16. 假设 CPU0 先持有了自旋锁，接着 CPU1、CPU2、CPU3 都加入该锁的争用中，请阐述这几个 CPU 如何获取锁，并画出它们申请锁的流程图。

17. 假设 CPU0～CPU3 同时争用一个互斥锁，CPU0 率先申请了互斥锁，然后 CPU1 也加入锁的申请队列中。CPU1 在持有锁期间会进入睡眠状态。然后 CPU2 和 CPU3 陆续加入该锁的争用中。请画出这几个 CPU 争用锁的时序图。

18. 为什么中断上下文不能运行睡眠操作？软中断的回调函数运行过程中是否允许响应本地中断？是否允许同一个 tasklet 在多个 CPU 上并行运行？

19. 请回答关于链接的几个问题。

❑ 什么是加载地址、运行地址和链接地址？

❑ 在实际项目开发中，为什么要刻意设置加载地址、运行地址以及链接地址不一样呢？

❑ 什么是重定位？

❑ 什么是位置无关的汇编指令？什么是位置有关的汇编指令？

20. 假设函数调用关系为 main()→func1()→func2()，请画出 x84_64 架构或者 ARM64 架构中函数栈的布局。

以上题目的答案都分布在本书的各章中。

如果您答对了 90%以上的题目，那么恭喜您，您是深入了解 Linux 内核的高手，本书可能不适合您，不过您可以把本书分享给身边需要的读者。

如果您答对了 30%以上的题目，那么您对 Linux 内核有一定的了解，当然，本书也可以帮助您继续深入学习 Linux 内核。

如果您答对的题目少于 30%，那么您还不是十分了解 Linux。现在就开始阅读本书，与笨叔一起快乐奔跑吧！当然，您也可以先阅读《奔跑吧 Linux 内核入门篇》，再阅读本书。

前　言

2017 年本书第 1 版出版后，得到了广大 Linux 开发人员和开源工程师的喜爱。2019 年 3 月 3 日，Linux 内核创始人 Linus Torvalds 在社区里正式宣布了 Linux 5.0 内核的发布。虽然 Linus 在邮件列表里提到，Linux 5.0 并不是一个大幅修改和新增很多特性的版本，只不过是因为 Linux 4.20 内核的次版本号太大了，所以才发布了 Linux 5.0 内核。但是 Linux 内核的开发并没有因此而暂停或变慢，依然每两个月左右就发布一个新版本，将很多新特性加入内核。从本书第 1 版采用的 Linux 4.0 内核到 Linux 5.0 内核，其间发布了 20 个版本，出现了很多新特性并且内核的实现已经发生了很大的变化。

最近两年，国内研究操作系统和开源软件的氛围越来越浓厚，很多大公司在基于 Linux 内核打造自己的操作系统，包括手机操作系统、服务器操作系统、IoT 嵌入式系统等。另外，国内很多公司在探索使用 ARM64 架构来构建自己的硬件生态系统，包括手机芯片、服务器芯片等（例如华为鲲鹏服务器芯片）。

出于上述原因，作者觉得很有必要基于 Linux 5.0 内核这个有历史意义的版本修订《奔跑吧 Linux 内核》。第 2 版的修订工作非常艰辛，工作量巨大，修订工作持续整整一年。作者对第 1 版做了大幅度的修订，删除了部分内容，新增了很多内容。由于书稿篇幅较长，因此第 2 版分成了卷 1 和卷 2 两本书。

- ❏ 卷 1 重点介绍基础架构。
- ❏ 卷 2 重点介绍调试与案例分析。

卷 1 包括处理器架构、Linux 内核的内存管理、进程管理等，卷 2 包括 Linux 内核调试和性能优化、如何解决宕机难题以及安全漏洞分析等。

第 2 版的新特性

第 2 版的新特性如下。

- ❏ 基于 Linux 5.0 和 ARM64/x86_64 架构。

第 2 版完全基于 Linux 5.0 内核来讲解。相对于 Linux 4.0 内核，Linux 5.0 内核中不少重要模块的实现已经发生了天翻地覆的变化，如绿色节能调度器的实现、自旋锁的实现等。同时，Linux 5.0 内核修复了 Linux 4.x 内核的很多故障，如 KSM 导致的虚拟机宕机故障等。

在手机芯片和嵌入式芯片领域，ARM64 架构的处理器占了 80%以上的市场份额；而在个人计算机和服务器领域，x86_64 架构的处理器则占了 90%以上的市场份额。因此，ARM64 架构和 x86_64 架构是目前市场上的主流处理器架构。本书主要基于 ARM64/x86_64 架构来讲解 Linux 5.0 内核的实现，很多内核模块的实现和架构的相关性很低，因此本书也非常适合使用其他架构的读者阅读。在服务器领域，目前大部分厂商依然使用 x86_64 架构加上 Red Hat Linux 或者 Ubuntu Linux 企业发行版的方案，因此卷 2 的第 4 章会介绍 x86_64 架构服务器的宕机修复案例。

- ❏ 新增了实战案例分析。

第 2 版新增了很多实战案例，如内存管理方面新增了 4 个实战案例，这些案例都是从实际项目中提取出来的，对读者提升实战能力有非常大的帮助。另外，第 2 版还新增了解决宕机难题的实战案例。在实际项目开发中，我们常常会遇到操作系统宕机，如手机宕机、服务器宕机等，本书总结了多个宕机案例，利用 Kdump+Crash 工具来详细分析如何解决宕机难题。考虑到有部分读者使用 ARM64 处理器做产品开发，也有不少读者在 x86_64 架构的服务器上做运维或性能调优等工作，本书分别讲解了针对这两种架构的处理器如何快速解决宕机难题。

2019 年出现的 CPU 熔断和"幽灵"漏洞牵动了全球软件开发人员的心，了解这两个漏洞对读者熟悉计算机架构和 Linux 内核的实现非常有帮助，因此，卷 2 的第 6 章详细分析了这两个漏洞的产生原理和攻击方法以及 Linux 内核修复方案。

❑ 新增了内核调试和优化技巧。

第 2 版新增了很多内核调试和优化（简称调优）的技巧（见卷 2）。Linux 内核通过 proc 和 sysfs 文件系统给我们提供了很多有用的日志信息。在内存管理调优过程中，可通过内核提供的日志信息来快速了解和分析系统内存并进行调优，如查看和分析 meminfo、zone 信息、伙伴系统等。卷 2 的第 3 章里新增了与性能优化相关的内容，如使用 perf、eBPF 以及 BCC 来进行性能分析等。

❑ 新增了大量插图和表格。

在第 1 版出版后，部分读者反馈书中粘贴的代码太多。在第 2 版中，作者尽可能在书中不粘贴代码或者只列出少量核心代码，这样可以用更多的篇幅来扩充新内容。第 2 版比第 1 版新增了大量插图和表格。

❑ 新增了 ARM64 架构方面的内容。

卷 1 的第 1 章和第 2 章里介绍了 ARM64 架构及其在 Linux 内核中的实现，其中包括 ARM64 指令集、ARM64 寄存器、页表、内存管理、TLB、内存屏障等方面的知识。

❑ 新增了高频面试题。

为了体现问题导向式的内核源代码分析，每章列举了一些高频面试题，以激发读者探索未知的兴趣。

❑ 使用基于 GCC 的"O0"选项编译的 Linux 5.0 实验平台。

本书使用基于 GCC 的"O0"选项编译的 Linux 5.0 内核实验平台。读者可以使用 GCC 来调试内核，它支持 ARM64、x86_64 以及 RISC-V 架构，对深入理解 Linux 内核的实现有很大帮助。

本书的修订说明

本书相比第 1 版删减了部分内容，同时也新增和扩充了很多新内容。

删减的主要内容如下。

❑ 内存管理中的 Dirty_CoW 漏洞。

❑ 进程管理中的 HMP 调度器和 NUMA 调度器。

❑ 并发和同步中的 RCU 机制。

新增的主要内容如下。

❑ ARM64 架构，包括 ARM64 寄存器、ARM64 栈布局、ARM64 内存管理、TLB 管理、内存屏障、ARM64 Linux 汇编代码分析等。

❑ 内存管理之预备知识，如从硬件角度看内存管理、从软件角度看内存管理等。

❑ 页面分配之慢速路径分析。

❑ 内存碎片化管理。

- ❑ 内存管理调试和案例分析。
- ❑ 进程管理之基本概念。
- ❑ 绿色节能调度器分析。
- ❑ 进程管理调试和案例分析。

本书主要内容

本书主要介绍 ARM64 架构、Linux 内核内存管理以及进程管理和调度。本书重点介绍 Linux 内核中基础架构的实现原理。本书基于 Linux 内核的话题或者技术点展开讨论，本书共 9 章。

第 1 章简单介绍 ARM64 架构、ARMv8 寄存器、A64 指令集等。

第 2 章介绍 ARM64 内存管理、高速缓存管理、TLB 管理、内存屏障并分析 Linux 内核的汇编代码等。

第 3 章讲述如何从硬件角度看内存管理、从软件角度看内存管理以及物理内存管理之预备知识等内容。

第 4 章讨论页面分配之快速路径、slab 分配器、vmalloc()、虚拟内存管理之进程地址空间、malloc()、mmap 以及缺页异常处理等内容。

第 5 章探讨 page、RMAP、页面回收、匿名页面生命周期、页面迁移、内存规整、KSM、页面分配之慢速路径以及内存碎片化管理等内容。

第 6 章探讨内存管理日志信息和调试信息、内存管理调优参数、内存管理实战案例等内容。

第 7 章讲述进程的基本概念、进程的创建和终止、进程调度原语等内容。

第 8 章讲述 CFS、负载计算、SMP 负载均衡、绿色节能调度器、实时调度等内容。

第 9 章介绍进程管理中的调试、综合案例等内容。

由于作者知识水平有限，书中难免存在纰漏，敬请各位读者批评指正。作者邮箱是 *runninglinuxkernel@126.com*。在新浪微博中搜索"奔跑吧 Linux 内核"即可查看作者发布的文章。欢迎读者扫描下方的二维码，在"奔跑吧 Linux 内核"微信公众号中提问并与作者交流。

致　　谢

　　在本书编写过程中，我得到了许多人的帮助，其中王龙、彭东林、龙小昆、张毅峰、郑琦等人审阅了大部分书稿，提出了很多有帮助的修改意见。另外，陈宝剑、周明瑞、刘新朋、周明华、席贵峰、张文博、时洋、藏春鑫、艾强、胡茂留、郭述帆、陈启武、陈国龙、陈胡冠申、马福元、郭健、蔡琛、梅赵云、倪晓、刘新鹏、梁嘉荣、何花、陈渝、沈友进等人审阅了部分书稿，感谢这些人的热心帮助和付出。没有他们的支持和帮忙就不会有本书的顺利出版。

　　感谢西安邮电大学的陈莉君老师，她在本书的修订方面提供了很多帮助，同时感谢陈老师指导的几位研究生，他们放弃寒假休息时间，帮忙审阅全部书稿，提出了很多有建设性的修改意见。他们是戴君宜、梁金荣、贺东升、张孝家、白嘉庆、薛晓雯、马明慧以及崔鹏程。

　　感谢南京大学的夏耐老师在教学方面提供的建议。

　　同时感谢人民邮电出版社的各位编辑的辛勤付出，才让本书顺利出版。最后感谢家人对我的支持和鼓励，虽然周末我都忙于写作本书，但是他们总是给我无限的温暖。

笨叔

如何阅读本书

为了帮助读者更好地阅读本书，我们针对本书做一些约定。

1. 内核版本

本书主要讲解 Linux 内核核心模块的实现，因此以 Linux 5.0 内核为研究对象。读者可以从 Linux 内核官网上下载 Linux 5.0 内核的源代码。在 Linux 主机中通过如下命令来下载。

```
$ wget https://mirrors.edge.kernel.org/pub/linux/kernel/v5.x/linux-5.0.tar.xz

$ tar -Jxf linux-5.0.tar.xz
```

读者可以使用 Source Insight 或者 Vim 工具来阅读源代码。Source Insight 是收费软件，需自行购买。Vim 是开源软件，可以在 Linux 发行版中安装。关于如何使用 Vim 来阅读 Linux 内核源代码，请参考《奔跑吧 Linux 内核入门篇》第 2 章相关内容。

2. 代码示例和讲解方式

为了避免本书篇幅过长、内容过多，本书尽量不展示源代码，尽可能只展示关键代码片段，甚至不展示相关代码。我们根据不同情况采用如下两种方式来讲解代码。

1）不展示代码

本书讲解的代码绝大部分是 Linux 5.0 内核的源代码，因此我们根据源代码实际的行号来讲解。如本书介绍__alloc_pages_nodemask()函数的实现时，会采用如下方式来显示。

```
<mm/page_alloc.c>

struct page *
__alloc_pages_nodemask(gfp_t gfp_mask, unsigned int order, int preferred_nid,
nodemask_t *nodemask)
```

<mm/page_alloc.c>表示该函数在 mm/page_alloc.c 文件中实现，接下来列出了该函数的定义。

这种方式需要读者在计算机上打开源代码文件，如__alloc_pages_nodemask()函数的定义见第 4516～4517 行（见图 0.1）。

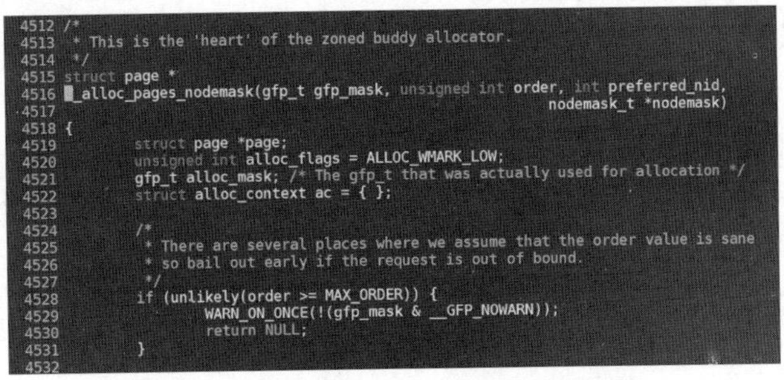

图 0.1　__alloc_pages_nodemask()函数的定义

这种不展示代码的讲解方式主要针对 Linux 内核的 C 代码。

2）展示关键代码

这种方式是指给出关键代码并且给出行号，行号是从 1 开始的，而非源代码中的实际行号。如在讲解 el2_setup 汇编函数时本书展示了代码的路径、关键代码以及行号。

```
<arch/arm64/kernel/head.S>
1    ENTRY(el2_setup)
2        msr    SPsel, #1
3        mrs    x0, CurrentEL
4        cmp    x0, #CurrentEL_EL2
5        b.eq   1f
6        mov_q  x0, (SCTLR_EL1_RES1 | ENDIAN_SET_EL1)
7        msr sctlr_el1, x0
8        mov w0, #BOOT_CPU_MODE_EL1         // 该 CPU 在 EL1 启动
9        isb
10       ret
11
12   1:  mov_q   x0, (SCTLR_EL2_RES1 | ENDIAN_SET_EL2)
13       msr sctlr_el2, x0
14   ...
```

这种方式主要用于讲解汇编代码和一些不在 Linux 内核中的示例代码，如第 7 章的示例代码。

3. 实验平台

本书主要基于 ARM64 架构来讲解，但是会涉及 x86_64 架构方面的一部分内容。本书展示了一个基于 QEMU 虚拟机+Debian 根文件系统的实验平台，它有如下新特性。

❑ 支持使用 GCC 的 "O0" 选项来编译内核。
❑ 支持 Linux 5.0 内核。
❑ 支持 Debian 根文件系统。
❑ 支持 ARM64 架构。
❑ 支持 x86_64 架构。
❑ 支持 Kdump+Crash 工具。

可以通过 https://benshushu.coding.net/public/runninglinuxkernel_5.0/runninglinuxkernel_5.0/git/files 或者 https://github.com/figozhang/runninglinuxkernel_5.0 下载本书配套的源代码。

本书推荐使用的实验环境如下。

❑ 主机硬件平台：Intel x86_64 处理器兼容主机。
❑ 主机操作系统：Ubuntu Linux 18.04。
❑ QEMU 虚拟机版本：4.1.0。

4. 补丁说明

本书在讲解实际代码时会在脚注里列举一些关键的补丁，阅读这些补丁的代码有助于读者理解代码。建议读者下载官方 Linux 内核的代码树。下载命令如下。

```
$ git clone https://git.kernel.org/pub/scm/linux/kernel/git/torvalds/linux.git
$ cd linux
$ git reset v5.0 --hard
```

列举的补丁格式如下。

Linux 5.0 patch, commit: 679db70, "arm64: entry: Place an SB sequence following an ERET instruction".

以上代码表示该补丁是在 Linux 5.0 内核中加入的补丁，可以通过"git show 679db70"命令来查看该补丁，该补丁的标题是"arm64: entry: Place an SB sequence following an ERET instruction"。

5. 关于指令集的书写

ARM64 指令集允许使用大写形式或者小写形式来书写汇编代码，在 ARM 官方的芯片手册中默认采用大写形式，而 GNU 汇编器默认使用小写形式，如 Linux 内核的汇编代码。本书中不区分汇编代码的大小写。

服务与支持

本书由异步社区出品，社区（https://www.epubit.com/）为您提供后续服务与支持。

提交勘误

作者和编辑尽最大努力来确保书中内容的准确性，但难免会存在疏漏。欢迎您将发现的问题反馈给我们，帮助我们提升图书的质量。

当您发现错误时，请登录异步社区，按书名搜索，进入本书页面，单击"提交勘误"，输入勘误信息，单击"提交"按钮（见下图）即可。本书的作者和编辑会对您提交的勘误进行审核，确认并接受后，您将获赠异步社区的 100 积分。积分可用于在异步社区兑换优惠券、样书或奖品。

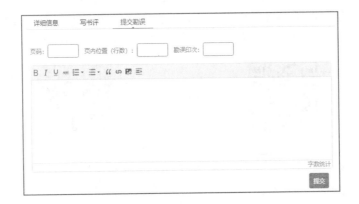

扫码关注本书

扫描下方二维码，您将会在异步社区微信服务号中看到本书信息及相关的服务提示。

与我们联系

我们的联系邮箱是 contact@epubit.com.cn。

如果您对本书有任何疑问或建议，请您发邮件给我们，并请在邮件标题中注明本书书名，以便我们更高效地做出反馈。

如果您有兴趣出版图书、录制教学视频，或者参与图书翻译、技术审校等工作，可以发邮件给我们；有意出版图书的作者也可以到异步社区在线投稿（直接访问 www.epubit.com/contribute 即可）。

如果您所在学校、培训机构或企业想批量购买本书或异步社区出版的其他图书，也可以发邮件给我们。

如果您在网上发现有针对异步社区出品图书的各种形式的盗版行为，包括对图书全部或部分内容的非授权传播，请您将怀疑有侵权行为的链接通过邮件发送给我们。您的这一举动是对作者权益的保护，也是我们持续为您提供有价值的内容的动力之源。

关于异步社区和异步图书

"**异步社区**"是人民邮电出版社旗下 IT 专业图书社区，致力于出版精品 IT 图书和相关学习产品，为作译者提供优质出版服务。异步社区创办于 2015 年 8 月，提供大量精品 IT 图书和电子书，以及高品质技术文章和视频课程。更多详情请访问异步社区官网 https://www.epubit.com。

"**异步图书**"是由异步社区编辑团队策划出版的精品 IT 专业图书的品牌，依托于人民邮电出版社近 30 年的计算机图书出版积累和专业编辑团队，相关图书在封面上印有异步图书的 LOGO。异步图书的出版领域包括软件开发、大数据、人工智能、测试、前端、网络技术等。

异步社区

微信服务号

目　　录

第 1 章　处理器架构

本章的高频面试题

1. 请简述精简指令集 RISC 和复杂指令集 CISC 的区别。

2. 请简述数值 0x1234 5678 在大小端字节序处理器的存储器中的存储方式。

3. 请简述在你所熟悉的处理器（如双核 Cortex-A9）中一条存储读写指令的执行全过程。

4. 请简述内存屏障（memory barrier）产生的原因。

5. ARM 有几条内存屏障指令？它们之间有什么区别？

6. 请简述高速缓存（cache）的工作方式。

7. 高速缓存的映射方式有全关联（full-associative）、直接映射（direct-mapping）和组相联（set-associative）3 种方式，请简述它们之间的区别。为什么现代的处理器都使用组相联的高速缓存映射方式？

8. 在一个 32KB 的 4 路组相联的高速缓存中，其中高速缓存行为 32 字节，请画出这个高速缓存的高速缓存行（line）、路（way）和组（set）的示意图。

9. 高速缓存重名问题和同名问题是什么？

10. ARM9 处理器的数据高速缓存组织方式使用虚拟索引虚拟标签（Virtual Index Virtual Tag, VIVT）方式，而在 Cortex-A7 处理器中使用物理索引物理标签（Physical Index Physical Tag, PIPT），请简述 PIPT 与 VIVT 相比的优势。

11. VIVT 类型的高速缓存有什么缺点？请简述操作系统需要做什么事情来克服这些缺点。

12. 虚拟索引物理标签（Virtual Index Physical Tag，VIPT）类型的高速缓存在什么情况下会出现高速缓存重名问题？

13. 请画出在二级页表架构中虚拟地址到物理地址查询页表的过程。

14. 在多核处理器中，高速缓存的一致性是如何实现的？请简述 MESI 协议的含义。

15. 高速缓存在 Linux 内核中有哪些应用？

16. 请简述 ARM big.LITTLE 架构，包括总线连接和高速缓存管理等。

17. 高速缓存一致性（cache coherency）和一致性内存模型（memory consistency）有什么区别？

18. 请简述高速缓存的回写策略。

19. 请简述高速缓存行的替换策略。

20. 多进程间频繁切换对转换旁视缓冲（Translation Look-aside Buffer，TLB）有什么影响？现代的处理器是如何解决这个问题的？

21. 请简述 NUMA 架构的特点。

22. ARM 从 Cortex 系列开始性能有了质的飞跃，如 Cortex-A8/A15/A53/A72，请指出 Cortex 系列在芯片设计方面的重大改进。

23. 若对非对齐的内存进行读写，处理器会如何操作？

24. 若两个不同进程都能让处理器的使用率达到 100%，它们对处理器的功耗影响是否一样？

25. 为什么页表存放在主内存中而不是存放在芯片内部的寄存器中？

26. 为什么页表要设计成多级页表？直接使用一级页表是否可行？多级页表又引入了什么问题？

27. 内存管理单元（Memory Management Unit，MMU）查询页表的目的是找到虚拟地址对应的物理地址，页表项中有指向下一级页表基地址的指针，那它指向的是下一级页表基地址的物理地址还是虚拟地址？

28. 假设系统中有 4 个 CPU，每个 CPU 都有各自的一级高速缓存，处理器内部实现的是 MESI 协议，它们都想访问相同地址的数据 A，大小为 64 字节，这 4 个 CPU 的高速缓存在初始状态下都没有缓存数据 A。在 $T0$ 时刻，CPU0 访问数据 A。在 $T1$ 时刻，CPU1 访问数据 A。在 $T2$ 时刻，CPU2 访问数据 A。在 $T3$ 时刻，CPU3 想更新数据 A 的内容。请依次说明，$T0$～$T3$ 时刻，4 个 CPU 中高速缓存行的变化情况。

29. 什么是高速缓存伪共享？请阐述高速缓存伪共享发生时高速缓存行状态变化情况，以及软件应该如何避免高速缓存伪共享。

30. CPU 和高速缓存之间，高速缓存和主存之间，主存和辅存之间数据交换的单位分别是什么？

31. 操作系统选择大粒度的页面有什么好处？选择小粒度页面有什么好处？

32. 引入分页机制的虚拟内存是为了解决什么问题？

33. 缺页异常相比一般的中断存在哪些区别？

34. 高速缓存设计中，如何实现更高的性能？

Linux 5.x 内核已经支持几十种处理器（CPU）架构，目前市面上较流行的两种架构是 x86_64 和 ARM64。x86_64 架构主要用于 PC 和服务器，ARM64 架构主要用于移动设备等。本书重点讲述 Linux 内核的设计与实现，离开了处理器体系结构，操作系统就犹如空中楼阁。目前大部分的 Linux 内核图书是基于 x86 架构讲解的，但是国内还是有相当多的开发者采用 ARM 处理器来进行手机、物联网（Internet of Things，IoT）设备、嵌入式设备等产品的开发。因此本书基于 x86_64 和 ARM64 架构来讲述 Linux 内核的设计与实现。

关于 x86_64 架构，请参考 Intel 公司的官方文档 "Intel 64 and IA-32 Architectures Software Developer's Manual"。

关于 ARM 架构，ARM 公司的官方文档已经有很多详细资料，其中描述 ARMv8-A 架构的官方文档有 "ARM Architecture Reference Manual, ARMv8, for ARMv8-A architecture profile, v8.4"。另外，《ARM Cortex-A Series Programmer's Guide for ARMv8-A, version 1.0》讲述了 ARM Cortex 处理器的编程技巧。

读者可以从 Intel 官网和 ARM 官网中下载上述资料。本书的重点是 Linux 内核本身，不会用过多的篇幅来介绍 x86_64 和 ARM64 架构的细节。

可能有些读者对 ARM 处理器的命名感到疑惑。ARM 公司除了提供处理器 IP 和配套工具以外，还定义了一系列的 ARM 兼容指令集来构建整个 ARM 的软件生态系统。从 ARMv4 指令集开始被人熟知，兼容 ARMv4 指令集的处理器架构有 ARM7-TDMI，典型处理器是三星的 S3C44B0X。兼容 ARMv4T 指令集的处理器架构有 ARM920T，典型处理器是三星的 S3C2440，有些读者还买过基于 S3C2440 的开发板。兼容 ARMv5 指令集的处理器架构有 ARM926EJ-S，典型处理器有 NXP 的 i.MX2 Series。兼容 ARMv6 指令集的处理器架构有 ARM11 MPCore。而 ARMv7 指令集对应的处理器系列以 Cortex 命名，又分成 A、R 和 M 系列，通常 A 系列针对大型嵌入式系统（如手机），R 系列针对实时性系统，M 系列针对单片机市场。Cortex-A 系列处理器上市后，由于处理性能的大幅提高和较好的功耗控制，使得手机和平板电脑市场迅猛发展。另外，一些新的应用需求正在"酝酿"，如大内存、虚拟化、安全特性（Trustzone[①]），以及更高的能效比（大小核）等。虚拟化和安全特性在 ARMv7 架构中已经实现，但是对大内存的支持显得有点"捉襟见肘"，虽然可以通过大物理地址扩展（Large Physical Address Extensions，LPAE）技术支持 40 位的物理地址空间，但是由于 32 位的处理器最多支持 4GB 的虚拟地址空间，因此不适合虚拟内存需求巨大的应用。于是 ARM 公司设计了一套全新的指令集，即 ARMv8-A 指令集，它可支持 64 位指令集，并且向前兼容 ARMv7-A 指令集。因此定义 AArch64 和 AArch32 两套执行环境分别来执行 64 位和 32 位指令集，软件可以动态切换执行环境。为了行文方便，在本书中 AArch64 也称为 ARM64，AArch32 也称为 ARM32。

1.1　处理器架构介绍

1.1.1　精简指令集和复杂指令集

20 世纪 70 年代，IBM 的 John Cocke 研究发现，处理器提供的大量指令集和复杂寻址方式并不会被编译器生成的代码用到：20%的简单指令经常被用到，占程序总指令数的 80%；而指令集里其余 80%的复杂指令很少被用到，只占程序总指令数的 20%。基于这种情况，他将指令集和处理器重新进行了设计，在新的设计中只保留了常用的简单指令，这样处理器不需要浪费太多的晶体管去完成那些很复杂又很少使用的复杂指令。通常，大部分简单指令能在一个周期内完成，符合这种情况的指令集叫作精简指令集计算机（Reduced Instruction Set Computer，RISC）指令集，以前的指令集叫作复杂指令集计算机（Complex Instruction Set Computer，CISC）指令集。

IBM、加州大学伯克利分校的 David Patterson 以及斯坦福大学的 John Hennessy 是研究 RISC 的先驱。Power 处理器来自 IBM，ARM/SPARC 处理器受到加州大学伯克利分校的 RISC 的影响，MIPS 来自斯坦福大学。当前还在使用的最出名的 CISC 指令集是 Intel/AMD 的 x86 指令集。

RISC 处理器通过更合理的微架构在性能上超越了当时传统的 CISC 处理器。在最初的较量中，Intel 处理器败下阵来，服务器处理器的市场大部分被 RISC 阵营占据。Intel 的 David Papworth 和他的同事一起设计了 Pentium Pro 处理器，x86 指令集被译码成类似于 RISC 指令的微操作（micro-operations，μops）指令，以后的执行过程采用 RISC 内核的方式。CISC 这个"古老"的架构通过巧妙的设计，又一次焕发生机，Intel 的 x86 处理器的性能逐渐超过同期的 RISC 处理器。

RISC 和 CISC 都是时代的产物，RISC 在思想上更先进。

1.1.2　大/小端字节序

计算机操作系统是以字节为单位存储信息的，每个地址单元都对应 1 字节，1 字节为 8 位。但在 32 位处理器中，C 语言中除了 8 位的 char 类型之外，还有 16 位的 short 类型、32 位的 int

---

① Trustzone 技术在 ARMv6 架构中已实现，在 ARMv7-A 架构的 Cortex-A 系列处理器中才开始大规模使用。

类型。另外，对于 16 位、32 位等位数更高的处理器，由于寄存器宽度大于 1 字节，必然存在如何安排多字节的问题，因此导致了大端存储模式（big-endian）和小端存储模式（little-endian）的产生。如一个 16 位的 short 类型变量 X 在内存中的地址为 0x0010，X 的值为 0x1122，其中，0x11 为高字节，0x22 为低字节。对于大端模式，就将 0x11 放在低地址中，将 0x22 放在高地址中。小端模式则刚好相反。很多的 ARM 处理器默认使用小端模式，有些 ARM 处理器还可以由硬件来选择是大端模式还是小端模式。Cortex-A 系列的处理器可以通过软件来配置大/小端模式。大/小端模式在处理器访问内存时用于描述寄存器的字节顺序和内存中的字节顺序之间的关系。

大端模式指数据的高字节保存在内存的低地址中，而数据的低字节保存在内存的高地址中。在大端模式下，应该这样读取 0x1234 5678。

```
0000430: 1234 5678 0000 0000 0000 0000 0000 0000
0000440: 0000 0000 0000 0000 0000 0000 0100 0000
```

因此，大端模式下地址的增长顺序与值的增长顺序相同。

小端模式指数据的高字节保存在内存的高地址中，而数据的低字节保存在内存的低地址中。在小端模式下，应该这样读取 0x1234 5678。

```
0000430: 7856 3412 0000 0000 0000 0000 0000 0000
0000440: 0000 0000 0000 0000 0000 0000 0000 0000
```

因此，小端模式下地址的增长顺序与值的增长顺序相反。

从上面大/小端模式的内存视图可知，同样是读取 0x1234 5678，但是该值在内存中的布局不一样。

如何判断处理器是大端模式还是小端模式？联合体（union）的存放顺序是所有成员都从低地址开始存放，利用该特性可以轻松判断 CPU 对内存采用大端模式还是小端模式读写。

如果以下代码的输出结果是 true，则为小端模式；否则，为大端模式。

```
int checkCPU(void)
{
    union w
    {
        int  a;
        char b;
    } c;
    c.a = 1;
    return (c.b == 1);
}
```

1.1.3　一条存储读写指令的执行全过程

经典处理器架构的流水线是 5 级流水线，分别是取指、译码、执行、数据内存访问和写回。

现代处理器在设计上都采用了超标量架构（superscalar architecture）和乱序（Out-of-Order，OoO）执行技术，极大地提高了处理器计算能力。超标量技术能够在一个时钟周期内执行多条指令，实现指令级的并行，有效提高指令级的并行效率（Instruction Level Parallelism，ILP），同时增加整个高速缓存和内存层次结构的实现难度。

一条存储-读-写指令的执行全过程很难用一句话来描述。在一个支持超标量和乱序执行技术的处理器当中，把一条存储-读-写指令的执行过程分解为若干步骤。指令首先进入流水线（pipeline）的前端（front-end），包括预取（fetch）和译码（decode），经过分发（dispatch）和调度（schedule）后进入执行单元，最后提交执行结果。所有的指令采用顺序方式通过前端，并采用乱序的方式进行发射，然后乱序执行，最后用顺序方式提交执行结果，并将最终结果更新到加载-存储队列（Load-Store Queue，LSQ）单元。LSQ单元是指令流水线的一个执行部件，可以理解为存储子系统的最高层，它接收来自CPU的存储器指令，并连接着存储器子系统。其主要功能是将来自CPU的存储器请求发送到存储器子系统，并处理其下存储器子系统的应答数据和消息。

很多程序员对乱序执行的理解有误差。对于一串给定的指令序列，为了提高效率，处理器会找出非真正数据依赖和地址依赖的指令，让它们并行执行。但是在提交执行结果时，是按照指令次序提交的。总的来说，顺序提交指令，然后乱序执行，最后顺序提交执行结果。如果有两条没有数据依赖的数据指令，那么后面那条指令读的数据先返回，它的结果也不能先写回最终寄存器，而必须等到前一条指令完成之后才可以。

对于读指令，当处理器在等待数据从缓存或者内存返回时，它处于什么状态呢？是停顿，还是继续执行别的指令？对于乱序执行的处理器，可以执行后面的指令；对于顺序执行的处理器，会使流水线停顿，直到读取的数据返回。

如图1.1所示，在x86微处理器的经典架构中，指令预取单元会从L1指令高速缓存中加载指令，并做指令的预译码。在取指令阶段，不仅需要从指令高速缓存中取出多条指令，还需要决定下一个周期取指令的地址。当遇到条件跳转指令时，它不能确定是否需要跳转。处理器会使用分支预测单元试图猜测每条跳转指令是否会执行。当它猜测的准确率很高时，流水线充满

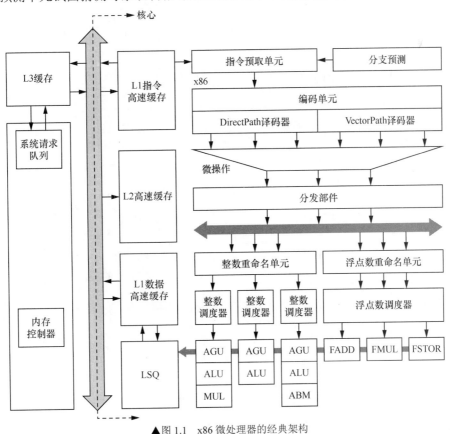

▲图1.1　x86微处理器的经典架构

了指令，这样可以实现高的性能。接着，在指令译码单元，把指令译码成微操作（macro-ops）指令，并由分发部件分发到整数单元（integer unit）或者浮点数单元（float point unit）。整数单元由整数调度器、执行单元以及整数重命名单元组成。整数单元的执行单元包含算术逻辑单元（Arithmetic-Logic Unit，ALU）、地址生成单元（Address Generation Unit，AGU）、乘法单元（MUL）以及高级位运算（Advanced Bit Manipulation，ABM）单元。在 ALU 计算完成之后，进入 AGU。计算有效地址后，将结果发送到 LSQ 单元。浮点数单元的执行单元包括浮点数加法（FADD）运算单元、浮点数乘法（FMUL）运算单元和浮点数存储（FSTOR）单元等。LSQ 单元根据处理器系统要求的内存一致性（memory consistency）模型确定访问时序。另外，LSQ 单元还需要处理存储器指令间的依赖关系。最后，LSQ 单元需要准备一级缓存使用的地址，包括有效地址的计算和虚实地址转换，将地址发送到 L1 数据高速缓存中。如果 L1 数据高速缓存未命中，则访问 L2 高速缓存以及 L3 高速缓存。如果高速缓存都没有命中，则需要通过内存控制器来访问物理内存。

如图 1.2 所示，在 Cortex-A9 处理器中，存储指令首先通过主存储器或者 L2 高速缓存加

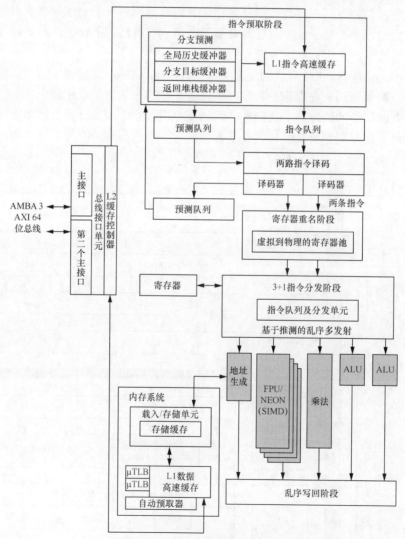

▲图 1.2　Cortex-A9 处理器的内部架构[1]

---

[1] 该图源自 Watch Impress 网站。虽然该图出自非 ARM 官方资料，但是对理解 Cortex-A 系列处理器内部架构很有帮助。

载到 L1 指令高速缓存中，通过总线接口单元（BIU）中的主接口连接到主存储器。在指令预取阶段（instruction prefetch stage），主要做指令预取和分支预测，然后指令通过指令队列和预测队列送到译码器，进行指令的译码工作。译码器（decoder）支持两路译码，可以同时译码两条指令。在寄存器重命名阶段（register rename stage）会做寄存器重命名，避免指令进行不必要的顺序化操作，提高处理器的指令级并行能力。在指令分发阶段（dispatch stage），这里支持 4 路猜测发射和乱序执行（Out-of-Order Multi-Issue with Speculation），因此它支持基于推测的乱序的发射功能。然后在执行单元（ALU/MUL/FPU/NEON）中乱序执行指令，最终的计算结果会在乱序写回阶段写入寄存器中。存储指令会计算有效地址并将其发送到内存系统中的加载存储单元（Load Store Unit，LSU），最终 LSU 会访问 L1 数据高速缓存。在 ARM 中，只有可缓存的内存地址才需要访问高速缓存。

在多处理器环境下，还需要考虑高速缓存的一致性问题。L1 和 L2 高速缓存控制器需要保证高速缓存的一致性，在 Cortex-A9 中，高速缓存的一致性是由 MESI 协议来实现的。Cortex-A9 处理器内置了一级缓存模块，由窥探控制单元（Snoop Control Unit，SCU）来实现高速缓存的一致性管理。L2 高速缓存需要外接芯片（如 PL310）。在最糟糕的情况下需要访问主存储器，并将数据重新传递给 LSQ，完成一次存储器读写的全过程。

涉及计算机体系结构中的众多术语比较晦涩难懂，现在对部分术语做简单解释。

- ❑ 超标量架构：早期的单发射架构微处理器的流水线设计目标是做到平均每个时钟周期能执行一条指令，但这一目标不能满足提高处理器性能的要求。为了提高处理器的性能，处理器要具有每个时钟周期发射执行多条指令的能力。超标量体系结构可描述一种微处理器设计理念，它能够让处理器在一个时钟周期执行多条指令。
- ❑ 乱序执行：CPU 采用了允许将多条指令不按程序规定的顺序分开发送给各相应电路单元的技术，避免处理器在计算对象不可获取时等待，从而导致流水线停顿。
- ❑ 寄存器重命名：现代处理器中的一种技术，用于避免机器指令或者微操作不必要的顺序化执行，提高处理器的指令级并行能力。它在乱序执行的流水线中有两个作用——消除指令之间的寄存器读后写相关（Write-after-Read，WAR）和写后写相关（Write-after-Write，WAW），当指令执行发生例外或者转移指令猜测错误而取消后面的指令时，可用于保证现场的精确性。当一条指令要把内容写入一个结果寄存器时不直接写入这个结果寄存器，而是先写入一个中间寄存器进行过渡，当这条指令提交时再写入结果寄存器。
- ❑ 分支预测：当处理一条分支指令时，可能会产生跳转，从而打断流水线指令的处理，因为处理器无法确定该指令的下一条指令，直到分支指令执行完毕。流水线越长，处理器等待的时间便越长，分支预测技术就是为了解决这一问题而出现的。分支预测是处理器在程序分支指令执行前预测其结果的一种机制。在 ARM 中，使用全局分支预测器进行分支预测，该预测器由分支目标缓冲器（Branch Target Buffer，BTB）、全局历史缓冲器（Global History Buffer，GHB）、MicroBTB，以及返回栈缓冲器（return stack buffer）组成。
- ❑ 译码器：指令由操作码和地址码组成。操作码表示要执行的操作性质，即执行什么操作；地址码是操作码执行时的操作对象的地址。计算机执行一条指定的指令时，必须首先分析这条指令的操作码是什么，以决定操作的性质和方法，然后才能控制计算机其他各部件协同完成指令表达的功能，这个分析工作由译码器来完成。Cortex-A57 可以支持 3 路译码器，即同时对 3 条指令译码，而 Cortex-A9 处理器只能同时对两条指令译码。

❑　调度器：负责把指令或微操作指令分发到相应的执行单元执行，例如，Cortex-A9 处理器的调度器单元通过 4 个接口和执行单元连接，因此每个时钟周期可以同时分发 4 条指令。

❑　ALU：处理器的执行单元，主要包括进行算术运算、逻辑运算和关系运算的部件。

❑　LSQ/LSU：指令流水线的一个执行部件，其主要功能是将来自 CPU 的存储器请求发送到存储器子系统，并处理其下存储器子系统的应答数据和消息。

1.1.4　内存屏障产生的原因

若程序在执行时的实际内存访问顺序和程序代码编写的访问顺序不一致，会导致内存乱序访问。内存乱序访问的出现是为了提高程序执行时的效率。内存乱序访问主要发生在如下两个阶段。

（1）编译时，编译器优化导致内存乱序访问。

（2）执行时，多个 CPU 间交互引起的内存乱序访问。

编译器会把符合人类思维逻辑的代码（如 C 语言的代码）翻译成符合 CPU 运算规则的汇编指令，编译器了解底层 CPU 的思维逻辑，因此它会在翻译汇编指令时对其进行优化。如内存访问指令的重新排序可以提高指令级并行效率。然而，这些优化可能会与程序员原始的代码逻辑不符，导致一些错误发生。编译时的乱序访问可以通过 barrier() 函数来规避。

```
#define barrier() __asm__ __volatile__ ("" ::: "memory")
```

barrier() 函数告诉编译器，不要为了性能优化而将这些代码重排。

由于现代处理器普遍采用超标量架构、乱序发射以及乱序执行等技术来提高指令级并行效率，因此指令的执行序列在处理器流水线中可能被打乱，与程序代码编写时序列不一致。另外，现代处理器采用多级存储结构，如何保证处理器对存储子系统访问的正确性也是一大挑战。

例如，在一个系统中含有 n 个处理器 $P_1 \sim P_n$，假设每个处理器包含 S_i 个存储器操作，那么从全局来看，可能的存储器访问序列有多种组合。为了保证内存访问的一致性，需要按照某种规则来选出合适的组合，这个规则叫作内存一致性模型（memory consistency model）。这个规则需要在保证正确性的前提下，同时保证多个处理器访问时有较高的并行度。

在一个单核处理器系统中，保证访问内存的正确性比较简单。每次存储器读操作所获得的结果是最近写入的结果，但是在多个处理器并发访问存储器的情况下就很难保证其正确性了。我们很容易想到使用一个全局时间比例（global time scale）部件来决定存储器访问时序，从而判断最近访问的数据。这种访问的内存一致性模型是严格一致性（strict consistency）内存模型，称为原子一致性（atomic consistency）内存模型。实现全局时间比例部件的代价比较大，因此退而求其次。采用每一个处理器的局部时间比例（local time scale）部件来确定最新数据的内存模型称为顺序一致性（sequential consistency）内存模型。处理器一致性（processor consistency）内存模型是顺序一致性内存模型的进一步弱化，仅要求来自同一个处理器的写操作具有一致性的访问即可。

以上这些内存一致性模型是针对存储器的读写指令展开的，还有一类目前广泛使用的模型，这类模型使用内存同步指令（也称为内存屏障指令）。在这种模型下，存储器访问指令被分成数据指令和同步指令两大类，弱一致性（weak consistency）内存模型就是基于内存屏障指令的。

1986 年，Dubois 等发表的论文描述了弱一致性内存模型的定义，在这个定义中使用全局同步变量（global synchronizing variable）来描述一个同步访问。在一个多处理器系统中，满足如下 3 个条件的内存访问称为弱一致性的内存访问。

- 所有处理器对全局同步变量的访问是顺序一致的。
- 在之前的全局数据（global data）访问完成之前，任何处理器不能访问全局同步变量。
- 在全局同步变量释放之前，任何处理器不能访问全局数据。

弱一致性内存模型要求同步访问（访问全局同步变量）是顺序一致的，在一个同步访问可以执行之前，之前的所有数据访问必须完成。在一个正常的数据访问可以执行之前，所有之前的同步访问必须完成。这实质上把一致性问题留给了程序员来解决。在 ARM 处理器中使用内存屏障指令的方式来实现同步访问。内存屏障指令的基本原则如下。

- 所有在内存屏障指令之前的数据访问必须在内存屏障指令之前完成。
- 所有在内存屏障指令后面的数据访问必须等待内存屏障指令执行完。
- 多条内存屏障指令是按顺序执行的。

当然，处理器会根据内存屏障的作用范围进行细分，例如，ARM64 处理器把内存屏障指令细分为数据存储屏障指令、数据同步屏障指令以及指令同步屏障指令。

关于内存屏障指令的例子如下。

例 1-1：假设有两个 CPU 内核 A 和 B，同时访问 Addr1 和 Addr2。

```
Core A:
    STR R0, [Addr1]
    LDR R1, [Addr2]

Core B:
    STR R2, [Addr2]
    LDR R3, [Addr1]
```

上面的代码片段中，没有任何的同步措施。对于 Core A、寄存器 R1、Core B 和寄存器 R3，可能得到如下 4 种不同的结果。

- A 得到旧的值，B 也得到旧的值。
- A 得到旧的值，B 得到新的值。
- A 得到新的值，B 得到旧的值。
- A 得到新的值，B 也得到新的值。

例 1-2：假设 Core A 把新数据写入 Msg 地址，Core B 需要判断 Flag 置位后才读取新数据。

```
Core A:
    STR R0, [Msg]    @ 写新数据到 Msg 地址
    STR R1, [Flag]   @ Flag 标志表示新数据可以读

Core B:
  Poll_loop:
    LDR R1, [Flag]
    CMP R1,#0        @ 判断 Flag 有没有置位
    BEQ Poll_loop
    LDR R0, [Msg]    @ 读取新数据
```

在上面的代码片段中，Core B 可能读不到最新的数据，Core B 可能出于乱序执行的原因先读取 Msg，然后读取 Flag。在弱一致性内存模型中，处理器不知道 Msg 和 Flag 存在数据依赖性，所以程序员必须使用内存屏障指令来显式地告诉处理器这两个变量有数据依赖关系。Core A 需要在两个存储指令之间插入 DMB 指令来保证两个存储指令的执行顺序。Core B 需要在"LDR R0, [Msg]"之前插入 DMB 指令来保证直到 Flag 置位才读取 Msg。

例 1-3：在一个设备驱动中，写一个命令到一个外设寄存器中，然后等待状态的变化。

```
STR R0, [Addr]          @ 写一个命令到外设寄存器
DSB
Poll_loop:
    LDR R1, [Flag]
    CMP R1,#0           @ 等待状态寄存器的变化
    BEQ Poll_loop
```

在 STR 存储指令之后插入 DSB 指令，强制让写命令完成，然后执行读取 Flag 的判断循环。

1.1.5　高速缓存的工作方式

处理器访问主存储器使用地址编码方式。高速缓存也使用类似的地址编码方式，因此处理器使用这些编码地址可以访问各级高速缓存。图 1.3 所示为一个经典的高速缓存架构。

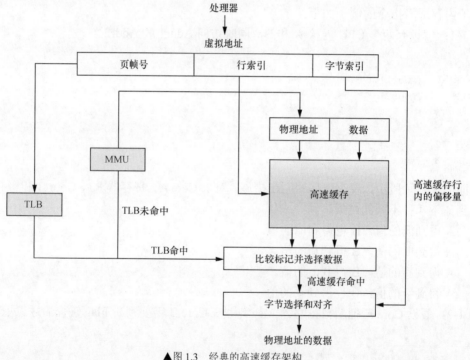

▲图 1.3　经典的高速缓存架构

处理器在访问存储器时，会把虚拟地址同时传递给 TLB 和高速缓存。TLB 是一个用于存储虚拟地址到物理地址转换的小缓存，处理器先使用有效页帧号（Effective Page Number，EPN）在 TLB 中查找最终的实际页帧号（Real Page Number，RPN）。如果其间发生 TLB 未命中（TLB miss），将会带来一系列严重的系统惩罚，处理器需要查询页表。假设发生 TLB 命中（TLB hit），就会很快获得合适的 RPN，并得到相应的物理地址（Physical Address，PA）。

同时，处理器通过高速缓存编码地址的索引（index）域可以很快找到相应的高速缓存行对应的组。但是这里的高速缓存行的数据不一定是处理器所需要的，因此有必要进行一些检查，将高速缓存行中存放的标记域和通过 MMU 转换得到的物理地址的标记域进行比较。如果相同并且状态位匹配，就会发生高速缓存命中（cache hit），处理器通过字节选择与对齐（byte select and align）部件，就可以获取所需要的数据。如果发生高速缓存未命中（cache miss），处理器需要用物理地址进一步访问主存储器来获得最终数据，数据也会填充到相应的高速缓

存行中。上述为 VIPT 类型的高速缓存组织方式，这将在 1.1.8 节中详细介绍。

图 1.4 所示为高速缓存的基本结构。

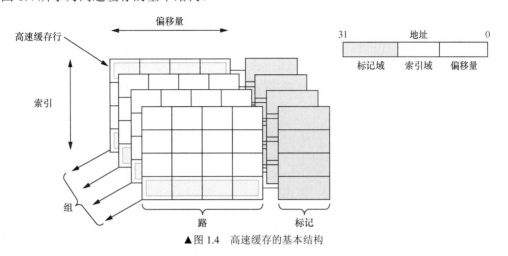

▲图 1.4　高速缓存的基本结构

- □　地址：处理器访问高速缓存时的地址编码，分成 3 个部分，分别是偏移量（offset）域、索引域和标记（tag）域。
- □　高速缓存行：高速缓存中最小的访问单元，包含一小段主存储器中的数据。常见的高速缓存行大小是 32 字节或 64 字节。
- □　索引域：高速缓存地址编码的一部分，用于索引和查找地址在高速缓存中的哪一行。
- □　组：由相同索引域的高速缓存行组成。
- □　路：在组相连的高速缓存中，高速缓存分成大小相同的几个块。
- □　标记：高速缓存地址编码的一部分，通常是高速缓存地址的高位部分，用于判断高速缓存行缓存的数据的地址是否和处理器寻址地址一致。
- □　偏移量（offset）：高速缓存行中的偏移量。处理器可以按字（word）或者字节（Byte）来寻址高速缓存行的内容。

1.1.6　高速缓存的映射方式

根据每组的高速缓存行数，高速缓存可以分为不同的类。

1. 直接映射

当每组只有一个高速缓存行时，高速缓存称为直接映射高速缓存。

下面用一个简单的高速缓存来说明。如图 1.5 所示，这个高速缓存只有 4 个高速缓存行，每行有 4 个字（Word），1 个字是 4 字节，共 64 字节。高速缓存控制器可以使用 Bit[3:2]来选择高速缓存行中的字，使用 Bit[5:4]作为索引，来选择 4 个高速缓存行中的 1 个，其余的位用于存储标记值。

在这个高速缓存中查询，当索引域和标记域的值与查询的地址相等并且有效位显示这个高速缓存行包含有效数据时，则发生高速缓存命中，可以使用偏移量域来寻址高速缓存行中的数据。如果高速缓存行包含有效数据，但是标记域是其他地址的值，那么这个高速缓存行需要被替换。因此，在这个高速缓存中，主存储器中所有 Bit[5:4]相同值的地址都会映射到同一个高速缓存行中，并且同一时刻只有 1 个高速缓存行。若高速缓存行被频繁换入、换出，会导致严重的高速缓存颠簸（cache thrashing）。

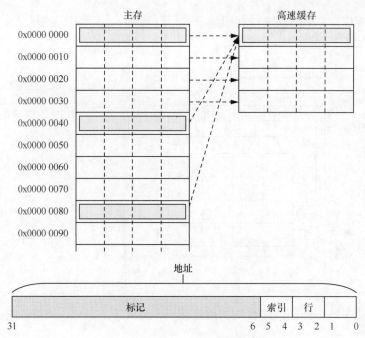

主存　　　　　高速缓存

0x0000 0000
0x0000 0010
0x0000 0020
0x0000 0030
0x0000 0040
0x0000 0050
0x0000 0060
0x0000 0070
0x0000 0080
0x0000 0090

地址

| 标记 | 索引 | 行 | |

31　　　　　　　　　　　　　6 5 4 3 2 1 0

▲图 1.5　直接映射的高速缓存和地址

假设在下面的代码片段中，result、data1 和 data2 分别指向 0x00、0x40 和 0x80 地址，它们都会使用同一个高速缓存行。

```
void add_array(int *data1, int *data2, int *result, int size)
{
    int i;
    for (i=0 ; i<size ; i++) {
        result[i] = data1[i] + data2[i];
    }
}
```

当第一次读 data1（即 0x40 地址）的数据时，因为数据不在高速缓存行中，所以把从 0x40 到 0x4F 地址的数据填充到高速缓存行中。

当读 data2（即 0x80 地址）的数据时，数据不在高速缓存行中，需要把从 0x80 到 0x8F 地址的数据填充到高速缓存行中。因为 0x80 和 0x40 地址映射到同一个高速缓存行，所以高速缓存行发生替换操作。

当把 result 写入 0x00 地址时，同样发生了高速缓存行替换操作。

因此上面的代码片段会发生严重的高速缓存颠簸，性能会很低。

2. 组相联

为了解决直接映射高速缓存中的高速缓存颠簸问题，组相联的高速缓存结构在现代处理器中得到广泛应用。

如图 1.6 所示，以一个 2 路组相联的高速缓存为例，每一路包括 4 个高速缓存行，因此每个组有两个高速缓存行，可以提供高速缓存行替换。

地址 0x00、0x40 或者 0x80 的数据可以映射到同一个组的任意一个高速缓存行。当高速缓存行要进行替换操作时，有 50% 的概率可以不被替换，从而解决了高速缓存颠簸问题。

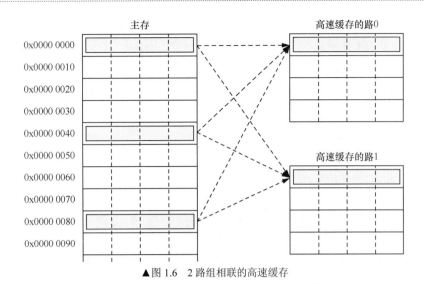

▲图 1.6　2 路组相联的高速缓存

1.1.7　组相联的高速缓存

在 Cortex-A7 和 Cortex-A9 的处理器上可以看到 32KB 大小的 4 路组相联高速缓存。下面来分析这个高速缓存的结构。

高速缓存的总大小为 32KB，并且是 4 路的，所以每一路的大小为 8KB。

$$way\_size = 32KB/ 4 = 8KB$$

高速缓存行的大小为 32 字节，所以每一路包含的高速缓存行数量如下。

$$num\_cache\_line = 8KB/32B = 256$$

所以在高速缓存编码的地址中，Bit[4:0]用于选择高速缓存行中的数据，其中 Bit[4:2]可以用于寻址 8 个字，Bit[1:0]可以用于寻址每个字中的字节。Bit[12:5]用于在索引域中选择每一路上的高速缓存行，Bit[31:13]用作标记域，如图 1.7 所示。这里，V 表示有效位，D 表示脏位。

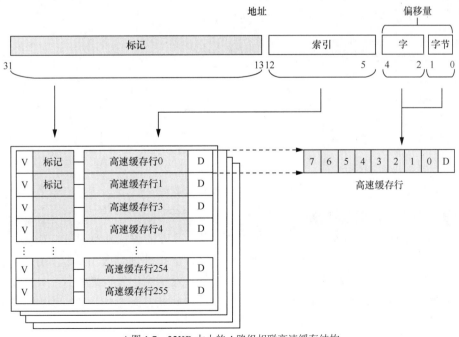

▲图 1.7　32KB 大小的 4 路组相联高速缓存结构

1.1.8　PIPT 和 VIVT 的区别

处理器在访问存储器时,访问的地址是虚拟地址(Virtual Address,VA),经过 TLB 和 MMU 的映射后变成了物理地址(Physical Address,PA)。TLB 只用于加速虚拟地址到物理地址的转换。得到物理地址之后,若每次都直接从物理内存中读取数据,显然会很慢。实际上,处理器都配置了多级的高速缓存来加快数据的访问速度,那么查询高速缓存时使用虚拟地址还是物理地址呢?

1. 物理高速缓存

当处理器查询 MMU 和 TLB 并得到物理地址之后,使用物理地址查询高速缓存,这种高速缓存称为物理高速缓存。使用物理高速缓存的缺点就是处理器在查询 MMU 和 TLB 后才能访问高速缓存,增加了流水线的延迟时间。物理高速缓存的工作流程如图 1.8 所示。

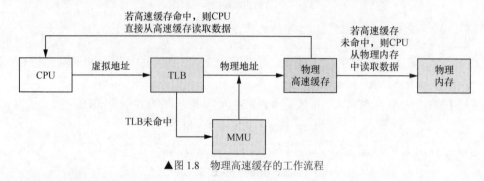

▲图 1.8　物理高速缓存的工作流程

2. 虚拟高速缓存

若处理器使用虚拟地址来寻址高速缓存,这种高速缓存称为虚拟高速缓存。处理器在寻址时,首先把虚拟地址发送到高速缓存,若在高速缓存里找到需要的数据,就不再需要访问 TLB 和物理内存。虚拟高速缓存的工作流程如图 1.9 所示。

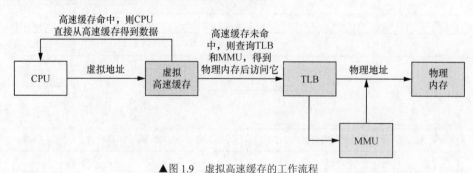

▲图 1.9　虚拟高速缓存的工作流程

虚拟高速缓存会引入以下问题。

❑　重名(aliasing)问题[①]。在操作系统中,多个不同的虚拟地址可能映射相同的物理地址。由于采用虚拟高速缓存,因此这些不同的虚拟地址会占用高速缓存中不同的高速缓存行,但是它们对应的是相同的物理地址,这样会引发问题。第一,浪费高速缓存空间,造成高速缓存等效容量减少,整体性能降低。第二,当执行写操作时,只更新

[①] 有的书上也称其为高速缓存别名问题。

了其中一个虚拟地址对应的高速缓存，而其他虚拟地址对应的高速缓存并没有更新。那么处理器访问其他虚拟地址时可能得到旧数据。如图 1.10 所示，如果 VA1 映射到PA，VA2 也映射到 PA，那么在虚拟高速缓存中可能同时缓存了 VA1 和 VA2。当程序往 VA1 写入数据时，虚拟高速缓存中 VA1 对应的高速缓存行和 PA 的内容会被更改，但是 VA2 还保存着旧数据。这样，一个物理地址在虚拟高速缓存中保存了两份数据，这样会产生歧义。

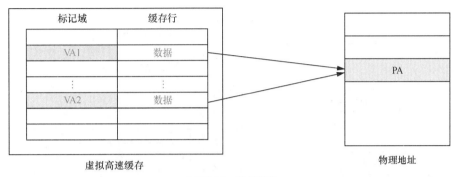

▲图 1.10　重名问题

- 同名（homonyms）问题。同名问题指的是相同的虚拟地址对应不同的物理地址，因为操作系统中不同的进程会存在很多相同的虚拟地址，而这些相同的虚拟地址在经过MMU 转换后得到不同的物理地址，这就产生了同名问题。同名问题最常见的地方是进程切换。当一个进程切换到另外一个进程时，若新进程使用虚拟地址来访问高速缓存，新进程会访问到旧进程遗留下来的高速缓存，这些高速缓存数据对于新进程来说是错误和没用的。解决办法是在进程切换时使旧进程遗留下来的高速缓存都无效，这样就能保证新进程执行时得到"干净的"虚拟高速缓存。同样，需要使 TLB 无效，因为新进程在切换后会得到一个旧进程使用的 TLB，里面存放了旧进程的虚拟地址到物理地址的转换结果，这对于新进程来说是无用的，因此需要把 TLB 清空。

综上所述，重名问题是多个虚拟地址映射到同一个物理地址引发的问题，而同名问题是一个虚拟地址可能出于进程切换等原因映射到不同的物理地址而引发的问题。

3. 高速缓存的分类

在查询高速缓存时使用了索引域和标记域，那么查询高速缓存组时，我们是用虚拟地址还是物理地址的索引域呢？当找到高速缓存组时，我们是用虚拟地址还是物理地址的标记域来匹配高速缓存行呢？

高速缓存可以设计成通过虚拟地址或者物理地址来访问，这在处理器设计时就确定下来了，并且对高速缓存的管理有很大的影响。高速缓存可以分成如下 3 类。

- VIVT：使用虚拟地址的索引域和虚拟地址的标记域，相当于虚拟高速缓存。
- PIPT：使用物理地址的索引域和物理地址的标记域，相当于物理高速缓存。
- VIPT：使用虚拟地址的索引域和物理地址的标记域。

早期的 ARM 处理器（如 ARM9 处理器）采用 VIVT 的方式，不用经过 MMU 的翻译，直接使用虚拟地址的索引域和标记域来查找高速缓存行，这种方式会导致高速缓存重名问题。例如，一个物理地址的内容可以出现在多个高速缓存行中，当系统改变了虚拟地址到物理地址的映射时，需要清洗（clean）这些高速缓存并使它们无效，这会导致系统性能降低。

ARM11 系列处理器采用 VIPT 方式，即处理器输出的虚拟地址会同时发送到 TLB/MMU 进行地址翻译，以及在高速缓存中进行索引和查询高速缓存。在 TLB/MMU 里，会把 VPN 翻译成 PFN，同时用虚拟地址的索引域和偏移量来查询高速缓存。高速缓存和 TLB/MMU 可以同时工作，当 TLB/MMU 完成地址翻译后，再用物理标记域来匹配高速缓存行，如图 1.11 所示。采用 VIPT 方式的好处之一是在多任务操作系统中，修改了虚拟地址到物理地址映射关系，不需要对相应的高速缓存进行无效操作。

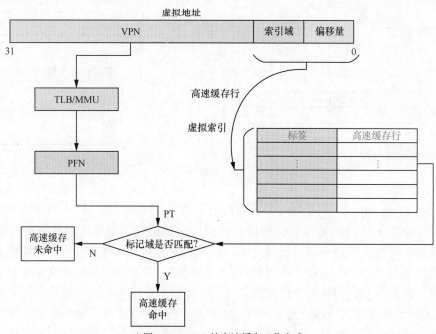

▲图 1.11　VIPT 的高速缓存工作方式

采用 VIPT 方式也可能导致高速缓存重名问题。在 VIPT 中，若使用虚拟地址的索引域来查找高速缓存组，可能导致多个高速缓存组映射到同一个物理地址。以 Linux 内核为例，它是以 4KB 为一个页面大小进行管理的，那么对于一个页面来说，虚拟地址和物理地址的低 12 位（Bit[11:0]）是一样的。因此，不同的虚拟地址会映射到同一个物理地址，这些虚拟页面的低 12 位是一样的。

如果索引域位于 Bit[11:0]，就不会发生高速缓存重名问题，因为该范围相当于一个页面内的地址。那么什么情况下索引域会在 Bit[11:0] 内呢？索引域是用于在一个高速缓存的路中查找高速缓存行的，当一个高速缓存路的大小在 4KB 范围内，索引域必然在 Bit[11:0] 范围内。例如，如果高速缓存行大小是 32 字节，那么偏移量域占 5 位，有 128 个高速缓存组，索引域占 7 位，这种情况下刚好不会发生重名。

如图 1.12 所示，假设高速缓存的路大小是 8KB，并且两个虚拟页面 Page1 和 Page2 同时映射到同一个物理页面，我们研究其中的虚拟地址 VA1 和 VA2，这两个虚拟地址的第 12 位可能是 0，也可能是 1。当 VA1 的第 12 位为 0、VA2 的第 12 位为 1 时，在高速缓存中会在两个不同的地方存储了同一个 PA 的值，这样就导致了重名问题。当修改虚拟地址 VA1 的内容后，访问虚拟地址 VA2 会得到一个旧值，导致错误发生。

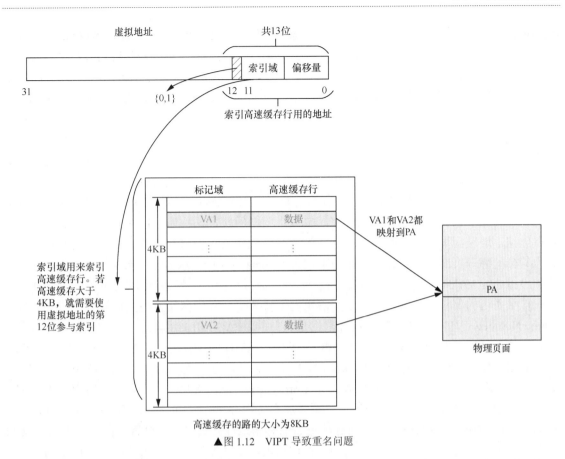

▲图 1.12 VIPT 导致重名问题

Cortex-A 系列处理器的数据高速缓存开始采用 PIPT 方式。对于 PIPT 方式，索引域和标记域都采用物理地址，高速缓存中只有一个高速缓存组与之对应，不会产生高速缓存重名问题。PIPT 方式在芯片设计里的逻辑比 VIPT 要复杂得多。

另外，对于 Cortex-A 系列处理器来说，高速缓存总大小是可以在芯片集成中配置的。Cortex-A 系列处理器的高速缓存配置情况如表 1.1 所示。

表 1.1　　　　　　　　　　　Cortex-A 系统处理器的高速缓存配置情况

	Cortex-A7	Cortex-A9	Cortex-A15	Cortex-A53
数据缓存实现方式	PIPT	PIPT	PIPT	PIPT
指令缓存实现方式	VIPT	VIPT	PIPT	VIPT
L1 数据缓存大小	8KB～64KB	16KB/32KB/64KB	32KB	8KB～64KB
L1 数据缓存结构	4 路组相联	4 路组相联	2 路组相联	4 路组相联
L2 数据缓存大小	128KB～1MB	External	512KB～4MB	128KB～2MB
L2 数据缓存结构	8 路组相联	External	16 路组相联	16 路组相联

1.1.9　页表的创建和查询过程

程序执行所需要的内存往往大于实际物理内存，采用传统的动态分区方法会把整个程序交换到交换分区，这样费时费力，而且效率很低。后来出现了分页机制，分页机制引入了虚拟存储器（virtual memory）的概念，它的核心思想是让程序中一部分不使用的内存可以交换到交换分区中，而程序正在使用的内存继续保留在物理内存中。因此，一个程序执行在虚拟存储器空间中，它的大小由处理器的位宽决定，如 32 位处理器的位宽是 32 位，它的地址范围是 0x0000～

0xFFFF FFFF，64 位处理器的虚拟地址位宽是 48 位，因此它可以访问 0x0000 0000 0000 0000 到 0x0000 FFFF FFFF FFFF 以及 0xFFFF 0000 0000 0000 到 0xFFFF FFFF FFFF FFFF 这两段空间。在使能了分页机制的处理器中，我们通常把处理器能寻址的地址空间称为虚拟地址（virtual address）空间。和虚拟存储器对应的是物理存储器（physical memory），它对应系统中使用的物理存储设备的地址空间，如 DDR 内存颗粒等。在没有使能分页机制的系统中，处理器直接寻址物理地址，把物理地址发送到内存控制器中；而在使能了分页机制的系统中，处理器直接寻址虚拟地址，这个地址不会直接发给内存控制器，而是先发送给 MMU 的硬件单元。MMU 负责虚拟地址到物理地址的转换和翻译工作。在虚拟地址空间里按照固定大小来分页，典型页面的粒度为 4KB，现代处理器都支持大粒度的页面，如 16KB、64KB 甚至 2MB 的巨页（huge page）。而在物理内存中也会分成和虚拟地址空间中大小相同的块，这称为页帧（page frame）。程序可以在虚拟地址空间里任意分配虚拟内存，但只有当程序需要访问或修改虚拟内存时操作系统才会为其分配物理页面，这个过程叫作请求调页（demand page）或者缺页异常（page fault）。

　　虚拟地址 VA[31:0]可以分成两部分：一部分是虚拟页面内的偏移量，以 4KB 页为例，VA[11:0]是虚拟页面内的偏移量；另一部分用来确定属于哪个页，我们称其为虚拟页帧号（Virtual Page Frame Number，VPN）。对于物理地址，也是类似的，PA[11:0]表示物理页帧的偏移量，剩余部分表示物理页帧号（Physical Frame Number，PFN）。MMU 的工作内容就是把 VPN 转换成 PFN。处理器通常使用一张表来存储 VPN 到 PFN 的映射关系，这个表称为页表（Page Table，PT）。页表中每一个表项称为页表项（Page Table Entry，PTE）。若将整张页表存放在寄存器中，则会占用很多硬件资源，因此通常的做法是把页表放在主内存里，通过页表基地址寄存器（Translation Table Base Register，TTBR）来指向这种页表的起始地址。页表查询过程如图 1.13 所示。处理器发出的地址是虚拟地址，通过 MMU 来查询页表，处理器得到了物理地址，最后把物理地址发送给内存控制器，从而访问物理页面。

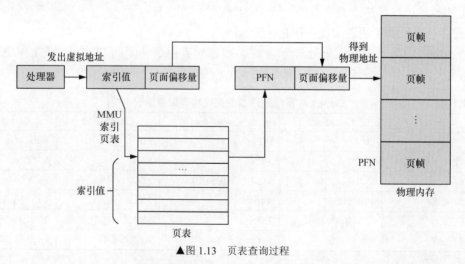

▲图 1.13　页表查询过程

　　下面以最简单的一级页表为例，如图 1.14 所示，处理器采用一级页表，虚拟地址空间的位宽是 32 位，寻址空间的大小是 4GB，物理地址空间的位宽也是 32 位，最多支持 4GB 物理内存，页面的大小是 4KB。为了能映射到 4GB 地址空间，需要 4GB/4KB=1048576 个页表项，每个页表项占用 4 字节，因此需要 4MB 大小的物理内存来存放这张页表。VA[11:0]是页面偏移量，VA[31:12]这 20 位是 VPN，作为索引值在页表中查询页表项。页表类似于数组，VPN 类似于数组的下标，用于查找数组中对应的成员。页表项中包含两部分。一部分是 PFN，它代表页面在物理内存中的帧号，即页帧号，页帧号与页内偏移量就组成最终的 PA。另一部分是页表项的属性，图 1.14 中的 V 表示有效位。若有效位为 1，表示这个页表项对应的物理页面在物理内存中，处理器可以访问这个物理页面的内容；若有效位为 0，表示这个物理页面不在内存中，可能在交换分区中。如果访问该物理页面，那么操作系统会触发缺页异常，在缺页异常中处理这种情况。当然，实际的处理器中还有很多其他的属性位，如描述物理页面是否为脏、是否可读可写等的属性位。

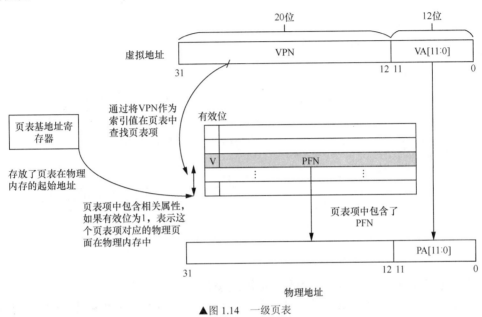

▲图 1.14 一级页表

通常操作系统支持多进程，进程调度器会在合适的时间切换进程 A 到进程 B 来执行，如进程 A 使用完时间片时。另外，分页机制让每个进程都"感觉"自己拥有了全部的虚拟地址空间。为此，每个进程拥有了一套属于自己的页表，在进程切换时需要切换页表基地址。对于上述的一级页表，每个进程需要为其分配 4MB 的连续物理内存来存储页表，这是不能接受的，因为这样太浪费内存了。多级页表可减少页表所占用的内存空间。如图 1.15 所示，二级页表分成一级页表和二级页表，页表基地址寄存器指向一级页表的基地址，一级页表的页表项里存放了一个指针，指向二级页表的基地址。当处理器执行程序时它只需要把一级页表加载到内存中，并不需要把所有的二级页表都装载到内存中，而根据物理内存分配和映射情况逐步创建与分配二级页表。这样做有两个原因，第一，程序不会马上使用完所有的物理内存；第二，对于 32 位操作系统来说，通常操作系统配置的物理内存小于 4GB，如 512MB 内存等。

图 1.15 所示为 ARMv7-A 架构二级页表的查询过程。VA[31:20]用作一级页表的索引值，一共有 12 位，最多可以索引 4096 个页表项；VA[19:12]用作二级页表的索引值，一共有 8 位，最多可以索引 256 个页表项。当操作系统复制一个新进程时，首先会创建一级页表，分配 16KB 页面。本场景中，一级页表有 4096 个页表项，每个页表项占 4 字节，因此一级页表大小是 16KB。当操作系统准备让该进程执行时，设置一级页表在物理内存中的起始地址到页表基地址寄存器中。进程执行过程中需要访问物理内存，因为一级页表的页表项是空的，这会触发缺页异常。在缺页异常里分配一个二级页表，并且把二级页表的起始地址填充到一级页表的相应页表项中。接着，分配一个物理页面，并把这个物理页面的帧号填充到二级页表的对应页表项中，从而完成页表的填充。随着进程的执行，它需要访问越来越多的物理内存，操作系统会逐步地把页表

填充和建立起来。

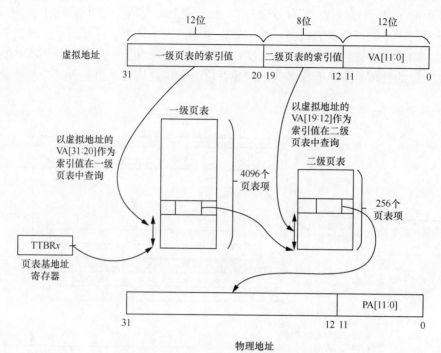

▲图 1.15　ARMv7-A 架构二级页表的查询过程

当 TLB 未命中时，处理器的 MMU 查询页表的过程如下。

❑ 处理器根据页表基地址控制寄存器（TTBCR）和虚拟地址来判断使用哪个页表基地址寄存器，是 TTBR0 还是 TTBR1。页表基地址寄存器中存放着一级页表的基地址。

❑ 处理器以 VA[31:20]作为索引值，在一级页表中找到页表项，一级页表中一共有 4096 个页表项。

❑ 一级页表的表项中存放二级页表的物理基地址。处理器使用 VA[19:12]作为索引值，在二级页表中找到相应的页表项，二级页表中有 256 个页表项。

❑ 二级页表的页表项里存放 4KB 页的物理基地址，这样，处理器就完成了页表的查询和翻译工作。

图 1.16 所示的 4KB 映射的一级页表的项中，Bit[1:0]表示页表映射的项，Bit[31:10]指向二级页表的物理基地址。

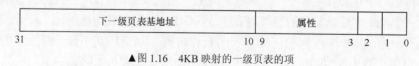

▲图 1.16　4KB 映射的一级页表的项

图 1.17 所示的 4KB 映射的二级页表的项中，Bit[31:12]指向 4KB 大小的页面的物理基地址。

▲图 1.17　4KB 映射的二级页表的项

1.1.10 TLB

在现代处理器中，软件使用虚拟地址访问内存，而处理器的 MMU 负责把虚拟地址转换成物理地址。为了完成这个映射过程，软件和硬件要共同维护一个多级映射的页表。当处理器发现页表项无法映射到对应的物理地址时，会触发一个缺页异常，挂起出错的进程，操作系统需要处理这个缺页异常。前面提到过二级页表的查询过程，为了完成虚拟地址到物理地址的转换，查询页表需要访问两次内存，因为一级页表和二级页表都是存放在内存中的。

TLB 专门用于缓存已经翻译好的页表项，一般在 MMU 内部。TLB 是一个很小的高速缓存，TLB 表项（TLB entry）数量比较少，每个 TLB 表项包含一个页面的相关信息，如有效位、VPN、修改位、PFN 等。当处理器要访问一个虚拟地址时，首先会在 TLB 中查询。如果 TLB 中没有相应的表项（称为 TLB 未命中），那么需要访问页表来计算出相应的物理地址；如果 TLB 中有相应的表项（称为 TLB 命中），那么直接从 TLB 表项中获取物理地址，如图 1.18 所示。

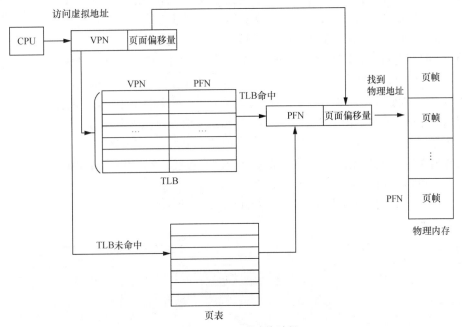

▲图 1.18　TLB 的查询过程

TLB 内部存放的基本单位是 TLB 表项，TLB 容量越大，所能存放的 TLB 表项就越多，TLB 命中率就越高，但是 TLB 的容量是有限的。目前 Linux 内核默认采用 4KB 大小的小页面，如果一个程序使用 512 个小页面，即 2MB 大小，那么至少需要 512 个 TLB 表项才能保证不会出现 TLB 未命中的情况。但是如果使用 2MB 大小的巨页，那么只需要一个 TLB 表项就可以保证不会出现 TLB 未命中的情况。对于消耗的内存以吉字节为单位的大型应用程序，还可以使用以吉字节为单位的大页，从而减少 TLB 未命中情况的出现次数。

1.1.11 MESI 协议

在一个处理器系统中不同 CPU 内核上的高速缓存和内存可能具有同一个数据的多个副本，在仅有一个 CPU 内核的处理器系统中不存在一致性问题。维护高速缓存一致性的关键是跟踪每一个高速缓存行的状态，并根据处理器的读写操作和总线上相应的传输内容来更新高速缓存行在不同 CPU 内核上的高速缓存中的状态，从而维护高速缓存一致性。维护高速缓存一致性有软件和硬件两种方式。有的处理器架构提供显式操作高速缓存的指令，如 PowerPC，不过现在大多数处理器架构采用硬件方式来维护它。在处理器中通过高速缓存一致性协议来实现，这些协议维护一个有限状态机（Finite State Machine，FSM），根据存储器读写的指令或总线上的传输内容，进行状态迁移和相应的高速缓存操作来维护高速缓存一致性，不需要软件介入。

高速缓存一致性协议主要有两大类别：一类是监听协议（snooping protocol），每个高速缓存都要被监听或者监听其他高速缓存的总线活动；另一类是目录协议（directory protocol），用于全局统一管理高速缓存状态。

1983 年，James Goodman 提出 Write-Once 总线监听协议，后来演变成目前很流行的 MESI 协议。Write-Once 总线监听协议依赖于这样的事实，即所有的总线传输事务对于处理器系统内的其他单元是可见的。总线是一个基于广播通信的介质，因而可以由每个处理器的高速缓存来进行监听。这些年来人们已经提出了数十种协议，这些协议基本上都是 Write-Once 总线监听协议的变种。不同的协议需要不同的通信量，通信量要求太多会浪费总线带宽，因为它使总线争用情况变多，留给其他部件使用的带宽减少。因此，芯片设计人员尝试将保持一致性协议所需要的总线通信量减少到最小，或者尝试优化某些频繁执行的操作。

目前，ARM 或 x86 等处理器广泛使用 MESI 协议来维护高速缓存一致性。MESI 协议的名字源于该协议使用的修改（Modified，M）、独占（Exclusive，E）、共享（Shared，S）和失效（Invalid，I）这 4 个状态。高速缓存行中的状态必须是上述 4 个状态中的 1 个。MESI 协议还有一些变种，如 MOESI 协议等，部分 ARMv7-A 和 ARMv8-A 处理器使用该变种协议。

高速缓存行中有两个标志——脏（dirty）和干净（valid）。它们很好地描述了高速缓存和内存之间的数据关系，如数据是否有效、数据是否被修改过。在 MESI 协议中，每个高速缓存行有 4 个状态，可以使用高速缓存行中的两位来表示这些状态。

表 1.2 所示为 MESI 协议中 4 个状态的说明。

表 1.2　　　　　　　　　　　　　　　MESI 协议中 4 个状态的说明

状　态	说　　明
M	这行数据有效，数据已被修改，和内存中的数据不一致，数据只存在于该高速缓存中
E	这行数据有效，数据和内存中数据一致，数据只存在于该高速缓存中
S	这行数据有效，数据和内存中数据一致，多个高速缓存有这行数据的副本
I	这行数据无效

- ❑ 修改和独占状态的高速缓存行中，数据都是独有的，不同点在于修改状态的数据是脏的，和内存不一致；独占状态的数据是干净的，和内存一致。拥有修改状态的高速缓存行会在某个合适的时刻把该高速缓存行写回内存中，其后的状态变成共享状态。
- ❑ 共享状态的高速缓存行中，数据和其他高速缓存共享，只有干净的数据才能被多个高速缓存共享。
- ❑ 失效状态表示这个高速缓存行无效。

MESI 协议在总线上的操作分成本地读写和总线操作，如表 1.3 所示。初始状态下，当缓存行中没有加载任何数据时，状态为 I。本地读写指的是本地 CPU 读写自己私有的高速缓存行，这是一个私有操作。总线读写指的是有总线的事务（bus transaction），因为实现的是总线监听协议，所以 CPU 可以发送请求到总线上，所有的 CPU 都可以收到这个请求。总之，总线读写的目标对象是远端 CPU 的高速缓存行，而本地读写的目标对象是本地 CPU 的高速缓存行。

表 1.3   **本地读写和总线操作**

操作类型	描　述
本地读（Local Read/PrRd）	本地 CPU 读取缓存行数据
本地写（Local Write/PrWr）	本地 CPU 更新缓存行数据
总线读（Bus Read/BusRd）	总线监听到一个来自其他 CPU 的读缓存请求。收到信号的 CPU 先检查自己的高速缓存中是否缓存了该数据，然后广播应答信号
总线写（Bus Write/BusRdX）	总线监听到一个来自其他 CPU 的写缓存请求。收到信号的 CPU 先检查自己的高速缓存中是否缓存了该数据，然后广播应答信号
总线更新（BusUpgr）	总线监听到更新请求，请求其他 CPU 做一些额外事情。其他 CPU 收到请求后，若 CPU 上有缓存副本，则需要做额外的一些更新操作，如使本地的高速缓存行无效等
刷新（Flush）	总线监听到刷新请求。收到请求的 CPU 把自己的高速缓存行的内容写回主内存中
刷新到总线（FlushOpt）	收到该请求的 CPU 会把高速缓存行内容发送到总线上，这样发送请求的 CPU 就可以获取到这个高速缓存行的内容

表 1.4 所示为 MESI 协议中各个状态的转换关系。

表 1.4   **MESI 协议中各个状态的转换关系**

高速缓存行当前状态	操作	响　应	迁移状态
M	总线读[①]	数据在本地 CPU（假设是 CPU0）上的高速缓存行有副本并且状态为 M，而在其他 CPU 上没有这个数据的副本。当其他 CPU（如 CPU1）想读这份数据时，CPU1 会发起一次总线读操作。 （1）CPU1 发出 Flushopt 信号。若 CPU0 上有这个数据的副本，那么 CPU0 收到信号后把高速缓存行的内容发送到总线上，然后 CPU1 就获取这个高速缓存行的内容。另外，会把相关内容发送到主内存中，把高速缓存行的内容写入主内存中。 （2）更改 CPU0 上的高速缓存行状态为 S	S
	总线写	数据在本地 CPU（假设是 CPU0）上有副本并且状态为 M，而其他 CPU 上没有这个数据的副本。若某个 CPU（假设 CPU1）想更新（写）这份数据，CPU1 就会发起一个总线写操作。 （1）CPU1 发出 Flushopt 信号。若 CPU0 上有这个数据的副本，CPU0 收到信号后把自己的高速缓存行的内容发送到内存控制器，并将该高速缓存行的内容写入主内存中，然后 CPU1 修改自己本地高速缓存行的内容。 （2）CPU0 上的高速缓存行状态变成 I	I
	本地读	本地处理器读该高速缓存行，状态不变	M
	本地写	本地处理器写该高速缓存行，状态不变	M
E	总线读	独占状态的高速缓存行是干净的，因此状态变成 S。 （1）高速缓存行的状态变成 S。 （2）发送 FlushOpt 信号，把高速缓存行的内容发送到总线上	S
	总线写	数据被修改，该高速缓存行不能再使用了，状态变成 I。 （1）高速缓存行的状态变成 I。 （2）发送 Flushopt 信号，把高速缓存行的内容发送到总线上	I
	本地读	从该高速缓存行中取数据，状态不变	E
	本地写	修改该高速缓存行的数据，状态变成 M	M
S	总线读	状态不变	S
	总线写	数据被修改，该高速缓存行不能再使用了，状态变成 I	I
	本地读	状态不变	S

---

① 这里说的总线读写是指该 CPU 监听到总线读写的信号，而这个信号是其他 CPU 发出的。

续表

高速缓存行 当前状态	操作	响　应	迁移 状态
S	本地写	（1）发送 BusUpgr 信号到总线上。 （2）本地 CPU 修改本地高速缓存行的内容，状态变成 M。 （3）发送 BusUpgr 信号到总线上。 （4）其他 CPU 收到 BusUpgr 信号后，检查自己的高速缓存中是否有副本，若有，将其状态改成 I	M
I	总线读	状态不变，忽略总线上的信号	I
	总线写	状态不变，忽略总线上的信号	I
	本地读	（1）向总线发送 BusRd 信号。 （2）其他 CPU 收到 BusRd 信号，先检查自己的高速缓存中是否有副本，广播应答信号。 a）若其他 CPU 的高速缓存有副本并且状态是 S 或 E，把高速缓存行的内容发送到总线上，那么本地 CPU 就获取了该高速缓存行的内容，然后状态变成 S。 b）若其他 CPU 中有副本并且状态为 M，将数据更新到内存，这个高速缓存再从内存中读数据，两个高速缓存行的状态都为 S。 c）若其他 CPU 中没有缓存副本，则从内存中读数据，状态变成 E	E/S
	本地写	（1）发送 BusRdX 信号到总线上。 （2）其他 CPU 收到 BusRdX 信号，先检查自己的高速缓存中是否有缓存副本，广播应答信号。 a）若其他 CPU 上有这份数据的副本，且状态为 M，则要先将数据更新到内存，更改高速缓存行状态为 I，然后广播应答信号。 b）若其他 CPU 上有这份数据的副本，且状态为 S 或 E，则使这些高速缓存行无效，这些高速缓存行的状态变成 I，然后广播应答信号。 c）若其他 CPU 上也没有这份数据的副本，广播应答信号。 （3）CPU 会接收其他 CPU 的应答信号，确认其他 CPU 上没有这个数据的缓存副本后，才修改数据，并且本地高速缓存行的状态变成 M	M

　　读者需要注意的是，当操作类型为本地读写时，高速缓存行的状态指的是本地 CPU 的高速缓存行的状态。当操作类型为总线读写时，高速缓存行的状态指的是远端 CPU 上高速缓存行的状态。因为请求会被发送到总线上，所有 CPU 的高速缓存行都会接收到请求，监听到请求的高速缓存行会做相应的处理，并且设置相应的状态转换。

　　如图 1.19 所示，实线表示处理器请求响应，虚线表示总线监听响应。那如何解读这个图呢？如当本地 CPU 的缓存行状态为 I 时，若 CPU 发出读 PrRd 请求，本地缓存未命中，则在总线上产生一个 BusRd 信号。其他 CPU 会监听到该请求并且检查它们的缓存来判断是否拥有了该副本，下面分两种情况来考虑。

　　❑　如果有 CPU 发现本地副本，并且这个高速缓存行的状态为 S，见图 1.19 中 I 状态到 S 状态的"PrRd/BusRd(shared)"实线箭头，那么在总线上回复一个 FlushOpt 信号，即把当前的高速缓存行发送到总线上，高速缓存行的状态还是 S，见 S 状态的"PrRd/BusRd/FlushOpt"实线箭头。

　　❑　如果有 CPU 发现本地副本并且高速缓存行的状态为 E，见图 1.19 中 I 状态到 E 状态的"PrRd/BusRd(!shared)"实线箭头，则在总线上回应 FlushOpt 信号，即把当前的高速缓存行发送到总线上，高速缓存行的状态变成 S，见 E 状态到 S 状态的"BusRd/FlushOpt"虚线箭头。

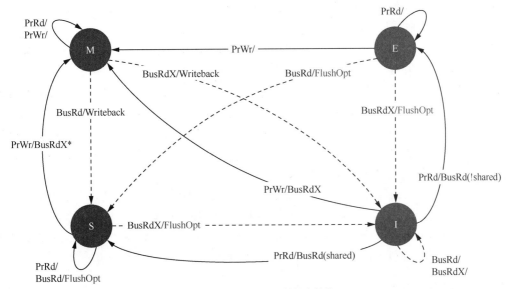

▲图 1.19　MESI 协议的状态转换

下面我们以一个例子来说明 MESI 协议的状态转换。假设系统中有 4 个 CPU，每个 CPU 都有各自的一级缓存，它们都想访问相同地址的数据 A，其大小为 64 字节。

*T*0 时刻，假设初始状态下数据 A 还没有缓存到高速缓存中，4 个 CPU 的高速缓存行的默认状态是 I。

*T*1 时刻，CPU0 率先发起访问数据 A 的操作。对于 CPU0 来说，这是一次本地读。由于 CPU0 本地的高速缓存并没有缓存数据 A，因此，CPU0 首先发送一个 BusRd 信号到总线上。它想询问一下其他 3 个 CPU："小伙伴们，你们有缓存数据 A 吗？有的话，麻烦发一份给我。"其他 3 个 CPU 收到 BusRd 信号后，马上查询本地高速缓存，然后给 CPU0 回应一个应答信号。若 CPU1 在本地查询到缓存副本，则它把高速缓存行的内容发送到总线上并回应 CPU0 道："CPU0，我这里缓存了一份副本，我发你一份。"若 CPU1 在本地没有缓存副本，则回应："CPU0，我没有缓存数据 A。"假设 CPU1 上有缓存副本，那么 CPU1 把缓存副本发送到总线上，CPU0 的本地缓存就有了数据 A，并且把这个高速缓存行的状态设置为 S。同时，提供数据的缓存副本的 CPU1 也知道一个事实，数据的缓存副本已经分享给 CPU0 了，因此 CPU1 的高速缓存行的状态也设置为 S。在本场景中，如果其他 3 个 CPU 都没有数据的缓存副本，那么 CPU0 只能老老实实地从主内存中读取数据 A 并将其缓存到 CPU0 的高速缓存行中，把高速缓存行的状态设置为 E。

*T*2 时刻，CPU1 也发起读数据操作。这时，整个系统里只有 CPU0 中有缓存副本，CPU0 会把缓存的数据发送到总线上并且应答 CPU1，最后 CPU0 和 CPU1 都有缓存副本，状态都设置为 S。

*T*3 时刻，CPU2 的程序想修改数据 A 中的数据。这时 CPU2 的本地高速缓存并没有缓存数据 A，高速缓存行的状态为 I，因此，这是一次本地写操作。首先 CPU2 会发送 BusRdX 信号到总线上，其他 CPU 收到 BusRdX 信号后，检查自己的高速缓存中是否有该数据。若 CPU0 和 CPU1 发现自己都缓存了数据 A，那么会使这些高速缓存行无效，然后发送应答信号。虽然 CPU3 没有缓存数据 A，但是它回复了一条应答信号，表明自己没有缓存数据 A。CPU2 收集完所有的应答信号之后，把 CPU2 本地的高速缓存行状态改成 M，M 状态表明这个高速缓存行已经被

自己修改了，而且已经使其他 CPU 上相应的高速缓存行无效。

上述就是 4 个 CPU 访问数据 A 时对应的高速缓存状态转换过程。

MOESI 协议增加了一个拥有（Owned，O）状态，并在 MESI 协议的基础上重新定义了 S 状态，而 E、M 和 I 状态与 MESI 协议中的对应状态相同。

- ❑ O 状态。O 状态位为 1，表示在当前高速缓存行中包含的数据是当前处理器系统最新的数据副本，而且在其他 CPU 中可能具有该高速缓存行的副本，状态为 S。如果内存的数据在多个 CPU 的高速缓存中都具有副本，有且仅有一个 CPU 的高速缓存行的状态为 O，其他 CPU 的高速缓存行状态只能为 S。与 MESI 协议中的 S 状态不同，状态为 O 的高速缓存行中的数据与内存中的数据并不一致。

- ❑ S 状态。在 MOESI 协议中，S 状态的定义发生了细微的变化。当一个高速缓存行的状态为 S 时，其包含的数据并不一定与内存一致。如果在其他 CPU 的高速缓存中不存在状态为 O 的副本，该高速缓存行中的数据与内存一致；如果在其他 CPU 的高速缓存中存在状态为 O 的副本，高速缓存行中的数据与内存不一致。

1.1.12　高速缓存伪共享

高速缓存是以高速缓存行为单位来从内存中读取数据并且缓存数据的，通常一个高速缓存行的大小为 64 字节（以实际处理器的一级缓存为准）。C 语言定义的数据类型中，int 类型数据大小为 4 字节，long 类型数据大小为 8 字节（在 64 位处理器中）。当访问 long 类型数组中某一个成员时，处理器会把相邻的数组成员都加载到一个高速缓存行里，这样可以加快数据的访问。但是，若多个处理器同时访问一个高速缓存行中不同的数据，反而带来了性能上的问题，这就是高速缓存伪共享（false sharing）。

如图 1.20 所示，假设 CPU0 上的线程 0 想访问和更新 data 数据结构中的 x 成员，同理 CPU1 上的线程 1 想访问和更新 data 数据结构中的 y 成员，其中 x 和 y 成员都缓存到同一个高速缓存行里。

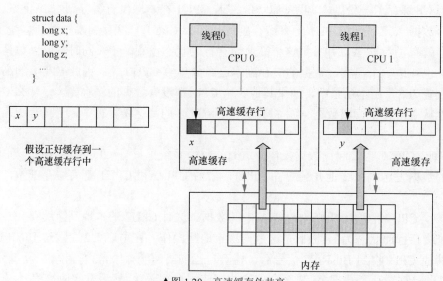

▲图 1.20　高速缓存伪共享

根据 MESI 协议，我们可以分析出 CPU0 和 CPU1 之间对高速缓存行的争用情况。

（1）CPU0 第一次访问 x 成员时，因为 x 成员还没有缓存到高速缓存，所以高速缓存行的状态为 I。CPU0 把整个 data 数据结构都缓存到 CPU0 的一级缓存里，并且把高速缓存行的状态设置为 E。

（2）CPU1 第一次访问 y 成员时，因为 y 成员已经缓存到高速缓存中，而且该高速缓存行的状态是 E，所以 CPU1 先发送一个总线读的请求。CPU0 收到请求后，先查询本地高速缓存中是否有这个数据的副本，若有，则把这个数据发送到总线上。CPU1 获取了数据后，把本地的高速缓存行的状态设置为 S，并且把 CPU0 上的本地高速缓存行的状态也设置为 S，因此所有 CPU 上对应的高速缓存行状态都设置为 S。

（3）CPU0 想更新 x 成员的值时，CPU0 和 CPU1 上的高速缓存行的状态为 S。CPU0 发送 BusUpgr 信号到总线上，然后修改本地高速缓存行的数据，将其状态变成 M；其他 CPU 收到 BusUpgr 信号后，检查自己的高速缓存行中是否有副本，若有，则将其状态改成 I。

（4）CPU1 想更新 y 成员的值时，CPU1 上的高速缓存行的状态为 I，而 CPU0 上的高速缓存行缓存了旧数据，并且状态为 M。这时，CPU1 发起本地写的请求，根据 MESI 协议，CPU1 会发送 BusRdX 信号到总线上。其他 CPU 收到 BusRdX 信号后，先检查自己的高速缓存中是否有该数据的副本，广播应答信号。这时 CPU0 上有该数据的缓存副本，并且状态为 M。CPU0 先将数据更新到内存，更改其高速缓存行状态为 I，然后发送应答信号到总线上。CPU1 收到所有 CPU 的应答信号后，才能修改 CPU1 上高速缓存行的内容。最后，CPU1 上高速缓存行的状态变成 M。

（5）若 CPU0 想更新 x 成员的值，这和步骤（4）类似，发送本地写请求后，根据 MESI 协议，CPU0 会发送 BusRdX 信号到总线上。CPU1 接收该信号后，把高速缓存行数据写回内存，然后使该高速缓存行无效，即把 CPU1 上的高速缓存行状态变成 I，然后广播应答信号。CPU0 收到所有 CPU 的应答信号后才能修改 CPU0 上的高速缓存行内容。最后，CPU0 上的高速缓存行的状态变成 M。

综上所述，如果 CPU0 和 CPU1 反复修改，就会不断地重复步骤（4）和步骤（5），两个 CPU 都在不断地争夺对高速缓存行的控制权，不断地使对方的高速缓存行无效，不断地把数据写回内存，导致系统性能下降，这种现象叫作高速缓存伪共享。

高速缓存伪共享的解决办法就是让多线程操作的数据处在不同的高速缓存行，通常可以采用高速缓存行填充（padding）技术或者高速缓存行对齐（align）技术，即让数据结构按照高速缓存行对齐，并且尽可能填充满一个高速缓存行大小。下面的代码定义一个 counter_s 数据结构，它的起始地址按照高速缓存行的大小对齐，数据结构的成员通过 pad[4] 来填充。

```
typedef struct counter_s
{
    uint64_t packets;
    uint64_t bytes;
    uint64_t failed_packets;
    uint64_t failed_bytes;
    uint64_t pad[4];
}counter_t __attribute__(__aligned__((64)));
```

1.1.13 高速缓存在 Linux 内核中的应用

高速缓存行的大小都很小，一般为 32 字节。CPU 的高速缓存是线性排列的，也就是说，一个 32 字节的高速缓存行与 32 字节的地址对齐。接下来 32 字节的数据会缓存到下一组的高速缓存行中。

高速缓存在 Linux 内核中有很多巧妙的应用，读者可以在阅读本书中类似的情况时细细体会，暂时先总结归纳如下。

（1）内核中常用的数据结构通常是和一级缓存对齐的。如 mm_struct、fs_cache 等数据结构使用"SLAB_HWCACHE_ALIGN"标志位来创建 slab 缓存描述符，见 proc_caches_init() 函数。

（2）一些常用的数据结构在定义时就约定数据结构以一级缓存对齐，使用"____cacheline_internodealigned_in_smp"和"____cacheline_aligned_in_smp"等宏来定义数据结构，如 zone、irqaction、softirq_vec[ ]、irq_stat[ ]、worker_pool 等。高速缓存和内存交换的最小单位是高速缓存行，若结构体没有和高速缓存行对齐，那么一个结构体可能占用多个高速缓存行。

高速缓存伪共享的现象在 SMP 中会对系统性能有不小的影响。解决这个问题的一个方法是让结构体按照高速缓存行对齐。include/linux/cache.h 文件定义了有关高速缓存相关的操作，其中____cacheline_aligned_in_smp 也定义在这个文件中，它和 L1_CACHE_ BYTES 对齐。

```
<include/linux/cache.h>

#define SMP_CACHE_BYTES L1_CACHE_BYTES

#define ____cacheline_aligned __attribute__ ((__aligned__ (SMP_CACHE_BYTES)))
#define ____cacheline_aligned_in_smp ____cacheline_aligned

#ifndef __cacheline_aligned
#define __cacheline_aligned   \
  __attribute__ ((__aligned__ (SMP_CACHE_BYTES), \
         __section__ (".data..cacheline_aligned")))
#endif /* __cacheline_aligned */

#define __cacheline_aligned_in_smp __cacheline_aligned

#define ____cacheline_internodealigned_in_smp \
    __attribute__ ((__aligned__ (1 << (INTERNODE_CACHE_SHIFT)))))
```

（3）数据结构中频繁访问的成员可以单独占用一个高速缓存行，或者相关的成员在高速缓存行中彼此错开，以提高访问效率。如对于 zone 数据结构中 zone->lock 和 zone-> lru_lock 这两个频繁被访问的锁，可以让它们各自使用不同的高速缓存行，以提高获取锁的效率。

再如 worker_pool 数据结构中的 nr_running 成员就独占了一个高速缓存行，避免多 CPU 同时读写该成员时引发其他临近成员"颠簸"的现象。

关于 slab 分配器的着色区，见 4.2 节。

另外，在多 CPU 系统中，自旋锁的激烈争用过程导致严重的高速缓存行颠簸现象，见卷 2 1.4 节。

1.1.14　ARM 的大/小核架构

ARM 提出大/小核架构，即 big.LITTLE 架构。针对性能优化过的处理器内核称为大核，针对低功耗待机优化过的处理器内核称为小核。

如图 1.21 所示，在典型的 big.LITTLE 架构不仅包括 CCI-400、GIC-400 和 IO 一致性主接口，还包含一个由大核（Cortex-A57）组成的簇（Cluster）和一个由小核（Cortex-A53）组成的簇。每个簇都属于传统的同步频率架构，工作在相同的频率和电压下。大核为高性能核心，工作在较高的电压和频率下，功耗更高，适合计算繁重的任务。常见的大核处理器有 Cortex-A15、Cortex-A57、Cortex-A72 和 Cortex-A73。小核的性能虽然较低，但功耗也比较低，在一些计算负载不大的任务中，不用开启大核，直接用小核即可。常见的小核处理器有 Cortex-A7 和 Cortex-A53。

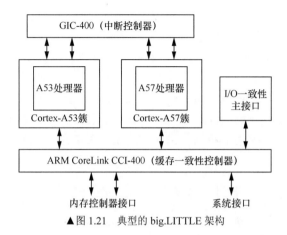

▲图 1.21　典型的 big.LITTLE 架构

图 1.22 所示为 4 核 Cortex-A15 和 4 核 Cortex-A7 的系统总线框。

❑　Cortex-A15 簇：大核 CPU 簇。

❑　Cortex-A7 簇：小核 CPU 簇。

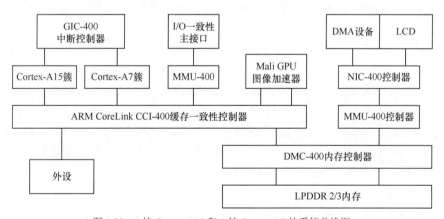

▲图 1.22　4 核 Cortex-A15 和 4 核 Cortex-A7 的系统总线框

❑　ARM CoreLink CCI-400 缓存一致性控制器[1]：用于管理大/小核架构中缓存一致性的互连模块。CCI-400 只能支持两个 CPU 簇，而 CCI-550 可以支持 6 个 CPU 簇。

❑　DMC-400 内存控制器[2]：内存管理单元。

❑　NIC-400 控制器[3]：用于 AMBA 总线协议的连接，可以支持 AXI、AHB 和 APB 总线的连接。

❑　MMU-400 控制器[4]：系统内存管理单元。

---

[1] 详见《ARM CoreLink CCI-400 Cache Coherent Interconnect Technical Reference Manual》。

[2] 详见《ARM CoreLink DMC-400 Dynamic Memory Controller Technical Reference》。

[3] 详见《ARM CoreLink NIC-400 Network Interconnect Technical Reference》。

[4] 详见《ARM CoreLink MMU-400 System Memory Management Technical Reference》。

  ❑ Mali GPU 图像控制器：图形加速控制器。

  ❑ GIC-400 中断控制器：管理外部设备的中断。

  ARM CoreLink CCI-400 模块用于维护大/小核簇的数据互联和高速缓存一致性。大/小核簇作为主设备（master），通过支持 ACE 协议的从设备（slave）接口连接到 CCI-400 上，它可以维护大/小核簇中的高速缓存一致性并实现处理器间的数据共享。此外，它还支持 3 个 ACE-Lite 从设备接口（ACE-Lite Slave Interface），可以支持一些 I/O 主设备，如 GPU Mali-T604。通过 ACE 协议，GPU 可以监听处理器的高速缓存。CCI-400 还支持 3 个 ACE-Lite 主设备接口，如通过 DMC-400 来连接 LP-DDR2/3 或 DDR 内存设备，以及通过 NIC-400 总线来连接一些外设，如 DMA 设备和 LCD 等。

  ACE（AMBA AXI Coherency Extension）协议是 AXI4 协议的扩展协议，它增加了很多特性来支持系统级硬件一致性。模块之间共享内存不需要软件干预，硬件直接管理和维护各个高速缓存之间的一致性，这可以大大减小软件的负载，最大效率地使用高速缓存，减少对内存的访问，进而降低系统功耗。

1.1.15 高速缓存一致性和一致性内存模型

  高速缓存一致性关注的是同一个数据在多个高速缓存和内存中的一致性问题，解决高速缓存一致性的方法主要是总线监听协议，如 MESI 协议等。而一致性内存模型关注的是处理器系统对多个地址进行存储器访问序列时的正确性，学术上提出了很多内存访问模型，如严格一致性内存模型、处理器一致性内存模型，以及弱一致性内存模型等。弱一致性内存模型在现代处理器中得到了广泛应用，因此内存屏障指令也得到了广泛应用。

1.1.16 高速缓存的回写策略和替换策略

  在处理器内核中，一条存储器读写指令经过取指、译码、发射和执行等一系列操作之后，首先到达 LSU。LSU 包括加载队列（load queue）和存储队列（store queue），它是指令流水线的一个执行部件，是处理器存储子系统的顶层，是连接指令流水线和高速缓存的一个支点。存储器读写指令通过 LSU 之后，会到达一级缓存控制器。一级缓存控制器首先发起探测（probe）操作，对于读操作发起高速缓存读探测操作并带回数据，对于写操作发起高速缓存写探测操作。发起写探测操作之前需要准备好待写的高速缓存行，探测操作返回时将会带回数据。当存储器写指令获得最终数据并进行提交操作之后才会将数据写入，这个写入可以采用直写（write through）模式或者回写（write back）模式。

  在上述的探测过程中，对于写操作，如果没有找到相应的高速缓存行，就是写未命中（write miss）；否则，就是写命中（write hit）。对于写未命中的处理策略是写分配（write-allocate），即一级缓存控制器将分配一个新的高速缓存行，之后和获取的数据进行合并，然后写入一级缓存中。

  如果探测的过程是写命中的，那么在真正写入时有如下两种模式。

  ❑ 直写模式：进行写操作时，数据同时写入当前的高速缓存、下一级高速缓存或主存储器中。直写模式可以降低高速缓存一致性的实现难度，其最大的缺点是会消耗比较多的总线带宽。

  ❑ 回写模式：在进行写操作时，数据直接写入当前高速缓存，而不会继续传递，当该高速缓存行被替换出去时，被改写的数据才会更新到下一级高速缓存或主存储器中。该策略增加了高速缓存一致性的实现难度，但是有效减少了总线带宽需求。

由于高速缓存的容量远小于主存储器，当高速缓存未命中发生时，意味着处理器不仅需要从主存储器中获取数据，而且需要将高速缓存的某个高速缓存行替换出去。在高速缓存的标记阵列中，除了具有地址信息之外，还有高速缓存行的状态信息。不同的高速缓存一致性策略使用的高速缓存状态信息并不相同。在 MESI 协议中，一个高速缓存行通常包括 M、E、S 和 I 这 4 种状态。

高速缓存的替换策略有随机法（Random policy）、先进先出（First in First out，FIFO）法和最近最少使用（Least Recently USED，LRU）法。

- ❏ 随机法：随机地确定替换的高速缓存行，由一个随机数产生器产生随机数来确定替换行，这种方法简单、易于实现，但命中率比较低。
- ❏ FIFO 法：选择最先调入的高速缓存行进行替换，最先调入的行可能被多次命中，但是被优先替换，因而不符合局部性规则。
- ❏ LRU 法：根据各行使用的情况，总是选择最近最少使用的行来替换，这种算法较好地反映了程序局部性规则。

在 Cortex-A57 处理器中，一级缓存采用 LRU 算法，而 L2 高速缓存采用随机法。在最新的 Cortex-A72 处理器中，L2 高速缓存采用伪随机法（Pseudo-Random Policy）或伪 LRU 法（Pseudo-Least-Recently-Used Policy）。

1.1.17　NUMA

现在绝大多数 ARM 系统会采用统一内存访问（Uniform Memory Access，UMA）的内存架构，即内存是统一结构和统一寻址的。对称多处理器（Symmetric Multiple Processing，SMP）系统大部分采用 UMA 内存架构。因此在采用 UMA 架构的系统中有如下特点。

- ❏ 所有硬件资源都是共享的，每个处理器都能访问系统中的内存和外设资源。
- ❏ 所有处理器都是平等关系。
- ❏ 统一寻址访问内存。
- ❏ 处理器和内存通过内部的一条总线连接在一起。

如图 1.23 所示，SMP 系统相对比较简洁，但是缺点很明显。因为所有对等的处理器都通过一条总线连接在一起，随着处理器数量的增多，系统总线成为系统的最大瓶颈。

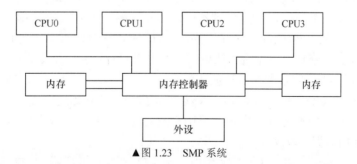

▲图 1.23　SMP 系统

非统一内存访问（Non-Unirform Memory Access，NUMA）系统是从 SMP 系统演化过来的。如图 1.24 所示，NUMA 系统由多个内存节点组成，整个内存体系可以作为一个整体，任何处理器都可以访问，只是处理器访问本地内存节点时拥有更小的延迟和更大的带宽，处理器访问远端内存节点速度要慢一些。每个处理器除了拥有本地的内存之外，还可以拥有本地总线，如 PCIE、SATA 等。

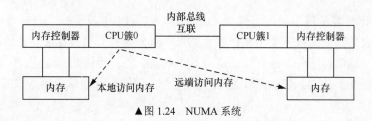

▲图 1.24　NUMA 系统

现在的"x86 阵营"的服务器芯片早已支持 NUMA 架构了，如 Intel 的至强服务器芯片。对于"ARM 阵营"，2016 年 Cavium 公司发布的基于 ARMv8-A 架构的服务器芯片 ThunderX2 也开始支持 NUMA 架构。

1.1.18　ARM 处理器设计

ARM 从 Cortex 系列开始性能有了质的飞跃，如 Cortex-A8/A15/A53/A72，本节介绍 Cortex 系列在芯片设计方面的重大改进。

计算机体系结构是一种权衡艺术的体现，"尺有所短，寸有所长"。在处理器领域经历多年的优胜劣汰，市面上流行的处理器内核在技术上日渐趋同。

ARM 处理器在 Cortex 系列之后，加入了很多现代处理器的一些新技术和特性，已经具备了和 Intel "一较高下"的能力，如 2016 年发布的 Cortex-A73 处理器。

2005 年发布的 Cortex-A8 内核是第一个引入超标量技术的 ARM 处理器，它在每个时钟周期内可以并行发射两条指令，但依然使用静态调度的流水线和顺序执行方式。Cortex-A8 内核采用 13 级整型指令流水线和 10 级 NEON 指令流水线，其分支目标缓冲器（Branch Target Buffer，BTB）使用的条目数增加到 512，它同时设置了全局历史缓冲器（Global History Buffer，GHB）和返回栈缓冲器（Return Stack Buffer，RSB）等，这些措施极大地提高了指令分支预测的成功率。另外，它还加入了路预测（way-prediction）部件。

2007 年 Cortex-A9 发布了，引入了乱序执行和猜测执行机制，并扩大了 L2 高速缓存的容量。

2010 年 Cortex-A15 发布了，其最高主频可以到 2.5GHz，它最多可支持 8 个处理器内核，单个簇最多支持 4 个处理器内核。它采用超标量流水线技术，具有 1TB 物理地址空间，支持虚拟化技术等新技术。其指令预取总线宽度为 128 位，它一次可以预取 4～8 条指令，比 Cortex-A9 提高了一倍。其译码部件一次可以译码 3 条指令。Cortex-A15 引入了微操作指令。微操作指令和 x86 的微操作指令较类似。在 x86 处理器中，指令译码单元把复杂的 CISC 指令转换成等长的微操作指令，再进入指令流水线中；在 Cortex-A15 中，指令译码单元把 RISC 指令进一步细化为微操作指令，以充分利用指令流水线中的多个并发执行单元。指令译码单元为 3 路指令译码，在一个时钟周期内可以同时译码 3 条指令。

2012 年 64 位的 Cortex-A53 和 Cortex-A57 发布了，ARM 开始进入服务器领域。Cortex-A57 是首款支持 64 位的 ARM 处理器内核，采用三发射乱序执行流水线（Out-of-Order Execution Pipeline），并且增加数据预取功能。

2015 年发布的 Cortex-A57 的升级版本 Cortex-A72 如图 1.25 所示。A72 在 A57 架构的基础上做了大量优化工作，包括新的分支预测单元，改善译码流水线设计等。在指令分发单元上也做了很大优化，由原来 A57 架构的 3 发射变成了 5 发射，即同时发射 5 条指令，并且还支持并行执行 8 条微操作指令，从而提高译码器的吞吐量。

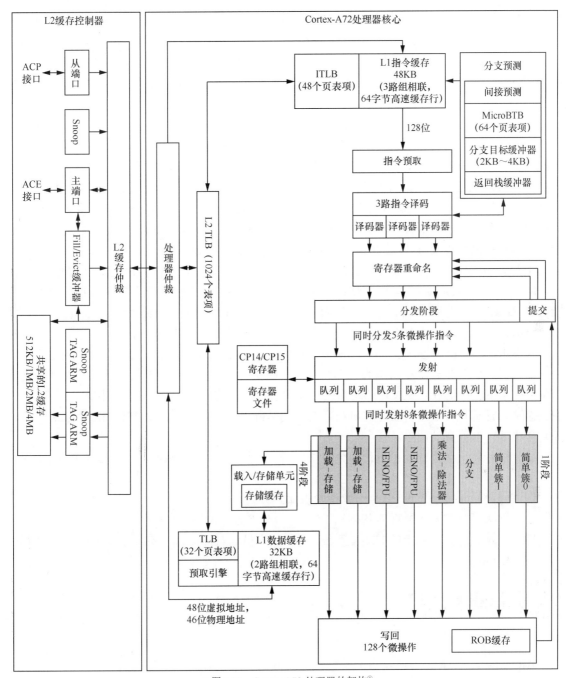

▲ 图 1.25　Cortex-A72 处理器的架构[①]

1.1.19　最新进展

最近几年，x86 和 ARM 阵营都在各自领域中不断创新。异构计算是一个很热门的技术方向，如 Intel 公司发布了集成 FPGA 的至强服务器芯片。FPGA 不仅可以在客户的关键算法中提供编程、高性能的加速能力，还提供了灵活性和关键算法的更新优化，不需要购买大量新硬件。在数据中心领域，从事海量数据处理的应用中有不少关键算法需要优化，如密钥加速、图像识别、语音转换、文本搜索等。在安防监控领域，FPGA 可以实现对大量车牌的并行分析。强大

① 图片源自 Watch Impress 网站。

的至强处理器加上灵活高效的 FPGA 会给客户在云计算、人工智能等新兴领域带来技术创新。而在 ARM 阵营中，ARM 公司在 2020 年发布了 Cortex-A78 处理器内核和处理器架构 DynamIQ 等新技术。DynmaIQ 技术新增了针对机器学习和人工智能的全新处理器指令集，并增加了多核配置的灵活性。另外，ARM 公司发布了一个用于数据中心应用的指令集——Scalable Vector Extensions，最高支持 2048 位可伸缩的矢量计算。

除了 x86 和 ARM 两大阵营的创新外，最近几年开源指令集架构（Instruction Set Architecture，ISA）是很火热的发展方向。开源指令集架构的代表作是 OpenRISC，并且 OpenRISC 已经被 Linux 内核接受，成为官方 Linux 内核支持的一种架构。但是由于 OpenRISC 是由爱好者维护的，因此更新缓慢。最近几年，加州大学伯克利分校正在尝试重新设计一个全新的开源指令集，并且不受专利的约束和限制，这就是 RISC-V，其中"V"表示变化（Variation）和向量（Vector）。RISC-V 包含一个非常小的基础指令集和一系列可选的扩展指令集，基础的指令集只包含 40 条指令，通过扩展可以支持 64 位和 128 位运算，以及变长指令。

加州大学伯克利分校对 RISC-V 指令集不断改进，迅速得到工业界和学术界的关注。2016 年，RISC-V 基金会成立，成员包括惠普、甲骨文、西部数据、华为等公司，未来这些公司极可能会将 RISC-V 运用到云计算或者 IoT 等的相关产品中。RISC-V 指令集类似于 Linux 内核，是一个开源的、现代的、没有专利问题的全新指令集，并且根据 BSD 许可证发布。

目前 RISC-V 已经进入了 GCC/Binutils 的主线，并且在 Linux 4.15 内核中合并到主线。另外，目前已经有多款开源和闭源的 RISC-V CPU 的实现，很多第三方工具和软件厂商开始支持 RISC-V。RISC-V 是否会变成开源硬件或是开源芯片领域的 Linux 呢？让我们拭目以待吧！

总之，计算机体系结构是计算机科学的一门基础课程，除了阅读 ARM 的芯片手册以外，还可以阅读一些经典的图书。

- ❏ 《计算机体系结构：量化研究方法》，作者是 John L. Hennessy，David A. Patterson。
- ❏ 《计算机组成与体系结构：性能设计》，作者是 William Stallings。
- ❏ 《超标量处理器设计》，作者是姚永斌。
- ❏ 《大话处理器：处理器基础知识读本》，作者是万木杨。
- ❏ 《现代体系结构上的 UNIX 系统：内核程序员的对称多处理和缓存技术》，作者是 Curt Schimmel。

1.2　ARM64 架构

1.2.1　ARMv8-A 架构

ARMv8-A 是 ARM 公司发布的第一代支持 64 位处理器的指令集和架构。它在扩充 64 位寄存器的同时提供了对上一代架构指令集的兼容，因此它提供了运行 32 位和 64 位应用程序的环境。

ARMv8-A 架构除了提高了处理能力，还引入了很多吸引人的新特性。

- ❏ 具有超大物理地址空间，提供超过 4GB 物理内存。
- ❏ 具有 64 位宽的虚拟地址空间。32 位宽的虚拟地址空间只能提供 4GB 大小的虚拟地址空间访问，这极大地限制了桌面操作系统和服务器等的发挥。64 位宽的虚拟地址空间可以提供更大的访问空间。
- ❏ 提供 31 个 64 位宽的通用寄存器，可以减少对栈的访问，从而提高性能。
- ❏ 提供 16KB 和 64KB 的页面，有助于降低 TLB 的未命中率（miss rate）。

❑ 具有全新的异常处理模型，有助于降低操作系统和虚拟化的实现复杂度。

❑ 具有全新的加载-获取指令（Load-Acquire Instruction）、存储-释放指令（Store-Release Instruction），专门为 C++11、C11 以及 Java 内存模型设计。

1.2.2 采用 ARMv8 架构的常见处理器内核

下面介绍市面上常见的采用 ARMv8 架构的处理器（简称 ARMv8 处理器）内核。

❑ **Cortex-A53 处理器内核**：ARM 公司第一款采用 ARMv8-A 架构的处理器内核，专门为低功耗设计的处理器。通常可以使用 1～4 个 Cortex-A53 处理器组成一个处理器簇或者和 Cortex-A57/Cortex-A72 等高性能处理器组成大/小核架构。

❑ **Cortex-A57 处理器内核**：采用 64 位 ARMv8-A 架构的处理器内核，而且通过 AArch32 执行状态，保持与 ARMv7 架构完全后向兼容。除了 ARMv8 架构的优势之外，Cortex-A57 还提高了单个时钟周期的性能，比高性能的 Cortex-A15 高出了 20%～40%。它还改进了二级高速缓存的设计和内存系统的其他组件，极大地提高了性能。

❑ **Cortex-A72 处理器内核**：2015 年年初正式发布的基于 ARMv8-A 架构并在 Cortex-A57 处理器上做了大量优化和改进的一款处理器内核。在相同的移动设备电池寿命限制下，Cortex-A72 相较于基于 Cortex-A15 的设备具有 3.5 倍的性能提升，展现出了优异的整体功耗效率。

1.2.3 ARMv8 架构中的基本概念

ARM 处理器实现的是精简指令集架构。在 ARMv8-A 架构中有如下一些基本概念和定义。

❑ 处理机（Processing Element，PE）：在 ARM 公司的官方技术手册中提到的一个概念，把处理器处理事务的过程抽象为处理机。

❑ 执行状态（Execution State）：处理器运行时的环境，包括寄存器的位宽、支持的指令集、异常模型、内存管理以及编程模型等。ARMv8 架构定义了两个执行状态。

■ AArch64：64 位的执行状态。

➢ 提供 31 个 64 位的通用寄存器。

➢ 提供 64 位的程序计数（Program Counter，PC）指针寄存器、栈指针（Stack Pointer，SP）寄存器以及异常链接寄存器（Exception Link Register，ELR）。

➢ 提供 A64 指令集。

➢ 定义 ARMv8 异常模型，支持 4 个异常等级，即 EL0～EL3。

➢ 提供 64 位的内存模型。

➢ 定义一组处理器状态（PSTATE）用来保存 PE 的状态。

■ AArch32：32 位的执行状态。

➢ 提供 13 个 32 位的通用寄存器，再加上 PC 指针寄存器、SP 寄存器、链接寄存器（Link Register，LR）。

➢ 支持两套指令集，分别是 A32 和 T32（Thumb 指令集）指令集。

➢ 支持 ARMv7-A 异常模型，基于 PE 模式并映射到 ARMv8 的异常模型中。

➢ 提供 32 位的虚拟内存访问机制。

➢ 定义一组 PSTATE 用来保存 PE 的状态。

❑ ARMv8 指令集：ARMv8 架构根据不同的执行状态提供不同指令集的支持。

■ A64 指令集：运行在 AArch64 状态下，提供 64 位指令集支持。

■ A32 指令集：运行在 AArch32 状态下，提供 32 位指令集支持。
■ T32 指令集：运行在 AArch32 状态下，提供 16 和 32 位指令集支持。
❏ 系统寄存器命名：在 AArch64 状态下，很多系统寄存器会根据不同的异常等级提供不同的变种寄存器。系统寄存器的使用方法如下。

```
<register_name>_Elx  //最后一个字母 x 可以表示 0、1、2、3
```

如 SP_EL0 表示在 EL0 下的 SP 寄存器，SP_EL1 表示在 EL1 下的 SP 寄存器。

1.2.4　ARMv8 处理器执行状态

ARMv8 处理器支持两种执行状态——AArch64 状态和 AArch32 状态。AArch64 状态是 ARMv8 新增的 64 位执行状态，而 AArch32 是为了兼容 ARMv7 架构的 32 位执行状态。当处理器运行在 AArch64 状态下时运行 A64 指令集；而当运行在 AArch32 状态下时，可以运行 A32 指令集或者 T32 指令集。

如图 1.26 所示，AArch64 状态的异常等级（exception level）确定了处理器当前运行的特权级别，类似于 ARMv7 架构中的特权等级。

❏ EL0：用户特权，用于运行普通用户程序。
❏ EL1：系统特权，通常用于运行操作系统。
❏ EL2：运行虚拟化扩展的虚拟监控程序（hypervisor）。
❏ EL3：运行安全世界中的安全监控器（secure monitor）。

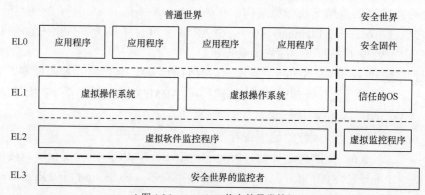

▲图 1.26　AArch64 状态的异常等级

在 ARMv8 架构里允许切换应用程序的运行模式。如在一个运行 64 位操作系统的 ARMv8 处理器中，我们可以同时运行 A64 指令集的应用程序和 A32 指令集的应用程序。但是在一个运行 32 位操作系统的 ARMv8 处理器中就不能运行 A64 指令集的应用程序了。当需要运行 A32 指令集的应用程序时，需要通过一条管理员调用（Supervisor Call，SVC）指令切换到 EL1，操作系统会做任务的切换并且返回 AArch32 的 EL0 中，这时操作系统就为这个应用程序准备好了 AArch32 的运行环境。

1.2.5　ARMv8 支持的数据宽度

ARMv8 支持如下几种数据宽度。
❏ 字节（byte）：8 位。
❏ 半字（halfword）：16 位。
❏ 字（word）：32 位。

- 双字（doubleword）：64 位。
- 4 字（quadword）：128 位。

1.2.6 不对齐访问

不对齐访问有两种情况，一种是指令不对齐访问，另外一种是数据不对齐访问。A64 指令集要求指令存放的位置必须以字（word，32 位宽）为单位对齐。访问一条存储位置不是以字为单位对齐的指令会导致 PC 对齐异常（PC alignment fault）。

对于数据访问，需要区分不同的内存类型。内存类型是设备内存的不对齐访问会触发一个对齐异常（alignment fault）。

对于访问普通内存，除了独占加载/独占存储（load-exclusive/store-exclusive）指令或者加载-获取/存储-释放（load-acquire/store-release）指令外，对于其他加载或者存储单个或多个寄存器的所有指令，如果访问地址和要访问数据不对齐，那么按照以下两种情况进行处理。

- 若对应的异常等级中的 SCTLR_Elx.A 设置为 1，说明打开了地址对齐检查功能，那么会触发一个对齐异常。
- 若对应的异常等级中的 SCTLR_Elx.A 设置为 0，那么处理器支持不对齐访问。

当然，处理器对不对齐访问也有一些限制。

- 不能保证单次原子地完成访问，可能多次复制。
- 不对齐访问比对齐访问需要更多的处理时间。
- 不对齐访问可能会造成中止（abort）。

1.3　ARMv8 寄存器

1.3.1 通用寄存器

AArch64 运行状态支持 31 个 64 位的通用寄存器，分别是 X0～X30 寄存器，而 AArch32 状态支持 16 个 32 位的通用寄存器。

通用寄存器除了用于数据运算和存储之外，还可以在函数调用过程中起到特殊作用，ARM64 架构的函数调用标准和规范对此有所约定，如图 1.27 所示。

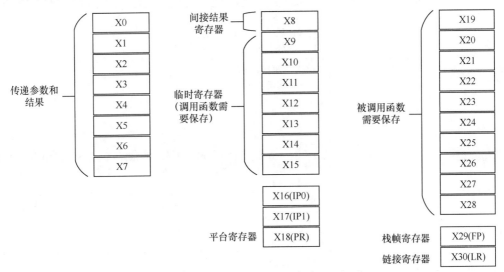

▲图 1.27　AArch64 状态的 31 个通用寄存器

在 AArch64 状态下，使用 X 来表示 64 位通用寄存器，如 X0、X30 等。另外，还可以使用 W 来表示低 32 位的数据，如 *w*0 表示 X0 寄存器的低 32 位数据，*w*1 表示 X1 寄存器的低 32 位数据，如图 1.28 所示。

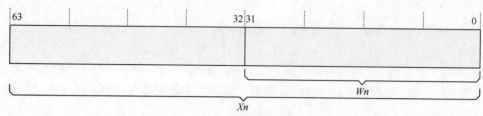

▲图 1.28　64 位通用寄存器和低 32 位数据

1.3.2　处理器状态

在 ARMv7 架构中使用程序状态寄存器（Current Program Status Register，CPSR）来表示当前的处理器状态（processor state），而在 AArch64 里使用 PSTATE 寄存器来表示，如表 1.5 所示。

表 1.5　　　　　　　　　　　　　　　　　PSTATE 寄存器

分类	字段	描　　述
条件标志位	N	负数标志位。 在结果是有符号的二进制补码的情况下，如果结果为负数，则 N=1；如果结果为非负数，则 N=0
	Z	0 标志位。 如果结果为 0，则 Z=1；如果结果为非 0，则 Z=0
	C	进位标志位。 当发生无符号数溢出时，C=1。 其他情况下，C=0
	V	有符号数溢出标志位。 ❑　对于加/减法指令，在操作数和结果是有符号的整数时，如果发生溢出，则 V=1；如果未发生溢出，则 V=0。 ❑　对于其他指令，V 通常不发生变化
运行状态控制	SS	软件单步。该位为 1，说明在异常处理中使能了软件单步功能
	IL	不合法的异常状态
	nRW	当前执行模式。 ❑　0：处于 AArch64 状态。 ❑　1：处于 AArch32 状态
	EL	当前异常等级。 ❑　0：表示 EL0。 ❑　1：表示 EL1。 ❑　2：表示 EL2。 ❑　3：表示 EL3
	SP	选择 SP 寄存器。当运行在 EL0 时，处理器选择 EL0 的 SP 寄存器，即 SP_EL0；当处理器运行在其他异常等级时，处理器可以选择使用 SP_EL0 或者对应的 SP_EL*n* 寄存器
异常掩码标志位	D	调试位。使能该位可以在异常处理过程中打开调试断点和软件单步等功能
	A	用来屏蔽系统错误（SError）
	I	用来屏蔽 IRQ
	F	用来屏蔽 FIQ

续表

分类	字段	描述
访问权限	PAN	特权不访问（Privileged Access Never）位是 ARMv8.1 的扩展特性。 ☐ 1：在 EL1 或者 EL2 访问属于 EL0 的虚拟地址时会触发一个访问权限错误。 ☐ 0：不支持该功能，需要软件来模拟
	UAO	用户特权访问覆盖标志位，是 ARMv8.2 的扩展特性。 ☐ 1：当运行在 EL1 或者 EL2 时，没有特权的加载存储指令可以和有特权的加载存储指令一样访问内存，如 LDTR 指令。 ☐ 0：不支持该功能

1.3.3 特殊寄存器

ARMv8 架构除了支持 31 个通用寄存器之外，还提供多个特殊的寄存器，如图 1.29 所示。

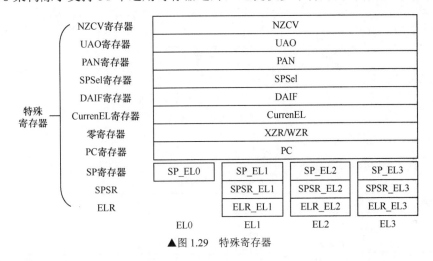

▲图 1.29 特殊寄存器

1. 零寄存器

ARMv8 架构提供两个零寄存器（zero register），这些寄存器的内容全是 0，可以用作源寄存器，也可以用作目标寄存器。WZR 寄存器是 32 位的零寄存器，XZR 是 64 位的零寄存器。

2. PC 寄存器

PC 寄存器通常用来指向当前运行指令的下一条指令的地址，用于控制程序中指令的运行顺序，但是编程人员不能通过指令来直接访问它。

3. SP 寄存器

ARMv8 架构支持 4 个异常等级，每一个异常等级都有一个专门的 SP 寄存器 SP_ELn，如处理器运行在 EL1 时选择 SP_EL1 寄存器作为 SP 寄存器。

- ☐ SP_EL0：EL0 下的 SP 寄存器。
- ☐ SP_EL1：EL1 下的 SP 寄存器。
- ☐ SP_EL2：EL2 下的 SP 寄存器。
- ☐ SP_EL3：EL3 下的 SP 寄存器。

当处理器运行在比 EL0 高的异常等级时，处理器可以访问如下寄存器。

❑ 当前异常等级对应的 SP 寄存器 SP_EL*n*。

❑ EL0 对应的 SP 寄存器 SP_EL0 可以当作一个临时寄存器，如 Linux 内核里使用该寄存器存放进程的 task_struct 数据结构的指针。

当处理器运行在 EL0 时，它只能访问 SP_EL0，而不能访问其他高级的 SP 寄存器。

4. 保存处理状态寄存器

当我们运行一个异常处理器时，处理器的处理状态会保存到保存处理状态寄存器（Saved Process Status Register，SPSR）里，这个寄存器非常类似于 ARMv7 架构中的 CPSR。当异常将要发生时，处理器会把 PSTATE 寄存器的值暂时保存到 SPSR 里；当异常处理完成并返回时，再把 SPSR 的值恢复到 PSTATE 寄存器。SPSR 的格式如图 1.30 所示，SPSR 的重要字段如表 1.6 所示。

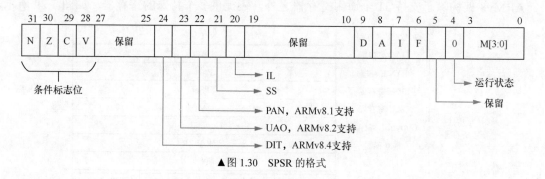

▲图 1.30　SPSR 的格式

表 1.6　　　　　　　　　　　　　　　　　SPSR 的重要字段

字段	描　　述
N	负数标志位
Z	零标志位
C	进位标志位
V	有符号数溢出标志位
DAT	与数据无关的指令时序（Data Independent Timing），ARMv8.4 的扩展特性
UAO	用户特权访问覆盖标志位，ARMv8.2 的扩展特性
PAN	特权模式禁止访问（Privileged Access Never）位，ARMv8.1 的扩展特性
SS	表示是否使能软件单步功能。若该位为 1，说明在异常处理中使能了软件单步功能
IL	不合法的异常状态
D	调试位。使能该位可以在异常处理过程中打开调试断点和软件单步等功能
A	用来屏蔽系统错误
I	用来屏蔽 IRQ
F	用来屏蔽 FIQ
M[4]	用来表示异常处理过程中处于哪个执行状态，若为 0，表示 AArch64 状态
M[3:0]	异常模式

5. ELR

ELR 存放了异常返回地址。

6. CurrentEL 寄存器[①]

该寄存器表示 PSTATE 寄存器中的 EL 字段，其中保存了当前异常等级。使用 MRS 指令可以读取当前异常等级。

- ❑　0：表示 EL0。
- ❑　1：表示 EL1。
- ❑　2：表示 EL2。
- ❑　3：表示 EL3。

7. DAIF 寄存器

该寄存器表示 PSTATE 寄存器中的{D, A, I, F}字段。

8. SPSel 寄存器

该寄存器表示 PSTATE 寄存器中的 SP 字段，用于在 SP_EL0 和 SP_ELn 中选择 SP 寄存器。

9. PAN 寄存器

该寄存器表示 PSTATE 寄存器中的 PAN（Privileged Access Never，特权禁止访问）字段。可以通过 MSR 和 MRS 指令来设置 PAN 寄存器。

10. UAO 寄存器

该寄存器表示 PSTATE 寄存器中的 UAO（User Access Override，用户访问覆盖）字段。可以通过 MSR 和 MRS 指令来设置 UAO 寄存器。

11. NZCV 寄存器

该寄存器表示 PSTATE 寄存器中的﹛N，Z，C，V﹜字段。

1.3.4　系统寄存器

除了上面介绍的通用寄存器和特殊寄存器之外，ARMv8 架构还定义了很多的系统寄存器，通过访问和设置这些系统寄存器来完成对处理器不同的功能配置。在 ARMv7 架构里，我们需要通过访问 CP15 协处理器来间接访问这些系统寄存器，而在 ARMv8 架构中没有协处理器，可直接访问系统寄存器。ARMv8 架构支持如下 7 类系统寄存器。

- ❑　通用系统控制寄存器。
- ❑　调试寄存器。
- ❑　性能监控寄存器。
- ❑　活动监控寄存器。
- ❑　统计扩展寄存器。
- ❑　RAS 寄存器。

---

① 详见《ARM Architecture Reference Manual, for ARMv8-A architecture profile, v8.4》C5.2 节。

❏　　通用定时器寄存器。

系统寄存器支持不同的异常等级的访问，通常系统寄存器会使用"Reg_ELn"的方式来表示。

❏　Reg_EL1：处理器处于 EL1、EL2 以及 EL3 时可以访问该寄存器。

❏　Reg_EL2：处理器处于 EL2 和 EL3 时可以访问该寄存器。

❏　大部分系统寄存器不支持处理器处于 EL0 时访问，但也有一些例外，如 CTR_EL0 寄存器。

程序可以通过 MSR 和 MRS 指令访问系统寄存器。

```
mrs X0, TTBR0_EL1     //把 TTBR0_EL1 的值复制到 X0 寄存器
msr TTBR0_EL1, X0     //把 X0 寄存器的值复制到 TTBR0_EL1
```

1.4　A64 指令集

指令集是处理器架构设计的重点之一。ARM 公司定义和实现的指令集一直在变化和发展中。ARMv8 架构最大的改变是增加了一个新的 64 位的指令集，这是早前 ARM 指令集的有益补充和增强。它可以处理 64 位宽的寄存器和数据并且使用 64 位的指针来访问内存。这个新的指令集称为 A64 指令集，运行在 AArch64 状态。ARMv8 兼容旧的 32 位指令集——A32 指令集，它运行在 AArch32 状态。

A64 指令集和 A32 指令集是不兼容的，它们是两套完全不一样的指令集，它们的指令编码是不一样。需要注意的是，A64 指令集的指令宽度是 32 位，而不是 64 位。

指令的格式如下。

❏　Xd：目标寄存器，64 位宽。

❏　Xn：第一个源寄存器，64 位宽。

❏　Xm：第二个源寄存器，64 位宽。

❏　Xa：第三个源寄存器，64 位宽。

❏　SP：SP 寄存器，64 位宽。

❏　imm：立即数。

❏　shift：移位操作的数量。

❏　WSP：SP 寄存器，32 位宽。

❏　Wd：目标寄存器，64 位宽。

❏　Wn：第一个源寄存器，32 位宽。

❏　Wm：第二个源寄存器，32 位宽。

❏　Wa：第三个源寄存器，32 位宽。

另外，不同供应商的汇编工具（如 ARM 汇编器（armasm）、GNU 编译器等）具有不同的语法。通常助记符和汇编指令是相同的，但汇编伪指令、定义、标号和注释语法则可能有差异。本章以 GNU 编译器为例，部分例子来自 Linux 内核的汇编代码片段。

1.4.1　常用的算术和搬移指令

常用的算术指令（包括加法指令、减法指令等）和常用的搬移指令包括数据搬移指令等，如表 1.7 所示。

表 1.7　　　　　　　　　　　　　　　　常用的算术和搬移指令

指令分类	指令	描　　述

算术指令	ADD	加法指令。
		❑　使用寄存器的加法。
		❑　使用立即数的加法。指令的格式如下。
		`ADD Xd|SP, Xn|SP, #imm{, shift} ;`
		指令的执行结果如下。
		`Xd = Xn + shift(imm)`
		❑　使用移位操作的加法。指令的格式如下。
		`ADD Xd, Xn, Xm{, shift #amount} ;`
		指令的执行结果如下。
		`Xd = Xn + shift(Rm, amount)`

	SUB	减法指令。
		❑　使用寄存器的减法。指令的格式如下。
		`SUB Xd|SP, Xn|SP, Rm{, extend {#amount}} ;`
		指令的执行结果如下。
		`Xd = Xn – LSL(extend(Rm), amount)`
		❑　使用立即数的减法。指令的格式如下。
		`SUB Xd|SP, Xn|SP, #imm{, shift} ;`
		指令的执行结果如下。
		`Xd = Xn – shift(imm)`
		❑　使用移位操作的减法。指令的格式如下。
		`SUB Xd, Xn, Xm{, shift #amount} ;`
		指令的执行结果如下。
		`Xd = Xn – shift(Rm, amount)`

	ADC	带进位的加法指令。指令的格式如下。 `ADC Xd, Xn, Xm ;` 指令的执行结果如下。 `Xd = Xn + Xm + C`,其中 C 为 PSTATE 寄存器的 C 标志位
	SBC	带进位的减法。指令的格式如下。 `SBC Xd, Xn, Xm ;` 注意,指令的执行结果如下。 `Xd = Xn – Xm – 1 + C`,其中 C 为处理器状态寄存器的 C 标志位
	NGC	负数减法。指令的格式如下。 `NGC Xd, Xm ;` 指令的执行结果如下。 `Xd = Xn – Xm – 1 + C`；其中 C 为 PSTATE 寄存器的 C 标志位

搬移指令	MOV	数据搬移指令。
		❑　加载立即数。指令的格式如下。
		`MOV Xd, #imm ;`
		❑　加载寄存器的值。指令的格式如下。
		`MOV Xd, Xm ;`

	MVN	加载一个数的 NOT 值（取到逻辑反的值）

1.4.2　乘法和除法指令

常见的乘法和除法指令如表 1.8 所示。

表 1.8 乘法和除法指令

指令分类	指令	描　　述
乘法指令	MADD	超级乘加指令。指令的格式如下。 MADD Xd, Xn, Xm, Xa ; 指令的执行结果如下。 Xd = Xa + Xn * Xm
	MNEG	先乘然后取负数。指令的格式如下。 MNEG Xd, Xn, Xm ; 指令的执行结果如下。 Xd = -(Xn * Xm)
	MSUB	乘减运算。指令格式如下。 MSUB Xd, Xn, Xm, Xa ; 指令的执行结果如下。 Xd = Xa - Xn * Xm
	MUL	乘法运算。指令的格式如下。 MUL Xd, Xn, Xm ; 指令的执行结果如下。 Xd = Xn * Xm
	SMADDL	有符号的乘加运算。指令的格式如下。 SMADDL Xd, Wn, Wm, Xa; 指令的执行结果如下。 Xd = Xa + Wn * Wm
	SMNEGL	有符号的乘负运算，先乘后取负数。指令的格式如下。 SMNEGL Xd, Wn, Wm; 指令的执行结果如下。 Xd = - (Wn * Wm)
	SMSUBL	有符号的乘减运算。指令的格式如下。 SMSUBL Xd, Wn, Wm, Xa; 指令的执行结果如下。 Xd = Xa - Wn * Wm
	SMULH	有符号的乘法运算，但是只取高 64 位。指令的格式如下。 SMULH Xd, Xn, Xm; 指令的执行结果如下。 Xd = Xn * Xm 中的 Bit[127:64]
	SMULL	有符号的乘法运算。指令的格式如下。 SMULL Xd, Wn, Wm; 指令的执行结果如下。 Xd = Wn * Wm
	UMADDL	无符号的乘加运算。指令的格式如下。 UMADDL Xd, Wn, Wm, Xa; 指令的执行结果如下。 Xd = Xa + Wn * Wm
	UMNEGL	无符号的乘负运算。指令的格式如下。 UMNEGL Xd, Wn, Wm; 指令的执行结果如下。 Xd = - (Wn * Wm)
	UMULH	无符号的乘法运算，但是只取高 64 位。指令的格式如下。 UMULH Xd, Xn, Xm; 指令的执行结果如下。 Xd = Xn * Xm 中的 Bit[127:64]

指令分类	指令	描 述
乘法指令	UMULL	无符号的乘法运算。指令的格式如下。 UMULL Xd, Wn, Wm 指令的执行结果如下。 Xd = Wn * Wm
除法指令	SDIV	有符号的除法运算。指令的格式如下。 SDIV Xd, Xn, Xm ; 指令的执行结果如下。 Xd = Xn / Xm
	UDIV	无符号的除法运算。指令的格式如下。 UDIV Xd, Xn, Xm ; 指令的执行结果如下。 Rd = Rn / Rm

1.4.3 移位操作指令

常见的移位操作指令如表 1.9 所示。

表 1.9　　　　　　常见的移位操作指令

指 令	描 述
LSL	逻辑左移指令。指令的格式如下。 LSL Xd, Xn, Xm ; 指令的执行结果如下。 Xd = LSL(Xn, Xm)
LSR	逻辑右移指令。指令的格式如下。 LSR Xd, Xn, Xm ; 指令的执行结果如下。 Xd = LSR(Xn, Xm)
ASR	算术右移指令。指令的格式如下。 ASR Xd, Xn, Xm ; 指令的执行结果如下。 Xd = ASR(Xn, Xm)
ROR	循环右移指令。指令的格式如下。 ROR Xd, Xs, #shift ; 指令的执行结果如下。 Xd = ROR(Xs, shift)

1.4.4 位操作指令

常见的位操作指令如表 1.10 所示。

表 1.10　　　　　　位操作指令

指 令	描 述
BFI	位段插入指令。指令的格式如下。 BFI Xd, Xn, #lsb, #width ; 指令的执行结果如下。 用 Xn 中的 Bit[0: width] 替换 Xd 中从 lsb 开始的 width 位，Xd 的其他位不变
BFC	位段清零指令。指令的格式如下。 BFC Xd, #lsb, #width ; 指令的执行结果如下。 从 lsb 开始清零 Xd 中的 width 位

指　令	描　述
BIC	位清零指令。指令的格式如下。 BIC Xd, Xn, Xm{, shift #amount} ; 指令的执行结果如下。 Xd = Xn &~ Xm
SBFX	有符号的位段提取指令。指令的格式如下。 SBFX Xd, Xn, #lsb, #width ; 指令的执行结果如下。 从 Xn 寄存器提取位段，位段从 lsb 开始，位宽为 width，结果被写入 Xd 寄存器的最低位中
UBFX	无符号的位段提取指令。 UBFX Xd, Xn, #lsb, #width ; 指令的执行结果如下。 从 Xn 寄存器提取位段，位段从第 lsb 位开始，位宽为 width，然后把结果写入 Xd 寄存器的最低位中
AND	按位与操作。指令的格式如下。 AND Xd, Xn 指令的执行结果如下。 Xd = Xd & Xn
ORR	按位或操作。指令的格式如下。 ORR Xd, Xn 指令的执行结果如下。 Xd = Xd | Xn
EOR	按位异或操作。指令的格式如下。 EOR Xd, Xn 指令的执行结果如下。 Xd = Xd ^ Xn
CLZ	前导零计数指令 用来计算最高位的 1 前面有几个 0。 指令的格式如下。 CLZ Xd, Xn 指令的执行结果如下。 Xd = CLZ(Xn)

相关例子如下。

```
BFI X0, X1, #8, #4    //把 X1 寄存器的 Bit[4:0]位段插入 X0 寄存器的第 8 位中
BFC X0, #8, #4 //从 X0 寄存器中的第 8 位开始清零，宽度为 4
BIC W0, W0 , #0xF0000000 //将 W0 寄存器的高 4 位清零
BIC W1, W1, #0x0F //将 W1 寄存器的低 4 位清零
UBFX X8, X4, #8, #4   //该指令等同于 X8 = (X4 & 0xF00)>>8
```

BFC 指令用来清除寄存器中任意相邻的位。

```
LDR, X0, =0x1234FFFF
BFC, X0, #4, #8
```

上述指令表示从第 4 位开始清除 X0 中的 8 位，因此上述指令的执行结果为 X0 = 0x1234 F00F。

UBFX 与 SBFX 分别为无符号和有符号位段提取指令。二者是有区别的。

UBFX 从寄存器（Xn）中任意位置（由 lsb 指定）开始提取任意宽度（由 width 指定）的位段，将高位填充零后的值放入目的寄存器（Xd）。

```
LDR, X0, =0x5678ABCD
UBFX, X1, X0, #4, #8
```

上述指令的执行结果为 X1 = 0x00000000 000000BC。

和 UBFX 类似，SBFX 提取出位段后对目的寄存器进行有符号的展开。

```
LDR, X0, =0x5678ABCD
SBFX, X1, X0, #4, #8
```

上述指令的执行结果为 X1 = 0xFFFFFFFF FFFFFFBC。

1.4.5　条件操作

A64 指令集沿用了 A32 指令集中的条件操作，在 PSTATE 寄存器中条件标志域描述了 4 种条件标志位，即 N、Z、C、V，如表 1.11 所示。

表 1.11　　　　　　　　　　　　　　条件标志位

条件标志位	描　　述
N	负数标志（上一次运算结果为负值）
Z	零结果标志（上一次运算结果为零）
C	进位标志（上一次的运算结果发生了无符号溢出）
V	溢出标志（上一次的运算结果发生了有符号溢出）

常见的条件操作后缀如表 1.12 所示。

表 1.12　　　　　　　　　　　　　　常见的条件操作后缀

后缀	含　　义	标　　志	条件码
EQ	相等	Z=1	0b0000
NE	不相等	Z=0	0b0001
CS/HS	无符号数大于或者等于	C=1	0b0010
CC/LO	无符号数小于	C=0	0b0011
MI	负数	N=1	0b0100
PL	正数或零	N=0	0b0101
VS	溢出	V=1	0b0110
VC	未溢出	V=0	0b0111
HI	无符号数大于	(C=1) && (Z=0)	0b1000
LS	无符号数小于或等于	(C=0) || (Z=1)	0b1001
GE	有符号数大于或等于	N == V	0b1010
LT	有符号数小于	N!=V	0b1011
GT	有符号数大于	(Z==0) && (N==V)	0b1100
LE	有符号数小于或等于	(Z==1) || (n!=V)	0b1101
AL	无条件执行		0b1110
NV	有条件执行		0b1111

大部分的 ARM 数据处理指令可以根据执行结果来选择是否更新条件标志位。常见的条件指令如表 1.13 所示。

表 1.13 条件指令

指　　令	说　　明
CSEL	条件选择指令。指令的格式如下。 `CSEL Xd, Xn, Xm, cond ;` 指令的执行结果如下。 如果 cond 为真，返回 Xn；否则，返回 Xm
CSET	条件置位指令。指令的格式如下。 `CSET Xd, cond ;` 指令的执行结果如下。 如果 cond 为真，返回 1；否则，返回 0
CSINC	条件选择并增加指令。指令的格式如下。 `CSINC Xd, Xn, Xm, cond ;` 指令的执行结果如下。 如果 cond 为真，返回 Xn；否则，返回 Xm+1

下面是一段 C 语言代码。

```
if (i == 0)
    r = r +2;
else
    r = r - 1;
```

可以使用如下汇编代码来表示上述代码。

```
CMP w0, #0 // if (i == 0)
SUB w2, w1, #1 // r = r - 1
ADD w1, w1, #2 // r = r + 2
CSEL w1, w1, w2, EQ //根据执行结果来选择
```

1.4.6　内存加载指令

和早期的 ARM 架构一样，ARMv8 架构也是基于指令加载和存储的架构。在这种架构下，所有的数据处理都需要在寄存器中完成，而不能直接在内存中完成。因此，首先把待处理数据从内存加载到通用寄存器，然后进行数据处理，最后把结果写入内存中。

常见的内存加载指令是 LDR 指令，存储指令是 STR 指令。

```
LDR 目标寄存器, <存储器地址>    //把存储器地址中的数据加载到目标寄存器中
STR 源寄存器, <存储器地址>      //把源寄存器的数据存储到存储器中
```

LDR 和 STR 指令根据不同的数据位宽有多种变种，如表 1.14 所示。

表 1.14 加载和存储指令

指　　令	说　　明
LDR	数据加载指令
LDRSW	有符号的数据加载指令，单位为字
LDRB	数据加载指令，单位为字节
LDRSB	有符号的加载指令，单位为字节
LDRH	数据加载指令，单位为半字
LDRSH	有符号的数据加载指令，单位为半字
STRB	数据存储指令，单位为字节
STRH	数据存储指令，单位为半字

LDR 和 STR 指令有如下几个常用模式。

1. 地址偏移量模式

地址偏移量模式常常使用寄存器的值来表示一个地址，或者基于寄存器的值得出偏移量，从而计算内存地址，并且把这个内存地址的值加载到通用寄存器中。偏移量可以是正数，也可以是负数。常见的指令格式如下。

```
LDR Xd, [Xn, $offset]
```

首先在 Xn 寄存器的内容中加一个偏移量并将结果作为内存地址，加载此内存地址的内容到 Xd 寄存器。

示例如下。

```
LDR X0, [X1]   //内存地址为 X1 寄存器的值，加载此内存地址的值到 X0 寄存器
LDR X0, [X1, #8] //内存地址为 X1 寄存器的值+8，加载此内存地址的值到 X0 寄存器

LDR X0, [X1, X2] //内存地址为 X1 寄存器的值+X2 寄存器的值，加载此内存地址的值到 X0 寄存器

LDR X0,[X1, X2, LSL #3] //内存地址为 X1 寄存器的值+(X2 寄存器的值<<3)，加载此内存地址的值到 X0
//寄存器

LDR X0, [X1, W2, SXTW] //先对 W2 的值做有符号的扩展，和 X1 寄存器的值相加后，将结果作为内存地址，加载
//此内存地址的值到 X0 寄存器

LDR X0, [X1, W2, SXTW #3] //先对 W2 的值做有符号的扩展，然后左移 3 位，和 X1 寄存器的值相加后，将结果
//作为内存地址，加载此内存地址的值到 X0 寄存器
```

2. 变基模式

变基模式主要有如下两种。

- ❑ 前变基模式（Pre-Index 模式）：先更新偏移量地址，后访问内存地址。
- ❑ 后变基模式（Post-Index 模式）：先访问内存地址，后更新偏移量地址。

示例如下。

```
LDR X0,  [X1, #8]! //前变基模式。先更新 X1 寄存器的值为 X1 寄存器的值+8，然后以新的 X1 寄存器的值为
//内存地址，加载该内存地址的值到 X0 寄存器

LDR X0, [X1], #8   //后变基模式。以 X1 寄存器的值为内存地址，加载该内存地址的值到 X0 寄存器，然后更新
//X1 寄存器的值为 X1 寄存器的值+8

SDP X0, X1, [SP, #-16]!  //把 X0 和 X1 寄存器的值压回栈中

LDP X0, X1, [SP], #16  //把 X0 和 X1 寄存器的值弹出栈
```

3. PC 相对地址模式

汇编代码里常常会使用标签（label）来标记代码逻辑片段。我们可以使用 PC 相对地址模式来访问这些标签。在 ARM 架构中，我们不能直接访问 PC 地址，但是通过 PC 相对地址模式来访问一个和 PC 相关的地址。

示例如下。

```
LDR X0, =<label> //从 label 标记的地址处加载 8 字节到 X0 寄存器
```

利用这个特性可以实现地址重定位，如在 Linux 内核的文件 head.S 中，启动 MMU 之后，使用该特性来实现从运行地址定位到链接地址。

```
<arch/arm64/kernel/head.S>

1    __primary_switch:
2        adrp  x1, init_pg_dir
3        bl  __enable_mmu
4
5        ldr  x8, =__primary_switched
6        adrp  x0, __PHYS_OFFSET
7        br  x8
8    ENDPROC(__primary_switch)
```

第 3 行的 __enable_mmu 函数打开 MMU，第 5 行和第 7 行用于跳转到 __primary_switched 函数，其中，__primary_switched 函数的地址是链接地址，即内核空间的虚拟地址；而在启动 MMU 之前，处理器运行在实际的物理地址（即运行地址）上。上述指令实现了地址重定位功能，详细介绍可以参考卷 2 中 3.1.5 节。

读者容易对下面 3 条指令产生困扰。

```
LDR X0, [X1, #8] //内存地址为 X1 寄存器的值+8，加载此内存地址的值到 X0 寄存器
LDR X0, [X1, #8]! //前变基模式。先更新 X1 寄存器的值为 X1 寄存器的值+8，然后以新的值为内存地址，加载
    #该内存地址的值到 X0 寄存器
LDR X0, [X1], #8  //后变基模式。以 X1 寄存器的值为内存地址，加载该内存地址的值到 X0 寄存器，然后更新
    #X1 寄存器的值为 X1 寄存器的值+8
```

方括号（[ ]）表示从该内存地址中读取或者存储数据，而指令中的感叹号（!）表示是否更新存放内存地址的寄存器，即写回和更新寄存器。

1.4.7　多字节内存加载和存储指令

在 A32 指令集中提供 LDM 和 STM 指令来实现多字节内存加载与存储，到了 A64 指令集，不再提供 LDM 和 STM 指令，而是提供 LDP 和 STP 指令。

示例如下。

```
LDP X3, X7, [X0]   //以 X0 寄存器的值为内存地址，加载此内存地址的值到 X3 寄存器；然后以 X0 寄存器的值+8
    #为内存地址，加载此内存地址的值到 X7 寄存器

LDP X1, X2, [X0, #0x10]!   //前变基模式。先计算 X0 = X0 + 0x10，然后以 X0 寄存器的值为内存地址，
    #加载此内存地址的值到 X1；然后以 X0 寄存器的值+8 为内存地址，加载此内存地址的值到 X2

STP X1, X2, [X4] //存储 X1 寄存器的值到地址为 X4 寄存器的值的内存中，然后存储 X2 寄存器的值到地址为 X4
    #寄存器的值+8 的内存中
```

1.4.8　非特权访问级别的加载和存储指令

ARMv8 架构中实现了一组非特权访问级别的加载和存储指令，它适用于在 EL0 进行的访问，如表 1.15 所示。

表 1.15 非特权访问级别的加载和存储指令

指　　令	描　　述
LDTR	非特权加载指令
LDTRB	非特权加载指令，加载 1 字节
LDTRSB	非特权加载指令，加载有符号的 1 字节
LDTRH	非特权加载指令，加载 2 字节
LDTRSH	非特权加载指令，加载有符号的 2 字节
LDTRSW	非特权加载指令，加载有符号的 4 字节
STTR	非特权存储指令，存储 8 字节
STTRB	非特权存储指令，存储 1 字节
STTRH	非特权存储指令，存储 2 字节

当 PSTATE 寄存器中的 UAO 字段为 1 时，在 EL1 和 EL2 执行这些非特权指令的效果和特权指令是一样的，这个特性是在 ARMv8.2 的扩展特性中加入的。

1.4.9　内存屏障指令简介

ARMv8 架构实现了一个弱一致性内存模型，内存访问的次序可能和程序预期的次序不一样。A64 和 A32 指令集中提供了内存屏障指令，如表 1.16 所示。

表 1.16 内存屏障指令

指　　令	描　　述
DMB	数据存储屏障（Data Memory Barrier，DMB）确保在执行新的存储器访问前所有的存储器访问都已经完成
DSB	数据同步屏障（Data Synchronization Barrier，DSB）确保在下一个指令执行前所有存储器访问都已经完成
ISB	指令同步屏障（Instruction Synchronization Barrier，ISB）清空流水线，确保在执行新的指令前，之前所有的指令都已完成

除此之外，ARMv8 架构还提供一组新的加载和存储指令，显式包含了内存屏障功能，如表 1.17 所示，详细介绍见 2.5.2 节。

表 1.17 新的加载和存储指令

指　　令	描　　述
LDAR	加载-获取（load-acquire）指令。 LDAR 指令后面的读写内存指令必须在 LDAR 指令之后才能执行
STLR	存储-释放（store-release）指令。 所有的加载和存储指令必须在 STLR 指令之前完成

1.4.10　独占内存访问指令

ARMv7 和 ARMv8 架构都提供独占内存访问（exclusive memory access）的指令。在 A64 指令集中，LDXR 指令尝试在内存总线中申请一个独占访问的锁，然后访问一个内存地址。STXR 指令会往刚才 LDXR 指令已经申请独占访问的内存地址里写入新内容。LDXR 和 STXR 指令通常组合使用来完成一些同步操作，如 Linux 内核的自旋锁。

另外，ARMv7 和 ARMv8 还提供多字节独占访问的指令，即 LDXP 和 STXP 指令，如表 1.18 所示。

表 1.18　　　　　　　　　　　　　　独占内存访问指令

指　　令	描　　述
LDXR	独占内存访问指令。指令的格式如下。 LDXR Xt, [Xn|SP{,#0}] ;
STXR	独占内存访问指令。指令的格式如下。 STXR Ws, Xt, [Xn|SP{,#0}] ;
LDXP	多字节独占内存访问指令。指令的格式如下。 LDXP Xt1, Xt2, [Xn|SP{,#0}] ;
STXP	多字节独占内存访问指令。指令的格式如下。 STXP Ws, Xt1, Xt2, [Xn|SP{,#0}] ;

1.4.11　跳转与比较指令

编写汇编代码常常会使用跳转指令，A64 指令集提供了多种不同功能的跳转指令，如表 1.19 所示。

表 1.19　　　　　　　　　　　　　　跳转指令

指　　令	描　　述
B	跳转指令。指令的格式如下。 B label 该跳转指令可以在当前 PC 偏移量±128MB 的范围内无条件地跳转到 lable 处
B.cond	有条件的跳转指令。指令的格式如下。 B.cond label 如 B.EQ，该跳转指令可以在当前 PC 偏移量±1MB 的范围内有条件地跳转到 label 处
BL	带返回地址的跳转指令。指令的格式如下。 BL label 和 B 指令类似，不同的地方是 BL 指令将返回地址设置到 X30 寄存器中
BR	跳转到寄存器指定的地址。指令的格式如下。 BR Xn
BLR	跳转到寄存器指定的地址。指令的格式如下。 BLR Xn 和 BR 指令类似，不同的地方是 BLR 指令将返回地址设置到 X30 寄存器中
RET	从子函数返回。指令的格式如下。 RET {Xn} 从子函数返回 Xn 寄存器指定的地址。若没有指定 Xn，那么默认会跳转到 X30 寄存器指定的地址
CBZ	比较并跳转指令。指令的格式如下。 CBZ Xt, label ; 判断 Xt 寄存器是否为 0，若为 0，则跳转到 label 处，跳转范围是当前 PC 相对偏移量±1MB
CNNZ	比较并跳转指令。指令的格式如下。 CBNZ Xt, label ; 判断 Xt 寄存器是否不为 0，若不为 0，则跳转到 label 处，跳转范围是当前 PC 相对偏移量±1MB
TBZ	测试位并跳转指令。指令的格式如下。 TBZ R<t>, #imm, label 判断 Rt 寄存器中第 imm 位是否为 0，若为 0，则跳转到 label 处，跳转范围是当前 PC 相对偏移量±32KB
TBNZ	测试位并跳转指令。指令的格式如下。 TBNZ R<t>, #imm, label 判断 Rt 寄存器中第 imm 位是否不为 0，若不为 0，则跳转到 label 处，跳转范围是当前 PC 相对偏移量±32KB

续表

指　　令	描　　述
CMP	比较指令（比较两个数并且更新标志位）。指令的格式如下。 CMP Xn|SP, #imm{, shift} ; 该指令主要做减法运算 Xn − #imm，执行结果是用于影响处理器状态寄存器的标志位
CMN	负向比较，把一个数与另外一个数的二进制补码相比较
TST	测试，执行按位与操作，并根据结果更新处理器状态寄存器的 z 位

在 Linux 内核代码中的 ret_from_fork 函数里多次使用跳转指令。

```
< arch/arm64/kernel/entry.S >

ENTRY(ret_from_fork)
    bl      schedule_tail        //跳转到 schedule_tail 函数
    cbz     x19, 1f              //判断 x19 是否为 0，若为 0，说明当前线程不是一个内核线程
    mov     x0, x20
    blr     x19                  //若是内核线程，则跳转到 x19 指定的地址
1:      get_thread_info tsk
    b       ret_to_user          //跳转到 ret_to_user 函数
ENDPROC(ret_from_fork)
```

另外，cmp 指令常常用来比较两个数的大小，它内部使用 SUBS 指令来完成，最终结果会影响 PSTATE 寄存器中的 C 标志位。例如，下面这条 CMP 指令中，当 x1 大于或等于 x2 时，C 标志位为 1；当 x1 小于 x2 时，C 标志位为 0。

```
cmp x1, x2
```

在汇编代码中，cmp 指令常常和跳转指令搭配使用。另外，cmp 指令也可以和带进位的加法指令（adc 指令）或者带进位的减法指令（sbc 指令）一起使用，此时需要考虑 C 标志位。下面给出一段示例代码。

```
.global compare_and_return
compare_and_return:
    cmp x0, x1
    sbc x0, xzr, xzr
    ret
```

compare_and_return 汇编函数通过 X0 和 X1 寄存器传递两个参数，最终结果会通过 X0 寄存器来返回。上述代码示例可以分成如下两种情况来考虑。

- 当 X0 寄存器中的值大于或等于 X1 寄存器中的值时，cmp 指令会影响 C 标志位，因为 C=1，所以 X0 寄存器中的值= 0 − 0 −1 +1 = 0，最终结果变成 0。
- 当 X0 寄存器中的值小于 X1 寄存器中的值时，cmp 指令也会影响 C 标志位，因为 C=0，所以 X0 寄存器中的值= 0 − 0 −1 −0 = −1，使用无符号数来表示则变成 0xFFFF FFFF FFFF FFFF。

1.4.12　异常处理指令

A64 指令集支持多个异常处理指令，如表 1.20 所示。

表 1.20　　　　　　　　　　　　　　　　　异常处理指令

指　　令	描　　述
SVC	系统调用指令。指令的格式如下。 SVC #imm 允许应用程序通过 SVC 指令自陷到操作系统中，通常会进入 EL1
HVC	虚拟化系统调用指令。指令的格式如下。 HVC #imm 允许主机操作系统通过 HVC 指令自陷到虚拟机管理程序（hypervisor）中，通常会进入 EL2
SMC	安全监控系统调用指令。指令的格式如下。 SMC #imm 允许主机操作系统或者虚拟机管理程序通过 SMC 指令自陷到安全监管程序（secure monitor）中，通常会进入 EL3

1.4.13　系统寄存器访问指令

在 ARMv7 架构中，通过访问 CP15 协处理器来访问系统寄存器，而在 ARMv8 架构中访问方式进行了大幅改进和优化。通过 MRS 和 MSR 两条指令可以直接访问系统寄存器，如表 1.21 所示。

表 1.21　　　　　　　　　　　　　　　　　系统寄存器访问指令

指　　令	描　　述
MRS	读取系统寄存器的值到通用寄存器
MSR	更新系统寄存器的值

要访问系统特殊寄存器，指令如下。

```
MRS X4, ELR_EL1    //读取 ELR_EL1 寄存器的值到 X4 寄存器
MSR SPSR_EL1, X0   //把 X0 寄存器的值更新到 SPSR_EL1 寄存器
```

ARMv8 架构支持 7 类系统寄存器，下面以系统控制寄存器（System Control Register，SCTLR）为例。要访问系统寄存器，指令如下。

```
mrs  x20, sctlr_el1    //读取 SCTLR_EL1①
msr  sctlr_el1, x20    //设置 SCTLR_EL1
```

SCTLR_EL1 可以用来设置很多系统属性，如系统大/小端等。我们可以使用 MRS 和 MSR 指令来访问系统寄存器。

除了访问系统寄存器之外，还能通过 MSR 和 MRS 指令来访问与 PSTATE 寄存器相关的字段，这些字段可以看作特殊用途的系统寄存器[2]，如表 1.22 所示。

表 1.22　　　　　　　　　　　　　　　　　特殊用途的系统寄存器

寄　存　器	说　　明
CurrentEL	获取当前系统的异常等级
DAIF	获取和设置 PSTATE 寄存器中的 DAIF 掩码
NZCV	获取和设置 PSTATE 寄存器中的条件掩码
PAN	获取和设置 PSTATE 寄存器中的 PAN 字段

---

① 详见《ARM Architecture Reference Manual, for ARMv8-A architecture profile, v8.4》D12.2.100 节。

② 详见《ARM Architecture Reference Manual, for ARMv8-A architecture profile, v8.4》C5.2 节。

续表

寄 存 器	说 明
SPSel	获取和设置当前寄存器的 SP 寄存器
UAO	获取和设置 PSTATE 寄存器中的 UAO 字段

在 Linux 内核代码中使用如下指令来关闭本地处理器的中断。

```
<arch/arm64/include/asm/assembler.h>

.macro disable_daif
    msr     daifset, #0xf
.endm

.macro enable_daif
    msr     daifclr, #0xf
.endm
```

disable_daif 宏用来关闭本地处理器中 PSTATE 寄存器中的 DAIF 功能，也就是关闭处理器调试、系统错误、IRQ 以及 FIQ。而 enable_daif 宏用来打开上述功能。

下面是一个设置 SP 寄存器和获取当前异常等级的例子，代码实现在 arch/arm64/kernel/head.S 汇编文件中。

```
<arch/arm64/kernel/head.S>

ENTRY(el2_setup)
    Msr SPSel, #1                //设置 SP 寄存器，使用 SP_EL1
    mrs x0, CurrentEL            //获取当前异常等级
    cmp x0, #CurrentEL_EL2
    b.eq    1f
```

1.5 GCC 内联汇编

在 Linux 内核代码中常常会使用到 GCC 内联汇编，GCC 内联汇编的格式如下。

__asm__ __volatile__(指令部：输出部：输入部：损坏部)

GCC 内联汇编在处理变量和寄存器的问题上提供了一个模板和一些约束条件。

- ❑ 在指令部（AssemblerTemplate）中数字前加上%，如%0、%1 等，表示需要使用寄存器的样板操作数。若指令部用到了几个不同的操作数，就说明有几个变量需要和寄存器结合。
- ❑ 指令部后面的输出部（OutputOperands）用于描述在指令部中可以修改的 C 语言变量以及约束条件。每个输出约束（constraint）通常以"="或者"+"号开头，然后是一个字母（表示对操作数类型的说明），接着是关于变量结合的约束。输出部可以是空的。"="号表示被修饰的操作数只具有可写属性，"+"号表示被修饰的操作数只具有可读可写属性。
- ❑ 输入部（InputOperands）用来描述在指令部只能读取的 C 语言变量以及约束条件。输入部描述的参数只有只读属性，不要试图修改输入部的参数内容，因为 GCC 编译器

假定输入部的参数内容在内嵌汇编之前和之后都是一致的。在输入部中不能使用 "="
或者 "+" 约束条件，否则编译器会报错。另外，输入部可以是空的。

❑ 损坏部（Clobbers）一般以 "memory" 结束。"memory" 告诉 GCC 编译器，内联汇编
代码改变了内存中的值，强迫编译器在执行该汇编代码前存储所有缓存的值，在执行
完汇编代码之后重新加载该值，目的是防止编译乱序。"cc" 表示内嵌代码修改了状态
寄存器的相关标志位。

下面先看一个简单的例子，即 arch_local_irq_save()函数的实现。

```
<arch/arm64/include/asm/irqflags.h>

static inline unsigned long arch_local_irq_save(void)
{
    unsigned long flags;
    asm volatile(
        "mrs    %0, daif        //读取 PSTAT 寄存器中的 DAIF 域到 flags 变量
        "msr    daifset, #2"    //关闭 IRQ
        : "=r" (flags)
        :
        : "memory");
    return flags;
}
```

先看输出部，%0 操作数对应"=r" (flags)，即 flags 变量，其中 "=" 表示被修饰的操作数的
属性是只写，"r" 表示使用一个通用寄存器。

接着看输入部，在上述例子中，输入部为空，没有指定参数。

最后看损坏部，以 "memory" 结束。

该函数主要用于把 PSTATE 寄存器中的 DAIF 域保存到临时变量 flags 中，然后关闭 IRQ。

在输出部和输入部使用%来表示参数的序号，如%0 表示第 1 个参数，%1 表示第 2 个参数。
为了增强代码可读性，可以使用汇编符号名字来替代以%表示的操作数，如下面的 add()函数。

```
int add(int i, int j)
{
    int res = 0;

    asm volatile (
    "add %w[result], %w[input_i], %w[input_j]"
    : [result] "=r" (res)
    : [input_i] "r" (i), [input_j] "r" (j)
    );

    return res;
}
```

上述是一个很简单的 GCC 内联汇编的例子，主要功能是把参数 i 的值和参数 j 的值相加，
最后返回结果。

先看输出部，其中只定义了一个操作数。"[result]" 表示定义了一个汇编符号操作数，符号
名字为 result，它对应"=r" (res)，使用了函数中定义的 res 变量。在汇编代码中对应%w[result]，
其中 w 表示 ARM64 中的 32 位通用寄存器。

再看输入部，其中定义了两个操作数。同样使用汇编符号操作数的方式来定义。第一个汇编符号操作数是 input_i，对应的是函数形参 i；第二个汇编符号操作数是 input_j，对应的是函数形参 j。

GCC 内联汇编操作符和修饰符如表 1.23 所示。

表 1.23 GCC 内联汇编操作符和修饰符

操作符/修饰符	说　明
=	被修饰的操作数只写
+	被修饰的操作数具有可读、可写属性
&	被修饰的操作数只能作为输出

ARM64 架构中特有的操作符和修饰符如表 1.24 所示。

表 1.24 ARM64 架构中特有的操作符和修饰符[①]

操作符/修饰符	说　明
k	SP 寄存器
w	浮点寄存器、SIMD、SVE 寄存器
Upl	使用 P0 到 P7 中任意一个 SVE 寄存器
Upa	使用 P0 到 P15 中任意一个 SVE 寄存器
I	整数，常常用于 ADD 指令
J	整数，常常用于 SUB 指令
K	整数，常常用于 32 位逻辑指令
L	整数，常常用于 64 位逻辑指令
M	整数，常常用于 32 位的 MOV 指令
N	整数，常常用于 64 位的 MOV 指令
S	绝对符号地址或者标签引用
Y	浮点数，其值为 0
Z	整数，其值为 0
Ush	表示一个符号（symbol）的 PC 相对偏移量的高位部分（包括第 12 位以及高于第 12 位的部分），这个 PC 相对偏移量介于 0～4GB
Q	表示没有使用偏移量的单一寄存器的内存地址
Ump	一个适用于 SI、DI、SF 和 DF 模式下的加载-存储指令的内存地址

1.6 函数调用标准和栈布局

函数调用标准（Procedure Call Standard，PCS）用来描述父/子函数是如何编译、链接的，特别是父函数和子函数之间调用关系的约定，如栈的布局、参数的传递等。每个处理器架构都有不同的函数调用标准，本章重点介绍 ARM64 的函数调用标准。

ARM 公司有一份描述 ARM64 架构函数调用的标准和规范文档，这份文档是《Procedure Call Standard for ARM 64-Bit Architecture》。

ARM64 架构的通用寄存器如表 1.25 所示。

---

① 详见 GCC 官方文档《Using the GNU Compiler Collection, For GCC version 9.3.0》6.47.3 节。

表 1.25　　　　　　　　　　　　　　　　　　ARM64 架构的通用寄存器

寄 存 器	描　　述
SP 寄存器	SP 寄存器
X30（LR）	链接寄存器
X29（FP 寄存器）	栈帧指针（Frame Pointer）寄存器
X19～X28	被调用函数保存的寄存器。在子函数中使用时需要保存到栈中
X18	平台寄存器
X17	临时寄存器或者第二个 IPC（Intra-Procedure-Call）临时寄存器
X16	临时寄存器或者第一个 IPC 临时寄存器
X9～X15	临时寄存器
X8	间接结果位置寄存器，用于保存子程序的返回地址
X0～X7	用于传递子程序参数和结果，若参数个数大于 8，就采用栈来传递。64 位的返回结果采用 X0 寄存器，128 位的返回结果采用 X0 和 X1 两个寄存器

　　在 ARM64 架构中，栈从高地址往低地址生长。栈的起始地址称为栈底。栈从高地址往低地址延伸到某个地址，这个地址称为栈顶。栈在函数调用过程中起到非常重要的作用，包括存储函数使用的局部变量、传递参数等。在函数调用过程中，栈是逐步生成的。为单个函数分配的栈空间，即从该函数栈底（高地址）到栈顶（低地址）这段空间称为栈帧（stack frame）。例如，如果父函数 main() 调用子函数 func1()，那么在准备执行子函数 func1() 时，栈指针会向低地址延伸一段（从父函数的栈框的最低地址往下延伸），为 func1() 创建一个栈帧。func1() 使用的一些局部变量会存储在这个栈帧里。当从 func1() 返回时，栈指针会调整回父函数的栈顶，于是 func1() 的栈空间就被释放了。

　　假设函数调用关系是 main()→func1()→func2()，图 1.31 所示为栈的布局。

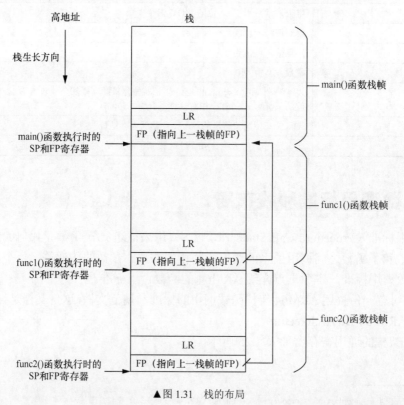

▲图 1.31　栈的布局

ARM64 架构的函数栈布局的关键点如下。

❑ 所有的函数调用栈都会组成一个单链表。

❑ 每个栈由两个地址来构成这个链表，这两个地址都是 64 位宽的，并且它们都位于栈的底部。

    ■ 低地址存放：指向上一个栈帧（父函数的栈帧）的栈基地址 FP，类似于链表的 prev 指针。本书把这个地址称为 P_FP（Previous FP），以区别于处理器内部的 FP 寄存器。

    ■ 高地址存放：当前函数的返回地址，也就是进入该函数时 LR 的值，本书把这个地址称为 P_LR（Previous LR）。

❑ 处理器的 FP 和 SP 寄存器相同。在函数执行时 FP 和 SP 寄存器会指向该函数栈空间的 FP 处，即栈底。

❑ 函数返回时，ARM64 处理器先把栈中的 P_LR 的值载入当前 LR 寄存器，然后再执行 ret 指令。

1.7 ARM64 异常处理

在 ARM64 架构里，中断属于异常的一种。中断是外部设备通知处理器的一种方式，它会打断处理器正在执行的指令流。

1.7.1 异常类型

本节介绍异常的类型。

1. 中断

在 ARM 处理器中，中断请求分成中断请求（Interrupt Request，IRQ）和快速中断请求（Fast Interrupt Request，FIQ）两种，其中 FIQ 的优先级要高于 IRQ。在芯片内部，分别有连接到处理器内部的 IRQ 和 FIQ 两根中断线。通常系统级芯片内部会有一个中断控制器，众多的外部设备的中断引脚会连接到中断控制器，由中断控制器来负责中断优先级调度，然后发送中断信号给 ARM 处理器，中断模型如图 1.32 所示。

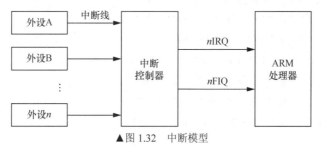

▲图 1.32 中断模型

外设中发生了重要的事情之后，需要通知处理器，中断发生的时刻和当前正在执行的指令无关，因此中断的发生时间点是异步的。对于处理器来说，这常常是猝不及防的，但是又不得不停止当前执行的代码来处理中断。在 ARMv8 架构中，中断属于异步模式的异常。

2. 中止[①]

中止主要有指令中止（instruction abort）和数据中止（data abort）两种，它们通常是指访

---

① 有的教科书称为异常。

问外部存储单元时候发生了错误，处理器内部的 MMU 捕获这些错误并且报告给处理器。

指令中止是指当处理器尝试执行某条指令时发生的错误。而数据中止是指使用加载或者存储指令读写外部存储单元时发生的错误。

3. 复位

复位（reset）操作是优先级最高的一种异常处理。复位操作通常用于让 CPU 复位引脚产生复位信号，让 CPU 进入复位状态，并重新启动。

4. 软件产生的异常

ARMv8 架构中提供了 3 种软件产生的异常。这些异常通常是指软件想尝试进入更高的异常等级而造成的错误。

- ❑ SVC 指令：允许用户模式的程序请求操作系统服务。
- ❑ HVC 指令：允许客机（guest OS）请求主机服务。
- ❑ SMC 指令：允许普通世界（normal world）中的程序请求安全监控服务。

1.7.2　同步异常和异步异常

在 ARMv8 架构里把异常分成同步异常和异步异常两种。同步异常是指处理器需要等待异常处理的结果，然后继续执行后面的指令，如数据中止时我们知道发生数据异常的地址，并且在异常处理函数中修复这个地址。

常见的同步异常如下。

- ❑ 尝试访问一个不恰当异常等级的寄存器。
- ❑ 尝试执行关闭或者没有定义（undefined）的指令。
- ❑ 使用没有对齐的 SP。
- ❑ 尝试执行一个 PC 指针没有对齐的指令。
- ❑ 软件产生的异常，如执行 SVC、HVC 或 SMC 指令。
- ❑ 地址翻译或者权限等原因导致的数据异常。
- ❑ 地址翻译或者权限等原因导致的指令异常。
- ❑ 调试导致的异常，如断点异常、观察点异常、软件单步异常等。

而中断发生时，处理器正在处理的指令和中断是完全没有关系的，它们之间没有依赖关系。因此，指令异常和数据异常称为同步异常，而中断称为异步异常。

常见的异步异常包括物理中断和虚拟中断。

物理中断分为 3 种，分别是系统错误、IRQ、FIQ。

虚拟中断分为 3 种，分别是 vSError、vIRQ、vFIQ。

1.7.3　异常发生后的处理

当一个异常发生时，CPU 内核能感知异常发生，而且会对应生成一个目标异常等级（target exception level）。CPU 会自动做如下一些事情[1]。

- ❑ 把 PSTATE 寄存器的值保存到对应目标异常等级的 SPSR_ELx 寄存器中。
- ❑ 把返回地址保存在对应目标异常等级的 ELR 中。

---

[1] 见《ARM Architecture Reference Manual, ARMv8, for ARMv8-A architecture profile》v8.4 版本的 D.1.10 节。

❑ 把 PSTATE 寄存器里的 DAIF 域都设置为 1，相当于把调试异常、系统错误、IRQ 以及 FIQ 都关闭了。PSTATE 寄存器是 ARM v8 里新增的寄存器。

❑ 对于同步异常，要分析异常的原因，并把具体原因写入 ESR_ELx 寄存器。

❑ 设置 SP，指向对应目标异常等级里的栈，自动切换 SP 到 SP_ELx 寄存器中。

❑ 从异常发生现场的异常等级切换到对应目标异常等级，然后跳转到异常向量表里执行。

上述是 ARMv8 处理器检测到异常发生后自动做的事情。操作系统需要做的事情是从中断向量表开始，根据异常发生的类型，跳转到合适的异常向量表。异常向量表的每个项会保存一个异常处理的跳转函数，然后跳转到恰当的异常处理函数并处理异常。

当操作系统的异常处理完成后，执行一条 eret 指令即可从异常返回。这条指令会自动完成如下工作。

❑ 从 ELR_ELx 寄存器中恢复 PC 指针。

❑ 从 SPSR_ELx 寄存器恢复处理器的状态。

读者常常有这样的疑问，中断处理过程是关闭中断进行的，那中断处理完成后什么时候把中断打开呢？

当中断发生时，CPU 会把 PSTATE 寄存器的值保存到对应目标异常等级的 SPSR_ELx 寄存器中，并且把 PSTATE 寄存器里的 DAIF 域都设置为 1，这相当于把本地 CPU 的中断关闭了。

当中断处理完成后，操作系统调用 eret 指令返回中断现场，那么会把 SPSR_ELx 寄存器恢复到 PSTATE 寄存器中，这就相当于把中断打开了。

第 2 章　ARM64 在 Linux 内核中的实现

本章的高频面试题

1. ARM64 处理器中有两个页表基地址寄存器 TTBR0 和 TTBR1，处理器如何使用它们？
2. 请简述 ARM64 处理器的 4 级页表的映射过程，假设页面粒度为 4KB，地址宽度为 48 位。
3. 在 L0~L2 页表项描述符中，如何判断一个页表项是块类型还是页表类型？
4. 在 ARM64 Linux 内核中，用户空间和内核空间是如何划分的？
5. 在 ARM64 Linux 内核中，PAGE_OFFSET 表示什么意思？
6. KIMAGE_VADDR 表示什么意思？
7. TEXT_OFFSET 表示什么意思？
8. 内核映像文件包含哪些段？这些段的作用是什么？在 Sysmtem.map 文件中它们分别使用哪些符号来表示段的开始和结束？
9. 请画出 ARM64 Linux 内核的内存布局。
10. __pa_symbol()宏和 __pa()宏有什么区别？
11. 在物理内存还没有线性映射到内核空间时，内核映像文件映射到什么地方？
12. 在 ARM Linux 内核中，kimage_voffset 代表什么意思呢？
13. 在 ARMv8 架构中，高速缓存管理的 PoC 和 PoU 有什么区别？
14. 在 ARMv8 架构中，ASID 是什么意思？有什么作用？
15. 在 ARMv8 架构中支持哪几种内存属性？它们都有哪些特点？
16. 在 ARMv8 架构中，高速缓存共享属性有内部共享（inner shareable）和外部共享（outer shareable），它们有什么区别？
17. 在 ARMv8 架构中，支持哪几条内存屏障指令？它们都有什么区别？
18. 加载-获取屏障原语与存储-释放屏障原语有什么区别？分别有什么作用？
19. 什么是一个段的加载地址和运行地址？
20. 从 U-boot 跳转到内核时，为什么指令高速缓存可以打开而数据高速缓存必须关闭？
21. 在 Linux 内核启动汇编代码中，为什么要建立恒等映射？
22. 在 ARMv8 架构中，在 L0~L2 页表项中包含了指向下一级页表的基地址，那么这个下一级页表基地址是物理地址还是虚拟地址？
23. MMU 可以遍历页表，Linux 内核也提供了软件遍历页表的函数，如 walk_pgd()、__create_pgd_mapping()、follow_page()等。从软件的视角，Linux 内核的 pgd_t、pud_t、pmd_t 以及 pte_t 数据结构中并没有存储一个指向下一级页表的指针（即从 CPU 角度来看，CPU 访问这些数据结构时是以虚拟地址来访问的），它们是如何遍历的呢？pgd_t、pud_t、pmd_t 以及 pte_t 数据结构是 u64 类型的变量。

ARM64 内存管理

如图 2.1 所示，ARM 处理器内核的 MMU 包括 TLB 和页表遍历单元（Table Walk Unit）两个部件。TLB 是一个高速缓存，用于缓存页表转换的结果，从而减少页表查询的时间。一个完整的页表翻译和查找的过程叫作页表查询，页表查询的过程由硬件自动完成，但是页表的维护需要软件来完成。页表查询是一个较耗时的过程，理想的状态下，TLB 里应存有页表的相关信息。当 TLB 未命中时，MMU 才会查询页表，从而得到翻译后的物理地址。而页表通常存储在主存储器中。得到物理地址之后，首先需要查询该物理地址的内容是否在高速缓存中有最新的副本。如果没有，则说明高速缓存未命中，需要访问主存储器。

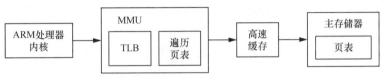

▲图 2.1　ARM 处理器的内存管理架构

对于多任务操作系统，每个进程都拥有独立的进程地址空间。这些进程地址空间在虚拟地址空间内是相互隔离的，但是在物理地址空间可能映射同一个物理页面，那么这些进程地址空间是如何映射到物理地址空间的呢？这就需要处理器的 MMU 提供页表映射和管理的功能。图 2.2 所示为进程地址空间和物理地址空间的映射关系，左边是进程地址空间视图，右边是物理地址空间视图。进程地址空间又分成内核空间（Kernel Space）和用户空间（User Space）。无论是内核空间还是用户空间都可以通过处理器提供的页表机制映射到实际的物理地址。

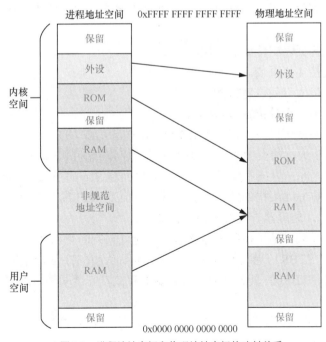

▲图 2.2　进程地址空间和物理地址空间的映射关系

2.1.1　页表

在 AArch64 架构中的 MMU 支持单一阶段的页表转换，同样也支持虚拟化扩展中两阶段的页表转换。

❑ 单一阶段的页表转换：把虚拟地址（VA）翻译成物理地址（PA）。

❑ 两阶段的页表转换：包括两个阶段。在阶段 1，把虚拟地址翻译成中间物理地址
（Intermediate Physical Address，IPA）；在阶段 2，把 IPA 翻译成最终 PA。

另外，ARMv8 架构支持多种页表格式。具体如下。

❑ ARMv8 架构的长描述符页表格式（Long Descriptor Translation Table Format）。

❑ ARMv7 架构的长描述符页表格式，需要打开大物理地址扩展（Large Physical Address
Extention，LPAE）。

❑ ARMv7 架构的短描述符页表格式（Short Descriptor Translation Table Format）。

当使用 AArch32 处理器时，使用 ARMv7 架构的短描述符页表格式或长描述符页表格式来
运行 32 位的应用程序；当使用 AArch64 处理器时，使用 ARMv8 架构的长描述符页表格式来运
行 64 位的应用程序。

另外，ARMv8 架构还支持 4KB、16KB 或 64KB 这 3 种页面粒度。

2.1.2　页表映射

在 AArch64 架构中，因为地址总线位宽最多支持 48 位，所以 VA 被划分为两个空间，每个
空间最多支持 256TB。

❑ 低位的虚拟地址空间位于 0x0000 0000 0000 0000 到 0x0000 FFFF FFFF FFFF。如果虚
拟地址的最高位等于 0，就使用这个虚拟地址空间，并且使用 TTBR0_EL*x* 来存放页表
的基地址。

❑ 高位的虚拟地址空间位于 0xFFFF 0000 0000 0000 到 0xFFFF FFFF FFFF FFFF。如果虚
拟地址的最高位等于 1，就使用这个虚拟地址空间，并且使用 TTBR1_EL*x* 来存放页表
的基地址。

AArch64 架构中的页表支持如下特性。

❑ 最多可以支持 4 级页表。

❑ 输入地址的最大有效位宽为 48 位。

❑ 输出地址的最大有效位宽为 48 位。

❑ 翻译的页面粒度可以是 4KB、16KB 或 64KB。

注意，本书以 4KB 大小的页面和 48 位地址宽度为例来说明 AArch64 架构页表映射的过程。
当然，读者也可以在 Linux 内核中配置其他大小的页面粒度，如 16KB、64KB 等。

图 2.3 所示为 AArch64 架构的地址映射，其中页面是 4KB 的小页面。

当 TLB 未命中时，处理器查询页表的过程如下。

❑ 处理器根据页表基地址控制寄存器和虚拟地址来判断使用哪个页表基地址寄存器，是
TTBR0 还是 TTBR1。当虚拟地址第 63 位（简称 VA[63]）为 1 时选择 TTBR1；当 VA[63]
为 0 时选择 TTBR0。页表基地址寄存器中存放着 1 级页表（见图 2.3 中的 L0 页表）
的基地址。

❑ 处理器将 VA[47:39]作为 L0 索引，在 1 级页表（L0 页表）中找到页表项，1 级页表有
512 个页表项。

❑ 1 级页表的页表项中存放着 2 级页表（L1 页表）的物理基地址。处理器将 VA[38:30]
作为 L1 索引，在 2 级页表中找到相应的页表项，2 级页表有 512 个页表项。

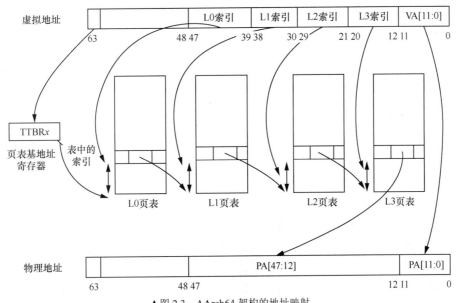

▲图 2.3 AArch64 架构的地址映射

- 2 级页表的页表项中存放着 3 级页表（L2 页表）的物理基地址。处理器以 VA[29:21] 作为 L2 索引，在 3 级页表（L2 页表）中找到相应的页表项，3 级页表有 512 个页表项。
- 3 级页表的页表项中存放着 4 级页表（L3 页表）的物理基地址。处理器以 VA[20:12] 作为 L3 索引，在 4 级页表（L3 页表）中找到相应的页表项，4 级页表有 512 个页表项。
- 4 级页表的页表项里存放着 4KB 页面的物理基地址，然后加上 VA[11:0]，就构成了新的物理地址，因此处理器就完成了页表的查询和翻译工作。

2.1.3 页表项描述符

从图 2.3 可知，AArch64 架构页表分成 4 级页表，每一级页表都有页表项，我们把它们称为页表项描述符，每个页表项描述符占 8 字节，那么这些页表项描述符的格式和内容是否都一样？

1. L0~L2 页表项描述符

AArch64 架构中 L0~L3 页表项描述符的格式不完全一样，其中 L0~L2 页表项的内容比较类似，如图 2.4 所示。

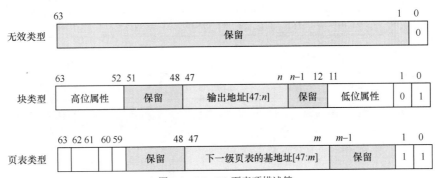

▲图 2.4 L0~L2 页表项描述符

L0~L2 页表项根据内容可以分成 3 类，一是无效的页表项，二是块（block）类型的页表项，三是页表（table）类型的页表项。

- 当页表项描述符 Bit[0]为 1 时，表示有效的描述符；当 Bit[0]为 0 时，表示无效的描述符。
- 页表项描述符 Bit[1]用来表示类型。
  - 页表类型：当 Bit[1]为 1 时，表示该描述符包含了指向下一级页表的基地址，是一个页表类型的页表项。
  - 块类型：当 Bit[1]为 0 时表示一个大内存块（memory block）的页表项，其中包含了最终的物理地址。大内存块通常是用来描述大的连续的物理内存，如 2MB 或者 1GB 大小的物理内存。
- 在块类型的页表项中，Bit[47:n]表示最终输出的物理地址。
  - 若页面粒度是 4KB，在 L1 页表项描述符中 n 为 30，表示 1GB 大小的连续物理内存。在 L2 页表项描述符中 n 为 21，用来表示 2MB 大小的连续物理内存。
  - 若页面粒度为 16KB，在 L2 页表项描述符中 n 为 25，用来表示 32MB 大小的连续物理内存。
- 在块类型的页表项中，Bit[11:2]是低位属性（lower attribute），Bit[63:52]是高位属性（upper attribute）。
- 在页表类型的页表项描述符中，Bit[47:m]用来指向下一级页表的基地址。
  - 当页面粒度为 4KB 时 m 为 12。
  - 当页面粒度为 16KB 时 m 为 14。
  - 当页面粒度为 64KB 时 m 为 16。

2. L3 页表项描述符

如图 2.5 所示，L3 页表项描述符包含 5 种页表项，分别是无效的页表项、保留的页表项、4KB 粒度的页表项、16KB 粒度的页表项、64KB 粒度的页表项。

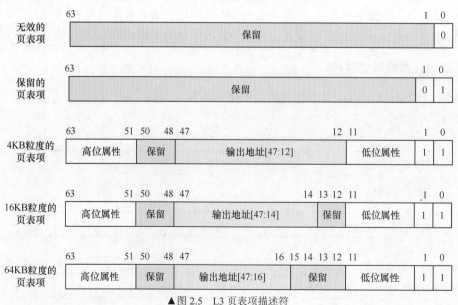

▲图 2.5　L3 页表项描述符

L3 页表项描述符的格式如下。

- 当页表项描述符 Bit[0]为 1 时，表示有效的描述符；为 0 时，表示无效的描述符。
- 当页表项描述符 Bit[1]为 0 时，表示保留页表项；为 1 时，表示页表类型的页表项。

- ❑ 页表描述符 Bit[11:2]是低位属性，Bit[63:51]是高位属性，如图 2.6 所示。
- ❑ 页表描述符中间的位域中包含了输出地址（output address），也就是最终物理页面的高地址段。
  - ■ 当页面粒度为 4KB 时输出地址为 Bit[47:12]。
  - ■ 当页面粒度为 16KB 时输出地址为 Bit[47:14]。
  - ■ 当页面粒度为 64KB 时输出地址为 Bit[47:16]。

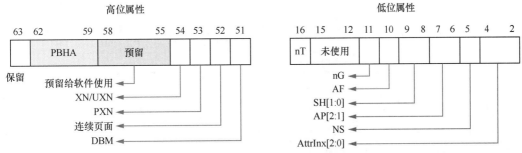

▲图 2.6　L3 页表项描述符中的页面属性

L3 页表项描述符中包含了低位属性和高位属性。这些属性对应的位和描述如表 2.1 所示。

表 2.1　　　　　　　　　　　　　　页面属性对应的位和描述

名　　称	位	描　　述
AttrIndex[2:0]	Bit[4:2]	MAIR_ELn 寄存器用来表示内存的属性，如设备内存（Device Memory）、普通内存等。对于软件可以设置 8 个不同内存属性。常见的内存属性有 DEVICE_nGnRnE、DEVICE_nGnRE、DEVICE_GRE、NORMAL_NC、NORMAL、NORMAL_WT。 AttrIndex 用来索引不同的内存属性
NS	Bit[5]	非安全（non-secure）位。当处于安全模式时用于指定访问的内存地址是安全映射的还是非安全映射的
AP[2:1]	Bit[7:6]	数据访问权限位。 AP[1]表示该内存允许通过用户权限（EL0）和更高权限的异常等级（EL1）来访问。在 Linux 内核中使用 PTE_USER 宏来表示可以在用户态访问该页面。 ❑　1：表示可以通过 EL0 以及更高权限的异常等级访问。 ❑　0：表示不能通过 EL0 访问，但是可以通过 EL1 访问。 AP[2]表示只读权限和可读、可写权限。在 Linux 内核中使用 PTE_RDONLY 宏来表示该位。 ❑　1：表示只读。 ❑　0：表示可读可写
SH[1:0]	Bit[9:8]	内存共享属性。在 Linux 内核中使用 PTE_SHARED 宏来表示该位。 ❑　00：没有共享。 ❑　00：保留。 ❑　10：外部可共享。 ❑　11：内部可共享
AF	Bit[10]	访问位。Linux 内核使用 PTE_AF 宏来表示该位。 当第一次访问页面时硬件会自动设置这个访问位
nG	Bit[11]	非全局位。Linux 内核使用 PTE_NG 宏来表示该位。 该位用于 TLB 管理。TLB 的页表项分成全局的和进程特有的。当设置该位时表示这个页面对应的 TLB 页表项是进程特有的
nT	Bit[16]	块类型的页表项
DBM	Bit[51]	脏位。Linux 内核使用 PTE_DBM 宏来表示该位。 该位表示页面被修改过

续表

名　称	位	描　述
连续页面	Bit[52]	表示当前页表项处在一个连续物理页面集合中，可使用单个 TLB 页表项进行优化。Linux 内核使用 PTE_CONT 宏来表示该位
PXN	Bit[53]	表示该页面在特权模式下不能执行。Linux 内核使用 PTE_PXN 宏来表示该位
XN/UXN	Bit[54]	XN 表示该页面在任何模式下都不能执行。UXN 表示该页面在用户模式下不能执行。Linux 内核使用 PTE_UXN 宏来表示该位
预留	Bit[58:55]	预留给软件使用，软件可以利用这些预留的位来实现某些特殊功能，例如，Linux 内核使用这些位实现了 PTE_DIRTY、PTE_SPECIAL 以及 PTE_PROT_NONE
PBHA	Bit[62:59]	与页面相关的硬件属性

2.1.4　Linux 内核中的页表

在 ARM64 的 Linux 内核中采用以下 4 级分页模型：

❑　页全局目录（Page Global Directory，PGD）；
❑　页上级目录（Page Upper Directory，PUD）；
❑　页中间目录（Page Middle Directory，PMD）；
❑　页表（Page Table，PT）。

上述 4 级分页模型分别对应 ARMv8 架构页表的 L0～L3 页表。上述 4 级分页模型在 64 位虚拟地址的划分如图 2.7 所示。

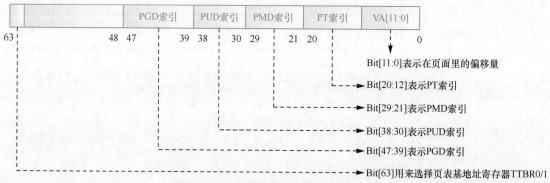

▲图 2.7　4 级分页模型在 64 位虚拟地址的划分

64 位的虚拟地址分成如下几个部分。

❑　Bit[63]：用来选择页表基地址寄存器。
❑　Bit[62:48]：保留。
❑　Bit[47:39]：表示 PGD 索引，即 ARM64 中的 L0 索引。
❑　Bit[38:30]：表示 PUD 索引，即 ARM64 中的 L1 索引。
❑　Bit[29:21]：表示 PMD 索引，即 ARM64 中的 L2 索引。
❑　Bit[20:12]：表示 PT 索引，即 ARM64 中的 L3 索引
❑　Bit[11:0]：表示页面内的偏移量。

对于 ARM64 架构来说，目前基于 ARMv8-A 架构的处理器最多可以支持到 48 根地址线，也就是寻址 2^{48} 的虚拟地址空间，即虚拟地址的范围为 0x0000 0000 0000 0000～0x0000 FFFF

FFFF FFFF，共 256TB。理论上完全可以支持 64 根地址线，于是最多就可以寻址 2^{64}B 的虚拟地址空间。但是对于目前的应用来说，256TB 的虚拟地址空间已经足够使用了。因为如果支持 64 位虚拟地址空间，意味着处理器设计需要考虑更多的地址线，CPU 的设计复杂度会增大。

基于 ARMv8-A 架构的处理器的虚拟地址分成两个区域。一个是 0x0000 0000 0000 0000～0x0000 FFFF FFFF FFFF，另外一个是 0xFFFF 0000 0000 0000～0xFFFF FFFF FFFF FFFF。

基于 ARMv8-A 架构的处理器可以通过配置 ARM64_VA_BITS 宏来设置虚拟地址的宽度。

```
<arch/arm64/Kconfig>

config ARM64_VA_BITS
        int
        default 39 if ARM64_VA_BITS_39
        default 42 if ARM64_VA_BITS_42
        default 48 if ARM64_VA_BITS_48
```

另外，基于 ARMv8-A 架构的处理器支持的最大物理地址宽度也是 48 位。

Linux 内存空间布局与地址映射的粒度和地址映射的层级有关。基于 ARMv8-A 架构的处理器支持的页面粒度可以是 4KB、16KB 或者 64KB。映射的层级可以是 3 级或者 4 级。

下面是页面粒度为 4KB、地址宽度为 48 位、4 级映射的内存分布。

```
AArch64 Linux memory layout with 4KB pages + 4 levels:
Start              End             Size   Use
-----------------------------------------------------------------
0000000000000000   0000ffffffffffff 256TB     user
ffff000000000000   ffffffffffffffff 256TB     kernel
```

下面是页面粒度为 4KB、地址宽度为 39 位、3 级映射的内存分布。

```
AArch64 Linux memory layout with 4KB pages + 3 levels:
Start              End             Size   Use
-----------------------------------------------------------------
0000000000000000   0000007fffffffff  512GB      user
ffffff8000000000   ffffffffffffffff  512GB      kernel
```

Linux 内核的 Documentation/arm64/memory.txt 文件中还有其他不同配置的内存分布。

我们的 QEMU 虚拟机配置为 4KB 页面粒度、48 位地址宽度以及 4 级映射，本书以此为蓝本介绍 ARM64 的地址映射。

```
<arch/arm64/configs/debian_defconfig>

CONFIG_PGTABLE_LEVELS=4      //4 级映射
CONFIG_ARM64_VA_BITS_48=y    //地址宽度为 48 位
CONFIG_ARM64_VA_BITS=48
CONFIG_ARM64_4K_PAGES=y      //页面粒度为 4KB
```

由上面的信息可以计算出各级页表的大小以及在虚拟地址中的偏移量。首先计算 PGD 页表的偏移量和大小。

```
<arm/arm64/include/asm/pgtable-hwdef.h>

#define ARM64_HW_PGTABLE_LEVEL_SHIFT(n) ((PAGE_SHIFT - 3) * (4 - (n)) + 3)
```

```
#define PGDIR_SHIFT         ARM64_HW_PGTABLE_LEVEL_SHIFT(4 - CONFIG_PGTABLE_LEVELS)
#define PGDIR_SIZE          (_AC(1, UL) << PGDIR_SHIFT)
#define PGDIR_MASK          (~(PGDIR_SIZE-1))
#define PTRS_PER_PGD        (1 << (MAX_USER_VA_BITS - PGDIR_SHIFT))
```

- ❏ PGDIR_SHIFT 宏表示 PGD 页表在虚拟地址中的起始偏移量。根据本书所用的 QEMU 虚拟机的配置计算出 PGDIR_SHIFT 的值为 39。
- ❏ PGDIR_SIZE 宏表示 PGD 页表项所能映射的区域大小。
- ❏ PGDIR_MASK 宏用来屏蔽虚拟地址中的 PUD 索引、PMD 索引以及 PT 索引字段的所有位。
- ❏ PTRS_PER_PGD 宏表示 PGD 页表中页表项的个数。

接下来，计算 PUD 页表的偏移量和大小。

```
<arm/arm64/include/asm/pgtable-hwdef.h>

#if CONFIG_PGTABLE_LEVELS > 3
#define PUD_SHIFT           ARM64_HW_PGTABLE_LEVEL_SHIFT(1)
#define PUD_SIZE            (_AC(1, UL) << PUD_SHIFT)
#define PUD_MASK            (~(PUD_SIZE-1))
#define PTRS_PER_PUD        PTRS_PER_PTE
#endif
```

- ❏ PUD_SHIFT 宏表示 PUD 页表在虚拟地址中的起始偏移量。根据本书所用的 QEMU 虚拟机的配置，计算出的 PUDIR_SHIFT 为 30。
- ❏ PUD_SIZE 宏表示一个 PUD 页表项所能映射的区域大小。
- ❏ PUD_MASK 宏用来屏蔽虚拟地址中的 PMD 索引和 PT 索引字段的所有位。
- ❏ PTRS_PER_PUD 宏表示 PUD 页表中页表项的个数。

接下来，计算 PMD 页表的偏移量和大小。

```
<arm/arm64/include/asm/pgtable-hwdef.h>

#if CONFIG_PGTABLE_LEVELS > 2
#define PMD_SHIFT           ARM64_HW_PGTABLE_LEVEL_SHIFT(2)
#define PMD_SIZE            (_AC(1, UL) << PMD_SHIFT)
#define PMD_MASK            (~(PMD_SIZE-1))
#define PTRS_PER_PMD        PTRS_PER_PTE
#endif
```

- ❏ PMD_SHIFT 宏表示 PMD 页表在虚拟地址中的起始偏移量。根据本书所用的 QEMU 虚拟机的配置，计算出的 PMDIR_SHIFT 为 21。
- ❏ PMD_SIZE 宏表示一个 PMD 页表项所能映射的区域大小。
- ❏ PMD_MASK 宏用来屏蔽虚拟地址中的 PT 索引字段的所有位。
- ❏ PTRS_PER_PMD 宏表示 PMD 页表中页表项的个数。

最后是页表。由于设置了页面粒度为 4KB，因此页表的偏移量是从第 12 位开始的。

```
#define PTRS_PER_PTE        (1 << (PAGE_SHIFT - 3))
```

页表项描述符包含了丰富的属性，它们的定义如下。

```
<arm/arm64/include/asm/pgtable-hwdef.h>

/*
 * L3 页表项描述符
 */
#define PTE_TYPE_MASK       (_AT(pteval_t, 3) << 0)
#define PTE_TYPE_FAULT      (_AT(pteval_t, 0) << 0)
#define PTE_TYPE_PAGE       (_AT(pteval_t, 3) << 0)
#define PTE_TABLE_BIT       (_AT(pteval_t, 1) << 1)
#define PTE_USER        (_AT(pteval_t, 1) << 6)
#define PTE_RDONLY       (_AT(pteval_t, 1) << 7)
#define PTE_SHARED       (_AT(pteval_t, 3) << 8)
#define PTE_AF          (_AT(pteval_t, 1) << 10)
#define PTE_NG          (_AT(pteval_t, 1) << 11)
#define PTE_DBM          (_AT(pteval_t, 1) << 51)
#define PTE_CONT     (_AT(pteval_t, 1) << 52)
#define PTE_PXN          (_AT(pteval_t, 1) << 53)
#define PTE_UXN          (_AT(pteval_t, 1) << 54)
#define PTE_HYP_XN       (_AT(pteval_t, 1) << 54)
```

上面定义的是 ARMv8 架构页表项描述符的属性。Linux 内核最早的设计是基于 x86 的，因此内存管理代码相关的宏和数据结构都基于 x86 架构，而后来众多的架构都需要往这个设计靠拢，特别是有一些架构中 PTE 的属性定义和 x86 的完全不一样。

```
<arch/arm64/include/asm/pgtable-prot.h>

/*
 * 软件定义的 PTE 标志位属性
 */
#define PTE_VALID       (_AT(pteval_t, 1) << 0)
#define PTE_WRITE       (PTE_DBM)
#define PTE_DIRTY       (_AT(pteval_t, 1) << 55)
#define PTE_SPECIAL       (_AT(pteval_t, 1) << 56)
#define PTE_PROT_NONE         (_AT(pteval_t, 1) << 58)
```

在 ARMv8 的 L3 页表项的定义中，Bit[58:55]是硬件预留给软件使用的，因此 Linux 内核使用这几位来实现 PTE_DIRTY、PTE_SPECIAL 以及 PTE_PROT_NONE 这几个软件实现的 PTE 标志位属性。需要注意的是，在 ARMv8 架构里页表项中的 PTE_DBM 位用于表示该页面是脏页，而在 Linux 内核中额外实现了一个软件标志位 PTE_DIRTY 来表示页面是脏的，它使用页表项中的第 55 位。

我们在看内核代码或者写内核代码时常常会操作 PTE 的属性，如查询页表项是否存在（present），若不存在则说明这个页表项对应的物理页面没有在内存中。对于这种操作，Linux 内核中定义了很多和页表项操作有关的宏，建议读者在写内核代码时采用这些宏，而不是直接操作上述的位。

```
<arch/arm64/include/asm/pgtable.h>

#define pte_present(pte)        (!!(pte_val(pte) & (PTE_VALID | PTE_PROT_NONE)))
#define pte_young(pte)            (!!(pte_val(pte) & PTE_AF))
#define pte_special(pte)        (!!(pte_val(pte) & PTE_SPECIAL))
#define pte_write(pte)            (!!(pte_val(pte) & PTE_WRITE))
```

```
#define pte_user_exec(pte)        (!(pte_val(pte) & PTE_UXN))
#define pte_cont(pte)             (!!(pte_val(pte) & PTE_CONT))
```

表 2.2 列出了访问页表项标志位的函数。

表 2.2　　　　　　　　　　　　　访问页表项标志位的函数

函数	说　明	处理器实现
pte_present()	判断该页是否在内存中	ARM64 判断 PTE_VALID 和 PTE_PROT_NONE 是否置位，x86 判断硬件页表项中的 present 位是否置位
pte_young()	判断该页是否被访问过	ARM64 判断硬件页表项的 AF 位是否置位，x86 判断硬件页表项中的 ACCESSED 位是否置位
pte_write()	判断该页是否具有可写属性	ARM64 判断硬件页表项中的 DBM 位是否置位，x86 判断硬件页表项中的 RW 位是否置位
pte_dirty()	判断该页是否被写入过	ARM64 判断是否设置了软件的 PTE_DIRTY 或者是否设置了硬件页表项的 PTE_DBM，x86 判断硬件页表项中 DIRTY 位是否置位
pte_hw_dirty()	判断该页是否被硬件设置为脏页	ARM64 是否设置了硬件页表项的 PTE_DBM
pte_sw_dirty()	判断该页是否为软件认为的脏页	ARM64 判断是否设置了软件的 PTE_DIRTY

表 2.3 列出了另外一组函数，用于设置页表项中相关标志位的函数。

表 2.3　　　　　　　　　　　　　设置页表项标志位的函数

函　数	说　明
clear_pte_bit()	清除页表项的标志位
set_pte_bit()	设置页表项的标志位
pte_wrprotect()	设置写保护。清除 PTE_WRITE 并设置 PTE_RDONLY
pte_mkwrite()	使能可写属性。设置 PTE_WRITE 并且清除 PTE_RDONLY
pte_mkclean()	清除 PTE_DIRTY 并设置 PTE_RDONLY
pte_mkdirty()	设置 PTE_DIRTY。若具有可写属性，则清除 PTE_RDONLY
pte_mkold()	清除页访问标志位 PTE_AF。把此页标记为未访问
pte_mkyoung()	设置页访问标志位 PTE_AF。把此页标记为已访问过
pte_mkspecial()	设置 PTE_SPECIAL 标志位，标记该页表项是特殊的页表项，这是软件自定义的
pte_mkcont()	设置连续页标记位 PTE_CONT
pte_mknoncont()	清除连续页标记位 PTE_CONT
pte_mkpresent()	设置该页在内存中。设置 PTE_VALID 标志位

当需要把 PTE 页表项写入硬件页表时，可以调用 set_pte_at()函数，它最终是调用 set_pte()
函数来完成的。

```
<arch/arm64/include/asm/pgtable.h>

static inline void set_pte_at(struct mm_struct *mm, unsigned long addr,
             pte_t *ptep, pte_t pte)
{
    pte_t old_pte;

    if (pte_present(pte) && pte_user_exec(pte) && !pte_special(pte))
        __sync_icache_dcache(pte);
```

```
        set_pte(ptep, pte);
}

static inline void set_pte(pte_t *ptep, pte_t pte)
{
        WRITE_ONCE(*ptep, pte);

        if (pte_valid_not_user(pte))
                dsb(ishst);
}
```

pte_user_exec()表示该页面属于用户态映射的页面，可调用__sync_icache_dcache()来进行高速缓存的一致性操作。

set_pte()函数的第一个参数 ptep 指向页表中的页表项，第二个参数 pte 表示新的页表项的内容。pte_valid_not_user()表示该页面不能在用户态访问，即该页面属于内核态，当它被写入硬件页表后，需要调用 dsb()来保证页表更新完成。

除了对页表项相关标志位操作的宏之外，表 2.4 列出了与页表项操作相关的函数或宏，如 pgd_offset_k()等。

表 2.4　　　　　　　　　　　　　　　页表项操作相关的函数或宏

函数或宏	说　明
pgd_alloc(mm)	分配一个全新的 PGD 页表，通常进程创建时会使用该函数来创建进程的 PGD 页表
pgd_free(mm, pgd)	释放 PGD 页表
pgd_offset_k(addr)	根据地址来查找内核全局的 PGD 页表（swapper_pg_dir），返回页表项
pgd_offset(mm, addr)	根据虚拟地址来查找进程的 PGD 页表，返回页表项
pgd_index(addr)	计算对应地址在 PGD 页表中的索引值
pgd_page(pgd)	根据 pgd 来计算该 pgd 所在物理页面的 page 数据结构
pud_offset(dir, addr)	根据地址来查找 PUD 页表，返回页表项
pud_index(addr)	计算该地址在 PUD 页表中的索引值
pud_page(pud)	根据 pud 来计算该 pud 所在物理页面的 page 数据结构
pmd_offset(dir, addr)	根据地址来查找 PMD 页表，返回页表项
pmd_index(addr)	计算该地址在 PMD 页表中的索引值
pmd_page(pmd)	根据 pmd 来计算该 pmd 所在物理页面的 page 数据结构
pte_offset_kernel(dir,addr)	根据虚拟地址（addr）和上一级页表 dir 在页表中查找页表项，返回对应的页表项
pte_offset_map(dir,addr)	在 ARMv8 中等同于 pte_offset_kernel(dir,addr)
pte_offset_map_lock(mm, pmd, address, ptlp)	在 pte_offset_map(dir,addr)的基础上申请 page 数据结构中 ptlp 自旋锁的保护
pte_unmap_unlock(pte, ptl)	和 pte_offset_map_lock()配套使用
mk_pte(page,prot)	以 page 和页表属性 prot 作为参数创建一个新的页表项
pte_index(addr)	计算该地址在页表中的索引值
pte_alloc(mm, pmd)	分配一个新的页表，当 pmd 页表项为空时使用新分配的页表来设置这个 pmd 页表项

表 2.4 中参数的说明如下。

❑　mm 表示进程的内存描述符 mm_struct。

❑　addr 表示虚拟地址。

❑　pgd 表示 PGD 页表项。

❑　pmd 表示 PMD 页表项。

❑　pud 表示 PUD 页表项。

❑　pte 表示页表项。

❑　prot 表示页表项的属性。

❑　page 表示物理页面的描述符 page 数据结构。

❑　dir 表示上一级页表对应的页表项。

2.1.5　ARM64 内核内存分布

ARM64 架构处理器采用 48 位物理寻址机制，最多可以寻找 256TB 的物理地址空间。对于目前的应用来说，这已经足够了，不需要扩展到 64 位的物理寻址机制。虚拟地址同样最多支持 48 位寻址，所以在处理器架构设计上，把虚拟地址空间划分为两个空间，每个空间最多支持 256TB。Linux 内核在大多数架构上把两个地址空间划分为用户空间和内核空间。

❑　用户空间：0x0000 0000 0000 0000～0x0000 FFFF FFFF FFFF。

❑　内核空间：0xFFFF 0000 0000 0000～0xFFFF FFFF FFFF FFFF。

64 位 Linux 内核中没有高端内存，因为 48 位的寻址空间已经足够大了。

在 QEMU 虚拟机中，ARM64 架构的 Linux 5.0 内核的内存分布如图 2.8 所示。

```
Virtual kernel memory layout:
    modules : 0xffff000008000000 - 0xffff000010000000   (   128 MB)
    vmalloc : 0xffff000010000000 - 0xffff7dffbfff0000   (129022 GB)
      .text : 0xffff000010080000 - 0xffff000011730000   ( 23232 KB)
      .init : 0xffff000011a60000 - 0xffff000011ee0000   (  4608 KB)
    .rodata : 0xffff000011730000 - 0xffff000011a53000   (  3212 KB)
      .data : 0xffff000011ee0000 - 0xffff000011ff8a00   (  1123 KB)
       .bss : 0xffff000011ff8a00 - 0xffff000012076970   (   504 KB)
      fixed : 0xffff7dfffe7f9000 - 0xffff7dfffec00000   (  4124 KB)
    PCI I/O : 0xffff7dfffee00000 - 0xffff7dffffe00000   (    16 MB)
    vmemmap : 0xffff7e0000000000 - 0xffff800000000000   (  2048 GB maximum)
              0xffff7e0000000000 - 0xffff7e0001000000   (    16 MB actual)
     memory : 0xffff800000000000 - 0xffff800040000000   (  1024 MB)
PAGE_OFFSET  : 0xffff800000000000
kimage_voffset : 0xfffffffffd0000000
PHYS_OFFSET  : 0x40000000
start memory : 0x40000000
```

▲图 2.8　ARM64 架构的 Linux 5.0 内核的内存分布[①]

这部分信息的输出是在 mem_init()函数中实现的。注意，该信息已经在 Linux 4.16 内核中删除，这里在 runninglinuxkernel_5.0 的实验代码中重新添加了上述输出信息。

```
<arch/arm64/mm/init.c>

#define MLK(b, t) b, t, ((t) - (b)) >> 10
#define MLM(b, t) b, t, ((t) - (b)) >> 20
#define MLG(b, t) b, t, ((t) - (b)) >> 30
#define MLK_ROUNDUP(b, t) b, t, DIV_ROUND_UP(((t) - (b)), SZ_1K)

        pr_notice("Virtual kernel memory layout:\n");
        pr_notice("    modules : 0x%16lx - 0x%16lx   (%6ld MB)\n",
                MLM(MODULES_VADDR, MODULES_END));
```

---

① 该分布中的.text 段、.init 段、.rodata 段、.data 段以及.bss 段的地址和大小可能会有变化，它们和内核配置以及编译有关。

```
        pr_notice("     vmalloc : 0x%16lx - 0x%16lx   (%6ld GB)\n",
                MLG(VMALLOC_START, VMALLOC_END));
        pr_notice("       .text : 0x%16llx" " - 0x%16llx" "   (%6lld KB)\n",
                MLK_ROUNDUP((u64)_text, (u64)_etext));
        pr_notice("       .init : 0x%16llx" " - 0x%16llx" "   (%6lld KB)\n",
                MLK_ROUNDUP((u64)__init_begin, (u64)__init_end));
        pr_notice("     .rodata : 0x%16llx" " - 0x%16llx" "   (%6lld KB)\n",
                MLK_ROUNDUP((u64)__start_rodata, (u64)__end_rodata));
        pr_notice("       .data : 0x%16llx" " - 0x%16llx" "   (%6lld KB)\n",
                MLK_ROUNDUP((u64)_sdata, (u64)_edata));
        pr_notice("        .bss : 0x%16llx" " - 0x%16llx" "   (%6lld KB)\n",
                MLK_ROUNDUP((u64)__bss_start, (u64)__bss_stop));
        pr_notice("       fixed : 0x%16lx - 0x%16lx   (%6ld KB)\n",
                MLK(FIXADDR_START, FIXADDR_TOP));
        pr_notice("      PCI I/O : 0x%16lx - 0x%16lx   (%6ld MB)\n",
                MLM(PCI_IO_START, PCI_IO_END));
#ifdef CONFIG_SPARSEMEM_VMEMMAP
        pr_notice("     vmemmap : 0x%16lx - 0x%16lx   (%6ld GB maximum)\n",
                MLG(VMEMMAP_START, VMEMMAP_START + VMEMMAP_SIZE));
        pr_notice("               0x%16lx - 0x%16lx   (%6ld MB actual)\n",
                MLM((unsigned long)phys_to_page(memblock_start_of_DRAM()),
                    (unsigned long)virt_to_page(high_memory)));
#endif
        pr_notice("      memory : 0x%16lx - 0x%16lx   (%6ld MB)\n",
                MLM(__phys_to_virt(memblock_start_of_DRAM()),
                    (unsigned long)high_memory));
        pr_notice("    PAGE_OFFSET : 0x%16lx\n",
                PAGE_OFFSET);
        pr_notice("    kimage_voffset : 0x%16llx\n", kimage_voffset);
        pr_notice("    PHYS_OFFSET  : 0x%llx\n", PHYS_OFFSET);
        pr_notice("    start memory : 0x%llx\n",
                memblock_start_of_DRAM());

#undef MLK
#undef MLM
#undef MLK_ROUNDUP
```

PAGE_OFFSET 表示物理内存在内核空间里做线性映射（linear mapping）的起始地址，在 ARM64 的 Linux 内核中该值定义为 0xFFFF 8000 0000 0000。Linux 内核在初始化时会把物理内存全部做一次线性映射，映射到内核空间的虚拟地址上。该值定义在 arch/arm64/include/asm/memory.h 头文件中。

```
<arch/arm64/include/asm/memory.h>

#define PAGE_OFFSET        (UL(0xffffffffffffffff) - \
               (UL(1) << (VA_BITS - 1)) + 1)
```

KIMAGE_VADDR 表示内核映像文件映射到内核空间的起始虚拟地址。它的值等于 MODULES_END 的值，MODULES_END 表示模块区域的虚拟地址的结束地址。KIMAGE_VADDR 宏的值为 0xFFFF 0000 1000 0000，它的定义如下。

```
<arch/arm64/include/asm/memory.h>

#define KIMAGE_VADDR            (MODULES_END)
#define MODULES_END            (MODULES_VADDR + MODULES_VSIZE)
#define MODULES_VADDR          (BPF_JIT_REGION_END)
#define MODULES_VSIZE          (SZ_128M)
```

编译器在编译目标文件并且链接完成之后，即可知道内核映像文件最终的大小。接下来，将其打包成二进制文件，该操作由 arch/arm64/kernel/vmlinux.ld.S 控制，其中也划定了内核的内存布局。

内核映像文件本身占据的内存空间从_text 到_end，并且分为如下几个段。

- ❑ 代码（.text）段：_text 和_etext 为代码段的起始与结束地址，包含了编译后的内核代码。
- ❑ init 段：__init_begin 和__init_end 分别为 init 段的起始与结束地址，包含了大部分模块初始化的数据。
- ❑ 数据（.data）段：_sdata 和_edata 分别为数据段的起始和结束地址，保存了内核的大部分变量。
- ❑ bss 段：__bss_start 和__bss_stop 分别为 bss 段的开始和结束地址，包含了未初始化的或者初始化为 0 的全局变量和静态变量。

上述几个段的大小在编译链接时根据内核配置来确定，因为每种配置的代码段和数据段长度都不相同，这取决于要编译哪些内核模块，但是起始地址_text 总是相同的。内核编译完成之后，会生成一个 System.map 文件，查询这个文件可以找到这些地址的具体数值。注意，这些段的起始地址和结束地址都是链接地址，即内核空间的虚拟地址。

```
<System.map 文件>

ffff000010080000 t _head
ffff000010080000 T _text
...
ffff000011a60000 T stext
ffff000011a60000 T __init_begin
...
ffff000011730000 R _etext
ffff000011730000 R __start_rodata
...
ffff000011a53000 R __end_rodata

ffff000011ee0000 D __init_end
ffff000011ee0000 D _sdata
...
ffff000011ff8a00 D _edata
```

从上述分析可知，内核映像文件映射到内核空间的起始地址由 KIMAGE_VADDR 宏来指定，而代码段的起始地址由 vmlinux.ld.S 链接文件控制。

```
<arch/arm64/kernel/vmlinux.ld.S>

SECTIONS
{
    . = KIMAGE_VADDR + TEXT_OFFSET;
```

```
   ...
}
```

代码段的起始地址是由 KIMAGE_VADDR + TEXT_OFFSET 组成的，而 TEXT_OFFSET 表示代码段在地址空间的相对偏移量。

```
<arch/arm64/Makefile>

TEXT_OFFSET := 0x00080000
```

因此，计算代码段链接地址的起始地址，0xFFFF 0000 1000 0000 + 0x0008 0000 = 0xFFFF 0000 1008 0000，这和从 System.map 文件查找到的_text 一致。

最后我们对内存分布做一个总结，如图 2.9 所示。

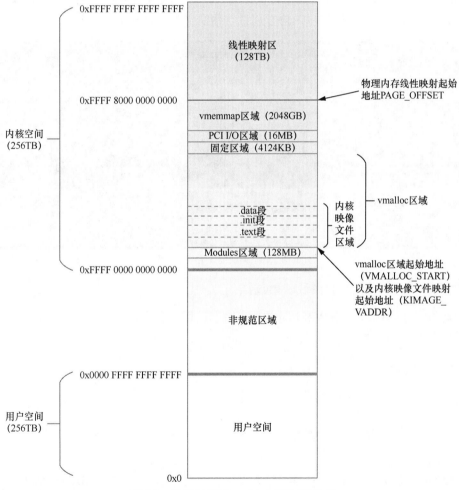

▲图 2.9 ARM64 在 Linux 5.0 内核的内存分布

（1）用户空间：0x0000 0000 0000 0000～0x0000 FFFF FFFF FFFF，一共 256TB。

（2）非规范区域。

（3）内核空间：0xFFFF 0000 0000 0000～0xFFFF FFFF FFFF FFFF，一共 256TB。内核空间又做了如下细分。

- Modules 区域：0xFFFF 0000 0800 0000～0xFFFF 0000 1000 0000，大小为 128MB。
- vmalloc 区域：0xFFFF 0000 1000 0000～0xFFFF 7DFF BFFF 0000，大小为 129022GB。
- 固定映射（fixed）区域：0xFFFF 7DFF FE7F 9000～0xFFFF 7DFF FEC0 0000，大小为 4124KB。
- PCI I/O 区域：0xFFFF 7DFF FEE0 0000～0xFFFF 7DFF FFE0 0000，大小为 16MB。
- vmemmap 区域：0xFFFF 7E00 0000 0000～0xFFFF 8000 0000 0000，大小为 2048GB。
- 线性映射区：0xFFFF 8000 0000 0000～0xFFFF FFFF FFFF FFFF，大小为 128TB。

读者需要特别注意的是，内核映像文件映射的区域在 vmalloc 区域里，这一点和 Linux 4.0 内核不相同，这是为了实现 KASLR 特性而做的改变[①]。

Linux 内核提供了一个转储（dump）页表的调试接口。读者需要在内核配置文件（以.config 结尾）中使能 CONFIG_ARM64_PTDUMP_DEBUGFS 配置选项。该调试接口为/sys/kernel/debug/kernel_page_tables。该调试接口会遍历内核空间所有已经映射的页面，分别显示虚拟地址区间、页表大小、页表等级、页表属性以及内存属性等信息，如图 2.10 所示。

```
root@benshushu:~# cat /sys/kernel/debug/kernel_page_tables
---[ Modules start ]---
---[ Modules end ]---
---[ vmalloc() area ]---
0xffff000010000000-0xffff000010010000          64K PTE       RW NX SHD AF            UXN DEVICE/nGnRE
0xffff000010011000-0xffff000010015000          16K PTE       RW NX SHD AF            UXN MEM/NORMAL
0xffff000010016000-0xffff00001001a000          16K PTE       RW NX SHD AF            UXN MEM/NORMAL
0xffff00001001b000-0xffff00001002b000          64K PTE       RW NX SHD AF            UXN MEM/NORMAL
0xffff00001002c000-0xffff00001006c000         256K PTE       RW NX SHD AF            UXN MEM/NORMAL-NC
0xffff00001006d000-0xffff00001006e000           4K PTE       RW NX SHD AF            UXN MEM/NORMAL
0xffff00001006f000-0xffff000010070000           4K PTE       ro NX SHD AF            UXN MEM/NORMAL
0xffff000010071000-0xffff000010072000           4K PTE       ro NX SHD AF            UXN MEM/NORMAL
0xffff000010073000-0xffff000010074000           4K PTE       ro NX SHD AF            UXN MEM/NORMAL
0xffff000010075000-0xffff000010076000           4K PTE       RW NX SHD AF            UXN DEVICE/nGnRE
0xffff000010077000-0xffff000010079000           8K PTE       RW NX SHD AF            UXN MEM/NORMAL
0xffff00001007a000-0xffff00001007e000          16K PTE       RW NX SHD AF            UXN MEM/NORMAL
0xffff000010080000-0xffff000010200000        1536K PTE       ro x  SHD AF     CON    UXN MEM/NORMAL
0xffff000010200000-0xffff000011600000          20M PMD       ro x  SHD AF        BLK UXN MEM/NORMAL
0xffff000011600000-0xffff000011730000        1216K PTE       ro x  SHD AF     CON    UXN MEM/NORMAL
0xffff000011730000-0xffff000011800000         832K PTE       ro NX SHD AF            UXN MEM/NORMAL
```

▲图 2.10　调试接口显示的信息

2.1.6　案例分析：ARM64 的页表映射过程

下面通过一个案例来介绍 ARM64 的页表映射过程。在内核初始化阶段会对内核空间的页表进行映射，实现的函数是__create_pgd_mapping()。

```
<start_kenrel()-> setup_arch()->paging_init()>

void __init paging_init(void)
{
    pgd_t *pgdp = pgd_set_fixmap(__pa_symbol(swapper_pg_dir));

    map_kernel(pgdp);
    map_mem(pgdp);

    pgd_clear_fixmap();
}
```

在 paging_init()函数中会对内核空间的多个内存段做重新映射。

① Linux 4.6 patch, commit f9040773b, “arm64: move kernel image to base of vmalloc area”.

- ❑ map_kernel(pgdp)：对内核映像文件的各个块重新映射。在 head.S 文件中，我们对内核映像文件做了块映射，现在需要使用页机制来重新映射。
- ❑ map_mem(pgdp)：物理内存的线性映射。物理内存会全部线性映射到以 PAGE_OFFSET 开始的内核空间的虚拟地址，以加速内核访问内存。

上述两个函数最终是调用 __create_pgd_mapping() 函数来创建页表映射的。在调用该函数之前，我们需要获取 PGD 页表基地址。在内存线性映射完成之前，如果不能直接通过 __pa() 这个宏来直接从线性映射地址转换到物理地址，要怎么办？

在 paging_init() 函数中通过如下步骤来找到 PGD 页表基地址。

- ❑ 全局变量 swapper_pg_dir 是内核页表的 PGD 页表基地址，可是这是虚拟地址，因为在内核启动的汇编代码中会做一次简单的块映射。
- ❑ __pa_symbol() 宏把内核符号的虚拟地址转换为物理地址。需要注意的是，这时物理内存的线性映射还没建立好，因此不能直接使用 __pa() 宏。
- ❑ pgd_set_fixmap() 函数做一个固定映射，把 swapper_pg_dir 页表重新映射到固定映射区域。

内核里面有一个固定映射（fixed mapping）区域，它的范围是 0xFFFF 7DFF FE7F 9000～0xFFFF 7DFF FEC0 0000，我们可以把 PGD 页表映射这个区域，然后才可以使用 __pa() 宏。

pgd_set_fixmap() 函数就做这个固定映射的事情，把 PGD 页表的物理页面映射到固定映射区域，返回 PGD 页表的虚拟地址。而 pgd_clear_fixmap() 函数用于取消固定区域的映射。

__pa_symbol() 宏和 __pa() 宏的作用都是把内核虚拟地址转换为物理地址。它们两个之间有什么区别呢？

我们在内核中常常需要访问一些内核符号表的物理地址，如内核页表 swapper_pg_dir、代码段的符号 _text 或者 __init_begin 等。这些内核符号表的链接地址在 vmalloc 区域，即从 KIMAGE_VADDR + TEXT_OFFSET 开始的虚拟地址，它和内核空间的线性映射区是不相同的。__pa() 宏可以通过虚拟地址来确定区域。

在 ARM64 中，__pa_symbol() 宏通过 kimage_voffset 来计算。__pa_symbol() 宏等同于 __kimg_to_phys() 宏，它通过和全局变量 kimage_voffset 做简单减法计算即可完成计算，与 Linux 内核相关的代码如下。

```
//内存线性映射建立之前
#define __pa_symbol(x)          __phys_addr_symbol(x)
#define __pa_symbol_nodebug(x) __kimg_to_phys((phys_addr_t)(x))
#define __kimg_to_phys(addr)    ((addr) - kimage_voffset)
```

那 kimage_voffset 代表什么意思呢？如图 2.11 所示，当系统刚初始化时，内核映像通过块映射的方式映射到 KIMAGE_VADDR + TEXT_OFFSET 的虚拟地址上，因此 kimage_voffset 表示内核映像虚拟地址和物理地址之间的偏移量，这类似于线性映射之后的 PAGE_OFFSET。

当所有物理内存都线性映射到线性映射区之后，就可以使用 __pa() 宏来快速得到虚拟地址对应的物理地址。__pa() 宏内部会调用 __is_lm_address() 宏来判断虚拟地址在哪个区域，从而选择使用 __lm_to_phys() 或者 __kimg_to_phys() 来转换地址。

```
//内存线性映射建立之后
#define __lm_to_phys(addr)    (((addr) & ~PAGE_OFFSET) + PHYS_OFFSET)
#define __kimg_to_phys(addr)  ((addr) - kimage_voffset)
```

接下来，看 __create_pgd_mapping() 函数的实现。

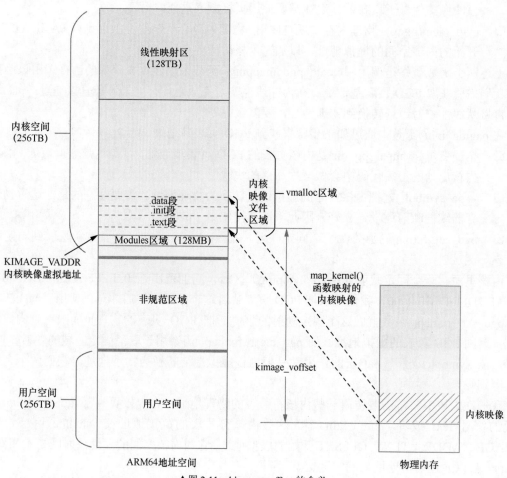

线性映射区
(128TB)

内核空间
(256TB)

内核
映像
文件
区域

vmalloc区域

.data段
.init段
.text段

Modules区域（128MB）

KIMAGE_VADDR
内核映像虚拟地址

map_kernel()
函数映射的
内核映像

非规范区域

kimage_voffset

用户空间
(256TB)

用户空间

内核映像

ARM64地址空间

物理内存

▲图 2.11　kimage_voffset 的含义

```
static void __create_pgd_mapping(pgd_t *pgdir, phys_addr_t phys,
            unsigned long virt, phys_addr_t size,
            pgprot_t prot,
            phys_addr_t (*pgtable_alloc)(void),
            int flags)
{
    unsigned long addr, length, end, next;
    pgd_t *pgdp = pgd_offset_raw(pgdir, virt);

    end = addr + length;
    do {
        next = pgd_addr_end(addr, end);
        alloc_init_pud(pgdp, addr, next, phys, prot, pgtable_alloc,
                flags);
        phys += next - addr;
    } while (pgdp++, addr = next, addr != end);
}
```

在 __create_pgd_mapping ()函数中，以 PGDIR_SIZE 为步长遍历内存区域[virt, virt+size]，然后通过调用 alloc_init_pud()来初始化 PGD 页表项内容和 PUD。pgd_addr_end()以 PGDIR_SIZE

为步长。

```c
static void alloc_init_pud(pgd_t *pgdp, unsigned long addr, unsigned long end,
                phys_addr_t phys, pgprot_t prot,
                phys_addr_t (*pgtable_alloc)(void),
                int flags)
{
    unsigned long next;
    pud_t *pudp;
    pgd_t pgd = READ_ONCE(*pgdp);

    if (pgd_none(pgd)) {
        phys_addr_t pud_phys;
        pud_phys = pgtable_alloc();
        __pgd_populate(pgdp, pud_phys, PUD_TYPE_TABLE);
        pgd = READ_ONCE(*pgdp);
    }

    pudp = pud_set_fixmap_offset(pgdp, addr);
    do {
        pud_t old_pud = READ_ONCE(*pudp);

        next = pud_addr_end(addr, end);

        if (use_1G_block(addr, next, phys) &&
            (flags & NO_BLOCK_MAPPINGS) == 0) {
            pud_set_huge(pudp, phys, prot);
        } else {
            alloc_init_cont_pmd(pudp, addr, next, phys, prot,
                        pgtable_alloc, flags);
        }
        phys += next - addr;
    } while (pudp++, addr = next, addr != end);

    pud_clear_fixmap();
}
```

alloc_init_pud()函数会做如下事情。

（1）通过 pgd_none()判断当前 PGD 页表项的内容是否为空。如果 PGD 页表项的内容为空，说明下一级页表为空，那么需要动态分配下一级页表。PUD 一共有 PTRS_PER_PUD 个页表项，然后通过 pgd_populate()把刚分配的 PUD 页表的基地址设置到相应的 PGD 页表项中。

（2）通过 pud_set_fixmap_offset ()来获取相应的 PUD 表项。

（3）以 PUD_SIZE 为步长，通过 while 循环来设置下一级页表。

（4）use_1G_block()函数会判断是否使用 1GB 大小的内存块来映射。如果这里要映射的内存块大小正好是 PUD_SIZE，那么只需要映射到 PUD 即可，接下来的 PMD 和 PTE 等到真正需要使用时再映射，通过 pud_set_huge()函数来设置相应的 PUD 页表项。

（5）如果 use_1G_block()函数判断不能通过 1GB 大小的内存块来映射，则调用 alloc_init_cont_pmd()函数来进行下一级页表的映射。

```c
static void alloc_init_cont_pmd(pud_t *pudp, unsigned long addr,
```

```
                    unsigned long end, phys_addr_t phys,
                    pgprot_t prot,
                    phys_addr_t (*pgtable_alloc)(void), int flags)
{
    unsigned long next;
    pud_t pud = READ_ONCE(*pudp);

    if (pud_none(pud)) {
        phys_addr_t pmd_phys;
        pmd_phys = pgtable_alloc();
        __pud_populate(pudp, pmd_phys, PUD_TYPE_TABLE);
        pud = READ_ONCE(*pudp);
    }

    do {
        pgprot_t __prot = prot;

        next = pmd_cont_addr_end(addr, end);
        init_pmd(pudp, addr, next, phys, __prot, pgtable_alloc, flags);

        phys += next - addr;
    } while (addr = next, addr != end);
}
```

alloc_init_cont_pmd ()函数用于配置 PMD 页表，主要做如下事情。

（1）判断 PUD 页表项的内容是否为空。如果为空，表示 PUD 指向的 PMD 不存在，需要动态分配 PMD 页表，然后通过 __pud_populate() 来设置 PUD 页表项。

（2）通过 pmd_offset() 宏来获取相应的 PMD 页表项。这里会通过 pmd_index() 来计算索引值，计算方法和 pgd_index() 函数类似，最终使用虚拟地址的 Bit[29:21]来作为索引值。

（3）以 PMD_SIZE 为步长，通过 while 循环来设置下一级页表。

（4）调用 init_pmd() 函数来初始化 PT 与设置 PMD 页表项。

```
static void init_pmd(pud_t *pudp, unsigned long addr, unsigned long end,
            phys_addr_t phys, pgprot_t prot,
            phys_addr_t (*pgtable_alloc)(void), int flags)
{
    unsigned long next;
    pmd_t *pmdp;

    pmdp = pmd_set_fixmap_offset(pudp, addr);
    do {
        pmd_t old_pmd = READ_ONCE(*pmdp);

        next = pmd_addr_end(addr, end);

        /* try section mapping first */
        if (((addr | next | phys) & ~SECTION_MASK) == 0 &&
            (flags & NO_BLOCK_MAPPINGS) == 0) {
            pmd_set_huge(pmdp, phys, prot);
        } else {
            alloc_init_cont_pte(pmdp, addr, next, phys, prot,
```

```
                        pgtable_alloc, flags);
        }
        phys += next - addr;
    } while (pmdp++, addr = next, addr != end);

    pmd_clear_fixmap();
}
```

init_pmd()函数只要做以下事情。

（1）以 PMD_SIZE（即 1<<21，2MB）为步长，通过 while 循环来设置下一级页表。

（2）如果虚拟区间的开始地址 addr、结束地址 next 和物理地址 phys 都与 SECTION_SIZE 大小（2MB）对齐，那么直接设置 PMD 页表项，不需要映射下一级页表。下一级页表等到需要用时再映射也来得及。

（3）如果映射的内存不是和 SECTION_SIZE 大小对齐的，那么需要通过 alloc_init_cont_pte() 函数来映射下一级 PTE。

```
static void alloc_init_cont_pte(pmd_t *pmdp, unsigned long addr,
                unsigned long end, phys_addr_t phys,
                pgprot_t prot,
                phys_addr_t (*pgtable_alloc)(void),
                int flags)
{
    unsigned long next;
    pmd_t pmd = READ_ONCE(*pmdp);

    BUG_ON(pmd_sect(pmd));
    if (pmd_none(pmd)) {
        phys_addr_t pte_phys;
        pte_phys = pgtable_alloc();
        __pmd_populate(pmdp, pte_phys, PMD_TYPE_TABLE);
        pmd = READ_ONCE(*pmdp);
    }

    do {
        pgprot_t __prot = prot;
        next = pte_cont_addr_end(addr, end);
        init_pte(pmdp, addr, next, phys, __prot);
        phys += next - addr;
    } while (addr = next, addr != end);
}
```

PTE 是 4 级页表的最后一级，alloc_init_cont_pte()配置 PTE。

（1）判断 PMD 页表项的内容是否为空。如果为空，说明下一级页表不存在，需要动态分配 512 个页表项，然后通过 __pmd_populate()函数来设置 PMD 页表项。

（2）以 PAGE_SIZE，即 4KB 大小为步长，通过 while 循环来设置 PTE。调用 init_pte()来设置 PTE。

```
static void init_pte(pmd_t *pmdp, unsigned long addr, unsigned long end,
            phys_addr_t phys, pgprot_t prot)
{
    pte_t *ptep;
```

83

```
ptep = pte_set_fixmap_offset(pmdp, addr);
do {
    pte_t old_pte = READ_ONCE(*ptep);

    set_pte(ptep, pfn_pte(__phys_to_pfn(phys), prot));
    phys += PAGE_SIZE;
} while (ptep++, addr += PAGE_SIZE, addr != end);

pte_clear_fixmap();
}
```

init_pte()函数最终调用 set_pte()来设置 PTE 内容到物理页表中。上述操作完成了一次建立页表的过程。读者需要注意，页表的创建是由操作系统来完成的，包括页表的创建和填充，但是处理器遍历页表是由处理器的 MMU 来完成的。

2.2　高速缓存管理

ARM64 指令集提供了对高速缓存进行管理的指令，包括管理无效高速缓存和清除高速缓存的指令。在某些情况下，操作系统或者应用程序会主动调用高速缓存管理指令对高速缓存进行干预和管理。例如，当进程改变了地址空间的访问权限、高速缓存策略或者虚拟地址到物理地址的映射时，通常需要对高速缓存做一些同步管理，如清除对应高速缓存中旧的内容。

高速缓存的管理主要有如下 3 种情况。

❑ 使整个高速缓存或者某个高速缓存行无效。之后，高速缓存上的数据会丢弃。

❑ 清除（clean）整个高速缓存或者某个高速缓存行。之后，相应的高速缓存行会被标记为脏的，数据会写回到下一级高速缓存中或者主存储器中。

❑ 清零（zero）操作。在某些情况下，对高速缓存进行清零操作以起到一个预取和加速的作用。例如，当程序需要使用较大的临时内存时，如果在初始化阶段对这个内存进行清零操作，高速缓存控制器就会主动把这些零数据写入高速缓存行中。若程序主动使用高速缓存的清零操作，那么将大大减少系统内部总线的带宽。

对高速缓存的操作可以指定如下不同的范围。

❑ 整块高速缓存。

❑ 某个虚拟地址。

❑ 特定的高速缓存行或者组和路。

另外，在 ARMv8 架构中最多可以支持 7 级的高速缓存，即 L1～L7 高速缓存。当对一个高速缓存行进行操作时，我们需要知道高速缓存操作的范围。ARMv8 架构中将从以下角度观察内存。

❑ 全局缓存一致性角度（Point of Coherency，PoC）：系统中所有可以发起内存访问的硬件单元（如处理器、DMA 设备、GPU 等）都能保证观察到的某一个地址上的数据是一致的或者是相同的副本。通常 PoC 表示站在系统的角度来看高速缓存的一致性问题。

❑ 处理器缓存一致性角度（Point of Unification，PoU）：表示站在处理器角度来看高速缓存的一致性问题。对于一个内部共享（inner shareable）的 PoU，所有的处理器都能看到相同的内存副本。

假设在一个双核处理器系统中，每一个处理器都有独自的 L1 高速缓存，它们共享一个 L2

高速缓存，它们都可以共同访问 DDR4 内存。另外，系统中还有 GPU 等硬件单元。

❑ 如果以 PoU 看高速缓存，那么这个观察点就是 L2 高速缓存，因为两个处理器都可以在 L2 高速缓存中看到相同的副本。

❑ 如果以 PoC 看高速缓存，那么这个观察点是 DDR4 内存，因为 CPU 和 GPU 都能共同访问 DDR4 内存。

ARMv8 架构提供 DC 和 IC 两条与高速缓存相关的指令，它们根据不同的辅助操作符可以有不同的含义，如表 2.5 所示。

```
//DC 指令的格式
DC <dc_op>, <Xt>

//IC 指令的格式
IC <ic_op> <Xt>
```

表 2.5　　　　　　　　　　　　　　　与高速缓存相关的指令

指令的类型	辅助操作符	描　　述
DC	cisw	清除并使指定的组和路的高速缓存无效
	civac	从 PoC，清除并使指定的虚拟地址对应的高速缓存无效
	csw	清除指定的组或路的高速缓存
	cvac	从 PoC，清除指定的虚拟地址对应的高速缓存
	cvau	从 PoU，清除指定的虚拟地址对应的高速缓存
	isw	使指定的组或路的高速缓存无效
	ivac	从 PoC，使指定的虚拟地址中对应的高速缓存无效
	zva	把虚拟地址中的高速缓存清零
IC	ialluis	从 PoU，使所有的指令高速缓存无效，内部共享属性
	iallu	从 PoU，使所有的指令高速缓存无效
	ivau	从 PoU，使指定虚拟地址对应的指令高速缓存无效

Linux 内核提供了多个与高速缓存管理相关的接口函数，它们定义在 arch/arm64/include/asm/cacheflush.h 头文件中，它们实现在 arch/arm64/mm/cache.S 汇编文件中，如表 2.6 所示。

表 2.6　　　　　　　　　　　　与高速缓存管理相关的接口函数

接口函数	描　　述
flush_cache_mm(mm)	在修改页表之前清除和无效该进程的进程地址空间中所有的高速缓存页表项
flush_icache_range(start, end)	用于同步由虚拟地址 start 和 end 组成的区域的指令高速缓存与数据高速缓存的一致性
flush_cache_page(vma, addr, pfn)	用于清除由虚拟地址 addr 和页帧号 pfn 对应的高速缓存页表项
flush_cache_range(vma, start, end)	用于清除由虚拟地址 start 和 end 组成的区域中所有的高速缓存

下面以__flush_cache_user_range()函数的实现为例来进行说明，它实现在 arch/arm64/mm/cache.S 文件中。

__flush_cache_user_range()函数的原型如下。

```
long __flush_cache_user_range(unsigned long start, unsigned long end);
```

汇编代码如下。

```
<arch/arm64/mm/cache.S>

1    ENTRY(__flush_cache_user_range)
2        uaccess_ttbr0_enable x2, x3, x4
3    alternative_if ARM64_HAS_CACHE_IDC
4        dsb   ishst
5        b     7f
6    alternative_else_nop_endif
7        dcache_line_size x2, x3
8        sub x3, x2, #1
9        bic x4, x0, x3
10   1:
11   user_alt 9f, "dc cvau, x4",   "dc civac, x4",   ARM64_WORKAROUND_CLEAN_CACHE
12       add x4, x4, x2
13       cmp x4, x1
14       b.lo    1b
15       dsb ish
16
17   7:
18   alternative_if ARM64_HAS_CACHE_DIC
19       isb
20       b   8f
21   alternative_else_nop_endif
22       invalidate_icache_by_line x0, x1, x2, x3, 9f
23   8:  mov x0, #0
24   1:
25       uaccess_ttbr0_disable x1, x2
26       ret
27   9:
28       mov x0, #-EFAULT
29       b   1b
30   ENDPROC(__flush_cache_user_range)
```

第 2 行中，uaccess_ttbr0_enable 宏用来使能在内核态访问用户地址空间。这里主要针对使用的软件来模拟特权模式禁止访问（Privileged Access Never，PAN）功能，也就是使能了 CONFIG_ARM64_SW_ TTBR0_PAN 宏。

第 3～6 行中，ARM64_HAS_CACHE_IDC 表示以 PoU 做数据高速缓存管理时不需要对其做额外的清除操作，因此直接插入一个 DSB 指令即可完成数据高速缓存的清除操作。

ARM64_HAS_CACHE_IDC 特性是在 arm64_features[]数组中定义的，它实现在 arch/arm64/kernel/cpufeature.c 文件中。

```
<arch/arm64/kernel/cpufeature.c>

static const struct arm64_cpu_capabilities arm64_features[] = {
    ...
    {
        .desc = "Data cache clean to the PoU not required for I/D coherence",
        .capability = ARM64_HAS_CACHE_IDC,
        .type = ARM64_CPUCAP_SYSTEM_FEATURE,
        .matches = has_cache_idc,
        .cpu_enable = cpu_emulate_effective_ctr,
    },
```

```
    ...
}
```

alternative_if 是一个宏，它实现在 arch/arm64/ include/asm/alternative.h 头文件中。

第 7 行中，当处理器不支持 ARM64_HAS_CACHE_IDC 特性时，就必须调用 DC 指令来清除数据高速缓存了。第 7 行的 dcache_line_size 宏用来获取高速缓存行的大小，并存放到 X2 寄存器中。第 8～9 行获取起始地址 start，并按高速缓存行的大小对齐，对齐后的地址存放在 X4 寄存器中。

第 11 行中，ARM64_WORKAROUND_CLEAN_CACHE 表示这里有一个处理器硬件故障需要一些特殊处理，因此会调用 civac 辅助操作符来清除数据高速缓存。civac 辅助操作符表示以 PoC 清除指定的虚拟地址对应的高速缓存并使它失效。第 11～14 行中，从起始地址 start 到结束地址 end，按照高速缓存行依次调用 DC 指令来清除对应的高速缓存并使它失效。

第 18 行中，ARM64_HAS_CACHE_DIC 表示以 PoU 做指令高速缓存管理时不需要对其做额外的清除操作，因此直接插入一条 isb 指令即可完成指令高速缓存的清除工作。否则，就需要调用 invalidate_icache_by_line 宏来清除指令高速缓存。

第 25 行中，uaccess_ttbr0_disable 宏用于关闭内核态，访问用户地址空间。

2.3 TLB 管理

TLB 是高速缓存的一种，把虚拟地址到物理地址翻译的结果存储在 TLB 表项中，因此有的教科书把 TLB 称为快表。当处理器需要访问内存时首先从 TLB 中查询是否有对应的表项。TLB 项中存放了转换后的物理地址，当 TLB 命中时，处理器就不需要到 MMU 中查询页表了。查询页表是一个非常慢的过程，而 TLB 命中则大大加快了地址翻译的速度。

每一个 TLB 项不仅存放了虚拟地址到物理地址转换的结果，还包含了一些属性，如内存类型、高速缓存策略、访问权限、进程地址空间 ID（Address Space ID，ASID）以及虚拟机器 ID（Virtual Machine ID，VMID）等。

当 TLB 未命中（也就是处理器没有在 TLB 找到对应的表项）时，处理器就需要访问页表，遵循多级页表规范来查询页表。因为页表通常存储在内存中，所以完整访问一次页表，需要访问多次内存，如 ARMv8 的页表是 4 级页表，因此完整访问一次页表需要访问内存 4 次。当处理器完整访问页表后会把这次虚拟地址到物理地址翻译的结果存储到 TLB 表项中，后续处理器再访问该虚拟地址时就不需要再访问页表，从而提高系统性能。

如果操作系统修改了页表，需要从这些旧的 TLB 表项无效。ARMv8 架构提供了 TLBI 指令。

1. TLBI 指令

ARMv8 架构提供了 TLBI 指令[①]，其指令格式如下。

```
TLBI <operation> {, <Xt>}
```

其中相关内容的解释如下。

❑ operation：表示 TLBI 指令的操作符。

---

① 详见《ARM Architecture Reference Manual, for ARMv8-A architecture profile, v8.4》D5.10.2 节。

❑ Xt：由虚拟地址和 ASID 组成的参数。

■ Bit[63:48]：ASID。

■ Bit[47:44]：TTL，用于指明使哪一级的页表保存的地址无效。若为 0，表示需要使所有级别的页表无效。在 Linux 内核实现中，该域设置为 0。

■ Bit[43:0]：虚拟地址的 Bit[55:12]。

ARMv8 架构中的 TLBI 指令的操作符如表 2.7 所示。

表 2.7 TLBI 指令的操作符

操作符	描 述
ALLE*n*	使 EL*n* 中所有的 TLB 无效
ALLE*n*IS	使 EL*n* 中所有内部共享的 TLB 无效
ASIDE1	使 EL1 中 ASID 包含的 TLB 无效
ASIDE1IS	使 EL1 中 ASID 包含的内部共享的 TLB 无效
VAAE1	使 EL1 中虚拟地址指定的所有 TLB（包含所有 ASID）无效
VAAE1IS	使 EL1 中虚拟地址指定的所有 TLB（包含所有 ASID），这里仅仅指的是内部共享的 TLB
VAE*n*	使 EL*n* 中所有由虚拟地址指定的 TLB 无效
VAE*n*IS	使 EL*n* 中所有由虚拟地址指定的 TLB 无效，这里仅仅指的是内部共享的 TLB
VALE*n*	使 EL*n* 中所有由虚拟地址指定的 TLB 无效，但只使最后一级的 TLB 无效
VMALLE1	在当前 VMID 中，使 EL1 中指定的 TLB 无效，这里仅仅包括虚拟化场景下阶段 1 的页表项
VMALLS12E1	在当前 VMID 中，使 EL1 中指定的 TLB 无效，这里包括虚拟化场景下阶段 1 和阶段 2 的页表项

表 2.7 中提到的阶段 1 和阶段 2 的页表项指的是虚拟化场景下的两阶段映射中的页表项。

2. Linux 内核对 TLBI 的支持

Linux 内核中定义了一个 __tlbi()宏来实现上述的 TLBI 指令。

```
<arch/arm64/include/asm/tlbflush.h>

#define __TLBI_0(op, arg) asm ("tlbi " #op "\n"                    \
           ALTERNATIVE("nop\n            nop",                     \
                 "dsb ish\n       tlbi " #op,                      \
                 ARM64_WORKAROUND_REPEAT_TLBI,                     \
                 CONFIG_ARM64_WORKAROUND_REPEAT_TLBI)              \
              : : )

#define __TLBI_1(op, arg) asm ("tlbi " #op ", %0\n"                \
           ALTERNATIVE("nop\n            nop",                     \
                 "dsb ish\n       tlbi " #op ", %0",               \
                 ARM64_WORKAROUND_REPEAT_TLBI,                     \
                 CONFIG_ARM64_WORKAROUND_REPEAT_TLBI)              \
              : : "r" (arg))

#define __TLBI_N(op, arg, n, ...) __TLBI_##n(op, arg)

#define __tlbi(op, ...)      __TLBI_N(op, ##__VA_ARGS__, 1, 0)
```

上述 __tlbi()宏主要通过 TLBI 指令来实现。需要特别注意的是 ALTERNATIVE 宏的实现。系统定义了 CONFIG_ARM64_WORKAROUND_REPEAT_TLBI，说明使用一个折中的方法来修复处理器中的硬件故障，它会重复执行 TLBI 指令两次，中间还执行一次 DSB 指令。

Linux 内核中提供了多个管理 TLB 的接口函数，如表 2.8 所示，这些接口函数定义在 arch/arm64/include/asm/tlbflush.h 文件中。

表 2.8   Linux 内核中管理 TLB 的接口函数

接口函数	描　　述
flush_tlb_all()	使所有处理器上的整个 TLB（包括内核空间和用户空间的 TLB）无效
flush_tlb_mm(mm)	使一个进程中整个用户空间地址的 TLB 无效
flush_tlb_range(vma, start, end)	使进程地址空间的某段虚拟地址区间（从 start 到 end）对应的 TLB 无效
flush_tlb_kernel_range(start, end)	使内核地址空间的某段虚拟地址区间（从 start 到 end）对应的 TLB 无效
flush_tlb_page(vma, addr)	使虚拟地址 addr 所映射页面的 TLB 页表项无效
local_flush_tlb_all()	使本地 CPU 对应的整个 TLB 无效

表 2.8 中参数的说明如下。

❑ mm 表示进程的内存描述符 mm_struct。

❑ addr 表示虚拟地址。

❑ vma 表示进程地址空间的描述符 vm_area_struct。

❑ start 表示起始地址。

❑ end 表示结束地址。

下面举两个例子来看这些接口函数是如何实现的。flush_tlb_all()函数的实现如下。

```
<arch/arm64/include/asm/tlbflush.h>

static inline void flush_tlb_all(void)
{
    dsb(ishst);
    __tlbi(vmalle1is);
    dsb(ish);
    isb();
}
```

首先，调用 dsb()来保证内存访问指令已经完成，如修改页表等操作。

__tlbi()是一个 TLB 的宏操作，参数 vmalle1is 表示使 EL1 中所有 VMID 指定的 TLB 无效，这里仅仅指的是内部共享的 TLB。然后，再次调用 dsb()，保证前面的 TLBI 指令执行完成。最后，调用 ISB()，在流水线中丢弃已经从旧的页表映射中获取的指令。

所有的过程可以概括为下面的伪代码。

```
dsb ishst        // 确保之前更新页表的操作已经完成
tlbi ...         // 使 TLB 无效
dsb ish          // 确保使 TLB 无效的操作已经完成
if (invalidated kernel mappings)
    isb          // 丢弃所有从旧页表映射中获取的指令
```

另外一个常用的 TLB 管理函数是_flush_tlb_range()，它用于使进程地址空间中某一段区间对应的 TLB 无效，其代码片段如下。

```
<arch/arm64/include/asm/tlbflush.h>
```

```
static inline void __flush_tlb_range(struct vm_area_struct *vma,
                    unsigned long start, unsigned long end,
                    unsigned long stride)
{
    unsigned long asid = ASID(vma->vm_mm);
    unsigned long addr;

    stride >>= 12;

    start = __TLBI_VADDR(start, asid);
    end = __TLBI_VADDR(end, asid);

    dsb(ishst);
    for (addr = start; addr < end; addr += stride) {
            __tlbi(vae1is, addr);
            __tlbi_user(vae1is, addr);
    }
    dsb(ish);
}

static inline void flush_tlb_range(struct vm_area_struct *vma,
                    unsigned long start, unsigned long end)
{
    __flush_tlb_range(vma, start, end, PAGE_SIZE, false);
}
```

ASID()宏用于获取当前进程对应的 ASID，__TLBI_VADDR()宏通过虚拟地址 ID 和 ASID 来组成 TLBI 指令需要的参数，然后通过__tlbi()宏来执行 TLBI 指令。TLBI 指令使用的操作符 VAE1IS 用于使 EL1 中所有由虚拟地址指定的 TLB 无效，这里指的是内部共享的 TLB。

3. ASID

Linux 内核中关于 TLB 操作另一个重要的地方就是 ASID。ASID 方案让每个 TLB 项包含一个 ASID，ASID 用于为每个进程分配进程地址空间标识，TLB 命中查询的标准由原来的虚拟地址判断再加上 ASID 条件。ASID 软件计数存放在 mm->context.id 的 Bit[31:8]中。

```
#define ASID(mm)    ((mm)->context.id.counter & 0xffff)

#define __TLBI_VADDR(addr, asid)                \
    ({                                          \
        unsigned long __ta = (addr) >> 12;      \
        __ta &= GENMASK_ULL(43, 0);             \
        __ta |= (unsigned long)(asid) << 48;    \
        __ta;                                   \
    })
```

在一个 TLB 项中，ASID 存放在 TLB 项的 Bit[63:48]中。__TLBI_VADDR()宏通过虚拟地址 ID 和 ASID 来组成 TLBI 指令需要的参数 Xt。

2.4　内存属性

ARMv8 架构处理器实现了弱一致性内存模型，在某些情况下，处理器在执行指令时不一定完全按照程序员编写的指令顺序来执行。处理器为了提高指令执行效率会乱序执行指令和预测指令。现代处理器为了提高系统吞吐率都会做如下优化。

- ❏ 并发执行多条指令（multiple issue of instructions）。处理器可以在一个时钟周期内发射和执行多条指令。
- ❏ 乱序执行（out of order execution）。处理器可以乱序执行没有依赖关系的指令。
- ❏ 预测执行（speculation）。处理器在遇到一个条件判断时会预测将来可能发生的情况，并且提前执行分支代码。
- ❏ 预测加载。若可以预测一个加载指令，那么高速缓存就可以提前把数据预取到高速缓存行中，从而提高效率。
- ❏ 加载和存储优化。读写外部内存是一个耗时的操作，处理器应该尽量减少读写次数，如处理器将多次访问内存的操作合并为一次传输，这样可以提高系统效率。

在一个单核处理器系统中，指令乱序和并发执行对于程序员来说是透明的，因为处理器会处理这些数据依赖关系。但是，在多核处理器系统中，多个处理器内核同时访问共享数据或内存时，与处理器相关的乱序和预测执行等优化手段就可能会对程序造成意想不到的麻烦。因此，了解内存属性和内存屏障就显得非常重要。

2.4.1　内存属性

ARMv8 架构处理器主要提供两种类型的内存属性，分别是普通（normal）内存和设备（device）内存。

1．普通内存

普通内存是弱一致性的（weakly ordered），没有额外的约束，可以提供最高的内存访问性能。通常代码段、数据段以及其他数据都会放在普通内存中。普通内存可以让处理器做很多的优化，如分支预测、数据预取、高速缓存行预取和填充、乱序加载等硬件优化。

2．设备内存

处理器访问设备内存会有很多限制，如不能进行预测访问等。设备内存是严格按照指令顺序来执行的。通常设备内存留给设备来访问。若系统中所有内存都设置为设备内存，就会有很大的副作用。ARMv8 架构定义了多种设备内存的属性：

- ❏ Device-nGnRnE；
- ❏ Device-nGnRE；
- ❏ Device-nGRE；
- ❏ Device-GRE。

Device 后的字母是有特殊含义的。

- ❏ G 和 nG：分别表示聚合（Gathering）与不聚合（non Gathering）。聚合表示在同一个内存属性的区域中允许把多次访问内存的操作合并成一次总线传输。
  - ■ 若一个内存地址标记为"nG"，则会严格按照访问内存的次数和大小来访问内存，不会做合并优化。
  - ■ 若一个内存地址标记为"G"，则会做总线合并访问，如合并两个相邻的字节访问为一次多字节访问。若程序访问同一个内存地址两次，那么处理器只会访问内存一次，但是在第二次访问内存指令后返回相同的值。若这个内存区域标记为"nG"，那么处理器则会访问内存两次。

❑　R 和 nR：分别表示指令重排（Re-ordering）与不重排（non Re-ordering）。

❑　E 和 nE：分别表示提前写应答（Early Write Acknowledgement）与不提前写应答（non Early Write Acknowledgement）。往外部设备写数据时，处理器先把数据写入写缓冲区（write buffer）中，若使能了提前写应答，则数据到达写缓冲区时会发送写应答；若没有使能提前写应答，则数据到达外设时才发送写应答。

Linux 内核中定义了如下几个内存属性。

```
<arch/arm64/include/asm/memory.h>

#define MT_DEVICE_nGnRnE    0
#define MT_DEVICE_nGnRE     1
#define MT_DEVICE_GRE       2
#define MT_NORMAL_NC        3
#define MT_NORMAL           4
#define MT_NORMAL_WT        5
```

❑　MT_DEVICE_nGnRnE：设备内存属性，不支持聚合操作，不支持指令重排，不支持提前写应答。

❑　MT_DEVICE_nGnRE：设备内存属性，不支持聚合操作，不支持指令重排，支持提前写应答。

❑　MT_DEVICE_GRE：设备内存属性，支持聚合操作，支持指令重排，支持提前写应答。

❑　MT_NORMAL_NC：普通内存属性，关闭高速缓存，其中 NC 是 Non-Cacheable 的意思。

❑　MT_NORMAL：普通内存属性。

❑　MT_NORMAL_WT：普通内存属性，高速缓存的回写策略为直写（write through）策略。

内存属性并没有存放在页表项中，而是存放在 MAIR_EL*n*（Memory Attribute Indirection Register_El*n*）中。页表项中使用一个 3 位的索引值来查找 MAIR_EL*n*。

如图 2.12 所示，MAIR_EL*n* 分成 8 段，每一段都可以用于描述不同的内存属性。

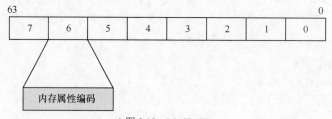

▲图 2.12　MAIR_EL*n*

在页表项中使用 AttrIndex[2:0] 域作为索引值，这在 Linux 内核中的定义为 PTE_ATTRINDX()宏。

```
<arch/arm64/include/asm/pgtable-hwdef.h>

#define PTE_ATTRINDX(t)        (_AT(pteval_t, (t)) << 2)
```

根据内存属性，页表项的属性分成 PROT_DEVICE_nGnRnE、PROT_DEVICE_ nGnRE、PROT_NORMAL_NC、PROT_NORMAL_WT 和 PROT_NORMAL。

```
<arch/arm64/include/asm/pgtable-prot.h>

#define PROT_DEVICE_nGnRnE   (PROT_DEFAULT | PTE_PXN | PTE_UXN | PTE_DIRTY | PTE_WRITE |
PTE_ATTRINDX(MT_DEVICE_nGnRnE))
#define PROT_DEVICE_nGnRE    (PROT_DEFAULT | PTE_PXN | PTE_UXN | PTE_DIRTY | PTE_WRITE |
PTE_ATTRINDX(MT_DEVICE_nGnRE))
#define PROT_NORMAL_NC       (PROT_DEFAULT | PTE_PXN | PTE_UXN | PTE_DIRTY | PTE_WRITE |
PTE_ATTRINDX(MT_NORMAL_NC))
#define PROT_NORMAL_WT       (PROT_DEFAULT | PTE_PXN | PTE_UXN | PTE_DIRTY | PTE_WRITE |
PTE_ATTRINDX(MT_NORMAL_WT))
#define PROT_NORMAL          (PROT_DEFAULT | PTE_PXN | PTE_UXN | PTE_DIRTY | PTE_WRITE |
PTE_ATTRINDX(MT_NORMAL))
```

那究竟不同类型的页面该采用什么类型的内存属性呢？之前提到，内核可执行代码段和数据段都应该采用普通内存。

```
<arch/arm64/include/asm/pgtable-prot.h>

#define PAGE_KERNEL          __pgprot(PROT_NORMAL)
#define PAGE_KERNEL_RO       __pgprot((PROT_NORMAL & ~PTE_WRITE) | PTE_RDONLY)
#define PAGE_KERNEL_ROX      __pgprot((PROT_NORMAL & ~(PTE_WRITE | PTE_PXN)) |
PTE_RDONLY)
#define PAGE_KERNEL_EXEC     __pgprot(PROT_NORMAL & ~PTE_PXN)
#define PAGE_KERNEL_EXEC_CONT   __pgprot((PROT_NORMAL & ~PTE_PXN) | PTE_CONT)
```

❑ PAGE_KERNEL：内核中的普通内存页面。

❑ PAGE_KERNEL_RO：内核中只读的普通内存页面。

❑ PAGE_KERNEL_ROX：内存中只读的可执行的普通页面。

❑ PAGE_KERNEL_EXEC：内核中可执行的普通页面。

❑ PAGE_KERNEL_EXEC_CONT：内核中可执行的普通页面，并且是物理连续的多个页面。

当需要映射内存给设备使用时，通常会使用与 PROT_DEVICE 相关的属性，如 Linux 内核中的 ioremap() 接口函数会把外部设备的内存映射到内核地址空间中。

```
<arch/arm64/include/asm/io.h>

#define ioremap(addr, size)          __ioremap((addr), (size), __pgprot(PROT_DEVICE_nGnRE))
#define ioremap_nocache(addr, size)  __ioremap((addr), (size), __pgprot(PROT_DEVICE
_nGnRE))
#define ioremap_wc(addr, size)       __ioremap((addr), (size), __pgprot(PROT_NORMAL
_NC))
#define ioremap_wt(addr, size)       __ioremap((addr), (size), __pgprot(PROT_DEVICE
_nGnRE))
```

内存属性如此重要，那系统在什么时候配置 MAIR 和内存属性呢？系统在上电复位并经过 BIOS 或者 BootLoader 初始化后跳转到内核的汇编代码。而在汇编代码中会对内存属性进行初始化。

```
<arch/arm64/mm/proc.S>

#define MAIR(attr, mt)     ((attr) << ((mt) * 8))
```

```
ENTRY(__cpu_setup)
    ...
    /*
     * 内存区域属性:
     *
     *    n = AttrIndx[2:0]
     *        n    MAIR
     *    DEVICE_nGnRnE  000  00000000
     *    DEVICE_nGnRE   001  00000100
     *    DEVICE_GRE     010  00001100
     *    NORMAL_NC      011  01000100
     *    NORMAL         100  11111111
     *    NORMAL_WT      101  10111011
     */
    ldr  x5, =MAIR(0x00, MT_DEVICE_nGnRnE) | \
             MAIR(0x04, MT_DEVICE_nGnRE) | \
             MAIR(0x0c, MT_DEVICE_GRE) | \
             MAIR(0x44, MT_NORMAL_NC) | \
             MAIR(0xff, MT_NORMAL) | \
             MAIR(0xbb, MT_NORMAL_WT)
    msr  mair_el1, x5
```

ARMv8 架构最多可以定义 8 种不同的内存属性，而 Linux 内核只定义了 5 种，其中索引值 0 表示 MT_DEVICE_nGnRnE，索引值 1 表示 MT_DEVICE_nGnRE，以此类推。

不同内存属性在 MAIR 中是如何编码的呢？MAIR 用 8 位来表示一种内存属性，对应编码如表 2.9 所示。

表 2.9　　　　　　　　　　　　　　MAIR 的内存属性编码[1]

Bit[3:0]	Bit[7:4]为 0b0000	Bit[7:4]不为 0b0000
0b0000	Device-nGnRnE 内存	未定义
0b0100	Device-nGnRE 内存	普通内存，内部 NC
0b1000	Device-nGRE 内存	普通内存，内部直写
0b1100	Device-GRE 内存	普通内存，内部写回
0b1111	未定义	普通内存，内部写回

2.4.2　高速缓存共享属性

普通内存可以设置高速缓存为可缓存的和不可缓存的。进一步地，我们可以设置高速缓存为内部共享和外部共享的高速缓存，如图 2.13 所示。一个处理器系统中，除了处理器之外，还有其他的可以访问内存的硬件单元，这些硬件单元通常具有访问内存总线（bus master）的能力，如 DMA 设备、GPU 等，这些硬件单元可以称为处理器之外的观察点。在一个多核系统中，DMA 设备和 GPU 通过系统总线连接到 DDR 内存，而处理器也通过系统总线连接到 DDR 内存，它们都能同时通过系统总线访问到内存。

❑　如果一个内存区域被标记为"不可共享的"，表示它只能被一个处理器访问，其他处理器不能访问这个内存区域。

❑　如果一个内存区域被标记为"内部共享的"，表示它可以被多个处理器访问和共享，但

---

① 详细参考《ARM Architecture Reference Manual, for ARMv8-A architecture profile, v8.4》D12.2.82 节。

是系统中其他的访问内存的硬件单元就不能访问了，如 DMA 设备、GPU 等。

❑ 如果一个内存区域被标记为"外部共享的"，表示系统中很多访问内存的单元（如 DMA 设备、GPU 等）都可以和处理器一样访问这个内存区域。

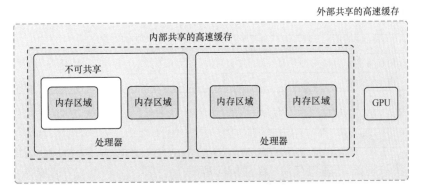

▲图 2.13　外部共享和内部共享的高速缓存

2.5　内存屏障

2.5.1　内存屏障指令

ARMv8 指令集提供了 3 条内存屏障指令。

❑ **数据存储屏障（Data Memory Barrier，DMB）指令**：仅当所有在它前面的存储器访问操作都执行完毕后，才提交（commit）在它后面的访问指令。DMB 指令保证的是 DMB 指令之前的所有内存访问指令和 DMB 指令之后的所有内存访问指令的顺序。也就是说，DMB 指令之后的内存访问指令不会被处理器重排到 DMB 指令的前面。DMB 指令不会保证内存访问指令在内存屏障指令之前必须完成，它仅仅保证内存屏障指令前后的内存访问指令的执行顺序。DMB 指令仅仅影响内存访问指令、数据高速缓存指令以及高速缓存管理指令等，并不会影响其他指令的顺序。

❑ **数据同步屏障（Data synchronization Barrier，DSB）指令**：比 DMB 指令要严格一些，仅当所有在它前面的访问指令都执行完毕后，才会执行在它后面的指令，即任何指令都要等待 DSB 指令前面的访问指令完成。位于此指令前的所有缓存，如分支预测和 TLB 维护操作需全部完成。

❑ **指令同步屏障（Instruction synchronization Barrier，ISB）指令**：比 DMB 指令和 DSB 指令严格，刷新流水线（flush pipeline）和预取缓冲区后，才会从高速缓存或者内存中预取 ISB 指令之后的指令。ISB 指令通常用来保证上下文切换的效果，如 ASID 更改、TLB 维护操作和 C15 寄存器的修改等。

DMB 指令和 DSB 指令还可以带参数，来指定内存屏障指令的顺序以及共享属性等信息。内存屏障指令参数如表 2.10 所示。

表 2.10　　　　　　　　　　　　　内存屏障指令参数

参数	访问顺序[①]	共享属性
SY	内存读写指令	全系统共享
ST	内存写指令	
LD	内存读指令	

[①] 表示什么样的内存指令需要保证在内存屏障指令之前完成。

续表

参数	访问顺序	共享属性
ISH	内存读写指令	
ISHST	内存写指令	内部共享
ISHLD	内存读指令	
NSH	内存读写指令	
NSHST	内存写指令	不共享
NSHLD	内存读指令	
OSH	内存读写指令	
OSHST	内存写指令	外部共享
OSHLD	内存读指令	

2.5.2　加载−获取屏障原语与存储−释放屏障原语

ARMv8 指令集还支持隐含内存屏障原语的加载和存储指令,这些内存屏障原语影响了加载和存储指令的执行顺序,它们对执行顺序的影响是单方向的。

❏ 获取(acquire)屏障原语:该屏障原语之后的读写操作不能重排到该屏障原语前面,通常该屏障原语和加载指令结合。

❏ 释放(release)屏障原语:该屏障原语之前的读写操作不能重排到该屏障原语后面,通常该屏障原语和存储指令结合。

❏ 加载−获取(load-acquire)屏障原语:含有获取屏障原语的读操作,相当于单方向向后的屏障指令。所有加载−获取内存屏障指令后面的内存访问指令只能在加载−获取内存屏障指令执行后才能开始执行,并且被其他 CPU 观察到。普通的读和写操作可以向后越过该屏障指令,但是之后的读和写操作不能向前越过该屏障指令。

❏ 存储−释放(store-release)屏障原语:含有释放屏障原语的写操作,相当于单方向向前的屏障指令。只有所有存储−释放屏障原语之前的指令完成了,才能执行存储−释放屏障原语之后的指令,这样其他 CPU 可以观察到存储−释放屏障原语之前的指令已经执行完。普通的读和写可以向前越过存储−释放屏障指令,但是之前的读和写操作不能向后越过存储−释放屏障指令。

加载−获取和存储−释放屏障指令相当于是单方向的半条 DMB 指令,而 DMB 指令相当于是全方向的栅障。任何读写操作都不能跨越该栅障。它们组合使用可以增强代码灵活性并提高执行效率。

如图 2.14 所示,加载−获取屏障指令和存储−释放屏障指令组成了一个临界区,这相当于一个栅栏。在加载−获取屏障指令之前的内存访问指令(如读指令 1 和写指令 1)可以挪到加载−获取屏障指令后面执行,但是不能向前越过存储−释放屏障指令。而存储−释放屏障指令后面的内存访问指令(如读指令 2 和写指令 2)不能向前穿越过加载−获取屏障指令。在临界区中的内存访问指令不能越过临界区,如读指令 2 必须在加载−

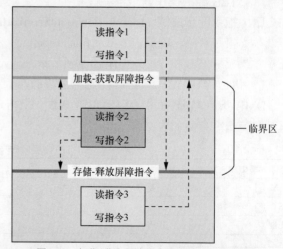

▲图 2.14　加载−获取屏障指令和存储−释放屏障指令

获取屏障指令前开始执行；如读指令 2 和写指令 2 必须在存储-释放屏障指令之前完成，即保证其他 CPU 在存储-释放屏障指令执行完成时能观察到读指令 1 和写指令 1、读指令 2 和写指令 2 已经完成。

ARM64 指令集中提供了如下指令。

- ❑　LDAR 和 STLR 指令：用于加载和存储。
- ❑　CAS 指令：用于比较和交换。

2.6　Linux 内核汇编代码分析

本节主要介绍 ARMv8 架构和 ARMv8 指令集，读懂 Linux 内核汇编代码对理解 ARMv8 架构和指令集会有很大裨益。本节重点分析从内核汇编入口到 C 语言入口 start_kernel()函数之间的一大段汇编代码。

2.6.1　链接文件基础知识

任何一种可执行程序（不论是 ELF 还是 EXE）都是由代码（.text）段、数据（.data）段、未初始化数据（.bss）段等段（section）组成的。链接脚本最终会把大量编译好的二进制文件（.o 文件）合并为一个二进制可执行文件，也就是把每一个二进制文件整合到一个大文件中。这个大文件有一个总的代码/数据/未初始化数据段，这个链接脚本在 Linux 内核里面其实就是 vmlinux.lds.S 文件，这个文件有点复杂，我们先看一个简单的链接文件[①]。

```
1  SECTIONS
2  {
3       . = 0x10000;
4       .text : { *(.text) }
5       . = 0x8000000;
6       .data : { *(.data) }
7       .bss : { *(.bss) }
8  }
```

在第 1 行中，SECTIONS 是链接脚本（Linker Script，LS）语法中的关键命令，它用来描述输出文件的内存布局。SECTIONS 命令告诉链接文件如何把输入文件的段映射到输出文件的各个段，如何将输入段整合为输出段，如何把输出段放入程序地址空间和进程地址空间。SECTIONS 命令的格式如下。

```
SECTIONS
{
  sections-command
  sections-command
  ...
}
```

sections-command 有 4 种：

- ❑　ENTRY 命令；
- ❑　符号赋值语句；

---

① 更详细的介绍请参考 GNU 的文档“Using ld, The GNU linker”。

❑　　一个输出段的描述（output section description）；

❑　　一个段的叠加描述（overlay description）。

在第 3 行中，"."非常关键，它代表位置计数（Location Counter，LC），意思是代码段的链接地址设置在 0x10000，这里链接地址指的是加载地址。

在第 4 行中，输出文件的代码段内容由所有输入文件（其中"*"表示所有的.o 文件，即二进制文件）的代码段组成。

在第 5 行中，链接地址变为 0x8000000，即重新指定了后面的数据段的链接地址。

在第 6 行中，输出文件的数据段由所有输入文件的数据段组成。

在第 7 行中，输出文件的未初始化数据段由所有输入文件的未初始化数据段组成。

一个输出段有两个地址，分别是虚拟地址①（Virtual Address，VA）和加载地址（Load Address，LA）。

❑　　虚拟地址是运行时段所在的地址，可以理解为运行时地址。

❑　　加载地址是加载时 section 所在的地址，可以理解为加载地址。

通常，虚拟地址等于加载地址。但在嵌入式系统中，经常存在加载地址和虚拟地址不同的情况，如将映像文件加载到开发板的闪存中（由 LA 指定），而在运行时将闪存中的映像文件复制到 SDRAM 中（由 VA 指定）。

一个输出段的描述格式如下。

```
section [address] [(type)] :
  [AT(lma)]
  [ALIGN(section_align)]
  [constraint]
  {
    output-section-command
    output-section-command
    ...
  } [>region] [AT>lma_region] [:phdr :phdr ...] [=fillexp]
```

其中，address 表示虚拟地址，AT 符号后面跟着的是加载地址，ALIGN 表示对齐要求。

通常，构建一个基于 ROM 的映像文件常常会设置输出段的虚拟地址和加载地址不一致。举一个例子，下面的链接文件会创建 3 个段，其中代码段的虚拟地址和加载地址为 0x1000，.mdata（用户自定义的数据）段的虚拟地址设置为 0x2000，但是通过 AT 符号指定了加载地址是代码段的结束地址，而符号_data 指定了.mdata 段的虚拟地址为 0x2000。未初始化数据段的虚拟地址是 0x3000。

示例代码如下。

```
SECTIONS
  {
  .text 0x1000 : { *(.text) _etext = . ; }
  .mdata 0x2000 :
    AT ( ADDR (.text) + SIZEOF (.text) )
    { _data = . ; *(.data); _edata = . ;  }
  .bss 0x3000 :
    { _bstart = . ;  *(.bss) *(COMMON) ; _bend = . ;}
  }
```

---

① 在 GNU 的"Using ld, The GNU linker"文档里把这个地址称为虚拟地址。

.mdata 段的加载地址和链接地址（虚拟地址）不一样，因此程序的初始化代码需要把.mdata 段从 ROM 的加载地址复制到 SDRAM 的虚拟地址中。如图 2.15 所示，数据段的加载地址在 _etext 起始的地方，数据段的运行地址在_data 起始的地方，数据段的大小为"_edata − _data"。下面这段代码把数据段从_etext 起始的地方复制到从_data 起始的地方。

```
<程序初始化>

extern char _etext, _data, _edata, _bstart, _bend;
char *src = &_etext;
char *dst = &_data;

/* ROM 中包含了数据段，位于代码段的结束地址处，把它们复制到数据段的链接地址处 */
while (dst < &_edata)
  *dst++ = *src++;

/* 清除未初始化数据段  */
for (dst = &_bstart; dst< &_bend; dst++)
  *dst = 0;
```

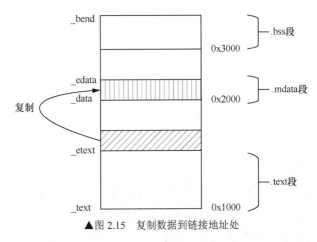

▲图 2.15　复制数据到链接地址处

关于加载地址、运行地址和链接地址在 Linux 内核中的应用，可以参考卷 2 的 3.1.5 节。

2.6.2　vmlinux.lds.S 文件分析

有了上面的基础，我们再来看 arch/arm64/kernel/vmlinux.lds.S 文件，首先看文件总体框架。

```
<vmlinux.lds.S 文件总体框架>

OUTPUT_ARCH(aarch64)
ENTRY(_text)

SECTIONS
{
    . = KIMAGE_VADDR + TEXT_OFFSET; //起始链接地址

    .text 段（代码段）
    .rodata 段（只读数据段）
    .init 段（初始化数据段）
    数据段
```

```
        .bss 段
    }
```

OUTPUT_ARCH(aarch64)说明最终编译的格式为 aarch64。ENTRY(_text)表示其入口地址是 _text，它实现在 arch/arm64/kernel/head.S 文件中。

下面继续看 vmlinux.lds.S 文件。

```
<arch/arm64/kernel/vmlinux.lds.S>

SECTIONS
{
    . = KIMAGE_VADDR + TEXT_OFFSET;
```

KIMAGE_VADDR 宏表示内核映像的虚拟起始地址，它实现在 arch/arm64/include/asm/memory.h 头文件中。

```
<arch/arm64/include/asm/memory.h>

#define VA_BITS            (CONFIG_ARM64_VA_BITS)
#define VA_START    (UL(0xffffffffffffffff) - \
    (UL(1) << VA_BITS) + 1)
#define PAGE_OFFSET        (UL(0xffffffffffffffff) - \
    (UL(1) << (VA_BITS - 1)) + 1)
#define KIMAGE_VADDR       (MODULES_END)
#define BPF_JIT_REGION_START (VA_START + KASAN_SHADOW_SIZE)
#define BPF_JIT_REGION_SIZE  (SZ_128M)
#define BPF_JIT_REGION_END   (BPF_JIT_REGION_START + BPF_JIT_REGION_SIZE)
#define MODULES_END        (MODULES_VADDR + MODULES_VSIZE)
#define MODULES_VADDR        (BPF_JIT_REGION_END)
#define MODULES_VSIZE        (SZ_128M)
```

在 QEMU 虚拟机中，VA_BITS 为 48，因此可以计算出 KIMAGE_VADDR，即 0xFFFF 0000 1000 0000，PAGE_OFFSET 的地址为 0xFFFF 8000 0000 0000。

TEXT_OFFSET 宏表示内核映像的代码段在内存中的偏移量，它实现在 arch/arm64/Makefile 文件中。

```
<arch/arm64/Makefile>

ifeq ($(CONFIG_ARM64_RANDOMIZE_TEXT_OFFSET), y)
TEXT_OFFSET := $(shell awk "BEGIN {srand(); printf \"0x%06x\n\", \
        int(2 * 1024 * 1024 / (2 ^ $(CONFIG_ARM64_PAGE_SHIFT)) * \
        rand()) * (2 ^ $(CONFIG_ARM64_PAGE_SHIFT))}")
else
TEXT_OFFSET := 0x00080000
endif
```

在没有定义 CONFIG_ARM64_RANDOMIZE_TEXT_OFFSET 的情况下，TEXT_OFFSET 的值为 0x80000。因此，vmlinux.lds.S 文件定义的 Linux 内核的链接地址就是 0xFFFF 0000 1008 0000，该地址也是 Linux 内核代码段的起始地址。

接下来是代码段。

```
<arch/arm64/kernel/vmlinux.lds.S>
```

```
    //代码段
      .head.text : {
          _text = .;
          HEAD_TEXT
      }
      .text : {
          _stext = .;
              ...
              TEXT_TEXT
              ...
          . = ALIGN(16);
          *(.got)
      }

      . = ALIGN(SEGMENT_ALIGN);
      _etext = .;
```

代码段从_stext 开始，到_etext 结束。

接下来是只读数据段。

```
//只读数据段
RO_DATA(PAGE_SIZE)

  swapper_pg_dir = .;
  . += PAGE_SIZE;
  swapper_pg_end = .;

  . = ALIGN(SEGMENT_ALIGN);
  __init_begin = .;
```

其中 RO_DATA()是一个宏，它实现在 include/asm-generic/vmlinux.lds.h 头文件中。

```
<include/asm-generic/vmlinux.lds.h>

#define RO_DATA(align)  RO_DATA_SECTION(align)

/*
 * Read only Data
 */
#define RO_DATA_SECTION(align)                       \
    . = ALIGN((align));                        \
    .rodata           : AT(ADDR(.rodata) - LOAD_OFFSET) {        \
    __start_rodata = .;                    \
    *(.rodata) *(.rodata.*)                   \
      ...
```

从上面的定义可以知，只读数据段以 PAGE_SIZE 大小对齐。只读数据段从__start_rodata
标记开始，到__init_begin 标记结束。只读数据段里包含了系统 PGD 页表 swapper_pg_dir、为软
件 PAN 功能准备的特殊页表 reserved_ttbr0 等信息。

接下来是.init 段。

```
    __init_begin = .;
```

```
        __inittext_begin = .;

        . = ALIGN(PAGE_SIZE);
        __inittext_end = .;
        __initdata_begin = .;

        .init.data : {
            INIT_DATA
            INIT_SETUP(16)
            INIT_CALLS
            CON_INITCALL
            INIT_RAM_FS
            *(.init.rodata.* .init.bss)
        }
        .exit.data : {
            ARM_EXIT_KEEP(EXIT_DATA)
        }
        __initdata_end = .;
        __init_end = .;
```

.init 段包含一些系统初始化时的数据，如模块加载函数 core_initcall()或者 module_init()函数。.init 段从__init_begin 标记开始，到__init_end 标记结束。

接下来是数据段。

```
        _data = .;
        _sdata = .;
        RW_DATA_SECTION(L1_CACHE_BYTES, PAGE_SIZE, THREAD_ALIGN)

        PECOFF_EDATA_PADDING
        __pecoff_data_rawsize = ABSOLUTE(. - __initdata_begin);
        _edata = .;
```

数据段从_sdata 标记开始，到_edata 标记结束。

最后是未初始化数据段，见 BSS_SECTION()宏。该段从__bss_start 标记开始，到__bss_stop 标记结束。

综上所述，链接文件包含的内容如表 2.11 所示。

表 2.11　链接文件包含的内容

名　称	区间范围	说　明
代码段	_stext～_etext	存放内核的代码段
只读数据段	__start_rodata～__init_begin	存放只读数据，包括 PGD 页表 swapper_pg_dir、特殊页表 reserved_ttbr0 等信息
.init 段	__init_begin～__init_end	存放内核初始化数据
数据段	_sdata～_edata	存放可读/可写的数据
未初始化数据段	__bss_start～__bss_stop	存放初始化为 0 的数据以及未初始化的全局变量和静态变量

2.6.3　启动汇编代码

从链接文件可知，Linux 内核的入口函数是 stext，它实现在 arch/arm64/kernel/head.S 汇编文件中。系统从上电复位，经过启动引导程序（BootLoader）或者 BIOS 的初始化，最终会跳转到 Linux 内核的入口函数（stext 汇编函数）。启动引导程序会做必要的初始化，如内存设备初始化、磁盘设备初始化以及将内核映像文件加载到运行地址等，然后跳转到 Linux 内核的入口。广义上，启动引导程序也包括虚拟化扩展和安全特性扩展中的引导程序。

ARMv8 架构处理器支持虚拟化中扩展的 EL2 和安全模式的 EL3，这些异常等级都可以引导（切换）Linux 内核的运行。Linux 内核运行在 EL1。总的来说，启动引导程序会做如下的一些引导动作。

❑　初始化物理内存。
❑　设置设备树（device tree）。
❑　解压缩内核映像，将其加载到内核运行地址（可选）。
❑　跳转到内核入口地址。

head.S 文件中第 58～64 行的注释里描述了 Linux 内核中关于入口的约定。

```
<arch/arm64/kernel/head.S>

/*
 * Kernel startup entry point.
 * ---------------------------
 *
 * The requirements are:
 *   MMU = off, D-cache = off, I-cache = on or off,
 *   X0 = physical address to the FDT blob.
 *
 * This code is mostly position independent so you call this at
 * __pa(PAGE_OFFSET + TEXT_OFFSET).
```

相关约定如下。
❑　关闭 MMU。
❑　关闭数据高速缓存。
❑　指令高速缓存可以关闭或者打开。
❑　X0 寄存器指向设备树的入口。
在 Linux 内核的文档中有更加详细的约定说明。
❑　关闭所有 DMA 设备以防止获取不正确的数据。
❑　通用寄存器传递的参数如下。
　　■　x0＝设备树在内存中的物理地址。
　　■　x1＝0（保留，后面会用到）。
　　■　x2＝0（保留，后面会用到）。
　　■　x3＝0（保留，后面会用到）。
❑　CPU 模式。
　　■　屏蔽 CPU 上所有的中断，如 PSTATE 寄存器的 DAIF 域。
　　■　CPU 必须处在 EL2 或者非安全模式的 EL1。
❑　MMU 和高速缓存。
　　■　关闭 MMU。
　　■　指令高速缓存可以关闭或者打开。

■　从系统内存角度观察，清除内核镜像加载的地址范围中的高速缓存。最简单的办法就是把数据高速缓存关闭。

❑　架构时钟。配置 CNTFRQ 和 CNTVOFF 寄存器。

❑　内存一致性。

❑　系统寄存器。初始化系统寄存器。

读者可能比较容易疑惑的是为什么指令高速缓存可以打开而数据高速缓存必须关闭。

数据高速缓存一定要关闭，因为在内核启动的过程中取数据的时候会先访问高速缓存，而可能高速缓存里缓存了以前 U-boot 的一些数据，这些数据对于内核来说是错误的。若内核拿到错误的数据，会导致内核初始化失败。

而指令高速缓存可以打开，是因为 U-boot 和内核指令代码是不重叠的，不会在指令高速缓存中有冲突。

下面来看 stext 函数对应的代码。从 stext 开始，处理器已经在内核里面运行了，U-boot 的作用是加载内核镜像到内存，同时跳转到 head.s 的 stext 中并运行。

```
<arch/arm64/kernel/head.S>

ENTRY(stext)
    bl  preserve_boot_args
    bl  el2_setup
    adrp    x23, __PHYS_OFFSET
    and x23, x23, MIN_KIMG_ALIGN - 1
    bl  set_cpu_boot_mode_flag
    bl  __create_page_tables
    bl  __cpu_setup
    b   __primary_switch
ENDPROC(stext)
```

stext 函数包括如下几个重要的函数。

❑　preserve_boot_args：保存启动参数到 boot_args[]数组。

❑　el2_setup：把模式切换到 el1 以运行 Linux 内核。

❑　set_cpu_boot_mode_flag：设置__boot_cpu_mode[]变量。

❑　__create_page_tables：创建恒等映射页表以及内核映像映射页表。

❑　__cpu_setup：为打开 MMU 做一些与处理器相关的初始化。

❑　_primary_switch：启动 MMU 并跳转到 start_kernel 函数中。

1．preserve_boot_args 函数

preserve_boot_args 函数的主要代码如下。

```
1   preserve_boot_args:
2       mov x21, x0
3
4       adr_l   x0, boot_args
5       stp x21, x1, [x0]
6       stp x2, x3, [x0, #16]
7
8       dmb sy
9
```

```
10
11      mov x1, #0x20
12      b    __inval_dcache_area
13  ENDPROC(preserve_boot_args)
```

preserve_boot_args 函数主要用于把从启动引导程序传递过来的 4 个参数 x0～x3 保存到 boot_args[]数组中。

在第 2 行中，X0 寄存器保存设备树的地址，先暂时将其加载到 X21（代码中不区分大小写）寄存器。

在第 4 行中，把 boot_args[]数组的地址保存到 X0 寄存器。

在第 5～6 行中，保存参数 x0～x3 到 boot_args[]数组中。

在第 8 行中，dmb 指令与 sy 参数表示在全系统高速缓存范围内做一次内存屏障，保证刚才的 stp 指令运行顺序正确，也就是保证在后面__inval_dcache_area 函数在运行 dc ivac 指令前完成 stp 指令。

在第 11 行中，x1 的值为 0x20，也就是 32 字节。x0 和 x1 是接下来要调用__inval_dcache_area 函数时用的参数，x0 表示设备树的地址，x1 表示其长度。

在第 12 行中，调用__inval_dcache_area 函数来使 boot_args[]数组对应的高速缓存失效并清除这些缓存。该函数实现在 arch/arm64/mm/cache.S 汇编文件中。

2. el2_setup 函数

el2_setup 函数实现在 arch/arm64/kernel/head.S 文件中。

```
<arch/arm64/kernel/head.S>

1       ENTRY(el2_setup)
2           msr SPsel, #1
3           mrs x0, CurrentEL
4           cmp x0, #CurrentEL_EL2
5           b.eq    1f
6           mov_q   x0, (SCTLR_EL1_RES1 | ENDIAN_SET_EL1)
7           msr sctlr_el1, x0
8           mov w0, #BOOT_CPU_MODE_EL1
9           isb
10          ret
11
12      1:  mov_q   x0, (SCTLR_EL2_RES1 | ENDIAN_SET_EL2)
13          msr sctlr_el2, x0
14      ...
```

从 Linux 内核关于入口的约定可知，处理器的状态有两种——或者处于 EL2，或者处于非安全模式的 EL1。因此 el2_setup 函数会做判断，然后进行相应的处理。本章中，为了叙述简单[①]，约定处理器处于非安全模式的 EL1。

在第 2 行中，选择当前异常等级的 SP 寄存器。这时的 SP 寄存器可能是 SP_EL1 或者 SP_EL2。

在第 3 行中，从 PSTATE 寄存器中获取当前异常等级。CurrentEL 作为一个特殊寄存器，用来获取 PSTATE 寄存器中 EL 域的值，该 EL 域保存了当前的异常等级。

---

① 通常情况，系统开机运行时在 EL3，U-boot 会设置为 EL2，到了内核的 el2_setup 汇编函数中会设置为 EL1。

在第 4 行中，X0 寄存器存放了当前异常等级，判断其是否为 EL2。

在第 5 行中，若当前等级为 EL2，则跳转到标签 1 处。

在第 6 行中，若处理器运行到此处，说明当前异常等级为 EL1。接下来要配置系统控制寄存器 SCTLR_EL1[①]。

在第 7 行中，配置 SCTLR_EL1，设置大/小端模式，其中 EE 域用来控制 EL1 处于大端还是小端模式，E0E 域用来控制 EL0 处于大端还是小端模式。

在第 8 行中，BOOT_CPU_MODE_EL1 宏定义在 arch/arm64/include/asm/virt.h 头文件中。

在第 9 行中，刚才通过修改系统控制寄存器 SCTLR_EL1 改变了系统的大/小端模式，因此需要一条 isb 指令，确保该指令前面所有的指令都运行完成。

在第 10 行中，通过 ret 指令返回。

3. set_cpu_boot_mode_flag 函数

set_cpu_boot_mode_flag 函数的主要代码如下。

```
1      set_cpu_boot_mode_flag:
2          adr_l  x1, __boot_cpu_mode
3          cmp w0, #BOOT_CPU_MODE_EL2
4          b.ne    1f
5          add x1, x1, #4
6      1:  str w0, [x1]
7          dmb sy
8          dc  ivac, x1
9          ret
10     ENDPROC(set_cpu_boot_mode_flag)
```

set_cpu_boot_mode_flag 函数用来设置 __boot_cpu_mode[]变量。系统定义了一个全局变量 __boot_cpu_mode[]来记录处理器是在哪个异常等级启动的。该全局变量定义在 arm/arm64//include/asm/virt.h 头文件中。

在第 2 行中，加载 __boot_cpu_mode[]变量到 X1（代码中不区分大小写）寄存器中。

在第 3 行中，判断参数 w0 的值是否为 BOOT_CPU_MODE_EL2。

在第 4 行中，若不相等，说明处理器是在 EL1 启动的，跳转到标签 1 处。

在第 6 行中，w0 存储着处理器启动时的异常等级，把异常等级存放到 __boot_cpu_mode[0]中。

在第 7 行中，dmb 指令保证刚才的 str 指令比 dmb 指令后面的加载—存储指令先执行。

在第 8 行中，使 __boot_cpu_mode[]变量对应的高速缓存无效。

在第 9 行中，通过 ret 指令返回。

2.6.4　创建恒等映射和内核映像映射

为了降低启动代码的复杂性，我们约定进入 Linux 内核入口时 MMU 是关闭的。关闭了 MMU 意味着不能利用高速缓存的性能。因此，我们在初始化的某个阶段需要把 MMU 打开并且使能数据高速缓存，以获得更高的性能。但是，如何打开 MMU？我们需要小心，否则会发生意想不到的问题。

（1）在关闭 MMU 情况下，处理器访问的地址都是物理地址。当 MMU 打开时，处理器访

---

① 详见《ARM Architecture Reference Manual, for ARMv8-A architecture profile, v8.4》D12.2.100 节。

问的地址变成了虚拟地址。

（2）现代处理器大多是多级流水线架构，处理器会提前预取多条指令到流水线中。当打开 MMU 时，处理器已经提前预取了多条指令，并且这些指令是以物理地址来进行预取的。打开 MMU 的指令运行完之后，处理器的 MMU 功能生效，于是之前提前预取的指令会以虚拟地址来访问，到 MMU 中查找对应的物理地址。因此，这是为了保证处理器在开启 MMU 前后可以连续取指令。

我们在打开 MMU 时，首先创建一个虚拟地址和物理地址相等的映射——恒等映射（identity mapping），这样就可以巧妙地解决上述问题。注意，这里建立的恒等映射是小范围的，占用的空间通常是内核映像的大小，也就是几兆字节。上述过程称为自举。

下面我们来分析__create_page_tables 函数的实现。

1. 创建恒等映射

创建恒等映射是在__create_page_tables 汇编函数中实现的。

```
<arch/arm64/kernel/head.S>

1    __create_page_tables:
2        mov x28, lr
3
4        adrp    x0, init_pg_dir
5        adrp    x1, init_pg_end
6        sub x1, x1, x0
7        bl  __inval_dcache_area
8
9        adrp    x0, init_pg_dir
10       adrp    x1, init_pg_end
11       sub x1, x1, x0
12   1:  stp xzr, xzr, [x0], #16
13       stp xzr, xzr, [x0], #16
14       stp xzr, xzr, [x0], #16
15       stp xzr, xzr, [x0], #16
16       subs    x1, x1, #64
17       b.ne    1b
18
19       mov x7, SWAPPER_MM_MMUFLAGS
20
21       adrp    x0, idmap_pg_dir
22       adrp    x3, __idmap_text_start
23
24       mov x5, #VA_BITS
25   1:
26       adr_l   x6, vabits_user
27       str x5, [x6]
28       dmb sy
29       dc  ivac, x6
30
31       adrp    x5, __idmap_text_end
32       clz x5, x5
33       cmp x5, TCR_T0SZ(VA_BITS)
```

```
34          b.ge    1f
35
36          adr_l   x6, idmap_t0sz
37          str x5, [x6]
38          dmb sy
39          dc  ivac, x6
40
41          mov x4, #1 << (PHYS_MASK_SHIFT - PGDIR_SHIFT)
42          str_l   x4, idmap_ptrs_per_pgd, x5
43      1:
44          ldr_l   x4, idmap_ptrs_per_pgd
45          mov x5, x3
46          adr_l   x6, __idmap_text_end
47
48          map_memory x0, x1, x3, x6, x7, x3, x4, x10, x11, x12, x13, x14
```

在第 2 行中，把 LR 的值存放到 X28（代码中不区分大小写，Xn 寄存器的名称在正文中统一首字母大写）寄存器中。

在第 3~4 行中，加载 init_pg_dir 与 init_pg_end 到 X0 和 X1 寄存器中。

init_pg_dir 和 init_pg_end 实现在 vmlinux.lds.S 链接文件中，这个页表的大小为 INIT_DIR_SIZE。

```
<arch/arm64/kernel/vmlinux.lds.S>

. = ALIGN(PAGE_SIZE);
    init_pg_dir = .;
    . += INIT_DIR_SIZE;
    init_pg_end = .;
```

在第 7 行中，调用 __inval_dcache_area 函数来使 init_pg_dir 页表对应的高速缓存无效。稍后会建立内核空间的页表映射，因此，这里先清空 init_pg 页表的高速缓存。

在第 9~17 行中，把 init_pg 页表的内容设置为 0。

在第 19 行中，SWAPPER_MM_MMUFLAGS 宏描述了段映射的属性，它实现在 kernel-pgtable.h 头文件中。

```
<arch/arm64/include/asm/kernel-pgtable.h>

#define SWAPPER_PMD_FLAGS       (PMD_TYPE_SECT | PMD_SECT_AF | PMD_SECT_S)
#define SWAPPER_MM_MMUFLAGS     (PMD_ATTRINDX(MT_NORMAL) | SWAPPER_PMD_FLAGS)
```

其中定义内存属性为普通内存，PMD_TYPE_SECT 表示一个块映射，PMD_SECT_AF 设置块映射的访问权限，PMD_SECT_S 表示块映射的共享属性。

在第 21 行中，加载 idmap_pg_dir 的物理地址到 X0 寄存器。idmap_pg_dir 是恒等映射的页表。它定义在 vmlinux.lds.S 链接文件中。

```
. = ALIGN(PAGE_SIZE);
idmap_pg_dir = .;
. += IDMAP_DIR_SIZE;
```

这里分配给 idmap_pg 页表的大小为 IDMAP_DIR_SIZE。IDMAP_DIR_SIZE 实现在 kernel-pgtable.h 头文件中，通常大小是 3 个连续的 4KB 页面。

这里的 3 个物理页面分别对应 PGD、PUD 和 PMD 页表，每一级页表占据一个页面。

注意，这里要建立的是 2MB 大小的块映射，而不是 4KB 页面的映射。

```
<arm/arm64/include/asm/kernel-pgtable.h>

#define IDMAP_DIR_SIZE          (IDMAP_PGTABLE_LEVELS * PAGE_SIZE)
```

在第 22 行中，__idmap_text_start 是.idmap.text 段的起始地址。除了开机启动时打开 MMU 外，内核里还有很多场景是需要恒等映射的，如唤醒处理器的函数 cpu_do_resume。

在第 24 行中，VA_BITS 表示虚拟地址的宽度，它的值等于 CONFIG_ARM64_VA_BITS，在本书中默认为 48 位。

在第 25～27 行中，把 VA_BITS 的值保存到全局变量 vabits_user 中。

在第 28 行中，插入内存屏障指令。

在第 29 行中，清除全局变量 vabits_user 对应的高速缓存。

在第 31 行中，加载__idmap_text_end 到 X5 寄存器。

在第 32 行中，clz 是前导零计数指令，计算第一个为 1 的位前面有多少个为 0 的位。

在第 33 行中，比较__idmap_text_end 是否超过了 VA_BITS 所能达到的地址范围。若没有超过，则跳转到标签 1 处，即第 43 行。

在第 44 行中，加载 idmap_ptrs_per_pgd 到 X5 寄存器，它的值等于 PTRS_PER_PGD，表示 PGD 页表包含多少个页表项。

在第 45 行中，X5 寄存器存放了__idmap_text_start 的地址。

在第 46 行中，X6 寄存器存放了__idmap_text_end 的地址。

在第 48 行中，调用 map_memory 宏建立映射页表。

map_memory 宏也实现在 head.S 文件中。

```
<arch/arm64/kernel/head.S>

1     .macro map_memory, tbl, rtbl, vstart, vend, flags, phys, pgds, istart, iend, tmp,
      count, sv
2     add \rtbl, \tbl, #PAGE_SIZE
3     mov \sv, \rtbl
4     mov \count, #0
5     compute_indices \vstart, \vend, #PGDIR_SHIFT, \pgds, \istart, \iend, \count
6     populate_entries \tbl, \rtbl, \istart, \iend, #PMD_TYPE_TABLE, #PAGE_SIZE, \tmp
7     mov \tbl, \sv
8     mov \sv, \rtbl
9
10    compute_indices \vstart, \vend, #SWAPPER_TABLE_SHIFT, #PTRS_PER_PMD, \istart,
      \iend, \count
11    populate_entries \tbl, \rtbl, \istart, \iend, #PMD_TYPE_TABLE, #PAGE_SIZE, \tmp
12    mov \tbl, \sv
13
14    compute_indices \vstart, \vend, #SWAPPER_BLOCK_SHIFT, #PTRS_PER_PTE, \istart,
      \iend, \count
15    bic \count, \phys, #SWAPPER_BLOCK_SIZE - 1
16    populate_entries \tbl, \count, \istart, \iend, \flags, #SWAPPER_BLOCK_SIZE, \tmp
17    .endm
```

map_memory 宏自带 12 个参数，部分参数说明如下。

- ❑ tbl：页表的起始地址。页表基地址是 idmap_pg_dir。
- ❑ rtbl：下一级页表的起始地址。下一级页表的基地址通常是 tbl + PAGE_SIZE。
- ❑ vstart：要映射的虚拟地址的起始地址。这里是 __idmap_text_start。
- ❑ vend：要映射的虚拟地址的结束地址。这里是 __idmap_text_end。
- ❑ flags：最后一级页表的一些属性。
- ❑ phys：映射对应的物理地址。物理地址的起始地址是 __idmap_text_start。
- ❑ pgds：PGD 页表项的个数。

其他参数都是临时使用的。

在第 2 行中，rtbl 用来指向下一级页表的起始地址。之前提到恒等映射是一个小范围的映射，通常大小就是内核映像大小，因此一个 PGD 页表项就足够了。另外，这个页表项对应的 PUD 和 PMD 页表是提前分配好的，和 PGD 页表正好相邻，每个页表对应一个 4KB 物理页面。因此，tbl 加上 PAGE_SIZE 就等于 PUD 的基地址。

在第 5 行中，调用 compute_indices 宏根据虚拟地址来计算虚拟地址 vstart 和 vend 在各自页表中对应的索引值。

在第 6 行中，调用 populate_entries 宏来设置页表项的内容。

在第 5～6 行中，设置一级页表——PGD 页表对应的页表项。

在第 10～11 行中，设置二级页表——PMD 页表对应的页表项。

在第 14～15 行中，设置最后一级页表——PT 对应的页表项。

下面来看一下 compute_indices 宏的实现。

```
1      .macro compute_indices, vstart, vend, shift, ptrs, istart, iend, count
2      lsr \iend, \vend, \shift
3      mov \istart, \ptrs
4      sub \istart, \istart, #1
5      and \iend, \iend, \istart    // iend = (vend >> shift) & (ptrs - 1)
6      mov \istart, \ptrs
7      mul \istart, \istart, \count
8      add \iend, \iend, \istart     // iend += (count - 1) * ptrs
9                        // 相关项跨多个表
10
11     lsr \istart, \vstart, \shift
12     mov \count, \ptrs
13     sub \count, \count, #1
14     and \istart, \istart, \count
15
16     sub \count, \iend, \istart
17     .endm
```

compute_indices 宏有 7 个参数，部分参数说明如下。

- ❑ vstart：虚拟地址的起始地址。
- ❑ vend：虚拟地址的结束地址。
- ❑ shift：各级页表在虚拟地址中的偏移量。
- ❑ ptrs：页表项的个数。
- ❑ istart：vstart 在页表中的索引值。
- ❑ iend：vend 在页表中的索引值。

compute_indices 宏主要的作用是计算 vstart 和 vend 在各级页表中的索引（index）值，并且将其保存在 istart 和 iend 中。索引值可以通过如下公式计算。

$$index = (vstart >> shift) \& (ptrs - 1)$$

下面来看一下 populate_entries 函数的实现。

```
1    .macro populate_entries, tbl, rtbl, index, eindex, flags, inc, tmp1
2    .Lpe\@: phys_to_pte \tmp1, \rtbl
3    orr \tmp1, \tmp1, \flags
4    str \tmp1, [\tbl, \index, lsl #3]
5    add \rtbl, \rtbl, \inc
6    add \index, \index, #1
7    cmp \index, \eindex
8    b.ls    .Lpe\@
9    .endm
```

populate_entries 函数有如下 7 个参数。

❑　tbl：页表基地址。

❑　rtbl：下一级页表基地址。

❑　index：vstart 在页表中的索引值。

❑　eindex：vend 在页表中的索引值。

❑　flags：页表项的相关属性。

❑　inc：每一个页表项。

❑　tmp1：临时使用。

在第 2 行中，phys_to_pte 宏把 rtbl 指向的下一级页表基地址存放到 tmp1 变量中。

在第 3 行中，设置页表项的属性，如 PMD_TYPE_TABLE 表示一个 PMD 的页表项。

在第 4 行中，把新的页表项 tmp1 写入 tbl 指向的页表的项中。这里会使用 index 来进行索引和寻址。每一个页表项占 8 字节，因此使用 "lsl　#3" 来指定索引和寻址。

在第 5 行中，rtbl 指向下一级页表的地址。

在第 6 行中，index 值加一。

在第 7 行中，判断是否完成了索引。

综合上述分析可知，__create_page_tables 函数的第 48 行中，map_memory 创建了一个恒等映射，把.idmap.text 段的虚拟地址映射到了相同的物理地址上，这个映射的页表在 idmap_pg_dir 中，如图 2.16 所示。在 QEMU 虚拟机中，物理内存的起始地址是从 0x4000 0000 开始的。

那究竟有哪些函数会链接到.idmap.text 段中变成恒等映射的一员呢？恒等映射的起始地址为__idmap_text_start，结束地址为__idmap_text_end。我们可以从 System.map 文件中找出哪些函数在.idmap.text 段里。

```
<System.map>

ffff000011728000 T __idmap_text_start
ffff000011728000 T kimage_vaddr
ffff000011728008 T el2_setup
ffff000011728180 t set_cpu_boot_mode_flag
ffff000011728234 T __enable_mmu
ffff000011728300 t __primary_switch
ffff000011728378 T cpu_resume
```

```
ffff0000117283d8 T cpu_do_resume
ffff0000117284c0 t do_pgd
ffff0000117284d8 t next_pgd
ffff00001172851c t walk_puds
ffff000011728559c t walk_ptes
ffff0000117285a4 t do_pte
ffff000011728620 T __cpu_setup
ffff0000117286b8 T __idmap_text_end
```

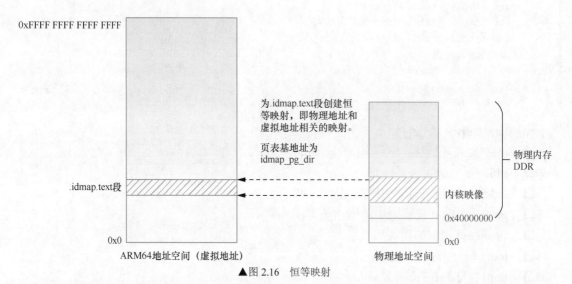

▲图 2.16　恒等映射

　　我们发现和启动代码相关的__enable_mmu、__primary_switch、__cpu_setup 等汇编函数在.idmap.text 段中，另外，和系统唤醒相关的函数（包括 cpu_resume、cpu_do_resume 等函数）也在.idmap.text 段中。

　　在 head.S 汇编文件的第 474 行中，有一个 ".section" 汇编伪操作，表示第 474 行后面的代码会链接到.idmap.text 段中，awx 表示该段是可分配、可写以及可执行的。

```
<arch/arm64/kernel/head.S>

 474        .section ".idmap.text","awx"
```

2. 创建内核映像的页表映射

最后我们再来看内核映像的页表映射，继续看__create_page_tables 函数的实现。

```
49        /*
50         * 映射内核映像 (从 PHYS_OFFSET 开始)
51         */
52        adrp    x0, init_pg_dir
53        mov_q   x5, KIMAGE_VADDR + TEXT_OFFSET
54        add x5, x5, x23
55        mov x4, PTRS_PER_PGD
56        adrp    x6, _end
57        adrp    x3, _text
58        sub x6, x6, x3
59        add x6, x6, x5
60
```

```
61          map_memory x0, x1, x5, x6, x7, x3, x4, x10, x11, x12, x13, x14
62
63          adrp    x0, idmap_pg_dir
64          adrp    x1, init_pg_end
65          sub x1, x1, x0
66          dmb sy
67          bl  __inval_dcache_area
68
69          ret x28
70      ENDPROC(__create_page_tables)
```

在第 52 行中，加载 init 页表的基地址 init_pg_dir 到 X0 寄存器。

在第 53 行中，内核映像即将要映射的虚拟地址为 KIMAGE_VADDR + TEXT_OFFSET。

在第 54 行中，内核映像的虚拟地址需要加上 KASLR 的设置。X23 寄存器存放了__PHYS_OFFSET 的值。

在第 56~57 行中，内核映像的物理起始地址为_text，结束地址为_end。

在第 59 行中，计算内核映像结束的虚拟地址。

在第 61 行中，调用 map_memory 宏来建立页表映射，相关说明如下。

❑ 内核页表基地址：init_pg_dir。

❑ 虚拟地址的起始地址：起始地址为 KIMAGE_VADDR + TEXT_OFFSET，并存放在 X5 寄存器中。

❑ 虚拟地址的结束地址：存放在 X6 寄存器中。

❑ 物理地址的起始地址：物理地址的起始地址为_text，存放在 X3 寄存器中。

❑ PTE 属性：存放在 X7 寄存器中。

在第 63~67 行中，使恒等映射页表 idmap_pg_dir 和内核态页表 init_pg_dir 对应的高速缓存无效。虽然目前还没使能 MMU，但是数据可能被提前预取到高速缓存中，因此要清除对应的高速缓存并使它无效。

在第 69 行中，函数返回。

综上所述，__create_page_tables 函数会创建两个映射，一个是.idmap.text 段的恒等映射，另外一个是内核映像的映射，如图 2.17 所示。

读者可能会有疑问，为什么这里要创建两个页表？而不是一个页表呢？

因为 ARM64 处理器有两个页表基地址寄存器，一个是 TTBR0，另外一个 TTBR1。当虚拟地址的第 63 位为 0 时，选择 TTBR0 指向的页表；当虚拟地址的第 63 位为 1 时，选择 TTBR1 指向的页表。

若物理地址的第 63 位为 1，那是不是可以只使用一个页表基地址寄存器？但是一般 ARM64 的 SoC 处理器的物理内存的起始地址是从 0 地址开始的。另外，物理内存大小不可能很大，足以让物理地址的第 63 位为 1。因此，在做恒等映射时，我们采用 TTBR0 来映射低 256TB 大小的地址空间。而当把内核映像映射到内核空间时（高 256TB 大小的空间），虚拟地址的第 63 位为 1，所以采用 TTBR1。

因此，__create_page_tables 汇编函数创建两个页表，一个给 TTBR0 使用，另外一个给 TTBR1 使用，在后续的__enable_mmu 函数中会让处理器加载这两个页表。

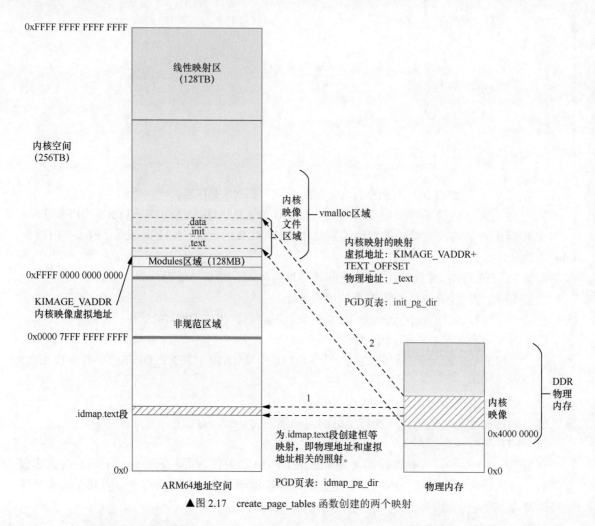

▲图 2.17　create_page_tables 函数创建的两个映射

2.6.5　__cpu_setup 函数分析

__cpu_setup 函数打开 MMU 以做一些与处理器相关的初始化，它的代码实现在 arch/arm64/mm/proc.S 文件中。

```
<arch/arm64/mm/proc.S>

1       .pushsection ".idmap.text", "awx"
2       ENTRY(__cpu_setup)
3           tlbi    vmalle1
4           dsb nsh
5
6           mov x0, #3 << 20
7           msr cpacr_el1, x0
8           mov x0, #1 << 12
9           msr mdscr_el1, x0
10          isb
11          enable_dbg
12          reset_pmuserenr_el0 x0
13          /*
14           * LPAE 的内存区域属性：
```

```
15        *
16        *    n = AttrIndx[2:0]
17        *          n    MAIR
18        *    DEVICE_nGnRnE   000 00000000
19        *    DEVICE_nGnRE    001 00000100
20        *    DEVICE_GRE      010 00001100
21        *    NORMAL_NC       011 01000100
22        *    NORMAL     100 11111111
23        *    NORMAL_WT      101 10111011
24        */
25       ldr   x5, =MAIR(0x00, MT_DEVICE_nGnRnE) | \
26             MAIR(0x04, MT_DEVICE_nGnRE) | \
27             MAIR(0x0c, MT_DEVICE_GRE) | \
28             MAIR(0x44, MT_NORMAL_NC) | \
29             MAIR(0xff, MT_NORMAL) | \
30             MAIR(0xbb, MT_NORMAL_WT)
31       msr mair_el1, x5
32
33       mov_q    x0, SCTLR_EL1_SET
34
35       ldr x10, =TCR_TxSZ(VA_BITS) | TCR_CACHE_FLAGS | TCR_SMP_FLAGS | \
36             TCR_TG_FLAGS | TCR_KASLR_FLAGS | TCR_ASID16 | \
37             TCR_TBI0 | TCR_A1 | TCR_KASAN_FLAGS
38
39       ldr_l        x9, idmap_t0sz
40       tcr_set_t0sz    x10, x9
41
42       tcr_compute_pa_size x10, #TCR_IPS_SHIFT, x5, x6
43   #ifdef CONFIG_ARM64_HW_AFDBM
44       mrs x9, ID_AA64MMFR1_EL1
45       and x9, x9, #0xf
46       cbz x9, 1f
47       orr x10, x10, #TCR_HA
48   1:
49   #endif
50       msr tcr_el1, x10
51       ret
52   ENDPROC(__cpu_setup)
```

在第 1 行中，.pushsection 会把 __cpu_setup 函数链接进.idmap.text 段，idmap 表示恒等映射，也就是建立的虚拟地址和物理地址相等的映射。

在第 3 行中，使 EL1 中所有本地的 TLB 无效。

在第 4 行中，插入内存屏障指令以保证刚才的无效 TLB 指令完成。

在第 6～7 行中，使能架构特性访问控制寄存器 CPACR_EL1 中的 FPEN 域[1]，用于设定在 EL0 和 EL1 下可以访问浮点单元与 SIMD 单元。

在第 8～9 行中，使能调试监控系统控制寄存器 MDSCR_EL1 中的 TDCC 域[2]，在 EL0 下访问调试通信通道（Debug Communication Channel，DCC）寄存器会自陷入 EL1。

在第 10 行中，isb 指令保证上述修改在系统寄存器中已经完成。

---

[1] 详见《ARM Architecture Reference Manual, for ARMv8-A architecture profile, v8.4》D12.2.29 节。

[2] 详见《ARM Architecture Reference Manual, for ARMv8-A architecture profile, v8.4》D12.3.20 节。

在第 11 行中，enable_dbg 宏使能 PSTATE 寄存器中的调试掩码域，处理器打开调试功能。该宏实现在 arm/arm64/include/asm/assembler.h 头文件中。

在第 12 行中，reset_pmuserenr_el0 宏用于关闭 EL0，访问 PMU。该宏实现在 arm/arm64/include/asm/assembler.h 头文件中。

在第 13～31 行中，设置系统的内存属性。Linux 操作系统只使用了 6 种不同的内存属性，分别是 DEVICE_nGnRnE、DEVICE_nGnRE、DEVICE_GRE、NORMAL_NC、NORMAL 以及 NORMAL_WT，最终设置到内存属性间接寄存器 MAIR_EL1 中[①]。

在第 33 行中，SCTLR_EL1_SET 宏表示系统控制寄存器 SCTLR_EL1[②]的多个域的组合，它实现在 arch/arm64/include/asm/sysreg.h 头文件中。

```
#define SCTLR_EL1_SET   (SCTLR_ELx_M    | SCTLR_ELx_C    | SCTLR_ELx_SA   |\
            SCTLR_EL1_SA0 | SCTLR_EL1_SED | SCTLR_ELx_I    |\
            SCTLR_EL1_DZE | SCTLR_EL1_UCT                  |\
            SCTLR_EL1_NTWE | SCTLR_ELx_IESB | SCTLR_EL1_SPAN |\
            ENDIAN_SET_EL1 | SCTLR_EL1_UCI | SCTLR_EL1_RES1)
```

SCTLR_EL1 寄存器是用于对整个系统进行控制的寄存器。这里把 SCTLR_EL1 寄存器中多个域的组合值加载到 X0 寄存器中，在 __cpu_setup 函数中并没有把它设置到处理器里，而是当作参数传递给下一个函数。

在第 35～37 行中，准备 TCR[③]的值，并加载到 X10 寄存器中。TCR 用于管理页表映射。

在第 39～40 行中，设置 TCR 的 T0SZ 域。

在第 42 行中，tcr_compute_pa_size 宏用于设置 TCR 中的 IPS 域。IPS 域用于设置系统的物理地址的大小，最小可以设置为 4GB，最多可以设置为 4PB。通常 ARMv8 系统的内核通过 CONFIG_ARM64_PA_BITS 宏来配置系统最多支持的物理地址位宽，当该宏为 48 位时最多支持 256TB 大小内存。ID_AA64MMFR0_EL1 寄存器[④]的 PARang 域表示系统能支持最大的物理地址位宽，这是一个只读寄存器。在这两个值中选择一个最小值并设置到 TCR 的 IPS 域中。

在第 43～49 行中，CONFIG_ARM64_HW_AFDBM 表示使用硬件来实现更新访问和脏页面的标志位，这是 ARMv8.1 支持的硬件特性。在 TCR 中，HD 域用于使能硬件更新脏标志位，HA 域用于使能硬件更新访问标志位。当使能这个特性后，访问一个物理页面硬件会自动设置 PTE 中的 AF 域，而不用软件通过访问缺页中断来模拟。我们可以通过读取 ID_AA64MMFR1_EL1 寄存器来判断硬件是否支持这个特性[⑤]。若 HAFDBS 域为 0，表示不支持；若为 1，表示支持访问标志位；若为 2，表示两个特性都支持。最后更新 TCR_HA 域到 TCR 中，使能硬件访问标志位。

在第 50 行中，更新 TCR_EL1。

在第 51 行中，通过 ret 指令返回。

---

① 详见《ARM Architecture Reference Manual, for ARMv8-A architecture profile, v8.4》D12.2.82 节。

② 详见《ARM Architecture Reference Manual, for ARMv8-A architecture profile, v8.4》D12.2.100 节。

③ 详见《ARM Architecture Reference Manual, for ARMv8-A architecture profile, v8.4》D12.2.103 节。

④ 详见《ARM Architecture Reference Manual, for ARMv8-A architecture profile, v8.4》D12.2.53 节。

⑤ 详见《ARM Architecture Reference Manual, for ARMv8-A architecture profile, v8.4》D12.2.54 节。

2.6.6 __primary_switch 函数分析

CONFIG_RANDOMIZE_BASE 宏表示在内核启动加载时会对内核映像的虚拟地址重新做映射，这样可以防止黑客的攻击。早期，内核映像映射到内核空间的虚拟地址是固定的，这样非法攻击者很容易利用这个特性对内核进行攻击。本章中，为了简单叙述，默认关闭了 CONFIG_RANDOMIZE_BASE 宏。

注意，__primary_switch 以及 __enable_mmu 这两个函数都会链接到.idmap.text 段中，因此当建立了恒等映射之后，虚拟地址和物理地址在数值上是相同的。

简化后的代码片段如下。

```
1    __primary_switch:
2        adrp   x1, init_pg_dir
3        bl __enable_mmu
4
5        ldr x8, =__primary_switched
6        adrp   x0, __PHYS_OFFSET
7        br  x8
8    ENDPROC(__primary_switch)
```

在第 2 行中，加载 init 页表的 PGD 页表 init_pg_dir 到 X1 寄存器中。

在第 3 行中，跳转到__enable_mmu 函数。注意，该函数有两个参数，第一个参数是在 __cpu_setup 函数中往 X0 寄存器存入的 SCTLR_EL1 的值，第二个参数是 init 页表的 PGD 页表基地址。

在第 5 行中，加载__primary_switched 函数的地址到 X8 寄存器中。

在第 6 行中，加载__PHYS_OFFSET 值到 X0 寄存器中。

在第 7 行中，跳转到__primary_switched 函数并运行。这里实现了内核映像地址的重定位。从 U-Boot 跳转到内核的 stext 函数并运行，程序运行在 DDR 物理内存的地址上，而此处的 __primary_switched 函数的地址是编译后的链接地址，也就是内核的虚拟空间地址。

下面来分析__enable_mmu 函数的实现。

```
1    ENTRY(__enable_mmu)
2        mrs x2, ID_AA64MMFR0_EL1
3        ubfx   x2, x2, #ID_AA64MMFR0_TGRAN_SHIFT, 4
4        cmp x2, #ID_AA64MMFR0_TGRAN_SUPPORTED
5        b.ne   __no_granule_support
6        update_early_cpu_boot_status 0, x2, x3
7        adrp   x2, idmap_pg_dir
8        phys_to_ttbr x1, x1
9        phys_to_ttbr x2, x2
10       msr ttbr0_el1, x2
11       offset_ttbr1 x1
12       msr ttbr1_el1, x1
13       isb
14       msr sctlr_el1, x0
15       isb
16
17       ic  iallu
18       dsb nsh
```

```
19          isb
20          ret
21      ENDPROC(__enable_mmu)
```

前面提到 __enable_mmu 函数传递了两个参数。x0 表示 SCTLR_EL1 的值，x1 表示 init 页表的 PGD 页表基地址。

在第 2~5 行中，ID_AA64MMFR0_EL1 寄存器中记录了系统支持物理页面的粒度，如 4KB、16KB 还是 64KB。读取 ID_AA64MMFR0_EL1 寄存器的值以获取当前系统支持的页面粒度，并且与内核中配置的选项（如 CONFIG_ARM64_4K_PAGES）进行比较。

在第 6 行中，更新全局变量 __early_cpu_boot_status 的值为 0。

在第 7 行中，加载恒等映射的 PGD 页表 idmap_pg_dir 到 X2 寄存器中。

在第 8~12 行中，在准备打开 MMU 之际，把恒等映射的页表 idmap_pg_dir 设置到 TTBR0_EL1 中。当 MMU 打开之后，在进程切换时会修改 TTBR0 的值，切换到真实进程地址空间。加载 init 页表的 PGD 页表基地址到 TTBR1_EL1 中，因为所有的内核态都共享一个空间，它就是 init 页表。

在第 13 行中，isb 指令保证上述页表基地址设置完成。

在第 14 行中，设置 SCTLR_EL1 寄存器，其中 M 域（SCTLR_ELx_M）表示使能 MMU。

在第 15 行中，isb 指令保证打开了 MMU。

在第 17 行中，使所有的指令高速缓存无效。

在第 18~19 行中，插入内存屏障指令。这时 MMU 已经打开。isb 指令会刷新流水线中的指令，让流水钱重新取指令，这时处理器会以虚拟地址来访问内存。

在第 20 行中，通过 ret 指令返回。

下面来分析 __primary_switched 函数，代码片段如下。

```
1       __primary_switched:
2           adrp    x4, init_thread_union
3           add sp, x4, #THREAD_SIZE
4           adr_l   x5, init_task
5           msr sp_el0, x5
6
7           adr_l   x8, vectors
8           msr vbar_el1, x8
9           isb
10
11          stp xzr, x30, [sp, #-16]!
12          mov x29, sp
13
14          str_l   x21, __fdt_pointer, x5
15
16          ldr_l   x4, kimage_vaddr
17          sub x4, x4, x0
18          str_l   x4, kimage_voffset, x5
19
20
21          adr_l   x0, __bss_start
22          mov x1, xzr
23          adr_l   x2, __bss_stop
24          sub x2, x2, x0
```

```
25          bl    __pi_memset
26          dsb ishst
27
28          add sp, sp, #16
29          mov x29, #0
30          mov x30, #0
31          b    start_kernel
32    ENDPROC(__primary_switched)
```

__primary_switched 函数传递一个参数__PHYS_OFFSET，它的值为 KERNEL_START −
TEXT_OFFSET。

```
#define __PHYS_OFFSET          (KERNEL_START - TEXT_OFFSET)
```

在第 2 行中，加载 init_thread_union 到 X4 寄存器中。init_thread_union 指 thread_union 数据
结构。该数据结构中包含了系统第一个进程（init 进程）的内核栈。

```
extern union thread_union init_thread_union

union thread_union {
#ifndef CONFIG_THREAD_INFO_IN_TASK
    struct thread_info thread_info;
#endif
    unsigned long stack[THREAD_SIZE/sizeof(long)];
};
```

thread_union 存储在内核映像的数据段里。

在第 3 行中，使 SP 指向这个内核栈的栈顶。THREAD_SIZE 宏表示内核栈的大小。

在第 4 行中，init_task 是 init 进程的 task_struct 数据结构，在内核中是静态初始化的。

```
<init/init.c>

struct task_struct init_task
= {
    .state       = 0,
    .stack       = init_stack,
    .usage       = ATOMIC_INIT(2),
    .flags       = PF_KTHREAD,
    .prio        = MAX_PRIO - 20,
    .static_prio    = MAX_PRIO - 20,
    .normal_prio    = MAX_PRIO - 20,
 ...
```

在第 5 行中，加载进程的 task_struct 数据结构到 sp_el0 寄存器中。在 Linux 5.0 内核中，获
取当前进程描述符 task_struct 实例的方法发生了变化。在内核态中，ARM64 处理器运行在 EL1，
sp_el0 寄存器在 EL1 上下文中是没用的。利用 sp_el0 寄存器来存放当前进程描述符 task_struct
的指针是一个简洁有效的办法。

在第 7～8 行中，vbar_el1 寄存器[①]存放了 EL1 的异常向量表。

在第 9 行中，插入 ISB 指令，保证设置向量表完成。

---

① 详见《ARM Architecture Reference Manual, for ARMv8-A architecture profile, v8.4》D12.2.116 节。

在第 11 行中，xzr 是零寄存器，它的值为 0。X30 是 LR。在内核栈的顶减去 16 字节的地方存储 0，在内核栈顶减去 24 字节的地方存储 LR。

在第 12 行中，把 SP 寄存器的值存放到 X29 寄存器中。

在第 14 行中，保存设备树指针到 __fdt_pointer 变量。

在第 16～18 行中，把内核映像的虚拟地址和物理地址的偏移量保存到 kimage_voffset 中。

在第 21～26 行中，清除未初始化数据段。

在第 28～31 行中，使 SP 指向内核栈的栈顶，然后跳转到 C 语言入口函数 start_kernel()并运行。

综上所述，内核启动流程如图 2.18 所示。

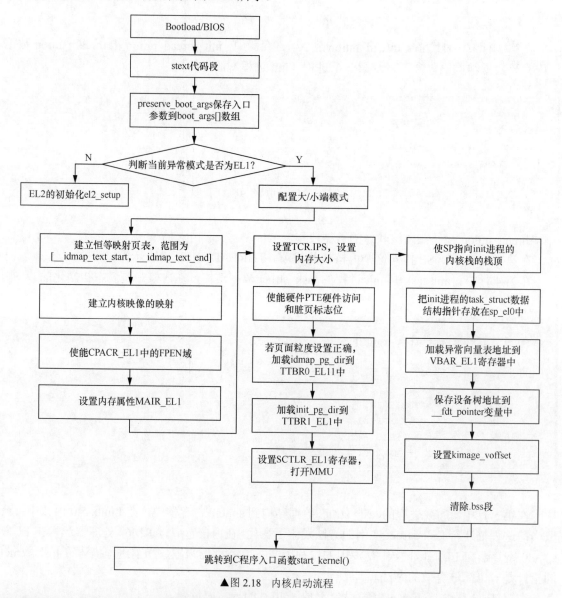

▲图 2.18　内核启动流程

2.7　关于页表的常见疑问

初学者常常对页表会有如下两个方面的疑问。

2.7.1 关于下一级页表基地址

L0～L2 页表项包含了指向下一级页表的基地址，如图 2.19 所示，那么这个下一级页表基地址采用的是物理地址还是虚拟地址？

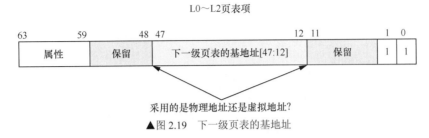

▲图 2.19 下一级页表的基地址

这是初学者常有的疑问。我们知道，在使能了 MMU 之后，CPU 直接寻址虚拟地址，而 MMU 负责虚拟地址到物理地址的转换和翻译工作，地址转换和翻译的依据是页表。页表项的内容是由操作系统负责填充的。如果下一级页表的基地址是虚拟地址，那么 MMU 还需要查询另外一个页表才能找到这个虚拟地址对应的物理地址，这样 MMU 就会陷入死循环，因此这里下一级页表的基地址采用的是物理地址。

2.7.2 软件遍历页表

关于页表的遍历，MMU 会遍历页表，细心的读者会发现 Linux 内核也会遍历页表，如通过 walk_pgd()、__create_pgd_mapping()、follow_page()等函数。通过 MMU 遍历页表比较容易理解，如图 2.20 所示，MMU 从页表基地址寄存器得到了 PGD 页表（L0 页表）基地址的物理地址，然后从虚拟地址中得到每级页表的索引值，从而找到对应的页表项，页表项中存储了下一级页表的物理基地址，以此类推，很容易遍历整个页表。但是，站在软件的视角，Linux 内核的 pgd_t、pud_t、pmd_t 以及 pte_t 数据结构中并没有存储指向下一级页表的指针（即站在 CPU 角度来看，CPU 访问这些数据结构时以虚拟地址来访问），它是如何遍历的呢？pgd_t、pud_t、pmd_t 以及 pte_t 数据结构定义在 arch/arm64/include/asm/pgtable_types.h 头文件中，它们是 u64 类型的变量。

```
<arch/arm64/include/asm/pgtable_types.h>

typedef u64 pteval_t;
typedef u64 pmdval_t;
typedef u64 pudval_t;
typedef u64 pgdval_t;

typedef struct { pteval_t pte; } pte_t;
typedef struct { pmdval_t pmd; } pmd_t;
typedef struct { pudval_t pud; } pud_t;
typedef struct { pgdval_t pgd; } pgd_t;
```

下面的 walk_pagetable()函数是软件遍历页表的例子，它的作用是遍历进程的页表查找虚拟地址对应页表中的 PTE。

```
<软件遍历页表的例子>
```

```
static pte_t *walk_pagetable(struct mm_struct *mm, unsigned long address)
{
        pgd_t *pgdp = NULL;
        pud_t *pudp;
        pmd_t *pmdp;
        pte_t *ptep;

        pgdp = pgd_offset(mm, address);
        if (!pgdp || pgd_none(*pgdp))
                return NULL;

        pudp = pud_offset(pgdp, address);
        if (!pudp || pud_none(*pudp))
                return NULL;

        pmdp = pmd_offset(pudp, address);
        if (!pmdp || pmd_none(*pmdp))
                return NULL;
        if ((pmd_val(*pmdp) & PMD_TYPE_MASK )== PMD_TYPE_SECT)
                return (pte_t *)pmdp;

        ptep = pte_offset_kernel(pmdp, address);
        if (!ptep || pte_none(*ptep))
                return NULL;

        return ptep;
}
```

进程的内存描述符 mm_struct 中的 PGD 成员存储了该进程的 PGD 页表基地址的虚拟地址，因此，通过 pgd_offset() 很方便地找到对应 PGD 页表项的虚拟地址。

```
#define pgd_offset_raw(pgd, addr)  ((pgd) + pgd_index(addr))
#define pgd_offset(mm, addr) (pgd_offset_raw((mm)->pgd, (addr)))
```

接下来比较难理解的是，Linux 内核如何查找到下一级页表基地址的虚拟地址？因为 pgd_t 数据结构并没有存储一个指针来指向下一级页表的虚拟地址。

在 Linux 内核里，物理内存会线性映射到内核空间里，偏移量为 PAGE_OFFSET，如图 2.20（a）所示。在内核空间可以很方便地实现虚拟地址和物理地址映射的转换。Linux 内提供了两个宏，其中 __pa() 宏用于根据内核中线性映射的虚拟地址计算对应的物理地址，而 __va() 宏用于根据内核线性映射中物理地址计算对应的虚拟地址。

```
<arch/arm64/include/asm/memory.h>

#define __pa(x)          __virt_to_phys((unsigned long)(x))
#define __va(x)          ((void *)__phys_to_virt((phys_addr_t)(x)))
```

在 PGD 页表项中存储了指向下一级页表基地址的物理地址，因此通过 __va() 宏，可以快速地把物理地址转换成内核空间的虚拟地址，从而找到下一级页表基地址的虚拟地址，如图 2.20（b）所示，图 2.20 中以二级页表为例子。pud_offset()、pmd_offset() 以及 pte_offset_kernel() 这 3 个宏通过上述方法来找到下一级页表的虚拟地址。

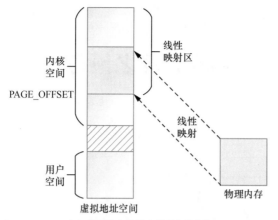

（a）物理内存线性映射到内核空间

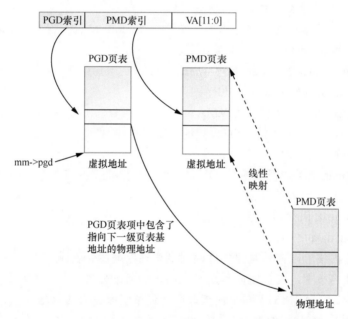

（b）查找下一级页表基地址的虚拟地址

▲图 2.20 查找下一个页表基地址的虚拟地址

下面是 pud_offset()宏的实现代码。

```
<arch/arm64/include/asm/pgtable.h>

#define pud_offset_phys(dir, addr)    (pgd_page_paddr(READ_ONCE(*(dir))) + pud_index
(addr) * sizeof(pud_t))

#define pud_offset(dir, addr)         ((pud_t *)__va(pud_offset_phys((dir), (addr))))
```

第3章 内存管理之预备知识

本章高频面试题

1. 请简述内存架构中 UMA 和 NUMA 的区别。

2. CPU 访问各级存储结构的速度是否一样？

3. 请绘制内存管理常用的数据结构的关系图。如 mm_struct、VMA、vaddr、page、PFN、PTE、zone、paddr 和 pg_data 等，并思考如下转换关系。

❑ 如何由 mm_struct 和 vaddr 找到对应的 VMA？

❑ 如何由 page 和 VMA 找到 vaddr？

❑ 如何由 page 找到所有映射的 VMA？

❑ 如何由 VMA 和 vaddr 找出相应的 page 数据结构？

❑ page 和 PFN 之间如何互换？

❑ PFN 和 paddr 之间如何互换？

❑ page 和 PTE 之间如何互换？

❑ zone 和 page 之间如何互换？

❑ zone 和 pg_data 之间如何互换？

4. 在 ARM64 内核中，内核映像文件映射到内核空间的什么地方？

5. 在 ARM64 内核中，内核空间和用户空间是如何划分的？

6. 在系统启动时，ARM64 Linux 内核如何知道系统有多大的物理内存？

7. 物理内存页面如何添加到伙伴系统中，是一页一页添加，还是以 2^n 来添加呢？

本章假设读者已经阅读完《奔跑吧 Linux 内核入门篇》[①]相关的内容，对 Linux 内存管理有一定的了解和认识。

很多读者接触 Linux 的内存管理是从 malloc()这个 C 语言库函数开始的，也是从那时开始就知道了虚拟内存的概念，那虚拟内存究竟是什么呢？怎么虚拟？只关注上层应用程序编程的读者可能不太关心这些知识。可是如果不了解一些这方面的知识，就很难设计出高效的应用程序。比较早期的操作系统是没有虚拟内存的，为什么现代操作系统（包括 Windows 和 Linux 系统）都有虚拟内存？要弄明白虚拟内存，你可能需要了解什么是 MMU、页表、物理内存、物理页面、映射关系、按需分配、缺页中断和写时复制等。

当了解 MMU 时，除了要了解 MMU 的工作原理外，还要了解 Linux 内核如何建立页表映射，其中包括用户空间页表的建立和内核空间页表的建立，以及内核是如何查询页表和修改页表的。

当了解物理内存和物理页面时，你会接触到 pglist_data、zone 和 page 等数据结构，这 3 个

---

① 《奔跑吧 Linux 内核入门篇》于 2019 年 2 月由人民邮电出版社出版。

数据结构描述了系统中物理内存的组织架构。page 数据结构除了描述一个 4KB 大小（或者其他大小）的物理页面外，还包含很多复杂而有趣的成员。

当了解怎么分配物理页面时，会接触伙伴系统机制和页面分配器（page allocator），页面分配器的代码是内存管理中最复杂的代码之一。

有了物理内存，那怎么和虚拟内存建立映射关系呢？在 Linux 内核中，用 vm_area_struct 数据结构描述进程的虚拟内存。对于虚拟内存和物理内存，采用建立页表的方法来建立映射关系。为什么和进程地址空间建立映射的页面中有的叫匿名页面，而有的叫高速缓存页面呢？

当了解 malloc 怎么分配物理内存时，你会接触缺页中断，缺页中断的代码也是内存管理中最复杂的代码之一。

这时，虚拟内存和物理内存已经建立了映射关系，这是以页面为基础的，可是有时内核需要小于一个页面大小的内存，于是 slab 机制就诞生了。

虽然根据上面的知识可以建立起虚拟内存和物理内存的基本框架，但是如果用户持续分配和使用内存导致物理内存不足怎么办？页面回收机制和反向映射机制应运而生。

虚拟内存和物理内存的映射关系经常在建立后又被解除了，时间长了，系统物理页面布局变得凌乱不堪，碎片化严重，这时内核如果需要分配大内存块就会变得很困难，那么内存规整（memory compaction）机制就诞生了。

第 3～6 章主要介绍 Linux 内存管理的知识，包括物理内存初始化、伙伴系统、slab 分配器、vmalloc、VMA 操作、malloc、mmap、缺页异常、页面引用计数、RMAP、页面回收、匿名页面生命周期、页面迁移、内存规整、KSM 以及实战案例分析等内容。内存管理包罗万象，本书不可能面面俱到。

第 3～6 章讲述的大部分内存管理的内容和架构无关，小部分内容会涉及架构，本书主要以 ARM64 为例来讲述，但是本书对于使用 x86_64 处理器的读者依然有参考价值。

如何搭建该实验平台请参考本书卷 2。建议读者先在 Ubuntu Linux 18.04 计算机上搭建一个简单好用的实验平台，本章列出的一些实验数据可能和读者的数据有些许不同。

除了依照第 3～6 章列出来的高频面试题来阅读内存管理代码之外，从用户态的 API 来深入了解 Linux 内核的内存管理机制也是一个很好的方法。下面列出常见的用户态内存管理的相关 API。

```
void *malloc(size_t size);
void free(void *ptr);


void *mmap(void *addr, size_t length, int prot, int flags,
           int fd, off_t offset);
int munmap(void *addr, size_t length);

int getpagesize(void);

int mprotect(const void *addr, size_t len, int prot);

int mlock(const void *addr, size_t len);
int munlock(const void *addr, size_t len);

int madvise(void *addr, size_t length, int advice);
```

```
void *mremap(void *old_address, size_t old_size,
        size_t new_size, int flags, ... /* void *new_address */);

int remap_file_pages(void *addr, size_t size, int prot,
        ssize_t pgoff, int flags);
```

为了行文方便，第 3～6 章有如下一些约定。

- ❑ 忽略对大页面的处理，默认省略对 CONFIG_TRANSPARENT_HUGEPAGE 的支持。
- ❑ 默认省略对锁的讨论，关于锁在内存管理中的应用详见卷 2 中 2.11 节。
- ❑ 对页面高速缓存的讨论比较少。
- ❑ 由于本书的实验对象 ARM64 虚拟机不支持 NUMA 架构，因此我们在行文中忽略对 NUMA 相关代码的讨论。
- ❑ 省略对 memory cgroup 的讨论。

本章主要从硬件角度和软件角度来看内存管理，给读者一个总体的印象，以便在后文中继续深入分析。虽然第 1 章和第 2 章介绍了 ARM64 架构中关于内存管理的硬件知识，但本章主要从操作系统的角度来论述。

3.1　从硬件角度看内存管理

本节从硬件的角度来看内存管理，要深入理解内存管理，需要先从硬件角度来理解。

3.1.1　内存管理的"远古时代"

在操作系统还没有出现之前，程序存放在纸带上，计算机读取一张纸带就运行一条指令，这种从外部存储介质上直接运行指令的方法效率很低。后来出现了内存存储器，也就是说，程序要运行，首先要加载，然后执行，这就是所谓的"存储的程序"。这一概念开启了操作系统快速发展的通道，直至后来出现了分页机制。在这个演变的历史过程中，出现了不少内存管理的机制。

在分页机制出现之前，操作系统有很多不同的内存管理机制，如动态分区法。

假设现在有一块 32MB 大小的内存，一开始操作系统使用了最小的一块——4MB 大小，剩余的内存要留给 4 个进程使用，如图 3.1（a）所示。进程 A 使用了操作系统往上的 10MB 内存，进程 B 使用了进程 A 往上的 6MB 内存，进程 C 使用了进程 B 往上的 8MB 内存。剩余的 4MB 内存不足以装载进程 D，如图 3.1（b）所示，因为进程 D 需要 5MB 内存，这个内存末尾就形成了第一个空洞（内存碎片）。假设某个时刻，操作系统需要运行进程 D，因为系统中没有足够的内存，所以需要选择一个进程来换出，为进程 D 腾出足够的空间。假设操作系统选择进程 B 来换出，这样进程 D 就装载到了原来进程 B 的地址空间里，于是产生了第二个空洞，如图 3.1（c）所示。假设操作系统某个时刻需要运行进程 B，也需要选择一个进程来换出，假设进程 A 被换出，那么操作系统中又产生了第三个空洞，如图 3.1（d）所示。

这种动态分区法在开始时是很好的，但是随着时间的推移会出现很多内存空洞，内存的利用率随之下降，这些内存空洞便是我们常说的内存碎片。为了解决碎片化的问题，操作系统需要动态地移动进程，使得进程占用的空间是连续的，并且所有的空闲空间也是连续的。整个进程的迁移是一个非常耗时的过程。

总之，动态分区法依然存在以下问题。

❑ **进程地址空间保护问题**。所有的进程都可以访问全部的物理内存，所以恶意的程序可以修改其他程序的内存数据，这使进程一直处于危险的状态下。即使操作系统中所有的进程都不是恶意进程，但是进程 A 依然可能不小心修改了进程 B 的数据，从而导致进程 B 崩溃。这明显违背了"进程地址空间需要保护"的原则，即地址空间要相对独立。因此每个进程的地址空间都应该受到保护，以免被其他进程有意或者无意地修改。

❑ **内存使用效率低**。如果即将运行的进程所需要的内存空间不足，就需要选择一个进程以进行整体换出，这种机制导致大量的数据需要换出和换入，效率非常低下。

❑ **程序运行地址重定位问题**。从图 3.1 中看到，进程在每次换出、换入时使用的地址都是不固定的，这给程序的编写带来一定的麻烦，因为访问数据和指令跳转时的目标地址通常是固定的，这就需要重定位技术。

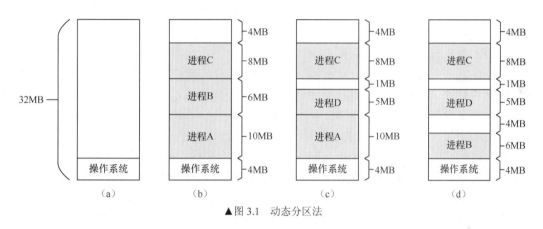

▲图 3.1 动态分区法

由此可见，上述 3 个重大问题需要一个全新的解决方案，单纯靠基于操作系统的软件层面的方案是不足以解决这些问题的，必须要基于处理器层面来解决，因此产生了分段机制和分页机制。

3.1.2 分段机制

人们最早想到的一种解决方案是分段（segmentation）机制，其基本思想是把程序所需的内存空间的虚拟地址映射到某个物理地址空间中。

分段机制可以解决地址空间保护问题，进程 A 和进程 B 会被映射到不同的物理地址空间中，它们在物理地址空间是不会有重叠的。因为进程看到的是虚拟地址空间，不关心它实际映射到了哪个物理地址。如果一个进程访问了没有映射的虚拟地址空间，或者访问了不属于该进程的虚拟地址空间，那么 CPU 会捕捉这个越界访问，并且拒绝该次访问。同时 CPU 会发送一个异常给操作系统，由操作系统处理这些异常，这就是我们常说的**缺页异常**。另外，对于进程来说，它不再需要关心物理地址的布局，它访问的地址是虚拟地址，只需要按照原来的地址编写程序和访问地址，这样程序就可以无缝地迁移到不同的操作系统中了。

分段机制解决问题的思路可以总结为增加一个**虚拟内存**（virtual memory）。进程运行时看到的地址是虚拟地址，因此需要通过 CPU 提供的地址映射方法，把虚拟地址转换成实际的物理地址。这样多个进程同时运行时，就可以保证每个进程的虚拟内存空间是相互隔离的，操作系统只需要维护虚拟地址到物理地址的映射关系即可。

另外，分段机制把进程分成若干段，每个段的大小是不固定的。如一个进程可以分成代码段、数据段栈段与堆段等。分段机制有点类似于动态分区法，这些段的物理地址可以不连续，这样可以解决内存碎片问题，但是会产生外部碎片。程序员需要为每个进程的各个段合理分配物理地址空间，否则容易发生问题。

分段机制是一个比较明显的改进，但是它的内存使用效率依然比较低。分段机制对虚拟内存到物理内存的映射依然以进程为单位。也就是说，当物理内存不足时，通常做法是把这个进程的所有段都换出到磁盘，因此会导致大量的磁盘访问，从而影响系统性能。站在进程的角度来看，把整个进程进行换出/换入的方法还很麻烦。进程在运行时，根据局部性原理，只有一部分数据是一直在使用的，若把那些不常用的数据交换出磁盘，就可以节省很多系统带宽，而那些常用的数据驻留在物理内存中，因此可以得到比较好的性能。于是，人们在分段机制的实践之后又发明了新的机制，这就是分页（paging）机制。

3.1.3　分页机制

刚才提到分段机制的地址映射的粒度太大，以整个进程地址空间为单位的分配方式导致内存利用率不高。分页机制把这个分配机制的单位继续细分成固定大小的页面（page），进程的虚拟地址空间也按照页面来分割，这样常用的数据和代码就可以以页面为单位驻留在内存中。而那些不常用的页面可以交换到磁盘中，从而节省物理内存，这比分段机制要高效很多。进程以页面为单位的虚拟内存通过 CPU 的硬件单元映射到物理内存中，物理内存也以页面为单位来管理，这些物理内存称为物理页面（physical page）或者页帧（page frame）。进程的虚拟地址空间中的页面称为虚拟页面（virtual page）。操作系统为了管理这些页帧需要按照物理地址给每个页帧编号，这个编号称为页帧号（Page Frame Number，PFN）。

现在常用的操作系统中默认支持的页面大小是 4KB，但是 CPU 通常可以支持多种大小的页面，如 4KB、16KB 以及 64KB 的页面。另外，现在的计算机系统内存已经变得很大，特别是服务器上使用以 TB 为单位的内存，所以使用 4KB 的内存页面会产生很多性能上的缺陷。主要的缺点是内存管理成本变得很高，操作系统需要管理这些物理内存的页帧，因此每个页帧都需要一个数据结构来描述，这个数据结构至少要几十字节。现代的处理器都支持大页面，如 Intel 的至强处理器支持以 2MB 和 1GB 为单位的大页面，以提高应用程序效率。

分页机制的实现离不开硬件的支持，在 CPU 内部有一个专门的硬件单元来负责这个虚拟页面到物理页面的转换，它就是一个称为 MMU 的硬件单元。ARM 处理器的 MMU 包括 TLB 和页表遍历单元两个部件。

3.1.4　虚拟地址到物理地址的转换

当 TLB 未命中时，处理器查询页表的过程如图 3.2 所示。

处理器根据页表基地址控制寄存器和虚拟地址来判断使用哪个页表基地址寄存器，是 TTBR0 还是 TTBR1。页表基地址寄存器中存放着一级页表的基地址。

处理器以虚拟地址的 Bit[31:20]作为索引值，在一级页表中找到页表项。一级页表中一共有 4096 个页表项。

一级页表的页表项中存放着二级页表的物理基地址。处理器以虚拟地址的 Bit[19:12]作为索引值，在二级页表中找到相应的页表项。二级页表中有 256 个页表项。

二级页表的页表项中存放着 4KB 页的物理基地址，加上页内偏移量 Bit[11:0]得到最终的物理地址。至此，处理器就完成了页表的查询和翻译工作。

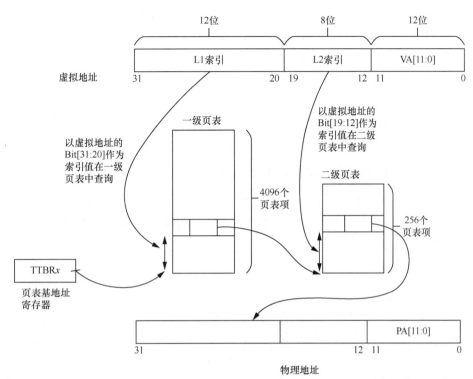

▲图 3.2 处理器查询页表的过程

3.2 从软件角度看内存管理

若从 Linux 系统使用者的角度看内存管理，常用的命令是 free。若从 Linux 应用程序开发人员的角度看内存管理，常用的分配函数是 malloc() 和 mmap() 函数（分配大虚拟内存块通常使用 mmap() 函数）。另外，可以从内存分布的角度来看内存管理，也可以从进程的角度来看内存管理。若站在 Linux 内核的角度来看内存管理，看到的内容就丰富得多。

3.2.1 从 Linux 系统使用者的角度看内存管理

free 命令是 Linux 系统使用者常用的命令，它可以显示当前系统已使用的内存和空闲的内存，包括物理内存、交换内存和内核缓存区内存等信息。

下面是在 Linux 系统中使用 free -m 命令看到的内存使用情况。

```
$ free -m
           total      used       free     shared   buff/cache   available
Mem:        7763      5507        907          0         1348         1609
Swap:      16197      2940      13257
```

可以看到，这台计算机上一共有 7763MB 物理内存。

- ❑ total：计算机中总的内存。这里有两种内存，一种是"Mem"，指的是物理内存；另一种是"Swap"，指的是交换分区。
- ❑ used：程序使用的内存大小。
- ❑ free：未分配的物理内存大小。
- ❑ shared：共享内存大小，主要用于进程间通信。

❑ buff/cache：buff 指的是缓冲器，用于缓存输出到块设备的数据，而 cache 指的是页面高速缓存，用于缓存打开的文件，以提高访问文件的速度。

❑ available：这是 free 命令新加的一个选项。当内存短缺时，系统可以回收 buff 和 cache。那么 available = free + buff + cache 对不对呢？其实在现在的 Linux 内核中，这个公式不完全正确，因为并不是所有的 buff 和 cache 都可以回收，如共享内存段、tmpfs 和 ramfs 等都属于不可回收的。所以这个公式应该变成 available = free + buff + cache − 不可回收部分。

3.2.2　从 Linux 应用程序开发人员的角度看内存管理

相信学习过 C 语言的读者都不会对 malloc()函数感到陌生。malloc()函数是 Linux 应用程序开发中常用的虚拟内存分配函数。在 C 标准库里，常用的内存管理编程函数如下。

```
void *malloc(size_t size);
void free(void *ptr);


void *mmap(void *addr, size_t length, int prot, int flags,
        int fd, off_t offset);
int munmap(void *addr, size_t length);

int getpagesize(void);

int mprotect(const void *addr, size_t len, int prot);

int mlock(const void *addr, size_t len);
int munlock(const void *addr, size_t len);

int madvise(void *addr, size_t length, int advice);
void *mremap(void *old_address, size_t old_size,
        size_t new_size, int flags, ... /* void *new_address */);

int remap_file_pages(void *addr, size_t size, int prot,
        ssize_t pgoff, int flags);
```

在实际编写 Linux 应用程序时，除了需要了解这些函数的实际含义和用法，还需要了解这些接口函数内部实现的基本原理。例如，malloc()函数分配出来的是进程地址空间里的虚拟内存，可是它什么时候分配物理内存呢？如果使用 malloc()函数分配 100 字节的缓冲区，那么内核中究竟会给它分配多大的物理内存呢？如下代码片段的 func1()和 func2()函数的分配行为会有哪些不一样？

```
#include <stdio.h>

int func1()
{
    char *p = malloc(100);
    ...
}

int func2()
```

```
{
    char *p = malloc(100);
    memset(p, 0x55, 100);
    ...
}
```

我们可以结合上述问题进一步思考内存管理。

3.2.3　从内存分布的角度看内存管理

要了解一个系统的内存管理，首先要了解这个系统的内存是如何分布的。就好比我们去了一个陌生的景区，首先看到的是这个景区的地图，里面会列出景区都有哪些景点。对于 Linux 操作系统来说，绘制出对应的内存分布图（见 2.1.5 节）有助于对内存管理的理解。

3.2.4　从进程的角度看内存管理

操作系统是为进程服务的，从进程的角度看内存管理是一个不错的方式。在 Linux 系统中，应用程序常用的可执行文件格式是可执行与可链接格式（Executable Linkable Format，ELF），它是一种对象文件的格式，用于定义不同类型的对象文件中都放了什么东西，以及以什么格式存放这些东西。ELF 结构如图 3.3 所示。ELF 最开始的部分是 ELF 文件头（ELF Header），它包含了描述整个文件的基本属性，如 ELF 文件版本、目标计算机型号、程序入口地址等信息。ELF 文件头后面是程序的各个段，包括代码段、数据段、未初始化数据段等。后面是段头表，用于描述 ELF 文件中包含的所有段的信息，如每个段的名字、段的长度、在文件中的偏移量、读写权限以及段的其他属性等，后面紧跟着是字符串表和符号表等。

| ELF文件头 |
| 代码段 |
| 数据段 |
| 未初始化数据段 |
| 其他段 |
| 段头表 |
| 字符串表 |
| 符号表 |
| ⋮ |

▲图 3.3　ELF 结构

下面介绍常见的几个段，这些段与内核映像中的段也是基本类似的。

- ❑　代码段：存放程序源代码编译后的机器指令。
- ❑　数据段：存放已初始化的全局变量和已初始化的局部静态变量。
- ❑　未初始化数据段：存放未初始化的全局变量以及未初始化的局部静态变量。

下面编写一个简单的 C 程序。

```c
#include <stdio.h>
#include <string.h>
#include <stdlib.h>
#include <unistd.h>

#define SIZE (100*1024)

int main()
{
    char * buf = malloc(SIZE);
    memset(buf, 0x58, SIZE);
    printf("malloc buffer 0x%p\n", buf);
    while (1)
```

```
            sleep(10000);
    }
```

这个 C 程序很简单，首先通过 malloc()函数来分配 100KB 的内存，然后通过 memset()函数写入这块内存，最后使用 while 循环是为了不让这个程序退出。我们通过如下命令来把它编译成 ELF 文件。

```
$aarch64-linux-gnu-gcc -static test.c -o test.elf
```

可以使用 objdump 或者 readelf 工具来查看 ELF 文件包含哪些段。

```
figo@figo-OptiPlex-9020:test$ aarch64-linux-gnu-readelf -S test.elf
There are 32 section headers, starting at offset 0x86078:

Section Headers:
  [Nr] Name              Type             Address           Offset
       Size              EntSize          Flags Link Info  Align
  [ 4] .init             PROGBITS         0000000000400220  00000220
       0000000000000014  0000000000000000  AX       0     0     4
  [10] .rodata           PROGBITS         000000000044ff20  0004ff20
       0000000000019a38  0000000000000000   A       0     0     16
  [25] .data             PROGBITS         000000000047f018  0006f018
       0000000000001a00  0000000000000000  WA       0     0     8
  [26] .bss              NOBITS           0000000000480a18  00070a18
       00000000000015e0  0000000000000000  WA       0     0     8
W (write), A (alloc), X (execute), M (merge), S (strings), I (info),
L (link order), O (extra OS processing required), G (group), T (TLS),
C (compressed), x (unknown), o (OS specific), E (exclude),
p (processor specific)
figo@figo-OptiPlex-9020:test$
```

可以看到刚才编译的 test.elf 文件一共有 32 个段，除了常见的代码段、数据段之外，还有一些其他的段，这些段在进程加载时起辅助作用，暂时先不用关注它们。程序在编译、链接时会尽量把相同权限属性的段分配在同一个空间里，如把可读、可执行的段放在一起，包括代码段、.init 段等；把可读、可写的段放在一起，包括数据段和未初始化数据段等。ELF 把这些属性相似并且链接在一起的段叫作分段（segment），进程在加载时是按照这些分段来映射可执行文件的。描述这些分段的结构叫作程序头（program header），它描述了 ELF 文件是如何映射到进程地址空间的，这是我们比较关心的。我们可以通过 readelf -l 命令来查看这些程序头。

```
$ aarch64-linux-gnu-readelf -l test.elf

Elf file type is EXEC (Executable file)
Entry point 0x4002b4
There are 6 program headers, starting at offset 64

Program Headers:
  Type           Offset             VirtAddr           PhysAddr
                 FileSiz            MemSiz              Flags  Align
  LOAD           0x0000000000000000 0x0000000000400000 0x0000000000400000
                 0x000000000006e2bf 0x000000000006e2bf  R E    0x10000
```

```
    LOAD            0x000000000006e9f8 0x000000000047e9f8 0x000000000047e9f8
                    0x0000000000002020 0x0000000000003628 RW      0x10000
    NOTE            0x0000000000000190 0x0000000000400190 0x0000000000400190
                    0x0000000000000044 0x0000000000000044 R       0x4
    TLS             0x000000000006e9f8 0x000000000047e9f8 0x000000000047e9f8
                    0x0000000000000020 0x0000000000000060 R       0x8
    GNU_STACK       0x0000000000000000 0x0000000000000000 0x0000000000000000
                    0x0000000000000000 0x0000000000000000 RW      0x10
    GNU_RELRO       0x000000000006e9f8 0x000000000047e9f8 0x000000000047e9f8
                    0x0000000000000608 0x0000000000000608 R       0x1


 Section to Segment mapping:
  Segment Sections...
   00     .note.ABI-tag .note.gnu.build-id .rela.plt .init .plt .text __libc_freeres_
 fn __libc_thread_freeres_fn .fini .rodata __libc_subfreeres __libc_IO_vtables __
 libc_atexit __libc_thread_subfreeres .eh_frame .gcc_except_table
   01     .tdata .init_array .fini_array .jcr .data.rel.ro .got .got.plt .data .bss __
 libc_freeres_ptrs
   02     .note.ABI-tag .note.gnu.build-id
   03     .tdata .tbss
   04
   05     .tdata .init_array .fini_array .jcr .data.rel.ro .got
```

从上面可以看到之前的 32 个段被分成了 6 个分段，我们只关注其中两个 LOAD 类型的分段。因为在加载时需要映射它，其他的分段在加载时起辅助作用。先看第一个 LOAD 类型的分段，它是具有只读和可执行的权限，包含.init 段、代码段、只读数据段等常见的段，它映射的虚拟地址是 0x40 0000，长度是 0x6 E2BF。第二个 LOAD 类型的分段具有可读和可写的权限，包含数据段和未初始化数据段等常见的段，它映射的虚拟地址是 0x47 E9F8，长度是 0x2020。

上面从静态的角度来看进程的内存管理，我们还可以从动态的角度来看。Linux 操作系统提供了"proc"文件系统来窥探 Linux 内核的执行情况，每个进程执行之后，在/proc/pid/maps 节点会列出当前进程的地址映射情况。

```
# cat /proc/721/maps
00400000-0046f000 r-xp 00000000 00:26 52559883              test.elf
0047e000-00481000 rw-p 0006e000 00:26 52559883              test.elf
272dd000-272ff000 rw-p 00000000 00:00 0                     [heap]
ffffa97ea000-ffffa97eb000 r--p 00000000 00:00 0             [vvar]
ffffa97eb000-ffffa97ec000 r-xp 00000000 00:00 0             [vdso]
ffffcb6c6000-ffffcb6e7000 rw-p 00000000 00:00 0             [stack]
```

第 1 行显示了地址 0x400000～0x46f000，这段进程地址空间的属性是只读和可执行的，由此我们知道它是代码段，也就是之前看到的代码段的程序头。

第 2 行显示了地址 0x47e000～0x48100，这段进程地址空间的属性是可读和可写的，也就是我们之前看到的数据段的程序头。

第 3 行显示了地址 0x272dd000～0x272ff000，这段进程地址空间叫作堆（heap）空间，也就是通常使用 malloc()分配的内存，大小是 140KB。test 进程主要使用 malloc()分配 100KB 的内存，这里看到 Linux 内核会分配比 100KB 稍微大一点的内存空间。

第 4 行显示了名为 vvar 的特殊映射。

第 5 行显示了名为 vdso 的特殊映射，VDSO 指 Virtual Dynamic Shared Object，用于解决内核和 libc 之间的版本问题。

第 6 行显示了 test 进程的栈（stack）空间。

对于这里的进程地址空间，在 Linux 内核中使用一个叫作 VMA 的术语来描述它，它是 vm_area_struct 数据结构的简称，4.4 节会详细介绍它。

另外，/proc/pid/smaps 节点会提供更多地址映射的细节，这里以代码段的 VMA 和堆的 VMA 为例。

```
# cat /proc/721/smaps
#代码段的 VMA 的详细信息
00400000-0046f000 r-xp 00000000 00:26 52559883       test.elf
Size:                444 KB
KernelPageSize:        4 KB
MMUPageSize:           4 KB
Rss:                 180 KB
Pss:                 180 KB
Shared_Clean:          0 KB
Shared_Dirty:          0 KB
Private_Clean:       180 KB
Private_Dirty:         0 KB
Referenced:          180 KB
Anonymous:             0 KB
LazyFree:              0 KB
AnonHugePages:         0 KB
ShmemPmdMapped:        0 KB
Shared_Hugetlb:        0 KB
Private_Hugetlb:       0 KB
Swap:                  0 KB
SwapPss:               0 KB
Locked:                0 KB
THPeligible:      0
VmFlags: rd ex mr mw me dw
...
272dd000-272ff000 rw-p 00000000 00:00 0                             [heap]
Size:                136 KB
KernelPageSize:        4 KB
MMUPageSize:           4 KB
Rss:                 112 KB
Pss:                 112 KB
Shared_Clean:          0 KB
Shared_Dirty:          0 KB
Private_Clean:         0 KB
Private_Dirty:       112 KB
Referenced:          112 KB
Anonymous:           112 KB
LazyFree:              0 KB
AnonHugePages:         0 KB
ShmemPmdMapped:        0 KB
Shared_Hugetlb:        0 KB
Private_Hugetlb:       0 KB
Swap:                  0 KB
```

```
SwapPss:                0 KB
Locked:                 0 KB
THPeligible:     1
VmFlags: rd wr mr mw me ac
...
```

下面我们就可以根据上面获得的信息来从 test 进程的角度看内存管理，如图 3.4 所示。

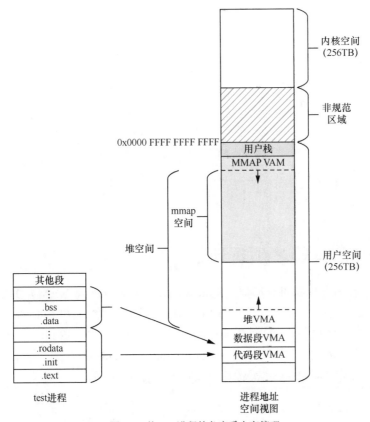

内核空间
(256TB)

非规范
区域

0x0000 FFFF FFFF FFFF

用户栈

MMAP VAM

mmap
空间

堆空间

用户空间
(256TB)

其他段

.bss

.data

.rodata

.init

.text

堆VMA

数据段VMA

代码段VMA

test进程

进程地址
空间视图

▲图 3.4　从 test 进程的角度看内存管理

3.2.5　从 Linux 内核的角度看内存管理

内存管理是一个很复杂的系统，涉及的内容很多。如果用分层来描述，内存空间可以分成 3 个层次，分别是用户空间层、内核空间层和硬件层，如图 3.5 所示。

用户空间层可以理解为 Linux 内核内存管理为用户空间暴露的系统调用（如 brk、mmap 等系统调用）接口。通常 libc 库会封装成常见的 C 函数，如 malloc() 和 mmap() 等。

内核空间层包含的模块相当丰富。用户空间层和内核空间层的接口是系统调用，因此内核空间层首先需要处理与这些内存管理相关的系统调用，如 sys_brk、sys_mmap、sys_madvise 等。接下来就包括 VMA 管理、缺页中断、匿名页面、页面高速缓存、页面回收、RMAP、slab 分配器、页表管理等模块了。

最下面的是硬件层，包括处理器的 MMU、TLB 和高速缓存部件，以及板载的物理内存，如 LPDDR 或者 DDR。

上述只是一个很抽象的概述，相信读者阅读完本章会对内存管理有一个清晰的认知和理解。

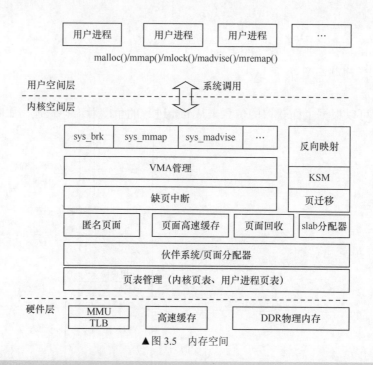

▲图 3.5　内存空间

3.3 物理内存管理之预备知识

从硬件角度来看内存，随机存储器（Random Access Memory，RAM）是与 CPU 直接交换数据的内部存储器。现在大部分计算机使用双倍速率同步同态随机存储器（Dual Data Rate SDRAM，DDR）的存储设备，DDR 包括 DDR3L、DDR4L、LPDDR3/4 等。DDR 的初始化一般在 BIOS 或 BootLoader 中完成，BIOS 或 BootLoader 把 DDR 的大小传递给 Linux 内核，因此从 Linux 内核的角度来看，DDR 其实就是一段物理内存空间。

3.3.1 内存架构之 UMA 和 NUMA

在现在广泛应用的计算机系统中，以内存为研究对象可以分成两种架构，一种是统一内存访问（Uniform Memory Access，UMA）架构，另外一种是非统一内存访问（Non-Uniform Memory Access，NUMA）架构。

- ❑ UMA 架构：内存有统一的结构并且可以统一寻址。目前大部分嵌入式系统、手机操作系统以及台式机操作系统等采用 UMA 架构。如图 3.6 所示，该系统使用 UMA 架构，有 4 个 CPU，它们都有 L1 高速缓存，其中 CPU0 和 CPU1 组成一个簇（Cluster0），它们共享一个 L2 高速缓存。另外，CPU2 和 CPU3 组成另外一个簇（Cluster1），它们共享另外一个 L2 高速缓存。4 个 CPU 都共享同一个 L3 的高速缓存。最重要的一点，它们可以通过系统总线来访问物理内存 DDR。
- ❑ NUMA 架构：系统中有多个内存节点和多个 CPU 簇，CPU 访问本地内存节点的速度最快，访问远端的内存节点的速度要慢一点。如图 3.7 所示，该系统使用 NUMA 架构，有两个内存节点，其中 CPU0 和 CPU1 组成一个节点（Node0），它们可以通过系统总线访问本地 DDR 物理内存，同理，CPU2 和 CPU3 组成另外一个节点（Node1），它们也可以通过系统总线访问本地的 DDR 物理内存。如果两个节点通过超路径互连（Ultra Path Interconnect，UPI）总线连接，那么 CPU0 可以通过这个内部总线访问远端的内存节点的物理内存，但是访问速度要比访问本地物理内存慢很多。

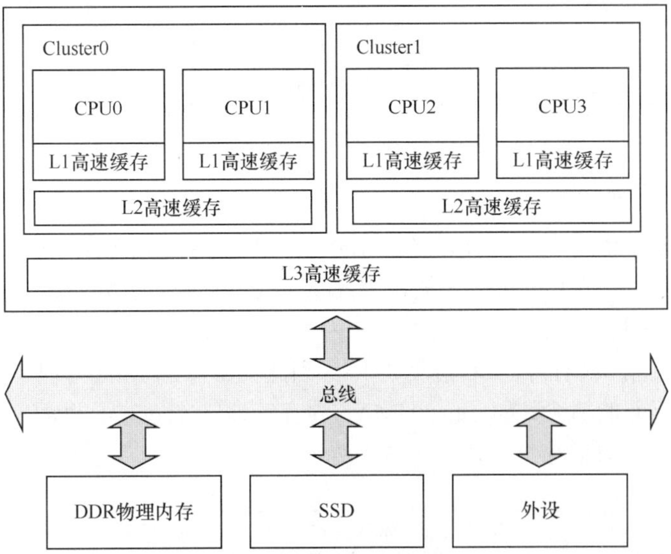

▲图 3.6　UMA 架构

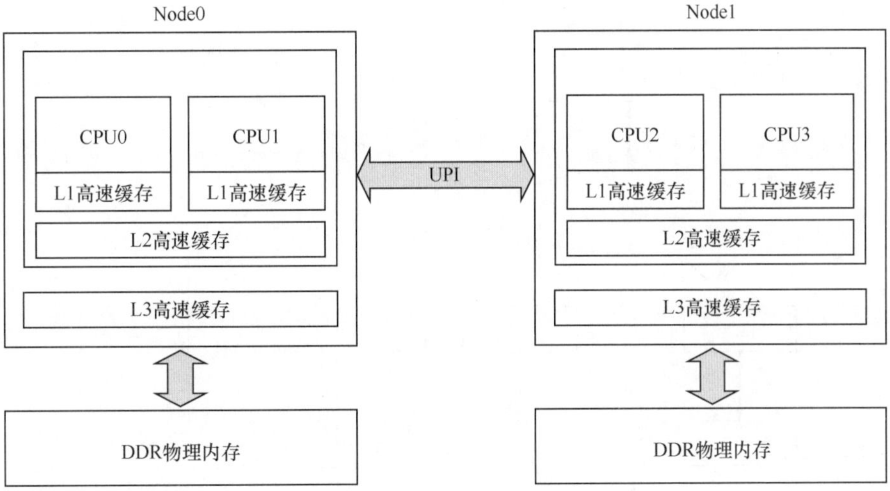

▲图 3.7　NUMA 架构

UMA 和 NUMA 架构中，CPU 访问各级内存的速度是不一样的，Intel Xeon 5500 服务器芯片访问各级内存设备的延时[1]如表 3.1 所示。

表 3.1　　　　　　　　　　CPU 访问各级内存设备的延时

访问类型	延　迟
L1 高速缓存命中	约 4 个时钟周期
L2 高速缓存命中	约 10 个时钟周期
L3 高速缓存命中（高速缓存行没有共享）	约 40 个时钟周期
L3 高速缓存命中（和其他 CPU 共享高速缓存行）	约 65 个时钟周期
L3 高速缓存命中（高速缓存行被其他 CPU 修改过）	约 75 个时钟周期

[1] 数据源自《Performance Analysis Guide for Intel Core™ i7 Processor and Intel Xeon™ 5500 processors》，作者是 David Levinthal。

续表

访问类型	延　迟
访问远端的 L3 高速缓存	约 100～300 个时钟周期
访问本地 DDR 物理内存	约 60ns
访问远端内存节点的 DDR 物理内存	约 100ns

3.3.2　内存管理之数据结构

在大部分 Linux 操作系统中，内存设备的初始化一般在 BIOS 或 BootLoader 中完成，然后把 DDR 存储设备的大小传递给 Linux 内核，因此从 Linux 内核的角度来看，DDR 存储设备其实就是一段物理内存空间。在 Linux 内核中，和内存硬件物理特性相关的一些数据结构主要集中在 MMU（如页表、高速缓存/TLB 操作等）中。因此大部分的 Linux 内核中关于内存管理的相关数据结构是软件层面的概念，如 mm、VMA、内存管理区（zone）、页面、pg_data 等。Linux 内核内存管理中的数据结构错综复杂，如图 3.8 所示。

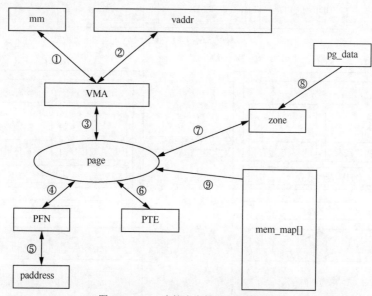

▲图 3.8　Linux 内核内存管理中的数据结构

和物理内存管理相关的数据结构有内存节点（pglist_data）、内存管理区、物理页面（page）、mem_map[]数组、页表项（PTE）、页帧号（PFN）、物理地址（paddress）。

其中，pglist_data 数据结构用来描述一个内存节点的所有资源。在 UMA 架构中，只有一个内存节点，即系统有一个全局的变量 contig_page_data 来描述这个内存节点。在 NUMA 架构中，整个系统的内存由一个 pglist_data *的指针数组 node_data[ ]来管理，在系统初始化时通过枚举 BIOS 固件（ACPI）来完成。

Linux 内核用内存管理区来划分物理内存是有以下历史原因的。

❑　由于地址数据线位宽的限制，32 位处理器通常最多支持 4GB 的物理内存。当然，如果打开了 LPAE 特性，可以支持更大的物理内存。在 4GB 的地址空间中，通常内核空间只有 1GB 大小，因此对于大小为 4GB 的物理内存是无法进行一一线性映射的。Linux 内核的做法是把物理内存分成两部分，其中一部分是线性映射的。如果用一个内存管理区来描述它，那就是 ZONE_NORMAL。剩余的部分叫作高端内存（high memory），同样使用一个内存管理区来描述它，称为 ZONE_HIGHMEM。

❑ 内存管理区的分布和架构相关，如在 x86 架构中，ISA 设备只能访问物理内存的前 16MB，所以在 x86 架构中会有一个名为 ZONE_DMA 的管理区域。在 x86_64 架构中，由于有足够大的内核空间可以线性映射物理内存，因此就不需要 ZONE_HIGHMEM 这个管理区域了。

在 Linux 操作系统中常见的内存管理区可以分为以下几种。

❑ ZONE_DMA：用于 ISA 设备的 DMA 操作，范围是 0～16MB，只适用于 Intel x86 架构，ARM 架构没有这个内存管理区。

❑ ZONE_DMA32：用于最低 4GB 的内存访问的设备，如只支持 32 位的 DMA 设备。

❑ ZONE_NORMAL：4GB 以后的物理内存，用于线性映射物理内存。若系统内存小于 4GB，则没有这个内存管理区。

❑ ZONE_HGHMEM：用于管理高端内存，这些高端内存是不能线性映射到内核地址空间的。注意，在 64 位 Linux 操作系统中没有这个内存管理区。

处理器按照数据位宽寻址，也就是字，但是处理器在处理物理内存时不是按照字来分配的，因为现在的处理器都采用分页机制来管理内存。在处理器内部有一个叫作 MMU 的硬件单元，它会处理虚拟内存到物理内存的映射关系，也就是做页表的翻译工作。站在处理器的角度来看，管理物理内存的最小单位是页面。Linux 内核中使用一个 page 数据结构来描述一个物理页面。一个物理页面的大小通常是 4KB，但是有的架构的处理器可以支持大于 4KB 的页面，如支持 8KB、16KB 或者 64KB 的页面。目前 Linux 内核默认使用 4KB 的页面。

Linux 内核为每个物理页面都分配了一个 page 数据结构，采用 mem_map[]数组来存放这些 page 数据结构，并且它们和物理页面是一对一的映射关系，如图 3.9 所示。

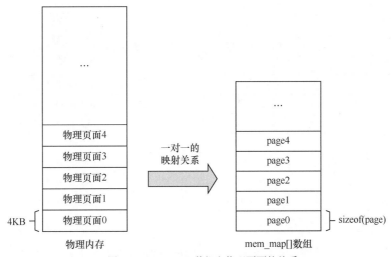

▲图 3.9　mem_map[]数组和物理页面的关系

要理解内存管理，自然要理解处理器是如何进行内存管理的，这涉及架构的知识，如页表、MMU、TLB、高速缓存、一级页表、二级页表、页表项、页表项每个位的含义等内容。页表项在 Linux 内核中采用 pte_t 数据结构来定义，实际上就是 u64 类型变量，但是它隐含的内容远远多于一个 u64 类型变量。

和虚拟内存管理相关的数据结构有 VMA、mm_struct、vaddr。

3.3.3 内存大小

在 ARM64 Linux 中，各种设备的相关属性描述可以采用 DTS 方式或者 BIOS 方式来呈现。设备树源（Device Tree Source，DTS）最早是由 PowerPC 等架构使用的扁平化设备树（Flattened Device Tree，FDT）转变过来的，ARM Linux 社区自 2011 年开始全面支持 DTS，并且删除了大量的冗余代码。

在 ARM32 的 VExpress 平台中，内存定义在 vexpress-v2p-ca9.dts 文件中。该 DTS 文件定义了内存的起始地址为 0x6000 0000，大小为 0x40000000，即 1GB 大小内存空间。

```
<arch/arm/boot/dts/vexpress-v2p-ca9.dts>

memory@60000000 {
    device_type = "memory";
    reg = <0x60000000 0x40000000>;
};
```

本书采用的 QEMU 虚拟机中使用 DTS 来描述内存大小等信息，但是在内核源代码中没有使用 DTS 脚本文件来描述平台信息，而且通过代码的方式实现在 QEMU 源代码中。QEMU 虚拟机模拟一款通用的 ARM 开发板，包括内存布局、中断分配、CPU 配置、时钟配置等信息，这些信息目前都实现在 QEMU 的源代码中，具体文件是 hw/arm/virt.c。

ARM Virt 开发板的虚拟地址空间布局如表 3.2 所示。

表 3.2 QEMU Virt 开发板的虚拟地址空间布局

内存类型	起始地址	大　　小
flash 存储	0	0x800 0000
UART 串口	0x900 0000	0x1000
RTC	0x901 0000	0x1000
FW_CFG	0x902 0000	0x18
GPIO	0x903 0000	0x1 0000
SECURE_UART	0x904 0000	0x1 0000
SMMU	0x905 0000	0x2 0000
MMIO	0xA00 0000	0x200
PLATFORM BUS	0xC00 0000	0x200 0000
SECURE MEM	0xE00 0000	0x100 0000
PCIE MMIO	0x1000 0000	0x2EFF 0000
RAM 内存	0x4000 0000	用户指定

从表 3.2 可以看出，物理内存的起始地址是 0x4000 0000，而大小由用户通过 QEMU 命令行来指定。

内核在启动的过程中，需要解析这些 DTS 文件，实现代码在下面的 early_init_dt_scan_memory() 函数中。代码调用关系为 start_kernel()→setup_arch()→setup_machine_fdt()→early_init_dt_scan_nodes()→early_init_dt_scan_memory()。

```
<drivers/of/fdt.c>

int __init early_init_dt_scan_memory(unsigned long node, const char *uname,
```

```
int depth, void *data)
{
    if (strcmp(type, "memory") != 0)
        return 0;
    reg = of_get_flat_dt_prop(node, "reg", &l);
    while ((endp - reg) >= (dt_root_addr_cells + dt_root_size_cells)) {
        u64 base, size;
        base = dt_mem_next_cell(dt_root_addr_cells, &reg);
        size = dt_mem_next_cell(dt_root_size_cells, &reg);
        early_init_dt_add_memory_arch(base, size);
    }
}
```

解析 memory 描述的信息从而得到内存的 base 和 size 信息，最后内存块信息通过 early_init_dt_add_memory_arch ()→memblock_add()函数添加到 memblock 子系统中。

3.3.4 物理内存映射

在内核使用内存前，需要初始化内核的页表，初始化页表主要由 paging_init ()函数实现。

```
<arch/arm64/mm/mmu.c>

void __init paging_init(void)
{
    pgd_t *pgdp = pgd_set_fixmap(__pa_symbol(swapper_pg_dir));

    map_kernel(pgdp);
    map_mem(pgdp);

    ...
}
```

paging_init ()函数主要做两次映射：一次是 map_kernel()，映射内核映像到内核空间的虚拟地址；另外一次是 map_mem()，做物理内存的线性映射。它们都建立物理内存到内核空间虚拟地址的线性映射，但是映射的地址不一样。

1. map_kernel()函数

该函数对内核映像的各个段分别进行映射，映射到内核空间的虚拟地址为 vmalloc 区域。vmalloc 区域的范围从 0xFFFF 0000 1000 0000 到 0xFFFF 7DFF BFFF 0000。

这里分别映射如下段。
❑ 代码段：从_text 到_etext。
❑ 只读数据段：从__start_rodata 到__inittext_begin。
❑ 初始化代码段：从__inittext_begin 到__inittext_end。
❑ 初始化数据段：从__initdata_begin 到__initdata_end。
❑ 数据段：从_data 到_end。
映射关系如图 3.10 所示。

2. map_mem()函数

这里会映射三段物理内存到线性映射区。线性映射区的范围从 0xFFFF 8000 0000 0000 到

0xFFFF FFFF FFFF FFFF，大小为 128TB，如图 3.11 所示。

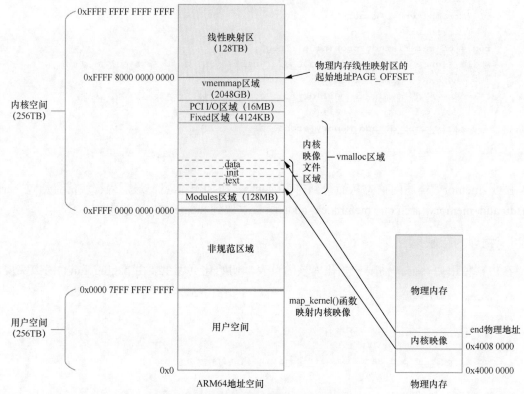

▲图 3.10　内核映像到内核空间虚拟地址的映射关系

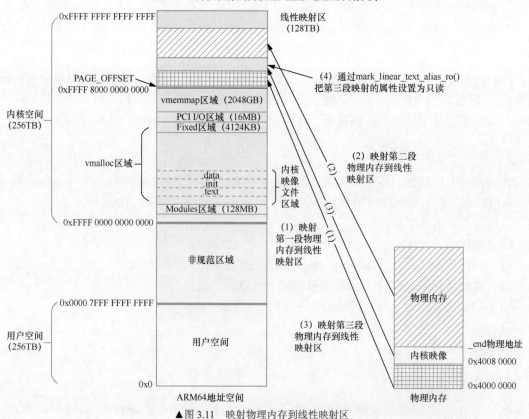

▲图 3.11　映射物理内存到线性映射区

- ❑ 映射第一段物理内存：从 0x4000 0000 到 0x4008 0000。
- ❑ 映射第二段物理内存：从内核映像结束（_end）到物理内存结束。
- ❑ 映射第三段物理内存：从内核映像开始（_start）到内核映像结束（_end）。

为什么要把第三段物理内存单独拿出来映射呢？

这三段物理内存都会映射到不可执行（non-executable）的属性，但是后续代码里会把第三段映射的属性设置成只读，这是在 smp_cpus_done()→mark_linear_text_alias_ro()函数中设置的，防止后续的其他内核模块不经意地修改了代码，如 CPU 休眠（Hibernate）机制。另外，第一段和第二段映射启用了连续页表项属性（PTE_CONT），单独把第三段映射拎出来可以避免连续页表项特性影响第三段的映射。

3.3.5　zone 初始化

对页表的初始化完成之后，内核就可以对内存进行管理了，但是内核并不是统一对待这些页面，而是采用内存管理区（本书中简称 zone）的方式来管理。

zone 数据结构的定义如下。

```
<include/linux/mmzone.h>

struct zone {
    unsigned long watermark[NR_WMARK];
    long lowmem_reserve[MAX_NR_ZONES];
    struct pglist_data    *zone_pgdat;
    struct per_cpu_pageset __percpu *pageset;
    unsigned long        zone_start_pfn;
    unsigned long        managed_pages;
    unsigned long        spanned_pages;
    unsigned long        present_pages;
    const char        *name;

    ZONE_PADDING(_pad1_)
    struct free_area    free_area[MAX_ORDER];
    unsigned long        flags;
    spinlock_t        lock;

    ZONE_PADDING(_pad3_)
    atomic_long_t        vm_stat[NR_VM_ZONE_STAT_ITEMS];
} ____cacheline_internodealigned_in_smp;
```

zone 经常会被访问到，因此这个数据结构要求以 L1 高速缓存对齐。另外，这里的 ZONE_PADDING()让 zone->lock 和 zone->lru_lock 这两个很热门的锁可以分布在不同的高速缓存行中。一个内存节点最多有几个 zone，因此 zone 数据结构不需要像 page 一样关注数据结构的大小，ZONE_PADDING()可以为了性能而浪费空间。在内存管理开发过程中，内核开发者逐步发现有一些自旋锁会竞争得非常厉害，很难获取。在稍微早期的 Linux 内核（如 Linux 4.0）中，zone->lock 和 zone->lru_lock 这两个锁有时需要同时获取，因此保证它们使用不同的高速缓存行是内核常用的一种优化技巧。然而，在 Linux 5.0 内核中，zone->lru_lock 已经转移到内存节点的 pglist_data 数据结构中。

关于部分数据成员的解释如下。

- ❑ watermark：每个 zone 在系统启动时会计算出 3 个水位，分别是最低警戒水位

（WMARK_MIN）、低水位（WMARK_LOW）和高水位（WMARK_HIGH），这在页面分配器和 kswapd 页面回收中会用到。

- ❑ lowmem_reserve：防止页面分配器过度使用低端 zone 的内存。
- ❑ zone_pgdat：指向内存节点。
- ❑ pageset：用于维护每个 CPU 上的一系列页面，以减少自旋锁的争用。
- ❑ zone_start_pfn：zone 的起始页帧号。
- ❑ managed_pages：zone 中被伙伴系统管理的页面数量。
- ❑ spanned_pages：zone 包含的页面数量。
- ❑ present_pages：zone 里实际管理的页面数量。对于一些架构来说，其值和 spanned_pages 的值相等。
- ❑ free_area：伙伴系统的核心数据结构，管理空闲页块（page block）链表的数组。
- ❑ lock：并行访问时用于保护 zone 的自旋锁。
- ❑ lru_lock：并行访问时用于保护 zone 中 LRU 链表的自旋锁。在 Linux 5.0 内核中，该成员已转移到 pglist_data 中。
- ❑ lruvec：LRU 链表集合。
- ❑ vm_stat：zone 计数值。在 Linux 5.0 内核中，该成员已转移到 pglist_data 中。

通常情况下，内核的 zone 分为 ZONE_DMA、ZONE_DMA32、ZONE_NORMAL 和 ZONE_HIGHMEM。zone 类型定义在 include/linux/mmzone.h 文件中。

```
<include/linux/mmzone.h>

enum zone_type {
#ifdef CONFIG_ZONE_DMA
    ZONE_DMA,
#endif
#ifdef CONFIG_ZONE_DMA32
    ZONE_DMA32,
#endif
    ZONE_NORMAL,
#ifdef CONFIG_HIGHMEM
    ZONE_HIGHMEM,
#endif
    ZONE_MOVABLE,
#ifdef CONFIG_ZONE_DEVICE
    ZONE_DEVICE,
#endif
    __MAX_NR_ZONES
};
```

在 QEMU 虚拟机中，只配置了 CONFIG_ZONE_DMA32，没有配置 CONFIG_ZONE_DMA、CONFIG_HIGHMEM 以及 CONFIG_ZONE_DEVICE，所以只有 ZONE_NORMAL 和 CONFIG_ZONE_DMA32 这两个 zone。

```
enum zone_type {
    ZONE_DMA32
    ZONE_NORMAL,
    ZONE_MOVABLE,
    __MAX_NR_ZONES
```

```
};
```

ZONE_DMA32 的大小定义在 zone_sizes_init()函数中，通常不会超过 4GB。计算 ZONE_DMA32 的函数定义在 max_zone_dma_phys()函数中。

```
<arch/arm64/mm/init.c>

static void __init zone_sizes_init(unsigned long min, unsigned long max)
{
    unsigned long max_zone_pfns[MAX_NR_ZONES]  = {0};

    if (IS_ENABLED(CONFIG_ZONE_DMA32))
        max_zone_pfns[ZONE_DMA32] = PFN_DOWN(max_zone_dma_phys());
    max_zone_pfns[ZONE_NORMAL] = max;

    free_area_init_nodes(max_zone_pfns);
}
```

在 QEMU 虚拟机启动内核日志中也能看到 zone 的相关信息。

```
[    0.000000] Zone ranges:
[    0.000000]   DMA32    [mem 0x0000000040000000-0x000000007fffffff]
[    0.000000]   Normal   empty
```

zone 的初始化函数在 free_area_init_core()中，该函数实现在 mm/page_alloc.c 文件中。该函数在内核日志中有如下记录。

```
[    0.000000] On node 0 totalpages: 262144
[    0.000000]   DMA32 zone: 4096 pages used for memmap
[    0.000000]   DMA32 zone: 0 pages reserved
[    0.000000]   DMA32 zone: 262144 pages, LIFO batch:63
```

在 QEMU 虚拟机中，我们只有一个内存节点，物理页面总数量是 262144，每个页面大小是 4KB，因此总物理内存是 1GB。

另外，分配了 4096 个页面用于 memmap，系统中还有一个非常重要的全局变量 mem_map，它是一个 page 数组，可以实现快速地把虚拟地址映射到物理地址，这里指内核空间的线性映射。mem_map 的大小在 calc_memmap_size()函数中计算，计算方法很简单。首先计算这个 zone 中一共有多少个页面（spanned_pages），然后计算每一个页面占用的 page 数据结构的大小。

有些架构会在 ZONE_DMA32 中预留一些用于 DMA 传输的内存，详见 set_dma_reserve()函数。

最后一行日志记录是在 zone_pcp_init()函数中输出的，LIFO batch 用于每个 CPU 变量分配系统（Per CPU Subsystem）。

3.3.6 空间划分

在 32 位 Linux 系统中，一共能使用的虚拟地址空间是 4GB，用户空间和内核空间的划分通常按照 3：1 来划分，也可以按照 2：2 来划分。

ARM64 架构处理器中虚拟地址空间的划分方式见 2.1.5 节。

内核中通常会使用 PAGE_OFFSET 宏来计算内核线性映射中虚拟地址和物理地址的转换。

```
<arch/arm64/include/asm/memory.h>

#define VA_BITS              (CONFIG_ARM64_VA_BITS)
#define VA_START       (UL(0xffffffffffffffff) - \
    (UL(1) << VA_BITS) + 1)
#define PAGE_OFFSET         (UL(0xffffffffffffffff) - \
    (UL(1) << (VA_BITS - 1)) + 1)
```

PAGE_OFFSET 宏的计算方式和 CONFIG_ARM64_VA_BITS 宏的设置方式有关。假设 CONFIG_ARM64_VA_BITS 设置为 48，那么 PAGE_OFFSET 的值为 0xFFFF 8000 0000 0000。

内核中计算线性映射的物理地址和虚拟地址的转换关系时，线性映射的物理地址等于 vaddr 减去 PAGE_OFFSET 再加上 PHYS_OFFSET（在 QEMU 虚拟机中该值为 0x4000 0000）。

内核有两个常用的宏，分别是 __pa() 和 __va()，见 2.7.2 节。

__phys_to_virt() 用于根据物理地址计算线性映射的虚拟地址，只需要和 PAGE_OFFSET 宏做"或"操作即可。

```
#define __phys_to_virt(x)   ((unsigned long)((x) - PHYS_OFFSET) | PAGE_OFFSET)
```

__virt_to_phys_nodebug() 宏用于根据线性映射的虚拟地址计算物理地址。有一个特殊情况需要考虑，那就是 vmalloc 区域。在 ARM64 的 Linux 内核中，内核空间的虚拟地址分成了两部分，一部分是线性映射区域，另外一部分是 vmalloc 区域，特别是内核映像会映射到 vmalloc 区域。

__is_lm_address() 宏用于判断虚拟地址是否为线性映射的虚拟地址。

```
<arch/arm64/include/asm/memory.h>

#define __is_lm_address(addr)   (!!((addr) & BIT(VA_BITS - 1)))

#define __lm_to_phys(addr)   (((addr) & ~PAGE_OFFSET) + PHYS_OFFSET)
#define __kimg_to_phys(addr) ((addr) - kimage_voffset)

#define __virt_to_phys_nodebug(x) ({                        \
    phys_addr_t __x = (phys_addr_t)(x);                     \
    __is_lm_address(__x) ? __lm_to_phys(__x) :              \
                __kimg_to_phys(__x);                        \
})
```

3.3.7　物理内存初始化

在内核启动时，内核知道 DDR 物理内存的大小并且计算出高端内存的起始地址和内核空间的内存布局后，物理内存页面就要添加到伙伴系统中，那么物理内存页面如何添加到伙伴系统中呢？

伙伴系统（buddy system）是操作系统中常用的一种动态存储管理方法，在用户提出申请时，分配一个大小合适的内存块给用户，并在用户释放内存块时回收。在伙伴系统中，内存块的大小是 2 的 order 次幂个页面。Linux 内核中 order 的最大值用 MAX_ORDER 来表示，通常是 11，也就是把所有的空闲页面分组成 11 个内存块链表，每个内存块链表分别包括 1，2，4，8，16，32，…，1024 个连续的页面。1024 个页面对应着 4MB 大小的连续物理内存。

物理内存在 Linux 内核中分出几个 zone 来管理空闲页块。zone 根据内核的配置来划分，如在 QEMU 虚拟机中，zone 分为 ZONE_DMA32 和 ZONE_NORMAL。

伙伴系统的空闲页块的管理如图 3.12 所示，zone 数据结构中有一个 free_area 数据结构，数据结构的大小是 MAX_ORDER。free_area 数据结构中包含了 MIGRATE_TYPES 个链表，这里相当于 zone 中根据 order 的大小有 0 到（MAX_ORDER−1）个 free_area，每个 free_area 根据 MIGRATE_TYPES 类型有几个相应的链表。

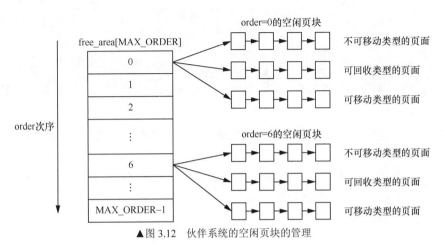

▲图 3.12　伙伴系统的空闲页块的管理

```
<include/linux/mmzone.h>

struct zone {
    ...
    /* 不同大小的 free_area */
    struct free_area    free_area[MAX_ORDER];
    ...
};

struct free_area {
    struct list_head    free_list[MIGRATE_TYPES];
    unsigned long        nr_free;
};
```

MIGRATE_TYPES 类型也定义在 mmzone.h 文件中。

```
<include/linux/mmzone.h>

enum {
    MIGRATE_UNMOVABLE,
    MIGRATE_RECLAIMABLE,
    MIGRATE_MOVABLE,
    MIGRATE_PCPTYPES,
    MIGRATE_RESERVE = MIGRATE_PCPTYPES,
    MIGRATE_TYPES
};
```

MIGRATE_TYPES 类型包含 MIGRATE_UNMOVABLE、MIGRATE_RECLAIMABLE、MIGRATE_MOVABLE 以及 MIGRATE_RESERVE 等几种类型。当前页面分配的状态可以从 /proc/pagetypeinfo 中获取。

如图 3.13 所示，从 pagetypeinfo 中可以看出如下两个特点。

❏ 大部分物理内存页面存放在 MIGRATE_MOVABLE 链表中。

❏ 大部分物理内存页面初始化时存放在 order 为 10 链表中。

```
root@benshushu:~# cat /proc/pagetypeinfo
Page block order: 9
Pages per block:  512

Free pages count per migrate type at order    0    1    2    3    4    5    6    7    8    9   10
Node    0, zone    DMA32, type    Unmovable   20    2    2    1   11    3    1    0    1    1    0
Node    0, zone    DMA32, type      Movable   33   28   11    6    4    1    2    1    1   10  102
Node    0, zone    DMA32, type   Reclaimable  11    8    5    7    1    0    1    0    0    0    0
Node    0, zone    DMA32, type   HighAtomic    0    0    0    0    0    0    0    0    0    0    0
Node    0, zone    DMA32, type          CMA    1    1    1    0    1    1    0    1    1    1   15
Node    0, zone    DMA32, type      Isolate    0    0    0    0    0    0    0    0    0    0    0

Number of blocks type       Unmovable    Movable  Reclaimable   HighAtomic        CMA      Isolate
Node 0, zone     DMA32            24        446          10            0           32            0
```

▲图 3.13　QEMU 虚拟机的 pagetypeinfo 信息

我们思考一个问题：Linux 内核初始化时究竟有多少页面是 MIGRATE_MOVABLE 类型的？

内存管理中有页块的概念，一个页块的大小通常是 $2^{(MAX\_ORDER-1)}$ 个页面。如果架构中提供了 HUGETLB_PAGE 特性，那么 pageblock_order 定义为 HUGETLB_PAGE_ORDER。

```
#ifdef CONFIG_HUGETLB_PAGE
#define pageblock_order         HUGETLB_PAGE_ORDER
#else
#define pageblock_order         (MAX_ORDER-1)
#endif
```

每个页块有一个相应的 MIGRATE_TYPES 类型。zone 数据结构中有一个成员指针 pageblock_flags，它指向用于存放每个页块的 MIGRATE_TYPES 类型的内存空间。pageblock_flags 指向的内存空间的大小通过 usemap_size()函数来计算，每个页块用 4 位来存放 MIGRATE_TYPES 类型。

zone 的初始化函数 free_area_init_core()会调用 setup_usemap()函数来计算和分配 pageblock_flags 所需要的大小，并且分配相应的内存。

```
<free_area_init_core→setup_usemap→usemap_size>

static unsigned long __init usemap_size(unsigned long zone_start_pfn, unsigned
long zonesize)
{
    unsigned long usemapsize;

    zonesize += zone_start_pfn & (pageblock_nr_pages-1);
    usemapsize = roundup(zonesize, pageblock_nr_pages);
    usemapsize = usemapsize >> pageblock_order;
    usemapsize *= NR_PAGEBLOCK_BITS;
    usemapsize = roundup(usemapsize, 8 * sizeof(unsigned long));
    return usemapsize / 8;
}
```

usemap_size()函数首先计算 zone 有多少个页块，每个页块需要 4 位来存放 MIGRATE_TYPES 类型，然后可以计算出需要多少字节。最后通过 memblock_virt_alloc_try_nid_nopanic() 来分配内存，并且 zone->pageblock_flags 成员指向这段内存。

内核用两个函数来管理这些迁移类型，分别是 get_pageblock_migratetype()和 set_pageblock_migratetype()。内核初始化时所有的页面最初都被标记为 MIGRATE_MOVABLE 类型，见 free_area_init_core()→memmap_init_zone()函数。

```
<mm/page_alloc.c>

void __meminit memmap_init_zone(unsigned long size, int nid, unsigned long zone,
unsigned long start_pfn, enum memmap_context context)
{
    for (pfn = start_pfn; pfn < end_pfn; pfn++) {
            ...
            set_pageblock_migratetype(page, MIGRATE_MOVABLE);
            ...
    }
}
```

set_pageblock_migratetype()用于设置指定页块的 MIGRATE_TYPES 类型，最后调用 set_pfnblock_flags_mask()来设置页块的迁移类型。

```
<mm/page_alloc.c>
void set_pageblock_migratetype(struct page *page, int migratetype)

<include/linux/memzone.h>

#define get_pageblock_migratetype(page)
```

下面我们来思考物理页面是如何添加到伙伴系统中的。是逐个页面添加，还是一次添加 2^n 个页面呢？

在 free_low_memory_core_early()函数中，通过 for_each_free_mem_range()函数来遍历所有的内存块，找出内存块的起始地址和结束地址。

```
<start_kernel()→mm_init()→mem_init()→free_all_bootmem()→free_low_memory_core_early()>

static unsigned long __init free_low_memory_core_early(void)
{
    unsigned long count = 0;
    phys_addr_t start, end;
    u64 i;

    memblock_clear_hotplug(0, -1);

    for_each_free_mem_range(i, NUMA_NO_NODE, &start, &end, NULL)
        count += __free_memory_core(start, end);

    return count;
}
```

把内存块传递到__free_pages_memory()函数，该函数的定义如下。

```
static inline unsigned long __ffs(unsigned long x)
{
```

```
        return ffs(x) - 1;
    }


    static void __init __free_pages_memory(unsigned long start, unsigned long end)
    {
        int order;

        while (start < end) {
            order = min(MAX_ORDER - 1UL, __ffs(start));

            while (start + (1UL << order) > end)
                order--;

            memblock_free_pages(pfn_to_page(start), start, order);
            start += (1UL << order);
        }
    }
```

注意，参数 start 和 end 指起始与终止页帧号，while 循环一直从 start 遍历到 end，循环的步长和 order 有关。首先计算 order 的大小，取 MAX_ORDER−1 和 __ffs(start)中的较小值。ffs(start)函数计算 start 中第一个位为 1 的位置。注意，__ffs() = ffs() −1。

因为伙伴系统按照内存块的大小来添加到不同的链表中，其中能容纳单个内存块的最大值为 2^{10} 个物理页面，即 1024（0x400）个物理页面。假设 start 起始地址为 0x63300，说明该地址以 0x100 对齐。通过__ffs()函数来计算出的合适的 order 值为 8，因为 2^8 等于 0x100。该地址非常适合创建一个 2^8 个页面大小的空闲内存块，并且添加到 order 为 8 的伙伴系统空闲链表中。

得到 order 值后，我们就可以把这块内存通过__free_pages_bootmem()函数添加到伙伴系统中。

```
    static void __init __free_pages_boot_core(struct page *page, unsigned int order)
    {
        __free_pages(page, order);
    }
```

__free_pages()函数是伙伴系统的核心函数，这里按照 order 的方式把内存块添加内存到伙伴系统中，该函数会在 4.1 节中详细介绍。

下面是向系统中添加一段内存的情况，页帧号范围为[0x8800 E, 0xAECE A]，以 start 为起始计算其 order，一开始 order 的数值还比较凌乱，等到 start 和 0x400 对齐，以后 order 基本上都取 10 了，也就是都挂入了 order 为 10 的 free_list 中。

```
__free_pages_memory: start=0x8800e, end=0xaecea

__free_pages_memory: start=0x8800e, order=1, __ffs()=1, ffs()=2
__free_pages_memory: start=0x88010, order=4, __ffs()=4, ffs()=5
__free_pages_memory: start=0x88020, order=5, __ffs()=5, ffs()=6
__free_pages_memory: start=0x88040, order=6, __ffs()=6, ffs()=7
__free_pages_memory: start=0x88080, order=7, __ffs()=7, ffs()=8
__free_pages_memory: start=0x88100, order=8, __ffs()=8, ffs()=9
__free_pages_memory: start=0x88200, order=9, __ffs()=9, ffs()=10
__free_pages_memory: start=0x88400, order=10, __ffs()=10, ffs()=11
```

```
__free_pages_memory: start=0x88800, order=10, __ffs()=11, ffs()=12
__free_pages_memory: start=0x88c00, order=10, __ffs()=10, ffs()=11
__free_pages_memory: start=0x89000, order=10, __ffs()=12, ffs()=13
__free_pages_memory: start=0x89400, order=10, __ffs()=10, ffs()=11
__free_pages_memory: start=0x89800, order=10, __ffs()=11, ffs()=12
__free_pages_memory: start=0x89c00, order=10, __ffs()=10, ffs()=11
...
```

第4章 物理内存与虚拟内存

本章高频面试题

1. 请简述 Linux 内核在理想情况下页面分配器（page allocator）是如何分配出连续物理页面的。

2. 在页面分配器中，如何从分配掩码（gfp_mask）中确定可以从哪些 zone 中分配内存？

3. 页面分配器是按照什么方向来扫描 zone 的？

4. 为用户进程分配物理内存时，分配掩码应该选用 GFP_KERNEL，还是 GFP_HIGHUSER_MOVABLE 呢？

5. 在中断上下文中能不能调用包含 GFP_KERNEL 分配掩码的内存分配函数？

6. 如何判断一个 zone 是否满足分配需求？

7. 在释放页面时，页面分配器是如何进行空闲页面合并的？

8. 在早期的 Linux 内核中，以 2^n 字节为大小的内存块分配机制有什么缺点？slab 机制如何克服这些缺点？

9. slab 分配器是如何分配和释放小内存块的？

10. slab 分配器中有一个高速缓存着色（cache color）的概念，着色有什么作用？

11. slab 分配器增长并导致大量不用的空闲对象产生，该如何解决？

12. 什么是对象缓冲池？

13. 在创建一个 slab 对象描述符时，如何确定一个 slab 占用多少个物理页面、有多少个对象、着色区有多少个？

14. slab 分配器的布局有三种模式——正常模式、OBJFREELIST_SLAB 模式、OFF_SLAB 模式。它们的区别是什么？

15. 什么时候给 slab 分配器分配物理内存？

16. slab 分配器中有一个 slab 管理区域 freelist，那么这个 slab 管理区域是如何管理空闲对象的呢？

17. slab 分配器如何保证在多 CPU 的大型计算机中的并发访问性能？

18. kmalloc()、vmalloc() 和 malloc() 之间有什么区别以及实现上的差异？

19. Linux 内核是如何管理进程的用户态地址空间的？

20. 进程地址空间的属性如何转换成硬件能识别的属性？

21. 进程地址空间是离散的，那 Linux 内核如何保证这些地址空间不会冲突？

22. Linux 内核如何实现进程地址空间的快速查询和插入？

23. find_vma() 函数查找符合哪些条件的 VMA？

24. malloc() 函数返回的内存是否马上就被分配物理内存？testA() 和 testB() 分别在何时分配物理内存？

25. 假设不考虑 libc 的因素，malloc() 分配 100 字节，那么实际上内核为其分配 100 字节吗？

26. 假设使用 printf() 输出的指针 bufA 和 bufB 指向的地址是一样的，那么在内核中这两个虚拟内存块是否冲突呢？

27. vm_normal_page() 函数返回什么页面的 page 数据结构？为什么内存管理代码中需要这个函数？

28. 请简述 get_user_page() 函数的作用和实现流程。

29. 请简述 follow_page() 函数的作用和实现流程。

30. SYSCALL_DEFINE1(brk, unsigned long, brk) 这个宏展是如何展开的？

31. 在 ARM64 内核中，用户空间如何划分呢？brk 区域的起始地址和结束地址在哪里？

32. 请简述私有映射和共享映射的区别。

33. 在以下代码中，为什么第二次调用 mmap 时，Linux 内核没有捕捉到地址重叠并返回失败呢？

```
#strace 捕捉某个 app 调用 mmap 的情况
mmap(0x20000000, 819200, PROT_READ|PROT_WRITE, MAP_PRIVATE|MAP_FIXED|MAP_ANONYMOUS, -1,
0) = 0x20000000
...
mmap(0x20000000, 4096, PROT_READ|PROT_WRITE, MAP_PRIVATE|MAP_FIXED|MAP_ANONYMOUS, -1,
0) = 0x20000000
```

34. 请简述 ARM64 处理器在缺页异常发生之后是如何找到发生异常的类型和错误地址的。

35. 当 ARM64 处理器发生了缺页异常时，如何知道它是因为读内存还是写内存发生的缺页异常？

36. 当处理器发生了缺页异常时，如何判断发生异常的地址是可以修复的还是不能修复的？

37. 在 do_page_fault() 函数处理过程中需要考虑哪些情况？

38. 主缺页（major fault）和次缺页（minor fault）有什么区别？

39. 对于匿名页面的缺页异常，判断条件是什么？

40. 对于文件映射页面的缺页异常，判断条件是什么？

41. 什么是写时复制类型的缺页异常？判断条件是什么？

42. 在写时复制处理中，有两种方式，一种是复用发生异常的页面，另外一种是写时复制，那究竟什么类型的页面可以复用？什么类型的页面必须写时复制呢？

43. 在 ARMv8.1 架构中使能了硬件 DBM 机制的情况下，如何避免软件和 CPU 同时更新 DBM 位以及 PTE_RDONLY 位？

44. 什么情况下可以安全地调用 pte_offset_map() 函数？什么情况下不行？

45. 在切换新的页表项之前要先对页表项内容清零并刷新 TLB，这是为什么？

46. 在一个多核的 SMP 系统中，是否多个 CPU 内核可以同时对同一个页面发生缺页异常？若可以，请描述一个发生的场景，并描述如何保证这几个缺页异常的内核路径对同一个页面的操作不会导致竞争问题。

4.1 页面分配之快速路径

前面提到伙伴系统是 Linux 内核中基本的内存分配系统。伙伴系统的概念不难理解，但是一直以来，分配物理页面是内存管理中最复杂的部分，它涉及页面回收、内存规整、直接回收内存等相当错综复杂的机制。本节关注在内存充足的情况下如何分配连续物理内存。读者阅读完本书中的内存管理相关内容后，可以思考在最糟糕情况下页面分配器是如何分配连续物理页面的。

4.1.1　分配物理页面的接口函数

内核中分配物理内存页面的常用接口函数是 alloc_pages()，它用于分配一个或者多个连续的物理页面，分配的页面个数只能是 2 的整数次幂。相比于多次分配离散的物理页面，分配连续的物理页面有利于缓解系统内存的碎片化问题，内存碎片化是一个很让人头疼的问题。

1.　分配物理页面的核心接口函数

alloc_pages()函数的参数有两个，gfp_mask 表示分配掩码，order 表示分配级数。

```
<include/linux/gfp.h>

struct page * alloc_pages(gfp_t gfp_mask, unsigned int order)
```

alloc_pages()函数用来分配 2 的 order 次幂个连续的物理页面，返回值是第一个物理页面的 page 数据结构。第一个参数是 gfp_mask；第二个参数是 order，请求的 order 需要小于 MAX_ORDER，MAX_ORDER 通常默认是 11。

另一个很常见的接口函数是 __get_free_pages()，其定义如下。

```
<mm/page_alloc.c>

unsigned long __get_free_pages(gfp_t gfp_mask, unsigned int order)
```

__get_free_pages()函数返回的是所分配内存的内核空间虚拟地址。如果所分配内存是线性映射的物理内存，则直接返回线性映射区域的内核空间虚拟地址；__get_free_pages()函数不会使用高端内存，如果一定需要使用高端内存，最佳的办法是使用 alloc_pages()函数以及 kmap()函数。注意，在 64 位处理器的 Linux 内核中没有高端内存这个概念，它只实现在 32 位处理器的 Linux 内核中。

```
void *page_address(const struct page *page)
```

2.　分配一个物理页面

如果需要分配一个物理页面，可以使用如下两个封装好的接口函数，它们最后仍调用 alloc_pages()，只是 order 的值为 0。

```
#define alloc_page(gfp_mask) alloc_pages(gfp_mask, 0)

#define __get_free_page(gfp_mask) \
        __get_free_pages((gfp_mask), 0)
```

如果需要返回一个全填充为 0 的页面，可以使用如下接口函数。

```
unsigned long get_zeroed_page(gfp_t gfp_mask)
```

使用 alloc_page()分配的物理页面理论上可能被随机地填充了某些垃圾信息，因此在有些敏感的场合下需要先把分配的内存清零再使用，这样可以减少不必要的麻烦。

3. 页面释放函数

页面释放函数主要有如下几个。

```
void __free_pages(struct page *page, unsigned int order);
#define __free_page(page) __free_pages((page), 0)
#define free_page(addr) free_pages((addr), 0)
```

释放时需要特别注意参数，传递错误的 page 指针或者错误的 order 值会引起系统崩溃。__free_pages()函数的第一个参数是待释放页面的 page 指针，第二个参数是 order。__free_page() 函数用于释放单个页面。

4.1.2 分配掩码

分配掩码是描述页面分配方法的标志，它影响着页面分配的整个流程。因为 Linux 内核是一个通用的操作系统，所以页面分配器被设计成一个复杂的系统。它既要高效，又要兼顾很多种情况，特别是在内存紧张的情况下的内存分配。gfp_mask 其实被定义成一个 unsigned 类型的变量。

```
typedef unsigned __bitwise__ gfp_t;
```

gfp_mask 定义在 include/linux/gfp.h 文件中。修饰符在 Linux 4.4 内核中被重新归类，大致可以分成如下几类。

- ❑ 内存管理区修饰符（zone modifier）。
- ❑ 移动修饰符（mobility and placement modifier）。
- ❑ 水位修饰符（watermark modifier）。
- ❑ 页面回收修饰符（page reclaim modifier）。
- ❑ 行为修饰符（action modifier）。

下面详细介绍各种修饰符的标志。

1. 内存管理区修饰符的标志

内存管理区修饰符主要用于表示应当从哪些内存管理区中来分配物理内存。内存管理区修饰符使用 gfp_mask 的低 4 位来表示，其标志如表 4.1 所示。

表 4.1　　　　　　　　　　　　　内存管理区修饰符的标志

标　　志	描　　述
__GFP_DMA	从 ZONE_DMA 中分配内存
__GFP_DMA32	从 ZONE_DMA32 中分配内存
__GFP_HIGHMEM	优先从 ZONE_HIGHMEM 中分配内存
__GFP_MOVABLE	页面可以被迁移或者回收，如用于内存规整机制

2. 移动修饰符的标志

移动修饰符主要用于指示分配出来的页面具有的迁移属性，其标志如表 4.2 所示。在 Linux 2.6.24 内核中，为了解决外碎片化的问题，引入了迁移类型，因此在分配内存时需要指定所分配的页面具有哪些迁移属性。

表 4.2　　　　　　　　　　　　　　　　移动修饰符的标志

标　　志	描　　述
__GFP_RECLAIMABLE	在 slab 分配器中指定了 SLAB_RECLAIM_ACCOUNT 标志位，表示 slab 分配器中使用的页面可以通过收割机来回收
__GFP_HARDWALL	使能 cpuset 内存分配策略
__GFP_THISNODE	从指定的内存节点中分配内存，并且没有回退机制
__GFP_ACCOUNT	分配过程会被 kmemcg 记录

3. 水位修饰符的标志

水位修饰符用于控制是否可以访问系统预留的内存。所谓系统预留内存指的是最低警戒水位以下的内存，一般优先级的分配请求是不能访问它们的，只有高优先级的分配请求才能访问，如 __GFP_HIGH、__GFP_ATOMIC 等。水位修饰符的标志如表 4.3 所示。

表 4.3　　　　　　　　　　　　　　　　水位修饰符的标志

标　　志	描　　述
__GFP_HIGH	表示分配内存具有高优先级，并且这个分配请求是很有必要的，分配器可以使用系统预留的内存（即最低警戒水位线下的预留内存）
__GFP_ATOMIC	表示分配内存的过程不能执行页面回收或者睡眠动作，并且具有很高的优先级，可以访问系统预留的内存。常见的一个场景是在中断上下文中分配内存
__GFP_MEMALLOC	分配过程中允许访问所有的内存，包括系统预留的内存。分配内存进程通常要保证在分配内存过程中很快会有内存被释放，如进程退出或者页面回收
__GFP_NOMEMALLOC	分配过程不允许访问系统预留的内存

4. 页面回收修饰符的标志

页面回收修饰符的常用标志如表 4.4 所示。

表 4.4　　　　　　　　　　　　　　　　页面回收修饰符的常用标志

标　　志	描　　述
__GFP_IO	允许开启 I/O 传输
__GFP_FS	允许调用底层的文件系统。这个标志清零通常是为了避免死锁的发生，如果相应的文件系统操作路径上已经持有了锁，分配内存过程又递归地调用这个文件系统的相应操作路径，可能会产生死锁
__GFP_DIRECT_RECLAIM	分配内存的过程中允许使用页面直接回收机制
__GFP_KSWAPD_RECLAIM	表示当到达内存管理区的低水位时会唤醒 kswapd 内核线程，以异步地回收内存，直到内存管理区恢复到了高水位为止
__GFP_RECLAIM	用于允许或者禁止直接页面回收和 kswapd 内核线程
__GFP_REPEAT	当分配失败时会继续尝试
__GFP_NOFAIL	当分配失败时会无限地尝试下去，直到分配成功为止。当分配者希望分配内存不失败时，应该使用这个标志位，而不是自己写一个 while 循环来不断地调用页面分配接口函数
__GFP_NORETRY	当使用了直接页面回收和内存规整等机制还无法分配内存时，最好不要重复尝试分配了，直接返回 NULL

5. 行为修饰符的标志

行为修饰符的常见标志如表 4.5 所示。

表 4.5　　　　　　　　　　　　　　　　行为修饰符的常见标志

标　　志	描　　述
__GFP_COLD	分配的内存不会马上被使用。通常会返回一个空的高速缓存页面
__GFP_NOWARN	关闭分配过程中的一些错误报告
__GFP_ZERO	返回一个全部填充为 0 的页面
__GFP_NOTRACK	不被 kmemcheck 机制跟踪
__GFP_OTHER_NODE	在远端的一个内存节点上分配。通常在 khugepaged 内核线程中使用

前文列出了 5 大类修饰符的标志，对于内核开发者或者驱动开发者来说，要正确使用这些标志是一件很困难的事情，因此定义了一些常用的标志的组合——类型标志（type flag），如表 4.6 所示。类型标志提供了内核开发中常用的标志的组合，推荐开发者使用这些类型标志。

表 4.6　　　　　　　　　　　　　　　　常用的类型标志

类型标志	描　　述
GFP_KERNEL	内核分配内存常用的标志之一。它可能会被阻塞，即分配过程中可能会睡眠
GFP_ATOMIC	调用者不能睡眠并且保证分配会成功。它可以访问系统预留的内存
GFP_NOWAIT	分配中不允许睡眠等待
GFP_NOFS	不会访问任何的文件系统的接口和操作
GFP_NOIO	不需要启动任何的 I/O 操作。如使用直接回收机制丢弃干净的页面或者为 slab 分配的页面
GFP_USER	通常用户空间的进程用来分配内存，这些内存可以被内核或者硬件使用。常用的一个场景是硬件使用的 DMA 缓冲器要映射到用户空间，如显卡的缓冲器
GFP_DMA/ GFP_DMA32	使用 ZONE_DMA 或者 ZONE_DMA32 来分配内存
GFP_HIGHUSER	用户空间进程用来分配内存，优先使用 ZONE_HIGHMEM，这些内存可以映射到用户空间，内核空间不会直接访问这些内存。另外，这些内存不能迁移
GFP_HIGHUSER_MOVABLE	类似于 GFP_HIGHUSER，但是页面可以迁移
GFP_TRANSHUGE/ GFP_TRANSHUGE_LIGHT	通常用于透明页面分配

上面这些都是常用的类型标志，在实际使用过程中需要注意以下事项。

（1）GFP_KERNEL 主要用于分配内核使用的内存，在分配过程中会引起睡眠，在中断上下文和不能睡眠的内核路径里使用该类型标志需要特别警惕，因为这会引起死锁或者其他系统异常。

（2）GFP_ATOMIC 正好和 GFP_KERNEL 相反，它可以使用在不能睡眠的内存分配路径（如中断处理程序、软中断以及 tasklet 等）中。GFP_KERNEL 可以让调用者睡眠等待系统页面回收来释放一些内存，但 GFP_ATOMIC 不可以，所以可能会分配失败。

（3）GFP_USER、GFP_HIGHUSER 和 GFP_HIGHUSER_MOVABLE 这几个类型标志都是为用户空间进程分配内存的。不同之处在于，GFP_HIGHUSER 首先使用高端内存，GFP_HIGHUSER_MOVABLE 优先使用高端内存并且分配的内存具有可移动属性。

（4）GFP_NOIO 和 GFP_NOFS 都会产生阻塞，它们用于避免某些其他的操作。GFP_NOIO 表示分配过程中绝不会启动任何磁盘 I/O 的操作。GFP_NOFS 表示可以启动磁盘 I/O，但是不会启动文件系统的相关操作。举一个例子，假设进程 A 在执行打开文件的操作中需要分配内存，但内存短缺，那么进程 A 会睡眠等待，系统的 OOM Killer 机制会选择一个进程来终止。假设选择了进程 B，而进程 B 退出时需要执行一些文件系统的操作，这些操作可能会申请锁，而恰巧进程 A 持有这个锁，所以死锁就发生了。

（5）GFP_KERNEL 分配的页面通常是不可迁移的，GFP_HIGHUSER_MOVABLE 分配的页面是可迁移的。

4.1.3　alloc_pages()函数

下面以 GFP_KERNEL 为例，看在理想情况下 alloc_pages()函数是如何分配物理内存的。

```
<分配物理内存的例子>

page = alloc_pages(GFP_KERNEL, order);
```

GFP_KERNEL 类型标志定义在 gfp.h 头文件中，是一个标志组合。

```
#define GFP_KERNEL (__GFP_RECLAIM | __GFP_IO | __GFP_FS)
```

所以 GFP_KERNEL 类型标志包含了__GFP_RECLAIM、__GFP_IO 和__GFP_FS 这 3 个标志，其地址换算成十六进制是 0x60 00C0。

1.　alloc_pages()函数

alloc_pages()最终调用__alloc_pages_nodemask()函数，它是伙伴系统的核心函数，它实现在 mm/page_alloc.c 文件中。

```
<mm/page_alloc.c>

struct page *
__alloc_pages_nodemask(gfp_t gfp_mask, unsigned int order, int preferred_nid,
nodemask_t *nodemask)
```

__alloc_pages_nodemask()函数中主要执行的操作如下。

第 4520 行中，变量 alloc_flags 用于表示页面分配的行为和属性，这里初始化为 ALLOC_WMARK_LOW，即允许分配内存的判断条件为低水位（WMARK_LOW）。

在第 4528 行中，伙伴系统能分配的最大内存块大小是 $2^{(MAX\_ORDER-1)}$ 个页面，若 MAX_ORDER 设置为 11，最大内存块为 4MB 大小。

在第 4535 行中，alloc_context 数据结构是伙伴系统分配函数中用于保存相关参数的数据结构。prepare_alloc_pages()函数会计算相关的信息并且保存到 alloc_context 数据结构中，如 high_zoneidx、migratetype、zonelist 等信息。

在第 4538 行中，finalise_ac()函数主要用于确定首选的 zone。

在第 4544 行中，alloc_flags_nofragment()函数是用于内存碎片化方面的一个优化，这里引入了一个新的标志——ALLOC_NOFRAGMENT。使用 ZONE_DMA32 作为一个合适的 zone 来避免碎片化其实是微妙的。如果首选的 zone 是高端 zone，如 ZONE_NORMAL，过早地使用低端 zone 而造成的内存短缺问题比内存碎片化更严重。当发生外碎片化时，尽可能地从 ZONE_NORMAL 的其他迁移类型的空闲链表中多挪用一些空闲内存，这比过早地使用低端 zone 的内存要好很多。理想的情况下，从其他迁移类型的空闲链表中至少挪用 $2^{pageblock\_order}$ 个空闲页面，见__rmqueue_fallback()函数。

在第 4547 行中，get_page_from_freelist()函数尝试从伙伴系统的空闲链表中分配内存。若分配成功，则返回内存块的第一个页面的 page 数据结构。

在第 4567 行中，当 get_page_from_freelist()函数分配不成功时，就会进入分配的慢速路径，即__alloc_pages_slowpath()函数。

分配内存的快速流程如图 4.1 所示。

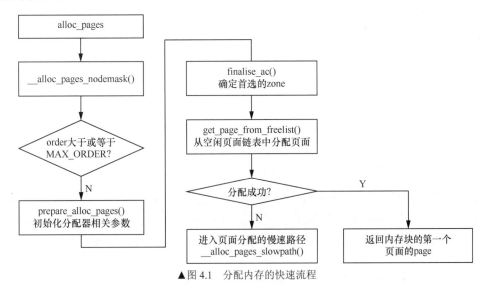

▲图 4.1　分配内存的快速流程

2. prepare_alloc_pages()函数

prepare_alloc_pages()函数实现在 page_alloc.c 文件中，主要用于初始化页面分配器中用到的参数。这些参数会临时存放在 alloc_context 数据结构中。

```
<mm/page_alloc.c>

static inline bool prepare_alloc_pages(gfp_t gfp_mask, unsigned int order, int
preferred_nid, nodemask_t *nodemask, struct alloc_context *ac, gfp_t *alloc_mask,
unsigned int *alloc_flags)
```

alloc_context 数据结构是一个内部临时使用的数据结构。

```
<mm/internal.h>
struct alloc_context {
    struct zonelist *zonelist;
    nodemask_t *nodemask;
    struct zoneref *preferred_zoneref;
    int migratetype;
    enum zone_type high_zoneidx;
    bool spread_dirty_pages;
};
```

其中，zonelist 指向每一个内存节点中对应的 zonelist；nodemask 表示内存节点的掩码；preferred_zoneref 表示首选 zone 的 zoneref；migratetype 表示迁移类型；high_zoneidx 分配掩码计算 zone 的 zoneidx，表示这个分配掩码允许内存分配的最高 zone；spread_dirty_pages 用于指定是否传播脏页。

prepare_alloc_pages()函数中的主要操作如下。

在第 4470 行中，gfp_zone()函数根据分配掩码计算出 zone 的 zoneidx，并存放在 high_zoneidx 成员中。gfp_zone()函数会用到 GFP_ZONEMASK、GFP_ZONE_TABLE 和 GFP_ZONES_SHIFT 等宏。

在第 4471 行中，node_zonelist()函数返回首选内存节点 preferred_nid 对应的 zonelist。通常一个内存节点包含两个 zonelist：一个是 ZONELIST_FALLBACK，表示本地的；另外一个是 ZONELIST_NOFALLBACK，表示远端的。

在第 4473 行中，gfpflags_to_migratetype()函数根据分配掩码来获取内存的迁移类型。

在第 4488 行中，使用了新引入的故障注入（fault injection）技术。

下面我们以一个例子来说明 gfp_zone()函数。

```
#define __GFP_DMA ((__force gfp_t)___GFP_DMA)
#define __GFP_HIGHMEM ((__force gfp_t)___GFP_HIGHMEM)
#define __GFP_DMA32 ((__force gfp_t)___GFP_DMA32)
#define __GFP_MOVABLE ((__force gfp_t)___GFP_MOVABLE)
#define GFP_ZONEMASK (__GFP_DMA|__GFP_HIGHMEM|__GFP_DMA32|__GFP_MOVABLE)
```

GFP_ZONEMASK 是分配掩码的低 4 位，在 QEMU 虚拟机中，只有 ZONE_DMA32 和 ZONE_NORMAL 这两个 zone，但是计算 __MAX_NR_ZONES 时需要加上 ZONE_MOVABLE，所以 MAX_NR_ZONES 等于 3。这里 ZONES_SHIFT 等于 2，因此 GFP_ZONE_TABLE 等于 0x250015。

在上述例子中，以 GFP_KERNEL（0x6000 C0）为参数代入 gfp_zone()函数，最终结果为 1，即 high_zoneidx 为 1。

3. zonelist 之间的关系

由于内核使用 zone 来管理一个内存节点，因此一个内存节点可能被分成了多个不同的 zone。以 QEMU 虚拟机为例，一个内存节点被分成 ZONE_DMA32 和 ZONE_NORMAL 两个 zone。那分配器要从哪个 zone 来分配内存呢？当某一个 zone 的内存短缺时，是不是要切换到另外一个 zone？

内核使用 zonelist 数据结构来管理一个内存节点的 zone。

```
<include/linux/mmzone.h>

struct zonelist {
    struct zoneref _zonerefs[MAX_ZONES_PER_ZONELIST + 1];
};
```

zonelist 数据结构里有一个 zoneref 数据结构数组，每一个 zoneref 数据结构描述一个 zone。

```
struct zoneref {
    struct zone *zone;    /* 指向 zone */
    int zone_idx;         /* 使用 zone_idx()函数获取的编号 */
};
```

zoneref 数据结构只有两个成员，zone 成员指向实际的 zone，zone_idx 是一个编号，采用 zone_idx()函数获取的编号，通常 0 表示最低的 zone，如 ZONE_DMA32，1 表示 ZONE_NORMAL，以此类推。

zonelist 是所有可用 zone 的链表，其中排在第一个的 zone 是页面分配器"最喜欢的"，也是首选的，其他的 zone 是备选的。

在内存节点数据结构 pglist_data 中有两个 zonelist：其中一个是 ZONELIST_ FALLBACK，指向本地的 zone，即包含备选的 zone；另外一个是 ZONELIST_NOFALLBACK，用于 NUMA

系统，指向远端的内存节点的 zone。

```
typedef struct pglist_data {
    ...
      struct zonelist node_zonelists[MAX_ZONELISTS];
    ...
}
```

系统在初始化时调用 build_zonelists()函数建立 zonelist，这个函数实现在 mm/page_alloc.c
文件中。

```
<mm/page_alloc.c>

static void build_zonelists(pg_data_t *pgdat)
```

我们假设系统中只有一个内存节点，有两个 zone，分别是 ZONE_DMA32 和 ZONE_
NORMAL，那么 zonelist 中 zone 类型、_zoneref[ ]数组和 zone_idx 之间的关系如下。

```
ZONE_NORMAL:   _zonerefs[0]->zone_idx=1
ZONE_DMA32:    _zonerefs[1]->zone_idx=0
```

_zonerefs[0]表示 ZONE_NORMAL，其 zone_idx 值为 1；_zonerefs[1]表示 ZONE_DMA32，
其 zone_idx 为 0。也就是说，基于 zone 的设计思想，分配物理页面时会优先考虑 ZONE_
NORMAL，因为 ZONE_NORMAL 在 zonelist 中排在 ZONE_DMA32 前面。ZONE_NORMAL
是分配器首选的 zone，而 ZONE_DMA32 是备选的 zone。zone 类型、_zoneref[]数组和 zone_idx
之间的关系如图 4.2 所示。

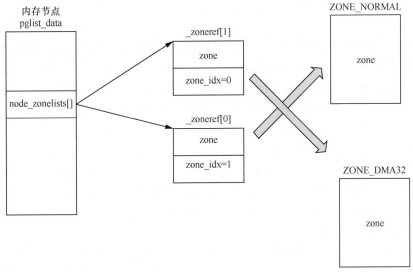

▲图 4.2 zone 类型、_zoneref[]数组和 zone_idx 之间的关系

内核中提供了很多与 zonelist 相关的宏，用于遍历 zonelist，如表 4.7 所示。

表 4.7 与 zonelist 相关的宏

宏名称	描　　述
zonelist_zone()	返回 zonelist 对应的 zone
zonelist_zone_idx()	返回 zonelist 对应的 zone_idx

续表

宏名称	描　　述
zonelist_node_idx()	返回 zonelist 对应的内存节点编号
first_zones_zonelist()	返回 zonelist 中第一个 zone 或者低于给定的 highest_zoneidx 的第一个 zone
for_each_zone_zonelist_nodemask()	遍历 zonelist 中所有的 zone 或者低于给定的 highest_zoneidx 的所有的 zone
for_next_zone_zonelist_nodemask()	从给定的 zone 开始遍历 zonelist 中所有的 zone

其中 first_zones_zonelist()和 for_each_zone_zonelist_nodemask()宏在页面分配器代码中有广泛应用。

我们以 GFP_KERNEL 为例，gfp_zone(GFP_KERNEL)函数返回 1，即 highest_zoneidx 为 1，而这个内存节点的第一个 zone 是 ZONE_NORMAL，其 zone_idx 的值为 1，因此 first_zones_zonelist()函数会返回 ZONE_NORMAL。

for_each_zone_zonelist_nodemask()会遍历 ZONE_NORMAL 和 ZONE_DMA32 这两个 zone。

我们接下来举一个 ARM32 上的例子。在 ARM Vexpress 平台中，zone 类型、_zoneref[ ]数组和 zone_idx 的关系如下。

```
ZONE_HIGHMEM   _zonerefs[0]->zone_idx=1
ZONE_NORMAL    _zonerefs[1]->zone_idx=0
```

即 ZONE_HIGHMEM 是分配器的首选 zone，而 ZONE_NORMAL 是备选 zone。当分配掩码为 GFP_HIGHUSER_MOVABLE 时，若 GFP_HIGHUSER_MOVABLE 包含了 __GFP_HIGHMEM，那么 first_zones_zonelist()函数会返回哪个 zone 呢？

若 GFP_HIGHUSER_MOVABLE 值为 0x6200CA，那么 gfp_zone(GFP_HIGHUSER_MOVABLE)函数等于 2，即 highest_zoneidx 为 2，而这个内存节点的第一个 ZONE_HIGHMEM 的 zone_idx 为 1。

在 first_zones_zonelist()函数中，由于第一个 zone 的 zone_idx 值小于 highest_zoneidx，因此会返回 ZONE_HIGHMEM。在 for_each_zone_zonelist_nodemask()函数中，next_zones_zonelist(++z, highidx, nodemask)依然会返回 ZONE_NORMAL。因此这里会遍历 ZONE_HIGHMEM 和 ZONE_NORMAL 这两个 zone，但是会先遍历 ZONE_HIGHMEM，后遍历 ZONE_NORMAL。

要正确理解 for_each_zone_zonelist_nodemask()这个宏的行为，需要理解如下两个方面。

❑　highest_zoneidx 的计算方式，即解析分配掩码的方式，这是 gfp_zone()函数的职责。

❑　每个内存节点有一个 pglist_data 数据结构，其成员 node_zonelists 是一个 zonelist 数据结构，zonelist 中包含了 zoneref_zonerefs[ ]数组来描述这些 zone。其中 ZONE_HIGHMEM 排在前面，并且_zonerefs[0]->zone_index=1；ZONE_NORMAL 排在后面，且_zonerefs[1]->zone_index=0。

上述这些设计让人感觉有些复杂，但这是正确理解以 zone 为基础的物理页面分配机制的基石。

4.1.4　get_page_from_freelist()函数

get_page_from_freelist()函数的主要作用是从伙伴系统的空闲页面链表中尝试分配物理页面。

```
<mm/page_alloc.c>

static struct page *
```

```
get_page_from_freelist(gfp_t gfp_mask, unsigned int order, int alloc_flags, const
struct alloc_context *ac)
```

关于 get_page_from_freelist()函数的分析如下。

在第 3410 行中，ALLOC_NOFRAGMENT 是新增的一个标志，表示需要避免内存碎片化。

在第 3411 行中，preferred_zoneref 表示 zonelist 中首选和推荐的 zone，这个值是在 finalise_ac()函数中通过 first_zones_zonelist()宏计算出来的。

在第 3412～3531 行中，从推荐的 zone 开始遍历所有的 zone，这里使用 for_next_zone_zonelist_nodemask()宏。

在第 3450～3464 行中，这是 NUMA 系统的一个特殊情况。当要分配内存的 zone 不在本地内存节点（即在远端节点）时，要考虑的不是内存碎片化，而是内存的本地性，因为访问本地内存节点要比访问远端内存节点要快很多。

在第 3466 行中，wmark_pages()宏用来计算 zone 中某个水位的页面大小。zone 的水位分成最低警戒水位（WMARK_MIN）、低水位（WMARK_LOW）和高水位（WMARK_HIGH）。从 Linux 5.0 内核开始，实现了一个临时增加水位（boost watermark）的功能[①]，用来应对外碎片化的情况。

外碎片化（external fragmentation）是指系统有足够的空闲内存，但是没办法分配出想要的内存块。这是因为有很多空闲内存分散在众多的页块中，导致没法分配出一个完整和连续的大内存块。那如何检查外碎片化呢？Linux 内核在分配物理页面时，若发现没有办法分配出想要的物理内存，特别是大内存块，那么它会去从其他迁移类型中挪用内存（__rmqueue_fallback()函数），于是我们就认为有发生外碎片化的倾向。

这个临时增加水位的优化方法是，当检查到有外碎片化倾向时，就临时提高低水位，这样可以提前触发 kswapd 内核线程回收内存，然后触发 kcompactd 内核线程做内存规整，这样有助于快速满足分配大内存块的需求。

```
#define wmark_pages(z, i) (z->_watermark[i] + z->watermark_boost)
```

在第 3467 行中，zone_watermark_fast()函数用于判断当前 zone 的空闲页面是否满足 WMARK_LOW。另外，还会根据 order 来判断是否有足够大的空闲内存块。若该函数返回 true，表示 zone 的页面高于指定的水位或者满足 order 分配需求。

在第 3469～3506 行中，处理当前的 zone 不满足内存分配需求的情况。这里需要分两种情况考虑，若 node_reclaim_mode 为 0，则表示可以从下一个 zone 或者内存节点中分配内存；否则，表示可以在这个 zone 中进行一些内存回收的动作。调用 node_reclaim()函数尝试回收一部分内存。在/proc/sys/kernel/vm 目录下有 zone_reclaim_mode 节点，称为 zone_reclaim_mode 模式，该节点的值会影响这里的 node_reclaim_mode 变量。通常情况下，zone_reclaim_mode 模式是关闭的，即默认关闭直接从本地 zone 中回收内存。

在第 3508 行中，标签 try_this_zone 表示马上要从这个 zone 中分配内存了。rmqueue()函数会从伙伴系统中分配内存。rmqueue()函数是伙伴系统的核心分配函数。

在第 3512 行中，当从伙伴系统分配页面成功之后需要设置页面的一些属性以及做必要的检查，如设置页面的_refcount 统计计数为 1，设置页面的 private 属性为 0 等。最后返回成功分配页面的 page 数据结构。

[①] Linux 5.0 patch, commit: 1c30844d, "mm: reclaim small amounts of memory when an external fragmentation event occurs".

在第 3537 行中，当遍历完所有的 zone 之后，还没有成功分配出所需要的内存，最有可能的情况是系统中产生了外碎片化。这时可以重新尝试一次。

get_page_from_freelist()函数的流程如图 4.3 所示。

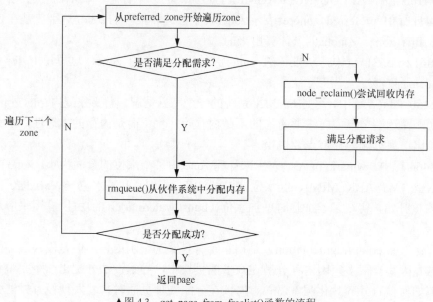

▲图 4.3　get_page_from_freelist()函数的流程

get_page_from_freelist()函数是伙伴系统中非常重要的函数，关于该函数，有几点需要注意。

❑ 遍历 zonelist 中的 zone 时，扫描 zone 的方向是从高端 zone 到低端 zone。

❑ 大部分情况不一定扫描 zonelist 中所有的 zone，而是从首选的 zone（preferred_zone）开始扫描。首选的 zone 是通过 gfp_mask 换算的，详见 gfp_zone()宏和 first_zones_zonelist()宏。

❑ alloc_context 是一个非常重要的参数，它确定了从哪个 zone 开始扫描和分配内存的迁移类型等信息，这些信息都必须在调用 get_page_from_freelist()函数时初始化。

❑ 在分配内存之前需要判断 zone 的水位情况以及是否满足分配连续大内存块的需求，这是 zone_watermark_ok()函数的职责。即使 zone_watermark_ok()函数判断成功，最终也可能会分配失败。究其原因，一方面是内存外碎片化严重，另一方面可能是无法借用其他迁移类型的内存，见__rmqueue_fallback()函数。

4.1.5　zone_watermark_fast()函数

zone_watermark_fast()函数用于测试当前 zone 的水位情况，以及检查是否满足多个页面（order 大于 0）的分配请求。zone_watermark_fast()函数实现在 mm/page_alloc.c 文件中。

```
<mm/page_alloc.c>

static inline bool zone_watermark_fast(struct zone *z, unsigned int order, unsigned lo
ng mark, int classzone_idx, unsigned int alloc_flags)
```

这个函数有 5 个参数。

❑ z：表示检测是否满足分配请求的 zone。

❑　order：分配 2^{order} 个物理页面。

❑　mark：表示要测试的水位标准。

❑　classzone_idx：表示首选 zone 的编号。

❑　alloc_flags：分配器内部使用的标志位属性。

计算水位需要用到 min_free_kbytes，它是在系统启动时通过系统空闲页面的数量来计算的，具体计算在 init_per_zone_wmark_min() 函数中。另外，系统启动之后也可以通过 sysfs 来设置，节点在/proc/sys/vm/min_free_kbytes。计算水位的公式不算复杂，最后结果保存在每个 zone 的 watermark[ ]数组中，后续伙伴系统和 kswapd 内核线程会用到。

zone_watermark_fast() 函数中的主要操作如下。

在第 3310 行中，zone 里有一个关于物理页面统计数据的数组 vm_stat[ ]，这个数组里存放了该 zone 中各种页面的统计数据，包括空闲页面数量 NR_FREE_PAGES、不活跃的匿名页面数量 NR_ZONE_INACTIVE_ANON 等。zone_page_state() 函数用于获取 zone 中空闲页面的数量。

在第 3326 行中，针对分配一个页面（order=0）的情况做快速处理。这里特别需要注意的地方就是 lowmem_reserve。它是每个 zone 预留的内存，为了防止高端 zone 在没内存的情况下过度使用低端 zone 的内存资源。

在第 3329 行中，调用__zone_watermark_ok() 进一步检查。

在第 3267 行中，继续做空闲页面的检查。

在第 3275～3296 行中，检查是否满足分配 2^{order} 个页面的需求。这里会判断 MIGRATE_UNMOVABLE 迁移类型到 MIGRATE_RECLAIMABLE 迁移类型是否满足分配需求。只要上述几个迁移类型中的空闲页面链表中有满足 order 需求的内存块，我们就初步认为满足分配需求了，后续可以从迁移类型中挪用内存。

4.1.6　rmqueue()函数

rmqueue() 函数会从伙伴系统中获取内存。若需要的内存块不能满足，那么可以从大内存块中"切"内存，就像切蛋糕一样。如应用程序想分配 order 为 5 的内存块，但是 order 为 5 的空闲链表中没有空闲内存，而 order 为 6 的空闲链表中有，那么 rmqueue() 函数会把 order 为 6 的内存块从空闲链表中取出来，然后把其中一块分配出去，把剩余的一块添加到 order 为 5 的空闲链表中。

```
<mm/page_alloc.c>

static inline
struct page *rmqueue(struct zone *preferred_zone,
            struct zone *zone, unsigned int order,
            gfp_t gfp_flags, unsigned int alloc_flags,
            int migratetype)
```

rmqueue() 函数一共有 6 个参数。

❑　preferred_zone：首选的 zone。

❑　zone：当前遍历的 zone。

❑　order：分配 2^{order} 个连续物理页面。

❑　gfp_flags：调用者传递过来的分配掩码。

❑　alloc_flags：页面分配器内部使用的标志位。

❑　migratetype：分配内存的迁移类型。

rmqueue()函数有返回值，当分配成功时，它返回内存块第一个页面的 page 数据结构。

rmqueue()函数主要实现如下操作。

在第 3083 行中，处理分配单个物理页面的情况（order=0）。调用 rmqueue_pcplist()函数，从 Per-CPU 变量 per_cpu_pages（PCP 机制）中分配物理页面。per_cpu_pages 是一个 Per-CPU 变量，即每个 CPU 都有一个本地的 per_cpu_pages 变量。这个 per_cpu_pages 数据结构里有一个单页面的链表，里面暂时存放了一小部分单个的物理页面。当系统需要单个物理页面时，就从本地 CPU 的 Per-CPU 变量的链表中直接获取物理页面即可，这不仅效率非常高，而且能减少对 zone 中相关锁的操作。每一个 zone 里面有一个这样的 Per-CPU 变量。

```
struct zone {
    ...
    struct per_cpu_pageset __percpu *pageset;
    ...
}
```

per_cpu_pageset 数据结构的定义如下。

```
struct per_cpu_pageset {
    struct per_cpu_pages pcp;
}

struct per_cpu_pages {
    int count;        /* 链表中页面的数量 */
    int high;         /* 高水位*/
    int batch;        /* 每一次回收到伙伴系统的页面数量 */

    /* 页面链表，分成多个迁移类型 */
    struct list_head lists[MIGRATE_PCPTYPES];
};
```

其中，count 表示链表中页面的数量；high 表示当缓存的页面高于该水位时会回收页面到伙伴系统；batch 表示一次回收到伙伴系统的页面数量。

在第 3094 行中，处理 order 大于 0 的情况。首先需要申请一个 zone->lock 的自旋锁来保护 zone 中的伙伴系统，这也是 PCP 机制可以加速物理页面分配的原因，在 PCP 机制中不需要申请这个锁。

在第 3096～3105 行中，do-while 循环调用__rmqueue()函数分配内存。在__rmqueue()函数中首先调用__rmqueue_smallest()函数去"切蛋糕"。若__rmqueue_smallest()函数分配内存失败，则调用__rmqueue_fallback()函数，该函数会到伙伴系统的备份空闲链表中挪用内存。所谓的备份空闲链表，指的是不同迁移类型的空闲链表。如 order 为 5 的空闲链表中，根据迁移类型会划分为 MIGRATE_UNMOVABLE、MIGRATE_MOVABLE 和 MIGRATE_RECLAIMABLE。当分配 order 为 5 的 MIGRATE_MOVABLE 的页面失败时，首先从 MAX_ORDER – 1 的空闲链表开始查找，并搜索 MIGRATE_RECLAIMABLE 和 MIGRATE_UNMOVABLE 这两个迁移类型的空闲链表中是否有内存可以借用。

在第 3105 行中，check_new_pages()函数判断分配出来的页面是否合格。首先，__rmqueue()函数返回内存块第一个物理页面的 page 数据结构，而 check_new_pages()函数需要检查整个内存块所有的物理页面。刚分配页面的 page 的 _mapcount 应该为 0。这时 page->mapping 为 NULL。

然后，判断 page 的_refcount 是否为 0。注意，alloc_pages()分配的 page 的_refcount 应该为 1，但是这里为 0，因为这个函数之后还调用 set_page_refcounted()->set_page_count()，把_refcount 设置为 1。检查 PAGE_FLAGS_CHECK_AT_PREP 标志位，这个标志位在释放页面时已经被清零了，而这时该标志位被设置，说明分配过程中有问题。若 check_new_pages()函数返回 true，说明页面有问题；否则，说明页面检查通过。

在第 3109 行中，页面分配完成后需要更新 zone 的 NR_FREE_PAGES。

在第 3118 行中，判断 zone->flags 是否设置了 ZONE_BOOSTED_WATERMARK 标志位。若该标志位置位，则将其清零，并且唤醒 kswapd 内核线程回收内存。当页面分配器触发向备份空闲链表借用内存时，说明系统有外碎片化倾向，因此设置 ZONE_BOOSTED_WATERMARK 标志位，这是 Linux 5.0 内核中新增的外碎片化优化补丁。

在第 3123 行中，VM_BUG_ON_PAGE()宏需要打开 CONFIG_DEBUG_VM 配置才会生效。

在第 3124 行中，返回分配好的内存块中第一个页面的 page 数据结构。

__rmqueue_smallest()函数实现在 mm/page_alloc.c 文件中。

```
<mm/page_alloc.c>

static __always_inline
struct page *__rmqueue_smallest(struct zone *zone, unsigned int order,
                       int migratetype)
```

在__rmqueue_smallest()函数中，首先从 order 开始查找 zone 中的空闲链表。如果 zone 的当前 order 对应的空闲链表中相应迁移类型的链表里没有空闲对象，就会查找上一级 order 对应的空闲链表。

为什么会这样？因为在系统启动时，会尽可能把空闲页面分配到 MAX_ORDER-1 的链表中，在系统刚启动之后，可以通过 cat /proc/pagetypeinfo 命令看出端倪。当找到某一个 order 的空闲链表中对应的 migratetype 类型的链表中有空闲内存块时，就会从中把一个内存块取出来，然后调用 expand()函数来分配。因为通常取出的内存块要比需要的内存大，所以分配之后需要把剩下的内存块重新放回伙伴系统中。

expand()函数用于实现分配的功能。这里参数 high 就是 current_order，通常 current_order 要比需求的 order 要大。每比较一次，相当于 order 降低了一个级别，最后通过 list_add()函数把剩下的内存块添加到低一级的空闲链表中。

4.1.7 释放页面

释放页面的核心函数是 free_page()，但最终还会调用__free_pages()函数。

```
<mm/page_alloc.c>

void __free_pages(struct page *page, unsigned int order)
{
    if (put_page_testzero(page))
        free_the_page(page, order);
}
```

__free_pages()函数在释放页面时会分两种情况：对于 order 等于 0 的情况，特殊处理；对于 order 大于 0 的情况，正常处理。

```
<mm/page_alloc.c>

static inline void free_the_page(struct page *page, unsigned int order)
{
    if (order == 0)
        free_unref_page(page); //释放单个页面
    else
        __free_pages_ok(page, order); //释放多个页面
}
```

首先来看 order 等于 0 的情况——free_unref_page()函数释放单个页面的情况。

在第 2878 行中，page_to_pfn()宏将 page 数据结构转换成页帧号。

在第 2880 行中，free_unref_page_prepare()函数对物理页面做一些释放前的检查。

在第 2883 行中，释放物理页面的过程中，我们不希望有中断打扰，因为中断过程中可能会触发另外一个页面分配，从而扰乱了本地 CPU 的 PCP 链表结构，所以关闭本地中断。

在第 2884 行中，调用 free_unref_page_commit()函数来释放单个页面到 PCP 链表中。

接下来看多个页面的释放情况。__free_pages_ok()函数最后会调用__free_one_page()函数，因此释放内存页面到伙伴系统中，这最终还是通过__free_one_page()来实现的。该函数不仅可以释放内存页面到伙伴系统，还可以处理空闲页面的合并工作。

释放内存页面的核心功能是把空闲页面添加到伙伴系统中适当的空闲链表中。在释放内存块时，会检查相邻的内存块是否空闲，如果空闲，就将其合并成一个大的内存块，放置到高一级的空闲链表中。如果还能继续合并邻近的内存块，就会继续合并，转移到更高级的空闲链表中，这个过程会一直重复下去，直至所有可能合并的内存块都已经合并。

__free_one_page()函数实现在 mm/page_alloc.c 文件中。

```
<mm/page_alloc.c>

static inline void __free_one_page(struct page *page,
        unsigned long pfn,
        struct zone *zone, unsigned int order,
        int migratetype)
```

这段代码是合并相邻伙伴块的核心代码。我们以一个实际例子来说明这段代码的逻辑，假设现在要释放一个内存块 A，大小为两个页面，内存块中页面的开始页帧号是 0x10，order 为 1，空闲伙伴块的布局如图 4.4 所示。

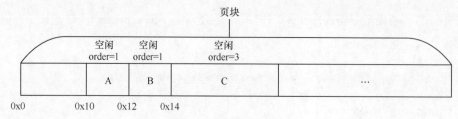

▲图 4.4 空闲伙伴块的布局

在第 826 行中，计算 max_order。

这个页面的页帧号是 0x10。也就是说，这个内存块位于页块中 0x10 的位置。

在第 840 行中，在第一次 while 循环中，__find_buddy_pfn()函数计算 buddy_pfn。

```
static inline unsigned long
__find_buddy_pfn(unsigned long page_pfn, unsigned int order)
{
    return page_pfn ^ (1 << order);
}
```

page_pfn 为 0x10，order 为 1，最后的计算结果 buddy_pfn 为 0x12。

在第 841 行中， buddy 就是内存块 A 的临近内存块 B 了，内存块 B 在页块中的起始地址为 0x12。

在第 845 行中，通过 page_is_buddy()函数来检查内存块 B 是不是空闲的内存块。

```
static inline int page_is_buddy(struct page *page, struct page *buddy,
                                unsigned int order)
{
    if (PageBuddy(buddy) && page_order(buddy) == order) {
        if (page_zone_id(page) != page_zone_id(buddy))
            return 0;
        return 1;
    }
    return 0;
}
```

为了判断内存块 B 与内存块 A 是否为伙伴关系，需要判断 3 个条件。

❑　内存块 B 要在伙伴系统中。

❑　内存块 B 的 order 和内存块 A 的 order 相同。

❑　内存块 B 要和内存块 A 在同一个 zone 里。

只有满足上述 3 个条件，我们才认为内存块 A 和内存块 B 是伙伴块。若 page_is_buddy() 函数返回 1，表示相邻的内存块是伙伴块；若返回 0，表示没找到伙伴块。

当没有找到伙伴块时，我们可以跳转到第 888 行的 done_merging 标签处进行合并。当我们找到了一个志同道合的空闲伙伴块时，把它从空闲链表中取出来，以便和内存块 A 合并到高一级的空闲链表中。

在第 854 行中，把内存块 B 取出来。

在第 858 行中，继续寻找符合要求的内存块。这时 combined_idx 指向内存块 A 的起始地址。order++表示继续寻找有没有可能合并的相邻的内存块，这次要查找的内存的 order 等于 2，也就是 4 个页面大小的内存块。不断查找附近有没有 order 为 2 的伙伴块。如果在 0x14 位置的内存块 C 不满足合并条件，如内存块 C 不是空闲页面，或者内存块 C 的 order 不等于 2，如图 4.4 所示，内存块 C 的 order 等于 3，这显然不符合条件。因为没找到 order 为 2 的内存块，所以只能合并内存块 A 和 B，然后把合并的内存块添加到空闲链表中。

在第 888 行中，执行合并功能。

```
list_add(&page->lru, &zone->free_area[order].free_list[migratetype]);
```

在第 891～911 行中，处理一个特殊情况，刚才找到的能合并的最大伙伴块可能不是最大的内存块，能合并的最大的内存块的 order 应该为 MAX_ORDER-1。

4.1.8 小结

页面分配器是 Linux 内核内存管理中最基本的分配器，基于伙伴系统算法和基于 zone 的设计理念，理解页面分配器需要关注如下几个方面。

❑ 理解伙伴系统的基本原理。

❑ 从分配掩码中知道可以从哪些 zone 中分配内存，分配内存的属性属于哪些 MIGRATE_TYPES 类型。

❑ 页面分配时应从哪个方向来扫描 zone。

❑ zone 水位的判断。

本节介绍了理想情况下页面分配器如何分配物理页面，但是在 Linux 内核处于内存短缺的情况下又该如何分配内存呢？这涉及内存管理中最难的几个主题，如页面回收、直接内存回收、内存规整和 OOM Killer 机制等。

4.2 slab 分配器

伙伴系统在分配内存时是以物理页面为单位的，在实际中有很多内存需求是以字节为单位的，那么如果我们需要分配以字节为单位的小内存块，该如何分配呢？slab 分配器就是用来解决小内存块分配问题的，也是内存分配中非常重要的角色之一。

slab 分配器最终还使用伙伴系统来分配实际的物理页面，只不过 slab 分配器在这些连续的物理页面上实现了自己的机制，以此来对小内存块进行管理。

4.2.1 slab 分配器产生的背景

内核常常需要分配几十字节的小内存块，若为其分配一个物理页面，则非常浪费内存。早期 Linux 内核实现了以 2^n 字节为大小的内存块分配机制，这个机制非常类似于伙伴系统。这个简单的机制虽然减少了内存浪费，但是并不高效。

一个更好的机制是 Sun 公司发明的 slab 机制，最早实现在 Solaris 2.4 操作系统中。slab 机制有如下新特性。

❑ 把分配的内存块当作对象（object）来看待。对象可以自定义构造函数（constructor）和析构函数（destructor）来初始化对象的内容并释放对象的内容。

❑ slab 对象被释放之后不会马上丢弃而是继续保留在内存中，可能稍后会被用到，这样不需要重新向伙伴系统申请内存。

❑ slab 机制可以根据特定大小的内存块来创建 slab 描述符，如内存中常见的数据结构、打开文件对象等，这样可以有效地避免内存碎片的产生，也可以快速获得频繁访问的数据结构。另外，slab 机制也支持按 2^n 字节大小分配内存块。

❑ slab 机制创建了多层的缓冲池，充分利用了空间换时间的思想，未雨绸缪，有效地解决了效率问题。

 ■ 每个 CPU 有本地对象缓冲池，避免了多核之间的锁争用问题。

 ■ 每个内存节点有共享对象缓冲池。

slab 机制如图 4.5 所示，其中每个 slab 描述符都会建立共享对象缓冲池和本地对象缓冲池。

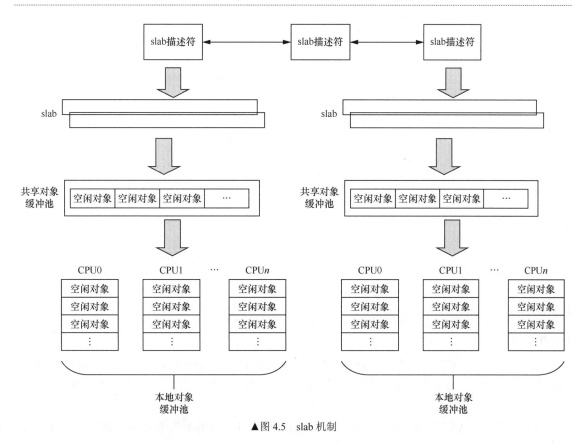

▲图 4.5 slab 机制

slab 分配器提供如下接口函数来创建、释放 slab 描述符和分配缓存对象。

```
#创建 slab 描述符
struct kmem_cache *
kmem_cache_create(const char *name, size_t size, size_t align,
    unsigned long flags, void (*ctor)(void *))

#释放 slab 描述符
void kmem_cache_destroy(struct kmem_cache *s)

#分配缓存对象
void *kmem_cache_alloc(struct kmem_cache *, gfp_t flags);

#释放缓存对象
void kmem_cache_free(struct kmem_cache *, void *);
```

kmem_cache_create()函数中有如下参数。

❑ name：slab 描述符的名称。

❑ size：缓存对象的大小。

❑ align：缓存对象需要对齐的字节数。

❑ flags：分配掩码。

❑ ctor：对象的构造函数。

在 Intel 显卡驱动中就大量使用 kmem_cache_create()来创建自己的 slab 描述符。

```
<drivers/gpu/drm/i915/i915_gem.c>

#创建名为"i915_gem_object"的 slab 描述符
void
i915_gem_load(struct drm_device *dev)
{
...
    dev_priv->slab =
        kmem_cache_create("i915_gem_object",
            sizeof(struct drm_i915_gem_object), 0,
            SLAB_HWCACHE_ALIGN,
            NULL);
...
}

void *i915_gem_object_alloc(struct drm_device *dev)
{
    #分配缓存对象
    return kmem_cache_zalloc(dev_priv->slab, GFP_KERNEL);
}
```

另外一个大量使用 slab 机制的接口函数是 kmalloc()。kmem_cache_create()函数用于创建自己的缓存描述符，kmalloc()函数用于创建通用的缓存，类似于用户空间中 C 标准库 malloc() 函数。

下面来看一个例子，在 QEMU 虚拟机中创建名为"ben_object"的 slab 描述符，大小为 20 字节，对齐要求为 8 字节，flags 为 0，假设 L1 高速缓存行大小为 16 字节，我们可以编写一个简单的内核模块来满足上述需求。

```
<关于 slab 的例子，省略了异常处理情况>

static struct kmem_cache *fcache;
static void *buf;

//创建名为"ben_object"的 slab 描述符，大小为 20 字节，以 8 字节对齐
static int __init fcache_init(void)
{
    fcache = kmem_cache_create("ben_object", 20, 8, 0, NULL);

    buf = kmem_cache_zalloc(fcache, GFP_KERNEL);
    return 0;
}

static void __exit fcache_exit(void)
{
    kmem_cache_free(fcache, buf);
    kmem_cache_destroy(fcache);
}
module_init(fcache_init);
module_exit(fcache_exit);
```

本节结合上述例子来介绍 Linux 内核中 slab 分配器的源代码，这样更易于理解。

为了更好地理解代码，可以通过 QEMU 调试内核的方法来跟踪和调试 slab 代码，详见 6.1

节，在 GDB 中设置条件断点来调试，如设置条件断点满足"b kmem_cache_create if (size == 20 && align == 8)"。注意，__kmem_cache_alias()函数可能会找到一个合适的、现有的 slab 描述符进行复用，可以在 QEMU 传递给内核的参数中添加"slab_nomerge"。

4.2.2 创建 slab 描述符

1. 主要数据结构分析

kmem_cache 数据结构是 slab 分配器中的核心数据结构，我们把它称为 slab 描述符。kmem_cache 数据结构的主要成员如表 4.8 所示。

表 4.8　　　　　　　　　　kmem_cache 数据结构的主要成员

成　员	类　型	描　述
cpu_cache	struct array_cache __percpu *	array_cache 数据结构，每个 CPU 都有一个，表示本地对象缓冲池
batchcount	unsigned int	迁移对象的数目。当前 CPU 的本地对象缓冲池 array_cache 为空的情况下，从共享对象缓冲池或者 slabs_partial/slabs_free 列表的 slab 中迁移空闲对象到本地对象缓冲池的数量
limit	unsigned int	表示 slab 描述符中空闲对象的最大阈值。当本地对象缓冲池的空闲对象数目大于 limit 时，就会主动释放 batchcount 个对象，便于内核回收和销毁 slab 分配器
shared	unsigned int	共享对象缓冲池
size	unsigned int	对象的长度，这个长度已经加上对齐字节
flags	slab_flags_t	对象的分配掩码
num	unsigned int	一个 slab 分配器中最多可以有多少个对象
gfporder	unsigned int	一个 slab 分配器中占用 $2^{gfporder}$ 个页面
allocflags	gfp_t	分配掩码
colour	size_t	一个 slab 分配器中有多少个不同的高速缓存行，用于着色
colour_off	unsigned int	一个着色区的长度，和 L1 高速缓存行大小相同
freelist_cache	struct kmem_cache *	用于 OFF_SLAB 模式的 slab 分配器,使用额外的内存来保存 slab 管理区域
freelist_size	unsigned int	每个对象在 freelist 管理区中占用 1 字节，这里指 freelist 管理区的大小
ctor	void (*ctor)(void *obj)	构造函数
name	const char *	slab 描述符的名称
list	struct list_head	链表节点，用于把 slab 描述符添加到全局链表 slab_caches 中
refcount	int	用于表示这个 slab 描述符的引用计数。当创建其他 slab 描述符并需要引用该描述符时会增加引用计数
object_size	int	对象的实际大小
align	int	对齐的长度
useroffset	unsigned int	Usercopy 区域的偏移量
usersize	unsigned int	Usercopy 区域的大小
node[MAX_NUM NODES]	struct kmem_cache_node *	slab 节点，在 NUMA 系统中每个节点有一个 kmem_cache_node 数据结构

对象缓冲池采用 array_cache 数据结构来描述，它可以描述本地对象缓冲池，也可以描述共享对象缓冲池，它定义在 mm/slab.c 文件中，其主要成员如表 4.9 所示。

表 4.9 　　　　　　　　　　　array_cache 数据结构的主要成员

成　员	类　型	描　述
avail	unsigned int	对象缓冲池中可用的对象数目
limit	unsigned int	对象缓冲池可用对象数目的最大阈值
batchcount	unsigned int	迁移对象的数目，如从共享对象缓冲池或者其他 slab 中迁移空闲对象到该对象缓冲池的数量
touched	unsigned int	表示这个对象缓冲池最近使用过
entry[]	void *	指向存储对象的变长数组，每个成员存放一个对象的指针。这个数组最初最多有 limit 个成员

对象缓冲池的数据结构中采用了 GCC 编译器的零长数组，entry[ ]数组用于存放多个对象，如图 4.6 所示。

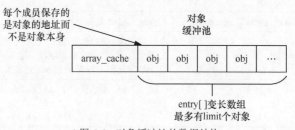

▲图 4.6　对象缓冲池的数据结构

2. kmem_cache_create()函数

kmem_cache_create()函数实现在 mm/slab_common.c 文件中，该函数在内部直接调用了 kmem_cache_create_usercopy()函数。

```
<mm/slab_common.c>

struct kmem_cache *
kmem_cache_create_usercopy(const char *name,
        unsigned int size, unsigned int align,
        slab_flags_t flags,
        unsigned int useroffset, unsigned int usersize,
        void (*ctor)(void *))
```

kmem_cache_create_usercopy()函数一共有 7 个参数。

❑ name：要创建的 slab 对象的名称，它会显示在/proc/slabinfo 中。

❑ size：slab 对象的大小。

❑ align：slab 对象的对齐要求。

❑ flags：slab 分配器的分配掩码和标志位。

❑ useroffset：Usercopy 区域的偏移量。

❑ usersize：Usercopy 区域的大小。

❑ ctor：对象的构造函数。

kmem_cache_create_usercopy()函数中的主要操作如下。

在第 452 行中，创建 slab 对象描述符时需要申请一个名为 slab_mutex 的互斥量进行保护。

在第 454 行中，kmem_cache_sanity_check()做必要的检查。

在第 471 行中，CACHE_CREATE_MASK 是用于约束创建 slab 描述符的标志位，它定义在 mm/slab.h 文件中。

```
#define CACHE_CREATE_MASK (SLAB_CORE_FLAGS | SLAB_DEBUG_FLAGS | SLAB_CACHE_FLAGS)
```

在第 479 行中，__kmem_cache_alias()函数查找是否有现成的 slab 描述符可以复用，若能找到，则直接跳转到 out_unlock 标签处。

在第 483 行中，重新分配一个缓冲区来存放 slab 描述符的名称。

在第 489 行中，调用 create_cache()函数创建 slab 描述符。create_cache()函数主要做如下事情。

❑　使用 kmem_cache_zalloc()函数分配一个 kmem_cache 数据结构。

❑　填充 kmem_cache 数据结构，如名字 name、slab 对象大小、对齐要求等信息。

❑　调用__kmem_cache_create()函数创建 slab 缓存描述符。

❑　把新创建的 slab 描述符添加到全局的链表 slab_caches 中。

kmem_cache_create()函数的流程如图 4.7 所示。

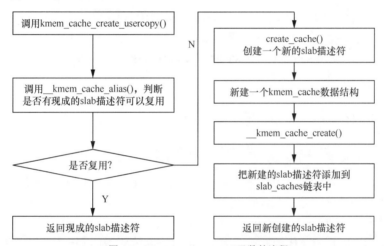

▲图 4.7　kmem_cache_create()函数的流程

3.　__kmem_cache_create()函数

Linux 内核中提供了实现 3 种 slab 分配器的机制，分别是 slab 机制、slub 机制以及 slob 机制。slob 机制适合微小嵌入式系统，slub 分配器在大型系统中能提供比 slab 分配器更好的性能。__kmem_cache_create()函数在不同的 slab 分配器中有不同的实现，下面分析 slab 机制中的实现。

```
<mm/slab.c>
```

```
int __kmem_cache_create(struct kmem_cache *cachep, slab_flags_t flags)
```

__kmem_cache_create()函数在 slab 分配器中的实现在 mm/slab.c 文件中，其主要操作如下。

在第 2007 行中，让 slab 描述符的大小（size）和系统的 word 长度对齐（BYTES_PER_WORD）。当创建的 slab 描述符的 size 小于 word 长度时，slab 分配器会最终按 word 长度来创建。

在第 2009 行中，SLAB_RED_ZONE 检查是否溢出，实现调试功能。

在第 2016 行中，在调用__kmem_cache_create()函数之前要满足 slab 对象对齐的要求。这是在 calculate_alignment()函数中实现的。SLAB_HWCACHE_ALIGN 表示和 L1 高速缓存的大小对齐。

在第 2027 行中，colour_off 表示一个着色区的长度，它和 L1 高速缓存行大小相同。

在第 2032 行中，枚举类型 slab_state 用来表示 slab 系统中的状态，如 DOWN、PARTIAL、PARTIAL_NODE、UP 和 FULL 等。当 slab 机制完全初始化完成后状态变成 FULL。slab_is_available()表示当 slab 分配器处于 UP 或者 FULL 状态时，分配掩码可以使用 GFP_KERNEL；否则，只能使用 GFP_NOWAIT。

在第 2062 行中，slab 对象的大小按照 cachep->align 大小来对齐。

在第 2093～2104 行中，尝试解决以下问题。

❑　一个 slab 分配器中需要多少个连续的物理页面？

❑　一个 slab 分配器中能包含多少个 slab 对象？

❑　管理 slab 对象的大小是多少？

❑　一个 slab 分配器中包含多少个着色区？

这些数值会影响一个 slab 分配器的内存布局（Layout）。我们稍后会详细介绍一个 slab 分配器的内存布局。

在第 2109 行中，freelist_size 表示一个 slab 分配器中管理区——freelist 大小。

在第 2116 行中，size 表示一个 slab 对象的大小。

在第 2136 行中，调用 setup_cpu_cache()函数来继续配置 slab 描述符。

4.2.3　slab 分配器的内存布局

slab 分配器的内存布局通常由如下 3 部分组成。

❑　着色区。

❑　*n* 个 slab 对象。

❑　管理区。管理区可以看作一个 freelist 数组，数组的每个成员占用 1 字节，每个成员代表一个 slab 对象。

Linux 5.0 内核支持如下 3 种 slab 分配器布局模式。

❑　OBJFREELIST_SLAB 模式。这是 Linux 4.6 内核新增的一个优化，其目的是高效利用 slab 分配器中的内存。使用 slab 分配器中最后一个 slab 对象的空间作为管理区。

❑　OFF_SLAB 模式。slab 分配器的管理数据不在 slab 分配器中，额外分配的内存用于管理。

❑　正常模式。传统的布局模式。

```
<mm/slab.c>

int __kmem_cache_create(struct kmem_cache *cachep, slab_flags_t flags)
{
    ...
    if (set_objfreelist_slab_cache(cachep, size, flags)) {
        flags |= CFLGS_OBJFREELIST_SLAB;
        goto done;
    }

    if (set_off_slab_cache(cachep, size, flags)) {
        flags |= CFLGS_OFF_SLAB;
        goto done;
    }

    if (set_on_slab_cache(cachep, size, flags))
```

```
        goto done;

done:
    ...
}
```

__kmem_cache_create()函数实现的主要操作如下。

❑ 若数组 freelist 小于一个 slab 对象的大小并且没有指定构造函数，那么 slab 分配器就可以采用 OBJFREELIST_SLAB 模式（见图 4.8），详见 set_objfreelist_slab_cache()函数。OBJFREELIST_SLAB 模式下会设置 CFLGS_OBJFREELIST_SLAB 标志位。

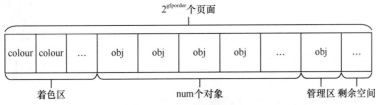

▲图 4.8　OBJFREELIST_SLAB 模式下的 slab 分配器布局

❑ 若一个 slab 分配器的剩余空间（leftover）小于 freelist 数组大小，那么使用 OFF_SLAB 模式，如图 4.9 所示，见 set_off_slab_cache()函数。OFF_SLAB 模式下会设置 CFLGS_OFF_SLAB 标志位。

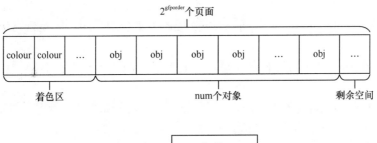

▲图 4.9　OFF_SLAB 模式下的 slab 分配器布局

❑ 若一个 slab 分配器的剩余空间大于 slab 管理数组大小，那么使用正常模式，如图 4.10 所示。

计算 slab 分配器核心参数的函数是 calculate_slab_order()，它会解决以下问题。

❑ 一个 slab 分配器中需要多少个连续的物理页面？
❑ 一个 slab 分配器中能包含多少个 slab 对象？
❑ 一个 slab 分配器中包含多少个着色区？

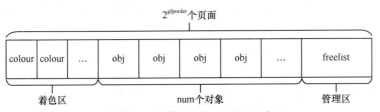

▲图 4.10　正常模式下的 slab 分配器布局

上述 3 种 slab 分配器布局方式下，set_objfreelist_slab_cache()函数、set_off_slab_cache()函数以及 set_on_slab_cache()函数等最终都会调用 calculate_slab_order()函数（它实现在 mm/slab.c 文件中）。

```
<mm/slab.c>

static size_t calculate_slab_order(struct kmem_cache *cachep,
                size_t size, slab_flags_t flags)
```

calculate_slab_order()函数中的主要操作如下。

在第 1737 行中，在 for 循环里，首先会从 0 开始计算最合适的 gfporder 值，最多支持的页面数是 $2^{KMALLOC\_MAX\_ORDER}$，slab 分配器中 KMALLOC_MAX_ORDER 为 MAX_ORDER-1。

在第 1741 行中，调用 cache_estimate()来计算在 $2^{gfporder}$ 个页面大小的情况下，可以容纳多少个对象，然后剩下的空间用于着色。

cache_estimate()函数的计算公式并不复杂。

对于 OFF_SLAB 模式或者 OBJFREELIST_SLAB 模式，

obj_num = buffer_size /(obj_size)

对于正常模式，

obj_num = buffer_size /(obj_size + sizeof(freelist_idx_t))

在第 1746 行中，一个 slab 分配器中的对象数目不能超过 SLAB_OBJ_MAX_NUM。

在第 1787 行中，对于 slab 分配器来说，尽可能选择 gfporder 最小的方案。

在第 1793 行中，left_over 表示一个 slab 分配器中剩余的空间，要检查剩余空间是否太大，否则会浪费空间。

最后返回一个 slab 分配器的剩余空间。综上所述，slab 分配器尽可能选择 gfporder 最小的方案。

在 set_on_slab_cache()函数中，确定一个 slab 分配器的布局之后，通过下面公式计算一个 slab 分配器最多可以包含多少个着色区。

cachep->colour = left / cachep->colour_off

4.2.4　配置 slab 描述符

确定 slab 分配器的内存布局后，调用 setup_cpu_cache()函数来继续配置 slab 描述符。假设 slab_state 为 FULL，那么内部直接调用 enable_cpucache()函数。

```
<mm/slab.c>

static int enable_cpucache(struct kmem_cache *cachep, gfp_t gfp)
```

enable_cpucache()函数是内部调用的一个函数，其主要操作如下。

在第 3952～3961 行中，根据对象的大小来计算空闲对象的最大阈值 limit。

在第 3972～3974 行中，在 SMP 系统中且 slab 对象大小不大于一个页面的情况下，shared 变量设置为 8。

在第 3984 行中，计算 batchcount 值，它通常是最大阈值 limit 的一半，batchcount 一般用于表示本地对象缓池和共享对象缓冲池之间填充对象的数量。

在第 3986 行中，调用 do_tune_cpucache()函数继续配置。

do_tune_cpucache()函数内部调用__do_tune_cpucache()函数，它也实现在 mm/slab.c 文件中。

```
<mm/slab.c>

static int __do_tune_cpucache(struct kmem_cache *cachep, int limit,
                int batchcount, int shared, gfp_t gfp)
```

其主要操作如下。

在第 3859 行中，通过 alloc_kmem_cache_cpus()函数来分配 Per-CPU 类型的 array_cache 数据结构，我们称之为对象缓冲池。对象缓冲池中包含了一个 Per-CPU 类型的 array_cache 指针，即每个 CPU 有一个 array_cache 指针。当前 CPU 的 array_cache 称为**本地对象缓冲池**，另外一个概念为共享对象缓冲池。alloc_kmem_cache_cpus()函数会分配 limit 个条目（entry），每个条目是一个 void 类型的指针，用于指向 slab 对象。

在第 3873 行中，设置 slab 描述符的 batchcount、limit 以及 shared 等值。

在第 3877～3893，当 slab 描述符之前有本地对象缓冲池时，遍历在线 CPU，调用 free_block()清空本地对象缓冲池。正常的初始化流程中，不需要清空本地对象缓冲池。

在第 3896 行中，调用 setup_kmem_cache_nodes()函数，继续配置 slab 描述符。setup_kmem_cache_nodes()函数会遍历系统中所有的内存节点，然后调用 setup_kmem_cache_node()函数，以初始化和内存节点相关的 slab 信息。

```
<mm/slab.c>

static int setup_kmem_cache_node(struct kmem_cache *cachep,
                int node, gfp_t gfp, bool force_change)
```

setup_kmem_cache_node()函数中的主要操作如下。

在第 917 行中，如果 cachep->shared 大于 0（在多核系统中 cachep->shared 会大于 0，它在 enable_cpucache()函数中已经初始化了，本场景中 cachep->shared 为 8），通过 alloc_arraycache()来分配一个共享对象缓冲池 new_shared，在多核 CPU 之间共享空闲缓存对象。

在第 924 行中，通过 init_cache_node()函数新分配一个 kmem_cache_node 节点，我们把 kmem_cache_node 节点简称为 slab 节点。

kmem_cache_node 数据结构包括 3 个 slab 链表，分别表示部分空闲链表、完全用尽链表、空闲链表。free_objects 表示上述 3 个链表中空闲对象的总和，free_limit 表示所有 slab 分配器上容许空闲对象的最大数目。slab 节点还包含在一个 NUMA 节点中 CPU 之间共享的共享对象缓冲池 new_shared。

slab 节点用 kmem_cache_node 数据结构（见表 4.10）定义。

表 4.10 kmem_cache_node 数据结构

成 员	类 型	描 述
list_lock	spinlock_t	用于保护 slab 节点中的 slab 链表
slabs_partial	struct list_head	slab 链表，表示 slab 节点中有部分空闲对象
slabs_full	struct list_head	slab 链表，表示 slab 节点中没有空闲对象
slabs_free	struct list_head	slab 链表，表示 slab 节点中全都是空闲对象
total_slabs	unsigned long	表示 slab 节点中有多少个 slab 对象
free_slabs	unsigned long	表示 slab 节点中有多少个全是空闲对象的 slab 对象
free_objects	unsigned long	空闲对象的数目
free_limit	unsigned int	表示 slab 节点中所有空闲对象的最大阈值，即 slab 节点中可容许的空闲对象数目最大阈值

续表

成　　员	类　　型	描　　述
colour_next	unsigned int	记录当前着色区的编号。所有 slab 节点都按照着色编号来计算着色区的大小，达到最大值后又从 0 开始计算
shared	struct array_cache *	共享对象缓冲区。在多核 CPU 中，除了本地 CPU 外，slab 节点中还有一个所有 CPU 都共享的对象缓冲池
alien	struct array_cache **	用于 NUMA 系统
next_reap	unsigned long	下一次收割 slab 节点的时间
free_touched	int	表示访问了 slabs_free 的 slab 节点

至此，slab 描述符的创建已经完成，下面把 slab 分配器中的重要数据结构重新分析一下，并且将本章例子中相关数据结构的结果列出来，方便大家看代码时自行演算。slab 描述符中相关成员的计算结果如下。

```
struct kmem_cache *cachep {
.array_cache = {
    .avail =0,
    .limit = 120,
    .batchmount = 60,
    .touched = 0,
},
.batchount = 60,
.limit = 120,
.shared = 8,
.size = 24,
.flags = 0,
.num = 163,
.gfporder = 0,
.colour = 1,
.colour_off = 16,
.freelist_size = 163,
.name = "ben_object",
.object_size = 20,
.align =8,
.kmem_cache_node = {
   .free_object = 0,
   .free_limit = 283,
 },
}
```

4.2.5　分配 slab 对象

kmem_cache_alloc() 是分配 slab 缓存对象的核心函数，它内部调用 slab_alloc() 函数。在 slab 对象分配过程中是全程关闭本地中断的。

```
<mm/slab.c>

static void *
slab_alloc(struct kmem_cache *cachep, gfp_t flags, unsigned long caller)
```

slab_alloc() 函数中的主要操作如下。

在第 3379 行中，关闭本地中断。

在第 3380 行中，调用__do_cache_alloc()函数获取 slab 对象。内部调用____cache_alloc()函数。

在第 3381 行中，打开本地中断。

在第 3385 行中，如果分配时设置了__GFP_ZERO 标志位，那么使用 memset()把 slab 对象的内容清零。

最后，返回 slab 对象。

____cache_alloc()的核心代码片段如下。

```
<mm/slab.c>

static inline void *____cache_alloc(struct kmem_cache *cachep, gfp_t flags)
{
    void *objp;
    ac = cpu_cache_get(cachep);
    if (likely(ac->avail)) {
        ac->touched = 1;
        objp = ac->entry[--ac->avail];
        goto out;
    }

    objp = cache_alloc_refill(cachep, flags);
    ac = cpu_cache_get(cachep);

out:
    return objp;
}
```

首先，通过 cpu_cache_get()宏获取 slab 描述符 cachep 中的本地对象缓冲池 ac。

然后，判断本地对象缓冲池中有没有空闲的对象，ac->avail 表示本地对象缓冲池中有空闲对象，可直接通过 ac_get_obj()来分配一个对象。这里直接通过 ac->entry[--ac->avail]来获取 slab 对象。接下来，跳转到 out 标签处，并返回已经获取的 slab 对象 objp。

看到这里，读者可能会有疑问，从 kmem_cache_create()函数创建成功返回时，ac->avail 应该为 0，而且没有看到 kmem_cache_create()函数向伙伴系统申请内存，那对象是从哪里来的呢？

我们再仔细看____cache_alloc()函数，因为第一次分配缓存对象时 ac->avail 值为 0，所以它应该在 cache_alloc_refill()函数中。

```
<mm/slab.c>

static void *cache_alloc_refill(struct kmem_cache *cachep, gfp_t flags)
```

cache_alloc_refill()中的主要操作如下。

在第 2986 行中，获取本地对象缓冲池 ac。

在第 2996 行中，通过 get_node(cachep, node)获取 slab 节点。

在第 2999 行中，shared 表示共享对象缓冲池。

在第 3000 行中，若 slab 节点没有空闲对象并且共享对象缓冲池 shared 为空或者共享对象缓冲池里也没有空闲对象，那么直接跳转到 direct_grow 标签处。

在第 3007 行中，若共享对象缓冲池里有空闲对象，那么尝试迁移 batchcount 个空闲对象到本地对象缓冲池 ac 中。transfer_objects()函数用于从共享对象缓冲池迁移空闲对象到本地对象缓冲池。

在第 3012～3022 行中，如果共享对象缓冲池中没有空闲对象，那么 get_first_slab()函数会查看 slab 节点中的 slabs_partial 链表（部分空闲链表）和 slabs_free 链表（全部空闲链表）。get_first_slab()函数返回 slabs_partial 链表或者 slabs_free 链表的第一个 slab 成员。注意，一个 slab 分配器由 n 个连续物理页面组成，因此这里返回 slab 分配器中第一个物理页面的 page 数据结构。接下来通过 alloc_block()函数从 slab 分配器中迁移 batchcount 个空闲对象到本地对象缓冲池。

在第 3025 行中，更新 slab 节点中的 free_objects 计数值。

在第 3030 行中，跳转到 direct_grow 标签处，表示 slab 节点没有空闲对象并且共享对象缓冲池中也没有空闲对象，这说明整个内存节点里没有 slab 空闲对象。这种情况下只能重新分配 slab 分配器，这就是一开始初始化和配置 slab 描述符的情景。这里调用 cache_grow_begin()函数分配一个 slab 分配器，然后返回这个 slab 分配器中第一个物理页面的 page 数据结构。我们稍后再详细分析这个函数。

在第 3048 行中，调用 alloc_block()函数从刚分配的 slab 分配器的空闲对象中迁移 batchcount 个空闲对象到本地对象缓冲池中。

在第 3049 行中，把刚分配的 slab 分配器添加到合适的队列中，这个场景下应该添加到 slabs_partial 链表中。

在第 3054 行中，设置本地对象缓冲池的 touched 为 1，表示刚刚使用过本地对象缓冲池。

在第 3056 行中，返回一个空闲对象。

slab 机制调用页面分配器的接口的地方在 cache_grow_begin()函数中，它同样实现在 mm/slab.c 文件中。

```
<mm/slab.c>

static struct page *cache_grow_begin(struct kmem_cache *cachep,
                gfp_t flags, int nodeid)
```

cache_grow_begin()函数中的主要操作如下。

在第 2667 行中，分配一个 slab 分配器所需要的页面，这里会分配 $2^{cachep->gfporder}$ 个物理页面，cachep->gfporder 已经在 kmem_cache_create()函数中初始化了。

在第 2675 行中，n->colour_next 表示 slab 节点中下一个 slab 分配器应该包括的着色区数目，从 0 开始增加，对于每个 slab 分配器加 1，直到这个 slab 描述符的着色区最大值 cachep->colour，然后又从 0 开始计算。着色区的大小为高速缓存行大小，即 cachep->colour_off，这样布局有利于提高高速缓存的访问效率。

在第 2683 行中，计算当前 slab 分配器中的着色区大小。

在第 2693 行中，计算管理区的起始地址。page 数据结构中有两个成员和 slab 机制相关。一个是 s_mem，表示第一个 slab 对象的起始地址，它的计算公式比较简单，它等于 slab 分配器的第一个物理页面的起始地址加上着色区的大小。

```
void *addr = page_address(page);
page->s_mem = addr + colour_off;
```

另外一个成员是 active，它记录活跃 slab 对象的计数。当 active 为 0 时，表示这个 slab 分配器中全部是不活跃的空闲对象，这个 slab 分配器在稍后会被销毁。

❑ 对于 OBJFREELIST_SLAB 模式，管理区的起始地址是最后一个 slab 对象。

❑ 对于 OFF_SLAB 模式，这里额外分配内存来存放对象。

❑ 对于正常模式，管理区放在 slab 分配器的最后面的几字节处。

在第 2700 行中，cache_init_objs()函数初始化 slab 分配器中的对象。对于 OBJFREELIST_

SLAB 模式，使用 slab 分配器中最后一个 slab 对象作为管理区。遍历 slab 分配器中所有的空闲对象，通过 set_free_obj()函数把对象的序号填入 freelist 数组中。

最后返回刚创建的 slab 分配器的第一个 page 数据结构。

kmem_cache_alloc()函数的流程如图 4.11 所示。

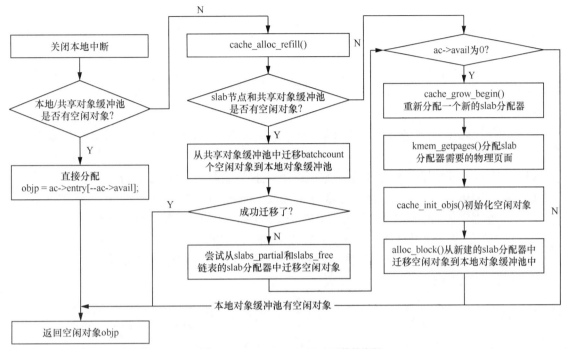

▲图 4.11　kmem_cache_alloc()函数的流程

4.2.6　释放 slab 缓存对象

释放 slab 缓存对象的接口函数是 kmem_cache_free()。它的核心代码片段如下。

```
void ___cache_free(struct kmem_cache *cachep, void *objp,
        unsigned long caller)
{
    struct array_cache *ac = cpu_cache_get(cachep);

    if (ac->avail < ac->limit) {
    } else {
        cache_flusharray(cachep, ac);
    }

    ac->entry[ac->avail++] = objp;
}
```

上述代码的逻辑很简单。当本地对象缓冲池的空闲对象数量 ac->avail 大于或等于 ac->limit 阈值时，就会调用 cache_flusharray()做刷新动作，尝试回收空闲对象。ac->limit 阈值的计算在 enable_cpucache()函数中。

最后通过 "ac->entry[ac->avail++] = objp" 把对象释放到本地对象缓冲池 ac 中，释放过程就结束了。

cache_flusharray()函数主要用于回收 slab 分配器。

```
<mm/slab.c>

static void cache_flusharray(struct kmem_cache *cachep, struct array_cache *ac)
```

cache_flusharray()函数中的主要操作如下。

在第 3447 行中，局部变量 batchcount 是指本地对象缓冲池中一次迁移对象的数量。

在第 3452 行中，首先判断是否有共享对象缓冲池，并且如果共享对象缓冲池中的空闲对象数量还没有到达 limit，那么把本地对象缓冲池中的空闲对象复制到共享对象缓冲池中。

在第 3465 行中，假设共享对象缓冲池中的空闲对象数量达到 limit，说明共享对象缓冲池有充足的空闲对象，那么跳转到 free_block()函数，尝试删除一些 slab 对象，主动释放 batchcount 个空闲对象。

❏ 如果 slab 分配器没有了活跃对象（即 page->active == 0），则把这个 slab 分配器添加到 slabs_free 链表。

❏ 如果 slab 分配器有活跃对象，则把这个 slab 分配器添加到 slabs_partial 链表中。

❏ 如果 slab 节点中所有空闲对象数目 n->free_objects 超过了 n->free_limit，那么把这个 slab 分配器添加到临时链表中，稍后调用 slabs_destroy()函数来销毁这个 slab 分配器。

在第 3481 行中，调用 slabs_destroy()来销毁 slab 分配器。

在第 3484 行中，把本地对象缓冲池中剩余的空闲对象迁移到缓存的头部。

释放 slab 对象的流程如图 4.12 所示。

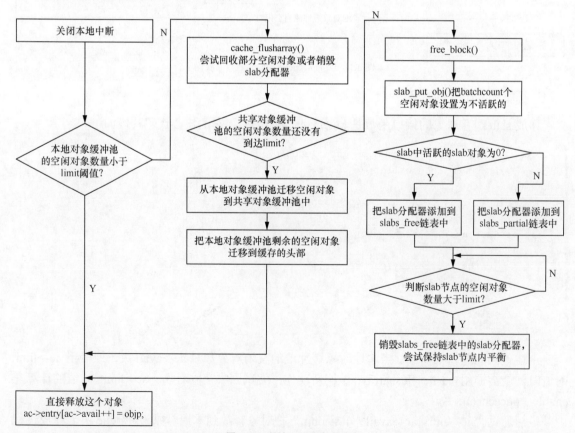

▲图 4.12　释放 slab 对象的流程

4.2.7　slab 分配器和伙伴系统的接口函数

slab 分配器创建 slab 对象时会调用伙伴系统的分配物理页面接口函数去分配 $2^{cachep->gfporder}$ 个页面，调用的函数是 kmem_getpages()。

```
< cache_alloc_refill()→cache_grow_begin()→kmem_getpages()>

static struct page *kmem_getpages(struct kmem_cache *cachep, gfp_t flags,
                                  int nodeid)
{
    flags |= cachep->allocflags;
    page = __alloc_pages_node(nodeid, flags, cachep->gfporder);
    nr_pages = (1 << cachep->gfporder);
    if (cachep->flags & SLAB_RECLAIM_ACCOUNT)
        mod_lruvec_page_state(page, NR_SLAB_RECLAIMABLE, nr_pages);
    else
        mod_lruvec_page_state(page, NR_SLAB_UNRECLAIMABLE, nr_pages);

    __SetPageSlab(page);
    return page;
}
```

kmem_getpages()内部调用了伙伴系统的页面分配函数 __alloc_pages_node() 来为 slab 分配器分配 nr_pages 个连续的物理页面，这些物理页面会被标记为 PG_slab 页面，并且增加内存节点的统计计数。通常情况下，对于使用 SLAB_RECLAIM_ACCOUNT 标志位创建的 slab 描述符，它们的 slab 对象是可回收的。

在 slab 代码实现中共用了 page 数据结构的一部分成员。其中最重要的一点是 slab 分配器中第一个物理页面的 page 数据结构的部分成员有特殊的含义，如表 4.11 所示。

表 4.11　　　　　　　　　　　　　page 数据结构中的部分成员

成员	类　　型	描　　述
s_mem	void *	slab 分配器中第一个对象的地址
slab_cache	struct kmem_cache *	指向这个 slab 分配器所属的 slab 描述符
active	unsigned int	表示 slab 分配器中活跃对象的数量。当为 0 时，表示这个 slab 分配器中没有活跃对象，可以销毁这个 slab 分配器。所谓活跃对象就是指对象已经被迁移到对象缓冲池中
freelist	void *	管理区

4.2.8　管理区

上文提到 slab 分配器中有一个管理区，那么这个管理区是如何管理空闲对象的呢？

我们以上文的 slab 对象为例。

假设新创建的 slab 描述符 ben_object 的本地对象缓冲池中没有空闲对象（ac->avail = 0），那么在 cache_alloc_refill()→cache_grow_begin()函数中会新创建一个 slab 分配器。假设这个 slab 分配器中一共有 6 个对象。在 cache_init_objs()函数中，会把管理区中的 freelist 数组都按顺序标号。管理区初始状态如图 4.13 所示。

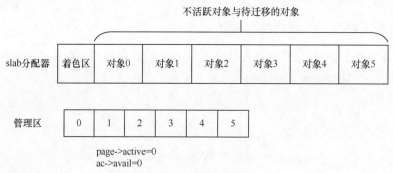

▲图 4.13　管理区初始状态

　　创建完 slab 分配器之后，需要把 slab 分配器中的空闲对象迁移到本地对象缓冲池，见
cache_alloc_refill()→alloc_block()函数。我们假设把 6 个空闲对象都迁移到了本地对象缓冲池。
首先会使用 slab_get_obj()获取 slab 分配器中的空闲对象。

```
static inline freelist_idx_t get_free_obj(struct page *page, unsigned int idx)
{
    return ((freelist_idx_t *)page->freelist)[idx];
}


static inline void *index_to_obj(struct kmem_cache *cache, struct page *page,
                unsigned int idx)
{
    return page->s_mem + cache->size * idx;
}

static void *slab_get_obj(struct kmem_cache *cachep, struct page *page)
{
    void *objp;
    objp = index_to_obj(cachep, page, get_free_obj(page, page->active));
    page->active++;
    return objp;
}
```

　　在 slab_get_obj()函数中，首先使用 get_free_obj()函数来获取对象的编号，使用 page->active
变量来索引。page->active 表示活跃的空闲对象，page->active 被初始化为 0，说明这个 slab 分
配器中的 6 个对象都是不活跃的，因为还没有迁移到本地对象缓冲池中。

　　假设获取第 0 个对象，因为 page->active 为 0，freelist[0] = 0，所以 index_to_obj()可以得到
第 0 个对象的地址，最后 page->active 加 1。

　　通过下面的代码，把第 0 个对象的地址迁移到本地对象缓冲池中。

```
ac->entry[ac->avail++] = slab_get_obj(cachep, page);
```

　　以此类推，我们可以把 slab 中 6 个对象全部迁移到本地对象缓冲池，如图 4.14 所示，最后
page->active 为 6，ac->avail 也为 6。

　　现在发现本地对象缓冲池的空闲对象太多，其数量已经超过了 limit 阈值，因此需要释放一
些对象到 slab 分配器中，也就是把本地对象缓冲池的空闲对象迁移回 slab 分配器。

　　更多内容见___cache_free()→cache_flusharray()→free_block()函数。

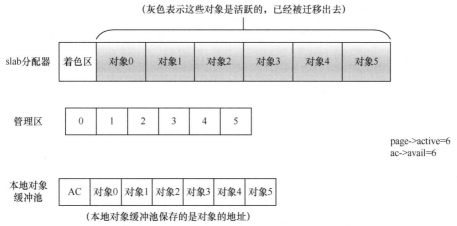

▲图 4.14 把 slab 分配器中的对象迁移到本地对象缓冲池

假设我们要从本地对象缓冲池中减少两个空闲对象，那么我们会从本地对象缓冲池的头部（也就是对象 0 和对象 1）开始迁移。调用 slab_put_obj() 函数可以完成迁移。

```
static void slab_put_obj(struct kmem_cache *cachep,
        struct page *page, void *objp)
{
    unsigned int objnr = obj_to_index(cachep, page, objp);
    page->active--;
    set_free_obj(page, page->active, objnr);
}
```

obj_to_index() 获取了对象 0 的编号，即 0。page->active 减 1 之后，page->active 变成了 5。然后 set_free_obj() 函数把编号 0 写入 freelist[5] 中。

```
ac->avail -= batchcount;
memmove(ac->entry, &(ac->entry[batchcount]), sizeof(void *)*ac->avail);
```

上述两条指令把本地对象缓冲池剩余的空闲对象迁移到头部。

迁移完成之后（见图 4.15），slab 分配器中的对象 0 和对象 1 变成了不活跃的对象，而其他 4 个都是活跃对象。重点是，这时管理区的值发生了变化，freelist[4] 为编号 1，freelist[5] 的编号为 0。

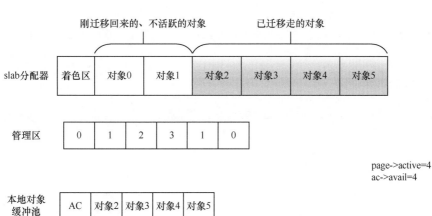

▲图 4.15 从本地对象缓冲池迁移对象回 slab 分配器

　　假设过了一会儿，我们又想从 slab 分配器中迁移不活跃的对象到本地对象缓冲池，那么根据上述步骤，page->active 为 4，freelist[4]为编号 1，说明编号为 1 的对象是未迁移的对象，因此我们可以迁移对象 1 到本地对象缓冲池。slab 分配器的状态如图 4.16 所示。

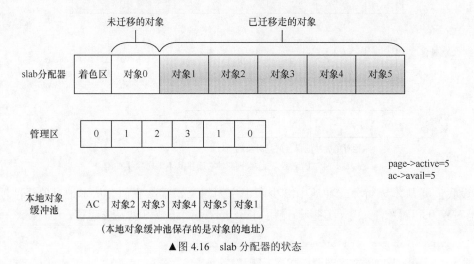

▲图 4.16　slab 分配器的状态

4.2.9　kmalloc()

　　内核中常用的 kmalloc()函数的核心实现是 slab 机制。类似于伙伴系统机制，在内存块中按照 2^{order} 字节来创建多个 slab 描述符，如 16 字节、32 字节、64 字节、128 字节等大小，系统会分别创建 kmalloc-16、kmalloc-32、kmalloc-64 等 slab 描述符，在系统启动时这在 create_kmalloc_caches()函数中完成。例如，要分配 30 字节的一个小内存块，可以用"kmalloc(30, GFP_KERNEL)"实现，之后系统会从 kmalloc-32 slab 描述符中分配一个对象。

```
<include/linux/slab.h>

static __always_inline void *kmalloc(size_t size, gfp_t flags)
{
    int index = kmalloc_index(size);
    return kmem_cache_alloc_trace(kmalloc_caches[index],
                    flags, size);
}
```

　　kmalloc_index()函数可以用于查找使用的是哪个 slab 缓冲区，这很形象地展示了 kmalloc()的设计思想。

```
<include/linux/slab.h>

static __always_inline int kmalloc_index(size_t size)
{
    if (!size)
        return 0;

    if (size <= KMALLOC_MIN_SIZE)
        return KMALLOC_SHIFT_LOW;

    if (size <=          8) return 3;
```

```
    if (size <=           16) return 4;
    ...
    if (size <=  32 * 1024 * 1024) return 25;
    if (size <=  64 * 1024 * 1024) return 26;
}
```

4.2.10　小结

通过阅读前面的代码，我们知道 slab 系统由 slab 描述符、slab 节点、本地对象缓冲池、共享对象缓冲池、3 个 slab 链表、n 个 slab 分配器，以及众多 slab 缓存对象组成。slab 系统的架构如图 4.17 所示。

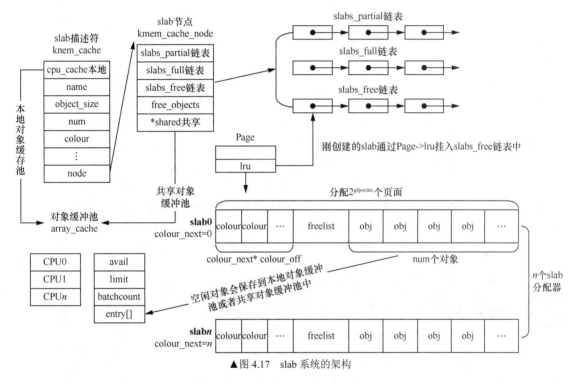

▲图 4.17　slab 系统的架构

那么每个 slab 分配器由多少个页面组成呢？每个 slab 分配器由一个或者 n 个连续页面组成，是一个连续的物理空间。创建 slab 描述符时会计算一个 slab 分配器究竟需要占用多少个页面，即 $2^{gfporder}$ 个，一个 slab 分配器里可以有多少个 slab 对象，以及有多少个着色区。slab 分配器有 3 种布局模式——正常模式、OFF_SLAB 模式以及 OBJFREELIST_SLAB 模式。

slab 分配器需要的物理内存在什么时候分配呢？在创建 slab 描述符时，不会立即分配 $2^{gfporder}$ 个页面，要等到分配 slab 对象时，发现本地对象缓冲池和共享对象缓冲池都是空的，然后查询 3 大链表，发现其中也没有空闲对象，那么只好分配一个 slab 分配器。这时才会分配 $2^{gfporder}$ 个页面，并且把这个 slab 分配器挂入 slabs_free 链表。

如果一个 slab 描述符中有很多空闲对象，那么系统是否要回收一些空闲的缓存对象，将其归还系统，从而释放内存呢？这是必须要考虑的问题，否则系统会有大量的 slab 描述符，每个 slab 描述符会堆积大量不用的、空闲的 slab 对象，这怎么行呢？slab 系统以两种方式来回收内存。

（1）使用 kmem_cache_free()释放对象，当发现本地和共享对象缓冲池中的空闲对象数目 ac->avail 等于缓冲池的阈值 ac->limit 时，系统会主动释放 bacthcount 个对象。当系统所有空闲对象数目大于系统空闲对象数目阈值并且这个 slab 分配器没有活跃对象时，系统就会销毁这个 slab 分配器，从而回收内存。

（2）slab 系统还注册了一个定时器，定时地扫描所有的 slab 描述符，回收一部分空闲对象，达到条件的 slab 分配器会被销毁，实现函数为 cache_reap()。

为什么 slab 分配器要有一个着色区？着色区让每一个 slab 分配器对应不同数量的高速缓存行，着色区的大小为 colour_next * colour_off，其中 colour_next 是从 0 到这个 slab 描述符中计算出来的 colour 最大值，colour_off 为 L1 高速缓存的高速缓存行大小。这样可以使不同 slab 分配器上同一个相对位置 slab 对象的起始地址在高速缓存中相互错开，有利于提高高速缓存的访问效率。

另外一个利用高速缓存的场景是 Per-CPU 类型的本地对象缓冲池。slab 分配器的一个重要目是提升硬件和高速缓存的使用效率。使用 Per-CPU 类型的本地对象缓冲池有如下两个好处。

- ❑ 让一个对象尽可能地运行在同一个 CPU 上，这可以让对象尽可能地使用同一个 CPU 的高速缓存，并有助于提高计算机的性能。
- ❑ 访问 Per-CPU 类型的本地对象缓冲池不需要获取额外的自旋锁，因为其他 CPU 不会访问这些 Per-CPU 类型的对象缓冲池，避免自旋锁的争用。

尽管 slab 分配器在很多工作负荷下都工作良好，但在一些情况下无法提供最优的性能，如微小嵌入式系统或者有大量物理内存的超级计算机。在大内存的超级计算机中，slab 机制所需要的元数据占用好几千兆字节的内存；对于微小嵌入式系统，slab 机制的代码量和复杂度也很大。因此 linux 内核中提供了另外两种替代机制——slob 机制和 slub 机制。slob 机制适合微小嵌入式系统，slub 机制在大型系统中能提供比 slab 机制更好的性能。

4.3　vmalloc()

kmalloc()、vmalloc()和 malloc()这 3 个常用的接口函数非常重要，三者看上去很相似，但在实现上大有讲究。kmalloc()基于 slab 分配器，slab 缓冲区建立在一个物理地址连续的大内存块之上，所以其缓存对象也是物理地址连续的。如果在内核中不需要连续的物理地址，而仅仅需要内核空间的虚拟地址是连续的内存块，该如何处理呢？这时 vmalloc()就派上用场了。

vmalloc()函数的声明如下。

```
<mm/vmalloc.c>

void *vmalloc(unsigned long size)
{
    return __vmalloc_node_flags(size, NUMA_NO_NODE,
                GFP_KERNEL);
}
```

在 Linux 4.0 内核中，vmalloc()使用的分配掩码是"GFP_KERNEL | __GFP_HIGHMEM"，这说明会优先使用高端内存。而在 Linux 5.0 内核中只有"GFP_KERNEL"，这是不是说明

vmalloc()不再优先使用高端内存了呢？其实不是，而是在 Linux 4.12 内核中把这个接口函数变得更加简单了，因为有些驱动喜欢使用下面这个接口函数。

```
<mm/vmalloc.c>

void *__vmalloc(unsigned long size, gfp_t gfp_mask, pgprot_t prot)
```

　　__vmalloc()接口函数包含了 3 个参数。
- ❑　size：分配的内存大小。
- ❑　gfp_mask：页面分配器使用的分配掩码。
- ❑　prot：分配内存的内存属性。

drivers/block/drbd/drbd_bitmap.c 驱动文件中就直接使用__vmalloc()接口函数来分配内存，这样做的好处是可以指定 gfp_mask 分配掩码。在 Linux 4.12 内核之前的版本中，在调用这个接口函数时都要为 gfp_mask 分配掩码指定__GFP_HIGHMEM。因此，为了使这个接口函数更简单，把__GFP_HIGHMEM 标志位的指定安排在内部实现的函数__vmalloc_area_node()中。

```
<drivers/block/drbd/drbd_bitmap.c>

static struct page **bm_realloc_pages(struct drbd_bitmap *b, unsigned long want)
{
    new_pages = kzalloc(bytes, GFP_NOIO | __GFP_NOWARN);
    if (!new_pages) {
        new_pages = __vmalloc(bytes,
                GFP_NOIO | __GFP_ZERO,
                PAGE_KERNEL);
    }
}
```

　　vmalloc()函数的核心实现主要是调用__vmalloc_node_range()函数来实现的。

```
<mm/vmalloc.c>

static void *__vmalloc_node(unsigned long size, unsigned long align,
                gfp_t gfp_mask, pgprot_t prot,
                int node, const void *caller)
{
    return __vmalloc_node_range(size, align, VMALLOC_START, VMALLOC_END,
                gfp_mask, prot, 0, node, caller);
}
```

　　这里的 VMALLOC_START 和 VMALLOC_END 是 vmalloc()中很重要的宏，这两个宏定义在 arch/arm64/include/asm/pgtable.h 头文件中。VMALLOC_START 是 vmalloc 区域的开始地址，它以内核模块区域的结束地址（MODULES_END）为起始点。

```
<arch/arm64/include/asm/memory.h >
#define MODULES_END                 (MODULES_VADDR + MODULES_VSIZE)

<arch/arm64/include/asm/pgtable.h>
#define VMALLOC_START       (MODULES_END)
#define VMALLOC_END         (PAGE_OFFSET - PUD_SIZE - VMEMMAP_SIZE - SZ_64K)
```

在 ARM64 系统中，VMALLOC_START 宏的值为 0xFFFF 0000 1000 0000，VMALLOC_END 宏的值为 0xFFFF 7DFF BFFF 0000，整个 vmalloc 区域的大小为 129022GB。读者可以自行计算这些宏的值。

__vmalloc_node_range()函数实现在 mm/vmalloc.c 文件中，定义如下。

```
<mm/vmalloc.c>

void *__vmalloc_node_range(unsigned long size, unsigned long align,
            unsigned long start, unsigned long end, gfp_t gfp_mask,
            pgprot_t prot, unsigned long vm_flags, int node,
            const void *caller)
```

__vmalloc_node_range()函数一共有 9 个参数。

- size：vmalloc()分配的内存大小。
- align：对齐要求。
- start：vmalloc 区域的起始地址。
- end：vmalloc 区域的结束地址。
- gfp_mask：页面分配器的分配掩码。
- prot：分配的物理页面对应的内存属性。
- vm_flags：vmalloc 区域的标志位。
- node：内存节点。
- caller：调用者的返回地址。

__vmalloc_node_range()函数中的主要操作如下。

第 1741 行中，vmalloc()分配的大小要以页面大小对齐。如果 vmalloc()要分配的大小为 10 字节，那么 vmalloc()还会分配一个页面，剩下的 4086 字节就浪费了[①]。另外，要分配的内存大小不能为 0 或者不能大于系统的所有内存。

在第 1745 行中，调用__get_vm_area_node()函数。

在第 1380 行中，确保当前不处于中断上下文中，因为 vmalloc()在分配过程中可能会睡眠（进程在中断上下文中睡眠不是一个好的编程习惯）。

在第 1381 行中，又一次按页面对齐。

在第 1385 行中，如果分配的 vmalloc 区域是用于 IOREMAP 的，那么默认情况下按 128 个页面对齐。

在第 1389 行中，分配一个 vm_struct 数据结构来描述这个 vmalloc 区域。

在第 1393 行中，如果 flags 中没有定义 VM_NO_GUARD 标志位，那么要多分配一个页面，以方便备用，例如，要分配 4KB 大小的内存，而 vmalloc()分配 8KB 的内存块。

在第 1396 行中，调用 alloc_vmap_area()函数分配 vmalloc 区域。alloc_vmap_area()在 vmalloc 区域中查找一块大小合适的并且没有使用的空间，这段空间称为缝隙（hole）。注意，这个函数的参数 vstart 是指 VMALLOC_START，vend 是指 VMALLOC_END。

- 在第 419 行中，使用 vmap_area 数据结构来描述一个 vmalloc 区域。
- 在第 441～462 行中，free_vmap_cache、cached_hole_size 和 cached_vstart 这几个变量是在几年前添加的优化选项，核心思想是从上一次查找的结果中开始查找。这里假设

---

① vmalloc()适用于分配大内存块，这里举 10 字节的例子只是为了使分配的大小和页面大小对齐。

暂时忽略 free_vmap_cache 这个优化选项。

□ 在第 467 行中，从 vmalloc 区域的起始地址 VMALLOC_START 开始，首先从 vmap_area_root 这棵红黑树里查找，这个红黑树里存放着系统中正在使用的 vmalloc 区域，遍历左子叶节点找区域地址最小的区域。如果区域的开始地址等于 VMALLOC_START，说明这个区域是第一个 vmalloc 区域。如果红黑树没有一个节点，说明整个 vmalloc 区域都是空的。

□ 在第 470~480 行中，遍历的结果是返回起始地址最小的 vmalloc 区域，这个区域可能是从 VMALLOC_START 开始的，也可能不是。

□ 在第 487~498 行中，从 VMALLOC_START 的地址开始，查找每个已存在的 vmalloc 区域的缝隙能否容纳目前分配请求的大小。如果已有 vmalloc 区域的缝隙不能容纳，那么从最后一块 vmalloc 区域的结束地址开辟一个新的 vmalloc 区域。

□ 在第 500 行中，找到新的区块缝隙后，调用 __insert_vmap_area() 函数把这个缝隙注册到红黑树中，返回 vmap_area 描述的 vmalloc 空间。

在第 1402 行中，调用 setup_vmalloc_vm() 来构建一个 vm_struct 空间，返回这个 vm_struct 数据结构。

在第 1750 行中，调用 __vmalloc_area_node() 函数来分配物理内存，并和 vm_struct 空间建立映射关系，我们稍后会详细分析这个函数。同时，返回 vm_struct 空间的起始地址。

接下来看 __vmalloc_area_node() 函数的实现，它也实现在 mm/vmalloc.c 文件中，其主要操作步骤如下。

在第 1664 行中，设置 __GFP_HIGHMEM 分配掩码。当请求分配掩码 gfp_mask 没有指定必须从 DMA 的 zone 分配内存时，应该设置 __GFP_HIGHMEM，优先使用高端内存。

在第 1668 行中，计算 vm_struct 区域包含多少个页面。

在第 1669~1684 行中，使用 area->pages 保存已分配页面的 page 数据结构的指针。

在第 1686~1702 行中，使用 for 循环遍历所有的 area->nr_pages 页面，为每个页面调用 alloc_page() 接口函数来分配实际的物理页面。由于这里对每个物理页面单独调用 alloc_page() 接口函数，因此通过 vmalloc() 分配的物理页面可能不是连续的。

在第 1704 行中，调用 map_vm_area() 函数来建立页面映射，该函数最后会调用 vmap_page_range_noflush() 函数遍历页表和填充对应的页表。

□ 在 vmap_page_range_noflush() 函数中，由 vm_struct 区域的起始地址 start 可以找到 PGD 页表项，然后遍历 PGD 页表。

□ 在 vmap_p4d_range() 函数中，由 p4d_alloc() 函数找到 P4D 页表项，然后遍历 P4D。

□ 在 vmap_pud_range() 函数中，由 pud_alloc() 函数找到 PUD 页表项，然后遍历 PUD。

□ 在 vmap_pmd_range() 函数中，由 pmd_alloc() 函数找到 PMD 页表项，然后遍历 PMD。

□ 在 vmap_pte_range() 函数中，由 pte_alloc_kernel() 宏找到 PTE 页表项，然后根据 area->pages 保存的每个物理页面来创建页表项。mk_pte() 宏利用刚分配的页面和页面属性 prot 来生成一个页表项。最后通过 set_pte_at() 函数设置到实际的 PTE 中。

在第 1706 行中，返回 vm_struct 区域的起始地址。整个流程如图 4.18 所示。

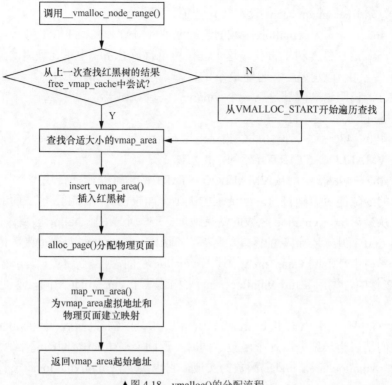

▲图 4.18　vmalloc()的分配流程

4.4　虚拟内存管理之进程地址空间

　　在 64 位系统中，每个用户进程最多可以拥有 256TB 的虚拟地址空间，这个数值通常要远大于物理内存，那么如何管理这些虚拟地址空间呢？用户进程通常会多次调用 malloc()或使用 mmap()映射文件到用户空间进行读写等操作，这些操作都会要求在虚拟地址空间中分配内存块，这些内存块基本上都是离散的。malloc()是用户态下常用于分配内存的接口函数，2.8 节详细介绍了其内核实现机制；mmap()是用户态下常用于建立文件映射或匿名映射的函数，2.9 节详细介绍了其内核实现机制。这些进程地址空间在内核中使用 vm_area_struct 数据结构来描述，简称 VMA，表示进程地址空间或进程线性区。由于这些地址空间属于各个用户进程，因此在用户进程的 mm_struct 数据结构中有相应的成员，用于对这些 VMA 进行管理。

4.4.1　进程地址空间

　　进程地址空间（process address space）是指进程可寻址的虚拟地址空间。在 64 位的处理器中，进程可以寻址 256TB 的用户态地址空间，但是进程没有权限去寻址内核空间的虚拟地址，只能通过系统调用的方式间接访问。而用户空间的进程地址空间则可以被合法访问，地址空间称为内存区域（memory area）。进程可以通过内核的内存管理机制动态地添加和删除这些内存区域，这些内存区域在 Linux 内核采用 VMA 数据结构来抽象描述。

　　每个内存区域具有相关的权限，如可读、可写或者可执行权限。若一个进程访问了不在有效范围的内存区域，或者非法访问了内存区域，或者以不正确的方式访问了内存区域，那么处理器会报告缺页异常。在 Linux 内核的缺页异常处理中会处理这些情况，严重的会报告"Segment Fault"并终止该进程。

内存区域包含内容如下。

- ❏ 代码段映射，可执行文件中包含只读并可执行的程序头，如代码段和 init 段等。
- ❏ 数据段映射，可执行文件中包含可读/可写的程序头，如数据段和未初始化数据段等。
- ❏ 用户进程栈。通常位于用户空间的最高地址，从上往下延伸。它包含栈帧，里面包含了局部变量和函数调用参数等。注意，不要和内核栈混淆，进程的内核栈独立存在并由内核维护，主要用于上下文切换。
- ❏ mmap 映射区域。位于用户进程栈下面，主要用于 mmap 系统调用，如映射一个文件的内容到进程地址空间等。
- ❏ 堆映射区域。malloc()函数分配的进程虚拟地址就是这段区域。

进程地址空间里的每个内存区域相互不能重叠。如果两个进程都使用 malloc()函数来分配内存，分配的虚拟内存的地址是一样的，那是不是说明这两个内存区域重叠了呢？

如果理解了进程地址空间的本质就不难回答这个问题了。进程地址空间是每个进程可以寻址的虚拟地址空间，每个进程在执行时都仿佛拥有了整个 CPU 资源，这就是所谓的"CPU 虚拟化"。因此，每个进程都有一套页表，这样每个进程地址空间就是相互隔离的。即使它们的进程地址空间的虚拟地址是相同的，但是经过两套不同页表的转换之后，它们也会对应不同的物理地址。

4.4.2　mm_struct 数据结构

Linux 内核需要管理每个进程所有的内存区域以及它们对应的页表映射，所以必须抽象出一个数据结构，这就是 mm_struct 数据结构。进程控制块（Process Control Block，PCB）——数据结构 task_struct 中有一个指针 mm 指向，该指针这个 mm_struct 数据结构。

mm_struct 数据结构定义在 include/linux/mm_types.h 文件中，下面是它的主要成员。

```
struct mm_struct {
    struct vm_area_struct *mmap;
    struct rb_root mm_rb;
    unsigned long (*get_unmapped_area) (struct file *filp,
            unsigned long addr, unsigned long len,
            unsigned long pgoff, unsigned long flags);
    unsigned long mmap_base;
    pgd_t * pgd;
    atomic_t mm_users;
    atomic_t mm_count;
    spinlock_t page_table_lock;
    struct rw_semaphore mmap_sem;
    struct list_head mmlist;
    unsigned long total_vm;
    unsigned long start_code, end_code, start_data, end_data;
    unsigned long start_brk, brk, start_stack;
       ...
};
```

mm_struct 数据结构中主要成员的含义如下。

- ❏ mmap：进程里所有的 VMA 形成一个单链表，这是该链表的头。
- ❏ mm_rb：VMA 红黑树的根节点。
- ❏ get_unmapped_area：用于判断虚拟内存空间是否有足够的空间，返回一段没有映射过的空间的起始地址，这个函数会使用具体的处理器架构的实现，如对于 ARM 架构，Linux 内核就有相应的函数实现。

- ❑ mmap_base：指向 mmap 空间的起始地址。在 32 位处理器中，mmap 空间的起始地址是 0x4000 0000。
- ❑ pgd：指向进程的 PGD（一级页表）。
- ❑ mm_users：记录正在使用该进程地址空间的进程数目，如果两个线程共享该地址空间，那么 mm_users 的值等于 2。
- ❑ mm_count：mm_struct 结构体的主引用计数。
- ❑ mmap_sem：保护 VMA 的一个读写信号量。
- ❑ mmlist：所有的 mm_struct 数据结构都连接到一个双向链表中，该链表的头是 init_mm 内存描述符，它是 init 进程的地址空间。
- ❑ start_code, end_code：代码段的起始地址和结束地址。
- ❑ start_data, end_data：数据段的起始地址和结束地址。
- ❑ start_brk：堆空间的起始地址。
- ❑ brk：表示当前堆中的 VMA 的结束地址。
- ❑ total_vm：已经使用的进程地址空间总和。

从进程的角度来观察内存管理，可以沿着 mm_struct 数据结构进行延伸和思考，如图 4.19 所示。

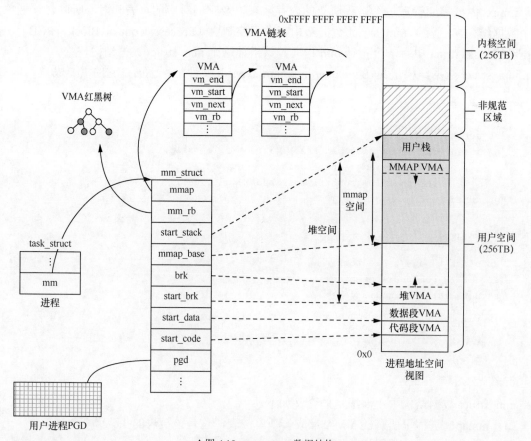

▲图 4.19　mm_struct 数据结构

4.4.3 VMA 数据结构

VMA（vm_area_struct）数据结构定义在 mm_types.h 文件中，其主要成员如下。

```
<include/linux/mm_types.h>

struct vm_area_struct {
    unsigned long vm_start;
    unsigned long vm_end;
    struct vm_area_struct *vm_next, *vm_prev;
    struct rb_node vm_rb;
    unsigned long rb_subtree_gap;
    struct mm_struct *vm_mm;
    pgprot_t vm_page_prot;
    unsigned long vm_flags;
    struct {
        struct rb_node rb;
        unsigned long rb_subtree_last;
    } shared;
    struct list_head anon_vma_chain;
    struct anon_vma *anon_vma;
    const struct vm_operations_struct *vm_ops;
    unsigned long vm_pgoff;
    struct file * vm_file;
    void * vm_private_data;
    struct mempolicy *vm_policy;
};
```

VMA 数据结构中各个成员的含义如下。

❏ vm_start 和 vm_end：指定 VMA 在进程地址空间的起始地址和结束地址。

❏ vm_next 和 vm_prev：进程的 VMA 都连接成一个链表。

❏ vm_rb：VMA 作为一个节点加入红黑树，每个进程的 mm_struct 数据结构中都有一棵红黑树——mm->mm_rb。

❏ vm_mm：指向该 VMA 所属进程的 mm_struct 数据结构。

❏ vm_page_prot：VMA 的访问权限。

❏ vm_flags：描述该 VMA 的一组标志位。

❏ anon_vma_chain 和 anon_vma：用于管理反向映射（Reverse Mapping，RMAP）。

❏ vm_ops：指向许多方法的集合，这些方法用于在 VMA 中执行各种操作，通常用于文件映射。

❏ vm_pgoff：指定文件映射的偏移量，这个变量的单位不是字节，而是页面的大小（PAGE_SIZE）。对于匿名页面来说，它的值可以是 0 或者 vm_addr/PAGE_SIZE。

❏ vm_file：指向 file 的实例，描述一个被映射的文件。

mm_struct 数据结构是描述进程内存管理的核心数据结构，该数据结构提供了管理 VMA 所需要的信息，这些信息概况如下。

```
<include/linux/mm_types.h>

struct mm_struct {
```

```
        struct vm_area_struct *mmap;
        struct rb_root mm_rb;
        ...
};
```

每个 VMA 都要连接到 mm_struct 中的链表和红黑树,以方便查找。

❑ mmap 形成一个单链表,进程中所有的 VMA 都链接到这个链表中,链表头是 mm_struct->mmap。

❑ mm_rb 是红黑树的根节点,每个进程在 VMA 中都有一棵红黑树。

VMA 按照起始地址以递增的方式插入 mm_struct->mmap 链表中。当进程拥有大量的 VMA 时,扫描链表和查找特定的 VMA 是非常低效的操作,如在云计算的机器中,所以内核中通常需要红黑树来协助,以便提高查找速度。

站在进程的角度来看,我们可以从进程控制块——task_struct 数据结构里顺藤摸瓜找到该进程所有的 VMA,如图 4.20 所示。

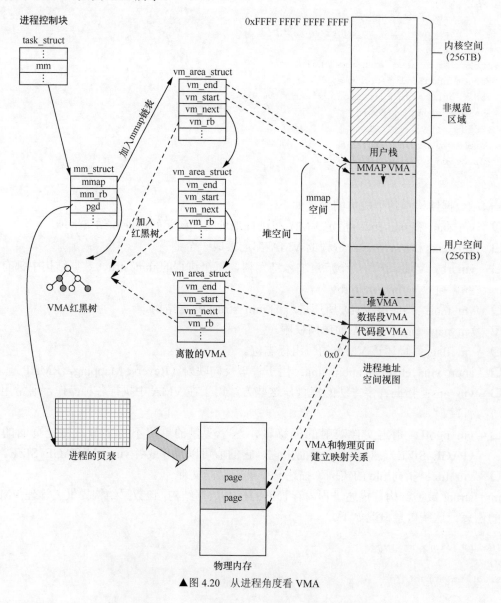

▲图 4.20 从进程角度看 VMA

- ❑ task_struct 数据结构中有一个 mm 成员指向进程的内存管理描述符 mm_struct 数据结构。
- ❑ 可以通过 mm_struct 数据结构中的 mmap 成员来遍历所有的 VMA。
- ❑ 也可以通过 mm_struct 数据结构中的 mm_rb 成员来遍历和查找 VMA。
- ❑ mm_struct 数据结构的 pgd 成员指向进程的页表，每个进程都有一份独立的页表
- ❑ 当 CPU 第一次访问虚拟地址空间时会触发缺页异常。在缺页异常处理中，分配物理页面，利用分配的物理页面来创建页表项并且填充页表，完成虚拟地址到物理地址的映射关系的建立。

4.4.4 VMA 的属性

作为一个进程地址空间的区间，VMA 是有属性的，如可读/可写、共享等属性。vm_flags 成员描述这些属性，描述了该 VMA 的全部页面信息，包括如何映射页面、访问每个页面的权限等信息，VMA 属性的标志位如表 4.12 所示。

表 4.12 VMA 属性的标志位

VMA 属性的标志位	描　　述
VM_READ	可读属性
VM_WRITE	可写属性
VM_EXEC	可执行
VM_SHARED	允许被多个进程共享
VM_MAYREAD	允许设置 VM_READ 属性
VM_MAYWRITE	允许设置 VM_WRITE 属性
VM_MAYEXEC	允许设置 VM_EXEC 属性
VM_MAYSHARE	允许设置 VM_SHARED 属性
VM_GROWSDOWN	该 VMA 允许向低地址增长
VM_UFFD_MISSING	表示该 VMA 适用于用户态的缺页异常处理
VM_PFNMAP	表示使用纯正的 PFN，不需要使用内核的 page 数据结构来管理物理页面
VM_DENYWRITE	表示不允许写入
VM_UFFD_WP	用于页面的写保护跟踪
VM_LOCKED	表示该 VMA 的内存会立刻分配物理内存，并且页面被锁定，不会被交换到交换分区
VM_IO	表示 I/O 内存映射
VM_SEQ_READ	表示应用程序会顺序读该 VMA 的内容
VM_RAND_READ	表示应用程序会随机读该 VMA 的内容
VM_DONTCOPY	表示在创建分支时不要复制该 VMA
VM_DONTEXPAND	通过 mremap() 系统调用禁止 VMA 扩展
VM_ACCOUNT	在创建 IPC 以共享 VMA 时，检测是否有足够的空闲内存用于映射
VM_HUGETLB	用于巨页的映射
VM_SYNC	表示同步的缺页异常
VM_ARCH_1	与架构相关的标志位
VM_WIPEONFORK	表示不会从父进程相应的 VMA 中复制页表到子进程的 VMA 中
VM_DONTDUMP	表示该 VMA 不包含到核心转储文件中
VM_SOFTDIRTY	软件模拟实现的脏位。用于一些特殊的架构，需要打开 CONFIG_MEM_ SOFT_DIRTY 配置

续表

VMA 属性的标志位	描　　述
VM_MIXEDMAP	表示混合使用了纯 PFN 以及 page 数据结构的页面,如使用 vm_insert_page()函数插入 VMA
VM_HUGEPAGE	表示在 madvise 系统调用中使用 MADV_HUGEPAGE 标志位来标记该 VMA
VM_NOHUGEPAGE	表示在 madvise 系统调用中使用 MADV_NOHUGEPAGE 标志位来标记该 VMA
VM_MERGEABLE	表示该 VMA 是可以合并的,用于 KSM 机制
VM_SPECIAL	表示该 VMA 不能合并,也不能锁定,它是(VM_IO │ VM_DONTEXPAND │ VM_PFNMAP │ VM_MIXEDMAP)的集合

　　VMA 属性的标志位可以任意组合,但是最终要落实到硬件机制上,即页表项的属性中。VMA 属性到页表属性的转换如图 4.21 所示。vm_area_struct 数据结构中有两个成员和属性相关:一个是 vm_flags 成员,用于描述 VMA 的属性;另外一个是 vm_page_prot 成员,用于将 VMA 属性标志位转换成与处理器相关的页表项的属性,它和具体架构相关。

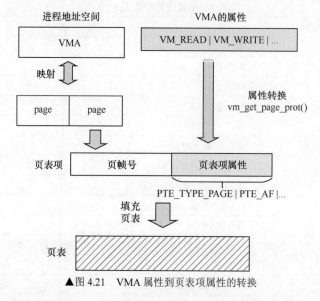

▲图 4.21　VMA 属性到页表项属性的转换

　　在创建一个新的 VMA 时使用 vm_get_page_prot()函数可以把 vm_flags 标志位转化成具体的页表项的硬件标志位。

```
<mm/mmap.c>

pgprot_t vm_get_page_prot(unsigned long vm_flags)
{
    pgprot_t ret = __pgprot(pgprot_val(protection_map[vm_flags &
            (VM_READ|VM_WRITE|VM_EXEC|VM_SHARED)]) );

    return ret;
}
```

　　这个转化过程得益于内核预先定义了一个内存属性数组 protection_map[],我们只需要根据 vm_flags 标志位来查询这个数组即可。在这个场景下,通过查询 protection_map[ ]数组可以获得页表项的属性。

```
<mm/mmap.c>

pgprot_t protection_map[16] = {
    __P000, __P001, __P010, __P011, __P100, __P101, __P110, __P111,
    __S000, __S001, __S010, __S011, __S100, __S101, __S110, __S111
};
```

protection_map[]数组的每个成员代表一个属性的组合，如__P000 表示无效的 PTE 属性，__P001 表示只读属性，__P100 表示可执行属性（PAGE_EXECONLY）等。

```
#define __P000  PAGE_NONE
#define __P001  PAGE_READONLY
#define __P010  PAGE_READONLY
#define __P011  PAGE_READONLY
#define __P100  PAGE_EXECONLY
#define __P101  PAGE_READONLY_EXEC
#define __P110  PAGE_READONLY_EXEC
#define __P111  PAGE_READONLY_EXEC


#define __S000  PAGE_NONE
#define __S001  PAGE_READONLY
#define __S010  PAGE_SHARED
#define __S011  PAGE_SHARED
#define __S100  PAGE_EXECONLY
#define __S101  PAGE_READONLY_EXEC
#define __S110  PAGE_SHARED_EXEC
#define __S111  PAGE_SHARED_EXEC
```

下面以只读属性（PAGE_READONLY）来看，它究竟包含哪些页表项的标志位。

```
#define PAGE_READONLY  __pgprot(_PAGE_DEFAULT | PTE_USER | PTE_RDONLY | PTE_NG |
PTE_PXN | PTE_UXN)

#define _PAGE_DEFAULT   (_PROT_DEFAULT | PTE_ATTRINDX(MT_NORMAL))

#define _PROT_DEFAULT   (PTE_TYPE_PAGE | PTE_AF | PTE_SHARED)
```

把上述的宏全部展开，我们可以得到如下页表项的标志位。

❑ PTE_TYPE_PAGE：表示这是一个基于页面的页表项，即设置页表项的 Bit[1:0]。
❑ PTE_AF：设置访问位。
❑ PTE_SHARED：设置内存共享属性。
❑ MT_NORMAL：设置内存属性为 normal。
❑ PTE_USER：设置 AP 访问位，允许通过用户权限访问该内存。
❑ PTE_NG：设置该内存对应的 TLB 只属于该进程。
❑ PTE_PXN：表示该内存不能在特权模式下执行。
❑ PTE_UXN：表示该内存不能在用户模式下执行。
❑ PTE_RDONLY：表示只读属性。

4.4.5 查找 VMA

通过虚拟地址来查找 VMA 是内核中常用的操作，内核提供一个接口函数来实现这个查找操作。find_vma()函数根据给定 addr 查找满足如下条件之一的 VMA，如图 4.22 所示。

❑　addr 在 VMA 空间范围内，即 vma->vm_start≤addr < vma->vm_end。

❑　距离 addr 最近并且 VMA 的结束地址大于 addr 的 VMA。

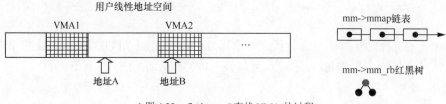

▲图 4.22　find_vma()查找 VMA 的过程

find_vma()通过 addr 查找 mm->mm_rb 红黑树中的节点并找到最邻近的 VMA。

在 VMA 空间范围内，如果最邻近地址 B，那么找到 VMA2。

距离 addr 最近并且小于 VMA 的结束地址内，如果最邻近地址 A，那么找到 VMA2。

因此，该函数寻址第一个包含 addr 或者 vma->vm_start 大于 addr 的 VMA，若没有找到这样的 VMA，则返回 NULL。因为返回的 VMA 的首地址可能大于 addr，所以 addr 可能不包含在返回的 VMA 范围里。

find_vma()函数实现在 mmap.c 文件中。

```
<mm/mmap.c>

struct vm_area_struct *find_vma(struct mm_struct *mm, unsigned long addr)
```

find_vma()函数中的主要操作如下。

在第 2232 行中，find_vma()函数首先判断 vmacache[]中的 VMA 是否满足要求。

vmacache_find()是内核中最近出现的一个查找 VMA 的优化方法，在 task_struct 结构中，有一个存放最近访问过的 VMA 的数组 vmacache[VMACACHE_SIZE]，其中可以存放 4 个最近使用的 VMA，充分利用了局部性原理。如果在 vmacache[]中没找到 VMA，那么遍历这个用户进程的 mm_rb 红黑树，这棵红黑树存放着该用户进程所有的 VMA。

在第 2238～2250 行中，通过 while 循环查找一块满足上述要求的 VMA。

find_vma_intersection()函数是另外一个接口函数，用于查找 start_addr、end_addr 和现存的 VMA 有重叠的一个 VMA，它基于 find_vma()来实现。

```
<include/linux/mm.h>

static struct vm_area_struct * find_vma_intersection(struct mm_struct * mm, unsigned
long start_addr, unsigned long end_addr)
```

find_vma_prev()函数的逻辑和 find_vma()一样，但是返回 VMA 的前继成员 vma->vm_prev，即返回第一个小于 addr 的 VMA。

```
<mm/mmap.c>

struct vm_area_struct *
find_vma_prev(struct mm_struct *mm, unsigned long addr,
          struct vm_area_struct **pprev)
```

4.4.6 插入 VMA

insert_vm_struct()是内核提供的插入 VMA 的核心接口函数。

<mm/mmap.c>

```
int insert_vm_struct(struct mm_struct *mm, struct vm_area_struct *vma)
```

insert_vm_struct()函数向 VMA 链表和红黑树中插入一个新的 VMA。参数 mm 是进程的内存描述符，vma 是要插入的 VMA。insert_vm_struct()函数中实现的主要操作如下。

在第 3164 行中，find_vma_links()查找要插入的位置。我们稍后会详细分析该函数。

在第 3183 行中，vma_is_anonymous()用于判断这个 VMA 是否为匿名映射的 VMA，并设置 vm_pgoff 成员。

在第 3188 行中，vma_link()将 VMA 插入链表和红黑树中。我们稍后会详细分析该函数。

1. find_vma_links()函数

find_vma_links()函数也实现在 mmap.c 文件中。

<mm/mmap.c>

```
static int find_vma_links(struct mm_struct *mm, unsigned long addr,
        unsigned long end, struct vm_area_struct **pprev,
        struct rb_node ***rb_link, struct rb_node **rb_parent)
```

find_vma_links()函数为新 VMA 查找合适的插入位置。

在第 529 行中，__rb_link 指向红黑树的根节点。

在第 532～547 行中，遍历这棵红黑树来寻找合适的插入位置。如果 addr 小于某个节点 VMA 的结束地址，那么继续遍历当前 VMA 的左子树。如果要插入的 VMA 恰好和现有的 VMA 有一小部分的重叠，那么返回错误码 ENOMEM，详见第 538～541 行代码。如果 addr 大于节点 VMA 的结束地址，那么继续遍历这个节点的右子树。while 循环一直遍历下去，直到某个节点没有子节点为止。

在第 551 行中，rb_prev 指向待插入节点的前继节点，这里获取前继节点的结构体。

在第 552 行中，*rb_link 指向__rb_parent->rb_right 或__rb_parent->rb_left 指针本身的地址。

在第 553 行中，__rb_parent 指向找到的待插入节点的父节点。

注意，这里使用二级和三级指针作为形参，如 find_vma_links()函数的 rb_parent 表示以二级指针作为形参，rb_link 表示以三级指针作为形参，这里很容易混淆。以 rb_link 为例，如图 4.23 所示，假设指针 rb_link 本身的地址是 0x5555，它在 insert_vm_struct()函数中是一个二级指针，并且是局部变量，把 rb_link 本身的地址 0x5555 作为形参传递给 find_vma_links()函数。以指针变量作为函数形参调用时会分配一个副本，假设副本名字为 rb_link1，那么指针 rb_link1 指向地址 0x5555。find_vma_links()函数的第 552 行代码让*rb_link1 指向__rb_parent->rb_right 或__rb_parent->rb_left 指针本身的地址，可以理解为地址 0x5555 中存在一个指针，该指针指向__rb_parent->rb_right 或__rb_parent->rb_left 指针本身的地址。

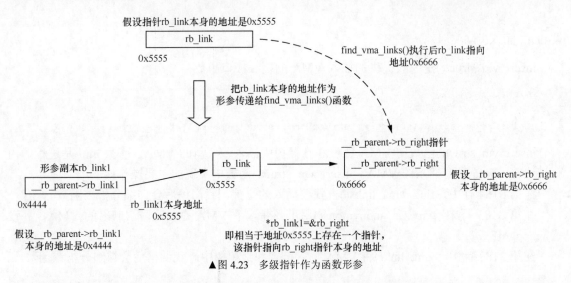

假设指针rb_link本身的地址是0x5555

rb_link

0x5555

find_vma_links()执行后rb_link指向
地址0x6666

把rb_link本身的地址作为
形参传递给find_vma_links()函数

__rb_parent->rb_right指针

形参副本rb_link1

__rb_parent->rb_link1

0x4444

rb_link1本身地址
0x5555

假设__rb_parent->rb_link1
本身的地址是0x4444

rb_link

0x5555

__rb_parent->rb_right

0x6666

假设__rb_parent->rb_right
本身的地址是0x6666

*rb_link1=&rb_right
即相当于地址0x5555上存在一个指针,
该指针指向rb_right指针本身的地址

▲图 4.23　多级指针作为函数形参

所以 find_vma_links()函数返回之后, rb_link 指向__rb_parent->rb_right 或__rb_parent->rb_left 指针本身的地址。*rb_link 便可以指向__rb_parent->rb_right 或__rb_parent->rb_left 指针指向的节点, 在__vma_link()->__vma_link_rb()->rb_link_node()中会用到。

find_vma_links()函数的主要贡献是精确地找到了新 VMA 要添加到的某个节点的子节点, rb_parent 指针指向要插入的节点的父节点; rb_link 指向要插入的节点指针本身的地址; pprev 指针指向要插入的节点的父节点指向的 VMA 数据结构, 如图 4.24 所示。

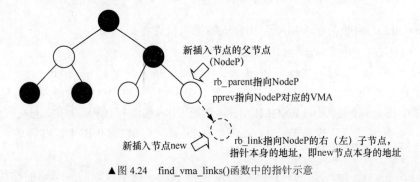

新插入节点的父节点
(NodeP)

rb_parent指向NodeP
pprev指向NodeP对应的VMA

新插入节点new

rb_link指向NodeP的右(左)子节点,
指针本身的地址, 即new节点本身的地址

▲图 4.24　find_vma_links()函数中的指针示意

在 Linux 内核代码中经常使用到二级指针, 很多内核开发者不会使用指针的指针。二级指针在 Linux 内核中主要有两种用法: 一是作为函数的形参, 如上述的 find_vma_links()函数; 二是进行链表操作, 如 RCU 的代码。下面是用二级指针实现的一个简单的链表操作的例子, 省略了异常处理部分。

```c
#include <stdio.h>

struct s_node {
    int val;
    struct s_node *next;
};

int slist_insert(struct s_node ** root, int val)
{
    struct s_node **cur;
    struct s_node *entry, *new;
```

```
    cur = root;
    while ((entry=*cur) != NULL && entry->val < val) {
        cur = &entry->next;
    }

    new = malloc(sizeof(struct s_node));
    new->val = val;

    new->next = entry;
    *cur = new;
}

int slist_del_element(struct s_node **root, int val)
{
    struct s_node **cur;
    struct s_node *entry;

    for (cur = root; *cur;) {
        entry = *cur;
        if (entry->val == val) {
            *cur = entry->next;
            free(entry);
        } else
            cur = &entry->next;
    }
}

int main ()
{
    struct s_node head= {0, NULL};
    struct s_node *root = &head;
    slist_insert(&root, 2);
    slist_insert(&root, 5);
    printf("del element\n");
    slist_del_element(&root, 5);
}
```

2. vma_link()函数

在 insert_vm_struct()函数中，若找到要插入节点的位置后，就可以调用 vma_link()函数将其添加到红黑树中。

```
<mm/mmap.c>

static void vma_link(struct mm_struct *mm, struct vm_area_struct *vma,
        struct vm_area_struct *prev, struct rb_node **rb_link,
        struct rb_node *rb_parent)
```

vma_link()通过__vma_link()将节点添加到红黑树和链表中，__vma_link_file()把 VMA 添加到文件的基数树（radix tree）上。

```
static void __vma_link()
{
    __vma_link_list(mm, vma, prev, rb_parent);
    __vma_link_rb(mm, vma, rb_link, rb_parent);
}
```

__vma_link()函数调用__vma_link_list()，把 VMA 添加到 mm->mmap 链表中。
__vma_link_rb()则把 VMA 插入红黑树中。

```
void __vma_link_rb()
{

    rb_link_node(&vma->vm_rb, rb_parent, rb_link);
    vma_rb_insert(vma, &mm->mm_rb);
}
```

最后通过调用红黑树的 APIrb_link_node()和__rb_insert()来完成添加操作，vma_rb_insert()会调用__rb_insert()来完成插入操作。

```
static inline void rb_link_node(struct rb_node * node, struct rb_node * parent,
                struct rb_node ** rb_link)
{
    node->__rb_parent_color = (unsigned long)parent;
    node->rb_left = node->rb_right = NULL;

    *rb_link = node;
}
```

rb_link 指向要插入的节点指针本身的地址，而 node 是新插入的节点，因此通过*rb_link = node 把节点插入红黑树中。

4.4.7　合并 VMA

在新的 VMA 被添加到进程的地址空间时，内核会检查它是否可以与一个或多个现存的 VMA 进行合并。vma_merge()函数实现将一个新的 VMA 和附近的 VMA 合并的功能。

```
<mm/mmap.c>

struct vm_area_struct *vma_merge(struct mm_struct *mm,
        struct vm_area_struct *prev, unsigned long addr,
        unsigned long end, unsigned long vm_flags,
        struct anon_vma *anon_vma, struct file *file,
        pgoff_t pgoff, struct mempolicy *policy,
        struct vm_userfaultfd_ctx vm_userfaultfd_ctx)
```

vma_merge()函数的参数多达 10 个。其中 mm 是相关进程的 mm_struct 数据结构；prev 是紧接着新 VMA 前继节点的 VMA，一般通过 find_vma_links()函数来获取；addr 与 end 分别是新 VMA 的起始地址和结束地址；vm_flags 是新 VMA 的标志位；参数 anon_vma 是匿名映射的 anon_vma 数据结构；如果新 VMA 属于一个文件映射，则参数 file 指向该文件的 file 数据结构；参数 proff 指定文件映射的偏移量。

在第 1147 行中，VM_SPECIAL 指的是不可合并和不可锁定的多个 VMA。VM_SPECIAL 主

要是指包含(VM_IO | VM_DONTEXPAND | VM_PFNMAP | VM_MIXEDMAP)标志位的 VMA。

在第 1150 行中，如果新插入的节点有前继节点，那么 next 指向 prev->vm_next；否则，指向 mm->mmap 的第一个节点。

在第 1163～1193 行中，判断是否可以和前继节点合并。如果要插入节点的起始地址和 prev 节点的结束地址相等，就满足第一个条件了，can_vma_merge_after()函数判断 prev 节点是否可以被合并。理想情况下，若新插入节点的结束地址等于 next 节点的起始地址，那么节点 prev 和 next 可以合并在一起。最终合并是在 vma_adjust()函数中实现的，它会适当地修改所涉及的数据结构，如 VMA 等，最后会释放不再需要的 VMA。

在第 1195～1120 行中，判断是否可以和后继节点合并。

图 4.25 所示为 vma_merge()函数的实现方式。

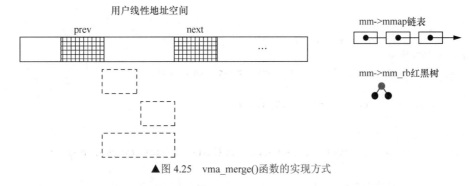

▲图 4.25　vma_merge()函数的实现方式

vma_merge()在合并中常见的 3 种情况如下。

❑　新 VMA 的起始地址和 prev 节点结束地址重叠。

❑　新 VMA 的结束地址和 next 节点的起始地址重叠。

❑　新 VMA 和 prev 和 next 节点正好衔接上。

4.4.8　红黑树例子

红黑树（red black tree）广泛应用在内核的内存管理和进程调度中，用于将排序的元素组织到树中。红黑树还广泛应用于计算机科学相关的各个领域，它在速度和实现复杂度之间实现了很好的平衡。

红黑树是具有以下特征的二叉树。

❑　节点是红色或黑色的。

❑　根节点是黑色的。

❑　所有叶子节点都是黑色的。

❑　如果节点是红色的，那么其两个子节点都是黑色的。

❑　从任意节点到其每个叶子的所有路径都包含相同数目的黑色节点。

红黑树的一个优点是，所有重要的操作（如插入、删除、搜索）都可以在 $O(\log_2 n)$时间内完成，n 为树中节点的数目。经典的算法教科书会讲解红黑树的实现，这里只列出一个在内核中使用红黑树的例子，供读者在实际的驱动和内核编程中参考，这个例子可以在内核代码的 documentation/Rbtree.txt 文件中找到。

```
#include <linux/init.h>
#include <linux/list.h>
#include <linux/module.h>
```

```
#include <linux/kernel.h>
#include <linux/slab.h>
#include <linux/mm.h>
#include <linux/rbtree.h>

MODULE_AUTHOR("benshushu");
MODULE_DESCRIPTION(" ");
MODULE_LICENSE("GPL");

  struct mytype {
      struct rb_node node;
      int key;
};

/*红黑树的根节点*/
 struct rb_root mytree = RB_ROOT;
/*根据key来查找节点*/
struct mytype *my_search(struct rb_root *root, int new)
  {
      struct rb_node *node = root->rb_node;

      while (node) {
          struct mytype *data = container_of(node, struct mytype, node);

          if (data->key > new)
              node = node->rb_left;
          else if (data->key < new)
              node = node->rb_right;
          else
              return data;
      }
      return NULL;
  }

/*插入一个元素到红黑树中*/
  int my_insert(struct rb_root *root, struct mytype *data)
  {
      struct rb_node **new = &(root->rb_node), *parent=NULL;

      /* Figure out where to put new node */
      while (*new) {
          struct mytype *this = container_of(*new, struct mytype, node);

          parent = *new;
          if (this->key > data->key)
              new = &((*new)->rb_left);
          else if (this->key < data->key) {
              new = &((*new)->rb_right);
          } else
              return -1;
      }

      /* Add new node and rebalance tree. */
```

```
        rb_link_node(&data->node, parent, new);
        rb_insert_color(&data->node, root);

        return 0;
    }


static int __init my_init(void)
{
    int i;
    struct mytype *data;
    struct rb_node *node;

    /*插入元素*/
    for (i =0; i < 20; i+=2) {
        data = kmalloc(sizeof(struct mytype), GFP_KERNEL);
        data->key = i;
        my_insert(&mytree, data);
    }

    /*遍历红黑树，输出所有节点的 key 值*/
     for (node = rb_first(&mytree); node; node = rb_next(node))
        printk("key=%d\n", rb_entry(node, struct mytype, node)->key);

    return 0;
}

static void __exit my_exit(void)
{
    struct mytype *data;
    struct rb_node *node;
    for (node = rb_first(&mytree); node; node = rb_next(node)) {
        data = rb_entry(node, struct mytype, node);
        if (data) {
            rb_erase(&data->node, &mytree);
            kfree(data);
        }
    }
}
module_init(my_init);
module_exit(my_exit);
```

mytree 是红黑树的根节点，my_insert()把一个元素插入红黑树中，my_search()根据 key 来查找节点。内核中插入 VMA 的接口函数是 insert_vm_struct()，其操作红黑树的实现细节类似于 my_insert()，读者可以仔细对比。

4.4.9　小结

进程地址空间在内核中用 VMA 来抽象描述，VMA 离散分布在 256TB 的用户空间中（对于 64 位 Linux 系统），内核中提供相应的接口函数来管理 VMA，简单总结如下。

（1）查找 VMA。

```
struct vm_area_struct * find_vma(struct mm_struct * mm, unsigned long addr);
struct vm_area_struct * find_vma_prev(struct mm_struct * mm, unsigned long addr,
struct vm_area_struct **pprev);
struct vm_area_struct * find_vma_intersection(struct mm_struct * mm, unsigned long
start_addr, unsigned long end_addr)
```

（2）插入 VMA。

```
int insert_vm_struct(struct mm_struct *mm, struct vm_area_struct *vma)
```

（3）合并 VMA。

```
struct vm_area_struct *vma_merge(struct mm_struct *mm,
            struct vm_area_struct *prev, unsigned long addr,
            unsigned long end, unsigned long vm_flags,
            struct anon_vma *anon_vma, struct file *file,
            pgoff_t pgoff, struct mempolicy *policy)
```

4.5　malloc()

malloc()函数是 C 语言中的内存分配函数，C 语言的初学者经常会有如下的困扰。

假设系统中有进程 A 和进程 B，分别使用 testA()和 testB()函数分配内存。

```
//进程 A 分配内存
void testA(void)
{
    char * bufA = malloc(100);
    ...
    *bufA = 100;
    ...
}

//进程 B 分配内存
void testB(void)
{
    char * bufB = malloc(100);
    mlock(bufB, 100);
    ...
}
```

　　malloc()函数是 C 标准库封装的一个核心函数，C 标准库做一些处理后会调用 Linux 的系统调用接口 brk，所以大家并不太熟悉 brk 的系统调用，原因在于很少有人会直接使用系统调用 brk 向系统申请内存，而总是使用 malloc()之类的 C 标准库的接口函数。如果把 malloc()想象成零售商，那么 brk 就是代理商。malloc()函数为用户进程维护一个本地小仓库，当进程需要使用更多的内存时，就向这个小仓库要货；当小仓库存量不足时，就通过代理商 brk 向内核批发。

4.5.1　brk 系统调用

brk 系统调用主要实现在 mm/mmap.c 文件中。

```
<mm/mmap.c>

SYSCALL_DEFINE1(brk, unsigned long, brk)
```

　　系统调用的定义是通过 SYSCALL_DEFINE1 宏来实现的，这个宏定义在 include/linux/syscalls.h 头文件中。

```
<include/linux/syscalls.h>

#define SYSCALL_DEFINE1(name, ...) SYSCALL_DEFINEx(1, _##name, __VA_ARGS__)
#define SYSCALL_DEFINE2(name, ...) SYSCALL_DEFINEx(2, _##name, __VA_ARGS__)
#define SYSCALL_DEFINE3(name, ...) SYSCALL_DEFINEx(3, _##name, __VA_ARGS__)
#define SYSCALL_DEFINE4(name, ...) SYSCALL_DEFINEx(4, _##name, __VA_ARGS__)
#define SYSCALL_DEFINE5(name, ...) SYSCALL_DEFINEx(5, _##name, __VA_ARGS__)
#define SYSCALL_DEFINE6(name, ...) SYSCALL_DEFINEx(6, _##name, __VA_ARGS__)

#define SYSCALL_DEFINE_MAXARGS  6
```

　　其中 SYSCALL_DEFINE1 表示有 1 个参数，SYSCALL_DEFINE2 表示有两个参数，以此类推。SYSCALL_DEFINEx 宏的定义如下。

```
#define SYSCALL_DEFINEx(x, sname, ...)                  \
    SYSCALL_METADATA(sname, x, __VA_ARGS__)             \
    __SYSCALL_DEFINEx(x, sname, __VA_ARGS__)
```

　　其中 SYSCALL_METADATA()用于 ftrace 调试系统调用，__SYSCALL_DEFINEx()宏的定义和架构相关。对于 ARM64 来说，该宏定义在 arch/arm64/include/asm/syscall_wrapper.h 头文件中。

```
<arch/arm64/include/asm/syscall_wrapper.h>

#define __SYSCALL_DEFINEx(x, name, ...)                          \
    asmlinkage long __arm64_sys##name(const struct pt_regs *regs);       \
    ALLOW_ERROR_INJECTION(__arm64_sys##name, ERRNO);             \
    static long __se_sys##name(__MAP(x,__SC_LONG,__VA_ARGS__));          \
    static inline long __do_sys##name(__MAP(x,__SC_DECL,__VA_ARGS__)); \
    asmlinkage long __arm64_sys##name(const struct pt_regs *regs)        \
    {                                                            \
        return __se_sys##name(SC_ARM64_REGS_TO_ARGS(x,__VA_ARGS__));   \
    }                                                            \
    static long __se_sys##name(__MAP(x,__SC_LONG,__VA_ARGS__))       \
    {                                                            \
        long ret = __do_sys##name(__MAP(x,__SC_CAST,__VA_ARGS__)); \
        __MAP(x,__SC_TEST,__VA_ARGS__);              \
        __PROTECT(x, ret,__MAP(x,__SC_ARGS,__VA_ARGS__));     \
        return ret;                          \
    }                                    \
    static inline long __do_sys##name(__MAP(x,__SC_DECL,__VA_ARGS__))
```

　　以本章的 brk 系统调用为例，__SYSCALL_DEFINEx 宏展开之后变成以下形式。

```
asmlinkage long __arm64_sys_brk(const struct pt_regs *regs);
static long __se_sys_brk(unsigned long brk);
static inline long __do_sys_brk(unsigned long brk);
```

```
asmlinkage long __arm64_sys_brk(const struct pt_regs *regs)
{
    return __se_sys_brk(brk);
}

static long __se_sys_brk(unsigned long brk)
{
    long ret = __do_sys_brk(brk);
    return ret;
}

static inline long __do_sys_brk(unsigned long brk)
```

因此 SYSCALL_DEFINE1(brk, unsigned long, brk)语句展开后会多出两个函数，分别是 __arm64_sys_brk()和__se_sys_brk()函数。其中__arm64_sys_brk()函数的地址会存放到系统调用表 sys_call_table 中。最后这个函数变成了__do_sys_brk()函数。

4.5.2　用户态地址空间划分

在 32 位 Linux 内核中，每个用户进程拥有 3GB 的用户态虚拟空间，而在 64 位 Linux 内核中，每个进程可以拥有 256TB 的用户态虚拟空间。那么这些虚拟空间是如何划分的呢？

用户进程的可执行文件由代码段和数据段组成，数据段包括所有静态分配的数据空间，如全局变量和静态局部变量等。在可执行文件装载时，内核就为其分配好这些空间，包括虚拟地址和物理页面，并建立好二者的映射关系。如图 4.26 所示，用户进程的用户栈从 TASK_SIZE

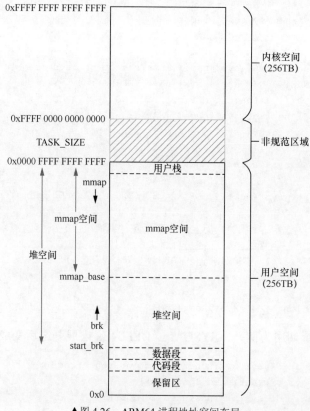

▲图 4.26　ARM64 进程地址空间布局

指定的虚拟空间的顶部开始，由顶部向下延伸，而 brk 分配的空间从数据段的顶部 end_data 到用户栈的底部。所以动态分配空间从进程的 end_data 开始，每次分配一块空间，就把这个边界地址往上推进一段，同时内核和进程都会记录当前边界地址。

TASK_SIZE 的大小和处理器支持的最大虚拟地址位宽有关，以 48 位宽为例，TASK_SIZE 为 0x1 0000 0000 0000。

```
<arch/arm64/include/asm/processor.h>

#define TASK_SIZE_64    (UL(1) << vabits_user)
#define TASK_SIZE       TASK_SIZE_64
```

4.5.3 __do_sys_brk()函数

接下来我们来看 __do_sys_brk() 函数，该函数实现在 mm/mmap.c 文件中，其主要操作如下。

在第 191 行中，SYSCALL_DEFINE1 宏展开后变成 __do_sys_brk() 函数。

在第 202 行中，申请写者类型的读写信号量 mm->mmap_sem，因为后续要修改进程的地址空间。

在第 205 行中，进程的内存管理描述符里有一个 brk 成员，用于记录动态分配区的当前底部。

在第 218 行中，进程的内存管理描述符里有一个 start_brk 成员，用于记录动态分配区的起始地址。

在第 233~234 行中，newbrk 表示 brk 要求的新边界地址，是用户进程要求分配内存的大小与当前动态分配区底部边界地址的和。oldbrk 表示当前动态分配区的底部边界地址。

在第 235 行中，不需要移动分配的边界地址。

在第 244~261 行中，如果新边界地址小于旧边界地址，那么表示进程请求释放空间，调用 do_munmap() 来释放这一部分空间的内存。

在第 264 行中，find_vma() 以旧边界地址去查找的 VMA，以确定当前用户进程中是否已经有一块 VMA 和 start_addr 重叠。如果找到一块包含 start_addr 的 VMA，说明以旧边界地址开始的地址空间已经在使用，就不需要再寻找了。

在第 269 行中，若没找到一块已经存在的 VMA，那可以调用 do_brk_flags() 函数继续分配 VMA。我们稍后会详细分析这个函数。

在第 271 行中，设置这次请求的 brk 到进程内存描述符 mm->brk 中，以便下一次调用 brk 时可以知道当前的 brk 地址。

在第 275 行中，释放 mm->mmap_sem 信号量。

在第 280 行中，应用程序可以使用 mlockall() 系统调用来把进程中全部的进程虚拟地址空间加锁，防止内存被交换出去。因此，这时的 mm->def_flags 会设置 VM_LOCKED 标志位，调用 mm_populate() 函数来立刻分配物理内存。我们稍后会详细分析这个函数。

在第 282 行中，返回这次请求的 brk 地址。

4.5.4 do_brk_flags()函数

在 Linux 4.0 内核中，do_brk_flags() 函数名为 do_brk()，在 Linux 5.0 内核中变成 do_brk_flags()，它实现在 mm/mmap.c 文件中，其定义如下。

```
<mm/mmap.c>
```

```
static int do_brk_flags(unsigned long addr, unsigned long len, unsigned long flags,
struct list_head *uf)
```

do_brk_flags()函数包含 4 个参数。

❑　addr：旧的边界地址。

❑　len：要申请内存的大小。

❑　flags：分配时传递的标志位。

❑　uf：内部临时用的链表。

do_brk_flags()函数中的主要操作如下。

在第 2991 行中，通常 do_brk_flags()函数传递的 flags 参数为 0。这里设置 flags 为 VM_DATA_
DEFAULT_FLAGS，该宏的定义如下。

```
#define VM_DATA_DEFAULT_FLAGS \
   (((current->personality & READ_IMPLIES_EXEC) ? VM_EXEC : 0) | \
    VM_READ | VM_WRITE | VM_MAYREAD | VM_MAYWRITE | VM_MAYEXEC)
```

因此 VMA 的属性是 VM_READ 和 VM_WRITE。

在第 2993 行中，调用 get_unmapped_area()在进程地址空间中寻找一个可以使用的线性地址
区间。它返回一段没有映射过的空间的起始地址，这个函数调用会在具体的架构中实现。注意，
这里 flags 参数是 MAP_FIXED，表示使用指定的虚拟地址对应的空间。

在第 3004 行中，find_vma_links()函数遍历用户进程红黑树中的 VMA，然后根据 addr 来查
找最合适插入红黑树的节点，最终 rb_link 指针指向最合适节点的 rb_left 或 rb_right 指针本身的
地址。若返回 0，表示寻找到最合适插入的节点；若返回-ENOMEM，表示和现有的 VMA 重叠，
会调用 do_munmap()函数来释放这段重叠的空间。

在第 3021 行中，vma_merge()函数检查有没有办法合并 addr 附近的 VMA。如果没办法合
并，那么只能新创建一个 VMA，VMA 的地址空间就是[addr, addr+len]。

在第 3029～3040 行中，若 vma_merge()函数没办法和现有的 VMA 进行合并，就新建一个
VMA，然后把这个区间的起始地址（addr）、结束地址（addr+len）、标志位（flags）与线性区
的属性 vm_page_prot 等填充到新创建的 VMA 中。

```
vma = vm_area_alloc(mm);
vma_set_anonymous(vma);
vma->vm_start = addr;
vma->vm_end = addr + len;
vma->vm_pgoff = pgoff;
vma->vm_flags = flags;
vma->vm_page_prot = vm_get_page_prot(flags);
```

vm_page_prot 表示页面对应的 PTE 的相关属性。vm_get_page_prot()函数通过 flags 值来获
取 PTE 的相关属性。PTE 的相关属性和架构相关。

```
pgprot_t vm_get_page_prot(unsigned long vm_flags)
{
    pgprot_t ret = __pgprot(pgprot_val(protection_map[vm_flags &
               (VM_READ|VM_WRITE|VM_EXEC|VM_SHARED)]) |
           pgprot_val(arch_vm_get_page_prot(vm_flags)));

    return arch_filter_pgprot(ret);
}
```

这里定义了一个 protection_map[]数组，通过查询这个数组来获取 PTE 对应的属性。对于 ARM64 架构来说，VM_DATA_DEFAULT_FLAGS 对应的 PTE 属性为 PAGE_READONLY。

```
#define _PROT_DEFAULT        (PTE_TYPE_PAGE | PTE_AF | PTE_SHARED)
#define _PAGE_DEFAULT        (_PROT_DEFAULT | PTE_ATTRINDX(MT_NORMAL))
#define PAGE_READONLY        __pgprot(_PAGE_DEFAULT | PTE_USER | PTE_RDONLY | PTE_NG
| PTE_PXN | PTE_UXN)
```

由此可见，与 PTE 相关的属性会设置以下内容。

❑ PTE_TYPE_PAGE：这是一个基于页面的页表项，也就是设置页表项的 Bit[1:0]。

❑ PTE_AF：设置访问位。

❑ PTE_SHARED：设置内存共享属性。

❑ MT_NORMAL：设置内存属性为 normal。

❑ PTE_USER：设置 AP 访问位，允许以用户权限来访问该内存。

❑ PTE_RDONLY：设置该内存为只读。

❑ PTE_NG：设置该内存对应的 TLB 只属于该进程。

❑ PTE_PXN：表示该内存中的代码不能在特权模式下执行。

❑ PTE_UXN：表示该内存中的代码不能在用户模式下执行。

因此，上述这些 PTE 属性最终需要设置到页表项中。当然，现在还不会设置到硬件页表中。通常情况下通过缺页异常处理函数来分配物理内存并设置 PTE 和 PTE 属性。

在第 3041 行中，新创建的 VMA 需要添加到 mm->mmap 链表和红黑树中，vma_link()函数可实现这个功能。

综上所述，brk 系统调用流程如图 4.27 所示。若进程使用 mlockall 系统调用，那么需要调用 mm_populate()马上分配物理内存并建立映射。通常用户程序很少使用 VM_LOCKED 分配掩码，所以 brk 系统调用不会为这个用户进程马上分配物理页面，而是一直延迟到用户进程需要访问这些虚拟页面并发生缺页中断时才会分配物理内存，并和虚拟地址建立映射关系。

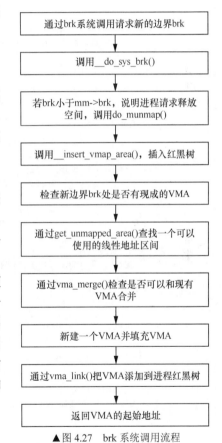

▲图 4.27 brk 系统调用流程

4.5.5 __mm_populate()函数

当指定 VM_LOCKED 标志位时，表示需要马上为描述这块进程地址空间的 VMA 来分配物理页面并建立映射关系。mm_populate()函数内部调用__mm_populate()，参数 start 是 VMA 的起始地址，len 是 VMA 的长度，ignore_errors 表示当分配页面发生错误时会继续重试。

```
<mm/gup.c>

int __mm_populate(unsigned long start, unsigned long len, int ignore_errors)
```

__mm_populate()函数实现在 mm/gup.c 文件中，其主要操作如下。

在第 1268 行中，以 start 为起始地址，先通过 find_vma()查找 VMA，如果没找到 VMA，则退出循环。

在第 1295 行中，调用 populate_vma_page_range()函数来人为制造缺页异常并完成地址映射。

❑ 设置分配掩码 FOLL_TOUCH 和 FOLL_MLOCK 标志位。

❑ 调用__get_user_pages()来为进程地址空间分配物理内存并且建立映射关系。

4.5.6　get_user_pages()函数

get_user_pages()函数是一个分配物理内存的接口函数。它主要用于锁住内存（pin in memory），即保证用户空间分配的内存不会被释放。很多驱动程序使用这个接口函数来为用户态程序分配物理内存，如摄像头驱动的核心驱动框架函数 videobuf_dma_init_user_locked()。

```
<drivers/media/v4l2-core/videobuf-dma-sg.c>

static int videobuf_dma_init_user_locked(struct videobuf_dmabuf *dma,
            int direction, unsigned long data, unsigned long size)
{
    ...
    dma->size = size;
    dma->nr_pages = last-first+1;
    dma->pages = kmalloc_array(dma->nr_pages, sizeof(struct page *),
                GFP_KERNEL);
    ...
    err = get_user_pages(data & PAGE_MASK, dma->nr_pages,
                flags, dma->pages, NULL);
    ...
    return 0;
}
```

驱动常常使用 get_user_pages()函数，就像上面提到的 videobuf_dma_init_user_locked()函数。

```
<mm/gup.c>

long get_user_pages(unsigned long start, unsigned long nr_pages,
        unsigned int gup_flags, struct page **pages,
        struct vm_area_struct **vmas)
{
    return __get_user_pages_locked(current, current->mm, start, nr_pages, pages, vmas,
NULL, gup_flags | FOLL_TOUCH);
}
```

get_user_pages()最终会调用__get_user_pages()内部函数来实现。

```
<mm/gup.c>

static long __get_user_pages(struct task_struct *tsk, struct mm_struct *mm, unsigned
long start, unsigned long nr_pages,
        unsigned int gup_flags, struct page **pages,
        struct vm_area_struct **vmas, int *nonblocking)
```

这个内部函数一共有 8 个参数。

❑ tsk：目标进程的 task_struct 数据结构。

- ❑ mm：目标进程的内存描述符。
- ❑ start：用户进程的虚拟起始地址。
- ❑ nr_pages：需要锁定的页面数量。
- ❑ gup_flags：内部使用的锁定属性。
- ❑ pages：锁定页面的指针，它是一个 page 指针数组。
- ❑ vmas：映射每一个物理页面的 VMA，它是一个 VMA 的指针数组。
- ❑ nonblocking：判断是否需要等待 mmap_sem 读者信号量或者等待磁盘 I/O。若 nonblocking 为 1，表示不等待；若 nonblocking 为 0，表示等待。

gup_flags 分配掩码定义在 include/ linux/mm.h 头文件中。

```
#define FOLL_WRITE      0x01   /* 判断 PTE 是否具有可写属性*/
#define FOLL_TOUCH      0x02   /* 标记页面可访问 */
#define FOLL_GET        0x04   /* 在这个页面执行 get_page()操作，增加_refcount*/
#define FOLL_DUMP       0x08
#define FOLL_FORCE      0x10   /* get_user_pages()函数具有读写权限 */
#define FOLL_NOWAIT     0x20   /* 如果需要一个磁盘传输，那么开始一个 I/O 传输不需要为其等待*/
#define FOLL_MLOCK      0x40   /* 标记这个页面是锁定的*/
#define FOLL_SPLIT      0x80   /* 不返回大页面，切分它们 */
#define FOLL_HWPOISON   0x100  /* 检查这个页面是否是硬件污染的页面*/
#define FOLL_NUMA       0x200  /* 强制 NUMA 触发一个缺页中断*/
#define FOLL_MIGRATION  0x400  /* 等待页面合并*/
#define FOLL_TRIED      0x800
```

如果 VMA 的标志域 vm_flags 具有可写的属性（VM_WRITE），那么这里必须设置 FOLL_WRITE 标志位。如果 vm_flags 是可读、可写和可执行的，那么必须设置 FOLL_FORCE 标志位。最后调用__get_user_pages()来为进程地址空间分配物理内存并且建立映射关系。

__get_user_pages()函数的主体根据要锁定的页面数量来遍历 VMA，其主要操作如下。

在第 696~781 行中，do_while 循环根据 nr_pages 来依次处理每个页面的锁定情况。

在第 703 行中，find_extend_vma()函数查找 VMA，它会调用 find_vma()查找 VMA。如果 VMA->vm_start 大于查找地址 start，那么它会尝试扩增 VMA，把 VMA->vm_start 边界扩大到 start 中。

在第 718 行中，is_vm_hugetlb_page()判断这个 VMA 是否支持巨页，若支持，就调用 follow_hugetlb_page()来处理。我们假设这个场景下不支持巨页。

在第 730 行中，如果当前进程收到一个 SIGKILL 信号，那么不需要继续做内存分配，直接报错、退出。

在第 734 行中，cond_resched()判断当前进程是否需要调度，内核代码通常在 while 循环中添加 cond_resched()，从而优化系统延迟。

在第 736 行中，调用 follow_page_mask()查看 VMA 中的虚拟页面是否已经分配了物理内存。follow_page_mask()是内存管理的核心接口函数 follow_page()的具体实现，follow_page() 在页面合并和 KSM 中有广泛的应用。follow_page_mask()用于返回在用户进程地址空间中已经有映射的普通映射（normal mapping）页面的 page 数据结构。

在第 738 行中，如果 follow_page_mask()没有返回 page 数据结构，那么调用 faultin_page() 函数，然后继续调用 handle_mm_fault()来人为地触发一个缺页异常。handle_mm_fault()函数是缺页异常处理的核心函数，后续章节中会详细介绍该函数。

在第 764～769 行中，分配完页面后，pages 指针数组指向这些页面，最后调用 flush_anon_page() 和 flush_dcache_page() 来刷新这些页面对应的高速缓存。

在第 770 行中，在 next_page 标签处，为下一次循环做准备，准备锁定下一个物理页面。

1．follow_page_mask()函数

follow_page_mask()函数主要用于遍历页表并返回物理页面的 page 数据结构，它实现在 mm/gup.c 文件中。

```
<mm/gup.c>

struct page *follow_page_mask(struct vm_area_struct *vma,
                unsigned long address, unsigned int flags,
                struct follow_page_context *ctx)
```

follow_page_mask()函数一共有 4 个参数。
- vma：参数 address 所属的 VMA。
- address：虚拟地址，用于查找页表的虚拟地址。
- flags：内部使用的标志位。
- ctx：follow_page_context 数据结构，主要用于处理 ZONE_DEVICE 映射的情况。

follow_page_mask()函数中的主要操作如下。

在第 413 行中，follow_huge_addr()函数处理巨页情况。

在第 419 行中，pgd_offset()宏由进程的内存描述符 mm 和虚拟地址可以找到进程页表的 PGD 页表项。用户进程内存管理描述符 mm_struct 数据结构的 pgd 成员（mm->pgd）指向用户进程的页表基地址。如果 PGD 页表项的内容为空或页表项无效，那么报错并返回。

在第 424～437 行中，处理巨页。

在第 439 行中，调用 follow_p4d_mask()函数遍历 P4D。Linux 5.0 内核已经支持 5 级页表，但是 ARM64 只支持 4 级页表。

follow_p4d_mask()函数（该函数也实现在 mm/gup.c 文件中）中的主要操作如下。

通过 p4d_offset()找到 P4D 页表项。然后调用 follow_pud_mask()函数遍历 PUD。

在 follow_pud_mask()函数中，首先通过 pud_offset()找到 PUD 页表项，然后调用 follow_pmd_mask()遍历 PMD。

在 follow_pmd_mask()函数中，首先通过 pmd_offset()找到 PMD 页表项，然后调用 follow_page_pte()遍历 PTE。

在 follow_page_pte()函数中，遍历 PTE，并返回 address 对应的物理页面的 page 结构。我们稍后会详细分析 follow_page_pte()函数。

2．follow_page_pte()函数

follow_page_pte()函数也实现在 mm/gup.c 文件中。

```
<mm/gup.c>

static struct page *follow_page_pte(struct vm_area_struct *vma,
        unsigned long address, pmd_t *pmd, unsigned int flags,
        struct dev_pagemap **pgmap)
```

follow_page_pte()函数中的主要操作如下。

在第 88 行中，检查 PMD 是否有效。

在第 91 行中，pte_offset_map_lock()宏通过 PMD 和地址获取 PTE，这里还获取了一个自旋锁，这个函数在返回时需要调用 pte_unmap_unlock()来释放自旋锁。

在第 93 行中，pte_present()判断该页面是否在内存中。

在第 93～110 行中，处理页表不在内存中的情况。

❑ 如果分配掩码没有定义 FOLL_MIGRATION，即这个页面没有在页面合并过程中出现，那么返回错误。

❑ 如果 PTE 为空，则返回错误。

❑ 如果 PTE 是正在合并的 swap 页面，那么调用 migration_entry_wait()等待这个页面合并完成后再尝试。

在第 113 行中，如果分配掩码支持可写属性（FOLL_WRITE），但是 PTE 只具有只读属性，那么返回 NULL。

在第 118 行中，vm_normal_page()函数根据 PTE 来返回普通映射页面的 page 数据结构。我们稍后会详细分析这个函数。

在第 119～129 行中，处理设备映射页面（device mapping page）的情况。

在第 129～145 行中，处理 vm_normal_page()函数没返回有效的页面的情况，通常返回错误。有一种情况比较特殊，对于系统零页（zero page），不会返回错误。通过 is_zero_pfn()函数判断该页面是否为零页。

在第 160 行中，如果 flags 设置为 FOLL_GET，get_page()会增加页面的_refcount。

在第 162 行中，当 flag 设置为 FOLL_TOUCH 时，需要标记页面可访问，调用 mark_page_accessed()函数设置页面是活跃的，mark_page_accessed()函数是页面回收的核心辅助函数。

在第 201 行中，最后返回页面的数据结构。

3. vm_normal_page()函数

vm_normal_page()函数是一个很有意思的函数，它内部调用_vm_normal_page()函数，它实现在 mm/memory.c 文件中。

```
<mm/memory.c>

struct page *_vm_normal_page(struct vm_area_struct *vma, unsigned long addr, pte_t
pte, bool with_public_device)
```

vm_normal_page()函数返回普通映射页面的 page 数据结构，一些特殊映射的页面是不会返回 page 数据结构的，这些页面不希望参与内存管理的一些活动，如页面回收、页迁移和 KSM 等。HAVE_PTE_SPECIAL 宏利用 PTE 的空闲位来做一些有意思的事情，在 ARM32 架构的 3 级页表和 ARM64 的代码中会实现这个特性，而 ARM32 架构的 2 级页表里没有实现这个特性。

在 ARM64 中，定义了 PTE_SPECIAL 位。注意，这是利用硬件上空闲的位来定义的。

```
<arch/arm64/include/asm/pgtable.h>

/*
 * Software defined PTE bits definition.
 */
```

```
#define PTE_VALID              (_AT(pteval_t, 1) << 0)
#define PTE_DIRTY              (_AT(pteval_t, 1) << 55)
#define PTE_SPECIAL            (_AT(pteval_t, 1) << 56)
#define PTE_WRITE              (_AT(pteval_t, 1) << 57)
#define PTE_PROT_NONE          (_AT(pteval_t, 1) << 58) /* only when !PTE_VALID */
```

内核通常使用 pte_mkspecial()宏来设置软件定义的 PTE_SPECIAL 位，主要有以下用途。

❑　用作内核的零页。

❑　大量的驱动程序使用 remap_pfn_range()函数来映射内核页面到用户空间。这些用户程序使用的 VMA 通常设置了(VM_IO | VM_PFNMAP | VM_DONTEXPAND | VM_DONTDUMP)属性。

❑　vm_insert_page()/vm_insert_pfn()映射内核页面到用户空间。

vm_normal_page()函数把页面分为两类，一类是普通页面，另一类是特殊页面。

❑　普通页面通常指普通映射（normal mapping）的页面，如匿名页面、页面高速缓存和共享内存页面等。

❑　特殊页面通常指特殊映射（special mapping）的页面，这些页面不希望参与内存管理的回收或者合并，如映射如下属性的页面。

❑　VM_IO：为 I/O 设备映射内存。

❑　VM_PFN_MAP：纯 PFN 映射。

❑　VM_MIXEDMAP：固定映射。

_vm_normal_page()函数实现 mm/memory.c 文件中，其重要操作如下。

在第 577～614 行中，处理定义了 CONFIG_ARCH_HAS_PTE_SPECIAL 的情况。如果 PTE 的 PTE_SPECIAL 位没有置位，那么跳转到 check_pfn 处继续检查。如果 VMA 的操作符定义了 find_special_page 函数指针，那么调用这个函数继续检查。如果 vm_flags 设置了(VM_PFNMAP | VM_MIXEDMAP)，那么这是特殊映射的页面，返回 NULL。通过 is_zero_pfn()可以判断这个页面是否为系统零页，如果是系统零页，那么返回 NULL。

在第 618 行中，处理没有定义 CONFIG_ARCH_HAS_PTE_SPECIAL 的情况。

首先检查(VM_PFNMAP|VM_ MIXEDMAP)的情况。remap_pfn_range()函数通常使用 VM_PFNMAP 位且 vm_pgoff 指向第一个 PFN 映射，所以可以使用如下公式来判断这种情况下的特殊映射页面。

```
(pfn_of_page == vma->vm_pgoff + ((addr - vma->vm_start) >> PAGE_SHIFT)
```

另一种情况是虚拟地址线性映射到 PFN，如果映射是写时复制（Copy-On-Write，COW）映射，那么页面也是普通映射的页面。

在第 633 行中，如果页面是系统零页，那么返回 NULL。

在第 637 行中，如果 PFN 大于高端内存的地址范围，则返回 NULL，最后通过 pfn_to_page()返回 page 数据结构实例。

回到__mm_populate()函数，程序执行到这里时，我们已经为这块进程地址空间分配了物理页面并建立好了映射关系。

4.5.7　小结

对于使用 C 语言的开发人员来说，malloc()函数是很经典的函数，使用起来很便捷，可是其内核实现并不简单。回到本章开头的问题，malloc()函数其实用于为用户空间分配进程地址空间，用内核术语来说就是分配一块 VMA。用户空间相当于一个空的纸箱子，那什么时候才往纸箱子里装东西呢？有两种情况，一种是到了真正使用箱子的时候才往里面装东西，另一种是分配箱子的时候就装你想要的东西。进程 A 里面的 testA()函数就用于第一种情况，当使用这段内存时，CPU 查询页表，发现页表为空，CPU 触发缺页异常，然后在缺页异常里一页一页地分配内存，若需要一页就分配一页。进程 B 里面的 testB()函数用于第二种情况，直接分配已装满的纸箱子，已经为你要的虚拟内存分配了物理内存并建立了页表映射。

假设不考虑 libc 的因素，malloc()分配 100 字节，那么内核会分配多少字节呢？处理器的 MMU 的最小处理单元是页面，所以内核分配内存、建立虚拟地址和物理地址映射关系都以页面为单位，PAGE_ALIGN(addr)宏让地址按页面大小对齐。

使用 printf()输出的两个进程的 malloc()分配的虚拟地址是一样的，那么内核中这两个虚拟地址空间会冲突吗？其实每个用户进程有自己的一份页表，mm_struct 数据结构中有一个 pgd 成员，该成员指向这个页表的基地址，在派生新进程时会初始化一份页表。每个进程有一个 mm_struct 数据结构，包含一个属于该进程的页表、一棵管理 VMA 的红黑树和一个链表。进程本身的 VMA 会挂入属于自己的红黑树和链表，所以即使进程 A 和进程 B 使用 malloc()分配内存时返回相同的虚拟地址，但其实它们是两个不同的 VMA，分别被不同的两套页表管理。

图 4.28 所示为 malloc()函数的实现流程，malloc()的实现还涉及内存管理中的几个重要函数。

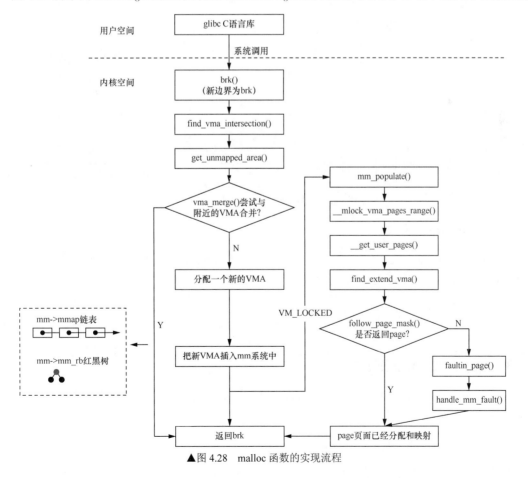

▲图 4.28 malloc 函数的实现流程

1. get_user_pages()函数

get_user_pages()函数用于把用户空间的虚拟内存空间传到内核空间，内核空间为其分配物理内存并建立相应的映射关系，实现过程如图 4.29 所示。如在摄像头驱动的 V4L2 核心架构中可以使用用户空间内存类型（V4L2_MEMORY_USERPTR）来分配物理内存，其驱动的实现使用的是 get_user_pages()函数。其原型如下。

```
long get_user_pages(struct task_struct *tsk, struct mm_struct *mm,
        unsigned long start, unsigned long nr_pages, int write,
        int force, struct page **pages, struct vm_area_struct **vmas)
```

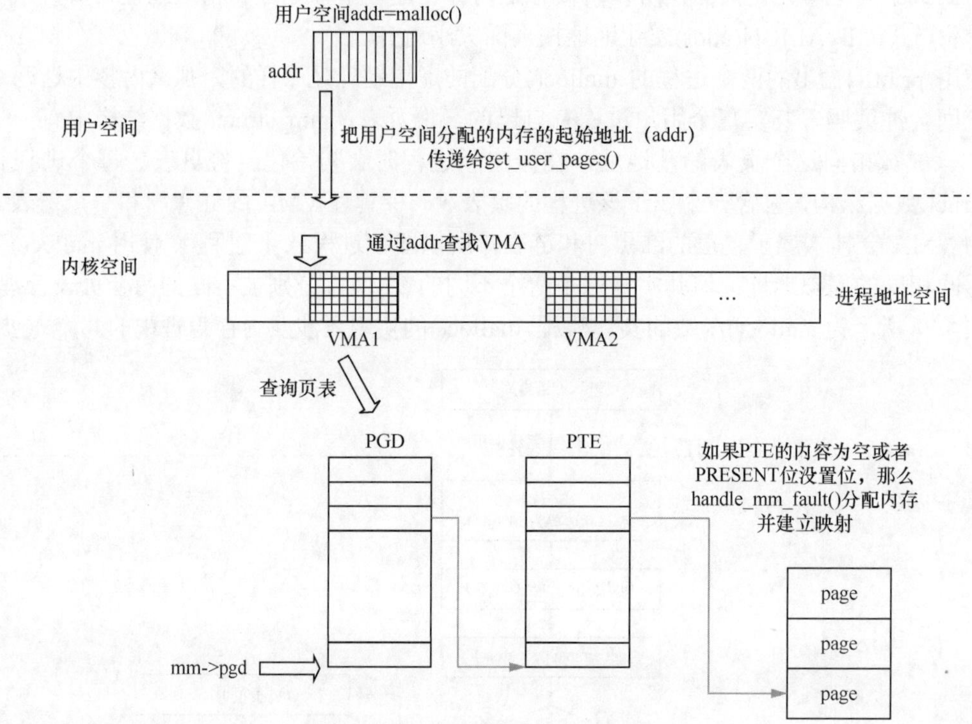

▲图 4.29　get_user_pages()函数的实现过程

2. follow_page()函数

follow_page()函数通过虚拟地址 addr 寻找相应的物理页面，返回普通映射页面对应的 page 数据结构，该函数会查询页表。其原型如下。

```
inline struct page *follow_page(struct vm_area_struct *vma,
        unsigned long address, unsigned int foll_flags)
```

3. vm_normal_page()函数

vm_normal_page()函数由 PTE 返回普通映射页面的 page 数据结构，主要目的是过滤掉特殊映射的页面。其原型如下。

```
struct page *vm_normal_page(struct vm_area_struct *vma, unsigned long addr, pte_t pte)
```

上述是内存管理中经典的 3 个函数，值得读者细细品味。

4.6 mmap

4.6.1 mmap 概述

mmap/munmap 函数是用户空间中常用的系统调用函数，无论是在用户程序中分配内存、读写大文件、链接动态库文件，还是多进程间共享内存，都可以看到 mmap/munmap 函数的身影。mmap/munmap 函数的声明如下。

```
#include <sys/mman.h>

void *mmap(void *addr, size_t length, int prot, int flags,
           int fd, off_t offset);
int munmap(void *addr, size_t length);
```

mmap/munmap 函数的参数如下。

❑ addr：用于指定映射到进程地址空间的起始地址，为了提高应用程序的可移植性，一般设置为 NULL，让内核来分配一个合适的地址。

❑ length：表示映射到进程地址空间的大小。

❑ prot：用于设置内存映射区域的读写属性等。

❑ flags：用于设置内存映射的属性，如共享映射、私有映射等。

❑ fd：表示这是一个文件映射，fd 是打开的文件的句柄。

❑ offset：在文件映射时，表示文件的偏移量。

prot 参数通常表示映射页面的读写权限，有如下参数组合。

❑ PROT_EXEC：表示映射的页面是可以执行的。

❑ PROT_READ：表示映射的页面是可以读取的。

❑ PROT_WRITE：表示映射的页面是可以写入的。

❑ PROT_NONE：表示映射的页面是不可访问的。

flags 参数是一个很重要的参数，可以设置为以下值。

❑ MAP_SHARED：创建一个共享映射的区域。多个进程可以通过共享映射方式来映射一个文件，这样其他进程也可以看到映射内容的改变，修改后的内容会同步到磁盘文件中。

❑ MAP_PRIVATE：创建一个私有的写时复制的映射。多个进程可以通过私有映射的方式来映射一个文件，这样其他进程不会看到映射内容的改变，修改后的内容也不会同步到磁盘文件中。

❑ MAP_ANONYMOUS：创建一个匿名映射，即没有关联到文件的映射。

❑ MAP_FIXED：使用参数 addr 创建映射，如果在内核中无法映射指定的地址，那么 mmap 会返回失败，参数 addr 要求按页对齐。如果 addr 和 length 指定的进程地址空间和已有的 VMA 重叠，那么内核会调用 do_munmap()函数把这段重叠区域销毁，然后重新映射新的内容。

❑ MAP_POPULATE：对于文件映射来说，会提前预读文件内容到映射区域，该特性只支持私用映射。

通过参数 fd 可以看出 mmap 映射是否和文件相关联，因此在 Linux 内核中，映射可以分成匿名映射和文件映射。

❑ 匿名映射：没有映射对应的相关文件，匿名映射的内存区域的内容会初始化为 0。

❏　文件映射：映射和实际文件相关联，通常把文件内容映射到进程地址空间，这样应用
　　程序就可以像操作进程地址空间一样读写文件，如图 4.30 所示。

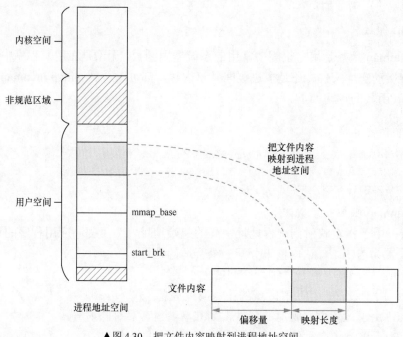

▲图 4.30　把文件内容映射到进程地址空间

最后根据文件关联性和映射区域是否共享等属性，nmap 映射又可以分成 4 类。

1. 私有匿名映射

当使用参数 fd=−1 且 flags=MAP_ANONYMOUS | MAP_PRIVATE 时，创建的 mmap 映射是私有匿名映射。私有匿名映射常见的用途是在 glibc 分配大内存块时，如果需要分配的内存大于 MMAP_THRESHOLD（128KB），glibc 会默认使用 mmap 代替 brk 来分配内存。

2. 共享匿名映射

当使用参数 fd=−1 且 flags= MAP_ANONYMOUS | MAP_SHARED 时，创建的 mmap 映射是共享匿名映射。共享匿名映射让相关进程共享一块内存区域，通常用于父、子进程之间的通信。创建共享匿名映射有如下两种方式。

❏　使 fd=−1 且 flags= MAP_ANONYMOUS | MAP_SHARED。在这种情况下，do_mmap_
　　pgoff()->mmap_region() 函数最终会调用 shmem_zero_setup() 来打开一个特殊的
　　"/dev/zero"设备文件。

❏　直接打开"/dev/zero"设备文件，然后使用这个文件句柄来创建 mmap。
上述两种方式最终都调用 shmem 模块来创建共享匿名映射。

3. 私有文件映射

创建文件映射时，如果 flags 设置为 MAP_PRIVATE，就会创建私有文件映射。私有文件映射常用的场景是加载动态共享库。

4. 共享文件映射

创建文件映射时，如果 flags 设置为 MAP_SHARED，就会创建共享文件映射。如果 prot

参数指定了 PROT_WRITE，那么打开文件时需要指定 O_RDWR 标志位。共享文件映射通常有如下两个常用的场景。

- ❑ 读写文件。把文件内容映射到进程地址空间，同时对映射的内容做了修改，内核的回写（writeback）机制最终会把修改的内容同步到磁盘中。
- ❑ 进程间通信。进程之间的进程地址空间相互隔离，一个进程不能访问另外一个进程的地址空间。如果多个进程同时映射到一个文件，就实现了多进程间的共享内存通信。如果一个进程对映射内容做了修改，那么另外的进程是可以看到的。

4.6.2 小结

mmap 机制在 Linux 内核中实现的代码框架和 brk 机制非常类似，其中有很多关于 VMA 的操作。mmap 机制和缺页中断机制结合在一起会变得复杂很多。在 2016 年被发现的恐怖的内存漏洞 Dirty COW 就利用了 mmap 和缺页中断的相关漏洞，学习这个例子有助于加深对 mmap 和缺页中断机制的理解[①]。mmap 机制在 Linux 内核中的实现流程如图 4.31 所示。

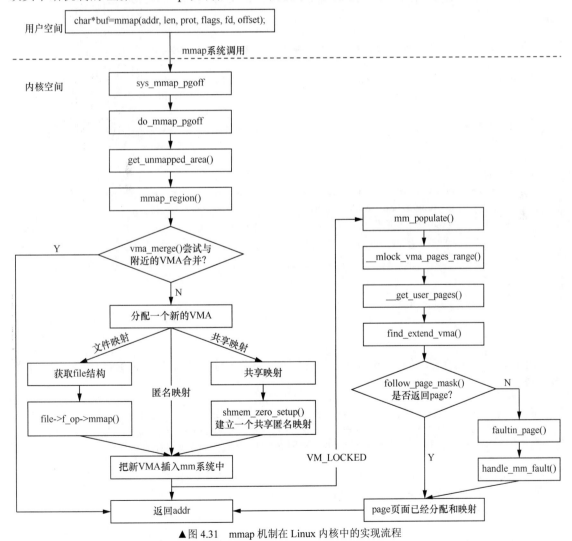

▲图 4.31　mmap 机制在 Linux 内核中的实现流程

---

① 关于 DirtyCoW 的分析，可以参考本书第 1 版的 2.18 节，本次修订版本中已经删除这部分内容。

除了 Dirty COW 之外，下面收集了几个有意思的小问题。

问题 1：请阅读 Linux 内核中 mmap 的相关代码，第二次调用 mmap 会成功的原因是什么？下面是 strace 抓取到的日志信息。

```
#strace 捕捉某个 app 调用 mmap 的情况
mmap(0x20000000, 819200, PROT_READ|PROT_WRITE,
MAP_PRIVATE|MAP_FIXED|MAP_ANONYMOUS, -1, 0) = 0x20000000

...

mmap(0x20000000, 4096, PROT_READ|PROT_WRITE,
MAP_PRIVATE|MAP_FIXED|MAP_ANONYMOUS, -1, 0) = 0x20000000
```

这里以指定的地址 0x2000 0000 来建立一个私有的匿名映射，为什么第二次调用 mmap 时，Linux 内核没有捕捉到地址重叠并返回失败呢？

查看 mmap 系统调用的代码实现，在 do_mmap_pgoff()→mmap_region()函数中有如下一段代码。

```
[sys_mmap_pgoff()→vm_mmap_pgoff()→do_mmap_pgoff()→mmap_region()]

unsigned long mmap_region(struct file *file, unsigned long addr,
        unsigned long len, vm_flags_t vm_flags, unsigned long pgoff)
{
    ...
    /* Clear old maps */
    error = -ENOMEM;
munmap_back:
    if (find_vma_links(mm, addr, addr + len, &prev, &rb_link, &rb_parent)) {
        if (do_munmap(mm, addr, len))
                return -ENOMEM;
        goto munmap_back;
    }

    ...
    vma = kmem_cache_zalloc(vm_area_cachep, GFP_KERNEL);
    ...
}
```

find_vma_links()函数在 4.4.6 节中已经介绍过，这是一个非常重要的函数，下面再次查看这个函数。

```
static int find_vma_links(struct mm_struct *mm, unsigned long addr,
        unsigned long end, struct vm_area_struct **pprev,
        struct rb_node ***rb_link, struct rb_node **rb_parent)
{
    struct rb_node **__rb_link, *__rb_parent, *rb_prev;
    __rb_link = &mm->mm_rb.rb_node;
    rb_prev = __rb_parent = NULL;

    while (*__rb_link) {
        struct vm_area_struct *vma_tmp;
```

```
        __rb_parent = *__rb_link;
        vma_tmp = rb_entry(__rb_parent, struct vm_area_struct, vm_rb);

        if (vma_tmp->vm_end > addr) {
            /* Fail if an existing vma overlaps the area */
            if (vma_tmp->vm_start < end)
                return -ENOMEM;
            __rb_link = &__rb_parent->rb_left;
        } else {
            rb_prev = __rb_parent;
            __rb_link = &__rb_parent->rb_right;
        }
    }

    ...
    return 0;
}
```

find_vma_links()函数会遍历该进程中所有的 VMA，当检查到当前要映射的区域和已有的 VMA 有重叠时，该函数都返回 ENOMEM。然后在 mmap_region()函数中调用 do_munmap()函数，把这段将要映射的区域先销毁，并重新映射，这就是第二次映射同样的地址并没有返回错误的原因。

问题 2：在一个播放系统中同时打开几十个不同的高清视频文件，发现视频有些卡顿，视频文件是用 mmap()函数打开的，原因是什么呢？

使用 mmap()来创建文件映射时，由于只建立了 VMA，并没有马上分配页面高速缓存和建立映射关系，因此当播放器真正读取文件时，产生了缺页中断后，才读取文件内容到页面高速缓存中。这样每次播放器真正读取文件时，会频繁地发生缺页中断，然后从文件中读取磁盘内容到页面高速缓存中，导致磁盘读性能比较差，从而造成视频的卡顿。

有些读者认为在创建 mmap()之后，调用 madvise(add, len, MADV_WILLNEED | MADV_SEQUENTIAL)可能会对文件内容进行预读和顺序读，这有利于提高磁盘读性能，但实际情况如下。

❑ MADV_WILLNEED 会立刻启动磁盘 I/O，进行预读，但仅预读指定的长度，因此在读取新的文件区域时，要重新调用 MADV_WILLNEED。显然，它不适合流媒体服务的场景，内核默认的预读功能更适合问题 2 的场景。MADV_WILLNEED 比较适合内核很难预测接下来要预读哪些内容的场景，如随机读。

❑ MADV_SEQUENTIAL 适合问题 2 的场景，但是内核默认的预读功能也能实现。

对于问题 2，能够有效提高流媒体服务 I/O 性能的方法是增大内核的默认预读窗口，现在内核默认预读的大小是 128KB，可以通过 blockdev --setra 命令来修改。

4.7 缺页异常处理

在之前介绍 malloc()和 mmap()两个用户态接口函数的内核实现时，我们发现它们只建立了进程地址空间，在用户空间里可以看到虚拟内存，但没有建立虚拟内存和物理内存之间的映射关系。当进程访问这些还没有建立映射关系的虚拟内存时，处理器自动触发一个缺页异常（也称为"缺页中断[①]"），Linux 内核必须处理此异常。缺页异常是内存管理中重要的一部分，需要考虑很多的细节，包括匿名页面、KSM 页面、页面高速缓存页面、写时复制、私有映射和共享映射等。

4.7.1　ARM64 缺页异常的底层处理流程

缺页异常处理依赖于处理器的架构，因此缺页异常的底层处理流程实现在内核代码中特定于架构的部分中。下面以 ARM64 为例来介绍缺页异常的底层处理流程。

在 ARM64 架构里把异常分成同步异常和异步异常两种。通常异步异常指的是中断，而同步异常指的是异常。本章重点介绍 ARM64 中的同步异常。

当处理器有异常发生时，处理器会首先跳转到 ARM64 的异常向量表中。Linux 5.0 内核关于异常向量表的描述在 arch/arm64/kernel/entry.S 汇编文件中。

```
<arch/arm64/kernel/entry.S>

/*
 * 异常向量表
 */
    .pushsection ".entry.text", "ax"

    .align    11
ENTRY(vectors)
    # 使用 SP0 栈寄存器的当前异常类型的异常向量表
    kernel_ventry    1, sync_invalid
    kernel_ventry    1, irq_invalid
    kernel_ventry    1, fiq_invalid
    kernel_ventry    1, error_invalid

    # 使用 SPx 栈寄存器的当前异常等级类型的异常向量表
    kernel_ventry    1, sync
    kernel_ventry    1, irq
    kernel_ventry    1, fiq_invalid
    kernel_ventry    1, error

    #   AArch64 状态下低异常等级类型的异常向量表
    kernel_ventry    0, sync
    kernel_ventry    0, irq
    kernel_ventry    0, fiq_invalid
    kernel_ventry    0, error

    # AArch32 状态下低异常等级类型的异常向量表
    kernel_ventry    0, sync_compat, 32
    kernel_ventry    0, irq_compat, 32
    kernel_ventry    0, fiq_invalid_compat, 32
    kernel_ventry    0, error_compat, 32
END(vectors)
```

因此对于异常，程序会跳转到 el1_sync 函数中。

[①] 有不少操作系统教材把缺页异常称为缺页中断或者请求调页，本书不区分这几个概念。

```
<arch/arm64/kernel/entry.S>

el1_sync:
    kernel_entry 1
    mrs x1, esr_el1
    lsr x24, x1, #ESR_ELx_EC_SHIFT
    cmp x24, #ESR_ELx_EC_DABT_CUR
    b.eq    el1_da
    cmp x24, #ESR_ELx_EC_IABT_CUR
    b.eq    el1_ia
    cmp x24, #ESR_ELx_EC_SYS64
    b.eq    el1_undef
    cmp x24, #ESR_ELx_EC_SP_ALIGN
    b.eq    el1_sp_pc
    cmp x24, #ESR_ELx_EC_PC_ALIGN
    b.eq    el1_sp_pc
    cmp x24, #ESR_ELx_EC_UNKNOWN
    b.eq    el1_undef
    cmp x24, #ESR_ELx_EC_BREAKPT_CUR
    b.ge    el1_dbg
    b   el1_inv
```

ARMv8 架构中有一个与访问失效相关的寄存器——异常综合信息寄存器（Exception Syndrome Register，ESR）[1]。

ESR 的结构如图 4.32 所示。

保留	EC	IL	ISS
63 32	31 26	25	24 0

▲图 4.32　ESR 的结构

ESR 寄存器一共包含如下 4 个字段。

❑ Bit[63:32]：保留的位。

❑ Bit[31:26]：表示异常类型（Exception Class，EC），这个字段指示发生异常的类型，同时用来索引 ISS 字段（Bit[24:0]）。

❑ Bit 25：IL，表示同步异常的指令长度。

❑ Bit[24:0]：具体的异常指令编码（Instruction Specific Syndrome，ISS）。这个异常指令编码依赖不同的异常类型，不同的异常类型有不同的编码格式。

如表 4.13 所示，ESR 支持几十种不同的异常类型。

表 4.13　　　　　　　　　　　　　　ESR 支持的异常类型[2]

异常类型	编码	产生异常的原因
ESR_ELx_EC_UNKNOWN	0x0	未知的异常错误
ESR_ELx_EC_WFx	0x01	陷入 WFI 或者 WFE 指令的执行
ESR_ELx_EC_CP15_32	0x03	陷入 MCR 或者 MRC 访问
ESR_ELx_EC_CP15_64	0x04	陷入 MCRR 或者 MRRC 访问
ESR_ELx_EC_CP14_MR	0x05	陷入 MCR 或者 MRC 访问

---

① 详见《ARM Architecture Reference Manual, ARMv8, for ARMv8-A architecture profile》v8.4 版本的 D12.2.36 节。

② 详见《ARM Architecture Reference Manual, ARMv8, for ARMv8-A architecture profile》v8.4 版本的第 D12 章，第 2770 页。

续表

异常类型	编码	产生异常的原因
ESR_ELx_EC_CP14_LS	0x06	陷入 LDC 或者 STC 访问
ESR_ELx_EC_FP_ASIMD	0x07	访问 SVE、高级 SIMD 或者浮点运算功能
ESR_ELx_EC_ILL	0x0E	非法的执行状态
ESR_ELx_EC_SVC32	0x11	在 AArch32 状态下执行 SVC 指令导致的异常
ESR_ELx_EC_HVC32	0x12	在 AArch64 状态下执行 HVC 指令导致的异常
ESR_ELx_EC_SVC64	0x15	在 AArch64 状态下执行 SVC 指令导致的异常
ESR_ELx_EC_SYS64	0x18	在 AArch64 状态下执行 MSR、MRS 或者系统指令导致的异常
ESR_ELx_EC_SVE	0x19	访问 SVE 功能
ESR_ELx_EC_IABT_LOW	0x20	来自低级别的异常等级的指令异常
ESR_ELx_EC_IABT_CUR	0x21	来自当前异常等级的指令异常
ESR_ELx_EC_PC_ALIGN	0x22	PC 指针没对齐（alignment）导致的异常
ESR_ELx_EC_DABT_LOW	0x24	来自低级别的异常等级的数据异常
ESR_ELx_EC_DABT_CUR	0x25	来自当前的异常等级的数据异常
ESR_ELx_EC_SP_ALIGN	0x26	SP 指令没对齐导致的异常
ESR_ELx_EC_FP_EXC32	0x28	在 AArch32 状态下的浮点运算导致的异常
ESR_ELx_EC_FP_EXC64	0x2C	在 AArch64 状态下的浮点运算导致的异常
ESR_ELx_EC_SERROR	0x2F	系统错误（system error）
ESR_ELx_EC_BREAKPT_LOW	0x30	来自低级别的异常等级产生的断点异常
ESR_ELx_EC_BREAKPT_CUR	0x31	来自当前的异常等级产生的断点异常
ESR_ELx_EC_SOFTSTP_LOW	0x32	来自低级别的异常等级产生的软件单步异常（software step exception）
ESR_ELx_EC_SOFTSTP_CUR	0x33	来自当前异常等级产生的软件单步异常
ESR_ELx_EC_WATCHPT_LOW	0x34	来自低级别的异常等级产生的观察点异常（watchpoint exception）
ESR_ELx_EC_WATCHPT_CUR	0x35	来自当前异常等级产生的观察点异常
ESR_ELx_EC_BKPT32	0x38	在 AArch32 状态下 BKPT 指令导致的异常
ESR_ELx_EC_BRK64	0x3C	在 AArch64 状态下 BKPT 指令导致的异常

回到 el1_sync 汇编函数中，首先读取 esr_el1 寄存器，然后根据 EC 字段进行简单分类和判断，Linux 内核会优先处理如下类型。

❑ ESR_ELx_EC_DABT_CUR：发生在 EL1 的数据异常。

❑ ESR_ELx_EC_IABT_CUR：发生在 EL1 的指令异常。

❑ ESR_ELx_EC_SYS64：在 AArch64 状态下，执行 MSR、MRS 或者系统指令产生的异常。

❑ ESR_ELx_EC_SP_ALIGN：SP 对齐时发生的异常。

❑ ESR_ELx_EC_PC_ALIGN：PC 指针对齐时发生的异常。

❑ ESR_ELx_EC_UNKNOWN：发生在 EL1 的未知异常。

❑ ESR_ELx_EC_BREAKPT_CUR：调试时发生的异常。

对于剩余的情况，统一处理。

我们以发生在 EL1 的数据异常为例，处理函数是 el1_da 汇编函数。

```
<arch/arm64/kernel/entry.S>
```

```
el1_da:
    mrs x3, far_el1   //读取 far_el1 寄存器
    inherit_daif     pstate=x23, tmp=x2
    clear_address_tag x0, x3
    mov x2, sp                // pt_regs 数据结构
    bl  do_mem_abort
    kernel_exit 1
```

除了 ESR 之外，ARMv8 架构还提供了另外一个寄存器——失效地址寄存器（Fault Address Register，FAR）。这个寄存器保存了发生异常的虚拟地址。

首先读取 far_el1 寄存器到 X3 寄存器中，然后迁移到 X0 寄存器；最后跳转到 do_mem_abort() 函数，这是一个 C 函数。

```
<arch/arm64/mm/fault.c>

asmlinkage void __exception do_mem_abort(unsigned long addr, unsigned int esr,
struct pt_regs *regs)
```

do_mem_abort()函数一共有 3 个参数。其中，addr 表示失效地址，是在 el1_da 汇编函数中读取 far_el1 寄存器得到的；esr 是 ESR 的值，是在 el1_sync 汇编函数读取 esr_el1 寄存器得到的；regs 是异常发生时寄存器的 pt_regs 指针。

前面提到 ESR 中的 ISS 表会根据不同的异常类型有不同的编码方式。对于数据异常，ISS 表的编码方式如图 4.33 所示。

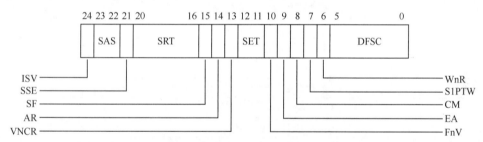

▲图 4.33　数据异常的 ISS 表的编码方式[①]

数据异常的 ISS 表中重要的字段如表 4.14 所示。

表 4.14　　　　　　　　　　　数据异常的 ISS 表中重要的字段

字　　段	位	描　　述
DFSC	Bit[5:0]	数据异常状态码
WnR	Bit[6]	读或者写。 0：异常发生的原因是从一个内存区域读数据。 1：异常发生的原因是往一个内存区域写数据
S1PTW	Bit[7]	0：异常不来自从阶段 2 到阶段 1 的页表转换。 1：异常来自从阶段 2 到阶段 1 的页表转换
CM	Bit[8]	高速缓存维护。 0：异常不来自高速缓存维护等相关指令。 1：异常发生于执行高速缓存维护等相关指令或者执行地址转换指令时
EA	Bit[9]	外部异常类型

---

① 详见《ARM Architecture Reference Manual, ARMv8, for ARMv8-A architecture profile》v8.4 版本的第 D12 章，第 2792 页。

字　　段	位	描　　述
FnV	Bit[10]	FAR 地址是无效的
SET	Bit[12:11]	同步错误类型
VNCR	Bit[13]	表示异常是否来自 VNCR_EL2 寄存器
AR	Bit[14]	获取/释放
SF	Bit[15]	指令宽度 0：加载和存储 32 位宽的寄存器。 1：加载和存储 64 位宽的寄存器
SRT	Bit[20:16]	综合寄存器转移
SSE	Bit[21]	综合签名扩展
SAS	Bit[23:22]	访问大小
ISV	Bit[24]	有效位

　　其中 DFSC 字段里包含了具体数据异常的状态，如访问权限错误还是页表转换错误等。DFSC 错误编码如表 4.15 所示。

表 4.15　　　　　　　　　　　　　　　　DFSC 错误编码

DFSC 错误编码	描　　述
0b000000	地址大小错误。L0 页表或者页表基地址寄存器发生大小错误
0b000001	L1 页表发生地址大小错误
0b000010	L2 页表发生地址大小错误
0b000011	L3 页表发生地址大小错误
0b000100	L0 页表转换错误
0b000101	L1 页表转换错误
0b000110	L2 页表转换错误
0b000111	L3 页表转换错误
0b001001	L1 页表访问标志位错误
0b001010	L2 页表访问标志位错误
0b001011	L3 页表访问标志位错误
0b001101	L1 页表访问权限错误
0b001110	L2 页表访问权限错误
0b001111	L3 页表访问权限错误
0b010000	外部访问错误，不是查询页表的错误
0b010001	标签检查错误
0b010100	查询页表的过程中，在查询 L0 页表时发生错误
0b010101	查询页表的过程中，在查询 L1 页表时发生错误
0b010110	查询页表的过程中，在查询 L2 页表时发生错误
0b010111	查询页表的过程中，在查询 L3 页表时发生错误
0b011000	访问内存的过程中，在同步奇偶校验或者错误检查与纠正时发生错误
0b011100	在同步奇偶校验或者错误检查与纠正的过程中，错误发生在查询 L0 页表时
0b011101	在同步奇偶校验或者错误检查与纠正的过程中，错误发生在查询 L1 页表时
0b011110	在同步奇偶校验或者错误检查与纠正的过程中，错误发生在查询 L2 页表时
0b011111	在同步奇偶校验或者错误检查与纠正的过程中，错误发生在查询 L3 页表时

DFSC 错误编码	描 述
0b100001	对齐错误
0b110000	TLB 冲突
0b110001	如果硬件实现了 ARMv8.1 中的 TTHM（硬件更新页表中的访问标志位和脏状态位）特性，那么表示不支持的硬件原子更新错误；否则，表示预留的错误
0b111101	段域错误
0b111110	页域错误

Linux 内核为软件快速查询和处理 DFSC 定义了一个表。首先定义一个 fault_info 数据结构。

```
<arch/arm64/mm/fault.c>

struct fault_info {
    int (*fn)(unsigned long addr, unsigned int esr,
            struct pt_regs *regs);
    int sig;
    int code;
    const char *name;
};
```

其中参数的含义如下。

❑ fn：定义一个函数指针，用于修复异常状态的函数指针。
❑ sig：处理失败时 Linux 内核要发送的信号类型。
❑ code：处理失败时 Linux 内核要发送的信号编码。
❑ name：这条异常状态的名称。

这个基于 fault_info 的异常状态表（fault_info[]数组）定义在 arch/arm64/mm/fault.c 文件中，具体定义如下。

```
<arch/arm64/mm/fault.c>

static const struct fault_info fault_info[] = {
    { do_bad,        SIGKILL, SI_KERNEL, "ttbr address size fault"    },
    { do_bad,        SIGKILL, SI_KERNEL, "level 1 address size fault"    },
    { do_bad,        SIGKILL, SI_KERNEL, "level 2 address size fault"    },
    { do_bad,        SIGKILL, SI_KERNEL, "level 3 address size fault"    },
    { do_translation_fault, SIGSEGV, SEGV_MAPERR,  "level 0 translation fault"  },
    { do_translation_fault, SIGSEGV, SEGV_MAPERR,  "level 1 translation fault"  },
    { do_translation_fault, SIGSEGV, SEGV_MAPERR,  "level 2 translation fault"  },
    { do_translation_fault, SIGSEGV, SEGV_MAPERR,  "level 3 translation fault"  },
    { do_bad,        SIGKILL, SI_KERNEL, "unknown 8"        },
    { do_page_fault,    SIGSEGV, SEGV_ACCERR,  "level 1 access flag fault"    },
    { do_page_fault,    SIGSEGV, SEGV_ACCERR,  "level 2 access flag fault"    },
    { do_page_fault,    SIGSEGV, SEGV_ACCERR,  "level 3 access flag fault"    },
    { do_bad,         SIGKILL, SI_KERNEL,   "unknown 12"        },
    { do_page_fault,    SIGSEGV, SEGV_ACCERR,  "level 1 permission fault"    },
    { do_page_fault,    SIGSEGV, SEGV_ACCERR,  "level 2 permission fault"    },
    { do_page_fault,    SIGSEGV, SEGV_ACCERR,  "level 3 permission fault"    },
    ...
};
```

Linux 内核读取 DFSC 字段的值就可以快速跳转到具体的处理函数中，详见 do_mem_abort()
函数。

```
<arch/arm64/mm/fault.c>

asmlinkage void __exception do_mem_abort(unsigned long addr, unsigned int esr,
struct pt_regs *regs)
{
    const struct fault_info *inf = esr_to_fault_info(esr);

    if (!inf->fn(addr, esr, regs))
        return;

    arm64_notify_die(inf->name, regs,
            inf->sig, inf->code, (void __user *)addr, esr);
}
```

在 do_mem_abort()函数中，esr_to_fault_info()就根据 DFSC 字段的值来查询 fault_info 表，
接着跳转到具体的异常处理函数中。如果在 fault_info 表中没有找到对应的异常，那么调用
arm64_notify_die()来输出错误信息。

fault_info 表列出了常见的缺页异常修复方案，常见的修复方案如下。

❑ do_translation_fault()：处理与页表转换相关的异常错误。

❑ do_page_fault()：处理与页表访问或者权限相关的异常错误。

❑ do_alignment_fault()：处理与对齐相关的异常错误。

❑ do_bad()：处理与未知的错误或者硬件相关的错误，如 TLB 冲突等。

上述修复方案中，do_page_fault()方案是最复杂的，后面以该修复方案为例进行分析。

4.7.2　do_page_fault()函数

前面提到，缺页异常修复方案的核心函数是 do_page_fault()，该函数的实现和具体的架构
相关。对于 ARM64 架构，该函数实现在 arch/arm64/mm/fault.c 文件中。

```
<arch/arm64/mm/fault.c>

static int __kprobes do_page_fault(unsigned long addr, unsigned int esr,
                struct pt_regs *regs)
```

其中，3 个参数的含义如下。

❑ addr：表示异常发生时的虚拟地址，由 FSR 提供。

❑ esr：表示异常发生时的异常状态，由 ESR 提供。

❑ regs：异常发生时的 pt_regs。

do_page_fault()中的主要操作如下。

在第 458 行中，do_page_fault()函数首先要检查异常发生时内核是否正在执行一些关键路径
中的代码。这里的 faulthandler_disabled()函数会做如下检查。

❑ 是否关闭了缺页异常处理，进程描述符的 pagefault_disabled 成员用于关闭缺页异常处
理，见 faulthandler_disabled()函数。

❑ in_atomic()函数检查当前是否在中断上下文中。

　　■ 内核正在执行中断处理程序。

■ 内核在禁用内核抢占的情况下执行临界区代码。

另外，还要当前进程是否为内核线程。对于内核线程来说，进程描述符的 mm 字段总为 NULL。如果缺页异常发生在中断上下文或者内核线程中，那么直接跳转到 no_context 标签处的__do_kernel_fault()函数来处理，而不用处理与进程地址空间相关的部分。这是为什么呢？这是因为当异常发生在中断上下文或者内核线程中时，说明发生异常时处理器在内核态执行，而且处理器正在使用内核空间的虚拟地址空间。

在第 461 行中，user_mode()通过 PSTATE 寄存器来判断异常是否发生在 EL0。

```
#define user_mode(regs)     \
    (((regs)->pstate & PSR_MODE_MASK) == PSR_MODE_EL0t)
```

若在用户模式发生异常，设置 FAULT_FLAG_USER 标志位。

在第 464 行中，is_el0_instruction_abort()函数读取 ESR 的 EC 字段来判断异常是否为低异常等级的指令异常（ESR_ELx_EC_IABT_LOW）。若异常是 EL0 中的指令异常，说明这个进程地址空间是具有可执行权限的，因此把 vm_flags 设置为 VM_EXEC。

ESR_ELx_WNR 表示 ISS 表中的 WnR 字段。若为 1，表示写内存区域发生错误；若为 0，表示读内存区域发生错误。当确定为写导致的异常错误并且不是高速缓存导致的异常错误时，可以设置 vm_flags 为 VM_WRITE 标志位，并且设置 mm_flags 的 FAULT_FLAG_WRITE 标志位。

在第 471 行中，is_ttbr0_addr()判断异常地址是否发生在用户空间。小于 TASK_SIZE 的地址是用户空间的地址。is_el1_permission_fault()判断访问权限问题是否发生在 EL1 中。当上述两个条件满足时，说明这是一个比较少见的特殊情况，因此会调用 die_kernel_fault()函数进行处理。这里，还需要区分 3 种情况。

❑ 若 orig_addr_limit 为 KERNEL_DS，那么会输出"Unable to handle kernel access to user memory with fs=KERNEL_DS"的错误日志。

❑ 若通过 is_el1_instruction_abort()函数确认是 EL1 的指令异常，那么输出"Unable to handle kernel execution of user memory"的错误日志。

❑ 若在异常表（exception table）找到不到合适的处理函数，那么会输出"Unable to handle kernel access to user memory outside uaccess routines"的错误日志。

在第 493 行中，上述判断完成之后，我们可以断定缺页异常没有发生在中断上下文、内核线程，以及一些特殊情况下。接下来，就要检查由进程地址空间而引发的缺页异常，因此，我们需要获取进程的内存描述符 mm 中的 mmap_sem 读写信号量以进行保护。down_read_trylock()函数判断当前进程的 mm->mmap_sem 读写信号量是否可以获取。若返回 1，则表示成功获得锁；若返回 0，则表示锁已被别人占用。为什么会获取不到这个读者类型的锁呢？因为可能其他线程已经提前获取了该进程的写者类型的锁，如调用 brk 申请堆空间，调用 mmap()接口函数进行内存映射等操作。mm->mmap_sem 锁被别人占用时要区分两种情况，一种是发生在内核空间，另外一种是发生在用户空间。发生在用户空间的情况下可以调用 down_read()来睡眠，以等待锁持有者释放该锁。内核一般不会随意访问用户地址空间，只有少数几个函数会代表内核访问用户地址空间，如 copy_to_user()，为了防止访问错误的地址空间，为每处代码设置了出错修正地址（见异常表）。因此，当发生在内核空间并且在异常表没有查询到该地址时，跳转到 no_context 标签处的__do_kernel_fault()函数。

在第 510 行中，调用__do_page_fault()函数进行进一步处理，返回处理结果，处理结果用 vm_fault_t 类型来表示，我们稍后会详细分析这个函数。vm_fault_t 类型定义在 include/linux/mm.h

头文件中，具体描述如表 4.16 所示。

表 4.16　　　　　　　　　　　　　　vm_fault_t 类型

VM 错误码	描述
VM_FAULT_OOM	在缺页异常处理过程中无法分配内存
VM_FAULT_SIGBUS	系统中有内存但是遇到了无法处理的错误，只能发送信号给内核来终止发生异常的进程
VM_FAULT_MAJOR	主缺页（Major Fault）：是由交换机制引入的，对于交换的页面，地址映射建立好之后，还需要从交换分区中读取数据，这个过程涉及 I/O 操作，耗时比较久，因此当前进程会被阻塞很长时间。 次缺页（Minor Fault）：从内存中直接分配了页面的情况，不需要从交换分区中读数据
VM_FAULT_WRITE	写错误导致的缺页
VM_FAULT_SIGSEGV	对于无法处理的错误，内核发送 SIGSEGV 信号来终止进程
VM_FAULT_NOPAGE	表示缺页异常处理函数安装了新的 PTE，这次缺页异常不需要返回一个新的页面
VM_FAULT_LOCKED	缺页异常处理函数持有了页锁
VM_FAULT_RETRY	缺页异常处理函数被阻塞了，需要重试
VM_FAULT_FALLBACK	巨页的缺页异常处理失败，切换到小页
VM_FAULT_DONE_COW	处理完成写时复制的情况
VM_FAULT_NEEDDSYNC	表示缺页异常处理函数没有修改页表，但是需要 fsync() 来同步
VM_FAULT_BADMAP	错误的映射
VM_FAULT_BADACCESS	错误的访问
VM_FAULT_ERROR	缺页处理过程中错误的集合

在第 513 行中，处理需要重试的情况。

在第 536 行中，释放 mm->mmap_sem 锁。

在第 541 行中，__do_page_fault() 函数返回正确的情况，即不包括 VM_FAULT_ERROR 所包含的错误、VM_FAULT_BADMAP 错误以及 VM_FAULT_BADACCESS 错误。对于主缺页，task_struct 中有一个成员 maj_flt 来记录；对于次缺页，用 min_flt 来记录。

在第 566 行中，开始处理 __do_page_fault() 函数返回错误 vm_fault 的情况。若当前处于内核模式，那么跳转到 __do_kernel_fault() 来处理。

在第 569 行中，处理 VM_FAULT_OOM 错误的情况。

在第 581 行中，处理 VM_FAULT_SIGBUS 等错误的情况。

在第 608 行中，返回。

接下来分析 __do_page_fault() 函数的实现，该函数也实现在 arch/arm64/mm/fault.c 文件中。它的主要操作如下。

在第 403 行中，首先通过失效地址（addr）来查找 VMA。如果 find_vma() 找不到 VMA，说明 addr 还没有在进程地址空间中，返回 VM_FAULT_BADMAP 错误。

在第 407 行中，处理一种特殊情况。若找到的 VMA 的起始地址大于 addr，那么需要跳转到 check_stack 标签处，判断是否可以把 VMA 的地址扩展到 addr。如果可以扩展，说明这是一个好的 VMA；否则，这是一个有问题的 VMA，返回 VM_FAULT_BADMAP 错误。

在第 414 行中，这是一个好的 VMA。首先判断 VMA 的属性，判断方法是对 vm_flags 和 vma->vm_flags 进行比较。如在 do_page_fault() 函数中通过 ESR 的 WnR 可知，这次异常是写内存导致的，若这个 VMA 的属性（vma->vm_flags）不具有可写属性（VM_WRITE），那么说明是一个错误的访问，返回 VM_FAULT_BADACCESS。

在第 424 行中，最后调用 handle_mm_fault() 函数，它是缺页中断的核心处理函数。

4.7.3　handle_mm_fault() 函数

handle_mm_fault() 函数是处理进程地址空间缺页异常的核心函数，它的实现和架构无关，因此它实现在 mm/memory.c 文件中。

```
<mm/memory.c>

vm_fault_t handle_mm_fault(struct vm_area_struct *vma, unsigned long address,
unsigned int flags)
```

handle_mm_fault() 一共有 3 个参数：vma 表示发生缺页异常时的进程地址空间；address 表示发生缺页异常时的虚拟地址，注意，这个地址是以页面大小对齐的；flags 表示内存相关的标志位，这是从 do_page_fault() 函数传递过来的参数。与 flags 相关的标志位定义在 include/linux/mm.h 头文件中。

```
<include/linux/mm.h>

#define FAULT_FLAG_WRITE 0x01
#define FAULT_FLAG_MKWRITE  0x02
#define FAULT_FLAG_ALLOW_RETRY  0x04
#define FAULT_FLAG_RETRY_NOWAIT 0x08
#define FAULT_FLAG_KILLABLE 0x10
#define FAULT_FLAG_TRIED 0x20
#define FAULT_FLAG_USER   0x40
#define FAULT_FLAG_REMOTE 0x80
#define FAULT_FLAG_INSTRUCTION 0x100
```

handle_mm_fault() 的核心处理函数是 __handle_mm_fault()，它也实现在 mm/memory.c 文件中。Linux 内核为缺页异常处理定义了一个数据结构 vm_fault，它常常用于填充相应的参数并且传递给进程地址空间的 fault() 回调函数中。vm_fault 数据结构的主要成员如表 4.17 所示。

表 4.17　　　　　　　　　　　　vm_fault 数据结构主要成员

成员名称	类　　型	描　　述
vma	struct vm_area_struct *	目标 VMA
flags	unsigned int	与进程内存描述符相关的标志位，如 FAULT_FLAG_WRITE 等
gfp_mask	gfp_t	分配掩码，用于页面分配器分配页面时请求集合，如分配优先级、分配行为等
pgoff	pgoff_t	在 VMA 中的偏移量
address	unsigned long	发生缺页异常时的虚拟地址
pmd	pmd_t *	缺页异常地址对应的 PMD 页表项
pud	pud_t *	缺页异常地址对应的 PUD 页表项
orig_pte	pte_t	发生缺页异常时，address 对应的 PTE 的内容
cow_page	struct page *	处理写时复制时用的页面
memcg	struct mem_cgroup *	cow_page 对应的 mem_cgroup
page	struct page *	缺页异常处理程序最后会返回一个物理页面的 page 实例。设置了 VM_FAULT_NOPAGE 的情况是一个特例
pte	pte_t *	缺页异常地址对应的 PTE
ptl	spinlock_t *	用于保护页表的自旋锁

__handle_mm_fault()函数中的主要操作如下。

在第 3834 行中，定义一个 vm_fault 数据结构，并填充相应的字段，如 vma、address、flags 等。linear_page_index()函数计算 address 在 vma 中的偏移量。

在第 3847 行中，由 pgd_offset()计算出 PGD 页表项。

在第 3848 行中，由 p4d_alloc()计算出 P4D 页表项。

在第 3852 行中，由 pud_alloc()计算出 PUD 页表项。

在第 3878 行中，由 pmd_alloc()计算出 PMD 页表项。

在第 3911 行中，我们暂时不考虑白页的情况，跳转到 handle_pte_fault()函数中。

handle_pte_fault()函数也实现在 mm/memory.c 文件中，它的定义如下。

```
<mm/memory.c>

static vm_fault_t handle_pte_fault(struct vm_fault *vmf)
```

handle_pte_fault()的定义和 Linux 4.0 内核相比有了变化，主要采用 vm_fault 数据结构来管理很多参数。handle_pte_fault()中的主要操作如下。

在第 3747 行中，从__handle_mm_fault()函数传递过来的 vmf 参数中只有 PMD，因此先判断 PMD 是否为空。

在第 3765 行中，pte_offset_map()由 pmd 和 address 计算出 PTE，并读取 PTE 的内容到 vmf->orig_pte。

在第 3776 行中，这里的注释说明，有的处理器架构的 PTE 会大于字长（word size），如 ppc44x 定义了 CONFIG_PTE_64BIT 和 CONFIG_32BIT，所以 READ_ONCE()和 ACCESS_ONCE()并不保证访问的原子性，所以这里需要一个内存屏障以保证正确读取了 PTE 内容后才会运行后面的判断语句。

在第 3777 行中，为什么这里要判断 orig_pte 的页表项是否为空呢？假设有这样的场景，如线程 1 调用 ptep_get_and_clear()函数清空 PTE 之后，就需要线程 2 读这个页面，线程 2 运行到此时会发现 PTE 内容为空，因此会继续往下走缺页异常的流程。注意，这里还设置了 vmf->pte 为 NULL，因为后续使用 vmf->pte 作为判断条件。

在第 3783～3787 行中，若 PTE 为空，有两种可能，一是页表项还没建立，二是页表项的内容被清空了，即调用了 ptep_get_and_clear()函数。这时要区分两种情况。

- vma_is_anonymous()用于判断这个 VMA 是否为匿名映射。判断方法比较简单，当 vma->vm_ops 没有实现方法集时，我们认为它是匿名映射。对于匿名映射，调用 do_anonymous_page()函数。
- 若不是匿名映射，就是文件映射。文件映射的 VMA 会在 vm_ops 函数中定义 fault()函数指针（回调函数），这种情况下，调用 do_fault()函数。

读者需要注意，这里的判断逻辑在 Linux 4.2 内核中有一点小变化。

在第 3790 行中，PTE 是已经分配的，即 PTE 的内容不是空的，但是 pte_present()为 0，说明页面不在内存中，也就是 PTE 还没有映射物理页面，这是真正的缺页。这种情况下调用 do_swap_page()函数请求从交换分区中读回页面。

在第 3793 行中，页面在内存中，但是还有一种情况，调用 pte_protnone()说明页面被设置为 NUMA 调度的页面，因此会调用 do_numa_page()函数。

在第 3796～3797 行中，pte_lockptr()获取进程的内存描述符 mm 中定义的一个自旋锁，

mm->page_table_lock。

在第 3799 行中，判断这段时间内 PTE 是否修改了。若修改了，说明这是一个异常情况，就跳转到 unlock 处直接退出。

在第 3801 行中，判断 vmf->flags 是否设置了 FAULT_FLAG_WRITE。这个 FAULT_FLAG_WRITE 在什么情况下会被设置呢？在 do_page_fault()函数中（arch/arm64/mm/fault.c），通过 ESR 中的 WnR 字段（ESR_ELx_WNR）可以判断处理器是否因为写内容而触发缺页异常。

在第 3802 行中，如果处理器因为写内存而触发缺页异常，并且 PTE 是只读属性，就会触发一个写时复制的缺页中断，调用 do_wp_page()函数。如父、子进程之间共享的内存，当其中一方需要写入新内容时，就会触发写时复制。

在第 3804 行中，如果当前 PTE 的属性是可写的，那么通过 pte_mkdirty()函数来设置 PTE_DIRTY 位。页面在内存中且 PTE 具有可写属性，什么情况下会运行到这行代码呢？此问题留给读者思考。

在第 3806 行中，pte_mkyoung()对于 ARM64 架构会设置 PTE_AF 位。

在第 3807 行中，ptep_set_access_flags()函数会判断 PTE 内容是否发生变化，若改变则需要把新的内容写入 PTE 中，并且要刷新对应的 TLB 和高速缓存。

缺页中断的流程如图 4.34 所示。

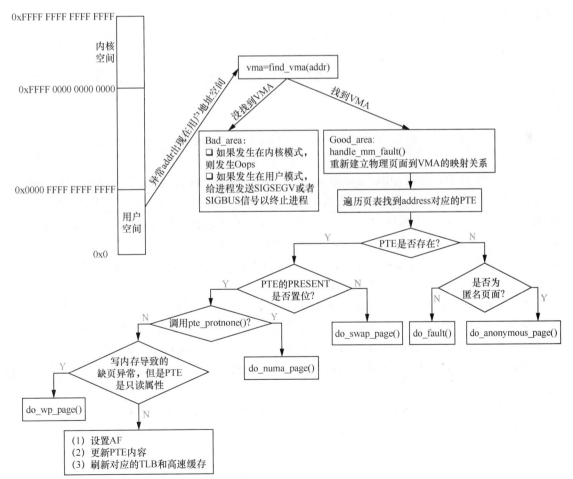

▲图 4.34 缺页中断的流程

4.7.4　匿名页面缺页中断

在缺页中断处理中，匿名页面处理的核心函数是 do_anonymous_page()，代码实现在 mm/memory.c 文件中。在 Linux 内核中没有关联到文件映射的页面称为匿名页面（anonymous page）。

```
<mm/memory.c>

static vm_fault_t do_anonymous_page(struct vm_fault *vmf)
```

do_anonymous_page()函数依然持有进程的 mmap_sem 信号量，其主要操作如下。

在第 2886 行中，主要目的是防止共享的 VMA 进入匿名页面的缺页中断里，这是 Linux 4.2 内核中新加的。

在第 2899 行中，使用 pte_alloc()来分配一个 PTE，并且把 PTE 设置到对应的 PMD 页表项中。这里使用 pte_offset_map()可能不安全，可能其他的内核线程（如 khugepaged 内核线程）会创建一个巨大的 pmd 页表项，因为我们当前只持有读者类型的 mmap_sem 信号量。

在第 2907～2924 行中，根据参数 flags 判断是否需要可写权限，当需要分配的内存只有只读属性时，系统会使用一个内容全填充为 0 的全局页面 empty_zero_page，称为零页（ZERO_PAGE）。这个零页是一个特殊映射的页面。

my_zero_pfn()获取系统零页的帧号，pte_mkspecial()宏用来设置 PTE 中的 PTE_SPECIAL 位，表示这是特殊映射页面。

pte_offset_map_lock()获取 PTE。在获取过程中，使用了 mm->page_table_lock 这个自旋锁来进行保护。

接下来，跳转到 setpte 标签处。

在第 2927 行中，处理 VMA 属性是可写的情况。首先，anon_vma_prepare()为建立 RMAP 做准备。

在第 2929 行中，使用 alloc_zeroed_user_highpage_movable()函数来分配一个可移动的匿名页面，其分配页面的掩码是（__GFP_MOVABLE | __GFP_WAIT | __GFP_IO | __GFP_FS | __GFP_HARDWALL | __GFP_HIGHMEM），最终还调用伙伴系统的核心接口函数 alloc_pages()，这里分配的页面会优先使用高端 zone，但是 64 位的 Linux 内核中已经没有高端 zone 了。

在第 2944 行中，通过 mk_pte()、pte_mkdirty()和 pte_mkwrite()等宏生成一个新 PTE，这个新的 PTE 是基于刚才分配的物理页面的帧号来创建的。

在第 2948 行中，pte_offset_map_lock()获取 address 对应的 PTE，这里会申请一个自旋锁。

在第 2965 行中，inc_mm_counter_fast()增加进程匿名页面计数，匿名页面的计数类型是 MM_ANONPAGES。page_add_new_anon_rmap()把匿名页面添加到 RMAP 系统中。lru_cache_add_active_or_unevictable()把匿名页面添加到 LRU 链表中，在 kswap 内核模块中会用到 LRU 链表。

在第 2969 行中，在 setpte 标签处，通过 set_pte_at()函数设置到硬件页表中。

图 4.35 所示为 do_anonymous_page()函数的流程。

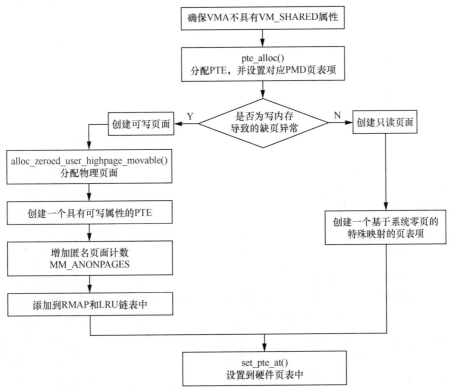

▲图 4.35 do_anonymous_page()函数的流程

4.7.5 系统零页

在匿名页面的缺页异常处理中，我们使用了系统零页，因为对于 malloc()函数来说，分配的内存仅仅是进程地址空间中的虚拟内存。若这时用户程序需要读这个 malloc()分配的虚拟内存，那么系统会返回全是 0 的数据，因此 Linux 内核不必为这种情况单独分配物理内存，而使用系统零页，即使用系统零页来映射 malloc()分配的虚拟内存。当程序需要写入这个页面时就会触发一个缺页异常，于是缺页异常变成了写时复制的缺页异常。

总之，应用程序使用 malloc()来分配虚拟内存，有以下几种情况。

- ❑ malloc()分配内存后，直接读。这种情况下，在 Linux 内核中会进入匿名页面的缺页中断，即 do_anonymous_page()函数使用系统零页进行映射。这时映射的 PTE 属性是只读的。

- ❑ malloc()分配内存，先读后写。这种场景下，先读的操作会让 Linux 内核使用系统零页来建立页表的映射关系，这时 PTE 的属性是只读的。当应用程序需要往这个虚拟内存中写入内容时，又触发另外一个缺页异常，这个写时复制的缺页异常稍后会详细分析。

- ❑ malloc()分配内存后，直接写内存。在这个场景下，在 Linux 内核中会进入匿名页面的缺页中断，然后使用 alloc_zeroed_user_highpage_movable()函数来分配一个新的页面，并且使用该页面来设置 PTE，这时这个 PTE 的属性是可写的。

在 ARM64 架构中，empty_zero_page 被定义成一个全局数组。

```
<arch/arm64/mm/mmu.c>
/*
 * Empty_zero_page 是一个特殊映射的页面，用于内容全是 0 的页面和写时复制场景
 */
```

```
unsigned long empty_zero_page[PAGE_SIZE / sizeof(unsigned long)] __page_aligned_bss;
EXPORT_SYMBOL(empty_zero_page);
```

Linux 内核提供了一些辅助的宏来使用这个系统零页。

```
extern unsigned long empty_zero_page[PAGE_SIZE / sizeof(unsigned long)];
#define ZERO_PAGE(vaddr) phys_to_page(__pa_symbol(empty_zero_page))

#define my_zero_pfn(addr)  page_to_pfn(ZERO_PAGE(addr))
```

4.7.6　文件映射缺页中断

在没有找到对应的 PTE 并且是文件映射的情况下，会调用 do_fault()函数。

```
<mm/memory.c>

static vm_fault_t do_fault(struct vm_fault *vmf)
```

do_fault()函数中的主要操作如下。

在第 3529～3555 行中，处理 VMA 中的 vm_ops()方法集中没有实现 fault()的情况，有些内核模块或者驱动的 mmap()函数并没有实现 fault()回调函数。在这种场景下，我们需要考虑一种特殊的情况。可能 CPU0 调用 ptep_modify_prot_start()和 ptep_modify_prot_commit()函数对 PTE 进行修改。这是一个"读-修改-回写"（read-modify-write）机制，这时硬件可能会异步地对这个 PTE 进行修改。"读-修改-回写"不能防止硬件对 PTE 进行修改，但是能防止某些更新导致 PTE 值丢失。"读-修改-回写"需要设置一个 mm->page_table_lock 的自旋锁进行保护，其他内核路径不会对其进行干扰。若这个时候 CPU1 访问该页，那么会导致缺页异常，因此我们在这里需要调用 pte_offset_map_lock()来重新获取 PTE，然后检查 PTE 是否有效，保证这不是一个临时的 PTE。所谓的临时 PTE 就是在读-修改-回写的过程中，PTE 的内容被清空。注意，pte_offset_map_lock()函数需要申请 mm->page_table_lock 的自旋锁。若最终还发现该 PTE 是一个无效的 PTE，那么只能返回 VM_FAULT_SIGBUS 信号；若它是一个有效的 PTE，那么返回 VM_FAULT_NOPAGE，表示这次缺页异常不需要返回一个新的页面。整个流程如图 4.36 所示。

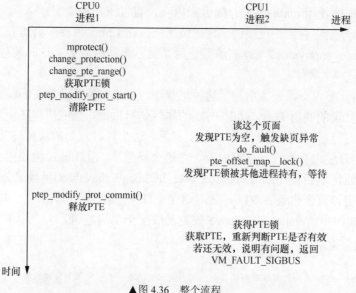

▲图 4.36　整个流程

在第 3555 行中，检查 vmf->flags 标志位，若这次缺页异常是由读内存导致的，那么调用 do_read_fault()函数。

在第 3557 行中，若这次缺页异常是由写内存导致的并且 VMA 的属性中没有设置 VM_SHARED，即这个 VMA 是属于私有映射的，那么调用 do_cow_fault()函数。

在第 3560 行中，若 VMA 属于共享映射并且这次异常是写内存导致的缺页异常，那么调用 do_shared_fault()函数。

在第 3563 行中，释放 prealloc_pte。

1.　do_read_fault()函数

do_read_fault()函数处理因为读内存导致的缺页中断，该函数实现在 mm/memory.c 文件中。

```
<mm/memory.c>

static vm_fault_t do_read_fault(struct vm_fault *vmf)
```

该函数中的主要操作如下。

在第 3424 行中，若 VMA 定义了 map_pages()函数，那么可以在缺页异常地址附近提前映射尽可能多的页面。提前建立进程地址空间和页面高速缓存的映射关系有利于减少发生缺页异常的次数，从而提高效率。注意，这里只是和现存的页面高速缓存提前建立映射关系，而不会创建页面高速缓存，在 __do_fault()函数中创建新的页面高速缓存。fault_around_bytes 是一个全局变量，定义在 mm/memory.c 文件中，默认是 65536 字节，即 16 个页面大小。

```
static unsigned long fault_around_bytes __read_mostly =
  rounddown_pow_of_two(65536);
```

在第 3425 行中，调用 do_fault_around()函数。do_fault_around()函数以当前缺页异常地址（addr）为中心，先取 16 个页面对齐的地址，如果该地址小于 VMA 的起始地址 vm_start，则取 vm_start。end_pgoff 取这个页表的结束地址、VMA 的结束地址以及距离 start_pgoff nr_pages 的地址中的最小值。然后从 start_pgoff 开始检查相应的 PTE 是否为空。若为空，则从这个 PTE 开始，以 end_pgoff 为结尾使用 VMA 的操作函数 map_pages()来映射 PTE，除非所需要的页面高速缓存还没有准备好或页面高速缓存被锁住了。该函数预估异常地址附近的页面高速缓存可能会被马上读取，所以为已经有的页面高速缓存提前建立好映射，这有利于减少发生缺页中断的次数，但注意并不会新建页面高速缓存。do_fault_around()函数的流程如图 4.37 所示。

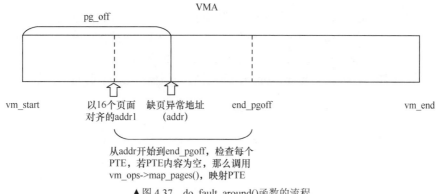

▲图 4.37　do_fault_around()函数的流程

在 do_read_fault()函数第 22 行代码的__do_fault()函数中真正为异常地址分配物理页面。

在第 3430 行中，调用__do_fault()函数，该函数也实现在 mm/memory.c 文件中。__do_fault()函数中的主要操作如下。

❑ 在第 2997～3017 行中，完成 Linux 5.0 内核新加的一个故障修复，在有些测试中发现这里可能产生死锁。在 vma->vm_ops->fault()回调函数中会分配物理页面，然后给这个页面加上页锁（PG_Lock），防止这个页面被释放。这样会导致某些情况下和文件系统产生死锁。解决办法是在调用 vma->vm_ops->fault()回调函数之前，预先分配了 PTE 所需要的物理页面。这里使用到了 prealloc_pte，这是指向 PTE 的物理页面。

❑ 在第 3019 行中，调用 vma->vm_ops->fault()函数把文件的内容读取到 vmf->page 中。

❑ 在第 3032 行中，如果返回值 ret 不包含 VM_FAULT_LOCKED，那么调用 lock_page()函数为页面加锁；否则，在打开了 CONFIG_DEBUG_VM 的情况下，会检查这个页面是否已经加锁了。

回到 do_read_fault()函数，在第 3434 行中，调用 finish_fault()函数。

❑ 在第 3276～3280 行中，取回缺页异常对应的物理页面。

❑ 在第 3289 行中，调用 alloc_set_pte()函数为物理页面和缺页异常发生的虚拟地址建立映射关系，即使用这个物理页面来创建一个 PTE，然后设置对应的 PTE。

在第 3435 行中，unlock_page()释放页锁并且唤醒等待这个页锁的进程。

2. do_cow_fault()函数

do_cow_fault()函数主要处理由写内存导致的缺页异常，而且 VMA 的属性是具有私有映射的，也就是处理在私有文件映射的 VMA 中发生了写时复制。

```
<mm/memory.c>

static vm_fault_t do_cow_fault(struct vm_fault *vmf)
```

do_cow_fault()函数中的主要操作如下。

在第 3446 行中，anon_vma_prepare()函数检查该 VMA 是否初始化了 RMAP。

在第 3449 行中，alloc_page_vma()函数以 GFP_HIGHUSER | __GFP_MOVABLE 为分配掩码，为 cow_page 分配一个新的物理页面，也就是优先使用高端内存。

在第 3459 行中，__do_fault()函数通过 vma->vm_ops->fault()函数读取文件内容到 vmf->page 页面里。

在第 3465 行中，把 fault_page 的内容复制到刚才新分配的 cow_page 中。

在第 3468 行中，调用 finish_fault()函数，使用 cow_page 来创建一个 PTE，将其设置到物理页表中，并把这个 cow_page 添加到匿名页面的 RMAP 机制中。

在第 3469～3470 行中，释放 vmf->page 的页锁，并且释放这个页面。

3. do_shared_fault()函数

do_shared_fault()函数处理共享文件映射中发生写缺页异常的情况。

```
<mm/memory.c>

static vm_fault_t do_shared_fault(struct vm_fault *vmf)
```

do_shared_fault()函数中的主要操作如下。

在第 3485 行中，调用__do_fault()函数，并通过 vma->vm_ops->fault()回调函数来读取文件内容到 vmf->page 里。

在第 3493 行中，如果 VMA 的操作函数中定义了 page_mkwrite()方法，那么调用 page_mkwrite()来通知进程地址空间，页面将变成可写的。若一个页面变成可写的，那么进程可能需要等待这个页面的内容回写成功。

在第 3503 行中，调用 finish_fault()函数，使用 vmf->page 页面来制作一个 PTE 并将其设置到物理页表中，并把这个 vmf->page 添加到文件页面的 RMAP 机制中。

在第 3511 行中，设置 vmf->page 为脏页，通过 balance_dirty_pages_ratelimited()函数来平衡并回写一部分脏页。

4.7.7　写时复制

当用户试图修改只有只读属性的页面时，CPU 触发异常，在 do_wp_page()函数里尝试修复这些页面，通常做法是新分配一个页面并且复制旧页面内容到新的页面中，这个新分配的页面具有可写的属性。该函数的原型如下。

```
<mm/memory.c>

static vm_fault_t do_wp_page(struct vm_fault *vmf)
```

do_wp_page()函数中的主要操作如下。

在第 2486～2501 行中，通过 vm_normal_page()函数查找缺页异常地址（addr）对应页面的 page 数据结构，返回普通映射页面。若 vm_normal_page()函数返回的 page 指针为 NULL，说明这是一个特殊映射页面。

- ❑　若发生缺页异常的页面是一个特殊映射页面，并且 VMA 的属性是可写且共享的，那么会调用 wp_pfn_shared()函数。
- ❑　若发生缺页异常的页面不是一个可写的共享页面，那么跳转到 wp_page_copy()函数中。

在第 2503～2539 行中，开始处理缺页异常页面是一个普通映射页面的情况。

首先判断当前页面是否为不属于 KSM 的匿名页面[①]。使用 PageAnon()宏来判断匿名页面，它定义在 include/linux/page-flags.h 文件中，它利用 page->mapping 指针的最低两位来判断。

```
<include/linux/page-flags.h>

static __always_inline int PageAnon(struct page *page)
{
    return ((unsigned long)page->mapping & PAGE_MAPPING_ANON) != 0;
}

static __always_inline int PageKsm(struct page *page)
{
    return ((unsigned long)page->mapping & PAGE_MAPPING_FLAGS) ==
              PAGE_MAPPING_KSM;
}
```

---

① KSM 全称为 Kernel Samepage Merging，表示内核同页合并。注意，匿名页面与 KSM 页面的区别。

在第 2509～2522 行中，trylock_page()函数判断当前的 vmf->page 是否已经加锁，若 trylock_page()返回 false，说明这个页面已经被别的进程加锁，所以第 2512 行代码会使用 lock_page()等待其他进程释放锁。lock_page()会睡眠、等待。lock_page()成功获取锁之后，调用 pte_offset_map_lock()获取 PTE，然后判断 PTE 是否发生了变化。若发生了变化，那只能退出这一次异常处理了。

在第 2523～2537 行中，reuse_swap_page()函数判断 vmf->page 页面是否是只有一个进程映射的匿名页面。如果是，可以跳转到 wp_page_reuse()函数中，继续使用这个页面并且不需要写时复制。本章把只有一个进程映射的匿名页面称为单身匿名页面。

在第 2539 行中，处理可写的共享页面的情况，跳转到 wp_page_shared()函数中。

在第 2545 行中，处理写时复制的情况，调用 wp_page_copy()函数。

do_wp_page()函数一共有 4 个非常重要的子函数。

❑ wp_page_copy()：处理写时复制的情况。

❑ wp_pfn_shared()：处理可写并且共享的特殊映射页面，包括 VM_MIXEDMAP 或者 VM_PFNMAP 标志的共享页面。最后会调用 wp_page_reuse()函数来复用缺页异常页面。

❑ wp_page_reuse()：处理可以复用的页面。

❑ wp_page_shared()：处理可写的并且共享的普通映射页面，并调用 wp_page_reuse()函数来复用缺页异常页面。

do_wp_page()函数处理非常多而且非常复杂的情况，如页面可以分成特殊映射页面、单身匿名页面、非单身匿名页面、KSM 页面以及文件映射页面等几种。页面映射情况可以简单分成两类，一类是私有映射或者只读共享映射，另一类是可写的共享映射。页面分类和映射类型结合起来就会有比较复杂的组合，那究竟哪些情况下可以复用该页面？哪些情况下要写时复制呢？表 4.18 归纳总结了写时复制处理的页面。

表 4.18　　　　　　　　　　写时复制处理的页面

页面分类	映射类型	
	私有映射或只读共享映射	可写的共享映射
特殊映射页面	通过 wp_page_copy()写时复制	通过 wp_page_reuse()复用该页面
单身匿名页面	通过 wp_page_reuse()复用该页面	无
非单身匿名页面	通过 wp_page_copy()写时复制	通过 wp_page_copy()写时复制
KSM 页面	写时复制	写时复制
文件映射页面	写时复制	通过 wp_page_reuse()复用该页面

1. wp_page_reuse()函数

wp_page_reuse()函数主要用于复用缺页异常的物理页面，该函数实现在 mm/memory.c 文件中。

```
<mm/memory.c>

static inline void wp_page_reuse(struct vm_fault *vmf)
```

wp_page_reuse()函数中的主要操作如下。

在第 2208 行中，获取缺页异常对应的页面，即 vmf->page。

在第 2218 行中，flush_cache_page()函数用于刷新缺页异常页面的高速缓存。

在第 2219 行中，pte_mkyoung()函数设置 PTE 中的 PTE_AF 位。

在第 2220 行中，pte_mkdirty()设置 PTE 中的 PTE_DIRTY 位，若 PTE 具有可写属性，那么清除 PTE_RDONLY 位。maybe_mkwrite()函数会根据 VMA 的属性是否具有可写属性来设置 PTE 的 PTE_WRITE 标志位并清除 PTE_RDONLY 标志位。

在第 2221 行中，ptep_set_access_flags()函数设置新的 PTE 到实际页表中。

在第 2222 行中，update_mmu_cache()更新相应的高速缓存。

2. wp_page_copy()函数

wp_page_copy()函数用于处理写时复制的情况。

```
<mm/memory.c>

static vm_fault_t wp_page_copy(struct vm_fault *vmf)
```

wp_page_copy()函数中的主要操作如下。

在第 2253 行中，检查 VMA 是否初始化了 RMAP 机制。

在第 2256～2267 行中，判断 PTE 是否为系统零页。如果是系统零页，使用 alloc_zeroed_user_highpage_movable()分配一个内容全是 0 的页面，分配掩码是 __GFP_MOVABLE | GFP_USER | __GFP_HIGHMEM，也就是优先分配高端内存；如果不是，使用 alloc_page_vma()来分配一个页面，并且把 old_page 的内容复制这个 new_page 中。

在第 2272 行中，__SetPageUptodate()设置 new_page 的 PG_uptodate 位，表示内容有效。

在第 2274～2276 行中，注册一个 mmu_notifier，并告知系统要使 dd_page 无效。

在第 2281 行中，pte_offset_map_lock()函数重新读取 PTE，并且判断 PTE 的内容是否修改过。如果 old_page 是文件映射页面，那么需要增加进程的匿名页面计数且减少一个文件映射页面计数，因为刚才新建了一个匿名页面。

在第 2292～2294 行中，利用 new_page 和 VMA 的属性新生成一个 PTE，设置 PTE 的 PTE_DIRTY 位和 PTE_WRITE 位。

在第 2301 行中，ptep_clear_flush_notify()函数会先把 PTE 的值读出来，然后将 PTE 设置为 0，最后调用 flush_tlb_page()函数来刷新这个页面对应的 TLB。

在第 2302 行中，page_add_new_anon_rmap()函数把 new_page 添加到 RMAP 系统中，设置新页面的 _mapcount 为 0。

在第 2304 行中，把 new_page 添加到活跃的 LRU 链表中。

在第 2310 行中，通过 set_pte_at_notify()函数把新建的 PTE 设置到硬件 PTE 中。

在第 2312 行中，利用 new_page 配置完硬件页表后，需要减少 old_page 的 mapcount。

在第 2339 行中，准备释放 old_page，真正的释放操作在 page_cache_release()函数中。

图 4.38 是 do_wp_page()函数的流程。

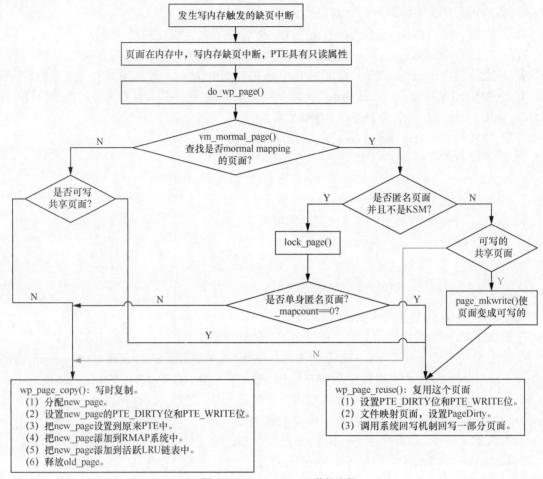

▲图 4.38　do_wp_page()函数的流程

4.7.8　ARM64 硬件 DBM 机制导致的竞争问题

在 ARM64 架构中支持硬件更新 PTE 的访问位和脏位管理。

1. 硬件访问位管理机制

当页表转换控制寄存器（Translation Control Register，TCR）TCL_EL1 中的 HA 字段设置为 1 时，表明使能硬件的自动更新访问位。当处理器访问内存地址时，处理器会自动设置，PTE_AF 访问位；在没有支持硬件更新访问位时，是通过产生一个访问位的缺页异常来进行软件模拟的。

2. 硬件脏状态管理机制

当页表转换控制器寄存器 TCL_EL1 中的 HD 字段设置为 1 时，表明使能硬件的脏位管理。

当处理器写一个只读的内存地址时，硬件会检查 PTE 中的脏位，若该位为 1，那么处理器会自动清除只读标志位（PTE_RDONLY）。在没有硬件支持之前，通过产生一个访问权限的缺页异常来进行软件模拟和清除这个只读标志位。

当硬件支持上述两个机制时，硬件会自动地并且原子性地以"读-修改-回写"的方式来修改页表项。Linux 内核从 4.3 版本开始支持这两个机制。

当我们使能这两个硬件机制后，缺页异常的处理需要特别小心，因为软件在更新 PTE 时，处理器硬件也在更新 PTE，这两者当中可能会产生竞争问题。

最容易出问题的地方在 ptep_set_access_flags()函数的实现上。在 Linux 4.7 内核之前，该函数采用内核默认的实现函数。

```
<mm/pgtable-generic.c>

int ptep_set_access_flags(struct vm_area_struct *vma,
            unsigned long address, pte_t *ptep,
            pte_t entry, int dirty)
{
    int changed = !pte_same(*ptep, entry);
    if (changed) {
        set_pte_at(vma->vm_mm, address, ptep, entry);
        flush_tlb_fix_spurious_fault(vma, address);
    }
    return changed;
}
```

该实现仅仅调用 set_pte_at()把新的 PTE 设置到硬件页表中，然后刷新这个页面对应的 TLB。但是在使能了 ARM64 的硬件访问位管理和硬件脏状态管理机制之后情况会变得非常复杂。在 Linux 4.7 内核里修复了这个问题。下面举一个例子来描述这个复杂的场景（这里假设运行在 Linux 4.6 内核中，因为这个修复在 Linux 4.7 内核中完成了）。

假设系统有 3 个进程，它们分别运行在不同的 CPU 上。

初始状态下，利用 mmap 创建一个共享的文件映射，flags 位设置为 MAP_SHARED，prot 参数指定为 PROT_WRITE | PROT_READ。

在 do_mmap()函数中，vm_flags 设置为 VM_READ | VM_WRITE | VM_SHARED | VM_MAYSHARE 这几个标志位。在创建一个新的 VMA 时使用 vm_get_page_prot()函数来把 vm_flags 标志位转化成具体的 PTE 的硬件标志位。这个转化过程得益于内核预先定义了一个内存属性数组 protection_map[]，我们只需要根据 vm_flags 标志位来查询这个数组即可。在这个场景下，通过查询 protection_map[]数组可以得到 PTE 的属性。

```
<arch/arm64/include/asm/pgtable-prot.h>

#define __S011    PAGE_SHARED

#define PAGE_SHARED    __pgprot(_PAGE_DEFAULT | PTE_USER | PTE_NG | PTE_PXN
| PTE_UXN | PTE_WRITE)

#define _PAGE_DEFAULT   (_PROT_DEFAULT | PTE_ATTRINDX(MT_NORMAL))

#define _PROT_DEFAULT   (PTE_TYPE_PAGE | PTE_AF | PTE_SHARED)
```

对上述内容进行分解。

❑ PTE_TYPE_PAGE：表示这是一个基于页面的页表项，即设置页表项的 Bit[1:0]。
❑ PTE_AF：设置访问位。
❑ PTE_SHARED：设置内存共享属性。
❑ MT_NORMAL：设置内存属性为 normal。

❑ PTE_USER：设置 AP 位，允许以用户权限来访问该内存。

❑ PTE_NG：设置该内存对应的 TLB 只属于该进程。

❑ PTE_PXN：表示该内存不能在特权模式下运行。

❑ PTE_UXN：表示该内存不能在用户模式下运行。

❑ PTE_WRITE：设置 DMB 位，说明该内存具有可写属性。

因此，我们会发现这时的 PTE 项属性中，PTE_WRITE 为 1，PTE_RDONLY 为 0。

但是，mmap_region()->vma_set_page_prot()有一个让属性降级的功能，也就是我们需要把一些可写并且共享映射的页面在初始化时设置为只读的，这样可以跟踪写操作的事件。vma_wants_writenotify()函数做这个操作，在这个场景下，由于文件系统通常会设置 vm_ops->page_mkwrite 回调函数，因此该函数返回 true。

vma_set_page_prot()函数会清除 VM_SHARED 标志位，然后重新从 protection_map[]数组取 PTE 属性。

```
<arch/arm/include/asm/pgtable-prot.h>
#define __P011    PAGE_READONLY
#define PAGE_READONLY          __pgprot(_PAGE_DEFAULT | PTE_USER | PTE_RDONLY | PTE_NG
| PTE_PXN | PTE_UXN)
```

最后 PTE 的属性为 PAGE_READONLY，即 PTE_RDONLY 为 1，PTE_WRITE 为 0。

VMA 的属性不变，仍然是 VM_READ | VM_WRITE | VM_SHARED | VM_MAYSHARE。

进程 1 发起写操作。因为 PTE 为空，触发缺页异常，最终会调用 do_shared_fault ()函数进行异常处理。在分配完页面高速缓存和读取文件内容之后，在 alloc_set_pte()中，pte_mkdirty()函数会把 PTE 的属性 PTE_DIRTY 设置为 1，pte_mkwrite()函数[①]设置 PTE_WRITE 为 1。

合并之后，PTE 的属性为 PTE_DIRTY | PTE_WRITE | PTE_RDONLY。

进程 2 在进程 1 处理过程中发起读操作。此时 PTE 还没有建立，因此，PTE 为空，进程 2 也触发了缺页异常。但是因为进程 1 优先处理了，当进程 2 通过 pte_offset_map()取 PTE 时发现 PTE 已经被进程 1 建立了，所以就直接跳转到如下代码处。

```
<mm.memory.c>
static vm_fault_t handle_pte_fault(struct vm_fault *vmf)
{
    ...
    entry = pte_mkyoung(entry);
    if (ptep_set_access_flags(vmf->vma, vmf->address, vmf->pte, entry,
            vmf->flags & FAULT_FLAG_WRITE))
...
}
```

pte_mkyoung()只设置 PTE 的 PTE_AF 标志位，ptep_set_access_flags()函数会把当前 PTE 的值重新设置回 PTE。

注意，此时 PTE 的主要属性是 PTE_WRITE | PTE_RDONLY。

假设在进程 2 运行 ptep_set_access_flags()函数之前，进程 3 也对这个页面发起了写操作。因为系统使能了硬件脏状态管理机制，所以处理器会自动把 PTE_RDONLY 清零。

———————————

① 在 Linux 4.6 内核中，pte_mkwrite()函数只是将 PTE_WRITE 设置为 1，而在 Linux 5.0 内核中，会设置 PTE_WRITE 为 1 并且清除 PTE_RDONLY 位。

进程 2 的 ptep_set_access_flags()不会察觉到 PTE 内容被处理器改写了，它还依然把 PTE 原来的值写入页表中，即把 PTE_RDONLY 设置成 1，这样就导致脏状态被改写了，硬件会发生异常。我们这里假设 ptep_set_access_flags()采用内核默认的实现。

为了解决这个问题，ptep_set_access_flags()函数实现了一个 ARM64 版本，该函数实现在 arch/arm64.mm/fault.c 文件中。

```
<arch/arm64.mm/fault.c>
int ptep_set_access_flags(struct vm_area_struct *vma,
            unsigned long address, pte_t *ptep,
            pte_t entry, int dirty)
{
    pteval_t old_pteval, pteval;
    pte_t pte = READ_ONCE(*ptep);

    if (pte_same(pte, entry))
        return 0;

    pte_val(entry) &= PTE_RDONLY | PTE_AF | PTE_WRITE | PTE_DIRTY;

    pte_val(entry) ^= PTE_RDONLY;
    pteval = pte_val(pte);
    do {
        old_pteval = pteval;
        pteval ^= PTE_RDONLY;
        pteval |= pte_val(entry);
        pteval ^= PTE_RDONLY;
        pteval = cmpxchg_relaxed(&pte_val(*ptep), old_pteval, pteval);
    } while (pteval != old_pteval);

    flush_tlb_fix_spurious_fault(vma, address);
    return 1;
}
```

上述代码最大的两个变化如下。

❑ 采用 cmpxchg()原子操作函数来修改 PTE。

❑ 对 PTE_RDONLY 位做必要的反转，确保不会覆盖硬件脏状态管理机制修改后的 PTE_RDONLY 位。

4.7.9　关于 pte_offset_map()安全使用的问题

读者在阅读代码时可能会产生一些疑问。在 handle_pte_fault()函数中有如下一段注释。

```
static vm_fault_t handle_pte_fault(struct vm_fault *vmf)
{
    ...
        /*
         * A regular pmd is established and it can't morph into a huge
         * pmd from under us anymore at this point because we hold the
         * mmap_sem read mode and khugepaged takes it in write mode.
         * So now it's safe to run pte_offset_map().
         */
```

```
        vmf->pte = pte_offset_map(vmf->pmd, vmf->address);

        ...
}
```

这段注释的大概意思是：一个普通正常的 PMD 建立之后一般不会变成巨页的 PMD，因为我们持有了读者类型的 mmap_sem 信号量并且 khugepaged 内核线程不可能持有写者类型的 mmap_sem 信号量，所以我们可以安全地运行 pte_offset_map() 函数。

然而，在 do_anonymous_page() 函数中有如下的注释。

```
static vm_fault_t do_anonymous_page(struct vm_fault *vmf)
{
    ...

    /*
     * Use pte_alloc() instead of pte_alloc_map().  We can't run
     * pte_offset_map() on pmds where a huge pmd might be created
     * from a different thread.
     *
     * pte_alloc_map() is safe to use under down_write(mmap_sem) or when
     * parallel threads are excluded by other means.
     *
     * Here we only have down_read(mmap_sem).
     */
    if (pte_alloc(vma->vm_mm, vmf->pmd))
        return VM_FAULT_OOM;

    ...
}
```

上述这段注释的大概意思是：使用 pte_alloc() 而不是 pte_alloc_map()，当 PMD 页表项不为空时，pte_alloc_map() 函数会调用 pte_offset_map() 函数来返回 address 对应的 PTE。

```
#define pte_alloc_map(mm, pmd, address)                    \
    (pte_alloc(mm, pmd) ? NULL : pte_offset_map(pmd, address))
```

当 PMD 属于巨页的 PMD 时，我们不能使用 pte_offset_map()，因为可能其他内核线程会创建这个巨页的 PMD。当持有写者类型的 mmap_sem 信号量或者没有其他内核线程创建巨页的 PMD 时，我们可以安全地使用 pte_offset_map()。在这个场景里，我们仅仅持有读者类型的 mmap_sem 信号量。

疑问就产生了，从函数运行角度，handle_pte_fault() 调用 do_anonymous_page() 函数。为什么在 pte_offset_map() 可以在前者中安全地运行，而在后者中就不行呢？

其实，pte_offset_map() 在下面两个条件下是可以安全运行的。

❑ 持有读者类型的 mmap_sem 信号量。

❑ 保证 PMD 页表项指向下一级页表（即 PT），而不是巨页的 PMD 页表项。其实 handle_pte_fault() 调用 pte_offset_map() 是完全满足上述两个条件的。

❑ handle_pte_fault() 持有读者类型的 mmap_sem 信号量，它在 do_page_fault() 函数中就持有了。

❑ 在使用 pte_offset_map() 之前调用 pmd_devmap_trans_unstable() 做 PMD 的检查。

pmd_devmap_trans_unstable()内部主要调用 pmd_trans_unstable()函数。

```
<include/asm-generic/pgtable.h>

static inline int pmd_trans_unstable(pmd_t *pmd)
{
#ifdef CONFIG_TRANSPARENT_HUGEPAGE
    return pmd_none_or_trans_huge_or_clear_bad(pmd);
#else
    return 0;
#endif
}
```

在没有使能 CONFIG_TRANSPARENT_HUGEPAGE 时，该函数直接返回 0。

```
static inline int pmd_none_or_trans_huge_or_clear_bad(pmd_t *pmd)
{
    pmd_t pmdval = pmd_read_atomic(pmd);
#ifdef CONFIG_TRANSPARENT_HUGEPAGE
    barrier();
#endif
    if (pmd_none(pmdval) || pmd_trans_huge(pmdval) ||
        (IS_ENABLED(CONFIG_ARCH_ENABLE_THP_MIGRATION) && !pmd_present(pmdval)))
        return 1;
    if (unlikely(pmd_bad(pmdval))) {
        pmd_clear_bad(pmd);
        return 1;
    }
    return 0;
}
```

pmd_none_or_trans_huge_or_clear_bad()主要判断PMD页表项是否有效、是否为巨页的PMD页表项。其中 pmd_trans_huge()的定义如下。

```
#define pmd_trans_huge(pmd)    (pmd_val(pmd) && !(pmd_val(pmd) & PMD_TABLE_BIT))
```

其中 PMD_TABLE_BIT 是 PMD 页表项的 Bit[1]。当该位为 0 时，说明这是一个段映射，即巨页的 PMD 页表项；当该位为 1 时，说明它指向 PT。

另外，透明巨页的 khugepaged 内核线程可能在 pte_alloc()分配 PTE 之后把这个 PMD 页表项变成巨页的页表项。

4.7.10 关于写时复制的竞争问题

读者在阅读 wp_page_copy()函数时可能会发现 page_remove_rmap()函数之前有一大段难懂的英文注释。

```
<mm/memory.c>

static vm_fault_t wp_page_copy(struct vm_fault *vmf)
{
    ...
    set_pte_at_notify(mm, vmf->address, vmf->pte, entry);
    update_mmu_cache(vma, vmf->address, vmf->pte);
```

```
        if (old_page) {
            /*
             * Only after switching the pte to the new page may
             * we remove the mapcount here. Otherwise another
             * process may come and find the rmap count decremented
             * before the pte is switched to the new page, and
             * "reuse" the old page writing into it while our pte
             * here still points into it and can be read by other
             * threads.
             *
             * The critical issue is to order this
             * page_remove_rmap with the ptp_clear_flush above.
             * Those stores are ordered by (if nothing else,)
             * the barrier present in the atomic_add_negative
             * in page_remove_rmap.
             *
             * Then the TLB flush in ptep_clear_flush ensures that
             * no process can access the old page before the
             * decremented mapcount is visible. And the old page
             * cannot be reused until after the decremented
             * mapcount is visible. So transitively, TLBs to
             * old page will be flushed before it can be reused.
             */
            page_remove_rmap(old_page, false);
        }
        ...
    }
```

这段英文注释的大概意思如下。

我们在切换 PTE 到新页面之后才减小旧页面的 mapcount。否则的话，另外一个进程可能启动并发现新页面在切换 PTE 之前已经把旧页面的 mapcount 减小了，这样就会复用这个旧页面并且向这个旧页面中写入东西，然后第三个进程依然可以读取这个旧页面的数据。另外，ptep_clear_flush()会刷新这个旧页面，这保证在减小的 mapcount 可见之前，没有进程可以访问这个旧页面。旧页面不能被复用，直到减小后的 mapcount 可见。

把上述英文翻译成中文之后，读者可能依然一头雾水。

这个故障是在 Linux 2.6.26 内核中发现和修复的。在 Linux 2.6.26 内核之前的代码逻辑是这样的。

```
< Linux 2.6.26 内核之前的代码逻辑>

static vm_fault_t wp_page_copy(struct vm_fault *vmf)
{
    #分配新页面
    new_page = alloc_page_vma(GFP_HIGHUSER_MOVABLE, vma,
                vmf->address);

    #获取 PTE
    vmf->pte = pte_offset_map_lock(mm, vmf->pmd, vmf->address, &vmf->ptl);
    if (likely(pte_same(*vmf->pte, vmf->orig_pte))) {
        if (old_page) {
    #把旧页面的 mapcount 减小
```

```
            page_remove_rmap(old_page, false);
        }
        flush_cache_page(vma, vmf->address, pte_pfn(vmf->orig_pte));
        entry = mk_pte(new_page, vma->vm_page_prot);
        entry = maybe_mkwrite(pte_mkdirty(entry), vma);
        ptep_clear_flush_notify(vma, vmf->address, vmf->pte);

#更新 PTE 到页表中
        set_pte_at_notify(mm, vmf->address, vmf->pte, entry);
        update_mmu_cache(vma, vmf->address, vmf->pte);
        }

    }
```

　　我们假设进程 1 和进程 2 对同一个匿名页面发生了写时复制，这两个进程是父、子进程，进程 1 通过 fork 系统调用创建了进程 2，因此这个匿名页面的 mapcount 为 2，进程 3 也准备读这个页面的内容。

　　如图 4.39 所示，进程 1 和进程 2 同时进入 do_wp_page()函数。假设进程 2 先获取旧页面的锁，即 trylock_page()成功获取了锁，那么进程 1 只能等待进程 2 释放这个锁。

▲图 4.39　写时复制竞争问题

　　为了简化，我们假设这里没有打开 swap 功能。若进程 2 在 reuse_swap_page()函数中发现这个匿名页面的 mapcount 为 2，就不能复用这个页面了，会跳转到 wp_page_copy()函数中进行写时复制。在 wp_page_copy()函数中，分配一个新页面，把旧页面的内容复制到新页面里，并申请一个页表的自旋锁（mm->page_table_lock）。接着，进行最重要的一个操作，把旧页面的 mapcount 减 1。

　　这时，进程 1 也进入 do_wp_page()函数。因为进程 2 已经释放了旧页面的锁，所以它很快获取了该锁。在 reuse_swap_page()函数中发现这个匿名页面的 mapcount 为 1，这表明可以复用这个页面，因此跳转到 wp_page_reuse()函数，并且把这个 PTE 设置为可写的。之后进程 1 往这个旧页面中写入新数据。

就在此时，进程 3 发起了读操作，把进程 1 写入的新数据读出来。

接着，进程 2 运行到了 ptep_clear_flush() 和 set_pte_at()，把新页面设置到 PTE 中。因此进程 2 运行读操作时读到了旧页面原始的数据，而刚才进程 3 读到了进程 1 修改后的数据，这样就导致数据不一致。

因此，这个故障的修复方法就是把 PTE 切换到新页面之后才减小旧页面的 mapcount，正如代码中的英文注释说的一样。

4.7.11　为什么要在切换页表项之前刷新 TLB

读者在阅读 wp_page_copy() 函数时可以发现在切换 PTE 之前，要先清除 PTE 的内容再刷新对应的 TLB，这是为什么呢？

```
static vm_fault_t wp_page_copy(struct vm_fault *vmf)
{
    ...
    entry = maybe_mkwrite(pte_mkdirty(entry), vma);
    /*
     * Clear the pte entry and flush it first, before updating the
     * pte with the new entry. This will avoid a race condition
     * seen in the presence of one thread doing SMC and another
     * thread doing COW.
     */
    ptep_clear_flush_notify(vma, vmf->address, vmf->pte);
    set_pte_at_notify(mm, vmf->address, vmf->pte, entry);
    ...
}
```

上面这一段英文注释的大概意思是：在切换新的 PTE 之前先把 PTE 内容清除再刷新对应的 TLB，是为了防止一个可能发生的竞争问题，如一个线程在执行自修改代码（Self Modified Code，SMC），另外一个线程在做写时复制。这个故障是在 Linux 2.6.19 内核开发期间发现和修复的。

下面举一个例子来说明这个场景。

假设主进程有两个线程——线程 1 和线程 2，线程 1 运行在 CPU0 上，线程 2 运行在 CPU1 上，它们共同访问一个虚拟地址。在 Linux 内核看来，这两个线程同时访问一个 VMA，这个 VMA 是私有映射的。这个 VMA 映射到 Page0 上。

因为线程 1 需要在这个 VMA 上运行代码，如图 4.40（a）所示。VMA 的主要属性是 VM_READ | VM_WRITE | VM_EXEC。对应 PTE 的主要属性是 PAGE_READONLY_EXEC。PTE_RDONLY 被设置为 1，即 PTE 属性为用户态可运行和只读。

主进程通过 fork 调用创建一个子进程，如图 4.40（b）所示。子进程会通过写时复制的方式得到一个新的 VMA1，而且这个 VMA1 也映射到 Page0，子进程对应的 PTE 为 PTE1。在 fork 中，父进程和子进程的 PTE 都会设置为 PTE_RDONLY。

当线程 2 想往该虚拟地址中写入新代码时，它会触发写错误的缺页异常。在 do_wp_page() 函数中，因为这个页面的 _mapcount 为 2，不能复用这个页面，所以调用 wp_page_copy() 函数进行写时复制操作。

线程 2 创建了一个新的页面 Page1，并且把 Page0 的内容复制到 Page1 上，然后通过 set_pte()

函数切换页表项，指向 Page1，最后往 Page1 写入新代码，如图 4.40（c）所示。

但是，在此时，在 CPU0 上运行的线程 1 的指令和数据 TLB 依然指向 Page0，线程 1 依然从 Page0 上获取指令，这样线程 1 获取了错误的指令，从而导致线程 1 运行错误，如图 4.40（d）所示。

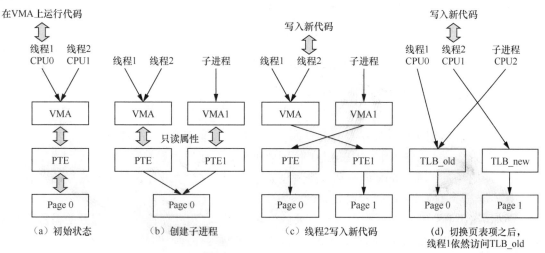

▲图 4.40　切换页表再刷新 TLB

4.7.12　缺页异常引发的死锁

缺页异常引发的死锁是在 Linux 5.0 内核开发期间因为系统内存短缺而引发的死锁，这发生在缺页异常处理里。根本原因是缺页异常处理路径与 Linux 内核中的刷新回写线程之间发生了死锁，详细分析见 6.3.1 节。

4.7.13　小结

缺页中断发生后，根据 PTE 中的 PRESENT 位、PTE 内容（pte_none()宏）是否为空以及是否文件映射等条件，相应的处理函数如下。

1. do_anonymous_page()——处理匿名页面缺页异常

- ❑　判断条件：PTE 的内容为空且没有设置 vma->vm_ops 方法集。
- ❑　应用场合：malloc()分配内存或者使用 mmap()函数来分配匿名页面内存。

2. do_fault()——处理文件映射缺页异常

（1）判断条件：PTE 的内容为空且设置了 vma->vm_ops 方法集。do_fault()适用于在文件映射中发生的缺页异常的情况。

- ❑　如果仅发生读错误，那么调用 do_read_fault()函数读取这个页面。
- ❑　如果在私有映射 VMA 中发生写保护错误，那么发生写时复制，新分配一个页面，旧页面的内容要复制到新页面中，利用新页面生成一个 PTE 并将其设置到硬件页表项中，这就是所谓的写时复制。
- ❑　如果写保护错误发生在共享映射 VMA 中，就会产生脏页，调用系统的回写机制来回写这个脏页。

（2）应用场合如下。

❑　使用 mmap()读文件内容，如驱动中使用 mmap()映射设备内存到用户空间等。

❑　动态库映射，如不同的进程可以通过文件映射来共享同一个动态库。

3. do_swap_page()——处理 swap 缺页异常

判断条件：PTE 中的 PRESENT 位没有置位且 PTE 内容不为空。

4. do_wp_page()——处理写时复制缺页异常

（1）do_wp_page()最终有两种处理情况。

❑　复用旧页面（对于单身匿名页面和可写的共享页面）。

❑　写时复制旧页面（非单身匿名页面、只读或者非共享的文件映射页面）。

（2）判断条件：PTE 中的 PRESENT 位置位了且发生了写错误缺页中断。

（3）应用场景：通过 fork 调用从父进程创建子进程，父、子进程都共享父进程的匿名页面，当其中一方需要修改内容时，写时复制便会发生。

总之，缺页异常是内存管理中非常重要的一种机制，它和内存管理中大部分的模块有联系，如 brk、mmap、RMAP 等。学习和理解缺页异常是理解内存管理的基石。

第 5 章　内存管理之高级主题

本章高频面试题

1. page 数据结构中的_refcount 和 _mapcount 有什么区别？

2. 匿名页面和高速缓存页面有什么区别？

3. page 数据结构中有一个锁，我们称为页锁，请问 trylock_page()和 lock_page()有什么区别？

4. 请画出 page 数据结构中 flags 成员的布局示意图。

5. 请列举 page 数据结构中_refcount 和 _mapcount 计数的使用案例。

6. 请简述 page 数据结构中 mapping 成员的作用。

7. 在 Linux 2.4.x 内核中，如何从一个页面中找到所有映射该页面的 VMA？RMAP 可以带来哪些便利？

8. 阅读 Linux 5.0 内核 RMAP 机制的代码，画出父子进程之间 VMA、AVC、AV 以及 page 等数据结构之间的关系图。

9. 在 Linux 2.6.34 内核中，RMAP 机制采用了新的实现，Linux 2.6.33 内核和之前的版本中的 RMAP 机制称为旧版本 RMAP 机制。那么在旧版本 RMAP 机制中，如果父进程有 1000 个子进程，每个子进程都有一个 VMA，每个 VMA 里面有 1000 个匿名页面，当所有的子进程的 VMA 同时发生写时复制时会是什么情况呢？

10. kswapd 内核线程何时会被唤醒？

11. LRU 链表如何知道页面的活动频繁程度？

12. kswapd 按照什么原则来换出页面？

13. kswapd 按照什么方向来扫描 zone？

14. kswapd 以什么标准来退出扫描 LRU 链表？

15. 移动设备操作系统（如 Android 操作系统），没有交换分区或者交换文件，kswapd 会扫描匿名页面 LRU 吗？

16. swappiness 的含义是什么？kswapd 如何计算匿名页面和页面高速缓存之间的扫描比重？

17. 当系统中充斥着大量只访问一次的文件访问时，kswapd 如何来规避这种访问？

18. 在回收页面高速缓存时，对于脏的页面高速缓存，kswapd 会马上回写吗？

19. 内核中有哪些页面会被 kswapd 回写到交换分区？

20. 请简述匿名页面的生命周期。

21. 在什么情况下会产生匿名页面？

22. 在什么条件下会释放匿名页面？

23. 页面迁移是基于什么原理来实现的？

24. 内核中有哪些页面可以迁移？

25. 内核本身使用的页面是否可以迁移？为什么？

26. 在页面迁移的过程中需要注意些什么？

27. 什么是传统 LRU 页面和非 LRU 页面？

28. 内存规整是基于什么原理来实现的？

29. 如何触发内存规整？

30. 哪些页面适合做内存规整？哪些页面不适合做内存规整？

31. KSM 是基于什么原理来合并页面的？

32. 内容相同的页面在 KSM 里是如何被扫描和合并的？其工作流程是怎么样的？

33. 若稳定的节点的 hlist 中堆积了几百万个 rmap_item，那么对系统会产生什么影响？

34. 新版本的 KSM 对稳定的节点做了哪些优化？

35. 在 KSM 机制里，合并过程中把页面设置成写保护的函数 write_protect_page()中有如下判断。

```
if (page_mapcount(page) + 1 + swapped != page_count(page)) {
    goto out_unlock;
}
```

这个判断的依据是什么？

36. 如果多个 VMA 的虚拟页面同时映射了同一个匿名页面，那么此时 page->index 应该等于多少？

37. 页面和 KSM 页面的区别是什么？

38. 页面分配器如何管理空闲页面和分配请求之间的关系？

39. 什么是页面分配器的快速路径？什么是慢速路径？

40. 当一个普通的进程恶意占用内存时，页面分配器是如何处理的？

41. 若一个普通进程处于内存承压的情况下，页面分配器尝试哪些努力来保证分配成功？

42. 在什么情况下页面分配器可以访问系统预留内存？

43. 在页面分配器中，分配掩码 ALLOC_HIGH、ALLOC_HARDER、ALLOC_OOM 以及 ALLOC_NO_WATERMARKS 之间有什么区别？它们各自能访问系统预留内存的百分比是多少？思考为什么页面分配器需要做这样的安排。

44. 伙伴系统算法是如何减少内存碎片的？

45. 为什么要把内存分成不同的迁移类型？这些迁移类型有什么区别？

46. 假设请求分配 order 为 4 的一个内存块，迁移类型是不可迁移（MIGRATE_UNMOVABLE），但是 order 大于或等于 4 的不可迁移类型的空闲链表中没有空闲页块，那么页面分配器会怎么办？

47. 什么是内存外碎片化？Linux 内核的页面分配器是如何发现外碎片的？

48. 当发现了内存外碎片，Linux 5.0 内核是如何处理的？

5.1　page

内存管理大多是以页为中心展开的，page 数据结构显得非常重要，本节首先介绍 page 数据结构。

5.1.1　page 数据结构

Linux 内核内存管理的实现以 page 数据结构为核心，page 数据结构类似于城市的地标，其他的内存管理设施都基于 page 数据结构，如 VMA 管理、缺页中断、RMAP、页面分配与回收等。page 数据结构定义在 include/linux/mm_types.h 头文件中，大量使用了 C 语言的联合体（union）来优化其数据结构的大小，因为每个物理页面都需要一个 page 数据结构来跟踪和管理这些物理页面的使用情况，所以管理成本很高。

page 数据结构可以分成如下 4 部分，如图 5.1 所示。

❑ 标志位。
❑ 5 个字（words。这 5 个字在 32 位处理器上是 20 字节，在 64 位处理器上是 40 字节）的联合体，用于匿名页面/文件映射页面或者 slab/slub/slob 分配器等。
❑ 4 字节的联合体，用于管理_mapcount 等引用计数。
❑ 4 字节的_refcount。

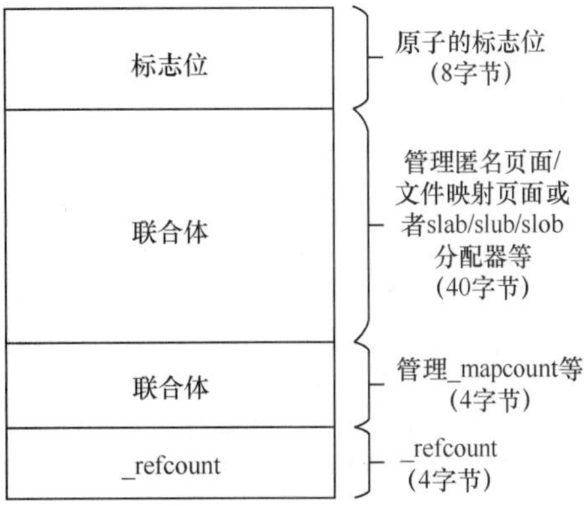

page 数据结构的定义如下。

▲图 5.1 page 数据结构

```
<include/linux/mm_types.h>

struct page {
    #第一部分，标志位
    unsigned long flags;

    #第二部分，5 个字的联合体
    union {
        /* 管理匿名页面/文件映射页面 */
        struct {
            struct list_head lru;
            struct address_space *mapping;
            pgoff_t index;
            unsigned long private;
        };

        /* 管理 slab/slob/slub 分配器 */
        struct {
            union {
                struct list_head slab_list;
                struct {
                    struct page *next;
                    int pages;
                    int pobjects;
                };
            };
            struct kmem_cache *slab_cache;
            void *freelist;
            union {
                void *s_mem;
                unsigned long counters;
                struct {
                    unsigned inuse:16;
```

```
                    unsigned objects:15;
                    unsigned frozen:1;
                };
            };
        };

        /* 管理页表 */
        struct {
            unsigned long _pt_pad_1;
            pgtable_t pmd_huge_pte;
            unsigned long _pt_pad_2;
            union {
                struct mm_struct *pt_mm;
                atomic_t pt_frag_refcount;
            };
            spinlock_t ptl;
        };

        /*管理 ZONE_DEVICE 页面*/
        struct {
            struct dev_pagemap *pgmap;
            unsigned long hmm_data;
            unsigned long _zd_pad_1;
        };

        struct rcu_head rcu_head;
    };

    #第三部分，4 字节的联合体，管理_mapcount 等
    union {
        atomic_t _mapcount;
        unsigned int page_type;
        unsigned int active;
        int units;
    };

    #第四部分，_refcount 引用计数
    atomic_t _refcount;
} _struct_page_alignment;
```

page 数据结构包含几十个成员，主要成员如表 5.1 所示。

表 5.1　　　　　　　　　　　　　page 数据结构的主要成员

成员	类型	描　　述
flags	unsigned long	页面的标志位集合
lru	struct list_head	LRU 链表节点，匿名页面或文件映射页面会通过该成员添加到 LRU 链表中
mapping	struct address_space *	表示页面所指向的地址空间
index	pgoff_t	表示这个页面在一个映射中的序号或偏移量
private	unsigned long	指向私有数据的指针
slab_list	struct list_head	slab 链表节点
next	struct page *	在 slub 分配器中使用

成员	类型	描　述
slab_cache	struct kmem_cache *	slab 缓存描述符，slab 分配器中的第一个物理页面的 page 数据结构中的 slab_cache 指向 slab 缓存描述符
freelist	void *	管理区。管理区可以看作一个数组，数组的每个成员占用 1 字节，每个成员代表一个 slab 对象
s_mem	void *	在 slab 分配器中用来指向第一个 slab 对象的起始地址
ptl	spinlock_t	用于保护页表操作的自旋锁，通常在更新页表时候需要这个锁以进行保护
rcu_head	struct rcu_head	RCU 锁，在 slab 分配器中释放 slab 的物理页面
_mapcount	atomic_t	用于统计 _mapcount
_refcount	atomic_t	用于统计 _refcount
active	unsigned int	表示 slab 分配器中活跃对象的数量。当为 0 时，表示这个 slab 分配器中没有活跃对象，可以销毁这个 slab 分配器。活跃对象就是已经被迁移到对象缓冲池中的对象

1. 标志位

flags 成员是页面的标志位集合，标志位是内存管理中非常重要的部分，具体定义在 include/linux/page-flags.h 文件中，重要的标志位如下。

```
enum pageflags {
    PG_locked,
    PG_error,
    PG_referenced,
    PG_uptodate,
    PG_dirty,
    PG_lru,
    PG_active,
    PG_workingset,
    PG_waiters,
    PG_slab,
    PG_owner_priv_1, /* 页面的所有者使用，如果是高速缓存页面，文件系统可以使用它*/
    PG_arch_1, /*与架构相关的页面状态位*/
    PG_reserved, /*表示该页面不可被换出*/
    PG_private,/* 表示该页面是有效的，当 page->private 包含有效值时会设置该标志位。如果页面是高速缓
    存页面，那么包含一些文件系统相关的数据信息*/
    PG_private_2,   /* 如果是高速缓存页面，可能包含与文件系统相关的私有数据 */
    PG_writeback,
    PG_compound,
    PG_swapcache,
    PG_mappedtodisk,
    PG_reclaim,
    PG_swapbacked,
    PG_unevictable,
#ifdef CONFIG_MMU
    PG_mlocked,
#endif
    __NR_PAGEFLAGS,
};
```

❏　PG_locked 表示页面已经上锁了。如果该位置位，说明页面已经上锁，内存管理的其

他模块不能访问这个页面，以防发生竞争。

❏ PG_error 表示页面操作过程中发生 I/O 错误时会设置该位。

❏ PG_referenced 和 PG_active 用于控制页面的活跃程度，在 kswapd 页面回收中使用。

❏ PG_uptodate 表示页面的数据已经从块设备成功读取。

❏ PG_dirty 表示页面内容发生改变，这个页面为脏页，即页面的内容被改写后还没有和外部存储器进行过同步操作。

❏ PG_lru 表示页面在 LRU 链表中。LRU 链表指最近最少使用（Least Recently Used）链表。内核使用 LRU 链表来管理活跃和不活跃页面。

❏ PG_slab 表示页面用于 slab 分配器。

❏ PG_waiters 表示有进程在等待这个页面。

❏ PG_writeback 表示页面的内容正在向块设备回写。

❏ PG_swapcache 表示页面处于交换缓存中。

❏ PG_swapbacked 表示页面具有 swap 缓存功能，通常匿名页面才可以写回交换分区。

❏ PG_reclaim 表示这个页面马上要被回收。

❏ PG_unevictable 表示页面不可被回收。

❏ PG_mlocked 表示页面对应的 VMA 处于 mlocked 状态。

内核定义了一些宏，用于检查页面是否设置了某个特定的标志位或者用于操作某些标志位。这些宏的名称都有一定的模式，具体如下。

❏ Page×××()用于检查页面是否设置了 PG_×××标志位，如 PageLRU()检查 PG_lru 标志位是否置位了，PageDirty()检查 PG_dirty 是否置位了。

❏ SetPage×××()设置页面中的 PG_×××标志位，如 SetPageLRU()用于设置 PG_lru，SetPageDirty()用于设置 PG_dirty 标志位。

❏ ClearPage×××()用于无条件地清除某个特定的标志位。

这些宏实现在 include/linux/page-flags.h 文件中。

```
<include/linux/page_flags.h>
#define TESTPAGEFLAG(uname, lname)                      \
static inline int Page##uname(const struct page *page)  \
            { return test_bit(PG_##lname, &page->flags); }
#define SETPAGEFLAG(uname, lname)                        \
static inline void SetPage##uname(struct page *page)     \
                { set_bit(PG_##lname, &page->flags); }

#define CLEARPAGEFLAG(uname, lname)                      \
static inline void ClearPage##uname(struct page *page)   \
                { clear_bit(PG_##lname, &page->flags); }
```

flags 成员除了存放上述重要的标志位之外，还有另外一个很重要的作用——存放 section 编号、node 编号、zone 编号和 LAST_CPUID 等。具体存放的内容与内核配置相关，如 section 编号和 node 编号与 CONFIG_SPARSEMEM/CONFIG_SPARSEMEM_VMEMMAP 配置相关，LAST_CPUID 与 CONFIG_NUMA_BALANCING 配置相关。

图 5.2 所示为 QEMU 虚拟机中 page->flags 的布局，其中，Bit[43:0]用于存放页面标志位，Bit[59:44]用于存放 NUMA 平衡算法中的 LAST_CPUID，Bit[61:60]用于存放 zone 编号，Bit[63:62]用于存放 node 编号。

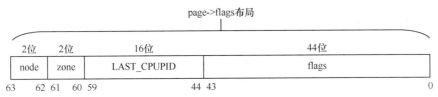

▲图 5.2 QEMU 虚拟机中 page->flags 的布局

可以通过 set_page_zone()函数把 zone 编号设置到 page->flags 中，也可以通过 page_zone() 函数得到某个页面所属的 zone。

```
<include/linux/mm.h>

static inline struct zone *page_zone(const struct page *page)
{
    return &NODE_DATA(page_to_nid(page))->node_zones[page_zonenum(page)];
}

static inline void set_page_zone(struct page *page, enum zone_type zone)
{
    page->flags &= ~(ZONES_MASK << ZONES_PGSHIFT);
    page->flags |= (zone & ZONES_MASK) << ZONES_PGSHIFT;
}
```

2. mapping 成员

回到 page 数据结构的定义中，mapping 成员表示页面所指向的地址空间。内核中的地址空间通常有两个不同的地址空间：一个用于文件映射页面，如在读取文件时，地址空间用于将文件的内容数据与装载数据的存储介质区关联起来；另一个用于匿名映射。内核使用一个简单直接的方式实现了"一个指针，两种用途"，mapping 成员的最低两位用于判断是否指向匿名映射或 KSM 页面的地址空间。如果指向匿名页面，那么 mapping 成员指向匿名页面的地址空间数据结构 anon_vma。

```
<include/linux/mm.h>

#define PAGE_MAPPING_ANON      1
#define PAGE_MAPPING_KSM       2
#define PAGE_MAPPING_FLAGS     (PAGE_MAPPING_ANON | PAGE_MAPPING_KSM)

static inline int PageAnon(struct page *page)
{
    return ((unsigned long)page->mapping & PAGE_MAPPING_ANON) != 0;
}
```

5.1.2 _refcount 的应用

_refcount 和_mapcount 是 page 数据结构中非常重要的两个引用计数，且都是 atomic_t 类型的变量。

1. _refcount 的定义

_refcount 表示内核中引用该页面的次数。

❑　当_refcount 的值为 0 时，表示该页面为空闲页面或即将要被释放的页面。

❑　当_refcount 的值大于 0 时，表示该页面已经被分配且内核正在使用，暂时不会被释放。

内核中提供加/减_refcount 的接口函数，读者应该使用这些接口函数来使用_refcount 引用计数。

❑　get_page()：_refcount 加 1。

❑　put_page()：_refcount 减 1。若_refcount 减 1 后等于 0，那么会释放该页面。

这两个接口函数实现在 include/linux/mm.h 文件中。

```
<include/linux/mm.h>

static inline void get_page(struct page *page)
{
    page_ref_inc(page);
}

static inline void put_page(struct page *page)
{
    if (put_page_testzero(page))
        __put_page(page);
}
```

get_page()函数调用 page_ref_inc()来增加引用计数，最后使用 atomic_inc()函数原子地增加引用计数。

put_page()首先使用 put_page_testzero()函数来使_refcount 减 1 并且判断其是否为 0。如果_refcount 减 1 之后等于 0，就会调用__put_page()来释放这个页面。

2. _refcount 的应用场景

_refcount 通常在内核中用于跟踪页面的使用情况，常见的用法归纳总结如下。

（1）初始状态下，空闲页面的_refcount 是 0。

（2）分配页面时，_refcount 会变成 1。页面分配接口函数 alloc_pages()在成功分配页面后，_refcount 应该为 0，这里使用 VM_BUG_ON_PAGE()来判断，然后设置这些页面的_refcount 为 1，见 set_page_count()函数。

```
<alloc_pages()→__alloc_pages_nodemask()→get_page_from_freelist()→prep_new_page()
 →post_alloc_hook()→set_page_refcounted()>

static inline void set_page_refcounted(struct page *page)
{
    set_page_count(page, 1);
}
```

（3）加入 LRU 链表时，页面会被 kswapd 内核线程使用，因此_refcount 会加 1。以 malloc 为用户程序分配内存为例，发生缺页中断后，do_anonymous_page()函数成功分配出来一个页面，在设置硬件 PTE 之前，调用 lru_cache_add()函数把这个匿名页面添加到 LRU 链表中。在这个过程中，使用 page_cache_get()宏来增加_refcount。

```
<发生缺页异常→handle_mm_fault()→handle_pte_fault()→do_anonymous_page()→lru_cache_add_
active_or_unevictable()→__lru_cache_add()>
```

```
static void __lru_cache_add(struct page *page)
{
    struct pagevec *pvec = &get_cpu_var(lru_add_pvec);

    get_page(page);
    if (!pagevec_add(pvec, page) || PageCompound(page))
        __pagevec_lru_add(pvec);
    put_cpu_var(lru_add_pvec);
}
```

当页面已经添加到 LRU 链表后，_refcount 会减 1，这样做的目的是防止页面在添加到 LRU 链表过程中被释放。

```
static void pagevec_lru_move_fn(struct pagevec *pvec,
    void (*move_fn)(struct page *page, struct lruvec *lruvec, void *arg),
    void *arg)
{
    for (i = 0; i < pagevec_count(pvec); i++) {
        (*move_fn)(page, lruvec, arg);
    }

    release_pages(pvec->pages, pvec->nr);
}
```

（4）被映射到其他用户进程的 PTE 时，_refcount 会加 1。如在创建子进程时共享父进程的地址空间，设置父进程的 PTE 内容到子进程中并增加该页面的_refcount，详见 do_fork()→ copy_process()→copy_mm()→dup_mmap()→copy_pte_range()→copy_one_pte()函数。

```
<mm/memory.c>

static inline unsigned long
copy_one_pte(struct mm_struct *dst_mm, struct mm_struct *src_mm,
        pte_t *dst_pte, pte_t *src_pte, struct vm_area_struct *vma,
        unsigned long addr, int *rss)
{
    pte_t pte = *src_pte;

    pte = pte_mkold(pte);

    page = vm_normal_page(vma, addr, pte);
    if (page) {
        get_page(page);
        page_dup_rmap(page, false);
        rss[mm_counter(page)]++;
    }

    set_pte_at(dst_mm, addr, dst_pte, pte);
    return 0;
}
```

（5）在 copy_one_pte()函数中，通过 vm_normal_page()找到父进程的 PTE 对应的页面，然后增加这个页面的_refcount。

（6）页面的 private 成员指向私有数据。

❑ 对于 PG_swapable 的页面，__add_to_swap_cache()函数会增加_refcount。

❑ 对于 PG_private 的页面，主要在块设备的 buffer_head 中使用，如 buffer_migrate_page() 函数中会增加_refcount。

（7）内核对页面进行操作等关键路径上也会使_refcount 加 1，如内核的 follow_page()函数 和 get_user_pages()函数。以 follow_page()为例，调用者通常需要设置 FOLL_GET 标志位来使其 增加_refcount。如 KSM 中获取可合并的页面函数 get_mergeable_page()，另一个例子是 DIRECT_IO，详见 write_protect_page()函数。

```
<mm/ksm.c>

static struct page *get_mergeable_page(struct rmap_item *rmap_item)
{
    struct mm_struct *mm = rmap_item->mm;
    unsigned long addr = rmap_item->address;
    struct vm_area_struct *vma;
    struct page *page;

    down_read(&mm->mmap_sem);
    vma = find_mergeable_vma(mm, addr);
    ...
    page = follow_page(vma, addr, FOLL_GET);
    ...
    up_read(&mm->mmap_sem);
    return page;
}
```

5.1.3 _mapcount 的应用

_mapcount 表示这个页面被进程映射的个数，即已经映射了多少个用户 PTE。每个用户进 程都拥有各自独立的虚拟空间（256TB）和一份独立的页表，所以可能出现多个用户进程地址 空间同时映射到一个物理页面的情况，RMAP 系统就是利用这个特性来实现的。_mapcount 主 要用于 RMAP 系统中。

❑ 若_mapcount 等于−1，表示没有 PTE 映射到页面。

❑ 若_mapcount 等于 0，表示只有父进程映射到页面。匿名页面刚分配时，_mapcount 初 始化为 0。例如，当 do_anonymous_page()产生的匿名页面通过 page_add_new_anon_ rmap()添加到 rmap 系统中时，会设置_mapcount 为 0，这表明匿名页面当前只有父进 程的 PTE 映射到页面。

```
<发生缺页异常→handle_mm_fault()→handle_pte_fault()→do_anonymous_page()→page_add_new_
anon_rmap()>

void page_add_new_anon_rmap(struct page *page,
    struct vm_area_struct *vma, unsigned long address, bool compound)
{
    __SetPageSwapBacked(page);

    atomic_set(&page->_mapcount, 0);
}
```

❑ 若_mapcount 大于 0，表示除了父进程外还有其他进程映射到这个页面。同样以创建子进程时共享父进程地址空间为例，设置父进程的 PTE 内容到子进程中并增加该页面的_mapcount，详见 do_fork()→copy_process()→copy_mm()→dup_mmap()→copy_pte_range()→copy_one_pte()函数。

```
static inline unsigned long
copy_one_pte(struct mm_struct *dst_mm, struct mm_struct *src_mm,
        pte_t *dst_pte, pte_t *src_pte, struct vm_area_struct *vma,
        unsigned long addr, int *rss)
{
    ...
    page = vm_normal_page(vma, addr, pte);
    if (page) {
        get_page(page); //增加_refcount
        page_dup_rmap(page); //增加_mapcount
        if (PageAnon(page))
            rss[MM_ANONPAGES]++;
        else
            rss[MM_FILEPAGES]++;
    }

out_set_pte:
    set_pte_at(dst_mm, addr, dst_pte, pte);
    return 0;
}
```

5.1.4　PG_Locked

page 数据结构中的成员 flags 定义了一个标志位 PG_locked，内核通常利用 PG_locked 来设置一个页锁。lock_page()函数用于申请页锁，如果页锁被其他进程占用了，那么它会睡眠等待。lock_page()函数的声明和实现如下。

<mm/filemap.c>

```
void __lock_page(struct page *__page)
{
    wait_queue_head_t *q = page_waitqueue(page);
    wait_on_page_bit_common(q, page, PG_locked, TASK_UNINTERRUPTIBLE,
                EXCLUSIVE);
}
```

<include/linux/pagemap.h>

```
static inline void lock_page(struct page *page)
{
    might_sleep();
    if (!trylock_page(page))
        __lock_page(page);
}
```

可以看到，lock_page()函数首先会调用 trylock_page()函数，然后调用__lock_page()函数。

trylock_page()和 lock_page()这两个函数看起来很相似，但有很大的区别。trylock_page()定义在 include/linux/pagemap.h 文件中，它使用 test_and_set_bit_lock()尝试为 page 的 flags 设置 PG_locked 标志位，并且返回原来标志位的值。如果 page 的 PG_locked 位已经置位了，那么当前进程调用 trylock_page()时返回 false，说明有其他进程已经锁住了 page。因此，若 trylock_page()返回 false，表示获取锁失败；若返回 true，表示获取锁成功。

```
<include/asm-generic/bitops/lock.h>

#define test_and_set_bit_lock(nr, addr)     test_and_set_bit(nr, addr)

<include/linux/pagemap.h>

static inline int trylock_page(struct page *page)
{
    return (likely(!test_and_set_bit_lock(PG_locked, &page->flags)));
}
```

当 trylock_page()无法获取锁时，当前进程会调用 wait_on_page_bit_common()函数让其在等待队列中睡眠、等待这个锁。需要注意的是，当前进程会进入不可中断的睡眠状态。当前进程在睡眠等待时不受干扰，对信号不做任何反应，所以这个状态称为不可中断的状态。通常使用 ps 命令看到的标记为 D 状态的进程就是处于不可中断状态的进程，不可以发送 SIGKILL 信号让它们终止。

5.1.5　mapping 成员的妙用

mapping 成员所指向的页面对应存储设备的地址空间，主要分成 3 种情况。

❑ 对于匿名页面，mapping 成员指向 VMA 的 anon_vma 数据结构。
❑ 对于交换高速缓存页面，它的 mapping 成员指向交换分区的 swapper_spaces。
❑ 对于文件映射页面，mapping 成员指向该文件所属的 address_space 数据结构，它包含文件所属的存储介质的相关信息，如 inode 等。

address_space 数据结构定义在 include/linux/fs.h 头文件中。

```
struct address_space {
    struct inode        *host;
    const struct address_space_operations *a_ops;
    unsigned long        flags;
    void            *private_data;
    ...
} __attribute__((aligned(sizeof(long))));
```

address_space 数据结构中包含了文件映射对应的文件节点 inode，以及该节点对应的操作函数方法集 a_ops。另外，该数据结构以 sizeof(long)对齐，在 64 位系统中以 8 字节对齐，因此我们可以把 address_space 指针（page 数据结构中的 mapping 成员）的低 2 位用于其他用途。

❑ Bit[0]：用于判断该页面是否匿名页面。
❑ Bit[1]：用于判断该页面是否为非 LRU 页面。
❑ Bit[0～1]：若均设置为 1，则表示这是一个 KSM 页面。

上述位的定义如下。

```
<include/linux/page-flags.h>

#define PAGE_MAPPING_ANON    0x1
#define PAGE_MAPPING_MOVABLE 0x2
#define PAGE_MAPPING_KSM    (PAGE_MAPPING_ANON | PAGE_MAPPING_MOVABLE)
#define PAGE_MAPPING_FLAGS    (PAGE_MAPPING_ANON | PAGE_MAPPING_MOVABLE)
```

PageAnon()用于判断该页面是否为匿名页面。

```
static int PageAnon(struct page *page)
{
    return ((unsigned long)page->mapping & PAGE_MAPPING_ANON) != 0;
}
```

__PageMovable()用于判断该页面是否为非 LRU 页面。

```
static int __PageMovable(struct page *page)
{
    return ((unsigned long)page->mapping & PAGE_MAPPING_FLAGS) ==
            PAGE_MAPPING_MOVABLE;
}
```

PageKsm()用于判断该页面是否为 KSM 页面。

```
static int PageKsm(struct page *page)
{
    return ((unsigned long)page->mapping & PAGE_MAPPING_FLAGS) ==
            PAGE_MAPPING_KSM;
}
```

page_rmapping()函数用于返回 mapping 成员，但会清除低 2 位。

```
static void * page_rmapping(struct page *page)
{
    mapping = (unsigned long)page->mapping;
    mapping &= ~PAGE_MAPPING_FLAGS;

    return (void *)mapping;
}
```

5.1.6   和 page 相关的几个接口函数

Linux 内核中提供了几个常用的和 page 相关的接口函数，下面做简单介绍。

1. page_mapping()函数

page_mapping()用于返回 page 数据结构中 mapping 成员指向的地址空间，即 address_space 数据结构。address_space 数据结构一般用于指向页面对应的存储介质，如文件、交换分区等。这里需要区分几种情况。

❑   对于匿名页面，mapping 成员指向 VMA 的 anon_vma 数据结构，因此它并没有指向对应的存储介质。anon_vma 只指向 RMAP 机制使用到的数据结构，因此 page_mapping()函数会返回 NULL。

❏ 对于交换高速缓存页面，它的 mapping 成员指向交换分区的 swapper_spaces，这里通过 swap_address_space() 宏来返回交换分区的 address_space 数据结构。

❏ 对于文件映射页面，mapping 成员指向了该文件所属的 address_space 数据结构，它包含文件所属的存储介质的相关信息，如 inode 等。在返回时，需要把低 2 位清零，因为低 2 位用于确定该页面是匿名页面还是 KSM 页面。

❏ 对于 slab 分配器的页面，则直接返回 NULL。

```
<mm/util.c>

struct address_space *page_mapping(struct page *page)
{
    if (unlikely(PageSlab(page)))
        return NULL;

    if (unlikely(PageSwapCache(page))) {
        return swap_address_space(entry);
    }

    mapping = page->mapping;
    if ((unsigned long)mapping & PAGE_MAPPING_ANON)
        return NULL;

    return (void *)((unsigned long)mapping & ~PAGE_MAPPING_FLAGS);
}
```

2. page_mapped()函数

page_mapped()函数用于判断该页面是否映射到用户 PTE，判断条件是判断_mapcount 是否大于或等于 0。该函数在页面回收等内核模块中经常用到。

```
bool page_mapped(struct page *page)
{
    return atomic_read(&page->_mapcount) >= 0;
}
```

5.1.7　小结

Linux 内核的内存管理以 page 数据结构为核心，_refcount 和_mapcount 是两个非常重要的引用计数，正确理解它们是理解 Linux 内核内存管理的基石。_refcount 是 page 数据结构的"命根子"。_mapcount 是 page 数据结构的"幸福指数"。本节总结了它们在内存管理中重要的应用场景，读者可以细细品味。

5.2　RMAP

用户进程在使用虚拟内存的过程中，从虚拟内存页面映射到物理内存页面时，PTE 保留这个记录，page 数据结构中的_mapcount 记录有多少个用户 PTE 映射到物理页面。用户 PTE 是指用户进程地址空间和物理页面建立映射的 PTE，不包括内核地址空间映射物理页面时产生的 PTE。有的页面需要迁移，有的页面长时间不使用，需要交换到磁盘。在交换之前，必须找出哪些进程使用这个页面，然后解除这些映射的用户 PTE。一个物理页面可以同时被多个进程的虚拟内存映射，但是一个虚拟页面同时只能映射到一个物理页面。

在 Linux 2.4 内核中，为了确定某一个页面是否被某个进程映射，必须遍历每个进程的页表，因此工作量相当大，效率很低。在 Linux 2.5 内核开发期间，提出了反向映射（Reverse Mapping，RMAP）的概念。

5.2.1 RMAP 的主要数据结构

RMAP 的主要目的是从物理页面的 page 数据结构中找到有哪些映射的用户 PTE，这样页面回收模块就可以很快速和高效地把这个物理页面映射的所有用户 PTE 都解除并回收这个页面。

为了达到这个目的，内核在页面创建时需要建立 RMAP 的"钩子"，即建立相关的数据结构。RMAP 系统中有两个重要的数据结构：一个是 anon_vma，简称 AV；另一个是 anon_vma_chain，简称 AVC。

1. anon_vma 数据结构

anon_vma 数据结构主要用于连接物理页面的 page 数据结构和 VMA 的 vm_area_struct 数据结构。VMA 的数据结构中有一个成员指向 anon_vma 数据结构。

```
struct vm_area_struct {
    ...
    struct anon_vma *anon_vma;
    ...
};
```

另外，page 数据结构中的 mapping 成员指向匿名页面的 anon_vma 数据结构，如图 5.3 所示。

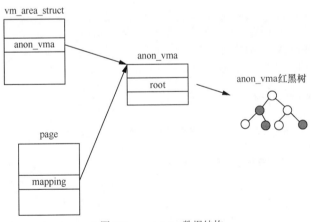

▲图 5.3　anon_vma 数据结构

anon_vma 数据结构定义在 include/linux/rmap.h 头文件中，其主要成员如表 5.2 所示。

表 5.2　　　　　　　　　　　　anon_vma 数据结构的主要成员

成员	类型	描述
root	struct anon_vma *	指向 anon_vma 数据结构中的根节点
rwsem	struct rw_semaphore	保护 anon_vma 数据结构中链表的读写信号量
refcount	atomic_t	引用计数

成员	类　　型	描　　述
parent	struct anon_vma *	指向父 anon_vma 数据结构
rb_root	struct rb_root_cached	红黑树根节点。anon_vma 内部有一棵红黑树

2. anon_vma_chain 数据结构

anon_vma_chain 数据结构起枢纽作用，比如连接父子进程间的 struct anon_vma 数据结构，其主要成员如表 5.3 所示。

表 5.3　　　　　　　　　　　anon_vma_chain 数据结构的主要成员

成员	类　　型	描　　述
vma	struct vm_area_struct *	指向 VMA。可以指向父进程的 VMA，也可以指向子进程的 VMA，具体情况需要具体分析
anon_vma	struct anon_vma *	指向 anon_vma 数据结构。可以指向父进程的 anon_vma 数据结构，也可以指向子进程的 anon_vma 数据结构，具体情况需要具体分析
same_vma	struct list_head	链表节点，通常把 anon_vma_chain 添加到 vma-> anon_vma_chain 链表中
rb	struct rb_node	红黑树节点，通常把 anon_vma_chain 添加到 anon_vma->rb_root 的红黑树中

5.2.2　父进程产生匿名页面

父进程为自己的进程地址空间 VMA 分配物理内存时，通常会产生匿名页面。例如，缺页异常处理中的 do_anonymous_page()函数会产生匿名页面，通过 do_wp_page()处理写时复制时也会产生一个新的匿名页面。以 do_anonymous_page()产生一个新的匿名页面为例。

```
<用户态 malloc()分配虚拟内存→用户进程写内存→内核发生缺页异常→ do_anonymous_page()>

static int do_anonymous_page(struct mm_struct *mm, struct vm_area_struct *vma,
        unsigned long address, pte_t *page_table, pmd_t *pmd,
        unsigned int flags)
{
    ...
    anon_vma_prepare(vma);

    page = alloc_zeroed_user_highpage_movable(vma, address);
    ...
    page_add_new_anon_rmap(page, vma, address);
    ...
}
```

在产生匿名页面时，调用 RMAP 系统的两个接口函数来完成初始化，一个是 anon_vma_prepare()函数，另一个是 page_add_new_anon_rmap()函数。

下面来看 anon_vma_prepare()函数的实现。

1. anon_vma_prepare()函数

anon_vma_prepare()函数内部直接调用__anon_vma_prepare()，我们直接分析该函数。

```
<mm/rmap.c>

int __anon_vma_prepare(struct vm_area_struct *vma)
```

　　__anon_vma_prepare()函数为 RMAP 做准备，比如新建一个 anon_vma 数据结构，并且添加到 VMA 中。该函数只有一个参数，即目标 VMA 的 vm_area_struct 数据结构。

　　__anon_vma_prepare()函数中的主要操作如下。

　　在第 183 行中，通过 anon_vma_chain_alloc()分配一个 anon_vma_chain 数据结构。

　　在第 187 行中，通过 find_mergeable_anon_vma()函数检查是否可以复用当前 VMA 的 near_vma 和 prev_vma 的 anon_vma。能复用的判断条件比较苛刻，例如两个 VMA 必须相邻，VMA 的内存 policy 相同，有相同的 vm_file 等，有兴趣的读者可以查看 anon_vma_compatible()函数。

　　在第 190 行中，如果相邻的 VMA 无法复用 anon_vma，那么调用 anon_vma_alloc()重新分配一个 anon_vma 数据结构，并对其中的重要成员做必要的初始化，详见 anon_vma_alloc()函数。

```
static inline struct anon_vma *anon_vma_alloc(void)
{
    struct anon_vma *anon_vma;

    anon_vma = kmem_cache_alloc(anon_vma_cachep, GFP_KERNEL);
    if (anon_vma) {
        atomic_set(&anon_vma->refcount, 1);
        anon_vma->degree = 1;
        anon_vma->parent = anon_vma;
        anon_vma->root = anon_vma;
    }

    return anon_vma;
}
```

　　refcount 成员设置为 1，parent 和 root 成员都指向自己。

　　在第 196 行中，anon_vma_lock_write()申请一个写者类型的信号量。

```
down_write(&anon_vma->root->rwsem);
```

　　在第 198 行中，申请一个 mm->page_table_lock 的自旋锁。

　　在第 199~206 行中，若把 vma->anon_vma 指向刚才分配的 anon_vma，anon_vma_chain_link()函数，会把刚才分配的 anon_vma_chain 添加到 VMA 的 anon_vma_chain 链表中。另外，把 anon_vma_chain 添加到 anon_vma->rb_root 红黑树中。anon_vma_chain_link()函数的实现如下。

```
static void anon_vma_chain_link(struct vm_area_struct *vma,
                struct anon_vma_chain *avc,
                struct anon_vma *anon_vma)
{
    avc->vma = vma;
    avc->anon_vma = anon_vma;
    list_add(&avc->same_vma, &vma->anon_vma_chain);
    anon_vma_interval_tree_insert(avc, &anon_vma->rb_root);
}
```

2. page_add_new_anon_rmap ()函数

page_add_new_anon_rmap()函数实现在 mm/rmap.c 文件中，简化后的代码片段如下。

```
<mm/rmap.c>

void page_add_new_anon_rmap(struct page *page,
    struct vm_area_struct *vma, unsigned long address, bool compound)
{
    __SetPageSwapBacked(page);
    atomic_set(&page->_mapcount, 0);
    __mod_node_page_state(page_pgdat(page), NR_ANON_MAPPED, nr);
    __page_set_anon_rmap(page, vma, address, 1);
}
```

SetPageSwapBacked()设置 page 的标志位 PG_swapbacked，表示这个页面可以交换到磁盘。
atomic_set()设置 page 的_mapcount 为 0，_mapcount 的初始值为−1。

__mod_zone_page_state()增加页面所在的 zone 的匿名页面的计数，匿名页面计数类型为
NR_ANON_MAPPED。

__page_set_anon_rmap()函数设置这个页面为匿名映射。__page_set_anon_rmap()函数简化后
的代码片段如下。

```
<mm/rmap.c>

static void __page_set_anon_rmap(struct page *page,
    struct vm_area_struct *vma, unsigned long address, int exclusive)
{
    struct anon_vma *anon_vma = vma->anon_vma;

    anon_vma = (void *) anon_vma + PAGE_MAPPING_ANON;
    page->mapping = (struct address_space *) anon_vma;
    page->index = linear_page_index(vma, address);
}
```

首先将 anon_vma 指针的值加上 PAGE_MAPPING_ANON，然后把指针的值赋给
page->mapping。page 数据结构中的 mapping 成员用于指定页面所在的地址空间。内核中所谓的
地址空间通常有两个不同的地址空间，一个用于文件映射页面，另一个用于匿名映射。mapping
成员的低 2 位用于判断是否指向匿名映射或 KSM 页面的地址空间，如果 mapping 成员中第 0
位不为 0，那么 mapping 成员指向匿名页面的地址空间数据结构 anon_vma。

内核提供一个 PageAnon()函数，用于判断一个页面是否为匿名页面。关于 KSM 页面的内
容详见 5.7 节。

```
<include/linux/mm.h>

#define PAGE_MAPPING_ANON    0x1
#define PAGE_MAPPING_MOVABLE 0x2
#define PAGE_MAPPING_KSM (PAGE_MAPPING_ANON | PAGE_MAPPING_MOVABLE)
#define PAGE_MAPPING_FLAGS   (PAGE_MAPPING_ANON | PAGE_MAPPING_MOVABLE)

static inline int PageAnon(struct page *page)
{
    return ((unsigned long)page->mapping & PAGE_MAPPING_ANON) != 0;
}
```

linear_page_index()函数计算当前地址（address）在 VMA 中的第几个页面，然后把 offset

值设置到 page->index 中，详见 5.7.2 节中关于 page->index 的问题①。

```
static inline pgoff_t linear_page_index(struct vm_area_struct *vma,
                            unsigned long address)
{
    pgoff_t pgoff;
    pgoff = (address - vma->vm_start) >> PAGE_SHIFT;
    pgoff += vma->vm_pgoff;
    return pgoff >> (PAGE_CACHE_SHIFT - PAGE_SHIFT);
}
```

父进程产生匿名页面时的状态如图 5.4 所示。

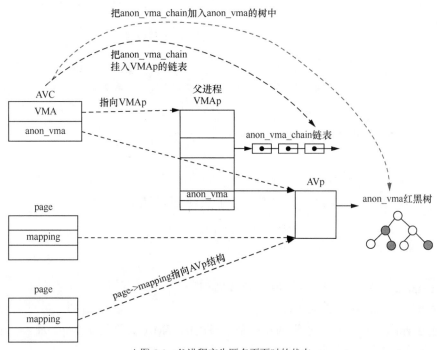

▲图 5.4　父进程产生匿名页面时的状态

❑ 父进程的每个 VMA 中有一个 anon_vma 数据结构（下文用 AVp 来表示），vma->anon_vma 指向 AVp。

❑ 和 VMAp 相关的物理页面 page->mapping 都指向 AVp。

❑ 有一个 anon_vma_chain 数据结构，其中 avc->vma 指向 VMAp，avc->av 指向 AVp。

❑ 把 anon_vma_chain 添加到 VMAp->anon_vma_chain 链表中。

❑ 把 anon_vma_chain 添加到 AVp->anon_vma 红黑树中。

5.2.3　根据父进程创建子进程

父进程通过 fork() 系统调用创建子进程时，子进程会复制父进程的 VMA 数据结构的内容，并且会复制父进程的 PTE 内容到子进程的页表中，实现父、子进程共享页表。多个不同子进程

---

① 对于匿名页面来说，vma->vm_pgoff 成员的值是 0 或 vm_addr/PAGE_SIZE，如 mmap 中采用 MAP_SHARED 映射时，vm_pgoff 为 0；采用 MAP_PRIVATE 映射时，vm_pgoff 为 vm_addr/PAGE_SIZE。vm_addr/PAGE_SIZE 表示匿名页面在整个进程地址空间中的偏移量。vm_pgoff 值在匿名页面的生命周期中只有 RMAP 时才用到。对于匿名页面来说，把 vma->vm_pgoff 看成 0 可能会更好地体现出 page->index 的含义，把 page->index 看作一个 VMA 里面的偏移量，而不是整个进程地址空间的偏移量，也许更贴切。

中的虚拟页面会同时映射到同一个物理页面。另外，多个不相干的进程的虚拟页面可以通过 KSM 机制映射到同一个物理页面中，这里暂时只讨论前者。为了实现 RMAP 系统，在子进程复制父进程的 VMA 时，需要添加 RMAP "钩子"。

fork() 系统调用实现在 kernel/fork.c 文件中，在 dup_mmap() 中复制父进程的进程地址空间。dup_mmap() 函数的主要代码片段如下。

<父进程 fork 子进程→do_fork()→copy_process()→copy_mm()→dup_mm()→dup_mmap()>

```
static  int dup_mmap(struct mm_struct *mm,
                     struct mm_struct *oldmm)
{
    //遍历父进程所有的 VMA
    for (mpnt = oldmm->mmap; mpnt; mpnt = mpnt->vm_next) {

            //新建一个临时用的 VMA 数据结构 tmp，复制父进程 VMA 数据结构的内容到 tmp
            tmp = vm_area_dup(mpnt);
            tmp->vm_mm = mm;

            //为子进程创建相应的 anon_vma 数据结构
             anon_vma_fork(tmp, mpnt);

            //把 tmp 添加到子进程的红黑树中
             __vma_link_rb(mm, tmp, rb_link, rb_parent);

            //复制父进程的 PTE 到子进程页表中
             copy_page_range(mm, oldmm, mpnt);
    }
}
```

dup_mmap() 函数和 RMAP 相关的代码逻辑如下。

（1）遍历父进程的所有的 VMA。

（2）通过 vm_area_dup() 函数来创建一个临时用的 VMA 数据结构 tmp，把父进程的 VMA 数据结构内容复制到子进程刚创建的 VMA 数据结构 tmp 中。

```
struct vm_area_struct *vm_area_dup(struct vm_area_struct *orig)
{
    struct vm_area_struct *new = kmem_cache_alloc(vm_area_cachep, GFP_KERNEL);

    *new = *orig;
    INIT_LIST_HEAD(&new->anon_vma_chain);
}
```

（3）调用 anon_vma_fork() 函数为子进程创建相应的 anon_vma 数据结构。我们稍后会详细分析这个函数的实现。

（4）把 tmp 添加到子进程的红黑树中。

（5）调用 copy_page_range() 复制父进程的 PTE 到子进程页表中。

1．anon_vma_fork() 函数

anon_vma_fork() 函数的主要作用是把 VMA 绑定到子进程的 anon_vma 数据结构中。

```
<mm/rmap.c>

int anon_vma_fork(struct vm_area_struct *vma, struct vm_area_struct *pvma)
```

anon_vma_fork()函数有两个参数，其中参数 vma 表示子进程的 VMA，参数 pvma 表示父进程的 VMA，该函数中的主要操作如下。

在第 321 行中，若父进程没有 anon_vma 数据结构，就不需要绑定了。

在第 332 行中，调用 anon_vma_clone()函数，把子进程的 VMA 绑定到父进程的 VMA 对应的 anon_vma 数据结构中。

在第 337 行中，若子进程的 VMA 已经创建了 anon_vma 数据结构，说明绑定已经完成了。

在第 341～344 行中，分配属于子进程的 anon_vma 和 anon_vma_chain。

在第 352～353 行中，子进程的 anon_vma 数据结构中的 root 成员指向父进程 anon_vma 数据结构的 root 成员，父进程的 root 通常指向自己的 anon_vma 数据结构。而子进程的 anon_vma 数据结构中的 parent 成员指向父进程的 anon_vma 数据结构。

在第 359 行中，get_anon_vma()增加 anon_vma 数据结构中的 refcount。注意，这里增加的是父进程的 anon_vma 中的引用计数。

在第 361 行中，子进程的 vm_area_struct 数据结构中的 anon_vma 成员指向刚才创建的 anon_vma 数据结构。

在第 363 行中，通过 anon_vma_chain_link()把 anon_vma_chain 挂入子进程的 vma->anon_vma_chain 链表中，同时把 anon_vma_chain 加入子进程的 anon_vma->rb_root 红黑树中。至此，子进程的 VMA 和父进程的 VMA 之间的纽带建立完成。

2. anon_vma_clone()函数

anon_vma_clone()函数实现在 mm/rmap.c 文件中。

```
<mm/rmap.c>

int anon_vma_clone(struct vm_area_struct *dst, struct vm_area_struct *src)
```

其主要操作如下。

（1）遍历父进程 VMA 中的 anon_vma_chain 链表寻找 anon_vma_chain 实例。父进程在为 VMA 分配匿名页面时，do_anonymous_page()->anon_vma_prepare()函数会分配一个 anon_vma_chain 实例并挂入 VMA 的 anon_vma_chain 链表中，因此可以很容易地通过链表找到 anon_vma_chain 实例，在代码中这个实例叫作 pavc。

（2）分配一个新的 anon_vma_chain 数据结构，这里称为 anon_vma_chain 枢纽。

（3）通过 pavc 找到父进程 VMA 中的 anon_vma。

```
anon_vma = pavc->anon_vma;
```

（4）anon_vma_chain_link()函数把这个 anon_vma_chain 枢纽挂入子进程的 VMA 的 anon_vma_chain 链表中，同时把 anon_vma_chain 枢纽添加到属于父进程的 anon_vma->rb_root 的红黑树中，使子进程和父进程的 VMA 之间有一个联系的纽带。

```
static void anon_vma_chain_link(struct vm_area_struct *vma,
            struct anon_vma_chain *avc,
            struct anon_vma *anon_vma)
```

```
{
    avc->vma = vma;
    avc->anon_vma = anon_vma;
    list_add(&avc->same_vma, &vma->anon_vma_chain);
    anon_vma_interval_tree_insert(avc, &anon_vma->rb_root);
}
```

父进程通过 fork 调用创建子进程时，RMAP 机制的流程如图 5.5 所示。

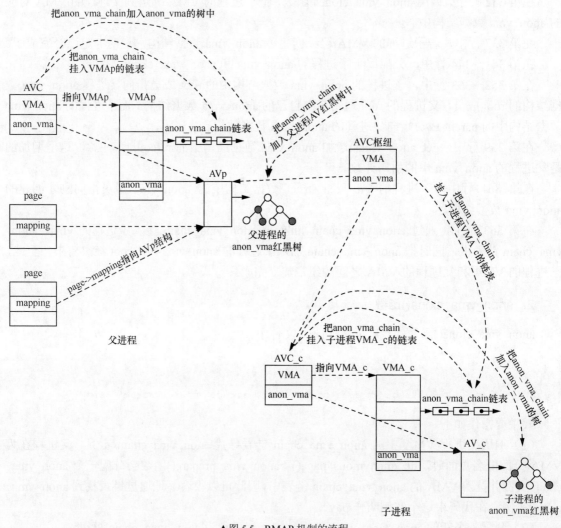

▲图 5.5　RMAP 机制的流程

5.2.4　子进程发生写时复制

如果子进程的 VMA 发生写时复制，那么使用子进程 VMA 创建的 anon_vma 数据结构（即 page->mmaping 指针）指向子进程 VMA 对应的 anon_vma 数据结构。在 do_wp_page()函数中处理写时复制的情况。流程如图 5.6 所示。

__page_set_anon_rmap()函数的实现如下。

```
<mm/rmap.c>

static void __page_set_anon_rmap(struct page *page,
```

```
    struct vm_area_struct *vma, unsigned long address, int exclusive)
{
    struct anon_vma *anon_vma = vma->anon_vma;

    anon_vma = (void *) anon_vma + PAGE_MAPPING_ANON;
    page->mapping = (struct address_space *) anon_vma;
    page->index = linear_page_index(vma, address);
}
```

子进程和父进程共享的匿名页面,子进程的 VMA 发生写时复制

->缺页中断发生
 ->handle_pte_fault()
  ->do_wp_page()
   ->wp_page_copy()
    -> 分配一个新的匿名页面
     -> page_add_new_anon_rmap()
      -> __page_set_anon_rmap()使用子进程的 anon_vma 来设置 page->mapping

▲图 5.6 处理写时复制的流程

__page_set_anon_rmap()函数将 anon_vma 指针的值加上 PAGE_MAPPING_ANON，然后把指针的值赋给 page->mapping。

5.2.5 RMAP 的应用

内核中经常有通过 page 数据结构找到所有映射对应页面的 VMA 的需求。早期的 Linux 内核的实现要通过扫描所有进程的 VMA，这种方法相当耗时。在 Linux 2.5 内核开发期间，RMAP 的概念已经形成，经过多年的优化形成现在的版本。

RMAP 的典型应用场景如下。

❏ kswapd 内核线程为了回收页面，需要断开所有映射到该匿名页面的用户 PTE。
❏ 页面迁移时，需要断开所有映射到匿名页面的用户 PTE。

RMAP 的核心函数是 try_to_unmap()，内核中的其他模块会调用此函数来断开一个页面的所有映射。try_to_unmap()函数的核心实现代码片段如下。

```
<mm/rmap.c>

bool try_to_unmap(struct page *page, enum ttu_flags flags)
{
    struct rmap_walk_control rwc = {
        .rmap_one = try_to_unmap_one,
        .arg = (void *)flags,
        .done = page_mapcount_is_zero,
        .anon_lock = page_lock_anon_vma_read,
    };

    rmap_walk(page, &rwc);

    return !page_mapcount(page) ? true : false;
}
```

try_to_unmap()函数内部主要调用 rmap_walk()函数，它返回时判断 page 的_mapcount。若_mapcount 为−1，说明所有映射到这个页面的用户 PTE 都已经解除完毕了，因此返回 true；否

则，返回 false。

内核中有 3 种页面需要做 unmap 操作，它们分别是 KSM 页面、匿名页面和文件映射页面，因此定义一个 rmap_walk_control 数据结构来统一管理 unmap 操作。

```
struct rmap_walk_control {
    void *arg;
    int (*rmap_one)(struct page *page, struct vm_area_struct *vma,
                    unsigned long addr, void *arg);
    int (*done)(struct page *page);
    struct anon_vma *(*anon_lock)(struct page *page);
    bool (*invalid_vma)(struct vm_area_struct *vma, void *arg);
};
```

rmap_walk_control 数据结构定义了如下函数指针。

❑　rmap_one 表示具体断开某个 VMA 上映射的 PTE。

❑　done 表示判断一个页面是否断开成功。

❑　anon_lock 实现一个锁机制。

❑　invalid_vma 表示跳过无效的 VMA。

本章以匿名页面为例来介绍 RMAP 的应用。

<try_to_unmap()→rmap_walk()→rmap_walk_anon()>

```
static void rmap_walk_anon(struct page *page, struct rmap_walk_control *rwc, bool
locked)
{
    struct anon_vma *anon_vma;
    pgoff_t pgoff_start, pgoff_end;
    struct anon_vma_chain *avc;

    if (locked) {
        anon_vma = page_anon_vma(page);
    } else {
        anon_vma = rmap_walk_anon_lock(page, rwc);
    }

    pgoff_start = page_to_pgoff(page);
    pgoff_end = pgoff_start + hpage_nr_pages(page) - 1;
    anon_vma_interval_tree_foreach(avc, &anon_vma->rb_root,
            pgoff_start, pgoff_end) {
        struct vm_area_struct *vma = avc->vma;
        unsigned long address = vma_address(page, vma);

        if (rwc->invalid_vma && rwc->invalid_vma(vma, rwc->arg))
            continue;

        if (!rwc->rmap_one(page, vma, address, rwc->arg))
            break;
        if (rwc->done && rwc->done(page))
            break;
    }
```

```
        if (!locked)
            anon_vma_unlock_read(anon_vma);
}
```

rmap_walk_anon()函数一共有 3 个参数，其中 page 表示需要解除映射的物理页面的 page 数据结构；rwc 表示 rmap_walk_control 数据结构；locked 表示是否已经加锁。

若 locked 已经加锁，那么调用 page_anon_vma()函数来获取 anon_vma 数据结构。因为对于匿名页面来说，page 的 mapping 指针指向了 anon_vma 数据结构，只不过在低几位中做了一些标记来识别该页面是匿名页面还是 KSM 页面。于是，把低位清零，就可以取回 anon_vma 数据结构。

```
<mm/util.c>

static inline void *__page_rmapping(struct page *page)
{
    unsigned long mapping;

    mapping = (unsigned long)page->mapping;
    mapping &= ~PAGE_MAPPING_FLAGS;

    return (void *)mapping;
}

struct anon_vma *page_anon_vma(struct page *page)
{
    unsigned long mapping;

    mapping = (unsigned long)page->mapping;
    return __page_rmapping(page);
}
```

当 locked 为 0 时，表示没有加锁，因此 rmap_walk_anon_lock()函数除了要取回 anon_vma 数据结构外，还会调用 anon_lock()回调函数来申请一个锁。此外，还会调用 anon_vma_lock_read() 来申请一个读者类型的信号量。

anon_vma_interval_tree_foreach()宏遍历 anon_vma->rb_root 红黑树中的 anon_vma_chain，从 anon_vma_chain 中可以得到相应的 VMA，然后调用 rmap_one()来解除用户 PTE。

5.2.6 小结

早期的 Linux 2.6 内核的 RMAP 实现如图 5.7 所示，父进程的 VMA 中有一个 anon_vma 数据结构（简称 AVp），page->mapping 指向 AVp 数据结构。另外，父进程和子进程中所有映射这个页面的 VMA 都挂载到父进程的 AVp 链表中。当需要从物理页面找出所有映射页面的 VMA 时，只需要从物理页面的 page->mapping 中找到 Avp 数据结构，再遍历 AVp 链表即可。当子进程的虚拟内存发生写时复制时，新分配的页面 COW_Page->mapping 依然指向父进程的 AVp 数据结构。这个模型非常简洁，而且通俗易懂，但它有致命的弱点，特别是在负载大的服务器中，如父进程有 1000 个子进程，每个子进程都有一个 VMA，每个 VMA 都有 1000 个匿名页面，当所有子进程的 VMA 中的所有匿名页面同时发生写时复制时，情况会很糟糕。若有 100 万个匿名页面指向父进程的 AVp 数据结构，每个匿名页面都在做 RMAP，最糟糕的情况下需要扫描这个 Avp 链表的全部成员，但是 Avp 链表里大部分的成员（VMA）并没有映射到这个匿名页面。这个扫描的过程是需要全程持有锁的，锁的争用变得激烈，导致该模型在一些性能测试中出现问题。

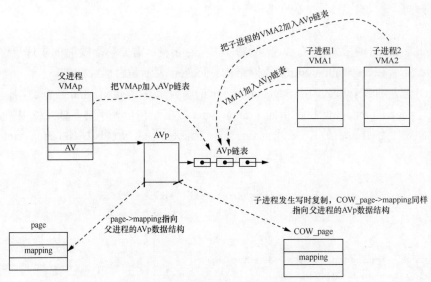

▲图 5.7　早期的 Linux 2.6 内核的 RMAP 实现

Linux 2.6.34 内核对 RMAP 系统进行了优化，模型和现在 Linux 5.0 内核中的模型相同，如图 5.8 所示，新增加了数据结构 anon_vma_chain，父进程和子进程都有各自的 anon_vma 数据结

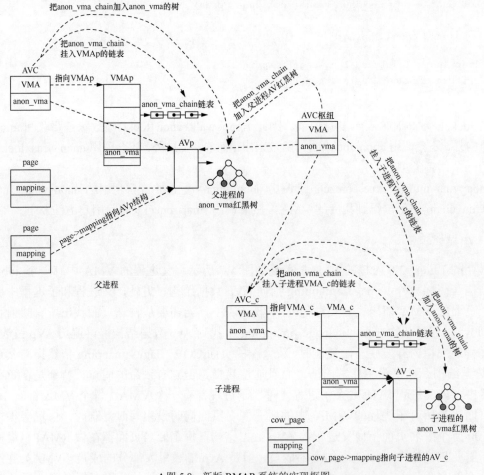

▲图 5.8　新版 RMAP 系统的实现框图

构且都有一棵红黑树（简称 AV 红黑树）。此外，父进程和子进程都将各自的 anon_vma_chain 挂入各自进程的 AV 红黑树中。还有一个 AVC 作为纽带来联系父进程和子进程，我们暂且称它为 AVC 枢纽。AVC 枢纽挂载到父进程的 AV 红黑树中，因此所有子进程都有一个 AVC 枢纽，用于挂入父进程的 AV 红黑树。需要 RMAP 遍历时，只需要扫描父进程中的 AV 红黑树即可。当子进程 VMA 发生写时复制时，新分配的匿名页面 cow_page->mapping 指向子进程自己的 AV 数据结构，而不指向父进程的 AV 数据结构，因此在遍历 RMAP 时不需要扫描所有的子进程。

5.3 页面回收

在 Linux 操作系统中，当内存充足时，内核会尽量多地使用内存作为文件缓存（page cache），从而提高系统的性能。文件缓存页面会添加到文件类型的 LRU 链表中；当内存紧张时，文件缓存页面会被丢弃，或者把修改的文件缓存页面回写到存储设备中，与块设备同步之后便可释放出物理内存。现在的应用程序转向内存密集型，无论系统中有多少物理内存都是不够用的，因此 Linux 操作系统会使用存储设备作为交换分区，内核将很少使用的内存换出到交换分区，以便释放出物理内存，这个机制称为页交换（swapping），这些处理机制统称为页面回收（page reclaim）。

5.3.1 LRU 链表

在最近几十年操作系统的发展过程中，出现了很多页面交换算法，其中每个算法都有各自的优点和缺点。Linux 内核中采用的页交换算法主要是经典 LRU 链表算法和第二次机会（second chance）法。

LRU 是 Least Recently Used 的缩写，意为最近最少使用。根据局部性原理，LRU 假定最近不使用的页面在较短的时间内也不会频繁使用。在内存不足时，这些页面将成为被换出的候选者。内核使用双向链表来定义 LRU 链表，并且根据页面的类型将 LRU 链表分为 LRU_ANON 和 LRU_FILE。每种类型根据页面的活跃性分为活跃 LRU 链表和不活跃 LRU 链表，所以内核中一共有如下 5 个 LRU 链表。

- 不活跃匿名页面链表 LRU_INACTIVE_ANON。
- 活跃匿名页面链表 LRU_ACTIVE_ANON。
- 不活跃文件映射页面链表 LRU_INACTIVE_FILE。
- 活跃文件映射页面链表 LRU_ACTIVE_FILE。
- 不可回收页面链表 LRU_UNEVICTABLE。

LRU 链表之所以要分成这样，是因为当内存紧缺时总是优先换出文件映射的文件缓存页面（LRU_FILE 链表中的页面），而不是匿名页面。因为大多数情况下，文件缓存页面不需要被回写到磁盘，除非页面内容修改了（称为脏页），而匿名页面总是要在写入交换分区之后，才能被换出。LRU 链表按照内存节点配置[①]，也就是说，每个内存节点中都有一整套 LRU 链表，因此内存节点的描述符数据结构（pglist_data）中有一个成员 lruvec 指向这些链表。枚举类型变量 lru_list 列举出上述各种 LRU 链表的类型，lruvec 数据结构中定义了上述各种 LRU 类型的链表。

```
<include/linux/mmzone.h>
```

---

① 在 Linux 4.8 内核中已改为基于内存节点的 LRU 链表。

```
#define LRU_BASE 0
#define LRU_ACTIVE 1
#define LRU_FILE 2

enum lru_list {
    LRU_INACTIVE_ANON = LRU_BASE,
    LRU_ACTIVE_ANON = LRU_BASE + LRU_ACTIVE,
    LRU_INACTIVE_FILE = LRU_BASE + LRU_FILE,
    LRU_ACTIVE_FILE = LRU_BASE + LRU_FILE + LRU_ACTIVE,
    LRU_UNEVICTABLE,
    NR_LRU_LISTS
};

struct lruvec {
    struct list_head lists[NR_LRU_LISTS];
    struct zone_reclaim_stat reclaim_stat;
    ...
};


struct pglist_data {
    ...
    struct lruvec        lruvec;
    ...
};
```

在 Linux 4.8 内核之前，LRU 链表是按照 zone 来配置的，即每个 zone 有一套 LRU 链表。因为在设计之初，64 位的 CPU 还没有面世，设计了基于 zone 的页面回收策略（zone-based reclaim）。32 位 CPU 中通常会有大量的高端内存，高端内存所在的 zone 称为 ZONE_HIGHMEM。页面回收策略从基于 zone 的策略迁移到基于内存节点的策略的一个主要原因是在同一个内存节点的不同 zone 中存在着不同的页面老化速度（page age speed），这会导致很多问题。如一个应用程序在不同的 zone 中分配了内存，在高端 zone（ZONE_HIGH）中分配的页面可能已经被回收了，而在低端 zone（ZONE_NORMAL）中分配的页面还在 LRU 链表中，理想情况下它们应该在同一个时间周期内被回收。从另外一个角度来看，zone 的各个 LRU 链表的扫描覆盖率应该趋于一致。也就是说，在给定的时间内，一个 LRU 链表被充分扫描了，另外的 LRU 链表也应该如此。其原因在于，页面回收内核线程 kswapd 和页面分配内核代码路径之间复杂的扫描逻辑，长期以来内核社区一直在添加各种"诡异"的补丁来解决各种问题，试图维护一个公平的扫描率，以解决 zone 老化速度不一致的问题，但是依然没有从根本上解决。基于内存节点的页面回收机制可以有效解决这个问题，并且去掉基于 zone 页面回收的一些"诡异"和难以理解的代码逻辑。

目前，具有大内存的计算机已经很少继续使用 32 位的 Linux 内核，64 位 Linux 内核已经没有高端内存的概念。另外，在 NUMA 计算机上，每个内存节点上的内存布局不同，导致每个内存节点的页面回收的行为可能会不同。

因此，基于内存节点的 LRU 页面回收机制更容易让人理解，页面分配机制可以去掉"诡异"的补丁，并且在 NUMA 计算机上各个内存节点的行为比较一致。Linux 4.8 内核合并了社区专家 Mel Gorman 的改动。

LRU 链表是如何实现页面老化的呢？

这需要从页面如何加入 LRU 链表以及 LRU 链表如何摘取页面说起。加入 LRU 链表的常用接口函数是 lru_cache_add()。

```
<lru_cache_add()->__lru_cache_add()>

static void __lru_cache_add(struct page *page)
{
    struct pagevec *pvec = &get_cpu_var(lru_add_pvec);

    get_page(page);
    if (!pagevec_add(pvec, page) || PageCompound(page))
        __pagevec_lru_add(pvec);
    put_cpu_var(lru_add_pvec);
}
```

这里使用了页向量（pagevec）数据结构，借助一个数组来保存特定数目的页，可以对这些页面执行同样的操作。页向量会以"批处理的方式"执行，比单独处理一个页面的方式效率要高。pagevec 数据结构的定义如下。

```
#define PAGEVEC_SIZE    15

struct pagevec {
    unsigned char nr;
    bool percpu_pvec_drained;
    struct page *pages[PAGEVEC_SIZE];
};
```

pagevec_add()函数首先往 pvec->pages[]数组里添加页面，如果没有空间了，则调用__pagevec_lru_add()函数把原有的页面添加到 LRU 链表中。

```
static inline unsigned pagevec_space(struct pagevec *pvec)
{
    return PAGEVEC_SIZE - pvec->nr;
}
static inline unsigned pagevec_add(struct pagevec *pvec, struct page *page)
{
    pvec->pages[pvec->nr++] = page;
    return pagevec_space(pvec);
}
```

接下来看__pagevec_lru_add_fn()的实现。

```
<__lru_cache_add()->__pagevec_lru_add_fn()>

static void __pagevec_lru_add_fn(struct page *page, struct lruvec *lruvec, void *arg)
{
    enum lru_list lru;

    SetPageLRU(page);

    smp_mb();

    add_page_to_lru_list(page, lruvec, lru);
}
```

```
static __always_inline void add_page_to_lru_list(struct page *page,
                struct lruvec *lruvec, enum lru_list lru)
{
    list_add(&page->lru, &lruvec->lists[lru]);
}
```

从 add_page_to_lru_list()可以看到，一个页面最终通过 list_add()函数来加入 LRU 链表，list_add()会将成员添加到链表头。

lru_to_page(&lru_list)和 list_del(&page->lru)函数的组合用于从 LRU 链表中获取页面。其中，lru_to_page()的实现如下。

```
<mm/vmscan.c>

#define lru_to_page(_head) (list_entry((_head)->prev, struct page, lru))
```

lru_to_page()使用了（head)->prev，表示从链表的末尾获取页面。因此，LRU 链表实现了 FIFO 算法。最先进入 LRU 链表的页面在 LRU 中的时间会越长，老化时间也越长。

在系统执行过程中，页面总是在活跃 LRU 链表和不活跃 LRU 链表之间转移，不是每次访问内存页面都会发生这种转移，而是发生的时间间隔比较长。随着时间的推移，这会导致一种热平衡，最不常用的页面将慢慢移动到不活跃 LRU 链表的末尾，这些页面正是页面回收中最合适的候选者。

经典 LRU 链表算法如图 5.9 所示。

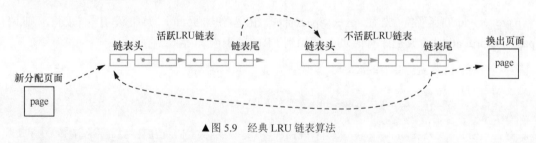

▲图 5.9　经典 LRU 链表算法

5.3.2　第二次机会法

第二次机会法在经典 LRU 链表算法基础上做了一些改进。在经典 LRU 链表算法中，新产生的页面被添加到 LRU 链表的开头，将 LRU 链表中现存的页面向后移动一个位置。当系统内存短缺时，LRU 链表尾部的页面将会离开并被换出。当系统再需要这些页面时，这些页面会重新置于 LRU 链表的开头。显然，这个设计不是很巧妙，在换出页面时，没有考虑该页面是频繁使用的，还是很少使用的。也就是说，频繁使用的页面依然会因为在 LRU 链表末尾而被换出。

第二次机会法的改进是为了避免把经常使用的页面置换出去。当选择置换页面时，依然和经典 LRU 链表算法一样，选择最早置入链表的页面，即在链表末尾的页面。第二次机会法设置了一个访问状态位（硬件控制的位）[1]，所以要检查页面的访问位。如果访问位是 0，就淘汰这个页面；如果访问位是 1，就给它第二次机会，并选择下一个页面来换出。当该页面得到第二次机会时，它的访问位被清零，如果该页面在此期间再次被访问过，则访问位设置为 1。于是，给了第二次机会的页面将不会被淘汰，直至其他页面被淘汰（或者也给了第二次机会）。因此，

---

[1] 对于 Linux 内核来说，PTE_YOUNG 标志位是硬件位，PG_active 和 PG_referenced 是软件位。

如果一个页面经常被使用，其访问位总保持为 1，它一直不会被淘汰。

Linux 内核使用 PG_active 和 PG_referenced 这两个标志位来实现第二次机会法。PG_active 表示该页面是否活跃，PG_referenced 表示该页面是否被引用过，主要使用的函数为 mark_page_accessed()、page_referenced()、page_check_references()。

1. mark_page_accessed()函数

下面来看 mark_page_accessed()函数的实现，该函数实现在 mm/swap.c 文件中。

```
<mm/swap.c>

void mark_page_accessed(struct page *page)
{
    if (!PageActive(page) && !PageUnevictable(page) &&
            PageReferenced(page)) {
        if (PageLRU(page))
            activate_page(page);
        else
            __lru_cache_activate_page(page);
        ClearPageReferenced(page);
    } else if (!PageReferenced(page)) {
        SetPageReferenced(page);
    }
}
```

mark_page_accessed()函数的主要逻辑如下。

❑ 如果 PG_active == 0 && PG_referenced ==1，则把该页面加入活跃 LRU 链表，并设置 PG_active = 1，清除 PG_referenced 标志位。

❑ 如果 PG_referenced == 0，则设置 PG_referenced 标志位。

2. page_check_references()函数

下面来看 page_check_references()函数，该函数实现在 mm/vmscan.c 文件中。

```
<mm/vmscan.c>

static enum page_references page_check_references(struct page *page,
                    struct scan_control *sc)
```

page_check_references()函数包含两个参数，page 表示要处理的物理页面的 page 数据结构，sc 表示内部用来控制页面扫描的数据结构。

在扫描不活跃 LRU 链表时，page_check_references()会被调用，其返回值是一个 page_references 的枚举类型。PAGEREF_ACTIVATE 表示该页面会迁移到活跃 LRU 链表，PAGEREF_KEEP 表示该页面会继续保留在不活跃 LRU 链表中，PAGEREF_RECLAIM 和 PAGEREF_RECLAIM_CLEAN 表示可以尝试回收该页面。

page_check_references()函数中的主要操作如下。

在第 1018 行中，page_referenced()检查该页面访问、引用了多少个 PTE（referenced_ptes）。

在第 1020 行中，TestClearPageReferenced()函数返回该页面 PG_referenced 标志位的值（referenced_page），并且清除该标志位。接下来的代码根据访问、引用 PTE 的数量（referenced_ptes

变量）和 PG_referenced 标志位状态（referenced_page 变量）来判断该页面是留在活跃 LRU 链表/不活跃 LRU 链表中，还是可以被回收。当该页面访问、引用了 PTE 时，要放回到活跃 LRU 链表中的情况如下。

❑ 页面是匿名页面（PageSwapBacked(page)）。

❑ 页面位于最近第二次访问的文件缓存或共享的文件缓存中。

❑ 页面位于可执行文件的文件缓存中。

其余的访问、引用的页面将会继续保持在不活跃 LRU 链表中，最后剩下的页面就是可以回收页面的最佳候选者。

在第 1046～1049 行中，如果有大量只访问一次的文件缓存充斥在活跃 LRU 链表中，那么在负载比较大的情况下，选择一个合适回收的候选者会变得越来越困难，并且可能导致分配内存的延迟较大，将错误的页面换出。这里的设计是为了优化系统充斥着大量只使用一次的文件缓存页面的情况（通常是 mmap 映射的文件访问）。在这种情况下，只访问一次的文件缓存页面会大量涌入活跃 LRU 链表中，因为 shrink_inactive_list()会把这些页面迁移到活跃 LRU 链表，这不利于页面回收。mmap 映射的文件访问通常通过 filemap_fault()函数来产生页面高速缓存，在 Linux 2.6.29 内核以后的版本中，这些文件缓存将不会再调用 mark_page_accessed()来设置 PG_referenced。因此对于这种页面，第一次访问的状态是访问、引用 PTE，但是 PG_referenced=0，所以扫描不活跃 LRU 链表时设置该页面为 PG_referenced，并且继续保留在不活跃 LRU 链表中而没有被放入活跃 LRU 链表。在第二次访问时，发现访问、引用了 PTE 但 PG_referenced=1，因此才把该页面加入活跃 LRU 链表中。于是，利用 PG_referenced 做了一个文件缓存的访问次数的过滤器，过滤掉短时间（多给了一个不活跃 LRU 链表老化的时间）内只访问一次的大量文件缓存。因此，在内存短缺的情况下，kswapd 就巧妙地释放了短时间内只访问一次的大量文件缓存。这种只访问一次的大量文件缓存存在不活跃 LRU 链表中多待一段时间，就有利于在系统内存短缺时首先把它们释放。否则，这些页面跑到活跃 LRU 链表中，再想把它们释放，那么要花费的时间等于活跃 LRU 链表的遍历时间加上不活跃 LRU 链表的遍历时间。

在第 1048 行中，"referenced_ptes > 1"表示那些第一次在不活跃 LRU 链表中的共享文件映射页面（共享文件缓存）。也就是说，如果多个文件同时映射到该页面，它们应该晋升到活跃 LRU 链表中，因为它们应该在活跃 LRU 链表中多待一段时间，以便其他用户可以再次访问到。

总之，page_check_references()函数的主要作用如下。

（1）如果访问、引用了 PTE，那么分情况处理。

❑ 若该页面是匿名页面（PageSwapBacked(page)），则加入活跃 LRU 链表。

❑ 若页面位于最近第二次访问的文件缓存或者是共享文件缓存，则加入活跃 LRU 链表。

❑ 若页面位于可执行文件的文件缓存，则加入活跃 LRU 链表。

除上述三种情况外，页面还可以继续留在不活跃 LRU 链表，如第一次访问的文件缓存中的页面。

（2）如果没有访问、引用 PTE，则表示可以尝试回收它。

3. page_referenced()函数

下面来看 page_referenced()函数的实现。

```
<mm/rmap.c>

int page_referenced(struct page *page,
```

```
                int is_locked,
                struct mem_cgroup *memcg,
                unsigned long *vm_flags)
```

page_referenced()函数用于判断页面是否被访问过，并返回引用的 PTE 的个数，即访问引用这个页面的用户进程空间虚拟页面的个数。核心思想是利用 RMAP 系统来统计访问、引用 PTE 的用户个数。

page_referenced()函数中的主要操作如下。

在第 846 行中，在 rmap_walk_control 数据结构中定义 rmap_one()函数的指针。

在第 853 行中，用 page_mapped()判断 page->_mapcount 是否大于或等于 0。

在第 856 行中，用 page_rmapping()判断 page->mapping 是否有地址空间映射。

在第 874 行中，rmap_walk()遍历所有映射该页面的 PTE，然后调用 rmap_one()函数。由于在第 847 行中，rmap_one 函数指针指向 page_referenced_one()函数，因此在 rmap_walk()函数中，最终会调用 page_referenced_one()函数来统计访问、引用的 PTE 的个数。

page_referenced_one()函数实现在 mm/rmap.c 文件中。

```
<mm/rmap.c>

static bool page_referenced_one(struct page *page, struct vm_area_struct *vma,
unsigned long address, void *arg)
```

page_referenced_one()函数中的主要操作如下。

在第 764 行中，page_vma_mapped_walk()会从虚拟地址 pvmw->address 开始遍历页表，找出对应的 PTE。

在第 767 行中，若 VMA 的属性是 VM_LOCKED，表示内存是锁定的，直接返回 false。

在第 774 行中，ptep_clear_flush_young_notify()函数判断该 PTE 最近是否被访问过，如果访问过，那么 PTE_AF 位会被自动置位，并清除 PTE 中的 PTE_AF 位。最后会调用 flush_tlb_page_nosync()来刷新这个页面对应的 TLB。

在第 784 行中，这里会排除顺序读的情况，因为顺序读的页面高速缓存是被回收的最佳候选者，所以对这些页面高速缓存做了弱访问引用（weak reference）[1]处理，而其余的情况都会被当作 PTE 引用，最后增加 pra->referenced 计数，减少 pra->mapcount 计数。

总之，page_referenced()函数所做的主要工作如下。

❑ 利用 RMAP 系统遍历所有映射该页面的 PTE。

❑ 对于每个 PTE，如果 PTE_AF 位置位，说明它之前被访问过，referenced 计数加 1，然后清零 PTE_AF 位。

❑ 返回 referenced 计数，表示该页面访问、引用了多少个 PTE。

4. 例子

以用户进程读文件为例来说明第二次机会法。从用户空间的读函数到内核 VFS 层的 vfs_read()，通过文件系统之后，调用通用函数 do_generic_file_read()，完成第一次读和第二次读。

第一次读的情况如下。

---

[1] Linux-2.6.29,commit 4917e5d, "mm: more likely reclaim MADV_SEQUENTIAL mappings," by Johannes Weiner.

- 通过 do_generic_file_read()→page_cache_sync_readahead()→__do_page_cache_readahead()→read_pages()→add_to_page_cache_lru()，把该页面的 PG_active 清零且添加到不活跃 LRU 链表中，PG_active=0。
- do_generic_file_read()->**mark_page_accessed()** 中，因为 PG_referenced == 0，设置 PG_referenced = 1。

第二次读的情况如下。

do_generic_file_read() → **mark_page_accessed**() 中，因为（PG_referenced==1 && PG_active ==0），所以 PG_active=1，PG_referenced=0，把该页面从不活跃 LRU 链表加入活跃 LRU 链表中。

从上述读文件的例子可以看到，把页面高速缓存从不活跃 LRU 链表添加到活跃 LRU 链表中，需要执行 mark_page_accessed()两次。

下面以另外一个常见的读取文件内容的方式 mmap 为例，来看页面高速缓存在 LRU 链表中的表现，假设文件系统是 ext4。

（1）第一次读（即建立 mmap 映射时），通过 mmap 文件→ext4_file_mmap()→filemap_fault()→do_sync_mmap_readahead()→ra_submit()→read_pages()→ext4_readpages()→mpage_readpages()→add_to_page_cache_lru()把页面添加到不活跃 LRU 链表中，然后会 PG_active = 0, PG_referenced = 0。

（2）后续的读写和直接读写内存一样，没有设置 PG_active 和 PG_referenced 标志位。

（3）当 kswapd 内核线程第一次扫描不活跃 LRU 链表时，通过 shrink_inactive_list()→shrink_page_list()→page_check_references()检查到这个文件缓存页面访问、引用了 PTE 且 PG_referenced = 0，然后设置 PG_referenced =1，并且继续保留其在不活跃 LRU 链表中。

（4）当 kswapd 内核线程第二次扫描不活跃 LRU 链表时，page_check_references()检查到 page cache 页面访问、引用了 PTE 且 PG_referenced = 1，则将其迁移到活跃 LRU 链表中。

下面来看从 LRU 链表换出页面的情况。

- 第一次扫描活跃链表：使用 shrink_active_list()→page_referenced()。

这里基本上会把有访问引用 PTE 的和没有访问引用 PTE 的页面都添加到不活跃 LRU 链表中。

- 第二次扫描不活跃链表：使用 shrink_inactive_list()→page_check_references()。

读取该页面的 PG_referenced 并且清零 PG_referenced。如果该页面没有访问、引用 PTE，则它是回收的最佳候选者，如果该页面访问、引用了 PTE，需要根据问题具体分析。请参考 page_check_references()函数。

原来的内核设计是在扫描活跃 LRU 链表时，如果该页面访问、引用 PTE，将会把它重新加入活跃 LRU 链表头。但是这样做会导致一些关于可扩展性的问题。原来的内核设计中，假设一个匿名页面刚加入活跃 LRU 链表且 PG_referenced=1，如果要把该页面换出，则分析过程如下。

- 需要在活跃 LRU 链表从头部到尾部的一次移动过程，假设时间为 $T1$，然后清除 PG_referenced，重新把该页面加入活跃 LRU 链表。
- 在活跃 LRU 链表中再移动一次的时间是 $T2$，然后检查 PG_referenced 是否为 0，若为 0，才能加入不活跃 LRU 链表。
- 在不活跃 LRU 链表中移动一次（时间为 $T3$），才能把该页面换出。

因此，该页面从加入活跃 LRU 链表到被换出需要的时间为 $T1+T2+T3$。

超级大的系统中会有好几百万个匿名页面，移动一次 LRU 链表时间是非常长的，而且不是完全必要的。因此在 Linux 2.6.28 内核中对此做了优化[①]，允许一部分活跃页面在不活跃 LRU 链表中，shrink_active_list()函数把访问、引用 PTE 的页面也添加到不活跃 LRU 链表中。扫描不活跃 LRU 链表时，如果发现匿名页面有访问引用 PTE，则再将该页面迁移回到活跃 LRU 链表中。

上述的一些优化问题都是社区中的专家在大量实验中发现并加以调整和优化的，值得深入学习和理解，读者可以阅读完本章内容之后再仔细推敲。

5.3.3 触发页面回收

Linux 内核中触发页面回收的机制大致有 3 个。

❑ 直接页面回收机制。在内核态里调用页面分配接口函数 alloc_pages()分配物理页面时，由于系统内存短缺，不能满足分配请求，因此内核会直接自陷到页面回收机制，尝试回收内存来解决当前的燃眉之急，这称为直接页面回收。

❑ 周期性回收内存机制。这是 kswapd 内核线程的工作职责。当内核路径调用 alloc_pages() 分配物理页面时，由于系统内存短缺，没法在低水位情况下分配出内存，因此会唤醒 kswapd 内核线程来异步回收内存。

❑ slab 收割机（slab shrinker）机制。这是用来回收 slab 对象的。当内存短缺时，直接页面回收和周期性回收内存两种机制都会调用 slab 收割机机制来回收 slab 对象。slab 机制分配的内存主要用于 slab 对象和 kmalloc 接口，也可用于内核空间的内存分配，而本节重点介绍的是用户内存的回收。

读者需要注意的是，直接回收内存的进程主体是调用者本身，如一个 test 进程通过系统调用进入内核之后，尝试调用 alloc_pages()来分配内存，但是因为内存短缺而陷入直接页面回收机制，所以此刻执行页面回收的进程是 test 本身。另外，还有一个重要的特点——直接回收内存是同步回收，这会阻塞调用者进程的执行。

kswapd 本身是内核线程，它和调用者的关系是异步的。如 test 进程尝试调用 alloc_pages() 来分配内存，当发现在低水位情况下无法分配出内存时，它唤醒 kswap 内核线程。这时，kswapd 内核线程就开始执行页面回收工作了。test 进程会继续尝试其他办法来分配内存，如调用直接回收内存机制。

页面回收机制的主要调用路径如图 5.10 所示。

5.3.4 kswapd 内核线程

Linux 内核中有一个非常重要的内核线程 kswapd，它负责在内存不足的情况下回收页面。kswapd 内核线程初始化时会为系统中每个 NUMA 内存节点创建一个名为"kswapd%d"的内核线程。

```
<kswapd_init()->kswapd_run()>

int kswapd_run(int nid)
{
    pg_data_t *pgdat = NODE_DATA(nid);
    pgdat->kswapd = kthread_run(kswapd, pgdat, "kswapd%d", nid);
    ...
}
```

[①] Linux-2.6.28 patch, commit 7e9cd48, "vmscan: fix pagecache reclaim referenced bit check"。

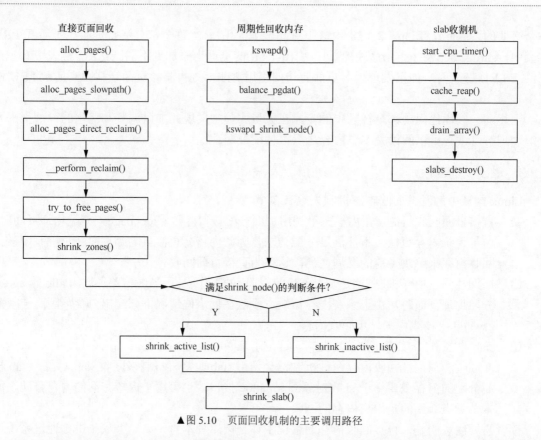

▲图 5.10　页面回收机制的主要调用路径

在 NUMA 系统中，每个内存节点通过一个 pg_data_t 数据结构来描述物理内存的布局。pg_data_t 数据结构定义在 include/linux/mmzone.h 头文件中，kswapd 传递的参数就是 pg_data_t 数据结构。

```
<include/linux/mmzone.h>

typedef struct pglist_data {
    struct zone node_zones[MAX_NR_ZONES];
    struct zonelist node_zonelists[MAX_ZONELISTS];
    int nr_zones;
    unsigned long node_start_pfn;
    unsigned long node_present_pages; /* total number of physical pages */
    unsigned long node_spanned_pages; /* total size of physical page
                            range, including holes */
    int node_id;
    wait_queue_head_t kswapd_wait;
    wait_queue_head_t pfmemalloc_wait;
    struct task_struct *kswapd;      /* Protected by
                        mem_hotplug_begin/end() */
    int kswapd_max_order;
    enum zone_type classzone_idx;
} pg_data_t;
```

和 kswapd 相关的参数有 kswapd_max_order、kswapd_wait 和 classzone_idx 等。kswapd_wait 是一个等待队列，每个 pg_data_t 数据结构都有一个等待队列，它是在 free_area_init_core() 函数中初始化的。

　　分配内存路径上的唤醒函数 wakeup_kswapd() 把 kswapd_max_order 和 classzone_idx 作为参数传递给 kswapd 内核线程。在分配内存路径上，如果在低水位（ALLOC_WMARK_LOW）的情况下无法成功分配内存，那么会通过 wakeup_kswapd() 函数唤醒 kswapd 内核线程来回收页面，以便释放一些内存。

　　wakeup_kswapd() 函数定义在 mm/vmscan.c 文件中。

```
<alloc_page()→__alloc_pages_nodemask()→__alloc_pages_slowpath()→wake_all_
kswapds()→wakeup_kswapd()>

void wakeup_kswapd(struct zone *zone, gfp_t gfp_flags, int order,
          enum zone_type classzone_idx)
{
    pgdat = zone->zone_pgdat;
    pgdat->kswapd_classzone_idx = kswapd_classzone_idx(pgdat,
                          classzone_idx);
    pgdat->kswapd_order = max(pgdat->kswapd_order, order);

    wake_up_interruptible(&pgdat->kswapd_wait);
}
```

　　这里需要指定 kswapd_order 和 kswapd_classzone_idx，其中 kswapd_max_order 不能小于 alloc_page() 分配的内存的 order。

　　kswapd_classzone_idx 是从 ac->high_zoneidx 传递过来的，它在 __alloc_pages_nodemask() 函数中通过分配掩码中计算出 zone 的 zoneidx，表示在这个分配掩码里指示页面分配器分配内存的最高 zone。这两个参数会被传递到 kswapd 内核线程中。

　　kswapd_classzone_idx 是理解页面分配器和页面回收 kswapd 内核线程之间如何协同工作的一个关键点。

　　以 GFP_HIGHUSER_MOVABLE 分配掩码为例，以在 __alloc_pages_nodemask() 中计算出来的 high_zoneidx 为 ZONE_HIGHMEM。当内存分配失败时，页面分配器会唤醒 kswapd 内核线程，并且传递 ac->high_zoneidx 值到 kswapd 内核线程，最后将其传递给 balance_pgdat() 函数的 classzone_idx 参数，因此 classzone_idx 参数的值为 ZONE_HIGHMEM。

　　kswapd 内核线程的回调函数实现在 mm/vmscan.c 文件中。

```
<mm/vmscan.c>

static int kswapd(void *p)
```

　　kswapd() 函数中的主要操作如下。

　　在第 3853 行中，kswapd() 函数的形参是内存节点描述符 pg_data_t。

　　在第 3877 行中，设置 kswapd 内核线程的进程描述符中的标志位，使能 "PF_MEMALLOC | PF_SWAPWRITE | PF_KSWAPD" 这几个标志位。

- ❑　PF_MEMALLOC：用于内存分配。一般在直接内存压缩、直接内存回收和 kswapd 中设置，这些场景下可能会有少量的内存分配行为，因此设置 PF_MEMALLOC 标志位，表示允许它们使用系统预留的内存，即不用考虑 zone 水位问题，可以参见 __perform_reclaim()、__alloc_pages_direct_compact() 和 kswapd() 等函数。
- ❑　PF_SWAPWRITE：允许写交换分区。

❑　PF_KSWAPD：表明这是一个 kswapd 内核线程。

在第 3882～3922 行中，完成 kswapd 内核线程的核心工作。

在第 3885 行中，指定需要回收的页面数量，页面数量是 2 的 order 次幂。

在第 3886 行中，classzone_idx 表示 kswapd 内核线程可以扫描和回收页面的最高 zone，扫描 zone 的顺序是从最高 zone 到最低 zone。

在第 3889 行中，系统启动时会在 kswapd_try_to_sleep()函数中睡眠并且让出 CPU 控制权。

在第 3919 行中，当系统内存紧张（如 alloc_pages()在低水位（ALLOC_WMARK_LOW）中无法分配出内存）时，它会调用 wakeup_kswapd()来唤醒 kswapd 内核线程。kswapd 内核线程初始化时会在 kswapd_try_to_sleep()函数中睡眠，唤醒点在 kswapd_try_to_sleep()函数中。kswapd 内核线程被唤醒之后，调用 balance_pgdat()来回收页面。调用逻辑如下。

```
alloc_pages()
__alloc_pages_nodemask()
    如果在低水位下分配失败
      ->__alloc_pages_slowpath()
        ->wakeup_kswapd()
            -> wake_up(kswapd_wait)
                                    ->kswapd 内核线程被唤醒
                                        ->balance_pgdat()
```

5.3.5　balance_pgdat()函数

balance_pgdat()函数是回收页面的主函数。这个函数比较长，首先看一个框架，主体函数是一个很长的 while 循环，简化后的代码如下。

<balance_pgdat()函数框架>

```
static int balance_pgdat(pg_data_t *pgdat, int order, int classzone_idx)
{
restart:
    sc.priority = DEF_PRIORITY;
    do {
        //检查这个内存节点中是否有合格的 zone，其水位高于高水位并且能分配出 2 的 sc.order 次方个连续的
        物理页面
        balanced = pgdat_balanced(pgdat, sc.order, classzone_idx);
        if (!balanced && nr_boost_reclaim) {
            nr_boost_reclaim = 0;
            goto restart;
        }

        //若符合条件，则跳转到 out 标签处
        if (!nr_boost_reclaim && balanced)
            goto out;

        //对匿名页面的活跃 LRU 链表进行老化
        age_active_anon(pgdat, &sc);

        //回收页面的核心函数
        kswapd_shrink_node(pgdat, &sc)
```

```
        //不断加大扫描粒度
        sc.priority--;
    } while (sc.priority >= 1);


out:
    //唤醒 kcompactd 内核线程
    if (boosted)
        wakeup_kcompactd(pgdat, pageblock_order, classzone_idx);

    return sc.order;
}
```

balance_pgdat()函数的框架并不复杂，其中的主要操作如下。

首先，使用 sc.priority 表示页面扫描粒度或者优先级。

然后，通过 pgdat_balanced()检查这个内存节点中是否有合格的 zone。对于合格的 zone，其水位要高于高水位并且能分配出 2 的 sc.order 次幂个连续的物理页面。若所有的 zone 都不合格并且需要 boost_reclaim[①]，那么会关闭 boost_reclaim，跳转到 restart 标签处重新做一次检查。若这个内存节点有合格的 zone，就不需要回收页面了，直接跳转到 out 标签处。

接下来，扫描匿名页面的活跃 LRU 链表。

kswapd_shrink_node()函数是页面回收的核心函数。

接下来，不断加大页面扫描粒度。

若设置了 boost_reclaim，则唤醒 kcompactd 内核线程。

最后，返回已经回收的页面数量。

scan_control 数据结构用于控制页面回收的参数，如 nr_to_reclaim、gfp_mask、order、priority 等。priority 成员表示扫描的优先级，用于计算每次扫描页面的数量，计算方法是 total_size >> priority，初始值为 12，依次递减。priority 值越小，扫描的页面数量越大，相当于逐步加大扫描粒度。

scan_control 数据结构定义在 mm/vmscan.c 文件中，其成员如表 5.4 所示。

表 5.4　　　　　　　　　　scan_control 数据结构的成员

成　　员	类　　型	描　　述
nr_to_reclaim	unsigned long	要回收页面的数量
nodemask	nodemask_t *	内存节点掩码
may_writepage	unsigned int	批量写页面
may_unmap	unsigned int	是否允许回收映射的页面
may_swap	unsigned int	是否允许写入交换分区来回收页面
may_shrinkslab	unsigned int	是否允许回收 slab
compaction_ready	unsigned int	内存规整已经完成
order	s8	分配页面的数量，从分配器传递过来的参数
priority	s8	页面扫描优先级
reclaim_idx	s8	表示最高允许页面回收的 zone
gfp_mask	gfp_t	分配掩码

---

① boost_reclaim 在 Linux 5.0 内核中用于优化外碎片化。

成　　员	类　　型	描　　述
nr_scanned	unsigned long	扫描不活跃页面的数量
nr_reclaimed	unsigned long	已经回收页面的数量
nr	struct nr	用于统计数据

1. 扫描优先级

scan_control 数据结构中的 priority 成员用于记录当前页面回收的扫描优先级，默认值为 12，表示我们会扫描 LRU 链表里所有页面中的（LRU 页面数量 >> priority）个页面。priority 值越小，扫描页面的数量就越大。

2. boost-reclaim

boost-reclaim 是 Linux 5.0 内核用于优化外碎片化的一个机制。外碎片化指的是系统有足够多的空闲内存页面，但是这些页面比较分散，不能满足大内存块的分配请求。关于这个外碎片化的补丁的介绍，请参考 5.9.3 节内容。

3. pgdat_balanced()函数

pgdat_balanced()检查这个内存节点中是否有合格的 zone。遍历这个内存节点中可用的 zone 顺序为从最低 zone 到 classzone_idx 指向的 zone，classzone_idx 通常是页面分配器传递过来的参数，由分配掩码计算出来最高可以支持的 zone，即 ac->high_zoneidx。然后调用 zone_watermark_ok_safe()函数来检查这个 zone 的水位是否高于 WMARK_HIGH 水位并且是否可以分配出 2 的 order 次幂个连续的物理页面。

5.3.6　shrink_node()函数

shrink_node()函数用于扫描内存节点中所有可回收的页面，它实现在 mm/vmscan.c 中。

```
<mm/vmscan.c>

static bool shrink_node(pg_data_t *pgdat, struct scan_control *sc)
```

在 Linux 4.8 内核之前，我们以 zone 为对象来扫描页面，现在以内存节点为对象来扫描页面，因为 LRU 链表的管理已经从 zone 迁移到内存节点。该函数有两个参数，pgdat 表示内存节点，sc 表示扫描的控制参数。shrink_node()函数中的主要操作如下。

在第 2697~2847 行中，do_while 循环的判断条件为 should_continue_reclaim()函数，通过这一轮中回收页面的数量和扫描页面的数量来判断是否需要继续扫描。

- ❏ should_continue_reclaim()函数的判断逻辑是如果已经回收的页面数量 sc->nr_reclaimed 小于"2 << sc->order"，且不活跃页面总数大于"2 << sc->order"，那么需要继续回收页面。
- ❏ 满足步骤签名的判断条件（已经回收的页面数量 sc->nr_reclaimed 大于或等于（2 << sc->order））后，判断是否需要继续扫描页面。compaction_suitable()函数用来判断每个 zone 是否合适做内存规整。当有 zone 合适做内存规整时，不必再继续扫描页面和回收内存，也许稍后的内存规整机制有助于释放大块内存。

在第 2712~2771 行中，遍历 memory cgroup，调用 shrink_node_memcg()回收页面。我们稍

后会详细分析该函数。

在第 2747 行中，shrink_slab()函数调用内存管理系统中的 shrinker 接口，很多子系统会注册 shrinker 接口来回收 slab 对象。

在第 2752 行中，vmpressure()函数通过计算 scanned/reclaimed 比例来判断内存压力。

在第 2786 行中，current_is_kswapd()判断当前进程是否有 kswapd 内核线程。为什么这里要判断当前进程是否有 kswapd 内核线程呢？因为从其他的内核路径还会调用这个函数，如直接回收（direct_reclaim）页面机制下，调用路径 alloc_page→__alloc_pages_slowpath→__alloc_pages_direct_reclaim→__perform_reclaim→try_to_free_pages→do_try_to_free_pages→shrink_zones→shrink_node。

对于内存节点，可以定义如下标志位。

❑ PGDAT_CONGESTED：内存节点中发现有大量脏页拥堵在一个 BDI 设备中。

❑ PGDAT_DIRTY：发现有大量的脏文件页面。

❑ PGDAT_WRITEBACK：发现有大量页面正在等待回写到磁盘。

经历过一轮的页面扫描和回收之后，我们可以通过统计数据来判断上述情况，并且设置上述标志位。

```
if (sc->nr.writeback && sc->nr.writeback == sc->nr.taken)
    set_bit(PGDAT_WRITEBACK, &pgdat->flags);

if (sc->nr.dirty && sc->nr.dirty == sc->nr.congested)
    set_bit(PGDAT_CONGESTED, &pgdat->flags);

if (sc->nr.unqueued_dirty == sc->nr.file_taken)
    set_bit(PGDAT_DIRTY, &pgdat->flags);
```

在第 2843 行中，current_may_throttle()判断当前回写设备是否拥堵，若拥堵则睡眠一段时间来缓解拥堵情况。若成功回收了 sc->nr_reclaimed 个页面，返回 true。

1. shrink_node_memcg()函数

shrink_node_memcg()函数是基于内存节点的页面回收函数，它会被 kswapd 内核线程和直接页面回收机制调用。

```
<mm/vmscan.c>

static void shrink_node_memcg(struct pglist_data *pgdat, struct mem_cgroup *memcg, str
uct scan_control *sc, unsigned long *lru_pages)
```

shrink_node_memcg()函数一共有 4 个参数，其中 pgdat 表示页面回收的内存节点，memcg 表示要页面回收的 memory cgroup，sc 是页面回收的控制参数，lru_pages 表示已经扫描的页面数量。shrink_node_memcg()函数中的主要操作如下。

在第 2488 行中，mem_cgroup_lruvec()会从内存节点或者内存节点的 memory cgroup 中获取 LRU 链表集合 lruvec。我们假设系统没有使能 CONFIG_MEMCG，那么该函数会直接从内存节点描述符中取出 lruvec。

```
&pgdat->lruvec;
```

在第 2498 行中，get_scan_count()函数会根据 swappiness 参数和 sc->priority 计算 4 个 LRU

链表中应该扫描的页面数量，其结果存放在 nr[] 数组中。我们稍后会详细分析这个函数。

在第 2514 行中，global_reclaim() 表示全局回收，系统没有使能 CONFIG_MEMCG 的回收称为全局回收。这里做一个小优化，在系统上配置全局回收，当系统遇到内存压力时，会触发直接页面回收机制。然而，kswapd 内核线程并没有把需要回收的页面回收完成，因此可以让直接页面回收机制保持页面回收状态，多回收一些页面。

在第 2518～2588 行中，遍历所有可以回收的 LRU 链表，调用 shrink_list() 函数进行页面回收。页面回收主要处理不活跃匿名页面、活跃文件映射页面和不活跃文件映射页面。

在第 2523 行中，for_each_evictable_lru() 宏遍历所有可回收的 LRU 链表。shrink_list() 扫描和回收 LRU 链表，这里每次最多扫描 32（SWAP_CLUSTER_MAX）个页面，返回成功回收页面的数量 nr_reclaimed，nr_to_scan 表示扫描页面的数量。

在第 2535 行中，当没有达成回收任务或者设置了 scan_adjusted 时，会继续进行页面扫描。

在第 2545～2587 行中，会做一个页面扫描和回收的调整。若已经完成这次页面回收任务或者要求继续页面扫描（见第 2535 行），那么可以适当调整一下策略。比较匿名页面的 LRU 链表和文件映射页面的 LRU 链表的页面数量，我们可以把精力集中在页面数量最多的 LRU 链表中。此外，根据已经完成扫描页面的数量和原本待扫描页面的数量，计算扫描覆盖率。最后通过新的扫描覆盖率重新计算待扫描的页面数量。

在第 2590 行中，已经回收的页面数量存放在 sc->nr_reclaimed 中。

在第 2596 行中，inactive_list_is_low() 用于判断不活跃匿名页面 LRU 链表或者不活跃文件映射 LRU 链表中的页面数量是否太少。若不活跃匿名页面太少，那么调用 shrink_active_list() 函数去收割和迁移一部分活跃页面到不活跃 LRU 链表中。

2. get_scan_count() 函数

get_scan_count() 函数会根据 swappiness 参数和 sc->priority 计算 4 个 LRU 链表中应该扫描的页面数量，结果存放在 nr[] 数组中。该函数实现在 mm/vmscan.c 中。

```
<mm/vmscan.c>

static void get_scan_count(struct lruvec *lruvec, struct mem_cgroup *memcg, struct
scan_control *sc, unsigned long *nr, unsigned long *lru_pages)
```

get_scan_count() 函数的扫描规则如下。
- 如果系统没有交换分区或交换空间，则不用扫描匿名页面。
- 如果 zone_free + zone_lru_file ≤ watermark[WMARK_HIGH]，那么只扫描匿名页面。
- 如果 LRU_INACTIVE_FILE > LRU_ACTIVE_FILE，那么只扫描文件映射页面。
- 除此之外，两种页面都要扫描。

扫描的页面数量（scan）的计算公式如下。
- 扫描一种页面。

```
scan = LRU 上总页面数 >> sc->priority
```

- 同时扫描两种页面。

```
scan = LRU 上总页面数 >> sc->priority
ap =(swappiness * (recent_scanned[0] + 1)) / ( recent_rotated[0] +1)
fp = ((200-swappiness) * (recent_scanned[1] + 1)) / ( recent_rotated[1] +1)
```

```
scan_anon = (scan * ap) / (ap+fp+1)
scan_file = (scan * fp) / (ap+fp+1)
```

recent_scanned 表示最近扫描的页面数量，在扫描活跃 LRU 链表和不活跃 LRU 链表时，最近扫描的页面数量会保存到 recent_scanned 变量中。详见 shrink_inactive_list()函数和 shrink_active_list()函数。

在扫描不活跃 LRU 链表时，把那些移回活跃 LRU 链表的页面数量保存 recent_rotated 变量中，详见 shrink_inactive_list()→putback_inactive_pages()。在扫描活跃页面时，把访问、引用的页面也添加到 recent_rotated 变量中。总之，该变量反映了活跃页面的实际数量。

代码中使用 zone_reclaim_stat[①]来描述这个统计数据。

```
struct zone_reclaim_stat {
    unsigned long    recent_rotated[2];
    unsigned long    recent_scanned[2];
};
```

其中，匿名页面存放在 recent_rotate[0]和 recent_scanned[0]中，文件映射页面存放在 recent_rotate[1]和 recent_scanned[1]中。recent_rotated 与 recent_scanned 的比值越大，说明这些被缓存的页面越有价值，它们更应该留下来。以匿名页面为例，recent_rotated 值越小，说明 LRU 链表中匿名页面价值越小，因此更应该多扫描一些匿名页面，尽量把没有缓存价值的页面换出去。根据计算公式，匿名页面的 recent_rotated 值越小，ap 的值越大，因此最后 scan_anon 需要扫描的匿名页面数量越多，也可以理解为扫描的总量一定的情况下，匿名页面占的比例更大。

3. shrink_list()函数

shrink_list()函数实现在 mm/vmscan.c 中，它主要根据 LRU 链表的类型来调用不同的处理函数。

```
<mm/vmscan.c>

static unsigned long shrink_list(enum lru_list lru, unsigned long nr_to_scan, struct
lruvec *lruvec, struct mem_cgroup *memcg,
                struct scan_control *sc)
{
    if (is_active_lru(lru)) {
        if (inactive_list_is_low(lruvec, is_file_lru(lru),
                    memcg, sc, true))
            shrink_active_list(nr_to_scan, lruvec, sc, lru);
        return 0;
    }

    return shrink_inactive_list(nr_to_scan, lruvec, sc, lru);
}
```

shrink_list()函数主要有两个处理路径。

❑ 当 LRU 链表属于活跃 LRU 链表（包括匿名页面或者文件映射页面）并且不活跃 LRU 链表的页面数量比较少时，调用 shrink_active_list()来收割和迁移一部分活跃页面到不

---

① Linux 2.6.28 patch, commit 4f98a2f, "vmscan: split LRU lists into anon & file sets"，来自 Rik van Riel。最早在该补丁中引入这两个变量，用于判断当前 LRU 链表中的缓存页面是否有价值。

活跃 LRU 链表中。

❑　调用 shrink_inactive_list()函数扫描不活跃 LRU 链表并且回收页面。

4. inactive_list_is_low()函数

不活跃匿名页面数量应该保持比较少，因为这样可以让页面回收的工作变得少一些。而不活跃文件映射页面数量也应该少一些，这样可以在活跃 LRU 链表中预留更多的内存。然而，我们总希望不活跃页面数量多一些，这样有机会在回收之前第二次访问这些不活跃页面，这就是第二次机会法。

```
<mm/vmscan.c>

static bool inactive_list_is_low(struct lruvec *lruvec, bool file,
            struct mem_cgroup *memcg,
            struct scan_control *sc, bool actual_reclaim)
```

对于匿名页面，不活跃比率如表 5.5 所示。

表 5.5　　　　　　　　　　　　　不活跃比率

总　内　存	不活跃比率	总不活跃内存
10MB	1	5MB
100MB	1	50MB
1GB	3	250MB
10GB	10	0.9GB
100GB	31	3GB
1TB	101	10GB
10TB	320	32GB

假设系统总内存为 1GB，那么通过查表可知系统不活跃比率（inactive_ratio）为 3，表示在 LRU 链表中活跃匿名页面和不活跃匿名页面的比例为 3:1。也就是说，在理想状态下有 25%（即 250MB）的页面保存在不活跃 LRU 链表中。匿名页面的不活跃 LRU 链表有些奇怪，一方面，我们需要它越短越好，这样页面回收机制可以少做点事情；另一方面，如果匿名页面的不活跃 LRU 链表比较长，在这个 LRU 链表中的页面会在比较长的时间内被再次访问到。

5.3.7　shrink_active_list()函数

shrink_active_list()用于扫描活跃 LRU 链表，包括匿名页面或者文件映射页面，把最近一直没有人访问的页面添加到不活跃 LRU 链表中。该函数实现在 mm/vmscan.c 中。

```
<mm/vmscan.c>

static void shrink_active_list(unsigned long nr_to_scan,
            struct lruvec *lruvec,
            struct scan_control *sc,
            enum lru_list lru)
```

shrink_active_list()函数有 4 个参数。

❑　nr_to_scan：待扫描页面的数量。

❑　lruvec：LRU 链表集合。

❑ sc：页面扫描控制参数。

❑ lru：待扫描的 LRU 链表类型。

shrink_active_list()函数中的主要操作如下。

在第 2080～2082 行中，定义了 3 个临时链表 l_hold、l_active 和 l_inactive。

在第 2088 行中，is_file_lru()判断链表是否为文件映射的 LRU 链表。

在第 2089 行中，从 lruvec 中返回内存节点描述符 pgdat。

在第 2096 行中，在操作 LRU 链表时，有一个保护 LRU 的自旋锁 pgdat->lru_lock。

在第 2098 行中，isolate_lru_pages()批量地把 LRU 链表的部分页面迁移到临时链表（l_hold 链表）中，这样可以缩短加锁的时间。这里会根据 isolate_mode 来考虑一些特殊情况，基本上就是把 LRU 链表的页面迁移到临时 l_hold 链表中。

在第 2101 行中，增加内存节点中的 NR_ISOLATED_ANON 计数。

在第 2102 行中，增加 recent_scanned[]计数，在 get_scan_count()分别计算匿名页面和内容缓存页面的扫描数量时会用到。

在第 2107 行中，页面迁移到临时链表 l_hold 后，释放 pgdat->lru_lock 自旋锁。

在第 2109～2148 行中，while 循环扫描临时链表 l_hold 中的页面，有些页面会添加到 l_active 中，有些会添加到 l_inactive 中。

在第 2111 行中，lru_to_page()从链表中取一个页面。

在第 2114 行中，如果页面是不可回收的，就把它放回不可回收的 LRU 链表中。

在第 2127 行中，page_referenced()函数返回该页面最近访问、引用 PTE 的个数，若返回 0，表示最近没有访问、引用。除了可执行的内容缓存页面，其他访问、引用的页面为什么被添加到不活跃 LRU 链表里，而不继续待在活跃 LRU 链表中呢？

❑ 把最近访问、引用的页面全部迁移到活跃 LRU 链表，会产生一个比较大的可扩展性问题（scalability problem）。在一个内存很大的系统中，当系统用完了这些空闲内存时，每个页面都会被访问、引用，这种情况下我们不仅没有时间去扫描活跃 LRU 链表，还需要重新设置访问位（referenced bit），而这些信息没有什么用处。所以从 Linux 2.6.28 内核开始，扫描活跃 LRU 链表时会把页面全部都迁移到不活跃 LRU 链表中。这里只需要清除硬件的访问位（由 page_referenced()完成）。当有访问引用并扫描不活跃 LRU 链表时就会把这些页面迁移回活跃 LRU 链表中。

❑ 让可执行的内容缓存页面继续保存在活跃页表中，在扫描活跃 LRU 链表期间它们可能再次被访问、引用，因为 LRU 链表的扫描顺序是先扫描不活跃 LRU 链表，后扫描活跃 LRU 链表，且扫描不活跃 LRU 链表的速度要快于活跃 LRU 链表，所以它们可以获得比较多的时间，让用户进程再次访问，从而增强用户进程的交互体验 。可执行的页面通常在 VMA 的属性中标记为 VM_EXEC，这些页面通常包括可执行的文件和它们链接的库文件等。

在第 2145～2147 行中，如果页面没有被引用，清除页面的 PG_Active 标志位并且将页面加入 l_inactive 链表中。

在第 2153～2165 行中，把 l_inactive 和 l_active 链表中的页面迁移到相应的 LRU 链表中。在第 2160 行中，把最近引用的页面数量保存到 recent_rotated 中，以便下一次扫描时在 get_scan_count()中重新计算匿名页面和文件映射页面 LRU 链表的扫描比值。

在第 2168 行中，l_hold 链表中是剩下的页面，可以释放。

isolate_lru_pages()函数用于分离 LRU 链表中的页面，它实现在 mm/vmscan.c 文件中。

```
<mm/vmscan.c>

static unsigned long isolate_lru_pages(unsigned long nr_to_scan,
        struct lruvec *lruvec, struct list_head *dst,
        unsigned long *nr_scanned, struct scan_control *sc,
        isolate_mode_t mode, enum lru_list lru)
```

isolate_lru_pages()函数一共有 7 个参数，部分参数说明如下。

❑　nr_to_scan：待扫描页面的数量。

❑　lruvec：LRU 链表集合。

❑　dst：临时存放的链表。

❑　nr_scanned：已经扫描的页面的数量。

❑　sc：页面回收的控制数据结构。

❑　mode：分离 LRU 的模式。

isolate_lru_pages()函数中的主要操作如下。

在第 1667～1706 行中，调用__isolate_lru_page()来分离页面，若返回 0，则表示分离成功，并且把页面迁移到 dst 临时链表中。页面分离的核心函数是__isolate_lru_page()，它也实现在 mm/vmscan.c 文件中。分离页面有如下 3 种类型。

❑　ISOLATE_UNMAPPED：分离没有映射的页面。

❑　ISOLATE_ASYNC_MIGRATE：分离异步合并的页面。

❑　ISOLATE_UNEVICTABLE：分离不可回收的页面。

在第 1549 行中，判断页面是否在 LRU 链表中，若不在 LRU 链表中，则返回错误。

在第 1553 行中，如果页面是不可回收的且模式（mode）不等于 ISOLATE_UNEVICTABLE，则返回-EINVAL。

在第 1566 行中，分离 ISOLATE_ASYNC_MIGRATE 情况的页面。

在第 1595 行中，如果模式是 ISOLATE_ UNMAPPED，但是映射了页面，那么返回-EBUSY。

在第 1598 行中，get_page_unless_zero()首先判断 page->_refcount 是否为 0。若为 0，则直接返回 0；否则，先把 page->refcount 加 1，再返回 page->refcount 原来的值。因此，这里用来判断这个页面是否是空闲页面，如果是，则返回-EBUSY。

在第 1691 行中，__isolate_lru_page()分离页面成功，返回 0。nr_taken 表示成功分离页面的数量，然后把相应页面添加到 dst 临时链表里。

在第 1698 行中，若__isolate_lru_page()返回-EBUSY，表示页面分离失败，把相应页面迁移回临时链表（src 链表）中。

最后，返回成功分离的页面数量 nr_taken。

5.3.8　shrink_inactive_list()函数

shrink_inactive_list()函数扫描不活跃 LRU 链表以尝试回收页面，并且返回已经回收的页面的数量。

```
<mm/vmscan.c>

static noinline_for_stack unsigned long
shrink_inactive_list(unsigned long nr_to_scan, struct lruvec *lruvec,
        struct scan_control *sc, enum lru_list lru)
```

shrink_inactive_list()函数一共有 4 个参数。

❑ nr_to_scan：待扫描页面的数量。

❑ lruvec：LRU 链表集合。

❑ sc：页面扫描控制参数。

❑ lru：待扫描的 LRU 链表类型。

shrink_inactive_list()函数中的主要操作如下。

在第 1898 行中，定义一个临时链表 page_list。

在第 1909～1920 行中，too_many_isolated()会做如下判断。

❑ 当前页面回收者是 kswapd 还是直接页面回收者（direct reclaimer）？

❑ 已经分离的页面数量是否大于不活跃的页面数量？

若当前页面回收者是直接页面回收者并且有大量已经分离的页面，那说明可能有很多进程正在做页面回收，而且有不少的进程已经触发了直接页面回收机制，这会导致不必要的内存抖动并触发 OOM Killer 机制，因此我们可以让直接页面回收者先睡眠 100ms。

在第 1929 行中，调用 isolate_lru_pages()以分离页面到临时链表 page_list。

在第 1932 行中，增加 NR_ISOLATED_ANON 计数。

在第 1951 行中，调用 shrink_page_list()函数来扫描页面并回收页面，nr_reclaimed 表示成功回收页面的数量。

在第 1968 行中，把 page_list 链表中剩余的页面迁移回不活跃 LRU 链表。

在第 1970 行中，减少 NR_ISOLATED_ANON 计数。

在第 1991～1998 行中，scan_control 数据结构中的 nr 成员用于存放统计信息。

最后，返回成功回收的页面数量 nr_reclaimed。

shrink_page_list()函数是页面回收的核心函数，它也实现在 mm/vmscan.c 文件中。

```
<mm/vmscan.c>

static unsigned long shrink_page_list(struct list_head *page_list,
                        struct pglist_data *pgdat,
                        struct scan_control *sc,
                        enum ttu_flags ttu_flags,
                        struct reclaim_stat *stat,
                        bool force_reclaim)
```

shrink_page_list()函数一共有 6 个参数。

❑ page_list：待扫描页面链表。

❑ pgdat：内存节点描述符。

❑ sc：页面扫描控制参数。

❑ ttu_flags：try_to_unmap()函数用到的标志位。

❑ stat：回收状态。

❑ force_reclaim：强制回收。

shrink_page_list()函数中的主要操作如下。

在第 1107～1108 行中，初始化两个临时链表。

在第 1121 行中，shrink_page_list()函数的主体是一个 while 循环。通过 while 循环扫描 page_list 链表，这个链表的成员都是不活跃页面。

在第 1130 行中，lru_to_page()从链表中取一个页面。

在第 1133 行中，尝试获取页面的锁。如果获取不成功，那么页面将继续保留在不活跃 LRU 链表中。

在第 1140 行中，若该页面属于不可回收的页面，那么跳转到 activate_locked 标签处。

在第 1143 行中，判断是否允许回收映射的页面，即 sc->may_unmap 为 1，表示允许回收映射的页面。page_mapped()判断 page->_mapcount 引用计数是否大于或等于 0，若大于 0，表示有用户 PTE 映射到这个页面，即有用户进程地址空间的虚拟地址映射这个页面。

在第 1147 行中，page_mapped()函数刚才已经介绍过了。PageSwapCache(page)表示这个页面以 swapcache 作为存储设备，是一个匿名页面。PageAnon(page)表示这是一个匿名页面，!PageSwapBacked(page)表示清除了 PG_swapbacked 标志位。当匿名页面被标记为要释放时，mark_page_lazyfree()会首先把这些页面添加到 lru_lazyfree_pvecs 的页面合集中，然后在 lru_lazyfree_fn()函数中清除 PG_swapbacked 标志位并且把匿名页面添加到不活跃 LRU 链表中，在第二次扫描不活跃 LRU 链表时会直接释放这个匿名页面。因此 PageAnon(page) && !PageSwapBacked(page)表示这是一个处于临时状态的匿名页面，即将要被回收和释放的匿名页面。

在第 1160～1165 行中，page_check_dirty_writeback()检查这个页面是不是脏页或者正在回写的页面。若该页是脏页或者正在回写的页面，则增加 nr_dirty 计数；若该页是脏页但是还没开始回写，则增加 nr_unqueued_dirty 计数。

在第 1173～1177 行中，若正在 BDI 设备中回写页面，或者页面正在回写的过程中并且是马上将要被回收的页面，则这些页面可能导致产生块设备回写堵塞问题，因此增加 nr_congested 计数。

在第 1221～1255 行中，若一个页面正处于回写（PG_writeback）状态，那么需要考虑如下 3 种情况。

❑ 当遇到大量的页面正在回写并且当前页面也处于回写的状态时，说明这些页面都在等待磁盘 I/O，当磁盘 I/O 完成之后便可以回收这些页面。如果我们在这里等待这些页面回写完成，那可能会导致无限期的等待，因为可能出现磁盘 I/O 错误或者磁盘连接错误等问题。如果当前页面回收者是 kswapd 内核线程并且有大量正在回写的页面，那么我们增加 nr_immediate 计数，跳转到 activate_locked 标签处，继续扫描 page_list 链表，而不是睡眠等待页面回写完成。

❑ 若一个页面没有标记回收（详见 PageReclaim()）或者页面分配器的调用者没有使用 __GFP_FS 或者 __GFP_IO，那么我们为这个页面设置 PG_ PageReclaim 标志位，增加 nr_writeback 计数，然后跳转到 activate_locked 标签处，继续扫描 page_list 链表。

❑ 前面两种情况下，都会跳转到 activate_locked 标签处，设置页面为活跃状态，然后迁移其到活跃 LRU 链表中。除了上述两种情况外，当前进程会睡眠等待页面回写完成。

在第 1258 行中，page_check_references()函数计算该页面中访问、引用 PTE 的用户数，并返回 page_references 的状态。该函数在前文中已经介绍，简单归纳如下。

（1）如果该页面访问、引用 PTE。

❑ 该页面是匿名页面（由 PageSwapBacked(page)实现），则加入活跃 LRU 链表。

❑ 该页面是最近第二次访问的页面高速缓存或共享的页面高速缓存，则加入活跃 LRU 链表。

❑ 该页面是可执行文件的页面高速缓存，则加入活跃 LRU 链表。

❑ 除了上述三种情况，其余情况继续保留在不活跃 LRU 链表中。

（2）如果该页面没有访问、引用 PTE，则表示可以尝试回收。

在第 1276～1317 行中，PageAnon(page)&& PageSwapBacked(page)表示这是一个匿名页面。!PageSwapCache(page)还没有为说明页面分配交换空间，那么调用 add_to_swap()函数为其分配交换空间，并且设置该页面的标志位 PG_swapcache。为页面分配了交换空间后，page->mapping 的指向发生变化——由匿名页面的 anon_vma 数据结构变成了交换分区的 swapper_spaces。

第 1323～1332 行中，若页面有一个或多个用户映射（page->_mapcount≥0）且 mapping 指向 address_space，那么调用 try_to_unmap()来解除这些用户映射的 PTE。若函数返回 false，说明解除 PTE 失败，增加 nr_unmap_fail 计数，跳转到 activate_locked 标签处并把该页面迁移到活跃 LRU 链表中。

在第 1334～1396 行中，处理页面是脏页的情况。

❑ 如果页面是文件映射页面，则设置页面为 PG_reclaim 且继续保持在不活跃 LRU 链表中。在 kswapd 内核线程中进行一个页面的回写的做法不可取，以前的 Linux 内核这样做是因为往存储设备中回写页面内容的速度比 CPU 慢很多个数量级。目前的做法是 kswapd 内核线程不会对零星的几个内容缓存页面进行回写，除非遇到之前有很多还没有开始回写的脏页。当扫描完一轮后，发现有好多脏的内容缓存还没有来得及添加到回写子系统中，那么设置 PGDAT_DIRTY 位，表示 kswapd 可以回写脏页；否则，一般情况下 kswapd 不回写脏的内容缓存。

❑ 如果是匿名页面，那么调用 pageout()函数进行写入交换分区。pageout()函数有 4 个返回值，PAGE_KEEP 表示回写页面失败，PAGE_ACTIVATE 表示页面需要迁移到活跃 LRU 链表中，PAGE_SUCCESS 表示页面已经成功写入存储设备，PAGE_CLEAN 表示页面已经干净，可以释放了。

在第 1419～1438 行中，处理页面用于块设备的 buffer_head 缓存，try_to_release_page()用于释放 buffer_head 缓存。

在第 1440～1451 行中，处理临时状态的匿名页面，若为这些匿名页面清除了 PG_swapbacked 标志位，通常表示这些匿名页面马上要释放了。调用 page_ref_freeze()函数直接释放这些页面。

在第 1451 行中，__remove_mapping()尝试分离 page->mapping。程序执行到这里，说明页面已经完成了大部分回收的工作。首先会妥善处理页面的_refcount，见 page_freeze_refs()函数。其次分离 page->mapping。对于匿名页面，即 PG_swapcache 置位的页面，__delete_from_swap_cache()处理交换空间的相关问题。对于内容缓存，调用__delete_from_page_cache()和 mapping->a_ops->freepage()处理相关问题。

在第 1455 行中，在 free_it 标签处统计已经回收的页面数量 nr_reclaimed，将这些要回收的页面加入 free_pages 链表。

在第 1469 行中，activate_locked 标签表示页面不能回收，需要重新返回活跃 LRU 链表。

在第 1482 行中，keep 标签表示让页面继续保持在不活跃 LRU 链表中。

在第 1494～1503 行中，根据计数更新 reclaim_stat 数据结构。

最后，返回成功回收页面数量 nr_reclaimed。

shrink_page_list()函数的流程如图 5.11 所示。

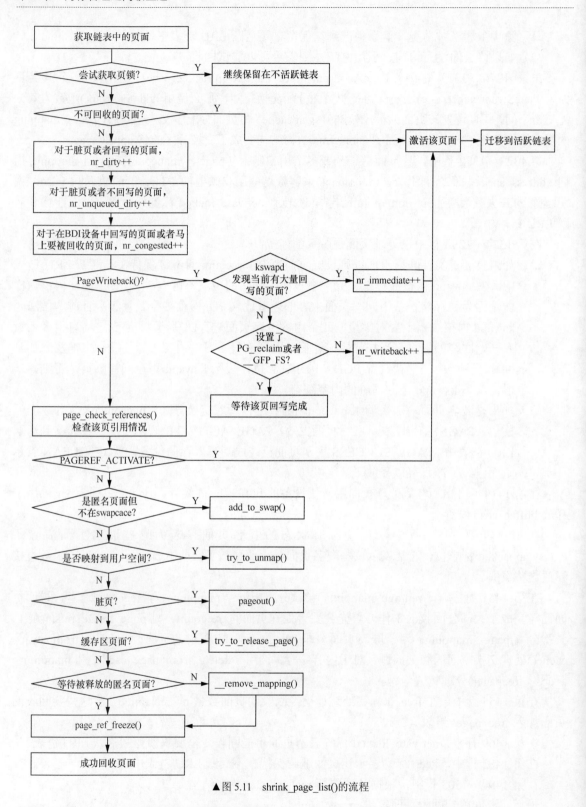

▲图 5.11　shrink_page_list()的流程

5.3.9　跟踪 LRU 活动情况

如果在 LRU 链表中,页面被其他的进程释放了,那么 LRU 链表如何知道页面已经被释放了?
LRU 只是一个双向链表,如何保护链表中的成员不被其他内核路径释放是在设计页面回收功能时需要考虑的并发问题。在这个过程中，page 数据结构中的_refcount 起到重要的作用。

以 shrink_active_list()中分离页面到临时链表 l_hold 为例。

```
shrink_active_list()
 ->isolate_lru_pages()
     ->page = lru_to_page()  #从 LRU 链表中获取一个页面
     ->get_page_unless_zero(page)  #对 page->_refcount 加 1
     ->ClearPageLRU(page)    #清除 PG_LRU 标志位
```

这样从 LRU 链表中摘取一个页面时，对该页面的 page->_refcount 加 1。

把分离好的页面放回 LRU 链表的情况如下。

```
shrink_active_list()
 ->move_active_pages_to_lru()
   ->list_move(&page->lru, &lruvec->lists[lru])#  把该页面添加回 LRU 链表中
   ->put_page_testzero(page)
```

这里对 page->_refcount 减 1，如果它减 1 等于 0，说明这个页面已经被其他进程释放了，清除 PG_lru 并从 LRU 链表中删除该页面。

5.3.10　页面回收机制

在页面回收过程中，我们会遇到很多意想不到的情况，如大量脏页、大量正在回写的页面堵塞在块设备的 I/O 通道上等问题。这些问题都会严重影响页面回收机制的性能，甚至应用程序的用户体验。为了捕获这些信息，页面回收机制在 scan_control 数据结构中定义了一个统计信息的 scan_control 数据结构，其成员如表 5.6 所示。

```
<mm/vmscan.c>

struct scan_control {
    ...
    struct {
        unsigned int dirty;
        unsigned int unqueued_dirty;
        unsigned int congested;
        unsigned int writeback;
        unsigned int immediate;
        unsigned int file_taken;
        unsigned int taken;
    } nr;
};
```

表 5.6　　　　　　　　　　　　scan_control 数据结构的成员

成　员	类　型	描　述
dirty	unsigned int	统计脏页数量，即设置了 PG_Dirty 标志位的页面。 判断条件是 PageDirty()
unqueued_dirty	unsigned int	统计还没有开始回写的脏页以及还没有在块设备 I/O 上排队等待回写的页面数量，即设置了 PG_Dirty 标志位，但是还没有设置 PG_writeback 标志位的页面。 判断条件是 PageDirty() && ! PageWriteback

续表

成　员	类　型	描　述
congested	unsigned int	表示这个页面正在块设备 I/O 上进行数据回写，我们统计这个页面是因为它是一个堵塞源。判断条件如下。 （1）脏页或者正在回写的页面，这些页面有回写的存储设备，如匿名页面分配了交换空间。 （2）设置了 PG_reclaim，说明这个页面正在往交换分区或者文件里写入
writeback	unsigned int	统计正在回写的页面数量
immediate	unsigned int	处理正在回写的页面（见 PageWriteback()）时发现已经有大量的页面在等待回写，因此表示需要立即做特殊处理，如让该页面等待一段时间
file_taken	unsigned int	分离的文件页面数量，页面回收机制每次会分离 32 个页面，然后扫描这 32 个页面
taken	unsigned int	分离的页面数量

　　页面回收机制在 shrink_node()函数完成一轮页面扫描和回收之后，需要做一些数据的统计和反馈工作。

```
<mm/vmscan.c>

static bool shrink_node(pg_data_t *pgdat, struct scan_control *sc)
{
    ...
    do {

        shrink_node_memcg(pgdat, memcg, sc, &lru_pages);

        if (current_is_kswapd()) {
            if (sc->nr.writeback && sc->nr.writeback == sc->nr.taken)
                set_bit(PGDAT_WRITEBACK, &pgdat->flags);

            if (sc->nr.dirty && sc->nr.dirty == sc->nr.congested)
                set_bit(PGDAT_CONGESTED, &pgdat->flags);

            if (sc->nr.unqueued_dirty == sc->nr.file_taken)
                set_bit(PGDAT_DIRTY, &pgdat->flags);

            if (sc->nr.immediate)
                congestion_wait(BLK_RW_ASYNC, HZ/10);
        }

        if (!sc->hibernation_mode && !current_is_kswapd() &&
            current_may_throttle() && pgdat_memcg_congested(pgdat, root))
            wait_iff_congested(BLK_RW_ASYNC, HZ/10);

    } while (should_continue_reclaim(pgdat, sc->nr_reclaimed - nr_reclaimed, sc->nr_sc
anned - nr_scanned, sc));

    ...

}
```

　　反馈工作的逻辑如下。

（1）shrink_node_memcg()函数会做一轮页面回收。

（2）如果当前页面回收者是 kswapd 内核线程，需要做如下判断。

❑ 若当前系统回写的页面数量等于这一轮页面扫描的数量，说明这些系统有大量回写页面，因此应该设置 PGDAT_WRITEBACK 标志位。

❑ 若当前系统的脏页数量等于正在块设备 I/O 上进行回写数据的页面数量，说明系统有大量页面堵塞在块设备的 I/O 操作上，因此应该设置 PGDAT_CONGESTED。

❑ 若当前系统还没有开始回写的脏页数量等于这一轮扫描的文件映射的页面数量，说明系统有大量脏页面，因此应该设置 PGDAT_DIRTY 标志位。

❑ 若统计数据有 immediate 个页面，说明在处理正在回写的页面时发现已经有大量的页面在等待回写，因此需要调用 congestion_wait()函数让页面等待 100ms。

（3）当前页面回收者是直接页面回收者的情况下，若当前的块设备 I/O 需要节流（throttle）或者设置了 PGDAT_CONGESTED 标志位，那么调用 wait_iff_congested()函数让页面等待一段时间，块设备可以快速处理 I/O 请求。

上述的几个标志位在内存节点 pglist_data 的 flags 成员中。

❑ PGDAT_WRITEBACK，表示在页面回收时发现大量正在回写的页面。在 shrink_page_list()函数中遇到正在回写的页面时，kswapd 内核线程应该跳过该页面。但是对于直接页面回收者来说，需要等待这个页面回收完成。

```
<mm/vmscan.c>

static unsigned long shrink_page_list()
{
        if (PageWriteback(page)) {
            /* 当 kswapd 发现 PGDAT_WRITEBACK 被置位，那么会增加 nr_immediate 计数，然后忽略该页面*/
            if (current_is_kswapd() &&
                PageReclaim(page) &&
                test_bit(PGDAT_WRITEBACK, &pgdat->flags)) {
                nr_immediate++;
                goto activate_locked;
            } else {
            /*对于直接页面回收者，睡眠等待这个页面回写完成*/
                unlock_page(page);
                wait_on_page_writeback(page);
                list_add_tail(&page->lru, page_list);
                continue;
            }
            ...
        }
}
```

❑ PGDAT_CONGESTED 表示系统有大量页面堵塞在块设备的 I/O 操作上，应对措施是让系统等待一段时间。判断是否设置了该位的函数是 pgdat_memcg_congested()。在扫描页面内存节点的页面时，每次扫描完一轮，需要判断当前是否设置了 PGDAT_CONGESTED 标志位。若直接页面回收者发现系统有大量回写页面堵塞，那么调用 wait_iff_congested()函数让页面等待一会儿，见 shrink_node()函数。

```
<mm/vmscan.c>
```

```
static bool shrink_node(pg_data_t *pgdat, struct scan_control *sc)
{
    do {
        ...
        shrink_node_memcg(pgdat, memcg, sc, &lru_pages);

        /*判断是否设置了 PGDAT_CONGESTED, 仅对直接页面回收者有效*/
        if (!current_is_kswapd() &&
            current_may_throttle() && pgdat_memcg_congested(pgdat, root))
            wait_iff_congested(BLK_RW_ASYNC, HZ/10);

    } while (should_continue_reclaim());

    return reclaimable;
}
```

- ❑ PGDAT_DIRTY 表示发现 LRU 链表中有大量的脏页。对于匿名页面中的脏页，都会调用 pageout()函数回写脏页。对于文件映射的脏页，这里需要分两种情况。
  - ■ 对于 kswapd 内核线程，不管是否有大量脏页，都会调用 pageout()函数回写脏页。
  - ■ 对于直接页面回收者，只有发现大量的脏页，即设置了 PGDAT_DIRTY 标志位，才会调用 pageout()函数回写脏页，否则就直接略过该页面。

```
<mm/vmscan.c>

static unsigned long shrink_page_list()
{
    ...
    if (PageDirty(page)) {
            if (page_is_file_cache(page) &&
                (!current_is_kswapd() || !PageReclaim(page) ||
                 !test_bit(PGDAT_DIRTY, &pgdat->flags))) {
                SetPageReclaim(page);

                goto activate_locked;
            }

            pageout(page, mapping, sc);
    }
    ...
}
```

5.3.11 Refault Distance 算法

在学术界和 Linux 内核社区，页面回收算法的优化一直没有停止过，其中 Refault Distance 算法在 Linux 3.15 内核中加入，作者是社区专家 Johannes Weiner[①]，该算法目前只针对页面高速缓存类型的页面。

如图 5.12 所示，对于内容缓存类型的 LRU 链表来说，有两个链表值得关注，分别是活跃 LRU 链表和不活跃 LRU 链表。新产生的页面总是被添加到不活跃 LRU 链表的头部，页面回收也总是从不活跃 LRU 链表的尾部开始。不活跃 LRU 链表的页面第二次访问时会升级（promote）

---

① Linux 3.15 patch, commit a528910e1, "mm: thrash detection-based file cache sizing", by Johannes Weiner.

为活跃 LRU 链表的页面，防止被回收；另一方面，如果活跃 LRU 链表增长太快，那么活跃的页面也会被降级（demote）到不活跃 LRU 链表中。

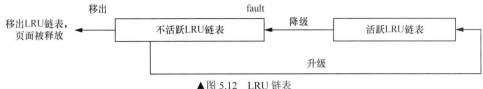

▲图 5.12　LRU 链表

实际上，一些场景下，某些页面经常被访问，但是在下一次访问之前在不活跃 LRU 链表中回收并释放了它们，因此又必须从存储系统中读取这些内容缓存页面，这会产生颠簸（thrashing）现象。

当我们观察文件缓存中不活跃 LRU 链表的行为特征时，会发现如下有趣特征。

❑ 第一次访问一个文件缓存页面时，它被添加到不活跃 LRU 链表头，然后慢慢从链表头向链表尾方向移动，链表尾的内容缓存会被移出 LRU 链表且释放页面，这个过程叫作移出。

❑ 当第二次访问时，页面高速缓存被升级为活跃 LRU 链表中的页面高速缓存，这样不活跃 LRU 链表也空出一个位置，在不活跃 LRU 链表的页面整体移动了一个位置，这个过程叫作激活。

❑ 从宏观时间轴来看，移出过程处理的页面数量与激活过程处理的页面数量的总和等于不活跃 LRU 链表的长度 NR_inactive。

❑ 要从不活跃 LRU 链表中释放一个页面，需要移动 N 个页面（N 表示不活跃链表长度）。

综合上面的一些行为特征，定义了 Refault Distance 的概念。第一次访问内容缓存称为 fault，第二次访问该页称为 refault。内容缓存页面第一次被移出 LRU 链表并回收的时刻称为 E，第二次再访问该页面的时刻称为 R，那么 $R - E$ 的时间里需要移动的页面个数称为 Refault Distance。

Refault Distance 概念再加上第一次访问的时刻，可以用一个公式来概括第一次和第二次访问的间隙（read_distance）。

$$read\_distance = nr\_inactive + (R - E)$$

如果页面想一直保持在 LRU 链表中，那么 read_distance 不应该比内存的大小还大；否则，该页面永远会被移出 LRU 链表。因此，下式成立。

$$NR\_inactive + (R - E) \leqslant NR\_inactive + NR\_active$$
$$(R - E) \leqslant NR\_active$$

换句话说，Refault Distance 可以理解为不活跃 LRU 链表的"财政赤字"。如果不活跃 LRU 链表的长度至少再延长到 Refault Distance，就可以保证该内容缓存在第二次访问之前不会被移出 LRU 链表并释放内存；否则，就要把该内容缓存重新加入活跃 LRU 链表加以保护，以防颠簸。在理想情况下，内容缓存的平均访问间隙要大于不活跃 LRU 链表的大小、小于总的内存大小。

上述内容讨论了两次读的间隙小于或等于内存大小的情况，即 NR_inactive + $(R-E)$ ≤ NR_inactive + NR_active。如果两次读的间隙大于内存大小呢？这种特殊情况不是 Refault Distance 算法能解决的，因为它在第二次访问时已经永远被移出 LRU 链表，可以假设第二次访问发生在遥远的未来，但谁都无法保证它在 LRU 链表中。其实 Refault Distance 算法用于在第二次访问时，人为地把内容缓存添加到活跃 LRU 链表中，从而防止该内容缓存被移出 LRU 链表而带来的内存颠簸。

Refault Distance 算法如图 5.13 所示。$T0$ 时刻表示第一次访问一个内容缓存。这时会调用 add_to_page_cache_lru()函数分配一个 shadow 来存储 zone->inactive_age 值。每当有页面被升级为活跃 LRU 链表中的页面时，zone->inactive_age 值会加 1；每当有页面被移出不活跃 LRU 链表时，zone->inactive_age 值也加 1。$T1$ 时刻，该页面被移出 LRU 链表并从 LRU 链表中回收释放，因此把当前 $T1$ 时刻的 zone-> inactive_age 的值编码存放到 shadow 中。$T2$ 时刻，第二次访问该页面，因此要计算 Refault Distance，Refault Distance = $T2 - T1$，如果 Refault Distance≤NR_active，说明该内容缓存极有可能在下一次读时已经被移出 LRU 链表，因此要人为地激活该页面并且将其加入活跃 LRU 链表中。

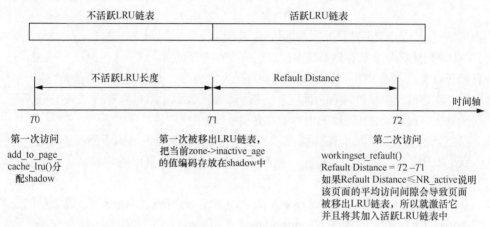

▲图 5.13　Refault Distance

以上是 Refault Distance 算法的全部描述，下面来看代码实现。

（1）在 lruvec 数据结构中新增一个 inactive_age 原子变量成员，用于记录文件缓存不活跃 LRU 链表中的移出操作和激活操作的计数。

```
struct lruvec {
    ...
    atomic_long_t           inactive_age;
    ...
}
```

（2）把内容缓存第一次加入不活跃 LRU 链表时的代码如下。

```
int add_to_page_cache_lru(struct page *page, struct address_space *mapping,
pgoff_t offset, gfp_t gfp_mask)
{
    void *shadow = NULL;

    __SetPageLocked(page);
    __add_to_page_cache_locked(page, mapping, offset,
                    gfp_mask, &shadow);
    if (!(gfp_mask & __GFP_WRITE) && shadow)
            workingset_refault(page, shadow);
        lru_cache_add(page);
}
```

内容缓存第一次加入 radix_tree 时会分配一个 slot 来存放 inactive_age，这里使用 shadow 指向 slot。第一次加入时 shadow 值为空，还没有 Refault Distance，因此添加到不活跃 LRU 链表中。

（3）当在不活跃文件映射页面 LRU 链表里的页面被再一次读取时，会调用 mark_page_accessed()函数。

```
<mm/swap.c>

void mark_page_accessed(struct page *page)
{
    if (!PageActive(page) && !PageUnevictable(page) &&
            PageReferenced(page)) {
        if (PageLRU(page))
            activate_page(page);
        else
            __lru_cache_activate_page(page);
        ClearPageReferenced(page);
        if (page_is_file_cache(page))
            workingset_activation(page);
    }
}
```

第二次访问时会调用 workingset_activation() 函数来增加 lruvec->inactive_age 计数。

```
<mm/workingset.c>

void workingset_activation(struct page *page)
{
    struct mem_cgroup *memcg;
    struct lruvec *lruvec;

    rcu_read_lock();
    lruvec = mem_cgroup_lruvec(page_pgdat(page), memcg);
    atomic_long_inc(&lruvec->inactive_age);
    rcu_read_unlock();
}
```

（4）在不活跃 LRU 链表末尾的页面会被移出 LRU 链表并被释放。

```
<mm/vmscan.c>

static int __remove_mapping(struct address_space *mapping, struct page *page,
                bool reclaimed)
{
    if (PageSwapCache(page)) {
    } else {
        void *shadow = NULL;
        if (reclaimed && page_is_file_cache(page) &&
            !mapping_exiting(mapping) && !dax_mapping(mapping))
            shadow = workingset_eviction(mapping, page);
        __delete_from_page_cache(page, shadow);
    }
    return 0;
}
```

在被移出 LRU 链表时，通过 workingset_eviction() 函数把当前的 lruvec->inactive_age 计数保存到该页面对应的 radix_tree 的 shadow 中。

```
void *workingset_eviction(struct address_space *mapping, struct page *page)
{
```

```
        lruvec = mem_cgroup_lruvec(pgdat, memcg);
        eviction = atomic_long_inc_return(&lruvec->inactive_age);
        return pack_shadow(memcgid, pgdat, eviction, PageWorkingset(page));
}

static void *pack_shadow(int memcgid, pg_data_t *pgdat, unsigned long eviction,
            bool workingset)
{
    eviction >>= bucket_order;
    eviction &= EVICTION_MASK;
    eviction = (eviction << MEM_CGROUP_ID_SHIFT) | memcgid;
    eviction = (eviction << NODES_SHIFT) | pgdat->node_id;
    eviction = (eviction << 1) | workingset;

    return xa_mk_value(eviction);
}
```

shadow 值是经过简单编码的。

（5）当内容缓存被第二次访问时，还会调用 add_to_page_cache_lru()函数。workingset_refault()会计算 Refault Distance，并且判断是否需要把内容缓存添加到活跃 LRU 链表中，以避免其在下一次读之前被移出 LRU 链表。

```
void workingset_refault(struct page *page, void *shadow)
{
    unpack_shadow(shadow, &memcgid, &pgdat, &eviction, &workingset);
    refault = atomic_long_read(&lruvec->inactive_age);
    active_file = lruvec_lru_size(lruvec, LRU_ACTIVE_FILE, MAX_NR_ZONES);

    refault_distance = (refault - eviction) & EVICTION_MASK;

    if (refault_distance > active_file)
        goto out;

    SetPageActive(page);
    atomic_long_inc(&lruvec->inactive_age);
    inc_lruvec_state(lruvec, WORKINGSET_ACTIVATE);

    /* Page was active prior to eviction */
    if (workingset) {
        SetPageWorkingset(page);
        inc_lruvec_state(lruvec, WORKINGSET_RESTORE);
    }
out:
}
```

unpack_shadow()函数只把该内容缓存之前存放的 shadow 值重新译码，得出图 5.12 中 $T1$ 时刻的 inactive_age 值，然后把当前的 inactive_age 值减去 $T1$，得到 Refault Distance。

```
static void unpack_shadow(void *shadow, int *memcgidp, pg_data_t **pgdat,unsigned long
*evictionp, bool *workingsetp)
{
    unsigned long entry = xa_to_value(shadow);
    int memcgid, nid;
```

```
    bool workingset;

    workingset = entry & 1;
    entry >>= 1;
    nid = entry & ((1UL << NODES_SHIFT) - 1);
    entry >>= NODES_SHIFT;
    memcgid = entry & ((1UL << MEM_CGROUP_ID_SHIFT) - 1);
    entry >>= MEM_CGROUP_ID_SHIFT;

    *memcgidp = memcgid;
    *pgdat = NODE_DATA(nid);
    *evictionp = entry << bucket_order;
    *workingsetp = workingset;
}
```

在 workingset_refault() 函数中, 得到 refault_distance 后继续判断 refault_ distance 是否大于活跃 LRU 链表的长度。如果大于, 则不需要做任何事情, 跳转到 out 标签处并退出; 否则, 说明该页面在下一次读前极有可能会被移出 LRU 链表。然后调用 SetPageActive(page) 设置该页面的 PG_active 标志位并将其添加到活跃 LRU 链表中, 从而避免第三次读时该页面被移出 LRU 链表所产生的内存颠簸。

5.3.12 小结

Linux 5.0 内核的页面回收代码虽然从 zone 的 LRU 扫描策略改成了基于内存节点的扫描策略, 但是和页面分配器搭配依然是内存管理最复杂的模块。通常驱动开发者很少会触及这部分代码, 做系统优化的读者可能会触及这部分代码。

Linux 内核页面回收的流程如图 5.14 所示, 可以看到一个页面如何被添加到 LRU 链表, 如何在活跃 LRU 链表和不活跃 LRU 链表中移动, 以及如何让一个页面真正被回收并被释放的过程。

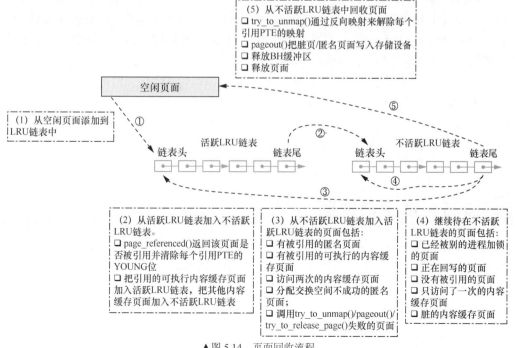

▲图 5.14 页面回收流程

下面对本节中常遇到的问题做简要回答。

❑　kswapd 内核线程何时会被唤醒？

答：分配内存时，当在 zone 的 WMARK_LOW 水位分配失败时，会唤醒 kswapd 内核线程来回收页面。

❑　LRU 链表如何知道页面的活动频繁程度？

答：LRU 链表按照 FIFO 的逻辑，页面首先进入 LRU 链表头，然后慢慢挪动到链表尾，这有一个老化的过程。另外，页面中有 PG_reference/PG_active 标志位和页表的 PTE_YOUNG 位来实现第二次机会法。

❑　kswapd 按照什么原则来换出页面？

答：页面在活跃 LRU 链表中，需要从链表头到链表尾的老化过程才能被迁移到不活跃 LRU 链表。在不活跃 LRU 链表中又经过老化过程后，首先剔除那些脏页或者正在回写的页面，然后那些在不活跃 LRU 链表老化过程中没有访问、引用的页面是被换出的最佳候选者，详见 shrink_page_list() 函数。

❑　kswapd 按照什么方向来扫描 zone？

答：从低端 zone 到高端 zone，和分配页面的方向相反。

❑　kswapd 以什么标准来退出扫描 LRU 链表？

答：判断当前内存节点是否处于"生态平衡"，详见 pgdat_balanced() 函数。另外，也考虑扫描优先级，需要注意 classzone_idx 变量。

❑　移动设备操作系统，如 Android 操作系统，没有交换分区或者交换文件，kswapd 会扫描匿名页面 LRU 链表吗？

答：没有交换分区或者交换文件不会扫描匿名页面 LRU 链表，详见 get_scan_count() 函数。

❑　swappiness 的含义是什么？kswapd 如何计算匿名页面和页面高速缓存之间的扫描比值？

答：swappiness 用于设置向交换分区写页面的活跃程度，详见 get_scan_count() 函数。

❑　当系统中充斥着大量只访问一次的文件访问时，kswapd 如何来规避这种访问？

答：page_check_reference() 函数设计了一个过滤那些短时间只访问一次的页面高速缓存的简易过滤器，详见 page_check_references() 函数。

❑　在回收页面高速缓存时，对于脏的内容缓存，kswapd 会马上回写吗？

答：不会，详见 shrink_page_list() 函数。

❑　内核中有哪些页面会被 kswapd 写到交换分区？

答：匿名页面，另一种特殊情况是利用 shmem 模块建立的文件映射，这种情况下其实使用的也是匿名页面，在内存紧张时，这种页面也会被交换到交换分区。

5.4　匿名页面生命周期

任何事物都有固定的生命周期，就像一个企业有创立、成长、成熟、衰退等阶段。匿名页面也是有生命周期的，分为诞生、使用、回收、释放等阶段。我们从生命周期的角度来观察匿名页面[①]。

---

① 大量文献没有有关匿名页面生命周期的描述，但实际上不论是匿名页面，还是内容缓存页面都是有生命周期的。

5.4.1 匿名页面的产生

从内核的角度来看，在如下情况下会产生匿名页面。

（1）用户空间通过 malloc()/mmap()接口函数来分配内存，在内核空间中发生缺页中断时，do_anonymous_page()会产生匿名页面。

（2）发生写时复制。当缺页中断出现写保护错误时，新分配的页面是匿名页面，下面又分两种情况。

❑ 调用 do_wp_page()。
  ■ 分配只读的特殊映射的页面，如映射到零页面的页面。
  ■ 分配非单身匿名页面（有多个映射的匿名页面，即 page->_mapcount > 0）。
  ■ 分配只读的私有映射的内容缓存页面。
  ■ 分配 KSM 页面。

❑ 调用 do_cow_page()共享的匿名映射（Shared Anonymous Mapping，SHMM）页面。

上述这些情况在发生写时复制时会新分配匿名页面。

（3）do_swap_page()，从交换分区读回数据时会分配匿名页面。

（4）迁移页面。

以 do_anonymous_page()分配一个匿名页面为例，匿名页面刚分配时的状态如下。

❑ page->_refcount = 1。
❑ page->_mapcount = 0。
❑ 设置 PG_swapbacked 标志位。
❑ 加入 LRU_ACTIVE_ANON 链表中，并设置 PG_lru 标志位。
❑ page->mapping 指向 VMA 中的 anon_vma 数据结构。

5.4.2 匿名页面的使用

匿名页面在缺页中断中分配完成之后，就建立了进程虚拟地址空间和物理页面的映射关系，用户进程访问虚拟地址即访问匿名页面的内容。

5.4.3 匿名页面的换出

假设现在系统内存紧张，需要回收一些页面来释放内存。匿名页面刚分配时会加入活跃 LRU 链表（LRU_ACTIVE_ANON）的头部，在活跃 LRU 链表移动一段时间后，该匿名页面到达活跃 LRU 链表的尾部，shrink_active_list() 函数把该页面加入不活跃 LRU 链表（LRU_INACTIVE_ANON）。

shrink_inactive_list()函数扫描不活跃 LRU 链表。

第一次扫描不活跃 LRU 链表时，shrink_page_list()->add_to_swap()函数会为该页面分配交换分区。

此时匿名页面的_refcount、_mapcount 和 flags 的状态如下。

```
page->_refcount = 3（增加该引用计数的地方——分配页面、分离页面与 add_to_swap()）
page->_mapcount = 0
page->flags = [PG_lru | PG_swapbacked | PG_swapcache | PG_dirty | PG_uptodate
| PG_locked]
```

为什么调用 add_to_swap()之后 page->_refcount 变成了 3 呢？因为在分离 LRU 链表时，该

引用计数加 1。另外，add_to_swap()本身也会让该引用计数加 1。

add_to_swap()还会增加若干个页面的标志位，PG_swapcache 表示该页面已经分配了交换分区，PG_dirty 表示该页面为脏页，稍后需要把内容写回交换分区，PG_uptodate 表示该页面的数据是有效的。

shrink_page_list()->try_to_unmap()运行后，该匿名页面的状态如下。

```
page->_refcount = 2
page->_mapcount = -1
```

try_to_unmap()函数会通过 RMAP 系统去寻找映射该页面的所有的 VMA 和相应的 PTE，并将这些 PTE 解除映射。因为该页面只和父进程建立了映射关系，所以_refcount 和_mapcount 都要减 1。若_mapcount 变成−1，表示没有 PTE 映射该页面。

shrink_page_list()→pageout()函数把该页面写回交换分区。此时匿名页面的状态如下。

```
page->_refcount = 2
page->_mapcount = -1
page->flags = [PG_lru | PG_swapbacked | PG_swapcache | PG_uptodate | PG_reclaim
| PG_writeback]
```

pageout()函数的作用如下。

❑ 检查该页面是否可以释放，详见 is_page_cache_freeable()函数。

❑ 清除 PG_dirty 标志位。

❑ 设置 PG_reclaim 标志位。

❑ 通过 swap_writepage()设置 PG_writeback 标志位，清除 PG_locked，向交换分区写内容。

在向交换分区写内容时，kswapd 不会一直等到该页面写完，所以该页面将被放回不活跃 LRU 链表的头部。

第二次扫描不活跃 LRU 链表时，经历一次不活跃 LRU 链表的移动过程，从链表头移动到链表尾。如果这时该页面还没有写入完成，即 PG_writeback 标志位还在，那么该页面会继续被放回到不活跃 LRU 链表头，kswapd 会继续扫描其他页面，从而继续等待写入完成。

我们假设第二次扫描不活跃 LRU 链表时，该页面写入交换分区已经完成。块层的回调函数 end_swap_bio_write()→end_page_writeback()会完成如下操作。

❑ 清除 PG_writeback 标志位。

❑ 唤醒等待在该页面写回的线程，见 wake_up_page(page, PG_writeback)函数。

shrink_page_list()→__remove_mapping()函数的作用如下。

❑ page_freeze_refs(page, 2)判断当前 page->_refcount 是否为 2，并且将该计数设置为 0。

❑ 清除 PG_swapcache 标志位。

❑ 清除 PG_locked 标志位。

此时匿名页面的状态如下。

```
page->_refcount = 0
page->_mapcount = -1
page->flags = [PG_uptodate | PG_swapbacked]
```

最后把页面加入 free_page 链表中，释放该页面。因此该匿名页面的状态是页面内容已经被写入交换分区，实际物理页面已经释放。

5.4.4 匿名页面的换入

匿名页面被换出到交换分区后，如果应用程序需要读写这个页面，则会发生缺页中断，由于 PTE 中的 present 位显示该页面不在内存中，但 PTE 不为空，说明该页面在交换分区中，因此调用 do_swap_page() 函数重新读取该页面的内容。

5.4.5 匿名页面的销毁

当用户进程关闭或者退出时，会扫描这个用户进程所有的 VMA，并会清除这些 VMA 上所有的映射。如果符合释放标准，相关页面会被释放。本例中的匿名页面只映射了父进程的 VMA，所以这个页面也会被释放。图 5.15 所示是匿名页面的生命周期。

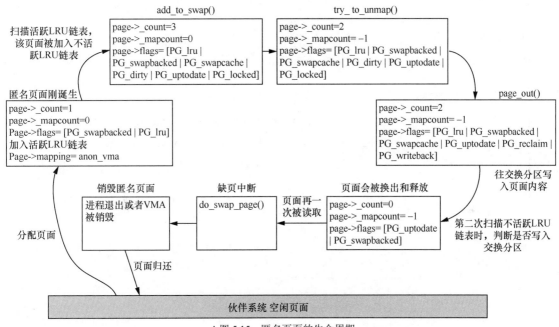

▲图 5.15 匿名页面的生命周期

5.5 页面迁移

Linux 内核为页面迁移提供了一个系统调用 migrate_pages，它最早是在 Linux 2.6.16 内核中加入的，它可以迁移一个进程的所有页面到指定内存节点上。该系统调用的用户空间的接口函数如下。

```
#include <numaif.h>

long migrate_pages(int pid, unsigned long maxnode,
                   const unsigned long *old_nodes,
                   const unsigned long *new_nodes);
```

该系统调用最早是为了在 NUMA 系统中提供一种迁移进程到任意内存节点的能力。现在内核除了为 NUMA 系统提供页面迁移能力外，其他的一些模块也可以利用页面迁移功能做一些事情，如内存规整和内存热插拔（memory hotplug）等。

5.5.1　哪些页面可以迁移

在阅读页面迁移代码之前，我们首先了解哪些页面是可以迁移的。页面迁移的设计初衷是在 NUMA 系统中提高内存访问性能，把一些页面从一个内存节点迁移到另外一个内存节点。它还有一个应用场景——内存规整。这些迁移的页面都是 LRU 链表上的页面。LRU 链表上的页面通常是用户进程地址空间映射的页面，如匿名页面和文件映射的页面。但是，最近几年 Linux 内核引入了一些新的特性，如 zsmalloc 和 virtio-balloon 页面。以 virtio-balloon 页面为例，它也有页面迁移的需求，之前的做法是在 virtio-balloon 驱动中进行迁移操作和相应的逻辑。如果其他的驱动也想做类似的页面迁移，那么它们就不能复用与 virtio-balloon 驱动相关的代码，必须重新写一套代码，这样会造成很多代码的重复和冗余。为了解决这个问题，内存管理的页面迁移机制提供相应的接口来支持这些非 LRU 页面的迁移。

因此，页面迁移机制支持两大类内存页面。

❑ 传统 LRU 页面，如匿名页面和文件映射页面。

❑ 非 LRU 页面。如 zsmalloc 或者 virtio-balloon 页面。

5.5.2　页面迁移主函数

页面迁移（page migration）在 Linux 内核的主函数是 migrate_pages()函数，它实现在 mm/migrate.c 文件中。migrate_pages()函数内部调用 unmap_and_move()函数来实现。

```
<mm/migrate.c>

int migrate_pages(struct list_head *from, new_page_t get_new_page,
        free_page_t put_new_page, unsigned long private,
        enum migrate_mode mode, int reason)

static ICE_noinline int unmap_and_move(new_page_t get_new_page,
                free_page_t put_new_page,
                unsigned long private, struct page *page,
                int force, enum migrate_mode mode,
                enum migrate_reason reason)
```

migrate_pages()函数和 unmap_and_move()函数的参数是一样的，一共有 6 个参数。

❑ from：将要迁移页面的链表。

❑ get_new_page：申请新内存的页面的函数指针。

❑ put_new_page：迁移失败时释放目标页面的函数指针。

❑ private：传递给 get_new_page 的参数。

❑ mode：迁移模式。

❑ reason：迁移的原因。

unmap_and_move()函数中的主要操作如下。

在第 1175 行中，调用 get_new_page()分配一个新的页面。

在第 1179～1194 行中，刚分配的页面需要调用 put_new_page()回调函数，如内存规整机制中的 compaction_free()回调函数，把空闲页面添加到 cc->freepages 链表中。

在第 1196 行中，调用 __unmap_and_move()尝试迁移页面到新分配的页面中。我们稍后会详细分析这个函数。

在第 1201 行中，若返回值不等于-EAGAIN，说明可能迁移没成功。

在第 1225 行中，若返回值为 MIGRATEPAGE_SUCCESS，说明迁移成功，释放页面。

在第 1237 行中，处理迁移没成功的情况，把页面重新添加到可移动的页面里。释放刚才新分配的页面。

下面重点分析__unmap_and_move()函数。

```
<mm/migrate.c>

static int __unmap_and_move(struct page *page, struct page *newpage,
              int force, enum migrate_mode mode)
```

__unmap_and_move()函数一共有 4 个参数。

❑ page：被迁移的页面。

❑ newpage：迁移页面的目的地。

❑ force：表示是否强制迁移。在 migrate_pages()中，当尝试次数大于 2 时，会设置 force=1。

❑ mode：迁移模式。

__unmap_and_move()函数中的主要操作如下。

在第 1009 行中，__PageMovable()函数用于判断这个页面是否属于非 LRU 页面。它是通过 page 数据结构中的 mapping 成员是否设置了 PAGE_MAPPING_MOVABLE 标志位来判断的。is_lru 变量表示这个页面属于传统 LRU 页面。

在第 1011 行中，trylock_page()尝试给页面加锁。若 trylock_page()返回 false，表示别的进程已持有了这个页面的锁；否则，表示当前进程已经成功获取锁。

❑ 如果尝试获取页锁不成功，当前不是强制迁移（force=0）或迁移模式为 MIGRATE_ASYNC），则会直接忽略这个页面，因为这种情况下没有必要睡眠等待页面释放锁。

❑ 如果当前进程设置了 PF_MEMALLOC 标志位，表示当前进程可能处于直接内存压缩的内核路径上，通过睡眠等待页锁是不安全的，所以直接忽略该页面。例如，在文件预读中，预读的所有页面都会加锁并被添加到 LRU 链表中，等到预读完成后，这些页面会标记 PG_uptodate 并释放锁，这个过程中块设备层会把多个页面合并到一个 BIO 设备中（见 mpage_readpages()）。如果在分配第 2 个或者第 3 个页面时发生内存短缺，内核会运行到直接内存压缩的内核路径上，导致一个页面加锁之后又等待这个锁，产生死锁，因此直接内存压缩的内核路径会标记 PF_MEMALLOC。PF_MEMALLOC 标志位一般在直接内存压缩、直接内存回收以及 kswapd 中设置，这些场景下可能会有少量的内存分配行为，因此若设置 PF_MEMALLOC 标志位，表示允许它们使用系统预留的内存，即不用考虑 zone 水位问题，可以参见__perform_reclaim()、__alloc_pages_direct_compact()和 kswapd()等函数。

除了上述情况外，其余情况下只能调用 lock_page()函数来等待页锁被释放。这里读者也可以体会到 trylock_page()和 lock_page()这两个函数的区别。

在第 1034 行中，处理正在回写的页面，即设置了 PG_writeback 标志位的页面。这里只有当页面迁移的模式为 MIGRATE_ASYNC 或者 MIGRATE_SYNC_LIGHT 且设置强制迁移（force = 1）时，才会等待这个页面回写完成，否则直接忽略该页面，该页面不会被迁移。wait_on_page_writeback()函数会等待页面回写完成。

在第 1068 行中，处理匿名页面的 anon_vma 可能被释放的特殊情况，因为接下来 try_to_unmap()函数运行完成时，page->_mapcount 会变成 0。在页面迁移的过程中，我们无法知道

anon_vma 数据结构是否被释放了。page_get_anon_vma()增加 anon_vma->refcount 引用计数防止其被其他进程释放，与之对应，第 1126 行中的 put_anon_vma()减小 anon_vma->refcount，它们是成对出现的。

在第 1079 行中，尝试给 newpage 申请锁。

在第 1082 行中，若这个页面属于非 LRU 页面，则调用 move_to_new_page()函数来进行处理。在 move_to_new_page()函数中会通过调用驱动程序注册的 migratepage()函数来进行页面迁移。move_to_new_page()函数迁移成功之后，unmap_and_move()函数直接返回。

接下来的代码用于处理传统 LRU 页面。

在第 1099～1105 行中，处理一个特殊情况。当一个交换缓存页面从交换分区被读取之后，它会被添加到 LRU 链表里，我们把它当作一个交换缓存页面。但是它还没有设置 RMAP，因此 page->mapping 为空。若调用 try_to_unmap()可能会触发内核宕机，因此这里做特殊处理，并跳转到 out_unlock_both 标签处。

在第 1159 行中，page_mapped()判断该页面的_mapcount 是否大于或等于 0，若大于或等于 0，说明有用户 PTE 映射该页面。

在第 1109 行中，对于有用户态进程地址空间映射的页面，调用 try_to_unmap()解除页面所有映射的用户 PTE。try_to_unmap()函数实现在 mm/rmap.c 文件中。

```
<mm/rmap.c>

bool try_to_unmap(struct page *page, enum ttu_flags flags)
```

在第 1114 行中，对于已经解除完所有用户 PTE 映射的页面，调用 move_to_new_page()把它们迁移到新分配的页面。我们稍后会详细分析这个函数。

在第 1117 行中，对于迁移页面失败的情况，调用 remove_migration_ptes()删掉迁移的 PTE。

在第 1128 行中，处理退出情况，这里要分两种情况。

❑ 对于非 LRU 页面，调用 put_page()把 newpage 的_refcount 减 1。

❑ 对于传统 LRU 页面，把 newpage 添加到 LRU 链表中。

最后，返回 rc 值。

5.5.3 move_to_new_page()函数

move_to_new_page ()函数用于迁移旧页面到新页面中，它实现在 mm/migrate.c 文件中。

```
<mm/migrate.c>

static int move_to_new_page(struct page *newpage, struct page *page,
              enum migrate_mode mode)
```

move_to_new_page ()函数中的操作如下。

在第 935 行中，is_lru 表示这个页面是否属于传统 LRU 页面。可迁移的页面分传统 LRU 页面和非 LRU 页面。非 LRU 页面是指一些特殊的可迁移的页面，如 zsmalloc 分配的页面等。在 page 数据结构的 mapping 成员的低位中设置 PAGE_MAPPING_ MOVABLE 标志位来识别非 LRU 页面。

在第 940 行中，page_mapping()返回这个页面的 mapping。

❑ 若页面是匿名页面并且分配了交换缓存，那么 mapping 会指向交换缓存。

❑ 若页面是匿名页面但是没有分配交换缓存，那么 mapping 会指向 anon_vma，这种情况下，page_mapping()返回 NULL。

❑ 若页面是文件映射页面，那么 mapping 会指向文件映射对应的地址空间。

在第 942～958 行中，若页面属于传统的 LRU 链表的页面，按以下几种情况处理。

❑ 若 mapping 为空，说明该页面是匿名页面但是没有分配交换缓存，那么调用 migrate_page()函数来迁移页面。

❑ 若该页面实现了 migratepage()，那么直接调用 mapping->a_ops->migratepage()来迁移页面。

❑ 其他情况下调用 fallback_migrate_page()函数。

在第 958～974 行中，对于页面属于非 LRU 页面的情况，直接调用驱动程序为这个页面注册的 migratepage()来迁移页面。

在第 980～998 行中，处理迁移成功的情况。

迁移的核心函数是 migrate_page()函数。我们来看这个函数的实现。

```
<mm/migrate.c>

int migrate_page(struct address_space *mapping,
        struct page *newpage, struct page *page,
        enum migrate_mode mode)
```

migrate_page()函数中的主要操作如下。

（1）调用 migrate_page_move_mapping()函数。

❑ 复制 page->index 到新页面。

❑ 新页面的 mapping 指向旧页面的 mapping 指向的地方。

❑ 若为旧页面设置了 PG_swapbacked，那么为新页面也设置 PG_swapbacked。

（2）调用 copy_highpage()函数，复制旧页面的内容到新页面。这里会使用 kmap 函数来映射这两个页面。

```
static inline void copy_highpage(struct page *to, struct page *from)
{
    char *vfrom, *vto;

    vfrom = kmap_atomic(from);
    vto = kmap_atomic(to);
    copy_page(vto, vfrom);
    kunmap_atomic(vto);
    kunmap_atomic(vfrom);
}
```

（3）调用 migrate_page_states()函数来把旧页面的 flags 成员复制到新页面，如 PG_dirty、PG_active 等标志位。

5.5.4 迁移页表

迁移页表是迁移页面中最重要的一项工作，它主要在 remove_migration_ptes()函数中实现，其代码片段如下。

```
<mm/migrate.c>
```

```
void remove_migration_ptes(struct page *old, struct page *new, bool locked)
{
    struct rmap_walk_control rwc = {
        .rmap_one = remove_migration_pte,
        .arg = old,
    };
    rmap_walk(new, &rwc);
}
```

这里会运用到 RMAP 机制，核心的回调函数是 rmap_one()。在迁移页面中，它的实现函数是 remove_migration_pte()函数。

```
<mm/migrate.c>

static bool remove_migration_pte(struct page *page, struct vm_area_struct *vma,
unsigned long addr, void *old)
```

remove_migration_pte()中的主要操作如下。

在第 217～283 行中，该函数的主体框架是一个 while 循环。page_vma_mapped_walk()遍历页表，通过虚拟地址找到对应的 PTE。

在第 234 行中，根据新页面和 vma 属性来生成一个 PTE。

在第 268 行中，把新生成的 PTE 的内容写回到原来映射的页表（pvmw.pte）中，完成 PTE 的迁移，这样用户进程地址空间就可以通过原来的 PTE 访问新页面。

在第 270 行中，把新页面添加到 RMAP 系统中。

在第 282 行中，调用 update_mmu_cache()更新相应的高速缓存。

5.5.5　迁移非 LRU 页面

内存管理的页面迁移机制提供相应的方法来处理非 LRU 页面的迁移。

若一个驱动想支持页面迁移，那么它必须在页面地址空间方法集 address_space_operations 中支持如下 3 个方法。

1. isolate_page 方法

isolate_page 方法的原型如下。

```
bool (*isolate_page)(struct page *, isolate_mode_t);
```

页面迁移机制中的 isolate_movable_page()函数会调用这个方法来分离页面。当分离成功之后，这些页面会被标记为 PG_isolated，这样其他 CPU 在分离页面时就会忽略这个页面。

一个页面被成功分离之后，页面迁移机制可以使用 page 数据结构中的 lru 成员，如把页面添加到待迁移的链表中，而驱动程序不能使用这个 lru 成员。

2. migratepage 方法

migratepage 方法的原型如下。

```
int (*migratepage) (struct address_space *,
        struct page *, struct page *, enum migrate_mode);
```

当分离页面完成之后，内存管理的页面迁移机制就会调用这个 migratepage 方法来迁移页面，见 move_to_new_page()函数。

```
        rc = mapping->a_ops->migratepage(mapping, newpage,
                             page, mode);
```

migratepage()方法会迁移旧页面的内容到新页面中，并且设置 page 对应的成员和属性。驱动实现的 migratepage()方法在完成页面迁移之后需要显式地调用__ClearPageMovable()函数清除 PAGE_MAPPING_MOVABLE 标志位。如果迁移页面不成功，返回-EAGAIN，那么根据页面迁移机制会重试一次。若返回其他错误值，那么根据页面迁移机制就会放弃这个页面。

3. putback 页面方法

putback 页面方法的原型如下。

```
void (*putback_page)(struct page *);
```

在页面迁移失败时，这个方法把页面迁移回原来的地方。

以 zsmalloc 模块为例，上述 3 个方法的定义如下。

```
<mm/zsmalloc.c>

static const struct address_space_operations zsmalloc_aops = {
    .isolate_page = zs_page_isolate,
    .migratepage = zs_page_migrate,
    .putback_page = zs_page_putback,
};
```

除了在 address_space_operations 中新增 3 个方法外，还可以新增两个标志位 PG_movable 和 PG_isolated。

准确地说，PG_movable 不是 page 数据结构中 flags 成员的标志位，可以使用 page->mapping 的低位实现这个标志位。

```
    #define PAGE_MAPPING_MOVABLE 0x2
    page->mapping = page->mapping | PAGE_MAPPING_MOVABLE;
```

它类似于判断匿名页面的方法。是否为匿名页面是通过 page->mapping 的低位是否设置 PAGE_MAPPING_ANON 来判断的。

驱动程序不应该直接操作 PAGE_MAPPING_MOVABLE 标志位，而应该使用内核提供的接口函数。

```
static __always_inline int __PageMovable(struct page *page)
{
    return ((unsigned long)page->mapping & PAGE_MAPPING_FLAGS) ==
            PAGE_MAPPING_MOVABLE;
}

void __SetPageMovable(struct page *page, struct address_space *mapping)
{
    page->mapping = (void *)((unsigned long)mapping | PAGE_MAPPING_MOVABLE);
}

void __ClearPageMovable(struct page *page)
```

```
{
    page->mapping = (void *)((unsigned long)page->mapping &
            PAGE_MAPPING_MOVABLE);
}
```

❑ __PageMovable()：用于分辨页面是传统 LRU 页面还是非 LRU 页面。

❑ __SetPageMovable()：设置页面为非 LRU 页面。

❑ __ClearPageMovable：清除页面的 PAGE_MAPPING_MOVABLE 标志位。

PG_isolated 是 page 数据结构的 flags 成员中新增的标志位，它可以防止多个 CPU 同时分离同一个页面。若一个 CPU 发现一个页面设置了 PG_isolated，那么它会忽略这个页面。若驱动程序发现一个页面设置了 PG_isolated，说明根据内存模块的页面迁移机制已经分离了这个页面，因此驱动程序不应该使用这个页面的 page 中的 lru 成员。

5.5.6　小结

页面迁移的整个流程如图 5.16 所示。

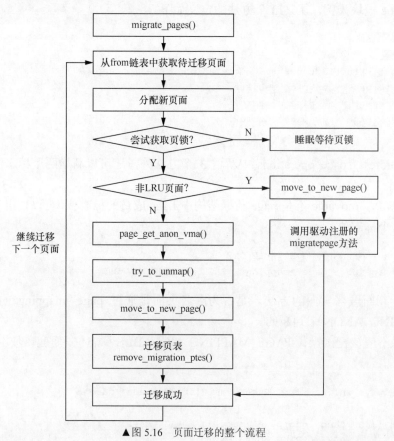

▲图 5.16　页面迁移的整个流程

页面迁移的本质是将页面的内容迁移到新的页面。这个过程中会分配新页面，将旧页面的内容复制到新页面，断开旧页面的映射关系，并把映射关系映射到新页面，最后释放旧页面。

内核中有多处使用页面迁移的功能，如下所示。

❑ 内存规整。

❑ 内存热插拔。

❑ NUMA 系统，系统有一个 sys_migrate_pages 系统调用。

5.6　内存规整

　　伙伴系统以页面为单位来管理内存，内存碎片也是基于页面的，即由大量离散且不连续的页面组成的。从内核角度来看，出现内存碎片不是好事情，有些情况下物理设备需要大段的连续的物理内存，如果内核无法满足，则会发生内核错误。对于内存碎片化，需要重新规整一下，因此本节叫作内存规整，一些文献中称其为内存紧凑，它是为了解决内核碎片化而出现的一个功能。

　　内核中去碎片化的基本原理是按照页面的可移动性将页面分组。迁移内核本身使用的物理内存的实现难度和复杂度都很大，因此目前的内核不迁移内核本身使用的物理页面。对于用户进程使用的页面，实际上通过用户页表的映射来访问。用户页表可以移动和修改映射关系，不会影响用户进程，因此内存规整是基于页面迁移实现的。

5.6.1　内存规整的基本原理

　　系统长时间运行后，页面变得越来越分散，分配一大块连续的物理内存变得越来越难，但有时系统就是需要一大块连续的物理内存，这就是内存碎片化（memory fragmentation）带来的问题。内存碎片化是操作系统内存管理的一大难题，系统运行时间越长，则内存碎片化越严重，最直接的影响就是分配大块内存失败。

　　在 Linux 2.6.24 内核中集成了社区专家 Mel Gorman 的 Anti-fragmentation 补丁，其核心思想是把内存页面按照可移动、可回收、不可移动等特性进行分类。可移动的页面通常是指用户态程序分配的内存，移动这些页面仅仅需要修改页表映射关系，代价很低；可回收的页面是指不可以移动但可以释放的页面。按照这些类型分类页面后，就容易释放出大块的连续物理内存。

　　内存规整机制归纳起来也比较简单，如图 5.17 所示。有两个方向的扫描者：一个从 zone 头部向 zone 尾部方向扫描，查找哪些页面是可以迁移的；另一个从 zone 尾部向 zone 头部方面扫描，查找哪些页面是空闲页面。当这两个扫描者在 zone 中间碰头或者已经满足分配大块内存的需求时（能分配出所需要的大块内存并且满足最低的水位要求），就可以退出扫描了。内存规整机制除了人为地主动触发以外，一般在分配大块内存失败时使用。首先使用内存规整机制尝试整理出大块连续的物理内存，然后才使用直接页面回收机制。这好比旅行时若发现购买了太多的东西，那么我们通常会重新规整行李箱，看是否能腾出空间来。

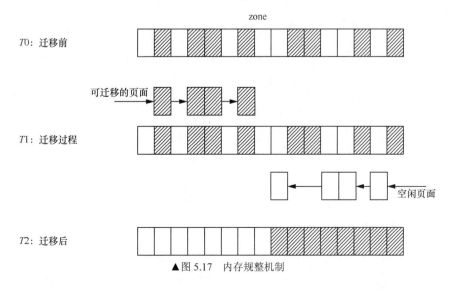

▲图 5.17　内存规整机制

5.3 节提到的页面回收是基于内存节点的，并且在 Linux 4.8 内核之后把以 zone 为单位修改成了以内存节点为单位。而本节介绍的内存规整机制是基于 zone 来进行扫描和规整的。

5.6.2　触发内存规整

Linux 内核中触发内存规整有 3 个途径。

- ❑ 手动触发。通过写 1 到/proc/sys/vm/compact_memory 节点，会手动触发内存规整。它会扫描系统中所有的内存节点上的 zone，对每个 zone 都会做一次内存规整。
- ❑ kcompactd 内核线程。和页面回收 kswapd 内核线程一样，每个内存节点会创建一个 kcompactd 内核线程，名称为 "kcompactd0" "kcompactd1" 等。
- ❑ 直接内存规整。和页面回收一样，当页面分配器发现在低水位情况下无法满足页面分配时，会进入慢速路径。在慢速路径里，除了唤醒 kswapd 内核线程外，还会调用函数 __alloc_pages_direct_compact()，尝试整合出一大块空闲内存。

5.6.3　直接内存规整

内存规整的一个重要的应用场景是在分配大块连续物理内存（order > 1），低水位（WMARK_LOW）情况下分配失败时唤醒 kswapd 内核线程，但依然无法分配出内存，因此调用__alloc_ pages_direct_compact()来压缩内存，并尝试分配出所需要的内存，如图 5.18 所示。

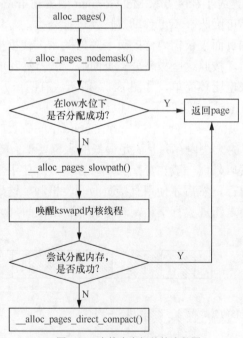

▲图 5.18　直接内存规整的流程图

__alloc_pages_direct_compact()函数实现在 mm/page_alloc.c 文件中。

```
<mm/page_alloc.c>

static struct page *
__alloc_pages_direct_compact(gfp_t gfp_mask, unsigned int order,
        unsigned int alloc_flags, const struct alloc_context *ac,
        enum compact_priority prio, enum compact_result *compact_result)
```

　　__alloc_pages_direct_compact()函数一共有 6 个参数。

- ❑ gfp_mask：传递给页面分配器的分配掩码。
- ❑ order：请求分配页面的大小，其大小为 2 的 order 次幂个连续物理页面。
- ❑ alloc_flags：页面分配器内部使用的分配标志位。
- ❑ ac：页面分配器内部使用的分配上下文描述符。
- ❑ prio：内存规整优先级。
- ❑ compact_result：内存规整后返回的结果。它定义在 include/linux/ compaction.h 文件中。返回的结果包括以下几种。
  - ■ COMPACT_SKIPPED：内存规整不满足条件，因此退出。
  - ■ COMPACT_DEFERRED：因为过去的一些错误导致内存规整退出。
  - ■ COMPACT_CONTINUE：表示可以在下一个页块中进行内存规整。
  - ■ COMPACT_COMPLETE：表示已经完成一轮的页面扫描，但是没能满足页面分配请求的需求。
  - ■ COMPACT_PARTIAL_SKIPPED：表示根据直接页面回收机制已经扫描了 zone 中部分的页面，但是没有找到可以进行内存规整的页面。
  - ■ COMPACT_CONTENDED：出于某些锁竞争的原因退出内存规整。
  - ■ COMPACT_SUCCESS：表示已经满足页面分配请求的需求，从而退出这次直接内存规整机制。

　　__alloc_pages_direct_compact()函数的代码逻辑比较简单，它主要调用 try_to_compact_pages()函数，完成之后调用 get_page_from_freelist()函数来尝试分配内存。

```
<mm/page_alloc.c>

static struct page *
__alloc_pages_direct_compact()
{
    *compact_result = try_to_compact_pages(gfp_mask, order, alloc_flags, ac, prio);
    if (*compact_result <= COMPACT_INACTIVE)
        return NULL;

    page = get_page_from_freelist(gfp_mask, order, alloc_flags, ac);

    if (page)
        return page;
}
```

　　try_to_compact_pages()函数的代码逻辑也比较简单，它首先遍历内存节点中所有的 zone，然后在每个 zone 上调用 compact_zone_order()函数进行内存规整。

```
<mm/compation.c>

enum compact_result try_to_compact_pages(gfp_t gfp_mask, unsigned int order,
        unsigned int alloc_flags, const struct alloc_context *ac,
        enum compact_priority prio)
{
    for_each_zone_zonelist_nodemask(zone, z, ac->zonelist, ac->high_zoneidx,
ac->nodemask) {
        status = compact_zone_order(zone, order, gfp_mask, prio,
```

```
                        alloc_flags, ac_classzone_idx(ac));
    }

    return rc;
}
```

compact_control 是内存规整机制内部使用的一个控制描述符，表 5.7 所示为该数据结构的主要成员。

表 5.7　　　　　　　　　　　compact_control 的主要成员

成　员	类　型	描　述
freepages	struct list_head	空闲页面链表。从 zone 尾部向 zone 头部方向扫描，查找哪些页面是空闲页面，这些页面会被添加到该链表中
migratepages	struct list_head	可迁移页面链表。从 zone 头部向 zone 尾部方向扫描，查找哪些页面是可以迁移的，这些页面会被添加到该链表中
zone	struct zone *	扫描的 zone
nr_freepages	unsigned long	已经分离的空闲页面数量
nr_migratepages	unsigned long	准备迁移的页面数量
total_migrate_scanned	unsigned long	已经扫描并用于迁移的页面总数
total_free_scanned	unsigned long	已经扫描并用于空闲页面总数
free_pfn	unsigned long	isolate_freepages 扫描的起始页帧号
migrate_pfn	unsigned long	上一次做内存规整时停止扫描的页帧号，可以作为这一次页面扫描的起始页帧号
last_migrated_pfn	unsigned long	上一次扫描可迁移页面的位置
gfp_mask	const gfp_t	调用页面分配器时的分配掩码
order	int	调用页面分配器时的 order 值
migratetype	int	页面迁移类型
alloc_flags	const unsigned int	页面分配器内部使用的标志位
classzone_idx	const int	页面分配器根据分配掩码计算出来的首选的 zone 编号
mode	enum migrate_mode	页面迁移的模式——同步模式和异步模式

migrate_mode 枚举类型定义了内存规整支持的几种模式，如表 5.8 所示。

表 5.8　　　　　　　　　　　内存规整支持的几种模式

模　式	描　述
MIGRATE_SYNC_LIGHT	同步模式，允许调用者被阻塞。 kcompactd 内核线程设置此模式。 在分离页面时，若发现大量的临时分离页面（即分离的页面数量大于 LRU 页面数量的一半），会睡眠等待 100ms，详见 too_many_isolated()函数
MIGRATE_SYNC	同步模式。在页面迁移时会被阻塞。 手工设置 "/proc/sys/vm/compact_memory" 后会采用这个模式。 在分离页面时，若发现大量的临时分离页面（即分离的页面数量大于 LRU 页面数量的一半），会睡眠等待 100ms，详见 too_many_isolated()函数
MIGRATE_ASYNC	异步模式。 在判断内存规整是否完成时，若可以从其他迁移类型中挪用空闲页块，那么也算完成任务。 在分离页面时，若发现大量的临时分离页面（即分离的页面数量大于 LRU 页面数量的一半），也不会临时暂停扫描，详见 too_many_isolated()函数。 当进程需要调度时，退出内存规整，详见 compact_should_abort()函数

续表

模　　式	描　　述
MIGRATE_SYNC_NO_COPY	类似于同步模式，但是在迁移页面时 CPU 不会复制页面的内容，而是由 DMA 引擎来复制，如 HMM（见 mm/hmm.c 文件）机制使用这种模式

compact_zone_order()函数的主要任务是初始化内部使用的 compact_control 数据结构，然后调用 compact_zone()函数进行内存规整。compact_zone_order()函数的主要代码片段如下。

```
<mm/compation.c>

static enum compact_result compact_zone_order(struct zone *zone, int order,
gfp_t gfp_mask, enum compact_priority prio,
        unsigned int alloc_flags, int classzone_idx)
{
    enum compact_result ret;
    struct compact_control cc = {
        .nr_freepages = 0,
        .nr_migratepages = 0,
        .total_migrate_scanned = 0,
        .total_free_scanned = 0,
        .order = order,
        .gfp_mask = gfp_mask,
        .zone = zone,
        .mode = (prio == COMPACT_PRIO_ASYNĆ) ?
                    MIGRATE_ASYNC :    MIGRATE_SYNC_LIGHT,
        .alloc_flags = alloc_flags,
        .classzone_idx = classzone_idx,
        .direct_compaction = true,
        .whole_zone = (prio == MIN_COMPACT_PRIORITY),
        .ignore_skip_hint = (prio == MIN_COMPACT_PRIORITY),
        .ignore_block_suitable = (prio == MIN_COMPACT_PRIORITY)
    };
    INIT_LIST_HEAD(&cc.freepages);
    INIT_LIST_HEAD(&cc.migratepages);

    ret = compact_zone(zone, &cc);

    return ret;
}
```

5.6.4　compact_zone()函数

compact_zone()函数是内存规整的核心函数，主要用于"兵分两路"扫描一个 zone，找出可以迁移的页面以及空闲页面。这两路"兵"会在 zone 的中间汇合，然后调用页面迁移的接口函数进行页面迁移，最终整理出大块空闲页面。

```
<mm/compation.c>

static enum compact_result compact_zone(struct zone *zone, struct compact_control *cc)
```

compact_zone()函数一共有两个参数。其中 zone 表示待扫描的 zone，cc 表示内存规整中内部使用的控制参数（这个参数需要调用者初始化）。compact_zone()函数中主要的操作如下。

在第 1540～1542 行中，start_pfn 是 zone 的起始页帧号，end_pfn 是 zone 的结束页帧号。Sync 表示是否支持同步的迁移模式。

在第 1544 行中，gfpflags_to_migratetype()函数从分配掩码中获取页面的迁移类型。

在第 1545 行中，compaction_suitable()主要根据当前的 zone 水位来判断是否需要进行内存规整。compaction_suitable()函数也在 mm/compation.c 文件中实现。

（1）以 alloc_flags 内部分配掩码中指定的水位为条件来判断是否可以在这个 zone 中分配出 2 的 order 次幂个物理页面，判断函数为 zone_watermark_ok()。这里 alloc_flags 需要考虑几种场景。

❑ 若使用 kcompactd 内核线程，那么 alloc_flags 被初始化为 0，因此采用最低警戒水位作为判断条件，因为 WMARK_MIN 的值为 0。

❑ 若手工设置了"/proc/sys/vm/compact_memory"，那么因为 order 值为-1，__compaction_suitable()函数直接返回 COMPACT_CONTINUE。

❑ 若分配内存失败，进入慢速路径，alloc_flags 是最低警戒水位，因为在慢速路径上，alloc_flags 已经设置为最低警戒水位了。

若这次判断成功，返回 COMPACT_SUCCESS，表示不需要做内存规整。

（2）若 order 大于 3，以低水位（low）为参考值 watermark；否则，以最低警戒水位（min）为参考值。接下来以 order 为 0 来判断 zone 是否在 watermark 之上。如果达不到这个条件，说明 zone 中只有很少的空闲页面，不适合做内存规整。若返回 COMPACT_SKIPPED，表示跳过这个 zone。

（3）除了前面两种情况外，其他情况下返回 COMPACT_CONTINUE，表示 zone 可以做内存规整。

（4）对于 order 大于 3 并且返回 COMPACT_CONTINUE 的情况，还需要做一个反碎片化的检测，见 fragmentation_index()函数。

在第 1567 行中，whole_zone 表示要扫描整个 zone，那么从 zone 的头部开始扫描可以迁移的页面，从 zone 的尾部开始扫描空闲页面。读者需要注意，free_pfn 是 zone 尾部的最后一个页块的起始地址。

在第 1571～1585 行中，zone 描述符中有一个 compact_cached_migrate_pfn 成员记录了上一次扫描中可迁移页面的位置，它是数组，分别记录同步和异步模式。compact_cached_free_pfn 成员记录了上一次扫描中空闲页面的位置。

在第 1594～1670 行中，这是内存规整的核心处理部分。compact_finished()函数用于判断内存规整是否可以结束了。compact_finished()函数也实现在 mm/compation.c 文件中。内存规整结束的条件有两个。

❑ cc->migrate_pfn 和 cc->free_pfn 两个指针相遇，它们从 zone 的一头一尾向中间方向运行，见 compact_scanners_met()函数。

❑ 判断 zone 里面 order 对应的迁移类型的空闲链表是否有成员（zone->free_area[order].free_list[MIGRATE_MOVABLE]），最好 order 对应的 free_area 链表中正好有成员，即有空闲页块，或者大于 order 的空闲链表里有空闲页块，或者大于 pageblock_order 的空闲链表中有空闲页块。

❑ 若对应的迁移类型中的空闲链表没有空闲对象，那么假设可以从其他迁移类型中"借"一些空闲块过来，见 find_suitable_fallback()函数。

在第 1597 行中，isolate_migratepages()用于扫描并且寻觅 zone 中可迁移的页面，可迁移的页面会被添加到 cc->migratepages 链表中。我们稍后会详细分析这个函数。

在第 1614 行中，migrate_pages()是页面迁移的核心函数，从 cc->migratepages 链表中获取页面，然后尝试迁移页面。compaction_alloc()从 zone 的尾部开始查找空闲页面，并把空闲页面添加到 cc->freepages 链表中。migrate_pages()函数在 5.5 节中已经介绍，其中 get_new_page 函数指针指向 compaction_alloc()函数，put_new_page 函数指针指向 compaction_free()函数。mode 表示迁移模式，是同步模式还是异步模式，其 reason 为 MR_COMPACTION。

在第 1623～1645 行中，处理页面迁移不成功的情况。其中调用 putback_movable_pages() 函数把已经分离的页面重新添加到 LRU 链表中。

在第 1677 行中，nr_freepages 表示已经分离的空闲页面的数量，即迁移完成之后，还剩下多余的空闲页面。调用 release_freepages()把空闲页面放回伙伴系统中。compact_cached_free_pfn 成员记录这次 free_pfn 的位置。

在第 1698 行中，返回。

compact_zone()函数的流程如图 5.19 所示。

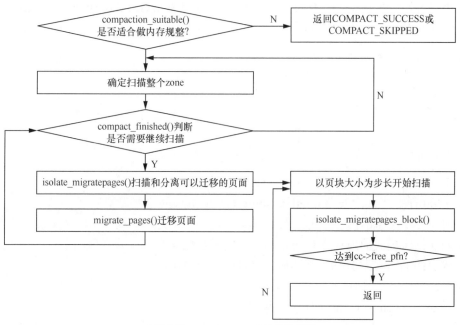

▲图 5.19　compact_zone()函数的流程

isolate_migratepages()函数也实现在 mm/compation.c 文件中，其主要作用是扫描并且寻觅 zone 中可迁移的页面。

```
<mm/compation.c>

static isolate_migrate_t isolate_migratepages(struct zone *zone,
                struct compact_control *cc)
```

isolate_migratepages()函数一共有两个参数，zone 表示正在扫描的 zone，cc 表示内存规整内部使用的控制参数。isolate_migratepages()函数的扫描步长是按照页块大小来进行的。isolate_migratepages()函数中主要的操作如下。

在第 1232 行中，isolate_mode 表示分离模式，判断是否支持异步分离模式（ISOLATE_ASYNC_MIGRATE）。

在第 1240 行中，cc->migrate_pfn 表示上次扫描结束时的页帧号，我们这次从 cc->migrate_pfn 开始扫描。pageblock_start_pfn()表示向页块起始地址对齐。block_start_pfn 表示这次扫描的起始页帧号。

```
#define block_start_pfn(pfn, order) round_down(pfn, 1UL << (order))
#define block_end_pfn(pfn, order)   ALIGN((pfn) + 1, 1UL << (order))
#define pageblock_start_pfn(pfn)block_start_pfn(pfn, pageblock_order)
#define pageblock_end_pfn(pfn)        block_end_pfn(pfn, pageblock_order)
```

在第 1252～1296 行中，以 block_end_pfn 为起始页帧号开始扫描，查找的步长以 pageblock_nr_pages 为单位。Linux 内核以页块为单位来管理页的迁移属性。页的迁移属性包括 MIGRATE_UNMOVABLE、MIGRATE_RECLAIMABLE、MIGRATE_MOVABLE、MIGRATE_PCPTYPES 和 MIGRATE_CMA 等。内核使用两个函数来管理迁移类型，分别是 get_pageblock_migratetype()和 set_pageblock_migratetype()。内核在初始化时，所有的页面最初被标记为 MIGRATE_MOVABLE，见 memmap_init_zone()函数（mm/page_alloc.c 文件）。读者需要注意，页块的大小和普通巨页有关。当系统配置了 CONFIG_HUGETLB_PAGE 时，页块的 order 大小或等于 HUGETLB_PAGE_ORDER，通常为 9；否则，页块的 order 大小是 10。

```
#ifdef CONFIG_HUGETLB_PAGE
#define pageblock_order     HUGETLB_PAGE_ORDER
#else
#define pageblock_order     (MAX_ORDER-1)
#endif

#define pageblock_nr_pages (1UL << pageblock_order)
```

在第 1266 行中，pageblock_pfn_to_page()返回这个页块中第一个物理页面的 page 数据结构。

在第 1280 行中，suitable_migration_source()判断页块的迁移类型。

❑ 对于异步类型的内存规整，我们只支持迁移类型为可移动（MOVABLE）的页块。

❑ 对于同步模式的内存规整，我们要判断页块迁移类型。若当前的页块的迁移类型和请求页面的迁移类型不一致，那么会跳过这个页块。

在第 1284 行中，调用 isolate_migratepages_block()函数对页块里的页面执行分离任务，该函数也实现在 mm/compation.c 文件中，其中的主要操作如下。

在第 711～720 行中，在 too_many_isolated()函数中，如果判断当前 zone 从 LRU 链表分离出来的页面比较多，则最好等待 100ms（详见 congestion_wait()）。zone 中分离的页面数量可以通过读取 NR_ISOLATED_FILE+ NR_ISOLATED_ANON 类型的计数来计算，见 node_page_state() 函数。

如果迁移模式是异步（MIGRATE_ASYNC）的，则直接退出。

```
    isolated = node_page_state(zone->zone_pgdat, NR_ISOLATED_FILE) +
            node_page_state(zone->zone_pgdat, NR_ISOLATED_ANON);
```

在第 725 行中，direct_compaction 表示这一次内存规整是直接内存规整（__alloc_pages _direct_compact()函数调用过来的），MIGRATE_ASYNC 表示异步模式。在这种情况下，我们可以做一点优化，以起始扫描页帧号（low_pfn）为起点，以 2 的 cc->order 次幂个连续页面为终点，在这个范围内，若发现不适合做内存规整的页面，那么我们就跳出这个范围。因为我们的目的是分配出 2 的 cc->order 次幂个连续页面，所以我们把 skip_on_failure 设置为 true，把

next_skip_pfn 设置为这个范围的结束页帧号。在页面分配器的慢速路径中会设置这种异步的直接内存规整，见 mm/page_alloc.c 文件中的第 4287 行。

在第 731～933 行中，完成该函数的核心处理过程。for 循环扫描页块中所有的页帧，寻觅可以迁移的页面。

在第 765 行中，判断当前页帧的页表项是否有效。

在第 769 行中，由页帧号转换成 page 数据结构。

在第 780 行中，如果该页面还在伙伴系统中（详见 PageBuddy()），那么该页面不适合迁移，略过该页面。通过 page_order_unsafe() 读取该页面的 order 值，for 循环可以直接略过这些页面。

在第 800 行中，混合页面也不适合做内存规整，如透明巨页以及 hugetlbfs 页面。

在第 813 行中，处理不在 LRU 链表中的页面情况。不在 LRU 链表的页面不适合迁移。但是这里有一个特殊情况，就是非 LRU 页面（__PageMovable(page)）并且还没有分离的页面（!PageIsolated(page)），它是可以迁移的。这些页面通常是特殊的可迁移页面，如根据 zsmalloc 机制分配的页面或者 virtio-balloon 页面等。

```
(__PageMovable(page)) && !PageIsolated(page))
```

isolate_movable_page() 函数会调用驱动程序的 isolate_page() 方法分离这些页面。

```
mapping->a_ops->isolate_page(page, mode)
```

在第 838 行中，如果匿名页面锁在内存中，那么这些页面也不适合分离。其中，若 page_mapping() 返回 NULL，说明该页面是一个匿名页面，因为它的 page->mapping 指向 anon_vma 数据结构，而不是一个地址空间描述符。

```
<mm/util.c>

struct address_space *page_mapping(struct page *page)
{    mapping = page->mapping;
    if ((unsigned long)mapping & PAGE_MAPPING_ANON)
        return NULL;

    return (void *)((unsigned long)mapping & ~PAGE_MAPPING_FLAGS);
}
```

对于匿名页面来说，通常情况下 page_count(page) = page_mapcount(page)，即 page->_refcount = page->_mapcount + 1。如果它们不相等，说明内核中使用了这个匿名页面，所以这种匿名页面也不适合迁移。可能有人调用了 get_user_pages() 函数来锁住这个页面。

```
        if (!page_mapping(page) &&
            page_count(page) > page_mapcount(page))
            goto isolate_fail;
```

在第 846 行中，我们允许在 GFP_NOFS 情况下迁移匿名页面，因为它不会依赖文件系统的锁。

在第 850 行中，尝试获取 zone->zone_pgdat->lru_lock 自旋锁。

对于异步模式，调用 spin_trylock_irqsave() 尝试获取锁，若已经有人获取了锁，那么只能退出扫描。

对于同步模式，调用 spin_lock_irqsave() 函数获取锁，若已经有人获取了锁，那么只能等待这个锁。

在第 857 行中，重新判断这个页面是否在 LRU 链表中。

在第 874 行中，调用__isolate_lru_page()尝试分离这个页面。若分离成功，会返回 0。

在第 880 行中，把这个页面从 LRU 链表摘下来。

在第 881 行中，增加 NR_ISOLATED_ANON 或者 NR_ISOLATED_FILE 计数。

在第 885 行中，把这个页面添加到 cc->migratepages 链表中。

在第 896 行中，把当前页帧号更新到 cc->last_migrated_pfn 中。

在第 950 行中，更新 zone 中相关的信息，如 compact_cached_migrate_pfn 和 compact_cached _free_pfn。

最后，返回当前扫描的页帧号 low_pfn。

分离页面的核心函数 isolate_migratepages_block()的流程如图 5.20 所示。

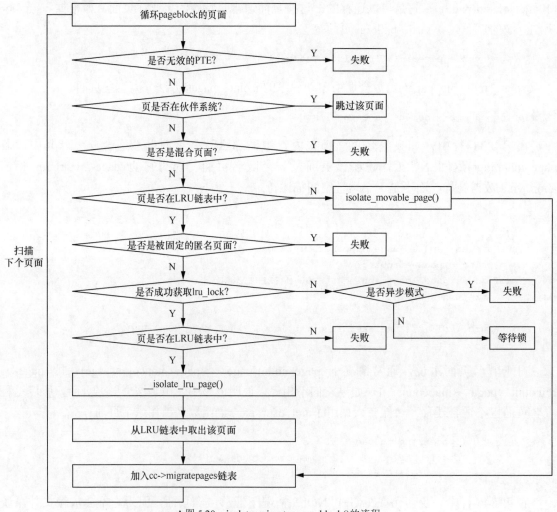

▲图 5.20　isolate_migratepages_block()的流程

5.6.5　哪些页面适合做内存规整

和页面迁移类似，有两类页面适合做内存规整。

❑ 传统的 LRU 页面，如匿名页面和文件映射页面。

❑ 非 LRU 页面，即特殊的可以迁移的页面，如根据 zsmalloc 机制和 virtio-balloon 机制分配的页面。

但是对于传统的 LRU 页面，并不是所有的页面都适合做内存规整，有一些特殊的情况我们需要考虑。

- ❑ 在伙伴系统中的页面。
- ❑ 混合页。
- ❑ 不在 LRU 链表中的页面。
- ❑ 被锁住的匿名页面。
- ❑ 对于异步模式来说，获取 zone->zone_pgdat->lru_lock 自旋锁失败的页面。
- ❑ 标记了 PG_unevictable 的页面不适合。
- ❑ 对于异步模式来说，正在回写中的页面（标记了 PG_writeback 的页面）不适合。
- ❑ 对于异步模式来说，没有定义 mapping->a_ops->migratepage()方法的脏页不合适。

上述这些特殊情况的 LRU 页面也不适合做内存迁移。

5.7 KSM

内存资源是计算机中比较宝贵的资源，系统中的物理页面时刻处于分配和释放的过程，那么是否会有一些内存页面在它们生命周期里某个瞬间的内容完全一致呢？

现在的计算机业界中，虚拟化成为云服务或者计算中心的标配，那么在一台服务器中运行多个相同的虚拟机，主机（host）的内存中是否会有不少的页面的内容是一样的？

KSM[①]指 Kernel SamePage Merging，即内核同页合并，用于合并内容相同的页面。KSM 的出现是为了优化虚拟化中产生的冗余页面，因为虚拟化的实际应用中在同一台主机上会有许多相同的操作系统和应用程序，许多内存页面的内容可能是相同的，所以它们可以合并，从而释放内存供其他应用程序使用。

KSM 允许合并同一个进程或不同进程之间内容相同的匿名页面，这对应用程序来说是不可见的。把这些相同的页面合并成一个只读的页面，从而释放出多余的物理页面，当应用程序需要改变页面内容时，会发生写时复制。

5.7.1 使能 KSM

KSM 只会处理通过 madvise 系统调用显式指定的用户进程地址空间，因此用户程序想使用这个功能就必须在分配地址空间时显式地调用 madvise(addr, length, MADV_MERGEABLE)。如果用户想在 KSM 中取消某一个用户进程地址空间的合并功能，也需要显式地调用 madvise(addr, length, MADV_UNMERGEABLE)。

下面是测试 KSM 的 test.c 程序的代码片段，使用 mmap()来创建一个文件的私有映射，并且调用 memset()写入这些私有映射的内容缓存页面中。

```
<测试 KSM 的 test.c 程序的代码片段>

#include <stdio.h>
#include <sys/mman.h>
#include <sys/stat.h>
#include <unistd.h>
```

---

① KSM 是在 Linux 2.6.32 内核中加入的新功能。

```
#include <fcntl.h>

int main(int argc, char *argv[])
{
        char *buf;
        char filename[64] = "";
        struct stat stat;
        int size = 100*4096;
        int fd = 0;

        strcpy(filename, argv[1]);

        fd = open(filename, O_RDWR | O_CREAT, 0664);

        fstat(fd, &stat);

        buf = mmap(NULL, stat.st_size, PROT_WRITE, MAP_PRIVATE, fd, 0);

        memset(buf, 0x55, stat.st_size);

        madvise(buf, stat.st_size, MADV_MERGEABLE);

        while (1)
                sleep(1);
}
```

编译上述 test.c 程序。

```
# gcc test.c -o test
```

使用 dd 命令创建一个 ksm.dat 文件，即创建 100MB 大小的文件。

```
# dd if=/dev/zero of=ksm.dat bs=1M count=100
```

使能 KSM。

```
# echo 1 > /sys/kernel/mm/ksm/run
```

运行 test.c 程序。

```
#./test ksm.dat &
```

过一段时间之后，查看系统有多少页面合并了。

```
root@benshushu# cat /sys/kernel/mm/ksm/pages_sharing
25500

root@benshushu# cat /sys/kernel/mm/ksm/pages_shared
100

root@benshushu:/home# cat /sys/kernel/mm/ksm/pages_unshared
0
```

可以看到 pages_shared 为 100，说明系统有 100 个共享的页面。若有 100 个页面的内容相同，它们可以合并成一个页面，这时 pages_shared 为 1。

pages_sharing 为 25500，说明有 25500 个页面合并了。

100MB 的内存可以存放 25600 个页面。因此，我们可以看到，KSM 把这 25600 个页面分别合并成 100 个共享的页面，每一个共享页面里共享了其他的 255 个页面。为什么会这样？我们稍后详细解析。

pages_unshared 表示当前未合并页面的数量。

```
root@benshushu# cat /sys/kernel/mm/ksm/stable_node_chains
1

root@benshushu# cat /sys/kernel/mm/ksm/stable_node_dups
100
```

stable_node_chains 表示包含了链式的稳定节点的个数，当前系统中为 1，说明只有一个链式的稳定节点，但是这个稳定的节点里包含了链表。

stable_node_dups 表示稳定的节点所在的链表包含的元素总数。

KSM 的 sysfs 节点在/sys/kernel/mm/ksm/目录下，其主要节点的描述如表 5.9 所示。

表 5.9　　　　　　　　　　　　　　KSM 的 sysfs 节点的描述

sysfs 节点	描　　　述
run	可以设置为 0~2。若设置 0，暂停 ksmd 内核线程；若设置 1，启动 ksmd 内核线程；若设置 2，取消所有已经合并好的页面
full_scans	完整扫描和合并区域的次数
pages_volatile	表示还没扫描和合并的页面数量。若由于页面内容更改过快导致两次计算的校验值不相等，那么这些页面是无法添加到红黑树里的
sleep_millisecs	ksmd 内核线程扫描一次的时间间隔
pages_to_scan	单次扫描页面的数量
pages_shared	合并后的页面数。如果 100 个页面的内容相同，那么可以把它们合并成一个页面，这时 pages_shared 的值为 1
pages_sharing	共享的页面数。如果两个页面的内容相同，它们可以合并成一个页面，那么有一个页面要作为稳定的节点，这时 pages_shared 的值为 1，pages_sharing 也为 1。第 3 个页面也合并进来后，pages_sharing 的值为 2，表示两个页面共享同一个稳定的节点
pages_unshared	当前未合并页面数量
max_page_sharing	这是在 Linux 4.13 内核中新增的参数，表示一个稳定的节点最多可以合并的页面数量。这个值默认是 256
stable_node_chains	链表类型的稳定节点的个数。每个链式的稳定节点代表页面内容相同的 KSM 页面。这个链式的稳定节点可以包含多个 dup 成员，每个 dup 成员最多包含 256 个共享的页面
stable_node_dups	链表中 dup 成员的个数。这些 dup 成员会连接到链式的稳定节点的 hlist 链表中

KSM 在初始化时会创建一个名为 ksmd 的内核线程。

```
<mm/ksm.c>

static int __init ksm_init(void)
{
    ksm_thread = kthread_run(ksm_scan_thread, NULL, "ksmd");
}
subsys_initcall(ksm_init);
```

在 test.c 程序中创建私有映射（MAP_PRIVATE）之后，显式地调用 madvise 系统调用把用户进程地址空间添加到 Linux 内核的 KSM 系统中。

```
<madvise()->ksm_madvise()->__ksm_enter()>

int __ksm_enter(struct mm_struct *mm)
{
    mm_slot = alloc_mm_slot();

    insert_to_mm_slots_hash(mm, mm_slot);
    list_add_tail(&mm_slot->mm_list, &ksm_scan.mm_slot->mm_list);

    set_bit(MMF_VM_MERGEABLE, &mm->flags);
}
```

　　__ksm_enter()函数会把当前的 mm_struct 数据结构添加到 mm_slots_hash 哈希表中。另外，把 mm_slot 添加到 ksm_scan.mm_slot->mm_list 链表中。最后，设置 mm->flags 中的 MMF_VM_MERGEABLE 标志位，表示这个进程已经被添加到 KSM 系统中。

```
<ksmd 内核线程>

static int ksm_scan_thread(void *nothing)
{
    while (!kthread_should_stop()) {
        if (ksmd_should_run())
            ksm_do_scan(ksm_thread_pages_to_scan);

        if (ksmd_should_run()) {
            sleep_ms = READ_ONCE(ksm_thread_sleep_millisecs);
            wait_event_interruptible_timeout(ksm_iter_wait,
                sleep_ms != READ_ONCE(ksm_thread_sleep_millisecs),
                msecs_to_jiffies(sleep_ms));
        }
    return 0;
}
```

　　ksm_scan_thread()是 ksmd 内核线程的主干，它运行 ksm_do_scan()函数，扫描和合并 100 个页面，见 ksm_thread_pages_to_scan 参数，然后等待 20ms，见 ksm_thread_sleep_millisecs 参数，这两个参数可以在/sys/kernel/mm/ksm 目录下设置和修改。

```
<ksmd 内核线程>

static void ksm_do_scan(unsigned int scan_npages)
{
    while (scan_npages-- && likely(!freezing(current))) {
        cond_resched();
        rmap_item = scan_get_next_rmap_item(&page);
        if (!rmap_item)
            return;
        cmp_and_merge_page(page, rmap_item);
        put_page(page);
    }
}
```

ksm_do_scan()函数在 while 循环中尝试合并 scan_npages 个页面。scan_get_next_rmap_item()获取一个合适的匿名页面。cmp_and_merge_page()函数会让页面在 KSM 中稳定和不稳定的两棵红黑树中查找是否有可合并的对象，并且尝试合并它们。

5.7.2　KSM 基本实现

KSM 机制在 Linux 4.13 内核中做了比较大的改动，特别是稳定节点的数据结构发生了变化。为了让读者先有一个初步的认识，本节先介绍 Linux 4.13 内核之前的 KSM 实现，后文会介绍 Linux 5.0 内核中的实现。

KSM 机制下采用两棵红黑树来管理扫描的页面和已经合并的页面。第一棵红黑树称为不稳定红黑树，里面存放了还没有合并的页面。在 KSM 里，扫描的页面会采用 rmap_item 数据结构来描述。第二棵红黑树称为稳定红黑树，已经合并的页面会生成一个节点，这个节点为稳定节点。如两个页面的内容是一样的，KSM 扫描并发现了它们，因此这两个页面就可以合并成一个页面。对于这个合并后的页面，会设置只读属性，其中一个页面会作为稳定的节点挂载到稳定的红黑树中之后，另外一个页面就会被释放了。但是这两个页面的 rmap_item 数据结构会被添加到稳定节点中的 hlist 链表中，如图 5.21 所示。

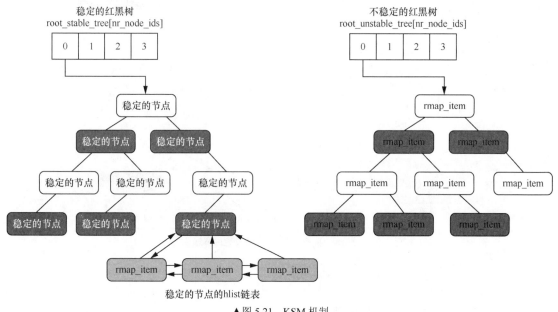

▲图 5.21　KSM 机制

我们假设有 3 个 VMA（表示进程地址空间），VMA 的大小正好是一个页面的大小，分别有 3 个页面映射这 3 个 VMA。这 3 个页面准备通过 KSM 来扫描和合并，这 3 个页面的内容是相同的。具体步骤如下。

（1）3 个页面会被添加到 KSM 中，第一轮扫描中分别给这 3 个页面分配 rmap_item 数据结构来描述它们，并且分别给它们计算校验和（checksum），如图 5.22（a）所示。

（2）第二轮扫描中，先扫描 page0。若当前稳定的红黑树没有成员，那么不能比较和加入稳定的红黑树。接着，第二次计算校验值，如果 page0 的校验值没有发生变化，那么把 page0 的 rmap_item0 添加到不稳定的红黑树中，如图 5.22（b）所示。如果此时校验值发生了变化，说明页面内容发生变化，这种页面不适合添加到不稳定的红黑树中。

（3）扫描 page1。当前稳定的红黑树中没有成员，略过稳定的红黑树的搜索。搜索不稳定的红黑树，遍历红黑树中所有成员。page1 发现自己的内容与不稳定的红黑树中的 rmap_item0 一致，因此尝试将 page0 和 page1 合并成一个稳定的节点，合并过程就是让 VMA0 对应的虚拟地址 vaddr0 映射到 page1 上，并且把对应的 PTE 属性修改成只读属性。另外，把 VMA1 映射到 page1 的 PTE 属性也设置为只读属性。新创建一个稳定的节点，这个节点包含了 page1 的页帧号等信息，把这个稳定的节点添加到稳定的红黑树中。把代表 page0 的 rmap_item0 和代表 page1 的 rmap_item1 添加到这个稳定的节点的 hlist 链表中，最后释放 page0 页面，如图 5.22（c）所示。

（4）扫描 page2。因为稳定的红黑树中有成员，因此，先和稳定的红黑树中的成员内容进行比较，检查是否可以合并。若发现 page2 的内容和稳定的节点内容一致，那么把 VMA2 中的 vaddr2 映射到稳定的节点对应的 page1 上，并且把 PTE 属性设置为只读属性。把代表 page2 的 rmap_item2 添加到稳定的节点的 hlist 链表中，最后释放 page2 页面，如图 5.22（d）所示。

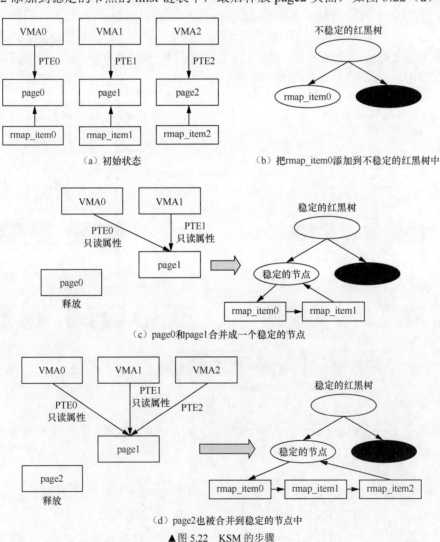

▲图 5.22　KSM 的步骤

上述步骤完成之后，VMA0～VMA2 这 3 个 VMA 对应的虚拟地址（vaddr）都映射到 page1 上，并且映射的 3 个 PTE 属性都是只读属性，page1 生成一个稳定的节点并被添加到了稳定的红黑树中，page0 和 page2 被释放了。

5.7.3 KSM 数据结构

下面介绍 KSM 中用到的几个核心的数据结构，rmap_item 数据结构代表一个页面，其成员如表 5.10 所示。

表 5.10   rmap_item 数据结构的成员

成员	类　型	描　述
rmap_list	struct rmap_item *	所有的 rmap_item 连接成一个链表，链表头在 mm_slot.rmap_list 中
anon_vma	struct anon_vma *	当 rmap_item 加入稳定红黑树时，它指向 VMA 的 anon_vma 数据结构
nid	int	内存节点编号
mm	struct mm_struct *	指向进程内存描述符
address	unsigned long	rmap_item 所跟踪的用户空间虚拟地址
oldchecksum	unsigned int	虚拟地址对应物理页面的旧校验值
node	struct rb_node	rmap_item 加入不稳定红黑树的节点
head	struct stable_node *	加入 stable 红黑树的节点
hlist	struct hlist_node	hlist 节点，用于添加到稳定节点的 hlist 链表中

stable_node 数据结构用于描述稳定红黑树的节点，表示一个至少由两个页面合并而成的页面，它的成员如表 5.11 所示。

表 5.11   stable_node 数据结构的成员

成员	类　型	描　述
node	struct rb_node	红黑树节点，用于加入稳定的红黑树的节点
head	struct list_head *	当 head 等于&migrate_nodes 时表示这是一个临时的节点，主要用于 NUMA 系统
hlist_dup	struct hlist_node	链表节点，用于添加到链式稳定节点的 hlist 链表中
list	struct list_head	链表节点，用于添加到 migrate_nodes 链表中，等待迁移到合适的内存节点的稳定的红黑树中
hlist	struct hlist_head	链表头，共享这个 KSM 页面的 rmap_items 都添加到这个链表中
kpfn	unsigned long	KSM 页面的帧号
chain_prune_time	unsigned long	上一次垃圾回收的时间
rmap_hlist_len	int	挂到 hlist 链表成员的数量，若赋值为 STABLE_NODE_CHAIN，表示是一个链式的稳定节点
nid	int	内存节点编号

5.7.4 新版本 KSM 的新特性

新版本的 KSM（如 Linux 5.0 内核的 KSM）比 Linux 4.0 内核的 KSM 新增了两项特性。

❑　对内容全是零的页面进行特殊处理。

❑　对稳定的节点的 hlist 链表进行改造，以防止大量的相同的页面聚集在一个稳定的节点中，导致页面迁移、内存规整等机制长时间等待这个页面。

上述新特性中，第一项实现起来比较简单，系统中已经存在了系统零页，我们可以对这个系统零页预先计算检查和。若在扫描页面时发现页面的检查和等于系统零页的检查和，那么直接修改这个页面的映射关系，让其映射到系统零页，这样可以释放这个页面。

第二项新特性实现起来就比较复杂了。主要原因是在一些大型的服务器中，会把大量的页面（如几百万个页面）合并到一个稳定的节点中。

页面迁移机制会调用 RMAP 机制来遍历这个稳定节点中所有的 rmap_item，如图 5.23 所示。在 try_to_unmap_one() 函数解除页表映射关系时，需要调用 flush_tlb_page() 函数来刷新 TLB。CPU 内部发送 IPI 广播来通知其他 CPU 做了这个 TLB 刷新动作，这个页面的 PTE 已经被解除映射关系，大概需要 10μs 的时间。若需要

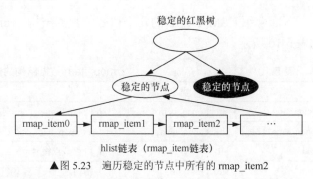

▲图 5.23　遍历稳定的节点中所有的 rmap_item2

遍历 1 万个页表项，那么将持续 100ms；若需要遍历几十万甚至几百万个页面，那么将持续更长时间。在调用 try_to_unmap() 函数之前需要申请这个页面的锁，但是其他进程有可能在等待这个页锁，那将会是一场"灾难"，足以让服务器宕机。具体流程如下。

```
migrate_pages()
    ->unmap_and_move()
     ->__unmap_and_move()
         ->申请页锁
          ->try_to_unmap()
            ->rmap_walk()
              ->rmap_walk_ksm()
                  遍历稳定的节点的 hlist 链表中几百万个 rmap_items
                    ->try_to_unmap_one()
                      ->ptep_clear_flush()
                        ->flush_tlb_page()
```

在 Linux 4.13 内核中，Red Hat 工程师 Andrea Arcangeli 对这个问题进行了修复。新的解决办法是限制共享页面的数量在 256 以内，这样遍历 256 个页表项的时间将会限制在毫秒级别，不会导致系统宕机。新的解决方案扩充了稳定节点的 hlist 链表结构，rmap_items 超过 256 个之后，扩展稳定的节点为链表。每个链表的成员都是一个稳定的节点，每个稳定的节点有一个 hlist 链表，这个 hlist 链表中可以添加新的 rmap_items。另外，还需要把稳定的节点和链表的头在红黑树中做一个交换。

新版本的稳定的节点包含两个形态，而且它们同时存放在稳定的红黑树中，如图 5.24 所示。

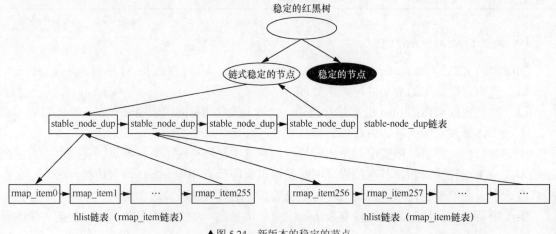

▲图 5.24　新版本的稳定的节点

❑ **传统的稳定的节点**：兼容旧版本的稳定的节点格式。

❑ **链式稳定的节点**：新版本的链式节点格式。

下面以 test.c 程序为例，假设现在系统产生了 1000 个页面，并且这 1000 个页面的内容都是相同的，每个页面对应不同的 VMA，这些 VMA 的大小正好是一个页面大小。接下来观察新版本的 KSM 如何处理这些页面，如何创建新版本的链式稳定的节点。

第 1 次扫描这 1000 个页面。第 1 次扫描页面时会计算每个页面的检验和。部分代码如下。

```
static void cmp_and_merge_page(struct page *page, struct rmap_item *rmap_item)
{
    ...
    checksum = calc_checksum(page);
    if (rmap_item->oldchecksum != checksum) {
        rmap_item->oldchecksum = checksum;
        return;
    }
    ...
}
```

第 2 次扫描中，先看第一个页面（编号为 page0，以此类推）的情况，它首先进入 cmp_and_merge_page()函数。具体过程如下。

（1）cmp_and_merge_page()函数会遍历稳定的红黑树中每个稳定的节点，并和 page0 进行比较，判断内容是否一致。若内容一致，则将页面合并到稳定的节点中。因为这时 stable 红黑树还是空的，所以跳过 stable_tree_search()函数。

（2）如果页面校验值不变，则遍历 unstable 红黑树中的每一个 rmap_item 节点。这时，不稳定的红黑树也还是空的，因此直接把 rmap_item0 添加到不稳定的红黑树中，扫描第 i 个页面，如图 5.25 所示。

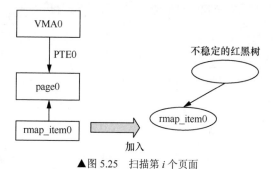

▲图 5.25 扫描第 i 个页面

部分代码如下。

```
struct rmap_item *unstable_tree_search_insert()
{
    ...
    rmap_item->address |= UNSTABLE_FLAG;
    rmap_item->address |= (ksm_scan.seqnr & SEQNR_MASK);
    DO_NUMA(rmap_item->nid = nid);
    rb_link_node(&rmap_item->node, parent, new);
    rb_insert_color(&rmap_item->node, root);
    ...
}
```

接下来，扫描第 2 个页面（page1）。具体过程如下。

（1）略过稳定的红黑树。

（2）遍历不稳定的红黑树，现在不稳定的红黑树中有一个成员 rmap_item0。unstable_tree_
search_insert()函数取出 rmap_item0，然后和 page1 进行内容比较。try_to_merge_two_pages()函
数会比较 rmap_item0 对应的 page0 和 page1，若发现内容一致，则将其合并成一个页面。合并
过程就是让 VMA0 对应的虚拟地址 vaddr0 映射到 page1 上，并且把对应的 PTE 属性修改成只
读属性。另外，VMA1 映射到 page1 的 PTE 属性也设置为只读属性。

（3）在 stable_tree_insert()函数中，因为 stable 红黑树为空，所以会新建一个稳定的节点
（stable_node 数据结构），我们称它为 stable_node_dup0 或者 node_dup0。

（4）page1 的页帧号也会记录在 stable_node_dup0->kpfn 中，并且 rmap_hlist_len 值为 0。
调用 set_page_stable_node()函数把 page1 设置成 KSM 页面，详见 mm/ksm.c 文件中的第 1881
行代码。

```
<mm/ksm.c>

static inline void set_page_stable_node(struct page *page,
            struct stable_node *stable_node)
{
    page->mapping = (void *)((unsigned long)stable_node | PAGE_MAPPING_KSM);
}
```

（5）由于这时不需要为稳定的节点建立链表，因此第 1884 行代码的 need_chain 为 false。
最后直接把 stable_node_dup0 添加到稳定的红黑树中。

（6）调用 stable_tree_append()，分别把 page0 对应的 rmap_item0 和 page1 对应的 rmap_item1
添加到 stable_node_dup0->hlist 链表中。增加 ksm_pages_shared 和 ksm_pages_sharing 计数，这
时 ksm_pages_sharing 为 1，ksm_pages_shared 为 1，stable_node_dup0->rmap_hlist_len 为 2。

（7）释放 page0。

合并过程如图 5.26 所示。

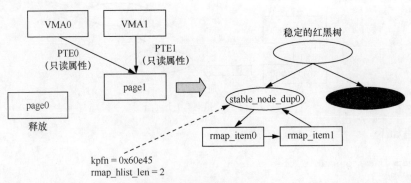

▲图 5.26　合并 page0 和 page1

接下来，扫描第 3 个页面（page2）。具体过程如下。

（1）遍历 stable 红黑树，见 stable_tree_search()函数。通过 rb_entry()取出稳定的红黑树节点，
这时，稳定的红黑树只有一个节点，那就是 stable_node_dup0。

（2）调用 chain_prune()函数。在内部调用__stable_node_chain()函数时会对稳定的节点进
行判断。

```
<chain_prune()->__stable_node_chain()>

static struct page *__stable_node_chain()
{
    struct stable_node *stable_node = *_stable_node;
    if (!is_stable_node_chain(stable_node)) {
        if (is_page_sharing_candidate(stable_node)) {
            *_stable_node_dup = stable_node;
            return get_ksm_page(stable_node, false);
        }
        return NULL;
    }
    ...
}
```

（3）is_stable_node_chain()判断这个稳定的节点是否为链式稳定的节点。判断依据是 rmap_hlist_len 是否为 STABLE_NODE_CHAIN。链式稳定的节点所在的 hlist 链表是不存放 rmap_item 的，并且它的 rmap_hlist_len 会初始化为一个固定值，即 STABLE_NODE_CHAIN（默认初始值为-1024），我们由此来判断该节点是否为链式稳定的节点。

```
#define STABLE_NODE_CHAIN -1024

static bool is_stable_node_chain(struct stable_node *chain)
{
    return chain->rmap_hlist_len == STABLE_NODE_CHAIN;
}
```

（4）stable_node_dup0 显然不是链式的稳定的节点，它是传统的稳定的节点。is_page_sharing_candidate()判断这个节点中是否还能存放 rmap_item。默认情况下，我们规定每个节点的 hlist 链表最多只能存放 256 个成员。

（5）调用 get_ksm_page()函数返回 stable_node_dup0 节点对应的 page 数据结构。

（6）比较 stable_node_dup0 对应的页面（即 tree_page）和 page2 的页面内容是否一样，若一样，stable_tree_search()函数会返回 tree_page。

（7）调用 try_to_merge_with_ksm_page()函数尝试合并 tree_page 和 page2。若能合并，那么调用 stable_tree_append()函数把 page2 对应的 rmap_item2 添加到 stable_node_dup0->hlist 链表中。增加 ksm_pages_sharing 的值，此时 ksm_pages_sharing 的值为 2。这时，stable_node_dup0->rmap_hlist_len 为 3。

（8）释放 page2。

上述过程如图 5.27 所示。

接下来，扫描第 4 个页面，一直到第 256 个页面。和扫描第 3 个页面一样，这些页面都会合并到 stable_node_dup0 对应的 tree_page 中，其对应的 rmap_item 都会被添加到 stable_node_dup0->hlist 链表中。这时 stable_node_dup0->rmap_hlist_len 的值为 256，ksm_pages_sharing 的值为 255。

接下来，扫描第 257 个页面（page256）。具体过程如下。

（1）遍历稳定的红黑树，见 stable_tree_search()函数。

（2）如果在 chain_prune()→__stable_node_chain()→is_page_sharing_candidate()函数中发现 hlist 链表的成员个数已经到达最大值（ksm_max_page_sharing），那么会返回 NULL，并且

stable_node_dup 参数也返回 NULL，详见代码第 1517～1518 行。

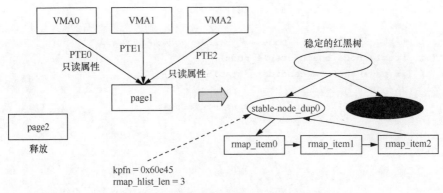

▲图 5.27　合并 page2

（3）stable_tree_search()函数调用 stable_node_dup_any()来获取稳定的节点，get_ksm_page()获取这个稳定的节点对应的 tree_page。比较 tree_page 和 page256 的内容时发现二者是一致的，但是因为 stable_node_dup 参数为 NULL，所以在第 1653～1666 行里会返回 NULL。这里在注释里对代码做了解释，当我们发现被扫描页面的内容和稳定的节点的页面内容一致时，但是因为这时稳定的节点的 hlist 链表已经满了，所以我们必须从不稳定的红黑树中找到另外一个页面，进行合并，创建一个新的 KSM 共享页面。

（4）因为 stable_tree_search()函数返回 NULL，所以直接遍历不稳定的红黑树。此时，不稳定的红黑树没有成员，因此可以直接把 page256 对应的 rmap_item 添加到不稳定的红黑树中。

接下来，扫描第 258 个页面（page257）。具体过程如下。

（1）遍历稳定的红黑树，见 stable_tree_search()函数。和步骤（6）一样，因为 stable_node_dup0->hlist 链表满了，所以直接返回 NULL。

（2）调用 unstable_tree_search_insert()函数。若发现 page257 和不稳定红黑树的成员内容一致，返回 tree_rmap_item。

（3）调用 try_to_merge_two_pages()函数尝试合并 page257 和 tree_page。假如它们符合合并条件，那么尝试将其合并成一个页面。

（4）调用 stable_tree_insert()把这个合并后的页面添加到稳定的红黑树中。在 stable_tree_insert()函数中，遍历稳定的红黑树中的所有成员，当发现稳定的节点的页面内容和当前页面内容一致时，设置 need_chain 为 true 并退出遍历，说明找到一个内容相同的"小伙伴"了（见第 1870 行代码）。

（5）在第 1875 行中，新建一个稳定的节点，称为 stable_node_dup1 或者 node_dup1。设置新合并页面的页帧号到 stable_node_dup1->kpfn 中。set_page_stable_node()函数把这个新合并页面设置为 KSM 页面。这时 stable_node_dup1->rmap_hlist_len 的值为 0。

（6）在第 1888 行中，稳定的红黑树的节点为 stable_node_dup0，它是传统的稳定的节点。在第 1891 行中，调用 alloc_stable_node_chain()函数重新创建一个链式稳定的节点。chain->rmap_hlist_len 的值初始化为 STABLE_NODE_CHAIN，表明该节点是链式稳定的节点。增加 ksm_stable_node_chains 计数。

（7）把链式稳定的节点替换到稳定的红黑树上的 stable_node_dup0 节点，并且把 stable_node_dup0 节点添加到链式稳定的节点所在的 hlist 链表中，这样一个新的链式稳定的节点就创建成功了。

```
static struct stable_node *alloc_stable_node_chain(struct stable_node *dup, struct
rb_root *root)
{
    struct stable_node *chain = alloc_stable_node();
    if (likely(chain)) {
        INIT_HLIST_HEAD(&chain->hlist);
        chain->rmap_hlist_len = STABLE_NODE_CHAIN;
        ksm_stable_node_chains++;
        rb_replace_node(&dup->node, &chain->node, root);
        stable_node_chain_add_dup(dup, chain);
    }
    return chain;
}
```

（8）在第 1897 行中，把刚才新创建的 stable_node_dup1 节点也添加到链式稳定的节点的 hlist 链表中。此时，链式稳定的节点的 hlist 链表中有两个成员，一个是 stable_node_dup0 节点，另一个是 stable_node_dup1 节点。此时，ksm_stable_node_chains 为 1，ksm_stable_node_dups 为 2。

（9）在第 2145～2147 行中，分别调用 stable_tree_append()函数，把 rmap_item257 和 tree_rmap_item 添加到 stable_node_dup1->hlist 链表中。此时，stable_node_dup1->rmap_hlist_len 的值为 2，ksm_pages_shared 为 2，ksm_pages_sharing 为 256。

整个过程如图 5.28 所示。

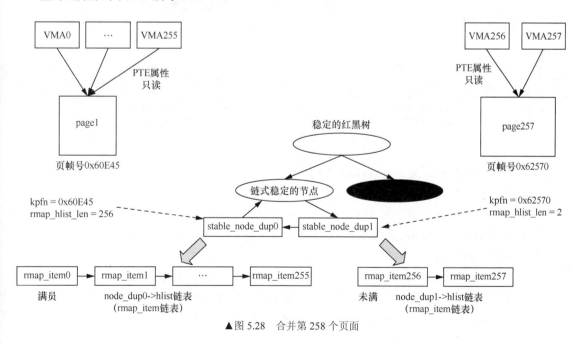

▲图 5.28　合并第 258 个页面

接下来，扫描第 259 个页面（page258）。具体过程如下。

（1）遍历 stable 红黑树，见 stable_tree_search()函数。

（2）调用 chain_prune()->__stable_node_chain()函数，由于当前的节点是链式稳定的节点，因此直接调用 stable_node_dup()函数，详见 stable_node_dup()函数。

（3）在 stable_node_dup()函数中，遍历链式稳定的节点所在的 hlist 链表中所有的 rmap_item，查找一个 hlist 链表中还有空间的 rmap_item。然后返回这个 rmap_item 对应的页面。另外，stable_node_dup 指向这个 rmap_item。此时，链式稳定的节点有两个 stable_nale_dup，分别是 stable_node_dup0 和 stable_node_dup1，只有 stable_node_dup1 还有空间容纳 rmap_item，因此返回 stable_node_dup1 对应的页面。

（4）在 stable_tree_search()函数中，发现第 259 个页面和 stable_node_dup1 对应的页面内容相同，因此返回 stable_node_dup1 对应的页面，它称为 tree_page。

（5）调用 try_to_merge_with_ksm_page()尝试合并 page258 到 tree_page 中。调用 stable_tree_append()函数把 rmap_item258 添加到 stable_node_dup1 的 hlist 链表中，rmap_hlist_len 的值变成了 3，ksm_pages_sharing 变成了 257。

整个过程如图 5.29 所示。

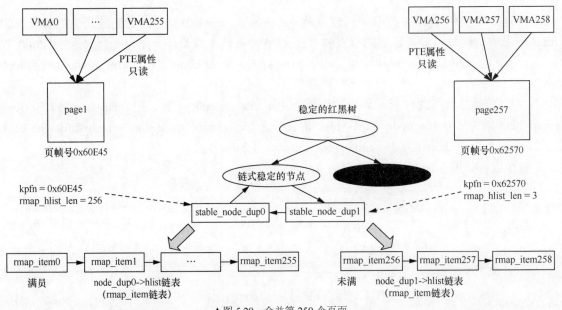

▲图 5.29　合并第 259 个页面

接下来，扫描其他页面。具体过程如下。

（1）继续扫描其他页面，直到 stable_node_dup1->hlist 链表满员为止。

（2）重复扫描第 257 个和第 258 个页面，新创建一个 node_dup2 节点，添加到链式稳定的节点的 hlist 链表中，新的 rmap_item 就可以继续添加到 node_dup2->hlist 链表中了。

综上所述，我们发现新版本的 KSM 机制有如下新的变化。

❑　上述 1000 个相同页面会生成多个 KSM 页面，图 5.29 所示的 page1 是第一个 KSM 页面，page257 是第二个 KSM 页面，以此类推。而在旧版本的 KSM 机制中，1000 个页面只会生成一个 KSM 页面，另外的 999 个页面都会合并到这个 KSM 页面中。

❑　每个 KSM 页面最多把 256 个页面合并在一起，其中还包括 KSM 页面自己，即最多有 255 个其他的页面被合并。

当 RMAP 机制需要遍历 KSM 页面时，它只需要遍历 256 个 rmap_items 即可。如当需要迁移 page1 时，可以通过 page1 找到 stable_node_dup0 节点，因此只需要遍历和处理 node_dup0->hist 链表中的第 256 个 rmap_items 就可以迁移 page1。

首先通过 PageKsm()函数来判断 page1 是否为 KSM 页面。判断方法很简单，只需要判断 page->mapping 中最低两位有没有设置 PAGE_MAPPING_KSM。

```
static int PageKsm(struct page *page)
{
    return ((unsigned long)page->mapping & PAGE_MAPPING_FLAGS) ==
            PAGE_MAPPING_KSM;
}
```

若这个页面是 KSM 页面，通过__page_rmapping()函数可以获取 page->mapping 指针。对于 KSM 页面，page->mapping 指针指向稳定的节点。比如，对于 page1 来说，page->mapping 指向 stable_node_dup0 节点。

```
static inline void *__page_rmapping(struct page *page)
{
    unsigned long mapping;

    mapping = (unsigned long)page->mapping;
    mapping &= ~PAGE_MAPPING_FLAGS;

    return (void *)mapping;
}
```

遍历 stable_node_dup0 节点中的 hlist 链表就可以访问所有的 rmap_items 了。

```
void rmap_walk_ksm(struct page *page, struct rmap_walk_control *rwc)
{
    stable_node = page_stable_node(page);

    hlist_for_each_entry(rmap_item, &stable_node->hlist, hlist) {
            // 访问 rmap_items
    }

}
```

5.7.5　malloc()分配的页面可以被 KSM 扫描吗

假如参考 test.c 程序写一个 malloc()分配内存的程序来测试 KSM，但是怎么也没有办法触发 KSM 的扫描，这是怎么回事呢？

```
<测试 KSM 的 test.c 程序的代码片段>

#include <stdio.h>
#include <sys/mman.h>

int main()
{
        char *buf;
        int size = 1000*4096;

        buf = malloc(size);
        memset(buf, 0x55, size);
```

```
        madvise(buf, size, MADV_MERGEABLE);

    while (1)
        sleep(1);
}
```

malloc()分配的虚拟地址没有办法保证一定是按照页面对齐的。

但是在 madvise 系统调用中，要求起始地址是按照页面对齐的。

```
<mm/madvise.c>
SYSCALL_DEFINE3(madvise, unsigned long, start, size_t, len_in, int, behavior)
{
    ...
    if (start & ~PAGE_MASK)
        return error;
```

这就是为什么不能触发 KSM 的扫描了。除此之外，在 ksm_madvise()函数中会对 VMA 的属性做一些判断，过滤掉不合适的 VMA。

```
<mm/ksm.c>

int ksm_madvise(struct vm_area_struct *vma, unsigned long start, unsigned long end,
int advice, unsigned long *vm_flags)
{
    switch (advice) {
    case MADV_MERGEABLE:
        if (*vm_flags & (VM_MERGEABLE | VM_SHARED  | VM_MAYSHARE   |
                VM_PFNMAP    | VM_IO      | VM_DONTEXPAND |
                VM_HUGETLB | VM_MIXEDMAP))
            return 0;

        if (!test_bit(MMF_VM_MERGEABLE, &mm->flags)) {
            err = __ksm_enter(mm);
        }

        *vm_flags |= VM_MERGEABLE;
        break;
    }
}
```

被过滤掉的 VMA 属性有如下几个。

❑ VM_MERGEABLE：已经设置了 VM_MERGEABLE 的 VMA。

❑ VM_SHARED：共享的 VMA。

❑ VM_MAYSHARE：可以共享的 VMA。

❑ VM_PFNMAP：纯页帧号映射的 VMA。

❑ VM_IO：用于 I/O 操作的 VMA。

❑ VM_DONTEXPAND：在 mremap()函数中不能扩展的 VMA。

❑ VM_HUGETLB：基于 HUGETLB 的 VMA。

❑ VM_MIXEDMAP：MIXEDMAP 页面。

在 ksmd 内核线程中会通过 scan_get_next_rmap_item()函数获取要扫描的页面。

```
static struct rmap_item *scan_get_next_rmap_item(struct page **page)
{
    vma = find_vma(mm, ksm_scan.address);

    for (; vma; vma = vma->vm_next) {
        while (ksm_scan.address < vma->vm_end) {
            *page = follow_page(vma, ksm_scan.address, FOLL_GET);
            if (PageAnon(*page)) {
                rmap_item = get_next_rmap_item(slot,
                    ksm_scan.rmap_list, ksm_scan.address);
                return rmap_item;
            }
            ksm_scan.address += PAGE_SIZE;
        }
    }
    return NULL;
}
```

首先 follow_page()函数通过 VMA 和虚拟地址 ksm_scan.address 来查找物理页面的 page 数据结构，然后通过 PageAnon()来判断这个页面是否为匿名页面。只有匿名页面才会被 ksmd 内核线程扫描和合并。

5.7.6　合并页面

对于 ksmd 内核线程，一个非常重要的工作就是要把两个内容完全相同的页面合并成一个 KSM 页面，这个重要的工作由 try_to_merge_with_ksm_page()函数来实现。

```
<mm/ksm.c>

static int try_to_merge_with_ksm_page(struct rmap_item *rmap_item,
                struct page *page, struct page *kpage)
```

try_to_merge_with_ksm_page()函数中参数 page 表示候选页，rmap_item 表示候选页对应的 rmap_item 结构，kpage 表示稳定的红黑树中的 KSM 页面或者候选 KSM 页面，尝试把 page 合并到 kpage 中。

try_to_merge_with_ksm_page()函数的实现不复杂，首先通过 find_mergeable_vma()查找虚拟地址，以找到对应的 VMA，然后调用 try_to_merge_one_page()尝试合并 page 到 kpage 中。

```
<mm/ksm.c>

static int try_to_merge_one_page(struct vm_area_struct *vma,
                struct page *page, struct page *kpage)
```

try_to_merge_one_page()函数一共有 3 个参数，其中 vma 表示被扫描页面对应的 VMA，page 表示被扫描页面，kpage 表示稳定的红黑树中的 KSM 页面或者候选 KSM 页面。

try_to_merge_one_page()函数中的主要操作如下。

在第 1209 行中，若 page 和 kpage 表示同一个页面，则返回 0。

在第 1212 行中，剔除不是匿名页面的候选页。

在第 1222 行中，尝试获取页锁。这里为什么要使用 trylock_page(page)，而不使用 lock_page(page)呢？我们需要申请该页面的锁以方便在稍后的 write_protect_page()中读取稳定的 PageSwapCache 的状态，并且不需要在这里等待该页面的页锁。如果该页面被其他人加锁了，我们可以略过它，先处理其他页面。

在第 1225 行中，剔除透明巨页。

在第 1236 行中，write_protect_page()对该页面映射的 VMA 的 PTE 进行写保护操作，即 PTE 属性设置为只读属性。我们稍后会详细分析这个函数。

在第 1237～1251 行中，在与不稳定的红黑树节点合并时，参数 kpage 传过来的可能是空指针，主要作用是设置 page 为稳定的节点，并且设置该页面的活动情况（见 mark_page_accessed()）。

在第 1252～1253 行中，pages_identical()再一次比较 page 和 kpage 内容是否一致。如果一致，则调用 replace_page()，把该页面对应的 PTE 属性设置到对应的 kpage 中。

最后，返回 ret。

write_protect_page()函数实现在 mm/ksm.c 文件中。

```
<mm/ksm.c>

static int write_protect_page(struct vm_area_struct *vma, struct page *page,
pte_t *orig_pte)
```

write_protect_page()函数一共有 3 个参数，其中 vma 表示 page 对应的 VMA，page 表示准备要设置为写保护的物理页面，orig_pte 是 page 原来 PTE 的值。

write_protect_page()函数中主要的操作如下。

在第 1040 行中，初始化一个 page_vma_mapped_walk 数据结构，用于遍历页表。

在第 1048 行中，page_address_in_vma()通过 vma 和 page 可以找到对应的虚拟地址。

在第 1054 行中，初始化一个 mmu_notifier_range。

在第 1056 行中，通知所有注册了 invalidate_range_start 操作的 mmu_notifier。

在第 1058 行中，page_vma_mapped_walk()遍历页表，找到的页表项存放在 pvmw->pte 里。

在第 1063～1066 行中，由于该函数的作用是设置 PTE 为写保护的，因此对应 PTE 的属性是可写属性（对于 ARM64 处理器，设置页表项的 PTE_RDONLY 位并且清除 PTE_WRITE 位；对于 x86 处理器，清除_PAGE_BIT_RW 位）。脏页通过 set_page_dirty()函数来调用该页面的 mapping->a_ops->set_page_dirty()函数并通知回写系统。其中 pte_protnone(*pvmw.pte) && pte_savedwrite(*pvmw.pte)用于 NUMA 的场景。

在第 1069 行中，刷新这个页面对应的高速缓存。

在第 1084 行中，ptep_clear_flush_notify()清空 PTE 内容并刷新相应的 TLB，保证没有 DIRECT_IO 发生，函数返回该 PTE 原来的内容。

在第 1089～1100 行中，新生成一个具有只读属性的 PTE，并设置到硬件页面中。pte_wrprotect()宏可以设置页表项的 PTE_RDONLY 位并且清除 PTE_WRITE 位。pte_mkclean()宏清除 PTE_DIRTY 位和设置 PTE_RDONLY 位。

```
<arch/arm64/include/asm/pgtable.h>

static inline pte_t pte_wrprotect(pte_t pte)
{
    pte = clear_pte_bit(pte, __pgprot(PTE_WRITE));
    pte = set_pte_bit(pte, __pgprot(PTE_RDONLY));
    return pte;
```

```
}

static inline pte_t pte_mkclean(pte_t pte)
{
    pte = clear_pte_bit(pte, __pgprot(PTE_DIRTY));
    pte = set_pte_bit(pte, __pgprot(PTE_RDONLY));

    return pte;
}
```

最后，返回 ret。

至此，我们就完成了对一个页面是如何合并成 KSM 页面的介绍，包括查找稳定的红黑树和不稳定的红黑树等。

接下来，看合并失败的情况。

```
0 static void break_cow(struct rmap_item *rmap_item)
1 {
2     struct mm_struct *mm = rmap_item->mm;
3     unsigned long addr = rmap_item->address;
4     struct vm_area_struct *vma;
5
6     /* 要中断写时复制并非偶然，我们还需要删除对 anon_vma 的引用
7      */
8
9     put_anon_vma(rmap_item->anon_vma);
10
11    down_read(&mm->mmap_sem);
12    vma = find_mergeable_vma(mm, addr);
13    if (vma)
14        break_ksm(vma, addr);
15    up_read(&mm->mmap_sem);
```

break_cow()函数处理已经把页面设置成写保护的情况，并人为制造一个写错误的缺页中断，即写时复制的场景。其中，参数 rmap_item 保存了该页面的虚拟地址和进程数据结构，由此可以找到对应的 VMA。

```
0 static int break_ksm(struct vm_area_struct *vma, unsigned long addr)
1 {
2     struct page *page;
3     int ret = 0;
4
5     do {
6         cond_resched();
7         page = follow_page(vma, addr, FOLL_GET | FOLL_MIGRATION);
8         if (IS_ERR_OR_NULL(page))
9             break;
10        if (PageKsm(page))
11            ret = handle_mm_fault(vma->vm_mm, vma, addr,
12                        FAULT_FLAG_WRITE);
13        else
14            ret = VM_FAULT_WRITE;
15        put_page(page);
```

```
16    } while (!(ret & (VM_FAULT_WRITE | VM_FAULT_SIGBUS | VM_FAULT_SIGSEGV
    | VM_FAULT_OOM)));
17    return (ret & VM_FAULT_OOM) ? -ENOMEM : 0;
18}
```

首先 follow_page()函数通过 VMA 和虚拟地址获取出普通映射的页面数据结构，参数 flags
的值为 FOLL_GET | FOLL_MIGRATION，FOLL_GET 表示增加该页面的_count 值，
FOLL_MIGRATION 表示如果该页面在迁移的过程中，那么会等待页迁移完成。对于 KSM 页面，
这里直接调用 handle_mm_fault()人为制造一个写错误（FAULT_FLAG_WRITE）的缺页中断，
在缺页中断处理函数中处理写时复制，最终调用 do_wp_page()重新分配一个页面来和对应的虚
拟地址建立映射关系。

5.7.7　一个有趣的计算公式

接下来我们讨论一个有趣的计算公式，为什么第 1089 行代码中要有这样一个判断公式呢？

```
(page_mapcount(page) + 1 + swapped ! = page_count(page))
```

这是一个需要深入理解内存管理代码才能明确的问题，涉及页面的_refcount 和_mapcount
的巧妙运用。write_protect_page()函数本身的目的是对页面设置只读属性，后续就可以做比较和
合并的工作了。要对一个页面设置只读属性，需要满足如下两个条件。

❑　确认没有其他人获取该页面。
❑　将指向该页面的 PTE 变成只读属性。

第二个条件容易满足，难点是满足第一个条件。一般来说，页面的_refcount 有如下 4 种
来源。

❑　页面高速缓存在 radix tree 上，KSM 不考虑页面高速缓存情况。
❑　被用户态的 PTE 引用，_refcount 和_mapcount 都会增加计数。
❑　page->private 数据也会增加_refcount，对于匿名页面，需要判断它是否在交换缓
　　存中。
❑　内核操作某些页面时会增加_refcount，如 follow_page()、get_user_pages_fast()等。

假设没有其他内核路径操作该页面，并且该页面不在交换缓存中，两个引用计数的关系为
如下公式。

```
page_mapcount(page) = (page->_mapcount + 1) = page->_refcount
```

读者需要注意，page_mapcount()函数已经默认增加了 1。

那么在 write_protect_page()场景中，swapped 指的是页面是否为交换缓存页面，在
add_to_swap()函数中增加_refcount，因此上述公式可以变为以下形式。

```
(page->_mapcount + 1) + PageSwapCache() = page->_refcount
```

但是上述公式也有例外，如该页面发生 DIRECT_IO 读写的情况下，调用关系如下。

```
generic_file_direct_write()
-> mapping->a_ops->direct_IO()
  -> ext4_direct_IO()
    -> __blockdev_direct_IO()
      -> do_blockdev_direct_IO()
```

```
  -> do_direct_IO()
   -> dio_get_page()
    -> dio_refill_pages()
     -> iov_iter_get_pages()
      -> get_user_pages_fast()
```

最后调用 get_user_pages_fast() 函数来分配内存，它会让 page->_refcount 加 1，因此在没有 DIRECT_IO 读写的情况下，上述公式变为以下形式。

```
(page->_mapcount + 1) + PageSwapCache() == page->_refcount
```

为什么第 1089 行代码里会有 "+1" 呢？因为该页面的 scan_get_next_rmap_item() 函数通过 follow_page() 操作来获取 page 数据结构，这个过程会让 page->_refcount 加 1。综上所述，为了在当前场景下判断是否有 DIRECT_IO 读写的情况，上述公式要变为以下形式。

```
(page->_mapcount + 1) + 1 + PageSwapCache() != page->_refcount
```

第 1089 行代码判断上述公式中左右侧不相等，说明有内核代码路径（如 DIRECT_IO 读写）正在操作该页面，因此 write_protect_page() 函数只能返回错误。

5.7.8 page->index 的值

最后讨论一个有趣的问题：如果多个 VMA 的虚拟页面同时映射了同一个匿名页面，那么 page->index 应该等于多少？

虽然匿名页面和 KSM 页面可以通过 PageAnon() 与 PageKsm() 宏来区分，但是这两种页面究竟有什么区别呢？是不是多个 VMA 的虚拟页面共享的同一个匿名页面就一定是 KSM 页面呢？这是一个非常好的问题，可以从中窥探出匿名页面和 KSM 页面的区别。这个问题要分两种情况，一是父、子进程的 VMA 共享同一个匿名页面，二是不相干的进程的 VMA 共享同一个匿名页面。

第一种情况在 5.2 节中讲解 RMAP 机制时已经介绍过。父进程在 VMA 映射匿名页面时会创建属于这个 VMA 的 RMAP 的设施，在 __page_set_anon_rmap() 里会设置 page->index 值为虚拟地址在 VMA 中的偏移量。通过 fork 调用创建子进程时，复制了父进程的 VMA 内容到子进程的 VMA 中，并且复制父进程的页表到子进程中，因此对于父、子进程来说，page->index 值是一致的。

当需要从页面找到所有映射页面的虚拟地址时，在 rmap_walk_anon() 函数中，父、子进程都使用 page->index 值来计算在 VMA 中的虚拟地址，详见 rmap_walk_anon()->vma_address() 函数。

```
static int rmap_walk_anon(struct page *page, struct rmap_walk_control *rwc)
{
    ...
    anon_vma_interval_tree_foreach(avc, &anon_vma->rb_root, pgoff, pgoff) {
        struct vm_area_struct *vma = avc->vma;
        unsigned long address = vma_address(page, vma);
        ...
    }
    return ret;
}
```

对于第二种情况，KSM 页面由内容相同的两个匿名页面合并而成，它们可以是不相干的进程的 VMA，也可以是父、子进程的 VMA，那么它的 page->index 值应该等于多少呢？

```
void do_page_add_anon_rmap(struct page *page,
    struct vm_area_struct *vma, unsigned long address, int exclusive)
{
    int first = atomic_inc_and_test(&page->_mapcount);
    ...
    if (first)
        __page_set_anon_rmap(page, vma, address, exclusive);
    else
        __page_check_anon_rmap(page, vma, address);
}
```

在 do_page_add_anon_rmap()函数中有这样一个判断，只有当_mapcount 等于-1 时才会调用__page_set_anon_rmap()来设置 page->index 值，即第一次映射该页面的用户 PTE 才会设置 page->index 值。

当需要从页面中找到所有映射页面的虚拟地址时，因为页面是 KSM 页面，所以使用 rmap_walk_ksm()函数。

```
int rmap_walk_ksm(struct page *page, struct rmap_walk_control *rwc)
{
    ...
    hlist_for_each_entry(rmap_item, &stable_node->hlist, hlist) {
        struct anon_vma *anon_vma = rmap_item->anon_vma;
        anon_vma_interval_tree_foreach(vmac, &anon_vma->rb_root,
                        0, ULONG_MAX) {
            vma = vmac->vma;
            ret = rwc->rmap_one(page, vma,
                rmap_item->address, rwc->arg);//使用 rmap_item->address 获取虚拟地址
        }
    }
    ...
}
```

这里使用 rmap_item->address 来获取每个 VMA 对应的虚拟地址，而不是像父、子进程共享的匿名页面那样使用 page->index 来计算虚拟地址。因此对于 KSM 页面来说，page->index 等于第一次映射该页面的 VMA 中的偏移量。

5.7.9　小结

KSM 的实现流程如图 5.30 所示。核心设计思想基于写时复制机制，也就是内容相同的页面可以合并成一个只读页面，从而释放空闲页面。怎么查找和合并适合的页面？哪些应用场景下会有大量冗余的页面？

KSM 最早是为了 K 虚拟机而设计的，K 虚拟机在宿主机上使用的页面大部分是匿名页面，并且它们在宿主机中存在大量的冗余内存。对于典型的应用程序，KSM 只考虑进程分配使用的匿名页面，暂时不考虑页面高速缓存的情况。一个典型应用程序可以由以下 5 个内存部分组成。

❑　可执行文件的内存映射（页面高速缓存）。

❑ 程序分配使用的匿名页面。

❑ 进程打开的文件映射（包括常用的或者不常用的，甚至只用一次的页面高速缓存）。

❑ 进程访问文件系统时产生的内容缓存。

❑ 进程访问内核产生时的内核缓冲器（如 slab）等。

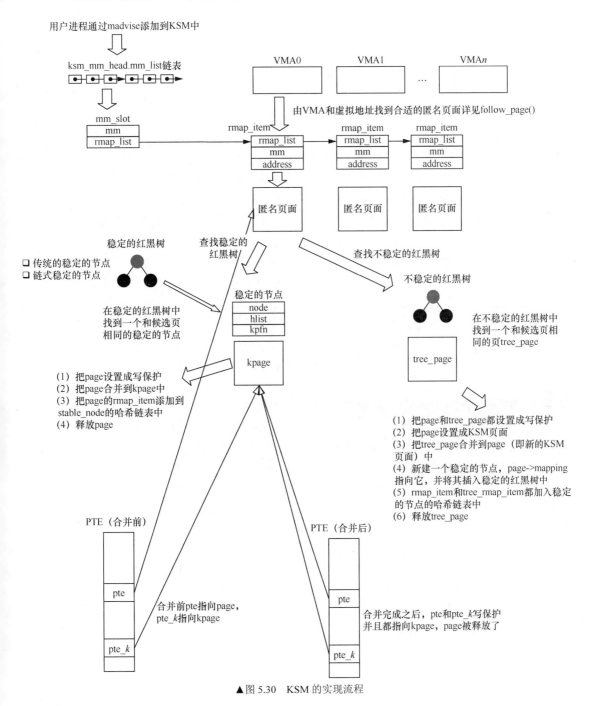

▲图 5.30　KSM 的实现流程

设计的关键是如何寻找和比较两个相同的页面，如何让这个过程变得高效而且占用的系统资源最少，这就是一个好的设计人员应该思考的问题。首先不能用哈希算法来比较两个页面的专利问题。KSM 虽然使用了 memcmp 来比较，最糟糕的情况是两个页面最后的 4 字节不一样，但是 KSM 使用红黑树来设计了两棵树，分别是稳定的红黑树和不稳定的红黑树，可以有效地避免最糟糕的情况。另外，KSM 也巧妙地利用页面的校验和来比较不稳定的红黑树的页面最近是否被修改过，从而避开了该专利的缺陷。

页面分为物理页面和虚拟页面，多个虚拟页面可以同时映射到一个物理页面，因此需要把映射到该页面的所有 PTE 都解除后，才是算真正释放（这里说的 PTE 是指用户进程地址空间的虚拟地址映射的该页面的 PTE，简称用户 PTE，因此 page->_mapcount 成员里描述的 PTE 数量不包含内核线性映射的 PTE）。目前有两种做法，一种做法是扫描每个进程中用户地址进程空间，由用户地址进程空间的虚拟地址查询 MMU 页表，找到对应的 page 数据结构，这样就找到了用户 PTE。然后对比 KSM 中的稳定树和不稳定树，如果找到页面内容相同的，就把该 PTE 设置成写时复制，映射到 KSM 页面中，从而释放出一个 PTE。注意，这里是释放出一个用户 PTE，而不是一个物理页面（如果该物理页面只有一个 PTE 映射，那就是释放该页）。另外一种做法是直接扫描系统中的物理页面，然后通过 RMAP 来解除该页面所有的用户 PTE，从而一次性地释放出物理页面。显然，目前内核的 KSM 是基于第一种做法。

KSM 的作者在他的论文中有实测数据，但作者依然觉得有一些情况下会比较糟糕。如在一个很大内存的服务器上，很多的匿名页面都同时映射了多个虚拟页面。假设每个匿名页面都映射了 10000 个虚拟页面，这些虚拟页面又同时分布在不同的子进程中，那么要释放一个物理页面，需要扫描完 10000 个虚拟页面所在的用户地址进程空间，每次都要利用 follow_page() 查询页表，然后查询稳定树，还需要多次执行 memcmp 比较，合并 10000 次 PTE 也就意味着 memcmp 要执行 10000 次，这个过程会很漫长。

在实际项目中，有很多人抱怨 KSM 的效率低，在很多项目是关闭该特性的。也有很多人在思考如何提高 KSM 的效率，包括利用新的软件算法或者利用硬件机制。

5.8　页面分配之慢速路径

之前的章节介绍了页面分配的接口函数，以及在系统内存充足的情况下是如何分配出物理内存的。本节将介绍在系统内存短缺时，系统是如何处理和面对内存分配请求的。

当系统内存的水位（指的是 zone 的空闲内存的水位）在低水位之上时，alloc_pages() 函数可以快速地分配和获取内存，我们称为快速路径。当系统内存的水位在低水位之下，alloc_pages() 函数就要进入慢速路径了。

5.8.1　alloc_pages_slowpath() 函数

__alloc_pages_slowpath() 函数实现在 mm/page_alloc.c 文件中。

```
<mm/page_alloc.c>

static inline struct page *
__alloc_pages_slowpath(gfp_t gfp_mask, unsigned int order,
                       struct alloc_context *ac)
```

__alloc_pages_slowpath() 函数一共有 3 个参数，其中 gfp_mask 表示调用页面分配器时传递的分配掩码，order 表示需要分配页面的大小，大小为 2 的 order 次幂个连续物理页面，ac 表示页面分配器内部使用的控制参数数据结构。

__alloc_pages_slowpath()函数中主要的操作如下。

在第 4219 行中，can_direct_reclaim 表示是否允许调用直接页面回收机制。那些隐含了 __GFP_DIRECT_RECLAIM 标志位的分配掩码都会使用直接页面回收机制，如常用的 GFP_KERNEL、GFP_HIGHUSER_MOVABLE 等。

在第 4220 行中，costly_order 表示会形成一定的内存分配压力。PAGE_ALLOC_COSTLY_ORDER 定义为 3，如当分配请求 order 为 4 时，即要分配 64KB 大小的连续物理内存，会给页面分配器带来一定的内存压力。

在第 4235 行中，检查是否在非中断上下文中滥用__GFP_ATOMIC，使用__GFP_ATOMIC 会输出一次警告。__GFP_ATOMIC 表示调用页面分配器的进程不能直接回收页面或者等待，调用者通常在中断上下文中。另外，__GFP_ATOMIC 是优先级比较高的分配行为，它允许访问部分的系统预留内存。

在第 4250 行中，gfp_to_alloc_flags()重新设置分配掩码 alloc_flags。在快速路径中，页面分配器使用低水位（ALLOC_WMARK_LOW），这是相对保守的策略。但是在这里，正因为在低水位分配失败，所以才进入慢速路径里。因此，需要做如下改变。

❑ 设置分配条件为 ALLOC_WMARK_MIN 和 ALLOC_CPUSET，即使用最低警戒水位来判断是否满足分配请求。

❑ 判断 gfp_mask 是否设置了__GFP_HIGH。__GFP_HIGH 表示页面分配器调用的进程具有很高的优先级，如对于实时进程，必须保证这次分配成功它才能继续运行。设置了__GFP_HIGH 的进程在紧急情况下是允许访问部分的系统预留内存的。

❑ 如果 gfp_mask 设置了__GFP_ATOMIC，说明这次分配在中断上下文中完成，那么会设置 ALLOC_HARDER 标志位。若调用者是实时进程，也会设置 ALLOC_HARDER 标志位。若设置了 ALLOC_HARDER，表示在紧急情况下可以访问部分系统预留内存。

❑ 判断 gfp_mask 是否设置了__GFP_KSWAPD_RECLAIM，如果设置了，则设置 ALLOC_KSWAPD 标志位。

在第 4258 行中，重新计算首选推荐的 zone，因为我们可能在快速路径中修改了内存节点掩码或者使用 cpuset 机制做了修改。

在第 4263 行中，调用 wake_all_kswapds()唤醒 kswapd 内核线程。

在第 4270 行中，因为在第 4250 行调整了分配掩码 alloc_flags，所以将最低警戒水位（ALLOC_WMARK_MIN）作为判断条件。尝试以最低警戒水位为条件，判断是否能分配内存。

在第 4283 行中，若以最低警戒水位为条件还不能分配成功，在 3 种情况下可以考虑尝试先调用直接内存规整机制来解决页面分配失败的问题。

❑ 允许调用直接页面回收机制。

❑ 高成本的分配需求 costly_order。这时，系统可能有足够的空闲内存，但是没有满足分配需求的连续页面，调用内存规整机制可能能解决这个问题。或者对于请求，分配不可迁移的多个连续物理页面（即 order 大于 0）。

❑ 不能访问系统预留内存。gfp_pfmemalloc_allowed()表示是否允许访问系统预留的内存。若返回 ALLOC_NO_WATERMARKS，表示不用考虑水位；若返回 0，表示不允许访问系统保留的内存。

同时满足上述 3 种情况，才会调用 __alloc_pages_direct_compact()函数来尝试内存规整。注意，这次调用直接内存规整的模式为 COMPACT_PRIO_ASYNC，即异步模式。在 __alloc_pages_direct_compact()函数中会尝试做一轮内存规整，然后调用 get_page_from_ freelist()尝试分配内存。若能分配成功，则返回 page。

在第 4321 行中，确保 kswapd 内核线程不会进入睡眠，因此我们又重新唤醒它。

在第 4324 行中，__gfp_pfmemalloc_flags()函数判断是否允许访问系统预留的内存，若返回 0，表示不允许访问预留内存。

- 若 gfp_mask 分配掩码中设置了 __GFP_MEMALLOC，表示可以访问系统中全部的预留内存，返回 ALLOC_NO_WATERMARKS 标志位。
- 若当前进程设置了 PF_MEMALLOC 标志位，则返回 ALLOC_NO_WATERMARKS 标志位。
- 若当前进程之前发生过 OOM，那么可以设置 ALLOC_OOM 标志位作为补偿，它可以访问部分系统预留的内存。

在第 4333 行中，原本的 alloc_flags 设置了 ALLOC_CPUSET，当 gfp_mask 设置了 __GFP_ATOMIC 时会清除 ALLOC_CPUSET，表示调用者在中断上下文中。另外，reserve_flags 表示运行访问系统预留的内存。这两种情况下，我们重新计算首选推荐的 zone。

在第 4340 行中，重新调用 get_page_from_freelist()尝试一次页面分配，若成功，则返回退出。

在第 4345 行中，若调用者不支持直接页面回收，那么我们没有其他可以做的了，跳转到 nopage 标签处。

在第 4349 行中，若当前进程的进程描述符设置了 PF_MEMALLOC，那么会在 __gfp_pfmemalloc_flags()函数中返回 ALLOC_NO_WATERMARKS，表示完全忽略水位条件，可以访问系统全部的预留内存。在第 4340 行的 get_page_from_freelist()不用检查 zone 的水位即可直接分配内存，既然忽略水位的情况下都不能分配出物理内存，那只能跳转到 nopage 标签处。

在第 4353 行中，调用直接页面回收机制。经过一轮直接页面回收之后会尝试分配内存，若成功，返回 page 数据结构。

在第 4359 行中，调用直接内存规整机制。经过一轮的直接内存规整之后会尝试分配内存，若成功，返回 page 数据结构。

在第 4365 行中，我们已经尝过很多方法来尝试分配内存了，如尝试用最低警戒水位、忽略水位、使用直接页面回收以及直接内存规整，若这些方法都不奏效，那还可以重试多次。若 gfp_mask 不允许重试，那只能跳转到 nopage 标签页。

在第 4372 行中，若要分配大块的物理内存并且分配掩码中没有设置 __GFP_RETRY_MAYFAIL，那说明分配行为中不允许我们继续重试；否则，跳转到第 4375 行。

在第 4375 行中，should_reclaim_retry()判断是否需要重试直接页面回收机制，若返回非 0 值，表示需要重试，跳转到第 4319 行的 retry 标签处。代码中的 did_some_progress 是第 4353 行的 __alloc_pages_direct_reclaim()返回的已经成功回收的页面数量。

- no_progress_loops 表示没有进展的重试。对于大 order 的页面分配请求（order > PAGE_ALLOC_COSTLY_ORDER），虽然我们回收了一些页面，但是由于碎片化严重等不足以满足页面分配的需求，因此这里增加 no_progress_loops。

- 当 no_progress_loops 大于 MAX_RECLAIM_RETRIES（默认值为 16）时，调用 unreserve_highatomic_pageblock()函数尝试从伙伴系统的 MIGRATE_HIGHATOMIC 类型的空闲链表中迁移一个页块大小的内存块。修改这个内存块的迁移类型为页面请求的迁移类型（ac->migratetype）。返回已经迁移成功的页面数量。
- 计算系统中所有可能的空闲页面，这里面包括纯正的空闲页面以及可回收的页面（reclaimable page）。可回收的页面包括不活跃的文件映射页面（NR_ZONE_INACTIVE_FILE）、活跃的文件映射页面（NR_ZONE_ACTIVE_FILE）。如果系统有交换分区，那么还包括不活跃的匿名页面（NR_ZONE_INACTIVE_ANON）和活跃的匿名页面（NR_ZONE_ACTIVE_ANON）。

zone_reclaimable_pages()计算可回收的页面，zone_page_state_snapshot(zone, NR_FREE_PAGES)计算完全空闲的页面。

把上述页面统计起来变成系统潜在可用的页面（available page），然后调用__zone_watermark_ok()来检查这些潜在可用的页面是否能满足最低警戒水位的要求。若能满足，则返回 true，表示可以重试。

这里还有一个小插曲，若发现有大量的正在等待回写的页面，且 zone 中记录的 NR_ZONE_WRITE_PENDING 类型的页面数量大于可回收页面的数量的一半，那么可以调用 congestion_wait()函数睡眠等待一会儿，让磁盘 I/O 尽快完成。

在第 4385 行中，should_compact_retry()判断是否需要重试内存规整。

在第 4393 行中，check_retry_cpuset()判断是否重新尝试新的 cpuset，这个需要使能 CONFIG_CPUSETS 功能。

在第 4397 行中，所有的 cpuset 都重新尝试过后，若还是没法分配出所需要的内存，那么将使用 OOM Killer 机制。__alloc_pages_may_oom()函数会调用 OOM Killer 机制来终止占用内存比较多的进程，从而释放出一些内存。

在第 4402 行中，如果被终止的进程是当前进程并且 alloc_flags 为 ALLOC_OOM 或者 gfp_mask 设置了__GFP_NOMEMALLOC，那么跳转到 nopage 标签处。

在第 4408 行中，did_some_progress 表示我们刚才终止进程后释放了一些内存，因此跳转到 retry 标签处重新尝试分配内存。

在第 4413 行中，位于 nopage 标签处。若 gfp_mask 设置了__GFP_NOFAIL，表示分配不能失败，那么只能想尽办法来重试。首先使用__alloc_pages_cpuset_fallback()又一次尝试分配内存，这里使用 ALLOC_HARDER 分配标志位，它会对__zone_watermark_ok()判断水位情况有影响。若还是没有办法分配内存，只能跳转到 retry 标签处重试了。

在第 4458 行中，若 gfp_mask 没有设置__GFP_NOFAIL，只能调用 warn_alloc()来宣告这次内存分配失败了。

- 输出这次分配内存的进程名字、gfp_mask、order 值等。
- dump_stack()输出函数调用栈。
- warn_alloc_show_mem()输出当前系统内存的信息。

慢速路径的分配流程如图 5.31 所示。

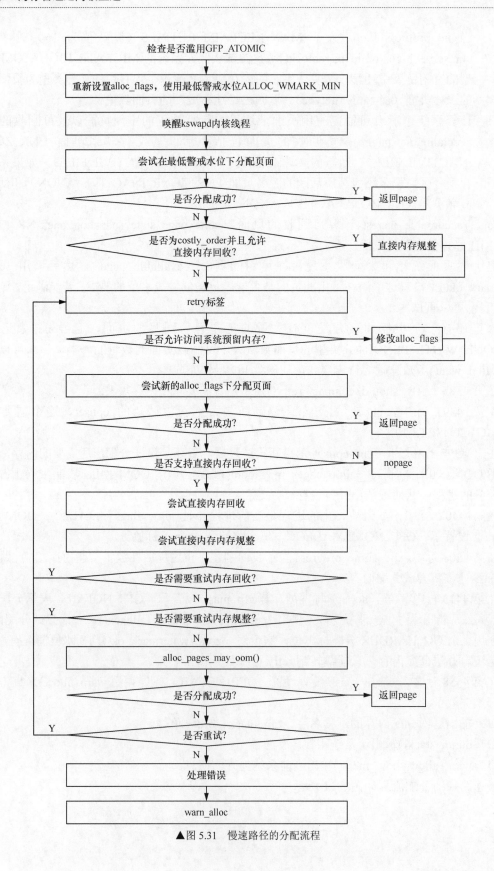

▲图 5.31　慢速路径的分配流程

5.8.2 水位管理和分配优先级

从分析 alloc_pages_slowpath()函数的实现，我们可以知道，页面分配器是按照 zone 的水位来管理的。zone 的水位分成 3 个等级，分别是高水位（WMARK_HIGH）、低水位（WMARK_LOW）以及最低警戒水位（WMARK_MIN）。最低警戒水位下的内存是系统预留的内存，通常情况下普通优先级的分配请求是不能访问这些内存的。

除了上面的水位管理外，页面分配器在最低警戒水位预留了内存，一般情况下是不能拿来使用的，但是在特殊情况下是可以用来救急的。页面分配器可以通过分配掩码的不同来访问最低警戒水位以下的内存，如__GFP_HIGH、__GFP_ATOMIC 以及__GFP_MEMALLOC 等，如表 5.12 所示。

表 5.12　访问最低警戒水位以下内存的分配掩码

分配请求的优先级	判断条件	分配行为
正常	如 GFP_KERNEL 或者 GFP_USER 等分配掩码	不能访问系统中预留的内存，只能使用最低警戒水位来判断是否完成本次分配请求
高（ALLOC_HIGH）	__GFP_HIGH	表示这是一次优先级比较高的分配行为。可以访问最低警戒水位以下的一半内存
艰难（ALLOC_HARDER）	__GFP_ATOMIC 或者实时进程①	表示需要分配页面的进程不能睡眠并且优先级比较高。可以访问最低警戒水位以下的 5/8 的内存
OOM 进程（ALLOC_OOM）	若线程组有线程被 OOM 进程终止，就适当做补偿	用于补偿 OOM 进程或者线程。可以访问最低警戒水位以下的 3/4 的内存
紧急（ALLOC_NO_WATERMARKS）	__GFP_MEMALLOC 或者进程设置了 PF_MEMALLOC 标志位	可以访问系统中所有内存，包括系统预留的内存

如图 5.32 所示，页面分配器的 zone 水位管理流程如下。

（1）当 zone 空闲页面的水位高于高水位时，zone 的空闲页面比较充足，页面分配器处于快速路径上。

（2）当 zone 空闲页面的水位到达了低水位时，若分配不成功，则进入慢速路径。页面分配器中的快速和慢速路径是以低水位线能否成功分配内存为分界线的。

（3）在慢速路径上，首先唤醒 kswapd 内核线程，异步扫描 LRU 链表和回收页面。

（4）若在慢速路径上分配不成功，则会做如下多种尝试。

❏ 使用最低警戒水位来判断是否可以分配出内存。
❏ 启动直接页面回收机制。
❏ 尝试访问最低警戒水位下系统预留的内存。
❏ 启动直接内存规整机制。
❏ 启动 OOM Killer 机制。
❏ 多次尝试上述机制。

（5）在步骤（4）中会根据分配优先级来尝试访问最低警戒水位的预留内存。

❏ 对于普通优先级分配请求，不能访问最低警戒水位的预留内存。
❏ 对于高优先级分配请求，可以访问预留内存的 1/2。
❏ 对于优先级为艰难的分配请求，可以访问预留内存的 5/8。

---

① 实时进程没有处于中断上下文中。

- 如果线程组中有线程在分配之前被终止了，则这次分配可以适当补充，可以访问预留内存的 3/4。
- 若分配请求中设置了 __GFP_MEMALLOC 或者进程设置了 PF_MEMALLOC 标志位，那么可以访问系统中全部预留的内存。

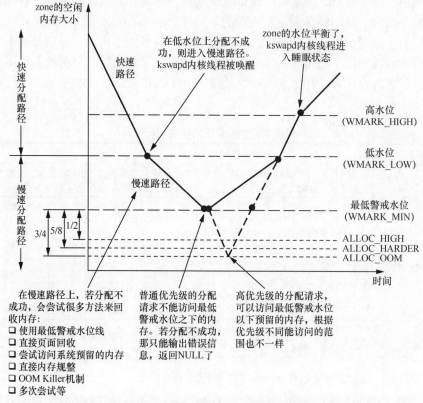

▲图 5.32　页面分配器的 zone 水位管理流程

（6）若上述步骤都不能分配成功，则输出错误信息，返回 NULL。

（7）随着 kswapd 内核线程不断地回收内存，zone 中的空闲内存会越来越多，当 zone 水位重新返回高水位之上时，zone 的水位平衡了，kswapd 内核线程停止工作重新进入睡眠状态。

5.9　内存碎片化管理

内存碎片化是内存管理中一个比较难的课题，本节介绍 Linux 5.0 内核在解决内存外碎片化时做的一项优化。

5.9.1　伙伴系统算法如何减少内存碎片

Linux 内核在采用伙伴系统算法时考虑了如何减少内存碎片。在伙伴系统算法中，什么样的内存块可以成为伙伴呢？其实伙伴系统算法有如下 3 个基本条件。

- 两个块大小相同。
- 两个块地址连续。
- 两个块必须是从同一个大块中分离出来的。

如图 5.33 所示，一个有 8 个页面的大内存块 A0，可以切割成两个小内存块 B0 和 B1，它们都有 4 个页面。B0 还可以继续切割成 C0 和 C1，它们是两个页面大小的内存块。C0 可以继续切割成 P0 和 P1 两个小内存块，它们有 1 个物理页面。

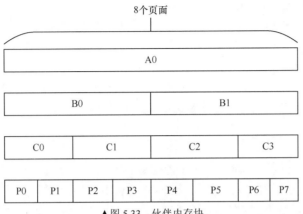

▲图 5.33　伙伴内存块

第一个条件是两个内存块大小必须相同，在图 5.33 中，B0 内存块和 B1 内存块就是大小相同的。第二个条件是两个内存块地址连续，伙伴就是邻居的意思。第三个条件是两个内存块必须是从同一个大内存块中分离出来的，下面来具体解释。

如图 5.34 所示，P0 和 P1 为伙伴，它们都是从 C0 中分离出来的，P2 和 P3 为伙伴，它们也是从 C1 中分离出来的。假设 P1 和 P2 合并成一个新的内存块 C_new0，然后 P4、P5、P6 和 P7 合并成一个大内存块 B_new0，会发现即使 P0 和 P3 变成了空闲页面，这 8 个页面的内存块无法继续合并成一个新的大内存块。P0 和 C_new0 无法合并成一个大内存块，因为它们的大小不一样，同样 C_new0 和 P3 也不能继续合并。因此 P0 和 P3 就变成了"空洞"，这就是外碎片化（external fragmentation）。随着时间的推移，外碎片化会变得越来越严重，内存利用率也随之下降。

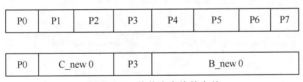

▲图 5.34　伙伴内存块的合并

外碎片化的一个比较严重的后果是明明系统有足够的内存，但是无法分配出一大块连续的物理内存供页面分配器使用。因此，伙伴系统算法在设计时就考虑避免图 5.34 所示的内存外碎片化。

学术上常用的解决外碎片化的技术叫作内存规整，也就是移动页面的位置让空闲页面连成一片。但是在早期的 Linux 内核中，这种方法不一定有效。内核分配的物理内存有很多种用途，如内核本身使用的内存、硬件需要使用的内存，如 DMA 缓冲区、用户进程分配的内存（如匿名页面）等。如果从页面的迁移属性来看，用户进程分配的内存是可以迁移的，但是内核本身使用的内存页面是不能随便迁移的。假设在一大块物理内存中，中间有一小块内存被内核本身使用，但是因为这小块内存不能迁移，导致这一大块内存不能变成连续的物理内存。如图 5.35 所示，C1 是分配给内核使

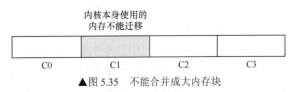

▲图 5.35　不能合并成大内存块

用的内存，即使 C0、C2 和 C3 都是空闲内存块，它们也不能合并成一大块连续的物理内存。

为什么内核本身使用的页面不能迁移呢？因为要迁移这个页面，首先需要把物理页面的映射关系断开，然后重新建立映射关系。

在这个断开映射关系的过程中，如果内核继续访问这个物理页面，就会访问不正确的指针和内存，导致内核出现 oops 错误，甚至导致系统崩溃（crash）。内核是一个敏感区域，它必须保证其使用的内存是安全的。这和用户进程不太一样，用户进程使用的页面在断开映射关系之后，如果用户进程继续访问这个页面，就会产生一个缺页异常。在缺页异常处理中，会重新分配一个物理页面，然后和虚拟内存建立映射关系。这个过程对于用户进程来说是安全的。

5.9.2 页面迁移类型和内存规整

在 Linux 2.6.24 内核开发阶段，社区专家就引入了防止碎片化的功能，叫作反碎片法（anti-fragmentation）。这里说的反碎片法，其实就是利用迁移类型来实现的。迁移类型是按照页块来划分的，一个页块大小正好是页面分配器最大的分配大小，即 2 的 MAX_ORDER-1 次幂字节，通常是 4MB。

- ❏ 不可迁移的页面：页面在内存中有固定的位置，不能移动到其他地方，如内核本身需要使用的内存就属于此类。使用 GFP_KERNEL 标志位分配的内存，就是不能迁移的。简单来说，内核使用的内存都属于此类，包括 DMA 缓冲区等。
- ❏ 可迁移的页面：表示可以随意移动的页面，这里通常是指属于应用程序的页面，如通过 malloc()分配的内存、mmap()分配的匿名页面等。这些页面是可以安全迁移的。
- ❏ 可回收的页面：这些页面不能直接移动，但是可以回收。页面的内容可以重新读回或者取回，最典型的一个例子就是映射来自文件的页面缓存。

因此，伙伴系统中的 free_area 数据结构中包含了 MIGRATE_TYPES 个链表，这里相当于内存管理区中根据 order 的大小有 0 到 MAX_ORDER-1 个 free_area。每个 free_area 根据 MIGRATE_TYPES 类型又有几个相应的链表，如图 5.36 所示。

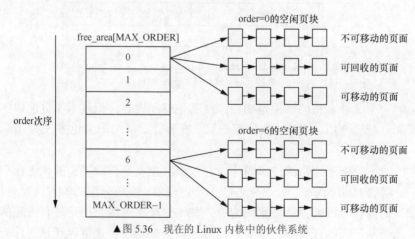

▲图 5.36 现在的 Linux 内核中的伙伴系统

在运用这种技术的 Linux 内核中，所有的页块里面的页面都是同一个迁移类型的，中间不会再掺杂其他类型的页面。

页面迁移类型其实是为了内存规整算法而设计和实现的，内存规整可以利用页面的迁移类型把阻碍合并成大块内存的页面迁移出去,这样伙伴系统就可以合并一大块连续的物理内存了，内存规整是建立在页块和迁移类型之上的。

5.9.3　Linux 5.0 内核新增的反碎片优化

我们来考虑一个外碎片化的场景,假设现在 zone 的水位在低水位之上,现在请求分配 order 为 4 的一大块内存,类型是不可迁移,即分配 64KB 的连续内存。但是 order 大于等于 4 的不可迁移类型的空闲链表中没有相应的空闲页块,其他空闲页块的 order 都是小于 4 的。那么页面分配器会怎么办?

这里要分两种情况。

❑　除了不可迁移类型之外,其他迁移类型的、order 大于或等于 4 的空闲链表有空闲页块。

❑　除了不可迁移类型之外,其他迁移类型的、order 大于或等于 4 的空闲链表中也没有空闲页块。

对于第一种情况,页面分配器会认为这是比较好的情况。而第二种情况是最糟糕的,这是非常严重的外碎片化的情况,系统明明有足够多的空闲内存,但是因为外碎片化,没有办法分配出大块连续物理的内存,这样会导致分配请求失败。对于第二种情况,我们需要思考如何避免这种情况的发生。

页面分配器使用 __zone_watermark_ok() 函数来判断上述两种情况,下面是 __zone_zwatermark_ok() 函数的代码片段。

```
<mm/page_alloc.c>

bool __zone_watermark_ok()
{
    ...
    for (o = order; o < MAX_ORDER; o++) {
        struct free_area *area = &z->free_area[o];
        int mt;

        if (!area->nr_free)
            continue;

        //若在不可移动、可移动以及可回收这 3 个迁移类型的空闲链表中有满足分配需求的空闲页块,
        //那也算满足分配请求
        for (mt = 0; mt < MIGRATE_PCPTYPES; mt++) {
            if (!list_empty(&area->free_list[mt]))
                return true;
        }
    }
    return false;
}
```

在 __zone_watermark_ok() 函数中,当在 MIGRATE_UNMOVABLE、MIGRATE_MOVABLE 以及 MIGRATE_RECLAIMABLE 这 3 个迁移类型中大于或等于 order 的空闲链表中有空闲页块时,那么我们认为是可以满足分配需求的。

在 rmqueue() 函数中,因为请求的迁移类型中没有足够大的空闲页块,所以 __rmqueue_smallest() 函数返回失败,但是通过 fallback 机制可以借用或者挪用其他迁移类型的空闲页块。

Linux 内核定义了一个挪用规则,代码中定义了一个 fallbacks[][]二维数组。

```
<mm/page_alloc.c>
```

```
static int fallbacks[MIGRATE_TYPES][4] = {
    [MIGRATE_UNMOVABLE]   = { MIGRATE_RECLAIMABLE, MIGRATE_MOVABLE,   MIGRATE_TYPES },
    [MIGRATE_MOVABLE]     = { MIGRATE_RECLAIMABLE, MIGRATE_UNMOVABLE, MIGRATE_TYPES },
    [MIGRATE_RECLAIMABLE] = { MIGRATE_UNMOVABLE,   MIGRATE_MOVABLE,   MIGRATE_TYPES },
#ifdef CONFIG_CMA
    [MIGRATE_CMA]         = { MIGRATE_TYPES }, /* Never used */
#endif
#ifdef CONFIG_MEMORY_ISOLATION
    [MIGRATE_ISOLATE]     = { MIGRATE_TYPES }, /* Never used */
#endif
};
```

如在本场景里，分配不可迁移类型的页面的，根据 fallbacks[][] 数组，我们优先从可回收的迁移类型中挪用，然后才是可迁移类型。挪用页块主要是在 __rmqueue_fallback() 函数中实现的，其代码片段如下。

```
<mm/page_alloc.c>

static __always_inline bool
__rmqueue_fallback(struct zone *zone, int order, int start_migratetype,
                   unsigned int alloc_flags)
{

    //查找 fallbacks[][] 数组
    for (current_order = MAX_ORDER - 1; current_order >= min_order;
            --current_order) {
        area = &(zone->free_area[current_order]);
        fallback_mt = find_suitable_fallback(area, current_order,
                start_migratetype, false, &can_steal);
        if (fallback_mt == -1)
            continue;

        goto do_steal;
    }

    return false;

    //尝试从其他迁移类型中迁移空闲页块到请求的迁移类型中
do_steal:
    page = list_first_entry(&area->free_list[fallback_mt],
                        struct page, lru);

    steal_suitable_fallback(zone, page, alloc_flags, start_migratetype,
                        can_steal);

    //记录 mm_page_alloc_extfrag 外碎片化事件的发生
    trace_mm_page_alloc_extfrag(page, order, current_order,
        start_migratetype, fallback_mt);

    return true;

}
```

  __rmqueue_fallback()函数首先会根据 fallbacks[][]数组判断是否可以从其他迁移类型中迁移空闲页块。若满足要求，则跳转到 do_steal 标签处并迁移页块。迁移的动作主要是在 steal_suitable_fallback()函数中完成的。

  Linux 内核把这种需要从其他迁移类型挪用页块的现象视为一种不好的现象，因为这说明请求分配的迁移类型的空闲链表中不能满足这次分配请求，已经发生外碎片化了。为了防止外碎片化进一步恶化，我们需要及时补救。另外，trace_mm_page_alloc_extfrag()可以帮助记录发生外碎片化的次数，我们可以在一些测试程序中把跟踪点的个数输出，以帮助我们分析系统发生碎片化的频率和严重程度。我们把 mm_page_alloc_ extfrag 称为外碎片化事件。

  外碎片化发生时，页面分配器还是会认为系统可以分配出内存，因为__zone_watermark_ok()函数会返回 TRUE，但是我们认为系统应该及时采取一些补救措施。在现有的内存管理机制下，我们能采取的补救措施就是提早唤醒 kswapd 内核线程以回收内存。另外，也提早唤醒 kcompactd 内核线程以做内存规整，这样有助于快速满足分配大块内存的需求，减少外碎片化。为此，Linux 5.0 实现了一个临时增加水位（boost watermark）的功能。当发生挪用时，临时提高水位，并提前触发 kswapd 内核线程。

  在 steal_suitable_fallback()函数中，通过 boost_watermark()函数来临时提高 zone 的水位，即使用 watermark_boost。

```
<mm/page_alloc.c>

static void steal_suitable_fallback(struct zone *zone, struct page *page,
        unsigned int alloc_flags, int start_type, bool whole_block)
{
    ...
    boost_watermark(zone);
    if (alloc_flags & ALLOC_KSWAPD)
        set_bit(ZONE_BOOSTED_WATERMARK, &zone->flags);

    free_pages = move_freepages_block(zone, page, start_type,
                        &movable_pages);
    ...
}
```

  在设置完 zone->watermark_boost 之后，设置 ZONE_BOOSTED_WATERMARK 标志位，在退回 rmqueue()函数时会唤醒 kswapd 内核线程（见 wakeup_kswapd()函数）。相比之前，页面分配器提早唤醒了 kswapd 内核线程。

```
static inline struct page *rmqueue()
{
    ...
    do {
            page = __rmqueue(zone, order, migratetype, alloc_flags);
    } while (page && check_new_pages(page, order));

out:
    if (test_bit(ZONE_BOOSTED_WATERMARK, &zone->flags)) {
        clear_bit(ZONE_BOOSTED_WATERMARK, &zone->flags);
        wakeup_kswapd(zone, 0, 0, zone_idx(zone));
    }
```

```
        return page;
    }
```

　　刚才临时提高水位，那什么时候恢复到正常的水位呢？

　　Kswapd 内核线程被唤醒之后，它会根据扫描优先级扫描 LRU 链表和尝试回收页面。当发现 zone 处于平衡状态或者一轮扫描完成之后，它会把这个临时提高的水位取消，并且唤醒 kcompactd 内核线程，让它以页块大小为目标尝试进行内存规整。

```
<kswapd 内核线程的代码片段>
static int balance_pgdat(pg_data_t *pgdat, int order, int classzone_idx)
{
restart:
    sc.priority = DEF_PRIORITY;
    do {

        dat_balanced(pgdat, sc.order, classzone_idx);
        if (kswapd_shrink_node(pgdat, &sc))

    } while (sc.priority >= 1);

out:
    if (boosted) {
        for (i = 0; i <= classzone_idx; i++) {
            zone->watermark_boost -= min(zone->watermark_boost, zone_boosts[i]);
        }

        wakeup_kcompactd(pgdat, pageblock_order, classzone_idx);
    }
    return sc.order;
}
```

　　整个反碎片化优化的流程如图 5.37 所示。

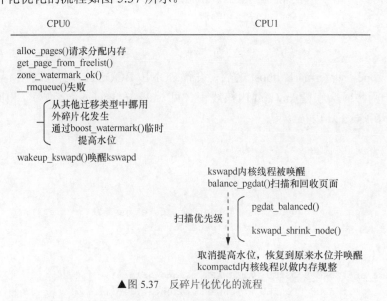

▲图 5.37　反碎片化优化的流程

第6章 内存管理之实战案例分析

本章高频面试题

1. Linux 内核的内存管理模块都对哪些页面进行了统计？
2. 请解释/proc/meminfo 节点中每一项的含义。
3. 为什么/proc/meminfo 节点中的 MemTotal 不等于 QEMU 虚拟机中分配的内存大小？
4. 为什么 slab 要区分 SReclaimable 和 SUnreclaim？
5. 在/proc/meminfo 节点中，为什么 Active(anon)+Inactive(anon)不等于 AnonPages？
6. 在/proc/meminfo 节点中，为什么 Active(file) + Inactive(file)不等于 Mapped？
7. 在/proc/meminfo 节点中，为什么 Active(file) + Inactive(file)不等于 Cached？
8. /proc/PID/status（PID 表示进程的 ID）节点中有不少和具体进程内存相关的信息，请简述这些信息的含义。
9. /proc/meminfo 节点中 SwapTotal 减去 SwapFree 等于系统中已经使用的 swap 内存大小，我们称之为 S_swap。另外，我们写一个小程序来遍历系统中所有的进程，并把进程中/proc/PID/status 节点的 VmSwap 值都累加起来，我们把它称为 P_swap，为什么这两个值不相等？
10. 请简述 min_free_kbytes 的含义和作用。
11. 请简述 lowmem_reserve_ratio 的含义和作用。
12. 请简述 zone_reclaim_mode 的含义和作用。
13. 请简述 watermark_boost_factor 的含义和作用。
14. 请简述影响脏页回写的参数有哪些？它们的含义和作用分别是什么？

6.1 内存管理日志信息和调试信息

内存管理是一个相对复杂的内核模块，错综复杂的数据结构让人摸不着头脑。Linux 内核为了帮助大家从宏观上把握系统内存的使用情况，在几大核心数据结构中都有相应的统计计数，如物理页面使用情况、伙伴系统分配情况、内存管理区的物理页面使用情况等。

6.1.1 vm_stat 计数值

内存管理模块定义了 3 个全局的 vm_stat 计数值，其中 vm_zone_stat 是内存管理区相关的计数值，vm_numa_stat 是与 NUMA 相关的计数值，vm_node_stat 是与内存节点相关的计数值。

```
<mm/vmstat.c>

atomic_long_t vm_zone_stat[NR_VM_ZONE_STAT_ITEMS] __cacheline_aligned_in_smp;
```

```
atomic_long_t vm_numa_stat[NR_VM_NUMA_STAT_ITEMS]_cacheline_aligned_in_smp;

atomic_long_t vm_node_stat[NR_VM_NODE_STAT_ITEMS]_cacheline_aligned_in_smp;
```

另外，在内存管理区域数据结构中也包含了与页面相关的计数值。

```
<include/linux/mmzone.h>

struct zone {
    ...
    atomic_long_t vm_stat[NR_VM_ZONE_STAT_ITEMS];
    ...
}
```

内存节点的数据结构 pglist_data 包含了与页面相关的计数值。

```
<include/linux/mmzone.h>

typedef struct pglist_data {
    ...
    atomic_long_t vm_stat[NR_VM_NODE_STAT_ITEMS];
    ...
}
```

NR_VM_ZONE_STAT_ITEMS 表示 vm_zone_stat 计数值中最大的统计项，具体包含的统计项目如表 6.1 所示。

表 6.1　　　　　　　　　　　vm_zone_stat 计数值的统计项

统 计 项	描　　述
NR_FREE_PAGES	空闲页面数量
NR_ZONE_LRU_BASE	用于 LRU_BASE 的统计。LRU 链表是从 LRU_BASE 开始标记的
NR_ZONE_INACTIVE_ANON	不活跃匿名页面数量
NR_ZONE_ACTIVE_ANON	活跃匿名页面数量
NR_ZONE_INACTIVE_FILE	不活跃文件映射页面数量
NR_ZONE_ACTIVE_FILE	活跃文件映射页面数量
NR_ZONE_UNEVICTABLE	不可回收的页面数量
NR_ZONE_WRITE_PENDING	脏页、正在回写以及不稳定的页面数量
NR_MLOCK	使用 mlock()锁住的页面数量
NR_PAGETABLE	用于页表的页面数量
NR_KERNEL_STACK_KB	用于内核栈的页面数量
NR_BOUNCE	跳跃页面[①]的数量
NR_ZSPAGES	用于 zsmalloc 机制的页面数量
NR_FREE_CMA_PAGES	CMA 中的空闲页面数量
NR_VM_ZONE_STAT_ITEMS	ZONE 中 vm_stat 计数值的项数

---

① 在早期的 IA-32 架构中，一些 ISA 总线的设备只能访问低端的 16MB 内存，如 DMA 设备的源地址在 16MB 以下，而 DMA 设备的目标地址可能是高于 16MB 的内存地址，因此需要在 16MB 内存分配一个缓冲区来作为跳板，这会明显增加一次复制的动作。这个缓冲区称为跳跃页面（bounce page）。

NR_VM_NUMA_STAT_ITEMS 表示 vm_numa_stat 计数值的最大项，具体包含的统计项如表 6.2 所示。

表 6.2　　　　　　　　　　vm_numa_stat 计数值的统计项

统 计 项	描　　述
NUMA_HIT	表示在预设的内存节点中分配的物理页面的数量
NUMA_MISS	表示在预设的内存节点中无法分配的物理页面的数量
NUMA_FOREIGN	理想状况下在预设的内存节点中分配内存，但也可以在其他节点分配内存
NUMA_INTERLEAVE_HIT	表示在所有的内存节点中交织地分配内存，但首先在这个内存管理区中分配物理页面
NUMA_LOCAL	表示在本地内存节点分配的物理页面的数量
NUMA_OTHER	表示在本地内存节点以外的节点中分配的物理页面的数量
NR_VM_NUMA_STAT_ITEMS	表示 vm_numa_stat 计数值中的统计项数

内核提供了几个接口函数来计算统计计数，包括获取计数值、增加计数值和递减计数值等。

```
static inline void zone_page_state_add(long x, struct zone *zone,
            enum zone_stat_item item)

static inline void node_page_state_add(long x, struct pglist_data *pgdat,
            enum node_stat_item item)

static inline unsigned long global_zone_page_state(enum zone_stat_item item)

static inline unsigned long global_node_page_state(enum node_stat_item item)

void inc_zone_page_state(struct page *page, enum zone_stat_item item)

void dec_zone_page_state(struct page *page, enum zone_stat_item item)
```

❑ zone_page_state_add()函数增加 x 个 item 类型的页面计数到内存管理区的 vm_stat[]数组和全局的 vm_zone_stat[]数组中。
❑ node_page_state_add()函数增加 x 个 item 类型的页面计数到内存节点的 vm_stat[]数组和全局的 vm_node_stat[]数组中。
❑ global_zone_page_state()函数读取全局的 vm_zone_stat[]数组中 item 类型页面的统计计数。
❑ global_node_page_state()函数读取全局的 vm_node_stat[]数组中 item 类型页面的统计计数。
❑ inc_zone_page_state()函数增加内存管理区中 item 类型页面的统计计数。
❑ dec_zone_page_state()函数递减内存管理区中 item 类型页面的统计计数。

6.1.2　meminfo 分析

在 Linux 操作系统中查看系统内存最准确的方法是查看/proc/meminfo 节点，它包含当前时刻系统的所有物理页面的信息。

```
root@benshushu:~# cat /proc/meminfo
MemTotal:        737696 KB
MemFree:         574684 KB
```

```
    MemAvailable:      611380 KB
    Buffers:             4616 KB
    Cached:             91284 KB
    SwapCached:             0 KB
    Active:             42676 KB
    Inactive:           68768 KB
    Active(anon):       15668 KB
    Inactive(anon):      4704 KB
    Active(file):       27008 KB
    Inactive(file):     64064 KB
    Unevictable:            0 KB
    Mlocked:                0 KB
    SwapTotal:              0 KB
    SwapFree:               0 KB
    ...
```

meminfo 节点实现在 meminfo_proc_show()函数中，该函数实现在 fs/proc/meminfo.c。meminfo 节点显示的内容如表 6.3 所示。

表 6.3　　　　　　　　　　　　meminfo 节点显示的内容

统 计 项	描述（实现）
MemTotal	系统当前可用物理内存总量，通过读取全局变量 _totalram_pages 来获得
MemFree	系统当前剩余空闲物理内存，通过读取全局变量 vm_zone_stat[]数组中的 NR_FREE_PAGES 来获得
MemAvailable	系统中可使用页面的数量，由 si_mem_available()函数来计算。 公式为 Available = memfree + pagecache + reclaimable−totalreserve_pages。 这里包括了空闲页面（memfree）、文件映射页面（pagecache）、可回收的页面（reclaimable），最后减去系统保留的页面
Buffers	用于块层的缓存，由 nr_blockdev_pages()函数来计算
Cached	用于页面高速缓存的页面。 计算公式为 Cached = NR_FILE_PAGES − swap_cache − Buffers
SwapCached	这里统计交换缓存的数量，交换缓存类似于内容缓存，只不过它对应的是交换分区，而内容缓存对应的是文件。这里表示匿名页面曾经被交换出去，现在又被交换回来，但是页面内容还在交换缓存中
Active	活跃的匿名页面（LRU_ACTIVE_ANON）和活跃的文件映射页面（LRU_ACTIVE_FILE）
Inactive	不活跃的匿名页面（LRU_INACTIVE_ANON）和不活跃的文件映射页面（LRU_INACTIVE_FILE）
Active(anon)	活跃的匿名页面（LRU_ACTIVE_ANON）
Inactive(anon)	不活跃的匿名页面（LRU_INACTIVE_ANON）
Active(file)	活跃的文件映射页面（LRU_ACTIVE_FILE）
Inactive(file)	不活跃的文件映射页面（LRU_INACTIVE_FILE）
Unevictable	不能回收的页面（LRU_UNEVICTABLE）
Mlocked	不会被交换到交换分区的页面，由全局的 vm_zone_stat [ ]中的 NR_MLOCK 来统计
SwapTotal	交换分区的大小
SwapFree	交换分区的空闲空间大小
Dirty	脏页的数量，由全局的 vm_node_stat[ ]中的 NR_FILE_DIRTY 来统计
Writeback	正在回写的页面数量，由全局的 vm_node_stat[ ]中的 NR_WRITEBACK 来统计

续表

统 计 项	描述（实现）
AnonPages	统计有反向映射（RMAP）的页面，通常这些页面都是匿名页面并且都映射到了用户空间，但是并不是所有匿名页面都配置了反向映射，如部分的 shmem 和 tmpfs 页面就没有设置反向映射。这个计数由全局的 vm_node_stat[ ]中的 NR_ANON_MAPPED 来统计
Mapped	统计所有映射到用户地址空间的内容缓存页面，由全局的 vm_node_stat[ ]中的 NR_FILE_MAPPED 来统计
Shmem	共享内存（基于 tmpfs 实现的 shmem、devtmfs 等）页面的数量，由全局的 vm_node_stat[]中的 NR_SHMEM 来统计
KReclaimable	内核可回收的内存，包括可回收的 slab 页面（NR_SLAB_RECLAIMABLE）和其他的可回收的内核页面（NR_KERNEL_MISC_RECLAIMABLE）
Slab	所有 slab 页面，包括可回收的 slab 页面（NR_SLAB_RECLAIMABLE）和不可回收的 slab 页面（NR_SLAB_UNRECLAIMABLE）
SReclaimable	可回收的 slab 页面（NR_SLAB_RECLAIMABLE）
SUnreclaim	不可回收的 slab 页面（NR_SLAB_UNRECLAIMABLE）
KernelStack	所有进程内核栈的总大小，由全局的 vm_zone_stat[]中的 NR_KERNEL_STACK_KB 来统计
PageTables	所有用于页表的页面数量，由全局的 vm_zone_stat[]中的 NR_PAGETABLE 来统计
NFS_Unstable	在 NFS 中，发送到服务器端但是还没有写入磁盘的页面（NR_UNSTABLE_NFS）
WritebackTmp	回写过程中使用的临时缓存（NR_WRITEBACK_TEMP）
VmallocTotal	vmalloc 区域的总大小
VmallocUsed	已经使用的 vmalloc 区域总大小
Percpu	percpu 机制使用的页面，由 pcpu_nr_pages()函数来统计
AnonHugePages	统计透明巨页的数量
ShmemHugePages	统计在 shmem 或者 tmpfs 中使用的透明巨页的数量
ShmemPmdMapped	使用透明巨页并且映射到用户空间的 shmem 或者 tmpfs 的页面数量
CmaTotal	CMA 机制使用的内存
CmaFree	CMA 机制中空闲的内存
HugePages_Total	普通巨页的数量，普通巨页的页面是预分配的
HugePages_Free	空闲的普通巨页的数量
Hugepagesize	普通巨页的大小，通常是 2MB 或者 1GB
Hugetlb	普通巨页的总大小，单位是 KB

读者可能会对上述内容感到疑惑，下面归纳常见的问题。

（1）为什么 MemTotal 不等于 QEMU 虚拟机中分配的内存大小？

读者可能会发现 MemTotal 显示的总内存大小并不等于物理系统中真实的内存大小或者 QEMU 虚拟机中分配的内存大小，如在 QEMU 虚拟机启动参数中指定内存大小为 1GB，但是进入 QEMU 虚拟机后发现 MemTotal 为 "999784KB"。这是因为内核静态使用的内存（如内核代码等）在启动阶段需要用到，它没有计入 MemTotal 统计项中，而是统计到 reserved 中。下面是一个计算机的内核启动日志信息。

```
[    0.000000] Memory: 929640K/1048576K available (23228K kernel code, 1090K rwdata, 3
872K rodata, 4608K init, 503K bss, 53400K reserved, 65536K cma-reserved)
[    8.910031] Freeing unused kernel memory: 4608K
```

从上述内核日志可以看到，在启动初始化时有 53400KB 大小的内容被保留了，用于内核代码等。在内核初始化完成之后，init 段的内存会被释放，因此被保留的内存大小为 53400KB −

4608KB = 48792KB，加上 MemTotal 正好是 1GB 内存。

（2）MemAvailable 究竟是什么意思？

在很早以前，Linux 系统中的应用程序使用 MemFree 来获取系统中有多少可用的空闲内存，并根据此来决定应用程序的某些行为，这是不恰当的，因为系统中常常会以空闲内存作为内容缓存来加速文件的访问。MemAvailable 表示系统中有多少可以利用的内存，这些内存不包括交换分区。MemAvailable 的计算和 MemFree、可回收的 slab 页面、内容页面以及每个内存管理区的最低水位等有密切关系。因此，在系统内存短缺的情况下，这些页面都是可以被回收以用作空闲内存的。

（3）为什么 slab 分配器要区分 SReclaimable 和 SUnreclaim？

一个 slab 分配器由一个或者多个连续的物理页面组成。在为 slab 分配器分配物理页面时根据 slab 描述符（cachep->flags）是否设置了 SLAB_RECLAIM_ACCOUNT 标志位来判断这些页面是属于 SReclaimable 还是属于 SUnreclaim。

```
<mm/slab.c>

static struct page *kmem_getpages()
{
    ...
    if (cachep->flags & SLAB_RECLAIM_ACCOUNT)
        mod_lruvec_page_state(page, NR_SLAB_RECLAIMABLE, nr_pages);
    else
        mod_lruvec_page_state(page, NR_SLAB_UNRECLAIMABLE, nr_pages);
    ...
}
```

而在创建 slab 描述符时若发现设置了 SLAB_RECLAIM_ACCOUNT，那么分配物理页面的行为就是可回收的，即设置__GFP_RECLAIMABLE，表示这些页面是可以被 slab 机制的收割机回收的。

```
<mm/slab.c>

int __kmem_cache_create(struct kmem_cache *cachep, slab_flags_t flags)
{
    ...
    if (flags & SLAB_RECLAIM_ACCOUNT)
        cachep->allocflags |= __GFP_RECLAIMABLE;
    ...
}
```

因此，这些 slab 分配器的页面的迁移类型是 MIGRATE_RECLAIMABLE。在页面回收机制中会调用 slab 收割机的回调函数（shrinker->scan_objects）来回收一些 slab 对象，但是在 scan_objects 回调函数的实现中并没有判断哪些 slab 分配器的页面设置了__GFP_RECLAIMABLE，哪些页面没有设置__GFP_RECLAIMABLE。在 slab 机制里，有一个定时器会定时扫描和检查哪些 slab 分配器可以被销毁，如果一个 slab 分配器中都是空闲的 slab 对象，那么这个 slab 分配器就可以被回收，并且 slab 分配器占用的页面会被释放，见 cache_reap()函数。因此，统计 SReclaimable 和 SUnreclaim 页面的含义是在于计算系统可用的总内存数量，即 meminfo 中的 MemAvailable，详见 si_mem_available()函数。

```
<mm/page_alloc.c>

long si_mem_available(void)
{
    ...
    reclaimable = global_node_page_state(NR_SLAB_RECLAIMABLE) +
            global_node_page_state(NR_KERNEL_MISC_RECLAIMABLE);
    available += reclaimable - min(reclaimable / 2, wmark_low);
    ...

    return available;
}
```

（4）为什么 Active(anon)+Inactive(anon)不等于 AnonPages？

我们知道 Active(anon)表示 LRU 链表中的活跃匿名页面，Inactive(anon)表示 LRU 链表中的不活跃匿名页面，这两个值相加，表示系统的 LRU 链表中的总匿名页面数量。

而 AnonPages 表示和用户态进程地址空间建立映射关系。当一个匿名页面和进程地址空间建立映射关系时会调用 page_add_new_anon_rmap()函数来新增一个 RMAP。

```
void page_add_new_anon_rmap()
{
    ...
    __mod_node_page_state(page_pgdat(page), NR_ANON_MAPPED, nr);
    ...
}
```

但是 shmem（基于 tmpfs 实现）使用的页面会被添加到系统的匿名页面的 LRU 链表中，因此它会被计入 Active(anon)或者 Inactive(anon)之中。主要原因是 shmem 使用的页面基于 RAM 内存，它可以被写入交换分区里。在分配 shmem 页面时设置了 PG_SwapBacked 标志位，见 shmem_alloc_and_acct_page()函数。

```
static struct page *shmem_alloc_and_acct_page()
{
        page = shmem_alloc_page(gfp, info, index);
        __SetPageLocked(page);
        __SetPageSwapBacked(page);
}
```

通过判断 PG_SwapBacked 标志位来确定将页面添加到匿名页面的 LRU 链表中还是文件映射的 LRU 链表中，见 page_is_file_cache()函数。若没有设置 PG_SwapBacked 标志位，则页面是文件映射的页面，会被添加到文件映射的 LRU 链表中；否则，被添加到匿名页面的 LRU 链表中。

```
static inline int page_is_file_cache(struct page *page)
{
    return !PageSwapBacked(page);
}
```

另外，shmem 页面并没有计入 AnonPages 中，而是计入了 MM_SHMEMPAGES 类型的计数值（即 Shmem）中，见 do_shared_fault()→finish_fault()→alloc_set_pte()函数。

```
vm_fault_t alloc_set_pte()
```

```
{
       ...
       inc_mm_counter_fast(vma->vm_mm, mm_counter_file(page));
       page_add_file_rmap(page, false);
       ...
}
```

在 page_add_file_rmap()中会把这个页面计入 NR_FILE_MAPPED 计数值中。

```
void page_add_file_rmap()
{
    ...
    __mod_lruvec_page_state(page, NR_FILE_MAPPED, nr);
    ...
}
```

总之，shmem 页面一方面被添加到了匿名页面的 LRU 链表里，另一方面被统计到文件映射页面的计数中，真是个"另类的"页面。

（5）为什么 Active(file) + Inactive(file)不等于 Mapped？

Active(file) + Inactive(file)表示系统 LRU 链表中所有文件映射页面的总和，而 Mapped 表示统计所有映射到用户地址空间的内容缓存页面，由 NR_FILE_MAPPED 来统计。当一个内容缓存映射到用户态的进程地址空间时，会调用 page_add_file_rmap()函数来建立 RMAP，并增加 NR_FILE_MAPPED 计数值。

```
void page_add_file_rmap()
{
    ...
    __mod_lruvec_page_state(page, NR_FILE_MAPPED, nr);
    ...
}
```

有一个特殊情况需要考虑，就是 shmem 页面。它会被计入 NR_FILE_MAPPED 计数值中，但是它会设置 PG_SwapBacked 标志位，因此它会被计入匿名页面。

当创建一个 shmem 页面时会把它计入 NR_FILE_PAGES 和 NR_SHMEM 计数值中，见 shmem_add_to_page_cache()函数。

```
static int shmem_add_to_page_cache( )
{
    ...
    __mod_node_page_state(page_pgdat(page), NR_FILE_PAGES, nr);
    __mod_node_page_state(page_pgdat(page), NR_SHMEM, nr);
    ...
}
```

（6）为什么 Active(file) + Inactive(file)不等于 Cached？

Cached 计数值的计算公式是 Cached = NR_FILE_PAGES – swap_cache – Buffers。但是因为 shmem 页面被计入 NR_FILE_PAGES 里，但是它在匿名页面 LRU 链表的计数值里。Active(file)+ Inactive(file)表示系统的 LRU 链表中所有文件映射页面的总和，因此，LRU 链表中所有文件映射页面总和不等于 Cached 计数值。

6.1.3 伙伴系统信息

/proc/buddyinfo 节点包含当前系统的伙伴系统简要信息，而/proc/pagetypeinfo 节点（见图 6.1）则包含当前系统的伙伴系统详细信息，包括每个迁移类型和每个链表的成员数量等。

当前系统只有一个 DMA32 的内存管理区，支持的迁移类型有 Unmovable、Movable、Reclaimable、HighAtomic、CMA 以及 Isolate 等迁移类型，其中页面数量最多的迁移类型是 Movable 类型。迁移类型的最小的单位是页块，在 ARM64 架构中，页块的大小是 2MB，即 order 为 9，其中一共有 512 个页面。

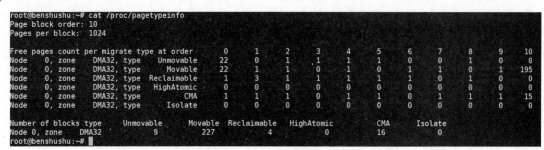

▲图 6.1　/proc/pagetypeinfo 节点

读者需要注意，页块的大小和普通巨页有关。当系统配置了 CONFIG_HUGETLB_PAGE 时，页块的 order 大小等于 HUGETLB_PAGE_ORDER，通常是 9；否则，页块的 order 大小是 10，如图 6.2 所示。

```
#ifdef CONFIG_HUGETLB_PAGE
#define pageblock_order         HUGETLB_PAGE_ORDER
#else
#define pageblock_order         (MAX_ORDER-1)
#endif
```

```
root@benshushu:~# cat /proc/pagetypeinfo
Page block order: 10
Pages per block: 1024

Free pages count per migrate type at order        0    1    2    3    4    5    6    7    8    9   10
Node    0, zone    DMA32, type    Unmovable       22    0    1    1    1    1    0    0    1    0    0
Node    0, zone    DMA32, type      Movable       22    1    1    0    1    0    1    1    0    1  195
Node    0, zone    DMA32, type   Reclaimable       1    3    1    1    1    1    1    0    1    0    0
Node    0, zone    DMA32, type   HighAtomic        0    0    0    0    0    0    0    0    0    0    0
Node    0, zone    DMA32, type          CMA        1    1    1    0    1    1    0    1    1    1   15
Node    0, zone    DMA32, type      Isolate        0    0    0    0    0    0    0    0    0    0    0

Number of blocks type    Unmovable      Movable  Reclaimable  HighAtomic           CMA      Isolate
Node 0, zone     DMA32            9          227            4           0            16            0
root@benshushu:~#
```

▲图 6.2　没有使能普通巨页的情况

6.1.4 查看内存管理区的信息

/proc/zoneinfo 节点包含当前系统所有内存管理区的信息。/proc/zoneinfo 节点显示如下几部分信息。

1. 当前内存节点的内存统计信息

下面是/proc/zoneinfo 节点的第一部分信息。

```
</proc/zoneinfo 节点的第一部分信息>

1  benshushu:~# cat /proc/zoneinfo
```

```
2 Node 0, zone    DMA32
3   per-node stats
4        nr_inactive_anon 1177
5        nr_active_anon 4516
6        nr_inactive_file 15937
7        nr_active_file 6548
         ...
         nr_kernel_misc_reclaimable 0
```

在第 2 行中，表示当前内存节点是第 0 个内存节点，当前内存管理区为 DMA32。

在第 3 行中，表示下面是该内存节点的总体信息。如果当前内存管理区是内存节点的第一个内存管理区，那么会显示该内存节点的总信息。它通过 node_page_state()函数来读取内存节点的数据结构 pglist_data 中的 vm_stat 计数值。

上述信息是在 zoneinfo_show_print()函数中输出的。

```
<mm/vmstat.c>

static void zoneinfo_show_print(struct seq_file *m, pg_data_t *pgdat,
                        struct zone *zone)
```

2. 当前内存管理区的总信息

下面继续看/proc/zoneinfo 节点的信息。

```
</proc/zoneinfo 节点的第二部分信息>

pages free    143627
     min      5632
     low      7040
     high     8448
     spanned  262144
     present  262144
     managed  184424
     protection: (0, 0, 0)
```

❑　pages free：表示这个内存管理区中空闲页面的数量。

❑　min：表示这个内存管理区中处于最低警戒水位的页面数量。

❑　low：表示这个内存管理区中处于低水位的页面数量。

❑　high：表示这个内存管理区中处于高水位的页面数量。

❑　spanned：表示这个内存管理区包含的页面数量。

❑　present：表示这个内存管理区里实际管理的页面数量。

❑　managed：表示这个内存管理区中被伙伴系统管理的页面数量。

❑　protection：表示这个内存管理区预留的内存（lowmem_reserve）。

3. 内存管理区详细的页面信息

接下来是内存管理区详细的页面信息。

```
</proc/zoneinfo 节点的第三部分信息>

    nr_free_pages 143627
```

```
nr_zone_inactive_anon 1177
nr_zone_active_anon 4516
nr_zone_inactive_file 15937
numa_local   81554
numa_other   0
...
```

上述是这个内存管理区详细的页面信息。它通过 zone_page_state()函数来读取 zone 数据结构中的 vm_stat 计数值。

4. 每个 CPU 内存分配器的信息

最后是每个 CPU 内存分配器的信息。

```
</proc/zoneinfo 节点的第四部分信息>

pagesets
  cpu: 0
            count: 57
            high:  186
            batch: 31
 vm stats threshold: 24
 ...
 node_unreclaimable:  0
 start_pfn:          262144
```

- ❏ pagesets：表示每个 CPU 内存分配器中每个 CPU 缓存的页面信息。
- ❏ node_unreclaimable：表示页面回收失败的次数。
- ❏ start_pfn：表示内存管理区的起始页帧号。

6.1.5 查看与进程相关的内存信息

进程的 mm_struct 数据结构中有一个 rss_stat 成员，它用于记录进程的内存使用情况。

```
<include/linux/mm_types.h>

enum {
    MM_FILEPAGES,
    MM_ANONPAGES,
    MM_SWAPENTS,
    MM_SHMEMPAGES,
    NR_MM_COUNTERS
};

struct mm_rss_stat {
    atomic_long_t count[NR_MM_COUNTERS];
};

struct mm_struct {
    ...
    struct mm_rss_stat rss_stat;
    ...
}
```

进程的 mm_struct 数据结构会记录下面 4 种页面的数量。

- ❑　MM_FILEPAGES：进程使用的文件映射的页面数量。
- ❑　MM_ANONPAGES：进程使用的匿名页面数量。
- ❑　MM_SWAPENTS：进程使用的交换分区的匿名页面数量。
- ❑　MM_SHMEMPAGES：进程共享的内存的页面数量。

增加和减小进程内存计数的接口函数有如下几个。

```
#获取 member 计数值
unsigned long get_mm_counter(struct mm_struct *mm, int member)

#使 member 计数值增加 value
void add_mm_counter(struct mm_struct *mm, int member, long value)

#使 member 计数值增加 1
void inc_mm_counter(struct mm_struct *mm, int member)

#使 member 计数值减小 1
void dec_mm_counter(struct mm_struct *mm, int member)

#当 page 不是匿名页面时，若 page 设置了 PageSwapBacked,那么返回 MM_SHMEMPAGES,否则返回 MM_FILEPAGES
int mm_counter_file(struct page *page)

#返回 page 对应的统计类型
int mm_counter(struct page *page)
```

proc 文件系统包含每个进程的相关信息，其中/proc/PID/status 节点有不少和具体进程内存相关的信息。下面是 sshd 线程的状态信息，只截取了和内存相关的信息。

```
root@benshushu:/proc# cat /proc/585/status | grep -E 'Name|Pid|Vm*|Rss*|Vm*|Hu*'

Name:    sshd
Pid:     585
VmPeak:    11796 KB
VmSize:    11796 KB
VmLck:         0 KB
VmPin:         0 KB
VmHWM:      5120 KB
VmRSS:      5120 KB
RssAnon:         700 KB
RssFile:        4420 KB
RssShmem:          0 KB
VmData:      664 KB
VmStk:       132 KB
VmExe:       764 KB
VmLib:      8204 KB
VmPTE:        60 KB
VmSwap:        0 KB
HugetlbPages:          0 KB
```

- ❑　Name：进程的名称。

❑ Pid：PID。

❑ VmPeak：进程使用的最大虚拟内存，通常情况下它等于进程的内存描述符 mm 中的 total_vm。

❑ VmSize：进程使用的虚拟内存，它等于 mm->total_vm。

❑ VmLck：进程锁住的内存，它等于 mm->locked_vm，这里指使用 mlock()锁住的内存。

❑ VmPin：进程固定住的内存，它等于 mm->pinned_vm，这里指使用 get_user_page()固定住的内存。

❑ VmHWM：进程使用的最大物理内存，它通常等于进程使用的匿名页面、文件映射页面以及共享内存页面的大小总和。

❑ VmRSS：进程使用的最大物理内存，它常常等于 VmHWM，计算公式为 VmRSS = RssAnon + RssFile + RssShmem。

❑ RssAnon：进程使用的匿名页面，通过 get_mm_counter(mm, MM_ANONPAGES)获取。

❑ RssFile：进程使用的文件映射页面，通过 get_mm_counter(mm, MM_FILEPAGES)获取。

❑ RssShmem：进程使用的共享内存页面，通过 get_mm_counter(mm, MM_SHMEMPAGES)获取。

❑ VmData：进程私有数据段的大小，它等于 mm->data_vm。

❑ VmStk：进程用户栈的大小，它等于 mm->stack_vm。

❑ VmExe：进程代码段的大小，通过内存描述符 mm 中的 start_code 和 end_code 两个成员获取。

❑ VmLib：进程共享库的大小，通过内存描述符 mm 中的 exec_vm 和 VmExe 计算。

❑ VmPTE：进程页表大小，通过内存描述符 mm 中的 pgtables_bytes 成员获取。

❑ VmSwap：进程使用的交换分区的大小，通过 get_mm_counter(mm, MM_SWAPENTS)获取。

❑ HugetlbPages：进程使用巨页的大小，通过内存描述符 mm 中的 hugetlb_usage 成员获取。

6.1.6 为什么 S_swap 与 P_swap 不相等

/proc/meminfo 节点中 SwapTotal 减去 SwapFree 等于系统中已经使用的交换内存大小，我们称之为 S_swap。另外，我们写一个小程序来遍历系统中所有的进程，并把进程中/proc/PID/status 节点的 VmSwap 值都累加起来，我们把它称为 P_swap。为什么这两个值不相等？

在 Linux 内核中通过 si_swapinfo()函数来查看 S_swap 的值，由 nr_swap_pages 和 swap_info_ struct 中的 flags 来统计，见 si_swapinfo()函数。

```
<mm/swapfile.c>

void si_swapinfo(struct sysinfo *val)
```

当一个页面需要被交换到交换分区时，它需要在 kswapd 内核线程中经历活跃和不活跃 LRU 链表老化过程。一个页面被选为候选交换页面后，它需要调用 try_to_unmap_one()函数来断开所有和用户进程地址空间映射的 PTE。try_to_unmap_one()函数的代码片段如下。

```
static bool try_to_unmap_one()
{
    ...
```

```
        if (PageAnon(page)) {
            dec_mm_counter(mm, MM_ANONPAGES);
            inc_mm_counter(mm, MM_SWAPENTS);
            swp_pte = swp_entry_to_pte(entry);
            set_pte_at(mm, address, pvmw.pte, swp_pte);
    }
    ...
}
```

在 try_to_unmap_one() 函数中，对于匿名页面，会减小进程的 MM_ANONPAGES 计数，增加 MM_SWAPENTS 计数，这里通过 PageAnon() 来判断页面是否为匿名页面。

shmem（共享内存）比较特殊，它是基于 tmpfs 来实现的，本质上它是基于 RAM 的一个文件系统，因此它具有文件的属性，如有文件节点、页面高速缓存等。另外，它的内容不能随便丢弃。当系统内存短缺时会把 shmem 暂时写入交换分区以便腾出内存，因此它有部分匿名页面的属性。那它究竟属于匿名页面还是文件映射页面呢？

创建 shmem 页面时，使用 shmem_fault() 函数，它的 page->mmaping 字段指向 inode->i_mapping，因此我们没法通过 PageAnon() 来判定它是否是传统的匿名页面。在 try_to_unmap_one() 函数中，shmem 页面并没有被统计到进程的 MM_SWAPENTS 计数中，/proc/PID/status 节点中的 VmSwap 不包含被写入交换分区的 shmem 页面。

6.1.7　解读 OOM Killer 机制输出的日志信息

在业务繁忙的服务器里，我们常常发现系统在非常大的内存压力情况下触发了 OOM Killer 机制。OOM Killer 机制是内存管理中在资源极端短缺情况下一种迫不得已的进程终止机制。OOM Killer 机制会根据算法选择并终止占用内存资源比较多的进程，以释放内存。

1. 输出日志

下面的日志是触发 OOM Killer 机制后内核输出的日志。

<OOM Killer 日志的片段 1>

```
[  296.106260] systemd invoked oom-killer:
gfp_mask=0x6200ca(GFP_HIGHUSER_MOVABLE), order=0, oom_score_adj=0
[  296.112688] CPU: 0 PID: 1 Comm: systemd Kdump: loaded Tainted:
G        OE     5.0.0+ #83
[  296.113387] Hardware name: linux,dummy-virt (DT)
[  296.114087] Call trace:
[  296.115013] dump_backtrace+0x0/0x4d4
[  296.115494] show_stack+0x28/0x34
[  296.115751] __dump_stack+0x20/0x2c
[  296.116014] dump_stack+0x230/0x330
[  296.116279] dump_header+0x6c/0x11c
[  296.116575] oom_kill_process+0x3bc/0xae4
[  296.116862] out_of_memory+0x350/0x38c
[  296.117152] __alloc_pages_nodemask+0x23c8/0x2e18
[  296.117481] alloc_pages_current+0x1d4/0x208
[  296.117781] __page_cache_alloc+0x478/0x4a4
[  296.118076] page_cache_read+0x48/0x278
[  296.118353] filemap_fault+0xff8/0x1680
```

```
[  296.118631] ext4_filemap_fault+0x54/0x7c
[  296.118920] __do_fault+0x1a4/0x6dc
[  296.119183] do_read_fault+0x90/0x2bc
[  296.119448] do_fault+0x4d0/0x5a8
[  296.120015] handle_pte_fault+0x1fc/0xacc
[  296.120306] __handle_mm_fault+0xa88/0xab4
[  296.120604] handle_mm_fault+0x670/0x760
[  296.120893] __do_page_fault+0xc4/0x108
[  296.121177] do_page_fault+0x694/0xcb8
[  296.121456] do_translation_fault+0xd8/0xf8
[  296.121751] do_mem_abort+0x6c/0xf4
[  296.122008] do_el0_ia_bp_hardening+0x3ec/0x418
[  296.122340] el0_ia+0x18/0x1c
```

这里触发的进程是 systemd 进程，它在访问某个文件时触发了缺页异常。在缺页异常处理过程中，调用 alloc_pages()函数分配物理内存，又因内存短缺而触发 OOM Killer 机制，其分配掩码是 GFP_HIGHUSER_MOVABLE，请求分配的内存为 1 个页面，即 order 为 0，systemd 进程的 oom_score_adj 为 0。

接下来，输出当前进程的内核函数调用栈，这里通过调用 dump_stack()函数来输出。从上述函数调用关系，我们可以知道触发 OOM Killer 机制的调用路径。

```
handle_pte_fault()→do_read_fault()→ext4_filemap_fault()→page_cache_read()→alloc_
pages_current()→out_of_memory()→oom_kill_process()→dump_header()→dump_stack()
```

2. 输出系统内存总体信息

调用 show_mem()函数输出系统内存总体信息。

<OOM Killer 日志的片段 2>

```
[  296.128420] Mem-Info:
[  296.130204] active_anon:10170 inactive_anon:1250 isolated_anon:0
[  296.130204] active_file:18 inactive_file:28 isolated_file:1
[  296.130204] unevictable:0 dirty:0 writeback:0 unstable:0
[  296.130204] slab_reclaimable:2667 slab_unreclaimable:3446
[  296.130204] mapped:318 shmem:1283 pagetables:317 bounce:0
[  296.130204] free:5898 free_pcp:8 free_cma:0
```

"Mem-Info:"表示将要输出系统内存的总体信息。这是在 show_mem()→show_free_areas()
函数中实现的，代码片段如下。

```
<mm/page_alloc.c>

void show_free_areas(unsigned int filter, nodemask_t *nodemask)
{
    ...
    printk("active_anon:%lu inactive_anon:%lu isolated_anon:%lu\n"
        " active_file:%lu inactive_file:%lu isolated_file:%lu\n"
        " unevictable:%lu dirty:%lu writeback:%lu unstable:%lu\n"
        " slab_reclaimable:%lu slab_unreclaimable:%lu\n"
        " mapped:%lu shmem:%lu pagetables:%lu bounce:%lu\n"
        " free:%lu free_pcp:%lu free_cma:%lu\n",
```

```
            global_node_page_state(NR_ACTIVE_ANON),
            global_node_page_state(NR_INACTIVE_ANON),
            global_node_page_state(NR_ISOLATED_ANON),
            ...
}
```

　　通过 global_node_page_state()函数读取全局数组 vm_node_stat[]中的计数值，获取当前系统内存的如下信息。

- ❑　活跃匿名页面（NR_ACTIVE_ANON）数量。
- ❑　不活跃匿名页面（NR_INACTIVE_ANON）数量。
- ❑　处于临时分离状态的匿名页面（NR_ISOLATED_ANON）数量。
- ❑　活跃文件映射页面（NR_ACTIVE_FILE）数量。
- ❑　不活跃文件映射页面（NR_INACTIVE_FILE）数量。
- ❑　处于临时分离状态的文件映射页面（NR_ISOLATED_FILE）数量。
- ❑　不可回收的页面（NR_UNEVICTABLE）数量。
- ❑　文件映射的脏页（NR_FILE_DIRTY）数量。
- ❑　正在回写的页面（NR_WRITEBACK）数量。
- ❑　NFS 中不稳定的页面（NR_UNSTABLE_NFS）数量。
- ❑　可回收的 slab 页面（NR_SLAB_RECLAIMABLE）数量。
- ❑　不可回收 slab 页面（NR_SLAB_UNRECLAIMABLE）数量。
- ❑　映射到用户进程地址空间的文件映射页面（NR_FILE_MAPPED）数量。
- ❑　共享内存页面（NR_SHMEM）数量。
- ❑　用于页表的页面（NR_PAGETABLE）数量。
- ❑　跳跃的页面（NR_BOUNCE）数量。
- ❑　空闲页面（NR_FREE_PAGES）数量。
- ❑　用于 PCP 机制的页面数量。
- ❑　用于 CMA 机制的空闲（NR_FREE_CMA_PAGES）页面数量。

3．输出内存节点的相关信息

　　在 OOM Killer 日志的片段 3 中，遍历系统中所有的内存节点，输出内存节点的相关信息。

<OOM Killer 日志的片段 3>

```
[  296.132431] Node 0 active_anon:40680KB inactive_anon:5000KB
active_file:72KB inactive_file:112KB unevictable:0KB isolated(anon):0KB isolated
(file):4KB mapped:1272KB dirty:0KB writeback:0KB shmem:5132KB shmem_thp: 0KB shmem_pmd
mapped: 0KB anon_thp: 2048KB writeback_tmp:0KB unstable:0KB all_unreclaimable? no
```

　　上述日志是在 show_free_areas()函数中实现的。

```
<mm/page_alloc.c>

void show_free_areas(unsigned int filter, nodemask_t *nodemask)
{
    ...

    for_each_online_pgdat(pgdat) {
```

```
        printk("Node %d"
            " active_anon:%luKB"
            " inactive_anon:%luKB"
            " active_file:%luKB"
            " inactive_file:%luKB"
            " unevictable:%luKB"
            " isolated(anon):%luKB"
            " isolated(file):%luKB"
            " mapped:%luKB"
            " dirty:%luKB"
            " writeback:%luKB"
            " shmem:%luKB"
#ifdef CONFIG_TRANSPARENT_HUGEPAGE
            " shmem_thp: %luKB"
            " shmem_pmdmapped: %luKB"
            " anon_thp: %luKB"
#endif
            " writeback_tmp:%luKB"
            " unstable:%luKB"
            " all_unreclaimable? %s"
            "\n",
            pgdat->node_id,
            K(node_page_state(pgdat, NR_ACTIVE_ANON)),
            K(node_page_state(pgdat, NR_INACTIVE_ANON)),
            K(node_page_state(pgdat, NR_ACTIVE_FILE)),
            K(node_page_state(pgdat, NR_INACTIVE_FILE)),
            ...
    }
  ...
}
```

首先通过 for_each_online_pgdat()宏遍历系统中所有的内存节点,然后通过 node_page_state()函数读取对应内存节点的 pglist_data 数据结构中的 vm_stat 成员,并把对应的计数值输出。

4. 输出内存管理区的相关信息

接下来会输出内存管理区的相关信息。

<OOM Killer 日志的片段 4>

```
[  296.134445] Node 0 DMA32 free:23592KB min:24576KB low:30208KB high:35840KB
active_anon:40680KB inactive_anon:5000KB active_file:72KB inactive_file:112KB
unevictable:0KB writepending:0KB present:1048576KB managed:738068KB mlocked:0KB kernel
_stack:2432KB pagetables:1268KB bounce:0KB free_pcp:32KB local_pcp:32KB free_cma:0KB
[  296.137154] lowmem_reserve[]: 0 0 0
[  296.137980] Node 0 DMA32: 1322*4KB (UME) 834*8KB (UME) 378*16KB (UME) 119*32KB (UME)
28*64KB (UM) 0*128KB 0*256KB 0*512KB 0*1024KB 0*2048KB 0*4096KB = 23608KB
```

上述日志也是在 show_free_areas()函数中实现的。首先遍历系统中所有的内存管理区,然后输出与内存管理区相关的信息。

❑ 输出内存管理区中的空闲页面数量,如上面日志信息中显示 ZONE_DMA32 的空闲页面（free）大小为"23592KB"。

❑ 输出内存管理区中水位情况，包括最低警戒水位、低水位以及高水位情况。上述日志信息里显示 ZONE_DMA32 的最低警戒水位（min）为"24576KB"，低水位（low）为"30208KB"，高水位（high）为"35840KB"。显然，内存管理区的当前水位已经低于最低警戒水位了，因此一个页面也分配不出来，从而使用 OOM Killer 机制。

❑ 输出内存管理区中相关的内存信息，通过 zone_page_state()函数来获取 zone 数据结构中与 vm_stat[]数组相关的计数值。present 显示的大小是内存管理区实际的页面大小，而 managed 显示的被伙伴系统管理的页面，通常 present 要大于 managed，因为内核本身会使用少量内存，如代码段和数据段。另外，还有一些系统预留的内存，如 crashkernel 会预留一些内存。这里会输出如下和内存管理区相关的内存信息。

- 活跃匿名页面（NR_ZONE_ACTIVE_ANON）数量。
- 不活跃匿名页面（NR_ZONE_INACTIVE_ANON）数量。
- 活跃文件映射页面（NR_ZONE_ACTIVE_FILE）数量。
- 不活跃文件映射页面（NR_ZONE_INACTIVE_FILE）数量。
- 不可回收页面（NR_ZONE_UNEVICTABLE）数量。
- 回写状态的脏页（NR_ZONE_WRITE_PENDING）数量。
- zone 中实际的页面（zone->present_pages）数量。
- zone 的伙伴系统管理的页面（zone->managed_pages）数量。
- 处于锁定状态的页面（NR_MLOCK）数量。
- 内核栈页面（NR_KERNEL_STACK_KB）数量。
- 用于页表的页面（NR_PAGETABLE）数量。
- 跳跃的页面（NR_BOUNCE）数量。
- PCP 机制的空闲页面（free_pcp）数量。
- CMA 机制的空闲页面（NR_FREE_CMA_PAGES）数量。

❑ 输出内存管理区中的 lowmem_reserve 成员的值，它用于保证低端内存管理区的内存不会被进程恶意占用。

❑ 输出内存管理区中每个链表中的迁移类型情况，如"1322*4kB (UME)"表示 order 为 0 的空闲链表中，一共有 1322 个成员。

- U 表示不可迁移类型（MIGRATE_UNMOVABLE）。
- M 表示可迁移类型（MIGRATE_MOVABLE）。
- E 表示可回收类型（MIGRATE_RECLAIMABLE）。
- C 表示（MIGRATE_CMA）。
- H 表示（MIGRATE_HIGHATOMIC）。
- I 表示（MIGRATE_ISOLATE）。

5. 输出总体内存信息

从下述日志片段可以得到系统的总体内存信息。

<OOM Killer 日志 片段 5>

```
[  296.142003] 1339 total pagecache pages
[  296.142387] 0 pages in swap cache
```

```
[  296.142638] Swap cache stats: add 0, delete 0, find 0/0
[  296.143018] Free swap  = 0KB
[  296.143237] Total swap = 0KB
[  296.143627] 262144 pages RAM
[  296.143845] 0 pages HighMem/MovableOnly
[  296.144113] 77627 pages reserved
[  296.144388] 0 pages hwpoisoned
```

- ❑ 内容缓存（pagecache）页面数量为 1339。
- ❑ 没有页面在交换缓存中。
- ❑ Free swap 和 Total swap 都是 0KB，因此系统没有使能交换分区。
- ❑ 系统物理内存一共有 262144 个页面，共占用 1GB 内存，其中 77627 个页面被系统预留了。

6. 输出可选的进程的相关信息

接下来，OOM Killer 机制输出系统所有可选的进程的相关信息，如图 6.3 所示，此时要做出选择。

```
[  296.145108] Tasks state (memory values in pages):
[  296.145453] [  pid ]   uid  tgid total_vm      rss pgtables_bytes swapents oom_score_adj name
[  296.146736] [   125]     0   125     5380      536     126976        0            0 systemd-journal
[  296.147387] [   133]     0   133     4595      301      61440        0        -1000 systemd-udevd
[  296.147985] [   181]     0   181    78740      364     106496        0            0 ModemManager
[  296.148577] [   183]   104   183     1742      201      53248        0         -900 dbus-daemon
[  296.149121] [   187]     0   187     3700      240      73728        0            0 systemd-logind
[  296.149853] [   191]     0   191    97819      442     126976        0            0 udisksd
[  296.150383] [   193]     0   193     1303       52      53248        0            0 cron
[  296.150893] [   194]     0   194     3073      146      61440        0            0 wpa_supplicant
[  296.151451] [   198]     0   198    54956      172      73728        0            0 rsyslogd
[  296.151981] [   201]   106   201     1495      101      53248        0            0 avahi-daemon
[  296.152560] [   204]     0   204    25022     2356      94208        0            0 wicd
[  296.153070] [   214]   106   214     1462       69      53248        0            0 avahi-daemon
[  296.153648] [   230]     0   230    58075      697      98304        0            0 polkitd
[  296.154304] [   379]     0   379      578       25      40960        0            0 agetty
[  296.154844] [   382]     0   382     1939      148      49152        0            0 login
[  296.155374] [   466]     0   466     5814     1865      90112        0            0 wicd-monitor
[  296.155941] [   539]   101   539    22170      226      77824        0            0 systemd-timesyn
[  296.156554] [   567]     0   567      624      109      36864        0            0 dhcpcd
[  296.157140] [   573]     0   573     2248      314      53248        0            0 dhclient
[  296.158313] [   581]     0   581     4168      332      69632        0            0 systemd
[  296.158869] [   596]     0   596    41653      572      94208        0            0 (sd-pam)
[  296.159426] [   707]     0   707     1601      338      49152        0            0 bash
[  296.159960] [  1606]     0  1606     3017      207      61440        0        -1000 sshd
[  296.160512] [  2195]     0  2195     1347       72      49152        0            0 insmod
[  296.161049] [  2225]     0  2225     2576      104      61440        0            0 lightdm
[  296.161592] [  2229]     0  2229     1308       80      49152        0            0 modprobe
[  296.163818] oom-kill:constraint=CONSTRAINT_NONE,nodemask=(null),cpuset=/,mems_allowed=0,global_oom,
task_memcg=/system.slice/wicd.service,task=wicd,pid=204,uid=0
[  296.166628] Out of memory: Kill process 204 (wicd) score 12 or sacrifice child
[  296.170377] Killed process 466 (wicd-monitor) total-vm:23256kB, anon-rss:7460kB, file-rss:0kB, shmem-rss:0kB
[  296.506251] oom_reaper: reaped process 466 (wicd-monitor), now anon-rss:0kB, file-rss:0kB, shmem-rss:0kB
```

▲图 6.3　进程的相关信息

dump_tasks() 会遍历系统中所有可以终止的进程，然后输出如下信息。

- ❑ pid：进程的 ID。
- ❑ uid：进程的用户 ID。
- ❑ tgid：进程组中主线程的 ID。
- ❑ total_vm：进程占用的虚拟内存。
- ❑ rss：进程占用的物理页面的数量，这里会统计进程占用的匿名页面、文件映射页面以及共享内存页面。读者需要注意，这里的单位是页面，而不是 KB。

- ❑　pgtables_bytes：页表大小。
- ❑　Swapents：占用的交换分区的大小。
- ❑　oom_score_adj：OOM 分数。
- ❑　name：进程名字。

OOM Killer 机制会选择占用物理内存最多的进程作为候选者，通过比较发现 PID 为 204 的进程（wicd 进程）为最佳选择，因此输出 "out of memory: Kill process 204 (wicd) score 12 or sacrifice child"。

接下来要比较候选者中的线程，选择一个占用内存最多的线程作为最终候选者，通过比较发现 wicd-monitor 线程（PID 为 466）占用内存最多，因此最终选择该线程来终止。

6.1.8　解读缺页异常后输出的宕机日志信息

下面这个宕机日志信息是修改系统调用表后输出的。我们把下面的日志信息分成 4 个部分。

```
<缺页异常后输出的宕机日志信息>

benshushu:test_syscall_issue# insmod testsyscall_issue.ko
[   99.777689] Found the sys_call_table at ffff000011771970.
[   99.979256] replace system call ...
[   99.980261] walk_pagetable get pte=0x7BFFC003
[   99.981665] mkwrite pte=0x800007BFFC403
[   99.983618] got sys_call_table[220] at                  0.

//第 1 部分：判断错误类型
[   99.986748] Unable to handle kernel write to read-only memory at virtual address
ffff0000011772050

//第 2 部分：输出与 ESR 相关的信息
[   99.987979] Mem abort info:
[   99.988338]   ESR = 0x9600004f
[   99.990267]   Exception class = DABT (current EL), IL = 32 bits
[   99.991557]   SET = 0, FnV = 0
[   99.991766]   EA = 0, S1PTW = 0
[   99.991975] Data abort info:
[   99.992123]   ISV = 0, ISS = 0x0000004f
[   99.992290]   CM = 0, WnR = 1

//第 3 部分：遍历页表并输出页表项信息
[   99.996224] swapper pgtable: 4k pages, 48-bit VAs, pgdp = (____ptrval____)
[   99.998666] [ffff000011772050] pgd=000000007bfff003, pud=000000007bffe003,
pmd=000800007bffc403, pte=00e0000041772793

//第 4 部分：输出寄存器信息和内核调用路径
[  100.009747] Internal error: Oops: 9600004f [#1] SMP
[  100.013393] Modules linked in: testsyscall_issue(OE+)
[  100.017969] CPU: 1 PID: 586 Comm: insmod Tainted: G          OE     5.0.0+ #2
[  100.018714] Hardware name: linux,dummy-virt (DT)
[  100.019481] pstate: 60000005 (nZCv daif -PAN -UAO)
[  100.021494] pc : hack_syscall_init+0x4bc/0x1000 [testsyscall_issue]
```

```
[  100.022313] lr : hack_syscall_init+0x458/0x1000 [testsyscall_issue]
[  100.024056] sp : ffff800034f1f620
[  100.035893] x29: ffff800034f1f620 x28: ffff8000364caa00
[  100.039600] x27: 0000000000000000 x26: 0000000000000000
[  100.041063] x25: 0000000056000000 x24: 0000000000000015
[  100.044269] x23: 0000000040001000 x22: 0000ffff92289f34
[  100.047647] x21: 00000000ffffffff x20: 000080002a14d000
[  100.050859] x19: 0000000000000000 x18: 0000000000000000
[  100.057400] x17: 0000000000000000 x16: 0000000000000000
[  100.062117] x15: ffffffffffffffff x14: 4d554e5145553065
[  100.072102] x13: 6c75646f6d3d4d45 x12: 5453595342555300
[  100.081611] x11: 0000000000000038 x10: 0101010101010101
[  100.087294] x9 : 0000000000000006 x8 : 2020202020207461
[  100.101715] x7 : 205d3032325b656c x6 : ffff00001203a48b
[  100.109034] x5 : ffff000010186a4c x4 : ffff80003bd9ff88
[  100.109726] x3 : ffff80003bd9ff88 x2 : 73be555acfb8c200
[  100.110927] x1 : ffff000009770000 x0 : ffff000011772050
[  100.111739] Process insmod (pid: 586, stack limit = 0x(____ptrval____))
[  100.149687] Call trace:
[  100.155731]  hack_syscall_init+0x4bc/0x1000 [testsyscall_issue]
[  100.167878]  do_one_initcall+0x430/0x9f0
[  100.169306]  do_init_module+0xb8/0x2f8
[  100.170888]  load_module+0x8e0/0xbc0
[  100.189921]  __se_sys_finit_module+0x14c/0x180
[  100.190620]  __arm64_sys_finit_module+0x44/0x4c
[  100.191320]  __invoke_syscall+0x28/0x30
[  100.191741]  invoke_syscall+0xa8/0xdc
[  100.192513]  el0_svc_common+0xf8/0x1d4
[  100.193192]  el0_svc_handler+0x3bc/0x3e8
[  100.193698]  el0_svc+0x8/0xc
[  100.195419] Code: d37df000 8b000020 f0ffffc1 91000021 (f9000001)
[  100.208174] ---[ end trace f615fe47ebd49ea7 ]---
Segmentation fault
```

日志信息最开始的几行是 testsyscall_issue.ko 内核模块输出的日志，其中"walk_pagetable get pte=0x7BFFC003"表示遍历页表，找到系统调用表虚拟地址对应的 PTE，这个 PTE 的内容为 0x7BFF C003。接着把这个 PTE 的属性从只读属性修改为可读、可写的属性。

当程序去读对应的系统调用表中的页表项时却发生了内核宕机。

1. 判断错误类型

从日志信息"Unable to handle kernel write to read-only memory at virtual address ffff000011772050"我们可以看出，testsyscall_issue 内核模块往一个只读的内存地址写入了数据，从而导致了内核宕机，写入的虚拟地址为 0x FFFF 0000 1177 2050。

上述日志是在__do_kernel_fault()函数中输出的，该函数实现在 arch/arm64/mm/fault.c 文件中。

```
<arch/arm64/mm/fault.c>

static void __do_kernel_fault(unsigned long addr, unsigned int esr,
                struct pt_regs *regs)
```

```
{
    const char *msg;
    ...
    if (is_el1_permission_fault(addr, esr, regs)) {
        if (esr & ESR_ELx_WNR)
            msg = "write to read-only memory";
        else
            msg = "read from unreadable memory";
    } else if (addr < PAGE_SIZE) {
        msg = "NULL pointer dereference";
    } else {
        msg = "paging request";
    }

    die_kernel_fault(msg, addr, esr, regs);
}
```

该函数的参数说明如下。

❏　addr：表示异常发生时的虚拟地址，由 FSR_EL1 提供。

❏　esr：表示异常发生时的异常状态，由 ESR_EL1 提供。

❏　regs：异常发生时的 pt_regs。

首先，通过 is_el1_permission_fault() 函数来判断是否在 EL1 里因为访问权限问题导致缺页异常。is_el1_permission_fault() 函数会通过 ESR 相关的值进行判断。

```
<arch/arm64/mm/fault.c>

static inline bool is_el1_permission_fault(unsigned long addr, unsigned int esr,
struct pt_regs *regs)
{
    unsigned int ec       = ESR_ELx_EC(esr);
    unsigned int fsc_type = esr & ESR_ELx_FSC_TYPE;

    if (ec != ESR_ELx_EC_DABT_CUR && ec != ESR_ELx_EC_IABT_CUR)
        return false;

    if (fsc_type == ESR_ELx_FSC_PERM)
        return true;

    if (is_ttbr0_addr(addr) && system_uses_ttbr0_pan())
        return fsc_type == ESR_ELx_FSC_FAULT &&
            (regs->pstate & PSR_PAN_BIT);

    return false;
}
```

ESR[1]的 EC 域（Bit [26 : 31]）存放了异常类型（Exception Class，EC），这个域指示发生异常的类型，用于索引下一级的 ISS 表，因此代码中变量 ec 获取了当前的异常类型。

ESR_ELx_EC_DABT_CUR 表示来自当前异常等级的数据异常，当前等级为 EL1；ESR_ELx_EC_IABT_CUR 表示来自当前异常等级的指令异常，当前等级为 EL1。is_el1_permission_

---

① 关于 ESR，详见《ARM Architecture Reference Manual, ARMv8, for ARMv8-A architecture profile》v8.4 版本的第 D12.2.36 节。

fault()函数判断该异常是否源于 EL1 的访问权限问题，因此我们先把来自其他异常类型的异常过滤掉了。

ESR 支持几十种不同的异常类型，根据异常类型来索引不同的 ISS 域，ISS 域为 ESR 的 Bit[0:24]，它用于索引下一个表。不同的异常类型对应的 ISS 的编码格式是不太一样的。

ESR_ELx_EC_DABT_CUR 类型的 ISS 表已经在 4.7.1 节介绍过[①]。下面简单介绍 ESR_ELx_EC_IABT_CUR 类型的 ISS 表[②]，如图 6.4 所示。

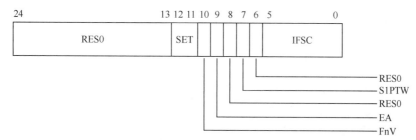

▲图 6.4　指令异常类型的 ISS 表

数据异常和指令异常的 ISS 非常类似，其中 Bit[0:5]表示 FSC 域，用于表示异常的状态码。代码中的变量 fsc_type 用于获取异常状态码，然后判断是否为访问权限异常。

FSC 域中定义了 3 个访问权限异常。

❑ 0b001101：表示第 1 级页表的访问权限异常。
❑ 0b001110：表示第 2 级页表的访问权限异常。
❑ 0b001111：表示第 3 级页表的访问权限异常。

另外，还有一种特殊情况需考虑，在 EL1 或者 EL2 访问属于 EL0 的虚拟地址时会触发一个访问权限错误。system_uses_ttbr0_pan()函数判断是否使用软件来模拟 PAN（Privileged Access Never）功能，即有没有使能 CONFIG_ARM64_SW_TTBR0_PAN 宏。在 ARMv8.1 扩展特性中支持硬件实现 PAN 功能。

当 is_el1_permission_fault()函数确认是在 EL1 发生了访问权限异常之后，如果出现数据异常，使用 ISS 表中第 6 位（ESR_ELx_WNR）来判断是读内存还是写内存导致的异常。若是写内存导致的异常，说明程序写了一个只读属性的内存区域，因此输出 "write to read-only memory"。若是读内存导致的异常，说明读了一个不能读的内存区域，输出 "read from unreadable memory"。

若发生异常的原因为 EL1 的访问权限问题，那么可能是因为访问了空指针。

总之，在内核态发生异常的原因和输出的日志信息如表 6.4 所示。最终会在 die_kernel_fault()函数中输出。

表 6.4　　　　　　　　　　　访问异常的原因和输出日志信息

异常类型	异常原因	输出日志
内核态访问权限问题	写内存	write to read-only memory
	读内存	read from unreadable memory
内核态访问了错误地址	访问了空指针	NULL pointer dereference
	MMU 不能索引物理地址	paging request

---

① 关于数据异常类型的 ISS，详见《 ARM Architecture Reference Manual, ARMv8, for ARMv8-A architecture profile》v8.4 版本的第 D12 章，第 2792 页。

② 关于指令异常类型的 ISS，详见《ARM Architecture Reference Manual, ARMv8, for ARMv8-A architecture profile》v8.4 版本的第 D12 章，第 2790 页。

2. 输出与 ESR 相关的信息

接下来的日志信息是与 ARM64 处理器相关的内存管理信息。这部分日志信息是在 die_kernel_fault()->mem_abort_decode()函数中输出的。其中 mem_abort_decode()输出的是和 ESR 相关的信息。

```
static void mem_abort_decode(unsigned int esr)
{
    pr_alert("Mem abort info:\n");

    pr_alert("  ESR = 0x%08x\n", esr);
    pr_alert("  Exception class = %s, IL = %u bits\n",
        esr_get_class_string(esr),
        (esr & ESR_ELx_IL) ? 32 : 16);
    pr_alert("  SET = %lu, FnV = %lu\n",
        (esr & ESR_ELx_SET_MASK) >> ESR_ELx_SET_SHIFT,
        (esr & ESR_ELx_FnV) >> ESR_ELx_FnV_SHIFT);
    pr_alert("  EA = %lu, S1PTW = %lu\n",
        (esr & ESR_ELx_EA) >> ESR_ELx_EA_SHIFT,
        (esr & ESR_ELx_S1PTW) >> ESR_ELx_S1PTW_SHIFT);
}
```

这里输出了 ESR 相关域的值，并且解析了异常类型。从日志可以看出这次异常发生的类型为"Exception class = DABT (current EL)"。

另外，"Data abort info:"之后会输出数据异常的 ISS 中几个重要域的值，方便读者进一步分析。

3. 遍历页表和输出页表项内容

接下来的日志会遍历页表，并且输出每一级页表项的内容，方便读者进一步分析原因。

```
[   99.996224] swapper pgtable: 4k pages, 48-bit VAs, pgdp = (____ptrval____)
[   99.998666] [ffff000011772050] pgd=000000007bfff003, pud=000000007bffe003,
pmd=000800007bffc403, pte=00e0000041772793
```

上述日志是在 show_pte()函数中输出的，相关说明如下。

❑ swapper pgtable：表示发生异常的地址在内核态，若发生异常的地址在用户空间，那么会输出"user pgtable"。

❑ 4k pages：表示系统使用的页面大小。

❑ 48-bit Vas：表示虚拟地址总线的位宽，该值等于 CONFIG_ARM64_VA_BITS 的配置。

❑ pgdp：表示一级页表的指针，即 mm->pgd。

❑ pgd：表示异常地址所在的 PGD 页表项的内容。注意，这里是 PDG 页表项的内容，而不是页表项指针，它是通过 pgd_val()宏来读取的。

❑ pud：表示异常地址所在的 PUD 页表项的内容。

❑ pmd：表示异常地址所在的 PMD 页表项的内容。

❑ pte：表示异常地址所在的 PTE 的内容。

4. 输出寄存器信息和内核调用路径

下面的日志信息是在 __die()函数中输出的。

```
[  100.009747] Internal error: Oops: 9600004f [#1] SMP
```

- ❑ Internal error：表示发生了严重的内部错误。
- ❑ Oops：表示错误的类型为 oops。
- ❑ 9600004f：表示 ARM64 的 ESR 的值。
- ❑ [#1]：表示发生错误的次数。

```
[  100.013393] Modules linked in: testsyscall_issue(OE+)
```

上面的日志信息是在 print_modules()函数中输出的，它会输出系统中已经加载的内核模块名称。

```
[  100.017969] CPU: 1 PID: 586 Comm: insmod Tainted: G           OE      5.0.0+ #2
[  100.018714] Hardware name: linux,dummy-virt (DT)
[  100.019481] pstate: 60000005 (nZCv daif -PAN -UAO)
[  100.021494] pc : hack_syscall_init+0x4bc/0x1000 [testsyscall_issue]
[  100.022313] lr : hack_syscall_init+0x458/0x1000 [testsyscall_issue]
[  100.024056] sp : ffff800034f1f620
[  100.035893] x29: ffff800034f1f620 x28: ffff8000364caa00
[  100.039600] x27: 0000000000000000 x26: 0000000000000000
[  100.041063] x25: 0000000056000000 x24: 0000000000000015
[  100.044269] x23: 0000000040001000 x22: 0000ffff92289f34
[  100.047647] x21: 00000000ffffffff x20: 000080002a14d000
[  100.050859] x19: 0000000000000000 x18: 0000000000000000
[  100.057400] x17: 0000000000000000 x16: 0000000000000000
[  100.062117] x15: ffffffffffffffff x14: 4d554e5145553065
[  100.072102] x13: 6c75646f6f3d4d45 x12: 5453595342555300
[  100.081611] x11: 0000000000000038 x10: 0101010101010101
[  100.087294] x9 : 0000000000000006 x8 : 2020202020207461
[  100.101715] x7 : 205d3032325b656c x6 : ffff00001203a48b
[  100.109034] x5 : ffff000010186a4c x4 : ffff80003bd9ff88
[  100.109726] x3 : ffff80003bd9ff88 x2 : 73be555acfb8c200
[  100.110927] x1 : ffff000009770000 x0 : ffff000011772050
```

上面的日志信息是 ARM64 处理器的通用寄存器的值，它是在 __show_regs()函数中输出的。它会输出以下信息。

- ❑ "CPU: 1"：触发异常时 CPU 的编号。
- ❑ "PID: 586 Comm: insmod"：触发异常时的 PID 和名称。
- ❑ "5.0.0+"：Linux 内核版本。
- ❑ "linux,dummy-virt (DT)"：硬件板子名称。
- ❑ Pstate：PSTATE 寄存器的值。
- ❑ pc：PC 寄存器的值和对应的符号表信息。
- ❑ lr：LR 的值和对应的符号表信息。
- ❑ sp：当前栈的 SP 的值。
- ❑ x0～x29：通用寄存器的值。

```
[  100.149687] Call trace:
[  100.155731]  hack_syscall_init+0x4bc/0x1000 [testsyscall_issue]
[  100.167878]  do_one_initcall+0x430/0x9f0
[  100.169306]  do_init_module+0xb8/0x2f8
[  100.170888]  load_module+0x8e0/0xbc0
[  100.189921]  __se_sys_finit_module+0x14c/0x180
[  100.190620]  __arm64_sys_finit_module+0x44/0x4c
[  100.191320]  __invoke_syscall+0x28/0x30
[  100.191741]  invoke_syscall+0xa8/0xdc
[  100.192513]  el0_svc_common+0xf8/0x1d4
[  100.193192]  el0_svc_handler+0x3bc/0x3e8
[  100.193698]  el0_svc+0x8/0xc
```

　　上述日志信息显示了发生异常时的内核调用路径，它是在 dump_backtrace()函数中输出的。
我们发现异常是在运行到 testsyscall_issue 内核模块时发生的，内核调用路径如下。

```
<el0_svc-> invoke_syscall-> load_module-> do_init_module-> do_one_initcall->
hack_syscall_init>

[  100.195419] Code: d37df000 8b000020 f0ffffc1 91000021 (f9000001)
[  100.208174] ---[ end trace f615fe47ebd49ea7 ]---
```

　　最后通过__dump_instr()函数把当前 PC 寄存器指向的地址 addr 输出，并且输出 addr 的前 4
条指令。

6.2　内存管理调优参数

　　对服务器或者嵌入式产品做性能调优的过程中，避免不了需要深入了解和使用 Linux 内核
内存管理模块提供的调优参数。Linux 内核支持的内存管理调优参数都在/proc/sys/vm 目录下面，
一共有 40 多个调优参数，如图 6.5 所示。

```
root@benshushu:/proc/sys/vm# ls
admin_reserve_kbytes              mmap_rnd_bits
block_dump                        mmap_rnd_compat_bits
compact_memory                    nr_hugepages
compact_unevictable_allowed       nr_hugepages_mempolicy
dirty_background_bytes            nr_overcommit_hugepages
dirty_background_ratio            numa_stat
dirty_bytes                       numa_zonelist_order
dirty_expire_centisecs           oom_dump_tasks
dirty_ratio                       oom_kill_allocating_task
dirty_writeback_centisecs        overcommit_kbytes
dirtytime_expire_seconds         overcommit_memory
drop_caches                       overcommit_ratio
extfrag_threshold                 page-cluster
hugetlb_shm_group                 panic_on_oom
laptop_mode                       percpu_pagelist_fraction
legacy_va_layout                  stat_interval
lowmem_reserve_ratio             stat_refresh
max_map_count                     swappiness
memory_failure_early_kill        user_reserve_kbytes
memory_failure_recovery          vfs_cache_pressure
min_free_kbytes                   watermark_boost_factor
min_slab_ratio                    watermark_scale_factor
min_unmapped_ratio               zone_reclaim_mode
mmap_min_addr
root@benshushu:/proc/sys/vm#
```

▲图 6.5　调优参数

内存管理的调优参数定义在 kernel/sysctl.c 文件中，通过 proc 文件系统机制来实现。

```
static struct ctl_table vm_table[] = {
    {
        .procname    = "overcommit_memory",
        .data        = &sysctl_overcommit_memory,
        .maxlen      = sizeof(sysctl_overcommit_memory),
        .mode        = 0644,
        .proc_handler = proc_dointvec_minmax,
        .extra1      = &zero,
        .extra2      = &two,
    },
    ...
}
```

❑ procname：表示这个节点的名称，显示在/proc/sys/vm 目录下面。
❑ data：传递的数据，通常是某个全局变量，如 sysctl_overcommit_memory。
❑ maxlen：参数 data 的长度。
❑ mode：节点的文件权限。0644 表示用户具有读写权限，组用户和其他用户具有只读权限。
❑ proc_handler：该节点在内核中的回调函数。
❑ extra1：表示这个参数的最小值。
❑ extra2：表示这个参数的最大值，如 overcommit_memory 调优参数的最大值为 2，最小值为 0。

6.2.1 影响内存管理区水位的调优参数 min_free_kbytes

Linux 内核为了防止内存被恶意进程占用，在每个内存管理区设置了一部分预留内存，即最低警戒水位（watermark[WMARK_MIN]）。进程分配内存的行为是有优先级的，对于普通优先级的分配行为，是不能访问预留内存的，只有对于高优先级的分配行为，才能访问，如高优先级的进程可以通过设置__GFP_HIGH、__GFP_ATOMIC 甚至__GFP_MEMALLOC 来访问预留内存。若系统预留内存小于 1024KB，那么可能会导致系统出问题，具有高优先级分配行为的进程没法得到内存。

系统初始化时通过 init_per_zone_wmark_min()函数来计算 min_free_kbytes 的大小，然后计算每个内存管理区的水位。min_free_kbytes 的计算公式如下。

$$\text{min\_free\_kbytes} = 4\sqrt{\text{lowmem\_kbytes}}$$

lowmem_kbytes 是系统中所有内存管理区的管理页面数量减去高水位页面数量（managed_pages − high_pages）的总和。最后计算出来的 min_free_kbytes 有范围限制，最小值为 128KB，最大值为 64MB。

min_free_kbytes 的值会影响每个内存管理区的水位，它是在__setup_per_zone_wmarks()函数中设置的。

```
<mm/page_alloc.c>

static void __setup_per_zone_wmarks(void)
{
    unsigned long pages_min = min_free_kbytes >> (PAGE_SHIFT - 10);
    for_each_zone(zone) {
```

```
        lowmem_pages += zone_managed_pages(zone);
    }
    for_each_zone(zone) {
        u64 tmp;
        tmp = (u64)pages_min * zone_managed_pages(zone);
        do_div(tmp, lowmem_pages);
        zone->_watermark[WMARK_MIN] = tmp;
        tmp = max_t(u64, tmp >> 2,
                    mult_frac(zone_managed_pages(zone),
                        watermark_scale_factor, 10000));
        zone->_watermark[WMARK_LOW]  = min_wmark_pages(zone) + tmp;
        zone->_watermark[WMARK_HIGH] = min_wmark_pages(zone) + tmp * 2;
        zone->watermark_boost = 0;
    }
}
```

内存管理区的 3 个水位的计算都和 min_free_kbytes 有关。当系统只有一个内存管理区时，最低警戒水位（watermark[WMARK_MIN]）等于 min_free_kbytes，低水位、高水位与 watermark_scale_factor 参数、内存管理区管理的内存大小（managed_pages）有关。watermark_boost 表示临时提高的水位（它是在 Linux 5.0 内核中引入的）。

读者可以通过查看/proc/zoneinfo 节点来获取每个内存管理区水位的值。

```
root@benshushu:~# cat /proc/zoneinfo
Node 0, zone     DMA32
  pages free      148511
        min       5632
        low       7040
        high      8448
        spanned   262144
        present   262144
        managed   188510
        protection: (0, 0, 0)
```

在实际内存调优过程中，设置 min_free_kbytes 值过大或者过小都会有相应的副作用。

若 min_free_kbytes 值过大，会影响内存管理区的 3 个水位，因此把该值设置过大，相当于提高了低水位。若页面分配器在低水位情况下分配失败，则唤醒 kswapd 内核线程异步扫描 LRU 链表和回收内存。这相当于提前唤醒了 kswapd 内核线程。另外，留给普通优先级分配请求的内存就少了，这样可能导致进程提前使用 OOM Killer 机制。但是凡事都不能太绝对，当系统发现有外碎片化现象发生时，临时提高水位并且提前唤醒 kswapd 内核线程，反而可以缓解外碎片化的进一步恶化，这是 Linux 5.0 内核新增的优化特性。

若 min_free_kbytes 值过小，内存管理区中预留的内存就越少，这样导致系统有一些高优先级分配行为的进程（或内核路径）在特别紧急情况下分配内存失败。若访问预留内存也失败，那么可能会导致系统进入死锁状态，如 kswapd 内核线程等通过设置 PF_MEMALLOC 标志位来告诉页面分配器，它们在紧急情况下访问少量的系统预留内存以保证程序的正确运行。

6.2.2 影响页面分配的参数 lowmem_reserve_ratio

Linux 内核把内存节点分成了多个内存管理区，位于低地址的称为低端内存管理区，位于高地址的称为高端内存管理区。在一个 x86_64 计算机上，通常分成如下几个内存管理区。

- ❑ ZONE_DMA。
- ❑ ZONE_DMA32。
- ❑ ZONE_NORMAL。
- ❑ ZONE_MOVABLE。
- ❑ ZONE_DEVICE。

可以通过查看/proc/zoneinfo 节点来获取每个内存管理区中的一些重要参数，如内存管理区的空闲内存、最低警戒水位、低水位、高水位、管理页面数量等。

```
ben@:runninglinuxkernel-5.0$ cat /proc/zoneinfo
Node 0, zone      DMA
pages free       3971
        min      35
        low      43
        high     51
        spanned  4095
        present  3996
        managed  3975
        protection: (0, 3174, 7610, 7610, 7610)

Node 0, zone      DMA32
  pages free      300270
        min      6600
        low      8250
        high     9900
        spanned  1044480
        present  894623
        managed  812703
        protection: (0, 0, 4435, 4435, 4435)

Node 0, zone      Normal
  pages free      57436
        min      10771
        low      13335
        high     15899
        spanned  1175040
        present  1175040
        managed  1135580
        protection: (0, 0, 0, 0, 0)
```

一个非常重要的参数就是 protection，它读取内存管理区中 lowmem_reserve[]数组的值。

```
<include/linux/mmzone.h>

struct zone {
    ...
   long lowmem_reserve[MAX_NR_ZONES];
    ...
}
```

lowmem_reserve[]数组的单位是页面。设置 lowmem_reserve[]数组是为了防止页面分配器过度地从低端内存管理区中分配内存，因为低端内存管理区的内存一般是有特殊用途的，如

ZONE_DMA 用于 ISA 总线的设备。通常有些应用程序分配内存之后会使用 mlock()来锁住这部分内存，因此这些内存就不能被交换到交换分区，从而导致 ZONE_DMA 变少了。另外，防止系统过早在低端内存管理区中触发 OOM Killer 机制，而系统的高端内存管理区却有大量空闲内存。因此，Linux 内核设置 lowmem_reserve[]数组为了防止进程过度使用低端内存管理区的内存。

那 Linux 内核是如何使用这个数组呢？

从/proc/zoneinfo 节点可以看到，ZONE_DMA 的 lowmem_reserve[]数组值要比 ZONE_DMA32 的大。另外，ZONE_NORMAL 的 lowmem_reserve[]数组元素全是 0，这说明不需要做额外保护。

判断一个内存管理区是否满足这次分配任务的函数是__zone_watermark_ok()。

```
<mm/page_alloc.c>

bool __zone_watermark_ok(struct zone *z, unsigned int order, unsigned long mark,
int classzone_idx, unsigned int alloc_flags,
            long free_pages)
{
    long min = mark;
    ...
    if (free_pages <= min + z->lowmem_reserve[classzone_idx])
        return false;
    ...
}
```

其中 z 表示当前扫描的内存管理区，classzone_idx 表示这次分配请求通过分配掩码计算出来的首选的内存管理区，如 GFP_KERNEL 会首选 ZONE_NOMAL。min 表示 z 内存管理区中判断水位的条件，free_pages 表示 z 内存管理区的空闲内存。

假设现在分配请求中 order 为 2，分配掩码为 GFP_KERNEL，为了判断当前的 ZONE_DMA 是否适合这次分配请求，假设判断水位条件为低水位。

在这种情况下需要读取 ZONE_DMA 中 lowmem_reserve[normal]的值，从/proc/zoneinfo 节点中我们可以读出值为 7610，7610KB × 4 = 30440KB，加上 43KB，因此内存管理区的空闲页面必须要大于 30484KB 才能满足分配请求。

每个内存管理区的 lowmem_reserve[]值可以通过设置 lowmem_reserve_ratio 节点的值来修改，最终它是调用 setup_per_zone_lowmem_reserve()函数来实现的。

6.2.3　影响页面回收的参数

本节介绍内存管理中和页面回收相关的参数。

1. swappiness

swappiness 用于控制 kswapd 内核线程把页面写入交换分区的活跃程度，该值可以设置为 0～100。该值越小，说明写入交换分区的活跃度越低，这样有助于提高系统的 I/O 性能；该值越大，说明越来越多进程的匿名页面被写入交换分区了，这样有利于系统腾出内存空间，但是发生磁盘交换会导致大量的 I/O，影响系统的用户体验和系统性能。0 表示不写入匿名页面到磁盘，直到系统的空闲页面加上文件映射页面的总数少于内存管理区的高水位才启动匿名页面回收并将其写入交换磁盘。swappiness 的默认值为 60。

2. zone_reclaim_mode

当页面分配器在一个内存管理区里分配失败时，若 zone_reclaim_mode 为 0，则表示可以从下一个内存管理区或者下一个内存节点中分配内存；否则，表示可以在这个内存管理区中进行一些内存回收，然后继续尝试在该内存管理区中分配内存。

在 kernel/sysctl.c 文件中，zone_reclaim_mode 的值由 node_reclaim_mode 宏来存储。

```
<kernel/sysctl.c>

static struct ctl_table vm_table[] = {
...
#ifdef CONFIG_NUMA
    {
        .procname    = "zone_reclaim_mode",
        .data        = &node_reclaim_mode,
        .maxlen      = sizeof(node_reclaim_mode),
        .mode        = 0644,
        .proc_handler = proc_dointvec,
        .extra1      = &zero,
    },
#endif
...
}
```

在 get_page_from_freelist()函数中，当 zone_watermark_fast()判断当前的内存管理区不能满足分配请求时，若 node_reclaim_mode 的值不为 0，则调用 node_reclaim()函数对该内存管理区进行页面回收。下面是 get_page_from_freelist()函数的代码片段。

```
<mm/page_alloc.c>

static struct page *
get_page_from_freelist()
{

    for_next_zone_zonelist_nodemask() {
        if (!zone_watermark_fast()) { //若这个内存管理区不能满足分配请求
            if (node_reclaim_mode == 0)
                continue;

    //若 node_reclaim_mode 不为 0，则调用 node_reclaim()函数对该内存管理区进行页面回收
            node_reclaim(zone->zone_pgdat, gfp_mask, order);
        }

try_this_zone:
        page = rmqueue(ac->preferred_zoneref->zone, zone, order,
                gfp_mask, alloc_flags, ac->migratetype);
            return page;

}
```

zone_reclaim_mode 是一个按位或操作的数值，读者可以根据如下位来设置不同的组合。

❑　1（Bit[0]）：表示打开内存管理区回收模式，扫描该内存管理区的页面并进行页面回收。

- ❑　2（（Bit[1]）：表示只回收该内存管理区的内容缓存页面，将脏的内容缓存页面回写到磁盘，从而回收页面。
- ❑　4（Bit[2]）：表示只回收该内存管理区的匿名页面。

通常情况下，zone_reclaim_mode 模式是关闭的。但是，读者可以根据不同的场景来选择打开或者关闭。

- ❑　打开的场景。如果应用场景对跨 NUMA 内存节点的访问延时比较敏感，可以打开 zone_reclaim_mode 模式，这样页面分配器会优先从本地内存节点回收内存并分配内存。
- ❑　关闭的场景。如文件服务器中，系统需要大量的内容来作为内容缓存，即使内容缓存在远端 NUMA 节点上，读其中的内容也比直接读磁盘中的内容要快。

3．watermark_boost_factor

watermark_boost_factor 用于优化内存外碎片化。它临时提高内存管理区的水位，即 zone->watermark_boost，从而提高内存管理区的高水位（WMARK_HIGH），这样 kswapd 可以回收更多内存，内存规整模块（kcompactd 内核线程）就比较容易合并大块的连续物理内存。

watermark_boost_factor 的默认值是 15000，表示会临时把原来的高水位提升到 150%。若把这个值设置为 0，则关闭临时提高内存管理区水位的机制。临时提高 zone->watermark_boost 是在 boost_watermark()函数中实现的。

4．watermark_scale_factor

除了和 min_free_kbytes 有关外，watermark_scale_factor 还会影响每个内存管理区的低水位（WMARK_LOW）和高水位。

内存管理区的低水位会影响 kswapd 内核线程唤醒的时机，内存管理区的高水位会影响 kswapd 内核线程进入睡眠的时机。通常，当页面分配器发现在低水位分配失败时，会唤醒 kswapd 内核线程；而当内存管理区水位高于高水位时，会让 kswapd 内核线程停止工作并进入睡眠状态。

在__setup_per_zone_wmarks()函数中，watermark_scale_factor 的默认值为 10，分母为 10000，因此表示两个水位之间的距离是系统总内存的 0.1%，如最低警戒水位与低水位的差距是总内存的 0.1%。watermark_scale_factor 最大可以设置为 1000，即两个水位之间的差距最大为总内存的 10%。

6.2.4　影响脏页回写的参数

内存的回收和脏页回写有密切的关系，尽管本节没有介绍文件系统的相关内容，但是对于系统调优来说，影响脏页回写的参数不可忽视。

- ❑　dirty_background_bytes：当脏页所占的内存数量（指所有可用内存，即空闲页面+可回收内存页面）超过 dirty_background_bytes 时，内核回写线程（writeback thread）开始回写脏页。
- ❑　dirty_background_ratio：当脏页所占的百分比达到 dirty_background_ratio 时，内核回写线程开始回写脏页数据，直到脏页比例低于此值。注意，对于 dirty_background_bytes 和 dirty_background_ratio，我们只能设置其中一个。当设置其中一个时，另外一个立即变成 0。dirty_background_ratio 的默认值为 10。
- ❑　dirty_bytes：当系统的脏页总数达到 dirty_bytes 值时，write 系统调用会被阻塞，并开始回写脏页数据，直到脏页总数低于此值。注意，该值不能设置为小于两个页面大小的字节数，否则，设置不生效并且系统会默认加载之前的旧值。

❑ dirty_ratio：当脏页所占的百分比（空闲内存页+可回收内存页）达到 dirty_ratio 时，write 系统调用被阻塞并开始回写脏页数据，直到脏页比例低于此值。dirty_ratio 的默认值为 20。注意，对于 dirty_ratio 和 dirty_bytes，我们只能设置其中一个。

❑ dirty_expire_centisecs：脏数据的过期时间。当内核回写线程被唤醒后会检查哪些数据的存在时间超过了这个时间，并将这些脏数据回写到磁盘，单位是百分之一秒，也就是 10ms。该值默认是 3000，即若脏数据的存在时间超过 30s，那么内核回写线程唤醒之后优先回写这些脏数据。

❑ dirty_writeback_centisecs：内核回写线程周期性唤醒的时间间隔，默认是 5s。

❑ drop_caches：用来回收干净的页面高速缓存和一些可以回收的 slab 对象，如文件系统中 inode、dentries 等。其默认值的含义如下。

- 1：回收和释放内容缓存页面。
- 2：回收和释放可回收的 slab 对象。
- 3：同时回收和释放内容缓存页面、slab 对象。

读者可能会对 dirty_background_*和 dirty_*这两组参数产生疑惑。其实它们之间不冲突，下面以 ratio 为例来说明，dirty_background_ratio 是内存可以产生脏页的百分比。若系统脏页超过这个比例，这些脏页会在稍后某个时刻回写到磁盘里，这由内核回写线程来完成。

而 dirty_ratio 的语义是脏页的限制，即脏页的百分比不能超过这个值。如果脏数据超过这个数量，新的 I/O 请求（write 系统调用）将会被阻塞，直到脏数据被写进磁盘。这是造成 I/O 延迟的重要原因，但这是保证内存中不会存在过量脏数据的保护机制。

6.3 内存管理实战案例分析

本节列出几个经典的内存管理实战案例，希望对读者有所启发和帮助。

6.3.1 案例一：缺页异常和文件系统引发的宕机

1. 问题描述

某工程师在 Linux 5.0 内核开发期间报告了一个宕机现象，从内核日志信息来看，有两个线程发生了死锁的情况。

下面是 task1 进程的函数调用关系。

```
task1:
[<ffffffff811aaa52>] wait_on_page_bit+0x82/0xa0
[<ffffffff811c5777>] shrink_page_list+0x907/0x960
[<ffffffff811c6027>] shrink_inactive_list+0x2c7/0x680
[<ffffffff811c6ba4>] shrink_node_memcg+0x404/0x830
[<ffffffff811c70a8>] shrink_node+0xd8/0x300
[<ffffffff811c73dd>] do_try_to_free_pages+0x10d/0x330
[<ffffffff811c7865>] try_to_free_mem_cgroup_pages+0xd5/0x1b0
[<ffffffff8122df2d>] try_charge+0x14d/0x720
[<ffffffff812320cc>] memcg_kmem_charge_memcg+0x3c/0xa0
[<ffffffff812321ae>] memcg_kmem_charge+0x7e/0xd0
```

```
[<ffffffff811b68a8>]  __alloc_pages_nodemask+0x178/0x260
[<ffffffff8120bff5>]  alloc_pages_current+0x95/0x140
[<ffffffff81074247>]  pte_alloc_one+0x17/0x40
[<ffffffff811e34de>]  __pte_alloc+0x1e/0x110
[<ffffffffa06739de>]  alloc_set_pte+0x5fe/0xc20
[<ffffffff811e5d93>]  do_fault+0x103/0x970
[<ffffffff811e6e5e>]  handle_mm_fault+0x61e/0xd10
[<ffffffff8106ea02>]  __do_page_fault+0x252/0x4d0
[<ffffffff8106ecb0>]  do_page_fault+0x30/0x80
[<ffffffff8171bce8>]  page_fault+0x28/0x30
[<ffffffffffffffff>]  0xffffffffffffffff
```

下面是 task2 进程的函数调用关系。

```
task2:
[<ffffffff811aadc6>]  __lock_page+0x86/0xa0
[<ffffffffa02f1e47>]  mpage_prepare_extent_to_map+0x2e7/0x310 [ext4]
[<ffffffffa08a2689>]  ext4_writepages+0x479/0xd60
[<ffffffff811bbede>]  do_writepages+0x1e/0x30
[<ffffffff812725e5>]  __writeback_single_inode+0x45/0x320
[<ffffffff81272de2>]  writeback_sb_inodes+0x272/0x600
[<ffffffff81273202>]  __writeback_inodes_wb+0x92/0xc0
[<ffffffff81273568>]  wb_writeback+0x268/0x300
[<ffffffff81273d24>]  wb_workfn+0xb4/0x390
[<ffffffff810a2f19>]  process_one_work+0x189/0x420
[<ffffffff810a31fe>]  worker_thread+0x4e/0x4b0
[<ffffffff810a9786>]  kthread+0xe6/0x100
[<ffffffff8171a9a1>]  ret_from_fork+0x41/0x50
[<ffffffffffffffff>]  0xffffffffffffffff
```

2.　问题分析

从 task1 进程的函数调用关系来看，CPU 在处理缺页异常时，do_fault() 函数为 PT 分配一个物理页面。在分配页面的路径上正好触及 memcg 的上限值，导致进入 do_try_to_free_pages()。在页面回收中扫描不活跃页面链，若页面正在处于回写状态，即设置 PG_Writeback 标志位，那么有两种处理情况。

- ❑ 当前系统有大量的回写页面，若当前进程是 kswapd 内核线程，且这个页面设置了 PG_PageReclaim 标志位，就会继续扫描下一个页面，而不用等待这个页面回写完成。
- ❑ 系统等待这个页面回写完成，见 wait_on_page_writeback()。

相关代码见 shrink_page_list() 函数，它实现在 mm/vmscan.c 文件中，其代码片段如下。

```
<mm/vmscan.c>

static unsigned long shrink_page_list()
{
    ...
    if (PageWriteback(page)) {
        if (current_is_kswapd() &&
            PageReclaim(page) &&
            test_bit(PGDAT_WRITEBACK, &pgdat->flags)) {
            nr_immediate++;
            goto activate_locked;
```

```
        } else {
            unlock_page(page);
            wait_on_page_writeback(page);
            list_add_tail(&page->lru, page_list);
            continue;
        }
    }
    ...
}
```

显然，本场景通过 wait_on_page_writeback()函数来等待这个页面回写完成，因为它是通过直接页面回收路径来调用的。

接下来分析 task2 进程的函数调用关系。task2 运行在内核线程里，这个内核线程使用工作队列机制实现刷新回写功能。内核回写线程会定期选择脏的文件进行回写。回写过程中调用文件系统中的 writepages 回调函数把脏页面写回磁盘，对于 ext4 文件系统，该回调函数是 do_writepages()。在 mpage_prepare_extent_to_map()函数中扫描这个文件所有的页面，首先寻找脏页面（设置了 PG_Dirty 标志位的页面），然后给这个页面设置 PG_Writeback 标志位，调用 ext4_io_submit()提交 I/O 到块层。在这个扫描过程中要短暂地为每个页面加一个页锁（即设置 PG_locked 标志位）。

一个可能的场景如下。

假设为了访问一个文件，首先通过 mmap 方式把整个文件映射到用户空间。这个文件的前半段已经被写入，因此这个文件产生了脏页，即有脏的内容缓存页面还没有写回磁盘。

对于 CPU1，因为这个文件中有内容缓存页面是脏的，所以把这个文件的 inode 添加到了回写链表（wb->b_dirty）里。内核回写线程会定期从 wb->b_dirty 链表中取脏的 inode 进行回写。此时，flash 内核线程正在处理这个文件的 inode。在回写线程中，ext4_writepages()->mpage_prepare_extent_to_map()函数会遍历整个文件去查找哪些页面是脏页（判断是否设置了 PG_dirty 标志位）。扫描时会先申请页面的锁，然后判断其是否为脏页。在本场景中，Page_A 会被先扫描，因为它在文件的前半段，而且这个页面是脏页。Page_A 成功申请了页锁，然后设置 PG_Writeback 标志位并且通过 ext4_io_submit()提交 I/O 到块层。

CPU0 访问这个文件的后半段，文件后半段还没有建立映射关系，因此产生了缺页异常。在__do_fault()函数中，vma->vm_ops->fault()会调用文件的 fault()回调函数把文件的内容读取到内容缓存里，并通过 lock_page(vmf->page)给这个页面加上锁，我们假设这个页面称为 Page_B。

接下来，在 finish_fault()函数里，发现 Page_B 对应的 PT 是空的（还没创建），因此调用 pte_alloc_one()函数分配一个页面来作为 PT。我们把这个页面称为 Page_C，它不属于这个文件的内容缓存。在 alloc_pages()里，当把这个页面加入 memcg 时达到了上限值，因此调用直接页面回收函数 do_try_to_free_pages。在 shrink_page_list()里等待另外一个页面回写完成，"无巧不成书"，这个回写的页面正是前面提到的 Page_A，它是这个文件前半段的某个脏页，因为 Page_A 已经在前面设置了 PG_Writeback 标志位。

这个时候，CPU1 正好扫描到了 Page_B，使用 lock_page()尝试给 Page_B 添加页锁。

这样，CPU1 尝试为 Page_B 申请锁，但是 Page_B 的锁已经被 CPU0 持有了。CPU0 持有了 Page_B 的锁，在锁的临界区里，它又等待另外一个页面 Page_A 的回写完成。因此，典型的 ABBA 类型的死锁发生了。

整个死锁过程如图 6.6 所示。

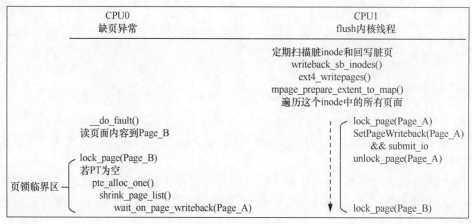

▲图 6.6　死锁过程

3. 解决方案

最早的解决方案是在 ext4 文件系统的 mpage_prepare_extent_to_map()函数中对申请的页锁进行判断。若页面的锁已经被其他对象持有，那么先提交 I/O 到块层，然后使用 lock_page()尝试申请页锁。但是社区的内核开发者都不同意这个方案，因为其他的文件系统（如 xfs 等）可能存在类似的问题。

后来内核开发者从缺页异常方向来修复这个问题，最后 SUSE 内核工程师 Michal Hocko 提交的补丁被合并到了 Linux 5.0 内核中。在缺页异常过程中有一个提前预先分配页表的机制。若 PT 不存在，那么在为 Page_B 申请锁之前提前分配好 PT 需要的页面，这样就可以规避这个问题。vm_fault 数据结构中有一个 prealloc_pte 成员，它是提前分配好的页表需要的页面。修复方案如图 6.7 所示，在缺页异常处理中，在为 Page_B 申请锁之前，若发现 PT 为空，则提前分配一个页面，将其作为 PT。

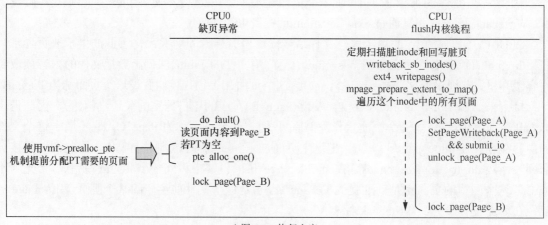

▲图 6.7　修复方案

6.3.2　案例二：KSM 和 NUMA 引发的虚拟机宕机

1. 问题描述

对于 RHEL 发行版以及 Ubuntu 服务器版本，客户都报告了这样的问题。在一台至强服务

器（使用 x86_64 处理器）上发现好几个正在运行的虚拟机发生了死锁，即虚拟机没有响应。这
台服务器是基于 NUMA 架构的服务器，内置了多个 CPU 节点和内存节点。在主机的 Linux 中
开启了 KSM 机制和 numad 监控程序。虚拟机是基于 KVM 和 QEMU 构建的。

主机的 Linux 发行版是 Ubuntu 16.04。主机的 Linux 内核版本是 4.4.0-47-generic。

在虚拟机的 Linux 内核中发现 softlockup 的如下日志信息。

```
CPU: 3 PID: 22468 Comm: kworker/u32:2 Not tainted 4.4.0-47-generic #68-Ubuntu
Hardware name: QEMU Standard PC (i440FX + PIIX, 1996), BIOS
Ubuntu-1.8.2-1ubuntu1 04/01/2014
Workqueue: writeback wb_workfn (flush-252:0)
[<ffffffff81104388>] smp_call_function_many+0x1f8/0x260
[<ffffffff810727d5>] native_flush_tlb_others+0x65/0x150
[<ffffffff81072b35>] flush_tlb_page+0x55/0x90
```

2. 问题分析

从虚拟机的 Linux 内核日志信息可知，虚拟机的 vCPU3 正在运行 kworker 内核线程，这个
线程调用 flush_tlb_page() 函数刷新 TLB，并调用 smp_call_function_many() 函数给其他 vCPU 发
送 IPI 广播，最后一直在等待其他 vCPU 回应。smp_call_function_many() 函数实现在 kernel/smp.c
中，其代码片段如下。

```
<kernel/smp.c>

void smp_call_function_many(const struct cpumask *mask,
                smp_call_func_t func, void *info, bool wait)
{
    ...
    for_each_cpu(cpu, cfd->cpumask) {
        csd_lock(csd);
        csd->func = func;
        csd->info = info;
        if (llist_add(&csd->llist, &per_cpu(call_single_queue, cpu)))
            __cpumask_set_cpu(cpu, cfd->cpumask_ipi);
    }

    /* 给所有 vCPU 发送 IPI 广播*/
    arch_send_call_function_ipi_mask(cfd->cpumask_ipi);

    /* 等待其他 vCPU 返回*/
    if (wait)
        for_each_cpu(cpu, cfd->cpumask)
            csd_lock_wait(csd);
}
```

我们在虚拟机的 Linux 内核中找不到特别多的有用信息，但是为什么 vCPU 会一直在等待
TLB 刷新呢？我们需要结合主机的 Linux 内核日志信息一起分析。

接下来分析主机 Linux 内核中的日志信息。我们可以使用 kdump 工具来抓取主机 Linux 发
生的死锁或者 softlockup 中的内存快照（vmcore）。从主机的 vmcore 里，我们发现有几个线程
一直在等待一个读写信号量。

下面是 ksmd 内核线程的函数调用栈，从第 2 个栈帧可以发现 ksmd 内核线程尝试申请一个读者类型的信号量，但是一直没有成功。对照其源代码，我们发现它在 scan_get_next_rmap_item() 函数中尝试申请一个读者类型的 mm→mmap_sem 锁。调用路径为 kthread()→ksm_scan_thread() →scan_get_next_rmap_item()→down_read()。

```
<ksmd 内核线程的函数调用栈>

crash> bt 615
PID: 615 TASK: ffff881fa174a940 CPU: 15 COMMAND: "ksmd"
#0 [ffff881fa1087cc0] __schedule at ffffffff818207ee
#1 [ffff881fa1087d10] schedule at ffffffff81820ee5
#2 [ffff881fa1087d28] rwsem_down_read_failed at ffffffff81823d60
#3 [ffff881fa1087d98] call_rwsem_down_read_failed at ffffffff813f8324
#4 [ffff881fa1087df8] ksm_scan_thread at ffffffff811e613d
#5 [ffff881fa1087ec8] kthread at ffffffff810a0528
#6 [ffff881fa1087f50] ret_from_fork at ffffffff8182538f
```

下面是 khugepaged 内核线程的函数调用栈。从第 2 个栈帧可以发现 khugepaged 内核线程尝试申请一个写者类型的信号量，但是一直没有成功。对照其源代码，我们发现它在 collapse_huge_page() 函数中尝试申请一个写者类型的 mm->mmap_sem 锁。调用路径为 khugepaged()→khugepaged_do_scan()→khugepaged_scan_mm_slot()→khugepaged_scan_pmd()→ collapse_huge_page()→down_write()。

```
<khugepaged 内核线程的函数调用栈>

crash> bt 616
PID: 616 TASK: ffff881fa1749b80 CPU: 11 COMMAND: "khugepaged"
#0 [ffff881fa108bc60] __schedule at ffffffff818207ee
#1 [ffff881fa108bcb0] schedule at ffffffff81820ee5
#2 [ffff881fa108bcc8] rwsem_down_write_failed at ffffffff81823b32
#3 [ffff881fa108bd50] call_rwsem_down_write_failed at ffffffff813f8353
#4 [ffff881fa108bda8] khugepaged at ffffffff811f58ef
#5 [ffff881fa108bec8] kthread at ffffffff810a0528
#6 [ffff881fa108bf50] ret_from_fork at ffffffff8182538f
```

下面是 qemu-system-x86_64 进程的函数调用栈。从调用栈可知，qemu-system-x86_64 进程也在等待一个读者类型的信号量。通过查阅 kvm_host_page_size() 源代码，我们发现它也在等待 mm->mmap_sem 锁。

```
<qemu-system-x86_64 进程>

crash> bt 12555
PID: 12555 TASK: ffff885fa1af6040 CPU: 55 COMMAND: "qemu-system-x86"
#0 [ffff885f9a043a50] __schedule at ffffffff818207ee
#1 [ffff885f9a043aa0] schedule at ffffffff81820ee5
#2 [ffff885f9a043ab8] rwsem_down_read_failed at ffffffff81823d60
#3 [ffff885f9a043b28] call_rwsem_down_read_failed at ffffffff813f8324
#4 [ffff885f9a043b88] kvm_host_page_size at ffffffffc02cfbae [kvm]
#5 [ffff885f9a043ba8] mapping_level at ffffffffc02ead1f [kvm]
#6 [ffff885f9a043bd8] tdp_page_fault at ffffffffc02f0b8a [kvm]
#7 [ffff885f9a043c50] kvm_mmu_page_fault at ffffffffc02ea794 [kvm]
```

```
#8  [ffff885f9a043c80] handle_ept_violation at ffffffffc01acda3 [kvm_intel]
#9  [ffff885f9a043cb8] vmx_handle_exit at ffffffffc01afdab [kvm_intel]
#10 [ffff885f9a043d48] vcpu_enter_guest at ffffffffc02e026d [kvm]
#11 [ffff885f9a043dc0] kvm_arch_vcpu_ioctl_run at ffffffffc02e698f [kvm]
#12 [ffff885f9a043e08] kvm_vcpu_ioctl at ffffffffc02ce09d [kvm]
#13 [ffff885f9a043ea0] do_vfs_ioctl at ffffffff81220bef
#14 [ffff885f9a043f10] sys_ioctl at ffffffff81220e59
#15 [ffff885f9a043f50] entry_SYSCALL_64_fastpath at ffffffff81824ff2
```

从上述的日志信息可知，ksmd 内核线程、khugepaged 内核线程以及 qemu-system-x86_64
进程都在等待同一个锁（mm->mmap_sem），那么谁是锁的持有者呢？我们可以通过分析内核
的 vmcore 来推导出哪个进程或者线程是锁的持有者。分析和推导的方法见卷 2 第 4～5 章。

通过分析和推导，我们发现该锁的持有者为 numad 进程。numad 进程是用户空间中自动做
NUMA 内存节点平衡管理的进程，它会监控 NUMA 拓扑和资源使用情况，然后调用
migrate_pages 系统调用来迁移页面，即将页面从一个内存节点迁移到另外一个内存节点中。该
进程持有锁的路径如下。

```
migrate_pages 系统调用-> kernel_migrate_pages()->do_migrate_pages()->down_read()

crash> bt 2950
#1  [ffff885f8fb4fb78] smp_call_function_many
#2  [ffff885f8fb4fbc0] native_flush_tlb_others
#3  [ffff885f8fb4fc08] flush_tlb_page
#4  [ffff885f8fb4fc30] ptep_clear_flush
#5  [ffff885f8fb4fc60] try_to_unmap_one
#6  [ffff885f8fb4fcd0] rmap_walk_ksm
#7  [ffff885f8fb4fd28] rmap_walk
#8  [ffff885f8fb4fd80] try_to_unmap
#9  [ffff885f8fb4fdc8] migrate_pages
#10 [ffff885f8fb4fe80] do_migrate_pages
```

图 6.8 展示了死锁发生的流程。

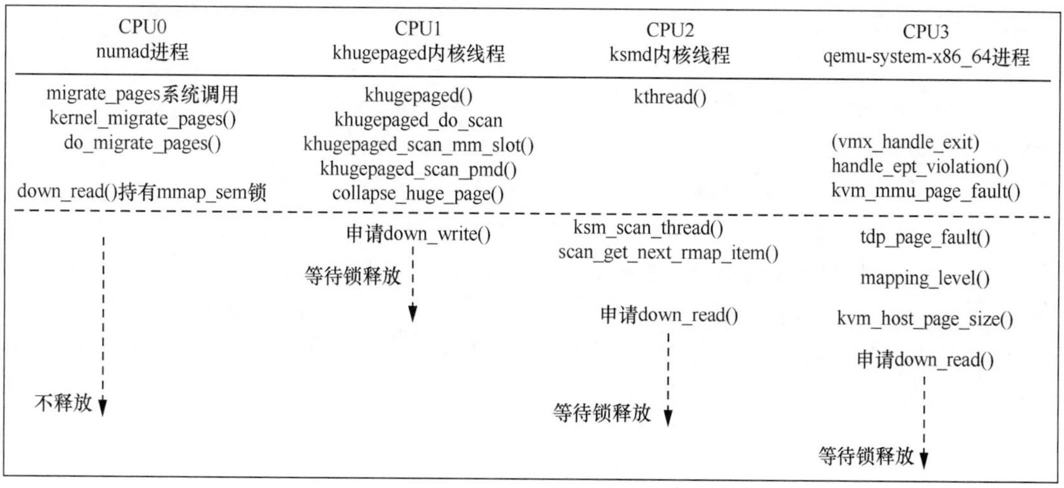

▲图 6.8 死锁发生的流程

具体操作如下。

（1）假设用户态的 numad 进程运行在 CPU0 上，它发现 NUMA 系统内存节点有不平衡的

情况，调用 migrate_pages 系统调用进行页面迁移。我们假设 numad 进程现在想把进程 A 的内存迁移到另外一个内存节点上，通过内核态的 do_migrate_pages()函数，它会首先持有进程 A 的读者类型的锁（mm->mmap_sem）。那这个进程 A 可能是谁呢？

（2）khugepaged 内核线程运行在 CPU1 上，它会定期扫描系统内存，尝试合并多个连续的页面，使其成为巨页。khugepaged 内核线程正好扫描到了进程 A，因此 khugepaged 内核线程也想持有进程 A 的 mm->mmap_sem 写者类型的锁。但是，因为 numad 进程已经率先持有了该锁。虽然该线程是读者类型，但是 khugepaged 内核线程想申请写者类型的锁，根据读写信号量的语义，只能等待该锁被释放后才有机会持有这个锁。

（3）ksmd 内核线程运行在 CPU2 上。ksmd 线程也会定期扫描进程，尝试发现和合并页面内容相同的页面，从而释放出内存。"无巧不成书"，ksmd 内核线程也扫描到了进程 A，申请读者类型的 mm->mmap_sem 锁，但是因为已经有一个写者类型的申请者在等待队列前面，根据读写信号量的语义，写者类型的申请者会优先持有该锁，等写者类型的申请者释放了该锁后，ksmd 内核线程才有机会持有这个锁。

（4）虚拟机的 qemu-system-x86_64 进程运行在 CPU3 上，由于在虚拟机里发生了缺页异常，因此退回主机端，处理虚拟机的缺页情况。在处理虚拟机缺页异常的函数中，qemu-system-x86_64 进程也需要申请读者类型的锁 mm->mmap_sem，即申请自己进程的锁。可是，这个锁已经被 CPU0 上的 numad 进程先持有了。numad 进程不仅持有锁，还长时间不释放。因此，虚拟机被卡在主机端的缺页异常处理里，这就是我们看到的现象，虚拟机没有了响应。

为什么 numad 进程持有锁并且一直不释放？

从 numad 进程的函数调用栈来看，它在迁移页面时遇到了一个 KSM 页面，调用 rmap_walk_ksm()函数把所有映射到这个页面的 PTE（所有用户态的进程地址空间的虚拟地址映射到的这个页面的 PTE，我们简称为用户 PTE）都销毁，也就是根据 RMAP 机制来为 KSM 页面中所有的用户 PTE 都取消映射关系。每当销毁一个用户 PTE 的映射关系之后需要调用 flush_tlb_page()函数广播和通知所有的 CPU，这个用户 PTE 映射已经取消了，正在刷新 TLB，调用 smp_call_function_many()发送 IPI 广播并且等待所有 CPU 的回应。

那为什么 numad 进程会一直等待 IPI 广播的回应呢？可能有两个原因。

❑　CPU 硬件问题。

❑　有大量的用户 PTE 需要做取消映射处理，并发送了大量的 IPI 广播。

第一个原因可能涉及芯片设计和硬件设计问题。对于第二个原因，我们可以使用 crash 工具来分析函数调用栈的内容，推导 stable_node 节点的 hlist 链表中有多少个 rmap_item 成员。下面是 rmap_walk_ksm()函数的代码片段，每个 KSM 页面对应一个 stable_node 节点，这个 stable_node 节点里包含了一个 hlist 链表，链表的成员（rmap_item）代表一个一个被合并的用户 PTE。rmap_walk_ksm()函数的作用就是遍历这个 hlist 链表找出当时被合并的用户 PTE，然后调用 rmap_one()函数解除这个用户 PTE 的映射关系。这里调用 anon_vma_interval_tree_foreach()遍历 RMAP 的 AV 红黑树是为了检查和保证 rmap_item 对应的虚拟地址（rmap_item->address）是正确和有效的，具体请看 5.7 节的内容。

```
<mm/ksm.c>

void rmap_walk_ksm(struct page *page, struct rmap_walk_control *rwc)
{
    stable_node = page_stable_node(page);
```

```
...
//遍历 stable_node 中 hlist 链表的每个成员
hlist_for_each_entry(rmap_item, &stable_node->hlist, hlist) {
    struct anon_vma *anon_vma = rmap_item->anon_vma;
    anon_vma_interval_tree_foreach(vmac, &anon_vma->rb_root,
                        0, ULONG_MAX) {
        //调用 rmap_one()回调函数来解除这个用户 PTE 的映射关系
        rwc->rmap_one(page, vma, addr, rwc->arg))
    }
    ...
}
```

按照卷 2 介绍的 crash 分析技巧，我们很快得到了 stable_node 节点存放的地址，从而计算出 stable_node 节点中有多少个成员。

```
crash> list hlist_node.next 0xffff883f3e5746b0 > rmap_item.lst
$ wc -l rmap_item.lst
2306920
```

stable_node 节点一共约有 230 万个成员，每个成员代表一个被合并的用户 PTE，因此一共约有 9GB 的内存合并到一个 KSM 页面里（假设一个被合并的页面只有一个用户 PTE）。在 try_to_unmap_one()函数，解除页表映射关系时需要调用 flush_tlb_page()函数做 TLB 刷新。这个 TLB 刷新动作在 CPU 内部会发送 IPI 中断来通知其他 CPU，大概需要 10~100μs，因此要发送 230 万个 TLB 刷新将会持续 23~230s。解除页表映射关系和刷新 TLB 是在持有 mm->mmap_sem 锁的临界区里进行的，因此 numad 进程长时间持有锁，导致了其他线程没有办法拿到锁，这也是为什么虚拟机没有响应。

3. 解决方案

在 Linux 4.13 内核开发期间，Red Hat 的内核工程师 Andrea Arcangeli 已经修复了这个问题，读者可以参考 5.7.4 节的内容。

在 Ubuntu 16.04 中，Linux 4.4.0-96.119 内核已经修复了这个问题，读者若使用该版本的 Ubuntu 发行版，可以将其升级到最新的 Linux 内核镜像。

6.3.3 案例三：为什么无法分配一个页面

1. 问题描述

下面是有问题的 OOM Killer 内核日志，其中空闲页面为 86048KB，最低警戒水位为 22528KB，低水位为 28160KB。为什么即使空闲页面远远大于最低警戒水位也无法分配出一个物理页面？

<OOM Killer 的问题内核日志>

```
[  150.257731] insmod invoked oom-killer: gfp_mask=0x6000c0(GFP_KERNEL),
order=0, oom_score_adj=0
...
[  150.272821] Node 0 DMA32 free:86048KB min:22528KB low:28160KB high:33792KB
active_anon:16384KB inactive_anon:6316KB active_file:896KB inactive_file:
808KB unevictable:0KB writepending:0KB present:1048576KB managed:999784KB mlocked:
```

```
0KB kernel_stack:2848KB pagetables:812KB bounce:0KB free_pcp:1864KB local_pcp:
756KB free_cma:64280KB
[  150.335591] lowmem_reserve[]: 0 0 0
...
Oom-kill:constraint=CONSTRAINT_NONE,nodemask=(null),cpuset=/,
mems_allowed=0,global_oom,task_memcg=/user.slice/user-0.slice/user@0.service,
task=(sd-pam),pid=512,uid=0
[  150.297054] Out of memory: Kill process 512 ((sd-pam)) score 2 or sacrifice child
[  150.299368] Killed process 512 ((sd-pam)) total-vm:166912KB, anon-rss:2616KB,
file-rss:0KB, shmem-rss:0KB
[  150.357941] oom_reaper: reaped process 512 ((sd-pam)), now anon-rss:0KB,
file-rss:0KB, shmem-rss:0KB
```

2.　问题分析

现在的服务器或者手机等设备配备了大量的内存。虽然配置了大量的内存，当服务器业务量越来越大时，系统内存会处于承压状态，可能系统连一个页面都无法分配，从而触发 OOM Killer 机制。

我们先来分析一个 OOM Killer 的正常内核日志。

```
<OOM Killer 的正常内核日志>

[  296.106260] systemd invoked oom-killer:
gfp_mask=0x6200ca(GFP_HIGHUSER_MOVABLE), order=0, oom_score_adj=0

...

[  296.134445] Node 0 DMA32 free:23592KB min:24576KB low:30208KB high:35840KB active_
anon:40680KB inactive_anon:5000KB active_file:72KB inactive_file:112KB unevictable:
0KB writepending:0KB present:1048576KB managed:738068KB mlocked:0KB kernel_stack:
2432KB pagetables:1268KB bounce:0KB free_pcp:32KB local_pcp:32KB free_cma:0KB
[  296.137154] lowmem_reserve[]: 0 0 0
[  296.137980] Node 0 DMA32: 1322*4KB (UME) 834*8KB (UME) 378*16KB (UME) 119*32KB
(UME) 28*64KB (UM) 0*128KB 0*256KB 0*512KB 0*1024KB 0*2048KB 0*4096KB = 23608KB
```

从内核日志中可以看出以下两点。

❑ 系统只有一个内存节点，并且只有一个内存管理区 ZONE_DMA32，因此这台计算机可能配置了少于 4GB 内存的嵌入式系统（如 ARM64 的系统）。

❑ systemd 线程想分配一个物理页面，但是失败了，分配掩码为 GFP_HIGHUSER_MOVABLE。

继续看内核日志，发现空闲页面（free）为 23592KB，最低警戒水位（min）为 24576KB，这种情景下分配不出一个物理页面，是正常的。对于 GFP_HIGHUSER_MOVABLE 分配掩码来说，这属于正常的分配优先级，在内存短缺的情况下，它没有权限去使用系统保留的内存。

接下来分析 OOM Killer 的问题内核日志。从 OOM Killer 的问题内核日志可以看出以下两点。

❑ 系统只有一个内存节点和一个内存管理区 ZONE_DMA32。

❑ insmod 进程想分配一个物理页面，但是失败了，分配掩码为 GFP_KERNEL。

当前系统的空闲内存有 86048KB，而系统的最高水位是 33792KB，说明系统空闲的内存远远大于最高水位,那为什么还是分配不出一个物理页面呢?

另外,从日志中可以看出,这次分配使用掩码 GFP_KERNEL。GFP_KERNEL 是内核最常见的分配掩码,它分配的内存只给内核本身使用,分配优先级为普通级别,因此它不能使用最低警戒水位以下的内容,它分配的内存的迁移类型是不可迁移类型 MIGRATE_UNMOVABLE。

判断是否可以在某个内存管理区中分配出内存的函数是 zone_watermark_fast(),它实现在 mm/page_alloc.c 文件中,下面是该函数的代码片段。

```
<mm/page_alloc.c>

static inline bool zone_watermark_fast()
{
    long free_pages = zone_page_state(z, NR_FREE_PAGES);

#ifdef CONFIG_CMA
    if (!(alloc_flags & ALLOC_CMA))
        cma_pages = zone_page_state(z, NR_FREE_CMA_PAGES);
#endif

    if (!order && (free_pages - cma_pages) > mark + z->lowmem_reserve[classzone_idx])
        return true;
    ...
}
```

当内部使用的分配标志位没有设置 ALLOC_CMA 时,我们需要把 NR_FREE_CMA_PAGES 的页面考虑进去,也就是系统空闲页面减去 cma_pages 才是系统真正的空闲页面。那么什么时候会设置 ALLOC_CMA 标志位呢?

如果页面分配器在低水位,没法分配出内存时,会进入慢速路径 __alloc_pages_slowpath()。在慢速路径,首先会把水位的判断条件降低到最低警戒水位,这是在 gfp_to_alloc_flags() 函数中实现的。另外,若系统使能了 CMA 机制,并且请求分配的页面属于可迁移类型的页面,那么设置 ALLOC_CMA,表示可以使用 CMA 机制预留的内存,因为 CMA 机制预留的内存是属于可迁移类型的。

```
static inline unsigned int
gfp_to_alloc_flags(gfp_t gfp_mask)
{
    unsigned int alloc_flags = ALLOC_WMARK_MIN | ALLOC_CPUSET;
    ...
#ifdef CONFIG_CMA
    if (gfpflags_to_migratetype(gfp_mask) == MIGRATE_MOVABLE)
        alloc_flags |= ALLOC_CMA;
#endif
    return alloc_flags;
}
```

在本例中,我们看到 CMA 的预留内存 free_cma 为 64280KB,而且这次请求分配的内存是不可迁移类型的,因此系统真正空闲内存的计算公式为 free − free_cma = 21768KB。它比最低警戒水位要低,导致分配内存不成功。

在 zone_watermark_fast() 以及 __zone_watermark_ok() 函数中的判断语句将返回 false,代码片

段如下。

```
<mm/page_alloc.c>

static inline bool zone_watermark_fast()
{
    ...
    if (!order && (free_pages - cma_pages) > mark + z->lowmem_reserve[classzone_idx])
        return true;
    ...
    return __zone_watermark_ok();
}

bool __zone_watermark_ok()
{
    ...
    if (free_pages <= min + z->lowmem_reserve[classzone_idx])
        return false;
    ...
}
```

3. 一台 x86_64 服务器触发 OOM Killer 机制的场景

我们刚才分析的场景比较简单，系统中只有一个内存节点以及一个内存管理区。下面分析一个稍微复杂一点的场景，在一台 x86_64 服务器上触发了 OOM Killer 机制。我们在这台服务器上设置了 panic_on_oom。也就是说，当 OOM Killer 机制发生时会触发一个异常，从而触发一个故障转储事件。

```
<x86_64 服务器触发 OOM Killer 机制的场景下的内核日志片段>

[14419.570538] cupsd invoked oom-killer:
gfp_mask=0x6200ca(GFP_HIGHUSER_MOVABLE), order=0, oom_score_adj=0
[14419.570543] CPU: 7 PID: 926 Comm: cupsd Kdump: loaded Not tainted 5.0.0 #1
[14419.570545] Call Trace:
[14419.570552]  dump_stack+0x63/0x85
[14419.570561]  out_of_memory+0x356/0x4e0
[14419.570564]  __alloc_pages_slowpath+0xaa6/0xed0
[14419.570573]  __page_cache_alloc+0xb8/0xd0
[14419.570576]  filemap_fault+0x3db/0xac0
[14419.570592]  __do_fault+0x42/0x120
[14419.570601]  __do_page_fault+0x2b5/0x4c0
[14419.570608]  page_fault+0x1e/0x30
...
[14419.570625] Mem-Info:
[14419.570629] active_anon:1640829 inactive_anon:207463 isolated_anon:0
                active_file:432 inactive_file:632 isolated_file:0
                unevictable:1369 dirty:0 writeback:0 unstable:0
                slab_reclaimable:13009 slab_unreclaimable:30725
                mapped:284 shmem:1373 pagetables:14222 bounce:0
                free:25253 free_pcp:481 free_cma:0
[14419.570633] Node 0 active_anon:6563316KB inactive_anon:829852KB active_file:
1728KB inactive_file:2528KB unevictable:5476KB isolated(anon):0KB isolated(file):
```

```
0KB mapped:1136KB dirty:0KB writeback:0KB shmem:5492KB shmem_thp: 0KB shmem_pmdmapped:
0KB anon_thp: 0KB writeback_tmp:0KB unstable:0KB all_unreclaimable? no
[14419.570635] Node 0 DMA free:15884KB min:140KB low:172KB high:204KB active_anon:
0KB inactive_anon:0KB active_file:0KB inactive_file:0KB unevictable:0KB writepending:
0KB present:15984KB managed:15900KB mlocked:0KB kernel_stack:0KB pagetables:0KB bounce:
0KB free_pcp:0KB local_pcp:0KB free_cma:0KB
[14419.570639] lowmem_reserve[]: 0 3174 7610 7610 7610
[14419.570641] Node 0 DMA32 free:44104KB min:26400KB low:33000KB high:39600KB
active_anon:3193900KB inactive_anon:12KB active_file:0KB inactive_file:0KB unevictable:
0KB writepending:0KB present:3578492KB managed:3250812KB mlocked:0KB kernel_stack:
96KB pagetables:6732KB bounce:0KB free_pcp:0KB local_pcp:0KB free_cma:0KB
[14419.570645] lowmem_reserve[]: 0 0 4435 4435 4435
[14419.570647] Node 0 Normal free:41024KB min:41036KB low:51292KB high:61548KB
active_anon:3369416KB inactive_anon:829840KB active_file:1596KB inactive_file:
2992KB unevictable:5476KB writepending:0KB present:4700160KB managed:4542320KB mlocked:
32KB kernel_stack:9008KB pagetables:50156KB bounce:0KB free_pcp:1924KB local_pcp:
172KB free_cma:0KB
[14419.570652] lowmem_reserve[]: 0 0 0 0 0
[14419.570654] Node 0 DMA: 1*4KB (U) 1*8KB (U) 0*16KB 0*32KB 2*64KB (U) 1*128KB (U)
1*256KB (U) 0*512KB 1*1024KB (U) 1*2048KB (M) 3*4096KB (M) = 15884KB
[14419.570662] Node 0 DMA32: 334*4KB (UME) 202*8KB (UME) 116*16KB (UE) 80*32KB (UME)
92*64KB (UME) 43*128KB (UE) 17*256KB (ME) 7*512KB (E) 3*1024KB (ME) 5*2048KB (UME)
1*4096KB (M) = 44104KB
[14419.570670] Node 0 Normal: 432*4KB (ME) 325*8KB (UME) 337*16KB (ME) 164*32KB (UME)
142*64KB (UME) 69*128KB (UME) 15*256KB (UE) 5*512KB (ME) 2*1024KB (E) 0*2048KB
0*4096KB = 41336KB
[14419.570693] Tasks state (memory values in pages):
[14419.571055] Kernel panic - not syncing: Out of memory: system-wide panic_on_oom
is enabled
```

从日志来看，cupsd 线程分配一个页面（order 为 0），但失败了，分配掩码是 GFP_HIGHUSER_MOVABLE，说明它想分配一个给用户进程使用的物理页面，并且页面迁移类型是可移动的，因此页面分配器首选的内存管理区为 ZONE_NORMAL。

该系统一共有 3 个内存管理区，分别是 ZONE_DMA、ZONE_DMA32 和 ZONE_NORMAL。另外，该系统还有两个虚拟的内存管理区。

cupsd 线程触发 OOM Killer 机制的路径是在用户态访问一个文件的虚拟地址，该虚拟地址通过 mmap 系统调用映射，但是文件的内容并没有映射到用户空间的虚拟地址，因此触发了缺页异常。在缺页异常中调用 filemap_fault() 读文件的内容。这时，调用 __page_cache_alloc() 函数来为内容缓存分配一个物理页面。在分配物理页面的过程中，出于内存压力等原因，触发了 OOM Killer 机制，见 __alloc_pages_slowpath() 函数。

接下来，分析为什么在 3 个内存管理区当中都不能成功分配一个页面。

首先，分析 ZONE_DMA。因为空闲页面为 15884KB，最低警戒水位为 140KB，空闲页面已经远远大于最低警戒水位，所以理应可以成功地从该内存管理区分配出一个页面。但是，Linux 内核里有一个对低端内存管理区进行保护的机制，那就是 lowmem_reserve[] 数组。从日志中可以得知，lowmem_reserve[] 的值为 "0 3174 7610 7610 7610"。

判断一个内存管理区是否满足这次分配任务的检查函数是 __zone_watermark_ok()。

```
<mm/page_alloc.c>
```

```
bool __zone_watermark_ok(struct zone *z, unsigned int order, unsigned long mark,
int classzone_idx, unsigned int alloc_flags, long free_pages)
{
    long min = mark;
    ...
    if (free_pages <= min + z->lowmem_reserve[classzone_idx])
        return false;
    ...
}
```

在__zone_watermark_ok()中，classzone_idx 是页面分配器根据分配掩码首选的内存管理区，在本场景中为 ZONE_NORMAL。因此，z->lowmem_reserve[classzone_idx]的值为 7610。读者需要注意，这里的单位是页面的数量，而日志中的 free 和 min 的单位是 KB。

$$140KB + 7610 \times 4\ KB = 30580\ KB$$

空闲页面（15884KB）远远小于 30580 KB ，因此，ZONE_DMA 不能满足这次页面分配请求。

同理，计算在 ZONE_DMA32 中的判断条件。

$$26400\ KB + 4435 \times 4\ KB = 44140\ KB$$

ZONE_DMA32 的空闲页面为 44104KB，并没有比 44140KB 大，因此 ZONE_DMA32 同样不能满足这次页面分配请求。

最后我们来分析 ZONE_NORMAL，空闲页面（free）为 41024KB，最低警戒水位为 41036KB，说明已经低于最低警戒水位了。这次分配请求具有普通优先级，不能访问最低警戒水位以下系统保留的内存，因此分配失败，触发了 OOM 机制。

6.3.4　案例四：秘密任务——动态修改系统调用表引发的 4 次宕机

1.　问题描述

假设有一项秘密任务——动态替换计算机的系统调用，你的同事已经把计算机的 root 密码破解了，接下来需要动态修改和替换系统调用。注意，编写的内核模块不能让计算机重启、崩溃，否则就暴露行踪，秘密任务失败。

完成任务的步骤如下。

（1）编写一个内核模块。要求替换系统调用表（sys_call_table）中某一项系统调用，将其替换成自己编写的系统调用函数（如 my_new_syscall()），在新的系统调用函数中输出一句"hello, I have hacked this syscall"，然后调用原来的系统调用函数。以 ioctl 系统调用为例，它在系统调用表中的编号是__NR_ioctl。因此，需要修改系统调用表 sys_call_table[__NR_ioctl]的表项内容，让其指向 my_new_syscall()函数，然后在 my_new_syscall()函数中输出一句话，调用原来的 sys_call_table[__NR_ioctl]指向的系统调用函数。

（2）卸载模块时把系统调用表恢复原样，并且写一个测试脚本循环和重复做加载和卸载模块的压力测试。

（3）用 clone 系统调用来验证你的驱动，clone 系统调用号是__NR_clone。

下面这个内核模块代码有问题，加载之后系统就宕机了。

`<test_syscall_issue.c>`

```
#include <linux/module.h>
#include <linux/init.h>
#include <linux/types.h>
#include <linux/syscalls.h>
#include <linux/delay.h>
#include <linux/sched.h>
#include <linux/version.h>
#include <linux/kallsyms.h>

asmlinkage long (*orig_sys_call)(unsigned int fd, unsigned int cmd,
            unsigned long arg);
static struct mm_struct *init_mm_p;
static void **syscall_table;
static pte_t *g_ptep;
static int syscall_nr = __NR_ioctl;

asmlinkage long my_new_ioctl(unsigned int fd, unsigned int cmd,
            unsigned long arg)
{
        pr_info("hello, i have hacked this sysall\n");

        return orig_sys_call(fd, cmd, arg);
}

static pte_t *walk_pagetable(unsigned long address)
{
        pgd_t *pgd = NULL;
        pte_t *pte;
        pmd_t *pmd;

        pgd = pgd_offset(init_mm_p, address);
        if (pgd == NULL || pgd_none(*pgd))
                return NULL;

        pmd = pmd_offset(pud_offset(pgd, address), address);
        if (pmd == NULL || pmd_none(*pmd) || !pmd_present(*pmd))
                return NULL;
        if (pmd_val(*pmd) & PMD_TYPE_SECT)
                return (pte_t *)pmd;

        pte = pte_offset_kernel(pmd, address);
        if ((pte == NULL) || pte_none(*pte))
                return NULL;

        return pte;
}

static int __init hack_syscall_init(void)
{
        pte_t *p_pte;
        pte_t pte;
        pte_t pte_new;
```

```
        syscall_table = (void **) kallsyms_lookup_name("sys_call_table");
        if (!syscall_table) {
                pr_err("ERROR: Cannot find the system call table address.\n");
                return -EFAULT;
        }
        pr_info("Found the sys_call_table at %16lx.\n",
                        (unsigned long) syscall_table);

        init_mm_p = (struct mm_struct *)kallsyms_lookup_name("init_mm");
        if (!init_mm_p) {
                pr_err("ERROR: Cannot find init_mm\n");
                return -EFAULT;
        }

        p_pte  = walk_pagetable((unsigned long)syscall_table);
        if (!p_pte)
                return -EFAULT;

        g_ptep = p_pte;
        pte = *p_pte;
        pr_info("walk_pagetable get pte=%llx", pte_val(pte));

        pte_new = pte_mkyoung(pte);
        pte_new = pte_mkwrite(pte_new);

        pr_info("mkwrite pte=%llx", pte_val(pte_new));
        pr_info("replace system call ...\n");

        set_pte_at(init_mm_p, (unsigned long)syscall_table, p_pte, pte_new);

        pr_info("before change sys_call_table[%d] at %16lx.\n",
                        syscall_nr, (unsigned long)orig_sys_call);

        orig_sys_call = syscall_table[syscall_nr];
        syscall_table[syscall_nr] = my_new_ioctl;

        pr_info("after change sys_call_table[%d] at %16lx.\n",
                        syscall_nr, (unsigned long)syscall_table[syscall_nr]);

        return 0;
}

static void __exit hack_syscall_exit(void)
{
        pr_info("syscall_release\n");
}
module_init(hack_syscall_init);
module_exit(hack_syscall_exit);
MODULE_LICENSE("GPL");
MODULE_AUTHOR("Benshushu <runninglinuxkernel@126.com>");
MODULE_DESCRIPTION("Replace syscall dynamically");
```

2．第 1 次宕机分析

我们把上述代码编译成内核模块，加载模块后系统就宕机了，宕机的日志信息见 6.1.7 节。从 6.1.7 节可知，这次宕机的原因是往一个只读的内存区域写入内容。

如图 6.9 所示，在 hack_syscall_init() 函数中已经为系统调用表（sys_call_table）对应的变量 pte 增加了可写属性，见 pte_mkwrite() 函数。按正常逻辑是可以往这个页面写入内容的，那为什么会出现写错误的异常呢？

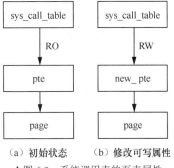

▲图 6.9　系统调用表的页表属性

仔细研究内核日志发现，驱动代码的 walk_pagetable() 函数返回的 pte 内容和内核 show_pte() 里返回的不一样。

```
[   99.980261] walk_pagetable get pte=0x7BFFC003
[   99.981665] mkwrite pte=0x800007BFFC403

[   99.996224] swapper pgtable: 4k pages, 48-bit VAs, pgdp = (____ptrval____)
[   99.998666] [ffff000011772050] pgd=000000007bfff003, pud=000000007bffe003,
pmd=000800007bffc403, pte=00e0000041772793
```

walk_pagetable() 函数返回的 pte 内容为 0x7BFF C003。通过 pte_mkwrite() 函数设置 PTE_WRITE 位，即 ARM64 架构中 PTE 的第 51 位，并且清除 PTE_RDONLY 位，即 PTE 的第 7 位。最后 pte 的内容变成 0x8000 07BF FC40 3。

而在 show_pte() 函数中输出的 pte 为 0xE000 0041 7727 93，而 pmd 为 0x8000 07BF FC40 3，这说明 walk_pagetable() 函数把 pmd 内容当中的 pte 返回了。

最后，我们发现在 walk_pagetable() 函数中，下面的判断语句是有问题的。

```
if (pmd_val(*pmd) & PMD_TYPE_SECT) {
    return (pte_t *)pmd;
}
```

因为在 Linux 内核里 PMD_TYPE_SECT 宏的定义如下。

```
<arch/arm64/include/asm/pgtable-hwdef.h>

#define PMD_TYPE_MASK     (_AT(pmdval_t, 3) << 0)
#define PMD_TYPE_FAULT    (_AT(pmdval_t, 0) << 0)
#define PMD_TYPE_TABLE    (_AT(pmdval_t, 3) << 0)
#define PMD_TYPE_SECT     (_AT(pmdval_t, 1) << 0)
#define PMD_TABLE_BIT     (_AT(pmdval_t, 1) << 1)
```

在 ARM64 手册中，页表项的第 0 位表示页表项是否有效，第 1 位表于页表项的类型。下面是第 1 位的不同值的含义。

❑ 1：属于表映射类型（ARM64 手册中称为 Table）的页表项，说明这个页表项指向下一级页表。

❑ 0：属于段映射（ARM 手册中称为 Block）的页表项。

因此上述代码有问题，应该改成以下形式。

```
if ((pmd_val(*pmd) & PMD_TYPE_MASK) == PMD_TYPE_SECT) {
        return (pte_t *)pmd;
    }
```

3. 第 2 次宕机分析

按照上述办法修改之后，我们又遇到了第 2 次宕机，日志如下。

<第 2 次宕机时的内核日志>

```
benshushu:test_syscall_issue# insmod testsyscall_issue.ko
[  267.892906] Found the sys_call_table at ffff000011771970.
[  268.055352] walk_pagetable get pte=0x00E0000041771793
[  268.055569] mkwrite pte=0xE8000041771713
[  268.056160] replace system call ...
[  268.056969] before change sys_call_table[29] at ffff0000107c42c8.
[  268.061332] after change sys_call_table[29] at ffff000009770000.
[  268.131943] hello, i have hacked this sysall
[  268.134481] Unable to handle kernel paging request at virtual address
0000000034877ec0
[  268.136860] Mem abort info:
[  268.140963]    ESR = 0x96000004
[  268.146943]    Exception class = DABT (current EL), IL = 32 bits
[  268.167131]    SET = 0, FnV = 0
[  268.170574]    EA = 0, S1PTW = 0
[  268.179794] Data abort info:
[  268.186847]    ISV = 0, ISS = 0x00000004
[  268.191741]    CM = 0, WnR = 0
[  268.198122] user pgtable: 4k pages, 48-bit VAs, pgdp =
[  268.220379] [0000000034877ec0] pgd=0000000000000000
[  268.225449] Internal error: Oops: 96000004 [#1] SMP
[  268.229351] Modules linked in: testsyscall_issue(OE)
[  268.235309] CPU: 1 PID: 551 Comm: bash Tainted: G    OE       5.0.0+ #2
[  268.241861] Hardware name: linux,dummy-virt (DT)
[  268.244983] pstate: 60000005 (nZCv daif -PAN -UAO)
[  268.247951] pc : __arm64_sys_ioctl+0x1c/0x4c
[  268.251550] lr : my_new_ioctl+0x48/0x50 [testsyscall_issue]
[  268.255570] sp : ffff800034877c60
[  268.256320] x29: ffff800034877c60 x28: ffff800039c7aa00
[  268.257011] x27: 0000000000000000 x26: 0000000000000000
[  268.257468] x25: 0000000056000000 x24: 0000000000000015
[  268.258088] x23: 0000000000001000 x22: 0000ffff93fc019c
[  268.259125] x21: 00000000ffffffff x20: 000080002a14d000
[  268.263143] x19: 0000000000000000 x18: 0000000000000000
[  268.266822] x17: 0000000000000000 x16: 0000000000000000
[  268.269116] x15: 0000000000000000 x14: 0000000000000000
[  268.271615] x13: 0000000000000000 x12: 0000000000000000
[  268.278714] x11: 0000000000000000 x10: 0000000000000000
[  268.280617] x9 : 0000000000000000 x8 : 64656b6361682065
[  268.281227] x7 : 7661682069202c6f x6 : ffff00001203a47f
[  268.281611] x5 : ffff000010186a4c x4 : ffff80003bd9ff88
[  268.282117] x3 : ffff0000107c42c8 x2 : ffff0000100be1e0
[  268.282658] x1 : ffff000009770048 x0 : 0000000034877ec0
```

```
[  268.288293] Process bash (pid: 551, stack limit = 0x(___ptrval___))
[  268.292642] Call trace:
[  268.296618]  __arm64_sys_ioctl+0x1c/0x4c
[  268.299869]  my_new_ioctl+0x48/0x50 [testsyscall_issue]
[  268.302932]  __invoke_syscall+0x28/0x30
[  268.305826]  invoke_syscall+0xa8/0xdc
[  268.308659]  el0_svc_common+0xf8/0x1d4
[  268.311348]  el0_svc_handler+0x3bc/0x3e8
[  268.314681]  el0_svc+0x8/0xc
[  268.319622] Code: f9000fa0 aa0103e0 d503201f f9400fa0 (f9400000)
[  268.328596] ---[ end trace a16899f2bbc84719 ]---
```

解决这种宕机的问题，最好的办法是使用 Kdump+Crash 组合工具，具体参见卷 2。最后我们发现产生这个宕机的原因是搞错了系统调用的回调函数的原型。

根据处理器的运行模式，现代操作系统通常分成两个空间，一个是内核空间，另外一个是用户空间。大部分的应用程序是运行在用户空间的，而内核和设备驱动运行在内核空间。若应用程序需要访问硬件资源或者需要内核提供服务，怎么办？

现代操作系统在内核空间和用户空间之间增加了一个中间层，即系统调用（system call）层。

Linux 操作系统为每一个系统调用赋予一个系统调用号。当应用程序运行一个系统调用时，应用程序就可以知道运行和调用哪个系统调用，从而不会造成混乱。系统调用号一旦被分配，就不会有任何变更；否则，已经编译好的应用程序就不能运行了。

对于 ARM64 来说，它的系统调用表实现在 include/uapi/asm-generic/unistd.h 文件中，其中定义了每个系统调用的编号。系统还定义了一个数组来表示系统调用，sys_call_table[]，它是一个函数指针的数组，它的成员是 syscall_fn_t 函数指针。如下是一个函数指针的原型。

```
typedef long (*syscall_fn_t)(struct pt_regs *regs);
```

4.5.1 节已经介绍过 brk 系统调用，下面以 ioctl 系统调用为例。
ioctl 系统调用主要实现在 fs/ioctl.c 文件中。

```
<fs/ioctl.c>

SYSCALL_DEFINE3(ioctl, unsigned int, fd, unsigned int, cmd, unsigned long, arg)
```

其中 SYSCALL_DEFINE3 表示有 3 个参数，SYSCALL_DEFINEx 宏的定义如下。

```
#define SYSCALL_DEFINEx(x, sname, ...)                        \
        __SYSCALL_DEFINEx(x, sname, __VA_ARGS__)
```

__SYSCALL_DEFINEx()宏的定义和实现与架构相关。对于 ARM64 来说，该宏定义在 arch/arm64/include/asm/syscall_wrapper.h 头文件中。以本节的 ioctl 系统调用为例，__SYSCALL_DEFINEx 宏展开之后变成以下形式。

```
asmlinkage long __arm64_sys_ioctl(const struct pt_regs *regs);

asmlinkage long __arm64_sys_ioctl(const struct pt_regs *regs)
{
    return __se_sys_ioctl(fd, cmd, arg);
}
```

```
static long __se_sys_ioctl(unsigned int fd, unsigned int cmd, unsigned long arg)
{
    long ret = __do_sys_ioctl(fd, cmd, arg);
    return ret;
}

static inline long __do_sys_ioctl(unsigned int fd, unsigned int cmd, unsigned long arg)
```

因此 SYSCALL_DEFINE3()语句展开后会多出两个函数，分别是__arm64_sys_ioctl()和__se_sys_ioctl()函数。其中__arm64_sys_ioctl()函数的地址会存放到系统调用表 sys_call_table[]中。最后这个函数变成了__do_sys_ioctl()函数。

在 arch/arm64/kernel/sys.c 文件中，__SYSCALL 宏用于设置某个系统调用的函数指针到sys_call_table[]数组中。

```
#define __SYSCALL(nr, sym)    [nr] = (syscall_fn_t)__arm64_##sym,
```

系统初始化时会把__arm64_sys_××()函数添加到 sys_call_table[]数组里。因此 sys_call_table 的函数定义原型如下。

```
typedef long (*syscall_fn_t)(struct pt_regs *regs);
```

参数为 struct pt-regs *regs。系统调用表如图 6.10 所示。

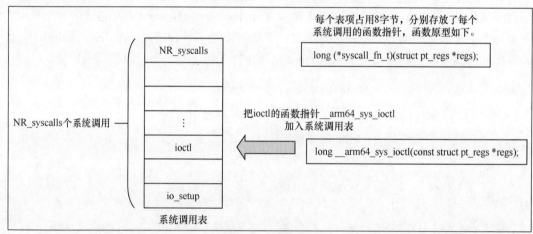

▲图 6.10　系统调用表

我们对代码做如下改动。

```
asmlinkage long (*orig_sys_ioctl)(const struct pt_regs *reg);
asmlinkage long my_new_ioctl(const struct pt_regs *reg)
{
    printk(KERN_INFO "hello, i have hacked this sysall\n");

    return orig_sys_ioctl(reg);
}
```

重新编译内核模块并加载和运行模块，发现系统没有宕机。

```
benshushu:test_syscall_issue# insmod testsyscall_issue.ko
[  193.399731] Found the sys_call_table at ffff000011771970.
```

```
[  193.589734] walk_pagetable get pte=0x00E0000041771793
[  193.589958] mkwrite pte=0xE8000041771713
[  193.592759] replace system call ...
[  193.599278] before change sys_call_table[29] at ffff0000107c42c8.
[  193.601991] after change sys_call_table[29] at ffff000009770000.
[  193.677664] hello, i have hacked this sysall
[  193.682009] hello, i have hacked this sysall
[  193.684884] hello, i have hacked this sysall
[  193.714886] hello, i have hacked this sysall
[  193.727977] hello, i have hacked this sysall
[  193.729606] hello, i have hacked this sysall
[  193.736614] hello, i have hacked this sysall
```

4. 第 3 次宕机分析

按照试验的要求把系统调用从 ioctl 改成 clone。

```
static int syscall_nr = __NR_clone;
```

第 3 次宕机出现了，下面是内核日志。

```
<第3次宕机时的内核日志>
benshushu:test_syscall_issue# insmod testsyscall_issue.ko
[  180.719377] Found the sys_call_table at ffff000011771970.
[  180.901239] walk_pagetable get pte=0x00E0000041771793
[  180.901474] mkwrite pte=0xE8000041771713
[  180.903295] replace system call ...
[  180.906721] before change sys_call_table[220] at ffff000010102334.
[  180.915277] Unable to handle kernel write to read-only memory at virtual address
ffff000011772050
[  180.924618] Mem abort info:
[  180.926755]   ESR = 0x9600004f
[  180.930582]   Exception class = DABT (current EL), IL = 32 bits
[  180.939178]   SET = 0, FnV = 0
[  180.949556]   EA = 0, S1PTW = 0
[  180.953156] Data abort info:
[  180.955499]   ISV = 0, ISS = 0x0000004f
[  180.960866]   CM = 0, WnR = 1
[  180.962827] swapper pgtable: 4k pages, 48-bit VAs, pgdp = (____ptrval____)
[  180.972503] [ffff000011772050] pgd=000000007bfff003, pud=000000007bffe003,
pmd=000000007bffc003, pte=00e0000041772793
[  180.991854] Internal error: Oops: 9600004f [#1] SMP
...
```

这次出现的系统宕机的原因和第 1 次是一样的。我们从日志中发现了问题，sys_call_table 的虚拟地址是 0xFFFF 0000 1177 1970，而内核不能写入的虚拟地址是 0xFFFF 0000 1177 2050，说明它们不在一个页面里，因为一个页面的大小是 4096 个字节，即 0x1000 字节。

如图 6.11 所示，系统调用表在内核代码中的定义就是一个全局数组，并且没有特别指定它的起始地

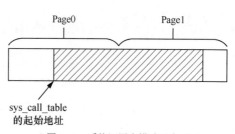

▲图 6.11　系统调用表横跨两个页面

址是按照页面对齐的，因此可能会横跨两个页面。以 ARM64 为例，clone 的系统调用编号（__NR_clone）为 220，而 ioctl 的系统调用编号（__NR_ioctl）是 29，每个系统调用表项占 8 字节，所以 clone 系统调用的表项极可能在 Page1 上，而 ioctl 系统调用的表项在 Page0 上。

最简单的修改办法就是使用 walk_pagetable()传递 clone 系统调用的表项的虚拟地址，而不是整个系统调用表的起始虚拟地址，修改如下。

```
static int __init hack_syscall_init(void)
{
    ...
    p_pte  = walk_pagetable((unsigned long)syscall_table + 8 * syscall_nr);
    ...
}
```

上述办法简单易行，但是不完美。一个可行的办法是修改 walk_pagetable()函数的实现，同时修改系统调用表所占用的两个页面的 PTE，这个留给读者完成。

5.　第 4 次宕机

按照要求，我们在卸载模块的 hack_syscall_exit()函数中恢复原始系统调用表的项。

```
static void __exit hack_syscall_exit(void)
{
    pte_t pte;

    printk(KERN_INFO "restore back the systemcall \n");
    syscall_table[syscall_nr] = orig_sys_ioctl;
    pte = *g_ptep;
    set_pte_at(init_mm_p, (unsigned long)syscall_table, g_ptep, pte);
}
```

重新编译内核模块。通常，我们对内核模块有一个循环加载和卸载模块的压力测试。

<压力测试脚本>

```
while [ 1 ]; do (insmod testsyscall_issue.ko;  sleep 1; rmmod testsyscall_issue); done
```

运行上述测试脚本，运行一段时间之后系统出现宕机了。可以把系统调用改成 read，这样容易复现错误。

```
static int syscall_nr = __NR_read;
```

下面是第 4 次宕机的内核日志，我们把这个日志的分析和相关问题解决留给读者。

<第 4 次宕机内核日志>
```
[   423.630168] Found the sys_call_table at ffff000011771970.
[   424.024360] walk_pagetable get pte=0x00E0000041771793
[   424.025083] mkwrite pte=0xE8000041771713
[   424.029804] replace system call ...
[   424.037899] before change sys_call_table[63] at ffff000010783ee0.
[   424.050358] after change sys_call_table[63] at ffff000009770000.
...
[   443.715725] hello, i have hacked this sysall
[   443.784502] restore back the systemcall
```

```
[  444.063652] Unable to handle kernel paging request at virtual address
ffff00000977002c
[  444.075527] Mem abort info:
[  444.083218]   ESR = 0x86000007
[  444.091868]   Exception class = IABT (current EL), IL = 32 bits
[  444.105802]   SET = 0, FnV = 0
[  444.108985]   EA = 0, S1PTW = 0
[  444.131543] swapper pgtable: 4k pages, 48-bit VAs, pgdp = 000000007b5c050a
[  444.149042] [ffff00000977002c] pgd=000000007bfff003, pud=000000007bffe003,
pmd=0000000078ebd003, pte=0000000000000000
[  444.164516] Internal error: Oops: 86000007 [#1] SMP
[  444.169827] Modules linked in: [last unloaded: testsyscall_issue]
[  444.175811] CPU: 1 PID: 221 Comm: in:imklog Tainted: G          OE     5.0.0+ #2
[  444.187813] Hardware name: linux,dummy-virt (DT)
[  444.195154] pstate: 60000005 (nZCv daif -PAN -UAO)
[  444.199745] pc : 0xffff00000977002c
[  444.201207] lr : 0xffff00000977002c
[  444.203335] sp : ffff800036067c80
[  444.204580] x29: ffff800036067c80 x28: ffff80003605f000
[  444.206242] x27: 0000000000000000 x26: 0000000000000000
[  444.207986] x25: 0000000056000000 x24: 0000000000000015
[  444.209226] x23: 0000000080001000 x22: 0000ffff95969064
[  444.214140] x21: 00000000ffffffff x20: 000080002a14d000
[  444.222975] x19: 0000000000000000 x18: 0000000000000000
[  444.224720] x17: 0000000000000000 x16: 0000000000000000
[  444.229770] x15: 0000000000000000 x14: 0000000000000000
[  444.232477] x13: 0000000000000000 x12: 0000000000000000
[  444.235828] x11: 0000000000000000 x10: 00000000000009d0
[  444.238853] x9 : ffff800036066f30 x8 : ffff80003605fa30
[  444.240996] x7 : 0000000000000000 x6 : ffff0000108ac754
[  444.247351] x5 : ffff0000102e8d10 x4 : ffff80003bd9bac0
[  444.258924] x3 : ffff0000102e2bec x2 : 73be555acfb8c200
[  444.267934] x1 : 0000000000000000 x0 : 0000000000000000
[  444.282358] Process in:imklog (pid: 221, stack limit = 0x0000000023ea4c3c)
[  444.288457] Call trace:
[  444.300152]  0xffff00000977002c
[  444.323503]  __invoke_syscall+0x28/0x30
[  444.325223]  invoke_syscall+0xa8/0xdc
[  444.327433]  el0_svc_common+0xf8/0x1d4
[  444.334006]  el0_svc_handler+0x3bc/0x3e8
[  444.335189]  el0_svc+0x8/0xc
[  444.347329] Code: bad PC value
[  444.352380] ---[ end trace 8473755c44825d87 ]---
```

第7章 进程管理之基本概念

本章高频面试题

1. 进程是什么？
2. 操作系统如何描述和抽象一个进程？
3. 进程是否有生命周期？
4. 如何标识一个进程？
5. 进程与进程之间的关系如何？
6. Linux 操作系统的进程 0 是什么？
7. Linux 操作系统的进程 1 是什么？
8. 请简述 fork()、vfork()和 clone()之间的区别。
9. 请简述写时复制技术的工作原理。
10. 在 ARM64 的 Linux 内核中如何获取当前进程的 task_struct 数据结构？
11. 下面的程序会输出几个 "_" ？

```
#include <stdio.h>

int main(void)
{
    int i;
    for(i=0; i<2; i++){
        fork();
        printf("_\n");
    }
    wait(NULL);
   wait(NULL);
  return 0;
}
```

12. 用户空间进程的页表是什么时候分配的？其中一级页表是什么时候分配的？二级页表呢？
13. 什么是进程调度器？早期 Linux 内核调度器（包括 O(n)调度器和 O(1)调度器）是如何工作的？
14. 以 fork()接口函数为例，为什么会返回两次？其中父进程的返回值是子线程的 PID，而子进程返回 0。子线程是如何返回 0 的？
15. 第一次返回用户空间时，子进程返回哪里？

7.1 关于进程的基本概念

进程和程序是操作系统领域的两个重要的概念，很多人对这两个概念比较模糊，甚至认为它们是相等的，其实进程是程序执行的一个实例。

本节介绍一些与进程相关的基本概念，也就是进程的静态特性。

7.1.1 进程的来由

IBM 在 20 世纪设计的多道批处理程序中没有进程（process），人们使用工作（job）这个术语，后来的设计人员慢慢启用进程这个术语。顾名思义，进程是执行中的程序，即一个程序加载到内存后变成了进程，公式表达如下。

进程 = 程序 + 执行

在计算机的发展历史过程中，为什么需要进程呢？

早期，整个操作系统只运行一个程序，其 CPU 利用率的低下程度可想而知。为了提高 CPU 利用率，人们设计了在一台计算机中加载多个程序到内存中并让它们并发运行的方案。每个加载到内存中的程序称为进程，操作系统管理着多个进程并发执行。进程会认为自己独占 CPU，这是很重要的抽象。

若没有进程，操作系统就会退回单道程序操作系统了。进程的抽象是为了提高 CPU 的利用率，任何的抽象都需要一个物理基础，进程的物理基础便是程序。程序在运行之前需要有一个安身之地，这就要求操作系统在装载程序之前要分配合适的内存。此外，操作系统还需要小心翼翼地处理多个进程共享同一块物理内存时可能引发的冲突问题。

作者在 10 年前购买的笔记本电脑还是奔腾单核的处理器，但依然可以很流畅地同时做很多事情，如边听音乐边使用 Word 软件处理文字，还可以用邮箱客户端收发邮件等。其实 CPU 在某一个瞬间只能运行一个进程，但是在一段时间内，它可以运行多个进程，这样就让人们产生了并行的错觉，这就是常说的"伪并行"。

假设有一个只包含 3 个进程的简易操作系统，这 3 个进程都需要装载到系统的物理内存中并运行，图 7.1（a）～（c）分别从物理视角、逻辑视角和时序视角展示了进程模型。进程和程序之间的关系是比较微妙的，程序是用于描述某件事情的一些操作序列或者算法，而进程是某种类型的活动，它包含程序、输入、输出以及状态等。如果把做菜看作进程，那么做菜的工序可以被看作程序，大厨可以被看作处理器，厨房可以被看作运行环境，厨房里有需要的食材、调料以及烹饪工具等，大厨阅读菜谱、取各种原料、炒菜以及上菜等一系列动作的总和可以理解为一个进程。假设在炒菜的过程中，为了接听一个紧急的电话，大厨会先记录一下现在菜做到哪一步了（保存进程的当前状态），那么这个接听电话的动作就是另一个进程了。这相当于处理器从一个进程（做菜）切换到了另一个高优先级的进程（接电话）。等电话接完了，大厨继续执行原来做菜的工序。做菜和打电话是两个相互独立的进程，同一时刻只能做一件事情。

线程称为轻量级进程，它是操作系统调度的最小单元，通常一个进程可以拥有多个线程。线程和进程的区别在于进程拥有独立的资源空间（如进程地址空间），而线程则共享进程的资源空间。Linux 内核并没有特别的调度算法或定义特别的数据结构来标识线程，线程和进程都使用相同的进程描述符数据结构。内核里使用 clone()函数来创建线程，其工作方式和创建进程的 fork()函数类似，但它会确定哪些资源和父进程共享，哪些资源为线程独享。在 Linux 内核中，线程对应一个进程描述符，而进程对应一个（单线程的进程）或者一组进程描述符（多线程的进程）。

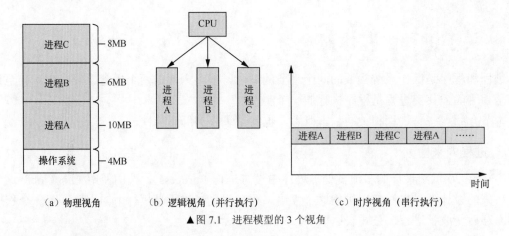

（a）物理视角　　　（b）逻辑视角（并行执行）　　　（c）时序视角（串行执行）

▲图 7.1　进程模型的 3 个视角

程序、进程以及线程的定义如下。

❑　程序通常是指完成特定任务的一个有序指令集合或者一个可执行文件，包含可运行的 CPU 指令和相应的数据等信息，它不具有"生命力"。

❑　进程是一段执行中的程序，是一个有"生命力"的个体。一个进程除了包含可执行的代码（如代码段），还包含进程的一些活动信息和数据，如用来存放函数形参、局部变量以及返回值的用户栈，用于存放进程相关数据的数据段，用于切换内核中进程的内核栈，以及用于动态分配内存的堆等。进程是用于实现多进程并发执行的一个实体，实现对 CPU 的虚拟化，让每个进程都认为自己独立拥有一个 CPU。实现这个 CPU 虚拟化的核心技术是上下文切换（context switch）以及进程调度（schedule）。

❑　线程是操作系统分配内存、CPU 时间片等资源的基本单位。

在传统操作系统中，进程是管理资源的基本单位，线程是调度的基本单位。从 Linux 内核实现的角度看，并没有使用额外的数据结构或者调度算法来专门为线程服务，进程和线程都共用进程描述符、调度实体以及调度算法等资源。

7.1.2　进程描述符

进程是操作系统中调度的一个实体，需要对进程所拥有的资源进行抽象，这个抽象形式称为进程控制块（Process Control Block，PCB），本书也称其为进程描述符。进程描述符需要描述如下几类信息。

❑　进程的运行状态：包括就绪、运行、等待阻塞、僵尸等状态。

❑　程序计数器：记录当前进程运行到哪条指令了。

❑　CPU 寄存器：主要用于保存当前运行的上下文，记录 CPU 所有必须保存下来的寄存器信息，以便当前进程调度出去之后还能调度回来并接着运行。

❑　CPU 调度信息：包括进程优先级、调度队列和调度等相关信息。

❑　内存管理信息：进程使用的内存信息，如进程的页表等。

❑　统计信息：包含进程运行时间等相关的统计信息。

❑　文件相关信息：包括进程打开的文件等。

因此进程描述符是用于描述进程运行状况以及控制进程运行所需要的全部信息，是操作系统用来感知进程存在的一个非常重要的数据结构。任何一个操作系统的实现都需要有一个数据结构来描述进程描述符，所以 Linux 内核采用一个名为 task_struct 的结构体。task_struct 数据结构包含的内容很多，它包含进程所有相关的属性和信息。在进程的生命周期内，进程要和内核的很多模块进行交互，如内存管理模块、进程调度模块以及文件系统模块等。因此，它还包含了内存管理、进程调度、文件管理等方面的信息和状态。Linux 内核把所有进程的进程描述符 task_struct 数据结构链接成一个单链表（task_struct->tasks），task_struct 数据结构定义在 include/linux/sched.h 文件中。

task_struct 数据结构包含的内容可以简单归纳成如下几类。

- ❑ 进程属性相关信息。
- ❑ 进程间的关系。
- ❑ 进程调度相关信息。
- ❑ 内存管理相关信息。
- ❑ 文件管理相关信息。
- ❑ 信号相关信息。
- ❑ 资源限制相关信息。

1. 进程属性相关信息

进程属性相关信息主要包括和进程状态相关的信息，如进程状态、PID 等信息。task_stuct 数据结构中关于进程属性的一些重要成员如下。

- ❑ state 成员：用于记录进程的状态，进程的状态主要有 TASK_RUNNING、TASK_INTERRUPTIBLE、TASK_UNINTERRUPTIBLE、EXIT_ZOMBIE、TASK_DEAD 等。
- ❑ pid 成员：这是进程唯一的标识符（identifier）。pid_t 的类型是整数类型，pid 默认的最大值见/proc/sys/kernel/pid_max 节点。
- ❑ flags 成员：用于描述进程属性的一些标志位，这些标志位是在 include/linux/sched.h 中定义的。如进程退出时，会设置 PF_EXITING；如果进程是一个 workqueue 类型的工作线程，则设置 PF_WQ_WORKER；fork 系统调用完成之后，若不执行 exec 命令，会设置 PF_FORKNOEXEC 等。
- ❑ exit_code 和 exit_signal 成员：用于存放进程退出值和终止信号，这样父进程可以知道子进程的退出原因。
- ❑ pdeath_signal 成员：父进程消亡时发出的信号。
- ❑ comm 成员：用于存放可执行程序的名称。
- ❑ real_cred 和 cred 成员：用于存放进程的一些认证信息。

2. 进程间的关系

操作系统的第一个进程是空闲进程（或者叫作进程 0）。此后，每个进程都有一个创建它的父进程，进程本身也可以创建其他的进程，父进程可以创建多个进程。进程类似于一个家族，有父进程、子进程，还有兄弟进程。task_struct 数据结构中涉及进程间关系的重要成员如下。

- ❑ real_parent 成员：指向当前进程的父进程的 task_struct 数据结构。
- ❑ children 成员：指向当前进程的子进程的链表。
- ❑ sibling 成员：指向当前进程的兄弟进程的链表。
- ❑ group_leader 成员：进程组的组长。

3. 进程调度相关信息

进程一个很重要的角色是作为一个调度实体参与操作系统中的调度，这样就可以实现 CPU

的虚拟化，即每个进程都感觉直接拥有了 CPU。宏观上看，各个进程都是并行执行的，但是微观上看每个进程都是串行执行的。进程调度是操作系统中的一个核心功能，这里先暂时列出 Linux 内核的 task_struct 数据结构中关于进程调度的一些重要成员。

- prio 成员：保存着进程的动态优先级，这是调度类考虑的优先级。
- static_prio 成员：静态优先级，在进程启动时分配。内核不存储 nice 值，取而代之的是 static_prio。
- normal_prio 成员：基于 static_prio 和调度策略计算出来的优先级。
- rt_priority 成员：实时进程的优先级。
- sched_class 成员：调度类。
- se 成员：普通进程调度实体。
- rt 成员：实时进程调度实体。
- dl 成员：deadline 进程调度实体。
- policy 成员：用于确定进程的类型，比如是普通进程还是实时进程。
- cpus_allowed 成员：用于确定进程可以在哪几个 CPU 上运行。

4. 内存管理和文件管理相关信息

进程在运行之前需要先加载到内存，因此进程描述符里必须有抽象描述内存管理的相关信息，必须有一个指向 mm_struct 数据结构的指针 mm。此外，进程在生命周期内总是需要通过打开文件、读写文件等操作来完成一些任务，这就和文件系统密切相关了。task_struct 数据结构中与内存管理和文件管理相关的重要成员如下。

- mm 成员：指向进程所管理的内存中总的抽象数据结构 mm_struct。
- fs 成员：保存一个指向文件系统信息的指针。
- files 成员：保存一个指向进程的文件描述符表的指针。

7.1.3　进程的生命周期

虽然每个进程都是一个独立的个体，但是进程间经常需要相互沟通和交流，典型的例子是文本进程需要等待键盘的输入。典型的操作系统中的进程状态如图 7.2 所示，其中应该包含如下状态。

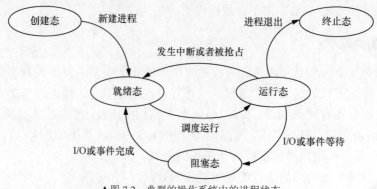

▲图 7.2　典型的操作系统中的进程状态

- 创建态：创建了新进程。
- 就绪态：进程获得了可以运行的所有资源和准备条件。
- 运行态：进程正在 CPU 中运行。

- 阻塞态：进程因为等待某项资源而被暂时移出了 CPU。
- 终止态：进程消亡。

Linux 内核也为进程定义了 5 种状态，如图 7.3 所示，和上述的进程状态略有不同。

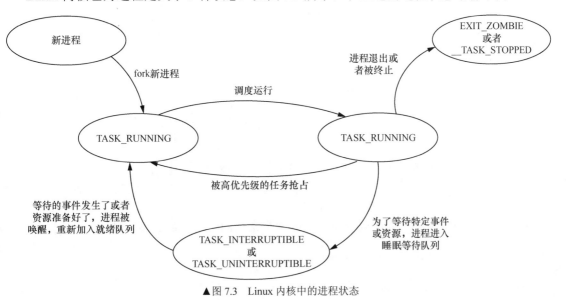

▲图 7.3　Linux 内核中的进程状态

- TASK_RUNNING（可运行态或者就绪态或者正在运行态）：这个状态的名字是正在运行的意思，可是在 Linux 内核里不一定是指进程正在运行，所以很容易让人混淆。它是指进程处于可运行的状态，或许正在运行，或许在就绪队列（本书中也称为调度队列）中等待运行。因此 Linux 内核对当前正在运行的进程没有给出一个明确的状态，不像典型操作系统中给出两个很明确的状态，如就绪态和运行态。它是运行态和就绪态的一个集合，所以读者需要特别注意。

- TASK_INTERRUPTIBLE（可中断睡眠态）：进程进入睡眠状态（被阻塞）来等待某些条件的达成或者某些资源的就位，一旦条件达成或者资源就位，内核就可以把进程的状态设置成 TASK_RUNNING 并将其加入就绪队列中。也有人将这个状态称为浅睡眠状态。

- TASK_UNINTERRUPTIBLE（不可中断态）：这个状态和上面的 TASK_INTERRUPTIBLE 状态类似，唯一不同的是，进程在睡眠等待时不受干扰，对信号不做任何反应，所以这个状态称为不可中断态。通常使用 ps 命令看到的被标记为 D 状态的进程，就是处于不可中断态的进程，不可以发送 SIGKILL 信号使它们终止，因为它们不响应信号。也有人把这个状态称为深度睡眠状态。

- __TASK_STOPPED（终止态）：进程停止运行。

- EXIT_ZOMBIE（僵尸态）：进程已经消亡，但是 task_struct 数据结构还没有释放，这个状态叫作僵尸态，每个进程在它的生命周期中都要经历这个状态。子进程退出时，父进程可以通过 wait()或者 waitpid()来获取子进程消亡的原因。

上述 5 种状态在某种条件下是可以相互转换的，如表 7.1 所示。也就是说，进程可以从一种状态转换到另外一种状态，如进程在等待某些条件或者资源时从可运行态转换到可中断睡眠态。

表 7.1　　　　　　　　　　　　　　　　进程状态转换表

起始状态	结束状态	转换原因
TASK_RUNNING	TASK_RUNNING	进程的状态没有变化，但是可能进程在就绪队列里被移入或者移出就绪队列
TASK_RUNNING	TASK_INTERRUPTIBLE	进程等待某些资源，进入睡眠等待队列
TASK_RUNNING	TASK_UNINTERRUPTIBLE	进程等待某些资源，进入睡眠等待队列
TASK_RUNNING	__TASK_STOPPED	进程收到 SIGSTOP 信号或者进程被跟踪
TASK_RUNNING	EXIT_ZOMBIE	进程已经被终止，处于僵尸状态，等待父进程调用 wait() 函数
TASK_INTERRUPTIBLE	TASK_RUNNING	进程获得了等待的资源，进程进入就绪态
TASK_UNINTERRUPTIBLE	TASK_RUNNING	进程获得了等待的资源，进程进入就绪态

对于进程状态的设置，可以通过简单的赋值语句来设置，示例如下。

```
p->state = TASK_RUNNING;
```

然而，建议读者采用 Linux 内核里提供的两个常用的接口函数来设置进程的状态。

```
#define set_current_state(state_value)                    \
    do {                                                  \
        smp_store_mb(current->state, (state_value));      \
    } while (0)
```

set_current_state()在设置进程状态时会考虑在 SMP 多核环境下的高速缓存一致性问题。

7.1.4　进程标识

在创建时会分配唯一的号码来标识进程，这个号码就是进程标识符（Process Identifier，PID）。PID 存放在进程描述符的 pid 字段中，PID 是整数类型。为了循环使用 PID，内核使用 bitmap 机制来管理当前已经分配的 PID 和空闲的 PID，bitmap 机制可以保证每个进程创建时都能分配到唯一的 PID。

除了 PID 之外，Linux 内核还引入了线程组的概念。一个线程组中所有的线程使用和该线程组中主线程相同的 PID，即该组中第一个进程的 ID，它会被存入 task_struct 数据结构的 tgid 成员中。这与 POSIX 1003.1c 标准里的规定有关系，一个多线程应用程序中所有的线程必须有相同的 PID，这样可以把指定信号发送给组里所有的线程。如一个进程创建之后，只有这个进程，它的 PID 和线程组 ID（Thread Group ID，TGID）是一样的。这个进程创建了一个新的线程之后，新线程有属于自己的 PID，但是它的 TGID 还是指父进程的 TGID，因为它和父进程同属一个线程组。

getpid()系统调用返回当前进程的 TGID，而不是线程的 PID，因为一个多线程应用程序中所有线程共享相同的 PID。

gettid()系统调用会返回线程的 PID。

7.1.5　进程间的家族关系

Linux 内核维护了进程之间的家族关系，下面列举进程之间的一些关系。

❑　Linux 内核在启动时会有一个 init_task 进程，它是系统中所有进程的"祖先"，称为进程 0 或 idle 进程。当系统没有进程需要调度时，调度器就会运行 idle 进程。idle 进程在内核启动（见 start_kernel()函数）时静态创建，对所有的核心数据结构预先静态赋值。

❑ 系统初始化快完成时会创建一个 init 进程，这就是常说的进程 1，它是所有进程的"祖先"，从这个进程开始所有的进程都参与了调度①。

❑ 如果进程 A 创建了进程 B，那么进程 A 为父进程，进程 B 为子进程。

❑ 如果进程 B 创建了进程 C，那么进程 A 和进程 C 之间的关系就是祖孙关系。

❑ 如果进程 A 创建了 B1,B2,…,Bn 进程，那么这些 Bi（1≤i≤n）进程称为兄弟进程。

task_struct 数据结构使用 4 个成员来描述进程间的关系，如表 7.2 所示。

表 7.2　　　　　　　　　　　　　　　进程间的关系

成　员	描　述
real_parent	指向创建了进程 A 的描述符，如果进程 A 的父进程不存在了，则指向进程 1（init 进程）的描述符
parent	指向进程的当前父进程，通常和 real_parent 一致
children	所有的子进程都链接成一个链表，这是链表头
sibling	所有兄弟进程都链接成一个链表，链表头在父进程的 sibling 成员中

init_task 进程的 task_struct 数据结构在 init/init_task.c 文件中静态初始化。

```
<init/init_task.c>

struct task_struct init_task
= {
#ifdef CONFIG_THREAD_INFO_IN_TASK
    .thread_info    = INIT_THREAD_INFO(init_task),
    .stack_refcount = ATOMIC_INIT(1),
#endif
    .state      = 0,
    .stack      = init_stack,
    .usage      = ATOMIC_INIT(2),
    .flags      = PF_KTHREAD,
    .prio       = MAX_PRIO - 20,
    .static_prio    = MAX_PRIO - 20,
    .normal_prio    = MAX_PRIO - 20,
    .policy     = SCHED_NORMAL,
    .cpus_allowed   = CPU_MASK_ALL,
    .nr_cpus_allowed= NR_CPUS,
    .mm     = NULL,
    .active_mm  = &init_mm,
    ...
};
```

此外，系统中所有进程的 task_struct 数据结构都通过 list_head 类型的双向链表链接在一起，因此每个进程的 task_struct 数据结构都包含一个 list_head 类型的 tasks 成员。这个进程链表的头是 init_task 进程，也就是所谓的进程 0。init_task 进程的 tasks.prev 字段指向链表中最后插入进程的 task_struct 数据结构的 tasks 成员。另外，若这个进程下面有线程组（即 PID==TGID），那么线程会添加到线程组的 thread_group 链表中。

next_task()宏用于遍历下一个进程的 task_struct 数据结构，next_thread()用于遍历线程组的下一个线程的 task_struct 数据结构。

---

① 准确地说，idle 进程会参与 idle 类的调度。

```
#define next_task(p) \
    list_entry_rcu((p)->tasks.next, struct task_struct, tasks)

struct task_struct *next_thread(const struct task_struct *p)
{
    return list_entry_rcu(p->thread_group.next,
                struct task_struct, thread_group);
}
```

Linux 内核提供一个很常用的宏 for_each_process(p)，它用于扫描系统中所有的进程。这个宏从 init_task 进程开始遍历，一直遍历到 init_task 为止。另外，宏 for_each_process_thread()也用于遍历系统中所有的线程。

```
#define next_task(p) \
    list_entry_rcu((p)->tasks.next, struct task_struct, tasks)

#define for_each_process(p) \
    for (p = &init_task ; (p = next_task(p)) != &init_task ; )

#define for_each_process_thread(p, t)      \
    for_each_process(p) for_each_thread(p, t)
```

7.1.6　获取当前进程

在内核编程中，访问进程的相关信息通常需要获取进程的 task_struct 数据结构的指针。Linux 内核提供了 current 宏，它可以很方便地找到当前正在运行的进程的 task_struct 数据结构。current() 宏的实现和具体的架构相关。有的架构使用专门的寄存器来存放指向当前进程的 task_struct 数据结构的指针。

在 Linux 4.0 内核中，以 ARM32 为例，进程的内核栈大小通常是 8KB，即两个物理页面的大小[①]。这个内核栈里存放了一个 thread_union 数据结构，栈的底部存放了 thread_info 数据结构，顶部往下的空间用于内核栈空间。current() 宏首先通过 ARM32 的 SP 寄存器来获取当前内核栈的地址，对齐后可以获取 thread_info 数据结构的指针，最后通过 thread_info->task 成员获取 task_struct 数据结构，如图 7.4 所示。

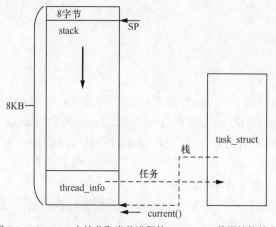

▲图 7.4　Linux 4.0 内核获取当前进程的 task_struct 数据结构的方法

---

① 内核栈大小通常和架构相关，ARM32 架构中内核栈大小是 8KB，ARM64 架构中内核栈大小是 16KB。

在 Linux 5.0 内核中，获取当前进程的内核栈的方式已经发生了巨大的变化。其中新增了一个配置选项 CONFIG_THREAD_INFO_IN_TASK，其目的是允许把 thread_info 数据结构存放在 task_struct 数据结构中。在 ARM64 代码中，CONFIG_THREAD_INFO_IN_TASK 配置是默认打开的。

```
<include/linux/sched.h>

struct task_struct {
    struct thread_info      thread_info;
    /* -1 unrunnable, 0 runnable, >0 stopped: */
    volatile long           state;
    ...
}
```

ARM64 代码把 thread_info 数据结构从进程内核栈搬移到 task_struct 数据结构里。这样做的目的有两个，一是，在某些栈溢出的情况下可以防止 thread_info 数据结构的内容被破坏；二是，如果栈的地址被泄漏，这种方法可以防止进程被攻击或者使攻击变得困难。thread_info 数据结构定义在 arch/arm64/include/asm/thread_info.h 头文件中。

```
<arch/arm64/include/asm/thread_info.h>

struct thread_info {
    unsigned long       flags;
    mm_segment_t        addr_limit;
    union {
        u64     preempt_count;
        struct {
            u32 count;
            u32 need_resched;
        } preempt;
    };
};
```

thread_info 数据结构相比 Linux 4.0 内核去掉了一些成员，如指向进程描述符的 task 指针。另外，获取当前进程的 task_struct 数据结构的方法发生了变化。在内核态中，ARM64 处理器运行在 EL1 里，SP_EL0 寄存器在 EL1 上下文中是没有使用的。利用 SP_EL0 寄存器来存放当前进程的 task_struct 数据结构的地址是一个简洁有效的办法。

```
<arch/arm64/include/asm/current.h>

static __always_inline struct task_struct *get_current(void)
{
    unsigned long sp_el0;

    asm ("mrs %0, sp_el0" : "=r" (sp_el0));

    return (struct task_struct *)sp_el0;
}

#define current get_current()
```

在 Linux 5.0 内核中，获取当前进程的 task_struct 数据结构的流程如图 7.5 所示。其中，SP_EL0 寄存器存放了 task_struct 指针，current()宏通过 SP_EL0 寄存器来获取 task_struct，task_struct 中的 stack 成员指向栈。

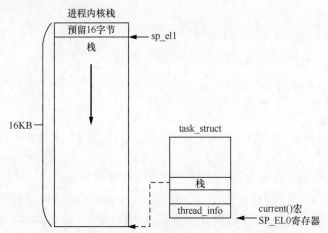

▲图 7.5 Linux 5.0 内核获取当前进程的 task_struct 数据结构

7.1.7 进程 0 和进程 1

进程 0 是指 Linux 内核初始化阶段从无到有创建的一个内核线程，它是所有进程的祖先，有好几个别名，如进程 0、idle 进程或者 swapper 进程。进程 0 的进程描述符是在 init/init_task.c 文件中静态初始化的。

```
<init/init_task.c>

struct task_struct init_task
= {
    .state      = 0,
    .stack      = init_stack,
    .active_mm  = &init_mm,
    ...
};
```

Linux 内核初始化函数 start_kernel()在初始化完内核所需要的所有数据结构之后会创建另一个内核线程，这个内核线程就是进程 1 或 init 进程。进程 1 的 ID 为 1，与进程 0 共享进程所有的数据结构。

```
static noinline void __init_refok rest_init(void)
{
    ...
    kernel_thread(kernel_init, NULL, CLONE_FS);
    ...
}
```

创建完 init 进程之后，进程 0 将会执行 cpu_idle()函数。当这个 CPU 上的就绪队列中没有其他可执行的进程时，调度器才会选择执行进程 0，并让 CPU 进入空闲状态。在 SMP 中，每个 CPU 都有一个进程 0。

进程 1 会执行 kernel_init() 函数，它会调用 execve() 系统调用来装入可执行程序 init，最后进程 1 变成了一个普通进程。这些 init 程序就是常见的/sbin/init、/bin/init 或者/bin/sh 等可执行的 init 以及 systemd 程序。

进程 1 从内核线程变成普通进程 init 之后，它的主要作用是根据/etc/inittab 文件的内容启动所需要的任务，包括初始化系统配置、启动一个登录对话等。下面是关于/etc/inittab 文件的一个示例。

```
::sysinit:/etc/init.d/rcS
::respawn:-/bin/sh
::askfirst:-/bin/sh
::ctrlaltdel:/bin/umount -a -r
```

7.2 与进程创建和终止相关的操作系统原语

在最新版本的 POSIX 标准中，定义了进程创建和终止的操作系统层面的原语。进程创建包括 fork() 和 execve() 函数族，进程终止包括 wait()、waitpid()、kill()，以及 exit() 函数族。Linux 操作系统在实现过程中为了提高效率，把 POSIX 标准的 fork() 原语扩展为 vfork() 和 clone() 两个原语。

用 GCC 将一个最简单的程序（如 hello world 程序）编译成 ELF 文件，在 Shell 提示符下输入该可执行文件并且按 Enter 键之后，这个程序就开始执行了。其实这里 Shell 会通过调用 fork() 来创建一个新的进程，然后调用 execve() 来执行这个新的程序。Linux 操作系统的进程创建和执行通常由两个单独的函数来完成，即 fork() 和 execve()。fork() 通过写时复制技术复制当前进程的相关信息来创建一个全新的子进程。这时子进程和父进程在各自的进程地址空间执行，但是共享相同的内容。另外，它们有各自的 ID。execve() 函数负责读取可执行文件，将其装入子进程的地址空间中并开始执行，这时父进程和子进程才开始分道扬镳。

在 POSIX 标准中还规定了 posix_spawn() 函数，也就是把 fork() 和 exec() 的功能结合起来，形成单个 spawn 操作——创建一个新进程并且执行程序。glibc 函数库实现了 posix_spawn() 函数。

我们常见的一个场景是，在 Shell 中输入命令，然后等待命令返回。若以进程创建和终止的角度来看，Shell 首先读取命令、解析命令、创建子进程并执行该命令，然后父进程再等待子进程终止，如图 7.6 所示。

Linux 内核提供了相应的系统调用，如 sys_fork()、sys_exec()、sys_vfork() 以及 sys_clone() 等。另外，C 标准库提供了这些系统调用的封装函数。

在 Linux 内核中，fork()、vfork()、clone() 以及创建内核线程的接口函数都是通过调用_do_fork() 函数来完成的，只是调用的参数不一样。

```
<不同的调用参数>

//fork()实现
    _do_fork(SIGCHLD, 0, 0, NULL, NULL, 0);

//vfork()实现
    _do_fork(CLONE_VFORK | CLONE_VM | SIGCHLD, 0, 0, NULL, NULL, 0);
```

```
//clone()实现
    _do_fork(clone_flags, newsp, 0, parent_tidptr, child_tidptr, tls);

//内核线程
    _do_fork(flags|CLONE_VM|CLONE_UNTRACED, (unsigned long)fn, (unsigned long)arg,
NULL, NULL, 0);
```

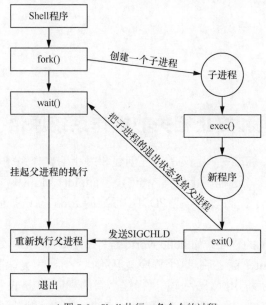

▲图 7.6　Shell 执行一条命令的过程

7.2.1　写时复制技术

在传统的 UNIX 操作系统中，创建新进程时会复制父进程所拥有的所有资源，这样进程的创建变得很低效。每次创建子进程时都要把父进程的进程地址空间中的内容复制到子进程，但是子进程还不一定全盘接收，甚至完全不用父进程的资源。子进程调用 execve()系统调用之后，可能和父进程分道扬镳。

现代的操作系统都采用写时复制（Copy On Write，COW）的技术进行优化。写时复制技术就是父进程在创建子进程时不需要复制进程地址空间的内容到子进程，只需要复制父进程的进程地址空间的页表到子进程，这样父、子进程就共享了相同的物理内存。当父、子进程中有一方需要修改某个物理页面的内容时，触发写保护的缺页异常，然后才复制共享页面的内容，从而让父、子进程拥有各自的副本。也就是说，进程地址空间以只读的方式共享，当需要写入时才发生复制，如图 7.7 所示。写时复制是一种可以推迟甚至避免复制数据的技术，它在现代操作系统中有广泛的应用。

在采用了写时复制技术的 Linux 内核中，用 fork()函数创建一个新进程的开销变得很小，免去了复制父进程整个进程地址空间中的内容的巨大开销，现在只需要复制父进程页表的一点开销。

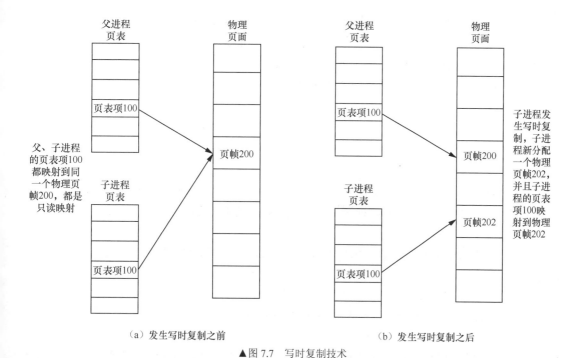

（a）发生写时复制之前　　　　　　　　（b）发生写时复制之后

▲图 7.7　写时复制技术

7.2.2　fork()函数

如前所述，fork()原语是 POSIX 标准中定义的基本的进程创建函数。可以通过 Linux 操作系统中的 man 命令来查看 Linux 编程手册中关于 fork()原语的说明，如图 7.8 所示。

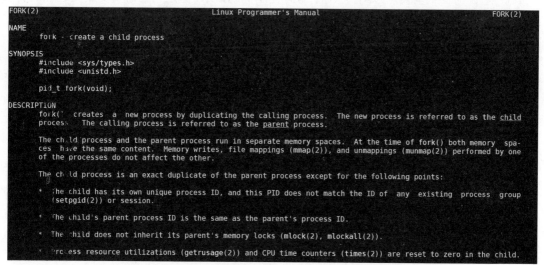

▲图 7.8　Linux 编程手册中关于 fork()的介绍

使用 fork()函数来创建子进程时，子进程和父进程有各自独立的进程地址空间，但是共享物理内存资源，包括进程上下文、进程堆栈、内存信息、打开的文件描述符、进程优先级、根目录、资源限制、控制终端等。在 fork()创建期间，子进程和父进程共享物理内存空间，当它们开始执行各自程序时，它们的进程地址空间开始分道扬镳，这得益于写时复制技术。

子进程和父进程也有如下一些区别。

❑　子进程和父进程的 ID 不一样。

  ❑ 子进程不会继承父进程的内存方面的锁，如 mlock()。

  ❑ 子进程不会继承父进程的一些定时器，如 setitimer()、alarm()、timer_create()。

  ❑ 子进程不会继承父进程的信号量，如 semop()。

对于 fork()函数，在用户空间中的 C 库函数的定义如下。

```
#include <unistd.h>
#include <sys/types.h>

pid_t fork(void);
```

  fork()函数会有两次返回，一次在父进程中，另一次在子进程中。如果返回值为 0，说明是这是子进程；如果返回值为正数，说明这是父进程，父进程会返回子进程的 ID；如果返回−1，表示创建失败。

  fork()函数通过系统调用进入 Linux 内核，然后通过_do_fork()函数来实现。

```
SYSCALL_DEFINE0(fork)
{
    return _do_fork(SIGCHLD, 0, 0, NULL, NULL, 0);
}
```

  fork()函数只使用 SIGCHLD 标志位，在子进程终止后发送 SIGCHLD 信号通知父进程。fork()是重量级调用，为子进程建立了一个基于父进程的完整副本，然后子进程基于此执行。为了减少工作量，子进程采用写时复制技术，只复制父进程的页表，不会复制页面内容。当子进程需要写入新内容时才触发写时复制机制，并为子进程创建一个副本。

  fork()函数也有一些缺点，尽管使用了写时复制机制技术，但是它还需要复制父进程的页表，在某些场景下会比较慢，所以有了后来的 vfork()原语和 clone()原语。

7.2.3　vfork()函数

  vfork()函数和 fork()函数类似，但是 vfork()的父进程会一直阻塞，直到子进程调用 exit()或者 execve()为止。在 fork()实现写时复制之前，UNIX 系统的设计者很关心 fork()之后马上执行execve()所造成的地址空间浪费和效率低下问题，因此设计了 vfork()系统调用。

```
#include <sys/types.h>
#include <unistd.h>

pid_t vfork(void);
```

  vfork()函数通过系统调用进入 Linux 内核，然后通过_do_fork()函数来实现。

```
SYSCALL_DEFINE0(vfork)
{
    return _do_fork(CLONE_VFORK | CLONE_VM | SIGCHLD, 0,
            0, NULL, NULL, 0);
}
```

  vfork()的实现比 fork()的实现多了两个标志位，分别是 CLONE_VFORK 和 CLONE_VM。CLONE_VFORK 表示父进程会被挂起，直至子进程释放虚拟内存资源。CLONE_VM 表示父、子进程执行在相同的进程地址空间中。另外，通过 vfork()可以避免复制父进程的页表项。

7.2.4　clone()函数

clone()函数通常用于创建用户线程。在 Linux 内核中没有专门的线程，而是把线程当成普通进程来看待，在内核中还以 task_struct 数据结构来描述线程，并没有使用特殊的数据结构或者调度算法来描述线程。

clone()函数功能强大，可以传递众多参数，可以有选择地继承父进程的资源，如可以和vfork()一样，与父进程共享一个进程地址空间，从而创建线程；也可以不和父进程共享进程地址空间，甚至可以创建兄弟关系进程。

```
/* glibc 库的封装*/
#include <sched.h>

int clone(int (*fn)(void *), void *child_stack,
        int flags, void *arg, ...);

/* 原始的系统调用*/
long clone(unsigned long flags, void *child_stack,
                void *ptid, void *ctid,
                struct pt_regs *regs);
```

以 glibc 封装的 clone()为例，fn 是子进程执行时的函数指针，child_stack 为子进程分配栈，flags 设置 clone 标志位，表示需要从父进程继承哪些资源，arg 是传递给子进程的参数。

clone()函数通过系统调用进入 Linux 内核，然后通过_do_fork()函数来实现。

```
SYSCALL_DEFINE5(clone, unsigned long, clone_flags,
        unsigned long, newsp,
        int __user *, parent_tidptr,
        int __user *, child_tidptr,
        unsigned long, tls)
 {
  return _do_fork(clone_flags, newsp, 0, parent_tidptr, child_tidptr, tls);
 }
```

7.2.5　内核线程

内核线程（kernel thread）其实就是运行在内核地址空间的进程，它和普通用户进程的区别在于内核线程没有独立的进程地址空间，即 task_struct 数据结构中 mm 指针设置为 NULL，它只能运行在内核地址空间，和普通进程一样参与系统的调度中。所有的内核线程都共享内核地址空间。常见的内核线程有页面回收线程 kswapd 等。

Linux 内核提供多个接口函数来创建内核线程。

```
kthread_create(threadfn, data, namefmt, arg...)
kthread_run(threadfn, data, namefmt, ...)
```

kthread_create()函数创建的内核线程被命名为 namefmt。namefmt 可以接受类似于 printk()的格式化参数，新建的内核线程将运行 threadfn()函数。新建的内核线程处于不可运行态，需要调用 wake_up_process()函数来将其唤醒并添加到就绪队列中。

要创建一个马上可以运行的内核线程，可以使用 kthread_run()函数。

内核线程最终还通过_do_fork()函数来实现。

```
pid_t kernel_thread(int (*fn)(void *), void *arg, unsigned long flags)
{
    return _do_fork(flags|CLONE_VM|CLONE_UNTRACED, (unsigned long)fn,
        (unsigned long)arg, NULL, NULL, 0);
}
```

7.2.6　终止进程

系统中有源源不断的进程诞生，当然，也有进程会终止。进程的终止有两种方式：一种是自愿地终止，包括显式地调用 exit()系统调用或者从某个程序的主函数返回；另一种是被动地收到终止信号或者异常终止。

进程主动终止主要有如下两个途径。

❑　从 main()函数返回，链接程序会自动添加 exit()系统调用。

❑　主动调用 exit()系统调用。

进程被动终止主要有如下 3 个途径。

❑　进程收到一个自己不能处理的信号。

❑　进程在内核态执行时产生了一个异常。

❑　进程收到 SIGKILL 等终止信号。

当一个进程终止时，Linux 内核会释放它所占有的资源，并把这个消息告知父进程，而一个进程终止时可能有两种情况。

❑　若它先于父进程终止，那么子进程会变成一个僵尸进程，直到父进程调用 wait()才算最终消亡。

❑　若它也在父进程之后终止，那么 init 进程将成为子进程的新父进程。

exit()系统调用把退出码转换成内核要求的格式，并且调用 do_exit()函数来处理。

```
SYSCALL_DEFINE1(exit, int, error_code)
{
    do_exit((error_code&0xff)<<8);
}
```

7.2.7　僵尸进程和进程托孤

一个进程通过 exit()系统调用终止之后，就处于僵尸状态。在僵尸状态中，除了进程描述符依然保留外，进程的其他资源已经归还给内核。Linux 内核这么做是为了让系统可以得到子进程的终止原因等信息，因此进程终止时所需的清理工作和释放进程描述符是分开的。父进程通过调用 wait()系统调用来获取已终结的子进程的信息之后，内核才会释放子进程的 task_struct 数据结构。

Linux 内核已经实现了几个与 wait()相关的系统调用，如 sys_wait4()、sys_waitid()和 sys_waitpid()等。

```
asmlinkage long sys_wait4(pid_t pid, int __user *stat_addr,
            int options, struct rusage __user *ru);
asmlinkage long sys_waitid(int which, pid_t pid,
            struct siginfo __user *infop,
            int options, struct rusage __user *ru);
asmlinkage long sys_waitpid(pid_t pid, int __user *stat_addr, int options);
```

以上系统调用的主要功能如下。

❑ 获取进程终止的原因等信息。

❑ 销毁进程 task_struct 数据结构等最后的资源。

指如果父进程先于子进程消亡，那么子进程就变成"孤儿"进程，Linux 内核会把它"托孤"给 init 进程（进程 1），init 进程就成了子进程的父进程。

7.3 代码分析：进程的创建和终止

操作系统中时时刻刻要创建或结束进程。进程自有它的生存之道，通常通过 fork()系统调用来创新一个新的进程，新创建的进程可以通过 exec()函数创建新的进程地址空间，并载入新的程序。进程结束时可以自愿退出或非自愿退出。

本节主要讲述 fork()系统调用的实现。fork()系统调用是所有进程的"孵化器"（idle 进程除外），因此本节重点讲解进程是如何孵化出来的。fork()的实现会涉及进程管理、内存管理、文件系统和信号处理等内容，本节会讲述一些核心的实现过程。

7.3.1 _do_fork()函数分析

在内核中，fork()、vfork()与 clone()系统调用通过_do_fork()函数实现。_do_fork()函数实现在 kernel/fork.c 文件中，其函数原型如下。

```
long _do_fork(unsigned long clone_flags,
        unsigned long stack_start,
        unsigned long stack_size,
        int __user *parent_tidptr,
        int __user *child_tidptr,
        unsigned long tls)
```

相比 Linux 4.0 内核，Linux 5.0 内核增加了一个 tls 参数，这是因为用户空间中的 clone()接口函数需要传递 TLS 到内核。之前的做法是通过具体的处理器架构中的 pt_regs 数据结构来传递的，这种方法是和架构绑定的，非常不灵活，因此在 Linux 4.2 内核中增加了该参数。

_do_fork()函数有 6 个参数，具体含义如下。

❑ clone_flags：创建进程的标志位集合，常见的标志位如表 7.3 所示。

❑ stack_start：用户态栈的起始地址。

❑ stack_size：用户态栈的大小，通常设置为 0。

❑ parent_tidptr 和 child_tidptr：指向用户空间中地址的两个指针，分别指向父、子进程的 ID。

❑ tls：传递线程本地存储（Thread Local Storage，TLS）。

表 7.3　　　　　　　　　　　　　　　　　常见的标志位

标志位	含　义
CLONE_VM	父、子进程共享进程地址空间
CLONE_FS	父、子进程共享文件系统信息
CLONE_FILES	父、子进程共享打开的文件
CLONE_SIGHAND	父、子进程共享信号处理函数以及被阻断的信号
CLONE_PTRACE	父进程被跟踪，子进程也会被跟踪

续表

标志位	含　义
CLONE_VFORK	在创建子进程时启用 Linux 内核的完成量机制。wait_for_completion()会使父进程进入睡眠状态，直到子进程调用 execve()或 exit()释放内存资源
CLONE_PARENT	指定子进程和父进程拥有同一个父进程
CLONE_THREAD	父、子进程在同一个线程组里
CLONE_NEWNS	为子进程创建新的命名空间
CLONE_SYSVSEM	父、子进程共享 System V 等语义
CLONE_SETTLS	为子进程创建新的 TLS
CLONE_PARENT_SETTID	设置父进程的 TID
CLONE_CHILD_CLEARTID	清除子进程的 TID
CLONE_UNTRACED	保证没有进程可以跟踪这个新创建的进程
CLONE_CHILD_SETTID	设置子进程的 TID
CLONE_NEWUTS	为子进程创建新的 utsname 命名空间
CLONE_NEWIPC	为子进程创建新的 ipc 命名空间
CLONE_NEWUSER	为子进程创建新的 user 命名空间
CLONE_NEWPID	为子进程创建新的 pid 命名空间
CLONE_NEWNET	为子进程创建新的 network 命名空间
CLONE_IO	复制 I/O 上下文

　　_do_fork()函数主要调用 copy_process()函数来创建子进程的 task_struct 数据结构，以及从父进程复制必要的内容到子进程的 task_struct 数据结构中，完成子进程的创建，如图 7.9 所示。

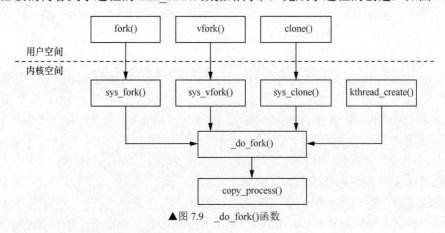

▲图 7.9　_do_fork()函数

　　实现_do_fork()函数的主要代码片段如下。

```
long _do_fork(unsigned long clone_flags,
        unsigned long stack_start,
        unsigned long stack_size,
        int __user *parent_tidptr,
        int __user *child_tidptr,
        unsigned long tls)
{
    p = copy_process(clone_flags, stack_start, stack_size,
            child_tidptr, NULL, trace, tls, NUMA_NO_NODE);
```

```
    pid = get_task_pid(p, PIDTYPE_PID);
    nr = pid_vnr(pid);
    if (clone_flags & CLONE_VFORK) {
        p->vfork_done = &vfork;
        init_completion(&vfork);
        get_task_struct(p);
    }
    wake_up_new_task(p);
    if (clone_flags & CLONE_VFORK) {
        if (!wait_for_vfork_done(p, &vfork))
            ptrace_event_pid(PTRACE_EVENT_VFORK_DONE, pid);
    }
    return nr;
}
```

_do_fork()函数中的主要操作如下。

（1）检查子进程是否允许被跟踪。

（2）调用 copy_process()函数创建一个新的子进程。如果创建成功，返回子进程的 task_struct。

（3）由子进程的 task_struct 数据结构来获取 PID。pid_vnr()获取虚拟的 PID，即从当前命名空间内部看到的 PID。

（4）对于 vfork()创建的子进程，首先要保证子进程先运行。在调用 exec()或 exit()之前，父、子进程是共享数据的。在子进程调用 exec()或者 exit()之后，才可以调度、运行父进程，因此这里使用一个 vfork_done 完成量来达到扣留父进程的目的。init_completion()函数用于初始化这个完成量。

（5）wake_up_new_task()函数唤醒新创建的进程，也就是把进程加入就绪队列里并接受调度、运行。

（6）对于 vfork()，wait_for_vfork_done()函数等待子进程调用 exec()或者 exit()。

（7）在父进程返回用户空间时，其返回值为子进程的 ID。子进程返回用户空间时，其返回值为 0。

_do_fork()函数的流程如图 7.10 所示。注意，_do_fork()执行之后就存在两个进程，而且每个进程都会从_do_fork()函数的返回处执行。程序可以通过 fork()的返回值来区分父、子进程。对于父进程，_do_fork()函数返回新创建的子进程的 ID；对于子进程，则返回 0。

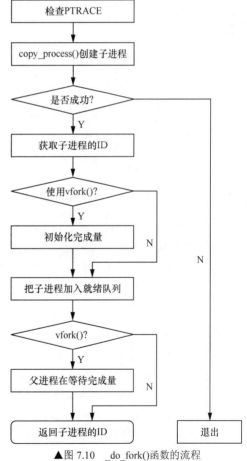

▲图 7.10　_do_fork()函数的流程

7.3.2　copy_process()函数分析

copy_process()函数是 fork()的核心实现，它会创建新进程的描述符以及新进程执行所需要的其他数据结构。copy_process()函数的代码很长，大概有 500 行代码，精简后的代码片段如下。

```
static struct task_struct *copy_process(
                    unsigned long clone_flags,
                    unsigned long stack_start,
                    unsigned long stack_size,
                    int __user *child_tidptr,
                    struct pid *pid,
                    int trace,
                    unsigned long tls,
                    int node)
{
    p = dup_task_struct(current, node);

    copy_creds(p, clone_flags);
    sched_fork(clone_flags, p);
    copy_files(clone_flags, p);
    copy_fs(clone_flags, p);
    copy_sighand(clone_flags, p);
    copy_signal(clone_flags, p);
    copy_mm(clone_flags, p);
    copy_namespaces(clone_flags, p);
    copy_io(clone_flags, p);
    copy_thread_tls(clone_flags, stack_start, stack_size, p, tls);

    pid = alloc_pid(p->nsproxy->pid_ns_for_children);
    p->pid = pid_nr(pid);

    return p;
}
```

从上面代码片段可以看到，copy_process()函数主要做了 3 件事情。

❑　为新进程分配一个 task_struct 数据结构。

❑　对于新进程，复制和继承父进程的资源。

❑　为新进程分配一个 ID。

下面来详细分析一下 copy_process()函数的代码实现。

在第 1688~1733 行中，首先做标志位的检查。

❑　CLONE_NEWNS 表示父、子进程不共享 mount 命名空间，每个进程可以拥有属于自己的 mount 命名空间。

❑　CLONE_NEWUSER 表示子进程要创建新的 User 命名空间，User 命名空间用于管理 User ID（UID）和 Group ID 的映射，起到隔离 UID 的作用。一个 User 命名空间可以形成一个容器（container），容器里第一个进程的 UID 是 0，即用户 root 用户。容器里的 root 用户不具备系统 root 权限，从系统角度看，该用户并非特权用户，而只是一个普通用户。而 CLONE_FS 要求父、子进程共享文件系统信息，因此 CLONE_NEWNS、CLONE_NEWUSER 不能和 CLONE_FS 一起使用。

❑　CLONE_THREAD 表示父、子进程在同一个线程组里。POSIX 标准规定在一个进程的内部，多个线程共享一个 PID，但是 Linux 内核为每个线程和进程都分配了 PID。为了满足 POSIX 标准，Linux 内核中出现了线程组（thread group）的概念。sys_getpid()

系统调用返回 TGID，sys_gettid() 返回线程的 PID。CLONE_SIGHAND 表示父、子进程共享相同的信号处理表，因此 CLONE_THREAD 和 CLONE_SIGHAND 两个标志位是最佳拍档，CLONE_VM 也是很好的拍档。

- CLONE_PARENT 表示新创建的进程是兄弟关系，而不是父子关系，它们拥有相同的父进程。对于 Linux 内核来说，进程的祖先是 idle 进程，也称为 swapper 进程；但对用户空间来说，进程的祖先是 init 进程，所有用户空间进程由 init 进程创建和派生。只有 init 进程才会设置 SIGNAL_UNKILLABLE 标志位。如果 init 进程或者容器 init 进程要使用 CLONE_PARENT 创建兄弟进程，那么该进程无法由 init 进程回收，idle 进程无能为力，因此它会变成僵尸进程。
- CLONE_NEWPID 表示创建一个新的 PID 命名空间。在没有 PID 命名空间之前，进程唯一的标识是 PID，在引入 PID 命名空间之后，标识一个进程同时需要 PID 命名空间和 PID。CLONE_NEWUSER、CLONE_NEWPID 和 CLONE_SIGHAND 共享信号会有冲突。

上述标志位涉及命名空间（namespace）技术。命名空间技术主要用于访问隔离，其原理是针对一类资源进行抽象，并将其封装在一起以供一个容器使用。每个容器都有自己的抽象，它们彼此之间不可见，因此访问是隔离的。

在第 1753 行，dup_task_struct() 为新进程分配一个 task_struct 数据结构。

在第 1778～1783 行中，user_struct 数据结构中的 processes 成员记录了该用户的进程数。这里检查进程数是否超过了进程的资源限制 RLIMIT_NPROC。RLIMIT_NPROC 规定了每个实际用户可拥有的最大子进程数。

在第 1786 行中，copy_creds() 复制父进程的证书。

在第 1796 行中，max_threads 表示当前系统最多可以拥有的进程数量，这个值由系统内存大小来决定，详见 fork_init() 函数。nr_threads 是系统的一个全局变量，如果系统已经分配的进程数量到达或者超过系统最大进程数目，那么内存资源不足会导致新进程的创建失败。上述两个全局变量都定义在 fork.c 文件中。

在第 1800～1801 行中，task_struct 数据结构中有一个成员 flags，它用于存放进程重要的标志位，这些标志位定义在 include/linux/sched.h 文件中。这里首先取消使用超级用户权限（PF_SUPERPRIV）并告诉系统这不是一个 worker 线程（PF_WQ_WORKER），因为 worker 线程由工作队列机制创建。

PF_IDLE 表示新创建的进程处于空闲状态，从 Linux 4.10 内核开始，新增了这个 PF_IDLE 标志位，这个标志位是为了解决空闲注入驱动（idle injection driver）的一些问题。从此之后，系统的空闲进程不仅包括 PID 为 0 的进程（即进程 0），还可能包括设置了 PF_IDLE 标志位的进程。

另外，由于设置了 PF_FORKNOEXEC 标志位，因此这个进程暂时还不能执行。

在第 1802～1884 行中，初始化两个链表。p->children 链表是新进程的子进程链表，p->sibling 链表是新进程的兄弟进程链表。另外，这里对进程的 task_struct 数据结构的一些成员进行初始化，之前进程的 task_struct 数据结构的内容是从父进程复制过来的，但是作为新进程，有些成员还需要重新初始化。

在第 1887 行中，sched_fork() 函数初始化与进程调度相关的数据结构。调度实体用 sched_entity 数据结构来抽象，每个进程或线程都是一个调度实体。

在第 1905 行中，copy_files() 函数复制父进程打开的文件等信息。

在第 1908 行中，copy_fs()函数复制父进程的 fs_struct 数据结构等信息。

在第 1914 行中，copy_signal()函数复制父进程的信号系统。

在第 1917 行中，copy_mm()函数复制父进程的进程地址空间的页表信息。

在第 1920 行中，copy_namespaces()函数复制父进程的命名空间。

在第 1923 行中，copy_io()函数复制父进程中与 I/O 相关的内容。

在第 1926 行中，copy_thread_tls()函数复制父进程的内核堆信息。

在第 1932～1939 行中，alloc_pid()函数为新进程分配一个 pid 数据结构和 PID。

在第 1969 行中，pid_nr()分配一个全局的 PID，这个全局的 PID 是从 init 进程的命名空间的角度来看的，而 pid_vnr()分配一个虚拟的 PID，它是从当前进程的命名空间的角度来看的。

在第 1970～1981 行中，设置 group_leader 和 TGID。

若子进程是线程组的领头进程，也就是 CLONE_THREAD 标志被清零，那么执行以下操作：

❑　把 p->group_leader 指向新进程 p；

❑　把 p->tgid 设置为新进程的 ID。

若子进程归属于父进程线程组，也就是 CLONE_THREAD 标志被置位，那么执行以下操作：

❑　把 p->group_leader 指向父进程的 group_leader 成员；

❑　把 p->tgid 设置为父进程的 TGID。

在第 2054～2094 行中，把新进程添加到进程管理的流程里。这里会区分新进程是否是线程组的领头进程，根据不同的情况来将其添加到进程管理的流程里。如果新进程是领头进程，那么需要通过 list_add_tail_rcu()函数将其添加到进程管理的全局链表 init_task.tasks 中。另外，还需要根据不同情况，调用 attach_pid()函数来把新进程添加到不同类型的哈希表中，这些哈希表包括 PIDTYPE_TGID、PIDTYPE_PGID、PIDTYPE_SID 以及 PIDTYPE_PID。最后，递增 nr_threads 变量的值。

最后，返回子进程描述符。

copy_process()函数的流程如图 7.11 所示。

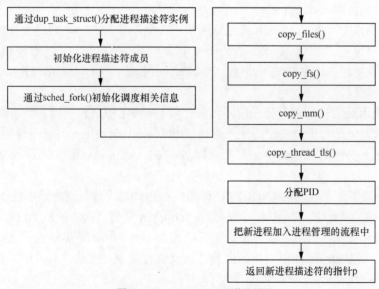

▲图 7.11　copy_process()函数的流程

7.3.3 dup_task_struct()函数分析

dup_task_struct()函数的作用是为新进程分配一个进程描述符和内核栈。下面是该函数的主要代码片段。

```
<kernel/fork.c>

static struct task_struct *dup_task_struct(struct task_struct *orig, int node)
{
    tsk = alloc_task_struct_node(node);
    stack = alloc_thread_stack_node(tsk, node);
    err = arch_dup_task_struct(tsk, orig);
    tsk->stack = stack;
    set_task_stack_end_magic(tsk);
    return tsk;
}
```

dup_task_struct()函数中的重要操作如下。

（1）alloc_task_struct_node()函数为新进程分配一个进程描述符 tsk。

（2）alloc_thread_stack_node()函数为新进程分配内核栈空间。对于 ARM64 来说，分配 16KB 大小的连续页面作为内核栈。如果系统配置了 CONFIG_VMAP_STACK，那么会使用 vmalloc() 来分配内存；否则，使用 alloc_pages_node()来分配内存。

（3）arch_dup_task_struct()函数把父进程的进程描述符内容直接复制到新进程的进程描述符中。

（4）使新进程描述符的 stack 字段指向新分配的内核栈。

（5）set_task_stack_end_magic()函数在内核栈的最高地址处设置一个幻数 STACK_END_MAGIC，用于溢出检测。

7.3.4 sched_fork()函数分析

sched_fork()函数主要用于进程调度的基本初始化。精简后的代码片段如下。

```
<kernel/sched/core.c>

int sched_fork(unsigned long clone_flags, struct task_struct *p)
{
    unsigned long flags;

    __sched_fork(clone_flags, p);
    p->state = TASK_NEW;
    p->prio = current->normal_prio;

    if (rt_prio(p->prio))
        p->sched_class = &rt_sched_class;
    else
        p->sched_class = &fair_sched_class;

    __set_task_cpu(p, smp_processor_id());
    p->sched_class->task_fork(p);
```

```
    p->on_cpu = 0;
    init_task_preempt_count(p);
    return 0;
}
```

sched_fork()函数实现的主要操作如下。

（1）初始化与进程调度相关的数据结构。调度实体用 sched_entity 数据结构来抽象，每个进程或线程都是一个调度实体。

（2）task_struct 数据结构中的 state 成员表示进程运行状态。运行状态主要有 TASK_RUNNING、TASK_INTERRUPTIBLE、TASK_UNINTERRUPTIBLE、__TASK_STOPPED，以及 EXIT_DEAD 等。在 Linux 4.8 内核里，为进程的运行状态新增了一个 TASK_NEW 状态，用于保证这个进程不会运行，并且任何信号或者外部的事件不会唤醒这个进程，也不会把这个进程插入运行队列。

（3）新进程继承父进程的优先级。

（4）设置子进程的调度类。

（5）__set_task_cpu()函数为子进程设置 CPU，子进程将来会运行在这个 CPU 上。

在设置 p->cpu 之前，__set_task_cpu()函数用 smp_wmb()来保证之前内容写入完成后才设置 p->cpu，并保证其他 CPU 可以观察到 p->cpu 更新之前的读写操作已经完成。这与 move_queued_task()和 task_rq_lock()函数相关。

（6）调用调度类中的 task_fork 方法，完成与调度器相关的初始化。

（7）初始化 thread_info 数据结构中的 preempt_count 计数，它是为了支持内核抢占而引入的。

7.3.5　copy_mm()函数分析

在 POSIX 标准里，fork()语义用于将父进程的数据段、代码段、内存映射区域以及栈等内存全部复制到子进程。在早期的 Linux 内核设计中，fork()的实现是全盘复制的，也就是把父进程的全部进程地址空间的内容复制到子进程。但是子进程通常在 fork()运行之后会调用 exec()来运行一个新的程序，这样新的程序就会替换刚才复制的代码段，并重新初始化其数据段、栈以及分配新的内存映射，这种设计缺点很明显，非常耗时。

后来 Linux 内核采用写时复制的技术来复制父进程的进程地址空间，而不是简单地对父进程进程地址空间内容进行全盘复制。

在执行 fork()期间，子进程仅仅复制父进程的进程地址空间对应的页表到子进程中，并且把父进程和子进程对应的页表项属性设置为只读，也就是子进程的这些映射区域的页表项指向父进程对应的物理页面，并将这些页面映射属性设置为只读。在 fork()完成之后，当父进程或者子进程需要对这些内存页面进行修改时，内核会捕获到缺页异常。在缺页异常处理中对相应页表做适当调整。从这一刻之后，父、子进程就可以分别对各自的页表进行操作和修改，互不干扰。

copy_mm()函数实现在 kernel/fork.c 文件中。

```
<kernel/fork.c>

static int copy_mm(unsigned long clone_flags, struct task_struct *tsk)
```

copy_mm()函数实现的主要操作如下。

（1）current()宏表示当前进程，即父进程。如果父进程的内存描述符 mm 为空，就说明父进程是一个没有进程地址空间的内核线程，不需要为子进程做内存复制，可以直接退出。

（2）若调用 vfork() 创建子进程，那么 CLONE_VM 标志位会置位，因此直接将将子进程的 mm 指针指向父进程的内存描述符 mm 即可，这是最简单和最高效的做法，仅仅是一个指针操作。

（3）若 CLONE_VM 标志位没置位，那么调用 dup_mm() 来复制父进程的进程地址空间。

dup_mm() 函数也实现在 fork.c 文件里，下面是该函数的代码片段。

```
<kernel/fork.c>

static struct mm_struct *dup_mm(struct task_struct *tsk)
{
    struct mm_struct *oldmm = current->mm;

    mm = allocate_mm();
    memcpy(mm, oldmm, sizeof(*mm));
    mm_init(mm, tsk, mm->user_ns);
    dup_mmap(mm, oldmm);

    return mm;
}
```

dup_mm() 函数实现的主要操作如下。

（1）allocate_mm() 函数为子进程分配一个内存描述符 mm。

（2）把父进程的内存描述符的内容全部复制到子进程。注意，这里仅仅复制数据结构的内容，而不是复制内存。

（3）mm_init() 函数初始化子进程的内存描述符，并且调用 mm_alloc_pgd() 函数来为子进程分配 PGD。

（4）每个进程在创建时都会分配一级页表，并且内存描述符中一个 pgd 的成员指向这个进程的一级页表的基地址。一级页表的创建过程依赖于不同的处理器架构。对于 ARM64 来说，分配 PGD 的函数实现在 arch/arm64/mm/pgd.c 文件中，见 pgd_alloc() 函数。

（5）dup_mmap() 复制父进程的进程地址空间的页表到子进程。

dup_mmap() 函数的参数中，mm 表示新进程的 mm_struct 数据结构，oldmm 表示父进程的 mm_struct 数据结构。该函数的主要作用是遍历父进程中所有 VMA，然后复制父进程 VMA 中对应的 PTE 到子进程相应 VMA 对应的 PTE 中。注意，只复制 PTE，并没有复制 VMA 对应页面的内容。

dup_mmap() 函数涉及比较复杂的内存管理方面的知识，下面是精简后的代码片段。

```
<kernel/fork.c>

static __latent_entropy int dup_mmap(struct mm_struct *mm,
                   struct mm_struct *oldmm)
{
    down_write_killable(&oldmm->mmap_sem)

    for (mpnt = oldmm->mmap; mpnt; mpnt = mpnt->vm_next) {
        tmp = vm_area_dup(mpnt);
        tmp->vm_mm = mm;
        anon_vma_fork(tmp, mpnt)
```

```
            __vma_link_rb(mm, tmp, rb_link, rb_parent);
        rb_link = &tmp->vm_rb.rb_right;
        rb_parent = &tmp->vm_rb;


        copy_page_range(mm, oldmm, mpnt);
    }


    up_write(&mm->mmap_sem);
}
```

dup_mmap()函数实现的主要操作如下。

（1）由于后续会修改父进程的进程地址空间，因此要给父进程加上一个写者类型的信号量（mmap_sem）。

（2）通过 for 循环遍历父进程中所有的 VMA。进程中所有的 VMA 都会添加到内存描述符的 mmap 成员指向的链表中。

（3）在 vm_area_dup()函数中，为子进程新创建一个 VMA（见代码中 tmp 变量）。子进程 VMA 中有一个链表 anon_vma_chain，用于存放 anon_vma_chain 数据结构，它用在 RMAP 机制中。

（4）anon_vma_fork()函数创建属于子进程的 anon_vma 数据结构，并使用 anon_vma_chain 来实现父、子进程 VMA 的链接。

（5）__vma_link_rb()函数把刚才创建的 VMA（tmp）插入子进程的 mm 中。

（6）copy_page_range()函数复制父进程 VMA 的页表到子进程页表中。

copy_page_range()函数是复制父进程的进程地址空间相应页表的核心实现函数。它会沿着页表中的 PGD、P4D、PUD、PMD 以及 PTE 的方向查询和遍历页表。遍历 PTE 的函数为copy_pte_range()，下面是该函数实现的代码片段。

```
<mm/memory.c>

static int copy_pte_range(struct mm_struct *dst_mm, struct mm_struct *src_mm,
pmd_t *dst_pmd, pmd_t *src_pmd, struct vm_area_struct *vma,
        unsigned long addr, unsigned long end)
{
    do {
        entry.val = copy_one_pte(dst_mm, src_mm, dst_pte, src_pte,
                        vma, addr, rss);
    } while (dst_pte++, src_pte++, addr += PAGE_SIZE, addr != end);
    return 0;
}
```

copy_pte_range()函数中的参数 addr 与 end 分别表示 VMA 对应的起始地址和结束地址，从VMA 起始地址到结束地址依次调用 copy_one_pte()函数，利用写时复制技术把父进程的 PTE 的内容设置到对应子进程的 PTE 中。

写时复制技术的精华就在 copy_one_pte()函数中，若读者对内存管理代码比较了解，阅读该函数代码应该不会有难度，下面是该函数的主要代码片段。

```
<mm/memory.c>

static inline unsigned long
copy_one_pte(struct mm_struct *dst_mm, struct mm_struct *src_mm,
```

```
            pte_t *dst_pte, pte_t *src_pte, struct vm_area_struct *vma,
            unsigned long addr, int *rss)
{
    if (unlikely(!pte_present(pte))) {
        swp_entry_t entry = pte_to_swp_entry(pte);
        goto out_set_pte;
    }

    if (is_cow_mapping(vm_flags) && pte_write(pte)) {
        ptep_set_wrprotect(src_mm, addr, src_pte);
        pte = pte_wrprotect(pte);
    }

    if (vm_flags & VM_SHARED)
        pte = pte_mkclean(pte);
    pte = pte_mkold(pte);

    page = vm_normal_page(vma, addr, pte);
    if (page) {
        get_page(page);
        rss[mm_counter(page)]++;
    }

out_set_pte:
    set_pte_at(dst_mm, addr, dst_pte, pte);
    return 0;
}
```

copy_one_pte()函数的流程如图 7.12 所示，主要步骤如下。

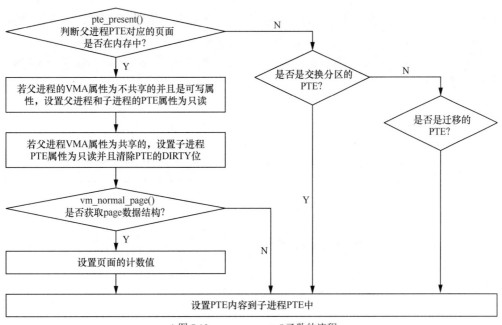

▲图 7.12　copy_one_pte()函数的流程

（1）判断父进程 PTE 对应的页面是否在内存中（见 pte_present()）。

（2）如果不在内存中，那么有两种可能性，这是一个交换项或者迁移项。这两种情况下要设置父进程 PTE 内容到子进程中，因此跳转到 out_set_pte 标签处。

（3）如果父进程 VMA 属性是一个写时复制映射，即不是共享的进程地址空间（没有设置 VM_SHARED），那么父进程和子进程对应的 PTE 都要设置成写保护。pte_wrprotect()函数设置 PTE 属性为只读。

（4）如果父进程 VMA 的对应属性是 VM_SHARED，那么调用 pte_mkclean()函数清除 PTE 的 DIRTY 标志位。

（5）pte_mkold()函数清除 PTE 中的 PTE_AF 位。

（6）vm_normal_page()函数通过父进程的 PTE 来找到对应的物理页面的 page 数据结构。注意，这里返回的页面是普通映射的。接着增加 rss[]计数值，并增加该页面的_refcount 和 _mapcount。get_page ()函数增加_refcount，page_dup_rmap()函数增加_mapcount。

（7）set_pte_at()函数把 PTE 内容设置到子进程对应的 dst_pte 中。

7.3.6　进程创建后的返回

在用户空间可以使用 fork()接口函数来创建一个用户进程，或者使用 clone()接口函数来创建一个用户线程，它们在内核空间都是调用_do_fork()函数来实现的。读者常常会对_do_fork()函数的返回感到疑惑，例如以下两个问题。

❑　以 fork()接口函数为例，为什么它会返回两次？其中父进程的返回值是子线程的 PID，而子进程返回 0。子线程是如何返回 0 的？

❑　子进程第一次返回用户空间时，它返回哪里？

对于第一个问题，在调用_do_fork()函数创建子进程后，子进程也会加入内核的调度器里，在调度器中参与调度。子进程会在稍后时刻得到调度和执行，因此 fork()函数会返回两次，一次是父进程的返回，另一次是子进程被调度执行后的返回。

另外，在 copy_thread()函数里会复制父进程 struct pt_regs 栈框的全部内容到子进程的栈框里，这个栈框描述内核栈上保存寄存器的全部信息，以 ARM64 架构为例，包括 X0～X30 寄存器、栈指针寄存器、PC 寄存器以及 PSTATE 寄存器等信息。另外，copy_thread()函数还会修改子进程的栈框中 X0 寄存器的值为 0，因此在返回用户空间时子进程的返回值就是 0，通过 X0 寄存器来传递返回值。

copy_thread()函数的代码片段如下。

```
<arch/arm64/kernel/process.c>

1    int copy_thread()
2    {
3        ...
4        if (likely(!(p->flags & PF_KTHREAD))) {
5            *childregs = *current_pt_regs();
6            childregs->regs[0] = 0;
7        } else {
8            childregs->pstate = PSR_MODE_EL1h;
9            p->thread.cpu_context.x19 = stack_start;
10           p->thread.cpu_context.x20 = stk_sz;
11       }
12
13       p->thread.cpu_context.pc = (unsigned long)ret_from_fork;
14       p->thread.cpu_context.sp = (unsigned long)childregs;
```

```
15
16          return 0;
17      }
```

在第 4～6 行中，处理子进程是用户进程的情况。

在第 8～10 行中，处理子进程是内核线程的情况。

在第 13～14 行中，设置子进程的进程硬件上下文（struct cpu_context 数据结构）中 pc 和 sp 成员的值。

对于第二个问题，这里面涉及新创建出来的子进程第一次是从哪里开始执行的。在 copy_thread()函数里会使子进程的入口地址指向一个汇编函数 ret_from_fork。它通过设置子进程的进程硬件上下文中的 pc 成员来实现，这涉及进程切换相关的知识。因此，子进程第一次执行时会跳转到 ret_from_fork 汇编程序里。由于子进程是内核线程，因此 X19 寄存器会指向内核线程的回调函数。对于用户进程，子进程会调用 ret_to_user 汇编函数来返回用户空间。

ret_from_fork 汇编函数实现在 arch/arm64/kernel/entry.S 文件中。

```
<arch/arm64/kernel/entry.S>

1   ENTRY(ret_from_fork)
2       cbz x19, 1f          // 不是一个内核线程？
3       mov x0, x20
4       blr x19
5   1:
6       b   ret_to_user
```

ret_from_fork 汇编函数的代码逻辑比较简单。在第 2 行中，判断 X19 寄存器的值是否为空，如果为空，说明这是一个用户进程，则跳转到第 5 行代码，调用 ret_to_user 汇编函数，直接返回用户空间。如果 X19 寄存器的值不为空，说明这是一个内核线程，直接执行 X19 寄存器中保存的内核线程回调函数。

对于新创建的用户进程，它会返回父进程，调用 fork 或者 clone 系统调用的下一条指令。父进程通常使用 svc 指令来自动陷入内核空间。以 glibc-2.20 版本为例，clone 函数实现在 sysdeps/unix/sysv/linux/aarch64/clone.S 文件中，下面是 __clone 汇编函数的代码片段。

```
<glibc-2.20/sysdeps/unix/sysv/linux/aarch64/clone.S>
1       /*
2       clone()函数原型：
3       int clone(int (*fn)(void *arg),
4                   void *child_stack,
5                   int flags,
6                   void *arg)
7       */
8       .global __clone
9       __clone:
10          mov     x10, x0
11          mov     x11, x2
12          mov     x12, x3
13
14          /* 调用 svc 指令来进入内核空间*/
15          mov x0, x2
16          mov     x8, #__NR_clone
```

```
17          svc      0x0    //陷入内核空间
18
19          /*
               从内核空间返回
20             判断是否为子用户进程
21          */
22          cmp      x0, #0
23          beq      thread_start
24          ret
25
26     .align 4
27     thread_start:
28          /*执行子进程的回调函数.*/
29          mov      x0, x12
30          blr      x10
31
32          /* 退出 */
33          ret
```

在第 10～12 行中，暂时先保存相关参数，例如，把子进程回调函数的入口地址保存到 X10 寄存器中，后面在 thread_start 函数里会用到。

在第 15～17 行中，把 clone()函数的参数通过寄存器的方式来传递，然后调用 svc 指令来陷入内核空间，其中 X8 寄存器记录了系统调用号。

在第 22 行中，父进程和子进程都会从内核空间返回这里。由于子进程在_do_fork 期间直接复制了父进程的 pt_regs 栈框，因此 pt_regs->pc 和 pt_regs->pstate 也复用了父进程的值。当从内核态返回用户空间时，子进程也返回此处，因为 pt_regs->pc 记录了返回用户空间的地址。如果判断返回的是子进程，那么会跳转到 thread_start 函数里。在 thread_start 函数里会通过 blr 指令跳转到子进程的回调函数，X10 寄存器保存了子进程回调函数的入口地址。

总之，fork()系统调用是进程的孵化器，本节只讲述了 fork()系统调用的一些关键实现，如命名空间、PID 管理以及内核线程等内容留给读者自行阅读。

现在来看看在本章开篇的面试题 11。这道题目对了解 fork()系统调用的实现有很大的帮助。解题思路如图 7.13 所示，它最终输出 6 个 "_"，你做对了吗？

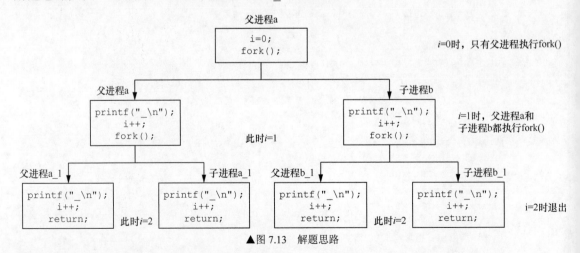

▲图 7.13 解题思路

进程调度原语

进程调度的概念比较简单，假设在一个单核处理器的系统中，同一时刻只有一个进程可以拥有处理器资源，那么其他的进程只能在就绪队列（runqueue）中等待，等到处理器空闲了之后才有机会获取处理器资源来运行。在这种场景下，操作系统就需要从众多的就绪进程中选择一个最合适的进程来运行，这个就是进程调度器（scheduler）要做的事情。调度器产生的最主要原因是提高处理器的利用率（CPU utilization）。一个进程在运行过程中可能需要等待某些资源，如等待磁盘操作的完成、等待键盘输入、等待物理页面的分配等。如果处理器一直和进程一起等待，显然，很浪费处理器资源，所以一个进程等待时，调度器可以调度其他进程来运行，这样提高了处理器的利用率。

作为一个通用操作系统，Linux 系统需要兼顾各种类型的进程，包括交互式进程、批处理进程、实时进程等。每种类型的进程都有其特殊的行为特征，总结如下。

- ❑ 交互式进程：与人机交互的进程，和鼠标、键盘、触摸屏等相关的应用，如 Vim 编辑器等，在睡眠的同时等待用户唤醒它们。这类进程的特点是系统响应时间越短越好，否则用户就会抱怨系统卡顿。
- ❑ 批处理进程：此类进程默默地运行，可能会占用比较多的系统资源，如编译代码等。
- ❑ 实时进程：有些应用对整体时延有严格要求，如 VR 设备，从头部转动到画面显示的间隔需要控制在 19ms 以内，否则会使人出现眩晕感。对于工业控制系统，不符合要求的时延可能会导致严重的事故。

7.4.1 进程分类

若站在处理器的角度来看进程的行为，你会发现有的进程一直占用处理器，有的进程只需要一部分处理器的计算资源即可。所以进程按照这个特性可以分成两类，一类是 CPU 消耗型（CPU-Bound），另外一类是 I/O 消耗型（I/O-Bound）。

CPU 消耗型的进程会把大部分时间用在运行代码上，也就会一直占用 CPU。一个常见的例子就是 while 循环的运行。实际常用的例子就是运行大量数学计算的程序，如 MATLAB 等。

I/O 消耗型的进程是指大部分时间用来提交 I/O 请求或者等待 I/O 请求，所以这种类型的进程通常只需要很少的处理器计算资源即可，如需要键盘输入的进程或者等待网络 I/O 的进程。

有时候判别一个进程是 CPU 消耗型还是 I/O 消耗型其实挺困难，一个典型的例子就是 Linux 图形服务器 X-window 进程，它既是 I/O 消耗型也是 CPU 消耗型。所以，调度器有必要在系统吞吐率和系统响应性方面做出一些妥协。Linux 内核的调度器通常用于增强系统的响应性，如增强桌面系统的实时响应等。

7.4.2 进程优先级和权重

操作系统中经典的进程调度算法是基于优先级调度的。优先级调度的核心思想是把进程按照优先级进行分类，紧急的进程优先级高，不紧急、不重要的进程优先级低。调度器总是从就绪队列中选择优先级高的进程进行调度，而且优先级高的进程分配的时间片会比优先级低的进程长，这体现了一种等级制度。

Linux 操作系统最早采用 nice 值来调整进程的优先级。nice 值的思想是要对其他进程友好，降低优先级来支持其他进程消耗更多的处理器时间。它的范围是−20～+19，默认值是 0。nice 值越大，优先级反而越低；nice 值越低，优先级越高。nice 值-20 表示这个进程是非常重要的，优先级最高；而 nice 值 19 则表示允许其他进程比这个线程优先享有宝贵的 CPU 时间，这也是 nice 值的由来。

内核使用 0～139 的数值表示进程的优先级，数值越小，优先级越高。优先级 0～99 给实时进程使用，100～139 给普通进程使用。另外，在用户空间中有一个传统的变量 nice，它用于映射普通进程的优先级，即 100～139。

优先级在 Linux 内核中的划分方式如下。

❑　普通进程的优先级：100～139。

❑　实时进程的优先级：0～99。

❑　deadline 进程的优先级：-1。

task_struct 数据结构中使用 4 个成员描述进程的优先级。

```
struct task_struct {
    ...
int prio;
int static_prio;
int normal_prio;
unsigned int rt_priority;
...
};
```

❑　prio 保存着进程的动态优先级，是调度类考虑的优先级，有些情况下需要暂时提高进程优先级，如对于实时互斥锁等。

❑　static_prio 是静态优先级，在进程启动时分配。内核不存储 nice 值，取而代之的是 static_prio。NICE_TO_PRIO()宏可以把 nice 值转换成 static_prio。它之所以称为静态优先级是因为它不会随着时间而改变，用户可以通过 nice()或 sched_setscheduler()等系统调用来修改该值。

❑　normal_prio 是基于 static_prio 和调度策略计算出来的优先级，在创建进程时会继承父进程的 normal_prio。对于普通进程来说，normal_prio 等同于 static_prio；对于实时进程，会根据 rt_priority 重新计算 normal_prio，详见 effective_prio()函数。

❑　rt_priority 是实时进程的优先级。

在 Linux 内核中除了使用优先级来表示进程的轻重缓急之外，在实际调度器里还使用权重的概念来表示进程的优先级。为了计算方便，内核约定 nice 值为 0 的进程的权重值为 1024，其他 nice 值对应的进程的权重值可以通过查表的方式来获取，内核预先计算好了一个表 sched_prio_to_weight [40]，表中下标对应 nice 值[-20～19]。

```
<kernel/sched/core.c>

const int sched_prio_to_weight[40] = {
 88761,     71755,     56483,     46273,     36291,
 29154,     23254,     18705,     14949,     11916,
  9548,      7620,      6100,      4904,      3906,
  3121,      2501,      1991,      1586,      1277,
  1024,       820,       655,       526,       423,
   335,       272,       215,       172,       137,
   110,        87,        70,        56,        45,
```

```
    36,         29,         23,         18,         15,
};
```

在用户空间中提供了 nice() 函数来调整进程的优先级。

```
#include <unistd.h>

int nice(int inc);
```

另外，getpriority() 和 setpriority() 系统调用可以用于获取与修改自身或者其他进程的 nice 值。

```
#include <sys/time.h>
#include <sys/resource.h>

int getpriority(int which, id_t who);
int setpriority(int which, id_t who, int prio);
```

7.4.3 调度策略

进程调度依赖于调度策略（schedule policy），Linux 内核把相同的调度策略抽象成调度类（schedule class）。不同类型的进程采用不同的调度策略，目前 Linux 内核中默认实现了 5 种调度类，分别是 stop、deadline、realtime、CFS 和 idle，它们分别使用 sched_class 来定义，并且通过 next 指针串联在一起，如图 7.14 所示。

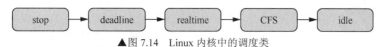

▲图 7.14　Linux 内核中的调度类

Linux 内核支持的 5 个调度类的异同如表 7.4 所示。

表 7.4　　　　　　　　　　Linux 内核支持的 5 个调度类的异同

调度类	调度策略	使用范围	说　　明
stop	无	最高优先级的进程，比 deadline 进程的优先级高	（1）可以抢占任何进程。 （2）在每个 CPU 上实现一个名为 "migration/N" 的内核线程，N 表示 CPU 的编号。该内核线程的优先级最高，可以抢占任何进程的运行，一般用来运行特殊的功能。 （3）用于负载均衡机制中的进程迁移、softlockup 检测、CPU 热插拔、RCU 等
deadline	SCHED_DEADLINE	最高优先级的实时进程。优先级为-1	用于调度有严格时间要求的实时进程，如视频编/译码等。
realtime	SCHED_FIFO、SCHED_RR	普通实时进程。优先级为 0~99	用于普通的实时进程，如 IRQ 线程化
CFS	SCHED_NORMAL、SCHED_BATCH、SCHED_IDLE	普通进程。优先级为 100~139	由 CFS 来调度
idle	无	最低优先级的进程	当就绪队列中没有其他进程时进入 idle 调度类。idle 调度类会让 CPU 进入低功耗模式

用户空间程序可以使用调度策略接口函数（如 sched_setscheduler()）来设定用户进程的调度策略。其中，SCHED_NORMAL、SCHED_BATCH 以及 SCHED_IDLE 指使用 CFS，SCHED_FIFO 和 SCHED_RR 指使用 realtime 调度器，SCHED_DEADLINE 指使用 deadline 调度器。

```
<include/uapi/linux/sched.h>

#define SCHED_NORMAL          0
#define SCHED_FIFO        1
#define SCHED_RR          2
#define SCHED_BATCH          3
#define SCHED_IDLE        5
#define SCHED_DEADLINE        6
```

SCHED_NORMAL（以前称为 SCHED_OTHER）分时调度策略是非实时进程的默认调度策略。所有普通进程的静态优先级都为 0，因此，任何一个基于 SCHED_FIFO 或 SCHED_RR 调度策略的就绪进程都会抢占它们。Linux 内核没有实现这类调度策略。

SCHED_FIFO（先进先出调度）策略与 SCHED_RR 调度策略类似，只不过没有时间片概念。一旦进程获取了 CPU 控制权，它会一直运行下去直到下面的某个条件被满足。

- ❑　自愿放弃 CPU。
- ❑　进程终止。
- ❑　被更高优先级的进程抢占。

SCHED_RR（循环调度）策略表示优先级相同的进程以循环分享时间的方式来运行。进程每次使用 CPU 的时间为一个固定长度的时间片。进程会保持占有 CPU 直到下面的某个条件得到满足。

- ❑　时间片用完。
- ❑　自愿放弃 CPU。
- ❑　进程终止。
- ❑　被高优先级的进程抢占。

SCHED_BATCH（批处理调度）策略是普通进程调度策略。这个调度策略表示让调度器认为该进程是 CPU 消耗型的。因此，调度器对这类进程的唤醒惩罚（wakeup penalty）比较小。在 Linux 内核里，该类调度策略表示使用 CFS。

SCHED_IDLE（空闲调度）策略用于运行低优先级的任务。

SCHED_DEADLINE（实时调度）策略用于调度有严格时间要求的实时进程。

内核中提供了一些宏来判断当前进程使用哪个调度策略，主要是通过优先级来判断的。

```
<kernel/sched/sched.h>

static inline int idle_policy(int policy)
{
    return policy == SCHED_IDLE;
}
static inline int fair_policy(int policy)
{
    return policy == SCHED_NORMAL || policy == SCHED_BATCH;
}

static inline int rt_policy(int policy)
{
    return policy == SCHED_FIFO || policy == SCHED_RR;
}
```

```
static inline int dl_policy(int policy)
{
    return policy == SCHED_DEADLINE;
}
```

POSIX 标准里还规定了一组接口函数，用于获取和设置进程的调度策略和优先级。

```
#include <sched.h>

int sched_setscheduler(pid_t pid, int policy,
        const struct sched_param *param);

int sched_getscheduler(pid_t pid);

int sched_setparam(pid_t pid, const struct sched_param *param);

int sched_getparam(pid_t pid, struct sched_param *param);
```

sched_setscheduler()系统调用修改进程的调度策略和优先级。sched_getscheduler()系统调用获取进程的调度策略。sched_getparam ()和 sched_setparam()接口可以获取和设置调度策略与优先级。

sched_param 数据结构里包含了调度参数，目前只有 sched_priority 参数。

```
struct sched_param {
    int sched_priority;
};
```

7.4.4　时间片

时间片（time slice）是操作系统进程调度中一个很重要的术语，它表示进程调度进来与调度出去之间所能持续运行的时间长度。通常操作系统都会规定一个默认的时间片，但是多长的时间片是合适的？这个问题难倒了操作系统的设计者。时间片过长的话会导致交互型的进程得不到及时响应，时间片过短的话会增大进程切换带来的处理器消耗。所以 I/O 消耗型和 CPU 消耗型进程之间的关系很难平衡。对于 I/O 消耗型的进程，不需要很长的时间片；而对于 CPU 消耗型的进程，时间片越长越好。

早期的 Linux 内核的调度器是采用固定时间片的，但是现在的 CFS 调度器已经抛弃固定时间片的做法，而是采用进程权重（weight）占比的方法来公平地划分 CPU 时间，这样进程获得的 CPU 时间与进程的权重和 CPU 的总权重有关系。权重和优先级相关，优先级高的进程的权重也高，因此有机会占用更多的 CPU 时间；而优先级低的进程的权重也低，因此占用的 CPU 时间少。

7.4.5　经典调度算法

1962 年由 Corbato 等人提出了多级反馈队列（Multi-level Feedback Queue，MLFQ）算法，这对操作系统的进程调度器的设计产生了深远的影响。很多操作系统的进程调度器（如 Solaris、FreeBSD、Windows NT、Linux 内核的 $O(1)$调度器等），以这个多级反馈队列算法为基本思想，因此 Corbato 在 1990 年获得了计算机图灵奖。

多级反馈队列算法的核心思想是把进程按照优先级分成多个队列，相同优先级的进程在同一个队列中。

如图 7.15 所示，系统中有 5 个优先级，每个优先级有一个队列，队列 5 是优先级最高的，队列 1 则是优先级最低的。多级反馈队列算法有如下两条基本的规则。

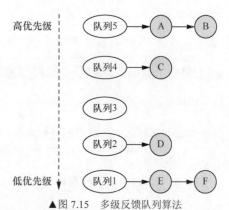

▲图 7.15　多级反馈队列算法

- 规则 1：如果进程 A 的优先级大于进程 B 的优先级，那么调度器选择进程 A。
- 规则 2：如果进程 A 和进程 B 的优先级一样，那么它们同属一个队列里，使用轮转调度算法来选择。

其实多级反馈队列算法的精髓在于"反馈"这两个字，也就是调度器可以动态地修改进程的优先级。进程可以大致分成两类：一类是 I/O 消耗型的，这类进程很少会完全占用时间片，通常在发送 I/O 请求或者在等待 I/O 请求，如等待鼠标操作、等待键盘输入等，这类进程和系统的用户体验息息相关；另外一类是 CPU 消耗型的，这类进程会完全占用时间片，如计算密集型的应用程序、批处理应用程序等。所以多级反馈队列算法需要判断进程属于哪种进程，然后做出不同的反馈。

- 规则 3：当一个新进程进入调度器时，把它放入优先级最高的队列里。
- 规则 4a：若一个进程完全占用了时间片，说明这是一个 CPU 消耗型的进程，那么需要把优先级降一级，将其从高优先级队列中迁移到低一级的队列里。
- 规则 4b：若一个进程在时间片没有结束之前放弃 CPU，那说明这是一个 I/O 消耗型的进程，那么优先级保持不变。

这个反馈算法看起来很不错，可是在实际应用过程中还是发现它有不少问题。

第一个问题就是会产生"饥饿"（starvation），当系统中有大量的 I/O 消耗型的进程的时候，这些 I/O 消耗型的进程会把 CPU 完全占满，因为它们的优先级最高，所以那些 CPU 消耗型的进程就会得不到 CPU 时间片，从而产生饥饿。

第二个问题是有些进程会欺骗调度器。例如，有的进程在时间片快要结束的时候突然发起一个 I/O 请求并且放弃 CPU，按照规则 4b，调度器把这个进程判断为 I/O 消耗型的进程，从而欺骗了调度器，它继续保留在高优先级的队列里面。这种进程其实 99% 的时间在占用时间片，到了最后时刻还巧妙利用规则来欺骗调度器。如果系统中有大量的这种进程，那么系统的交互性就会变差了。

第三个问题其实是一个"老大难"问题，在生命周期里，一个进程可能一会儿是 I/O 消耗型的，一会儿是 CPU 消耗型的，所以很难去判断一个进程究竟是哪个类型的。

针对第一个问题，多级反馈队列算法提出了一个改良的方案，即在一定的时间周期后，把系统中全部的进程都提升到最高的优先级，相当于过了一段时间之后，系统的进程又重新了开始一样。

- 规则 5：每隔时间周期 S 之后，把系统中所有进程的优先级都提到最高。

规则 5 可以解决进程饥饿的问题，因为系统每隔 S 就会把低优先级的进程提高到最高优先级，这样低优先级的 CPU 消耗型的进程就有机会和那些长期处于高优先级的 I/O 消耗型的进程同场竞技了。但是这里也有一个很大的问题，这个时间周期 S 应该设置为多少呢？如果 S 太长，那么 CPU 消耗型的进程会饥饿；如果 S 太短，那么会影响系统的交互性。

针对第二个问题，需要对规则 4 做一些小小的改进。

❑ 新规则 4：当一个进程使用完时间片后，不管它是否在时间片最末尾发生 I/O 请求从而放弃 CPU，都把它的优先级降一级。

经过改进后的新规则 4 就可以有效地避免进程的欺骗行为了。

我们已经介绍了多级反馈队列算法的核心实现，但是在实际工程应用中还是有很多问题需要思考和解决，一个最难的问题是参数如何确定和优化。如系统需要设计多少个优先级队列？时间片应该设置成多少？规则 5 中的时间间隔 S 又应该设置成多少才能既不会让进程饥饿也不会减弱系统交互性？这些问题很难回答，只能具体问题具体分析。

现在很多 UNIX 操作系统中采用多级反馈队列算法的变种，它们允许动态改变时间片，也就是不同的优先级队列有不同的时间片，如高优先级队列里通常是 I/O 消耗型的进程，设置的时间片比较短，如 10ms；低优先级队列里通常是 CPU 消耗型的进程，设置的时间片长一些，如 20ms。Sun 公司开发的 Solaris 操作系统也是基于多级反馈队列算法的，它提供一个表（table）来让系统管理员优化这些参数；FreeBSD（4.3 版）则使用另外一个变种，即称为 decay-usage 的变种算法，它使用公式来动态计算这些参数。

Linux 2.6 内核里使用的 $O(1)$ 调度器就是基于多级反馈队列算法的一种变种，但是由于交互性能较低和其他一些缺点，常常无法令人满意，因此需要加入大量难以维护和阅读的代码来修复各种问题，后来在 Linux 2.6.23 内核之后被 CFS 所取代。多级反馈队列算法终于在 Linux 内核世界里被改写了。

7.4.6　Linux 内核的 $O(n)$ 调度算法

$O(n)$ 调度器是 Linux 内核最早采用的基于优先级的一种调度算法。Linux 2.4 内核以及更早期的 Linux 内核都采用这种算法。

就绪队列是一个全局的链表，从就绪队列中查找下一个最佳就绪进程需要遍历整个就绪队列，花费的时间与就绪队列中的进程数量有关，所耗费的时间是 $O(n)$，所以称该调度器为 $O(n)$ 调度器。当就绪队列里的进程数量很多时，选择下一个就绪进程会变得很慢，从而导致系统整体性能下降。

每个进程在创建时被赋予一个固定时间片。当前进程的时间片使用完后，调度器会选择下一个进程来运行。所有进程的时间片都用完之后，才会为所有进程重新分配时间片。

7.4.7　Linux 内核的 $O(1)$ 调度算法

在 Linux 2.6 内核中采用 Red Hat 公司 Ingo Molnar 设计的 $O(1)$ 调度算法，该调度算法的核心思想是 Corbato 等人提出的多级反馈队列算法。每个 CPU 各自维护一个属于自己的就绪队列，这样减少了锁的争用。

就绪队列由两个优先级数组组成，即活跃（active）优先级数组和过期（expired）优先级数组。每个优先级数组包含 MAX_PRIO（140）个优先级队列，也就是每个优先级对应一个队列，其中前 100 个对应实时进程，后 40 个对应普通进程。这样设计的好处是，调度器选择下一个被调度进程就变得高效和简单多了，只需要在活跃优先级数组中，选择优先级最高并且队列中有就绪进程的优先级队列即可。这里使用位图来判断给定优先级队列中是否有可运行的进程，如果有，则位图中相应的位会被置 1。于是，选择下一个被调度进程的时间变成了查询位图操作，而且和系统中就绪进程数量不相关，时间复杂度是 $O(1)$，因此这种调度器称为 $O(1)$ 调度器。

活跃优先级数组中所有进程用完了时间片之后，活跃优先级数组和过期优先级数组会进行互换。

7.4.8　Linux 内核的 CFS

　　CFS 抛弃以前固定时间片和固定调度周期的算法，而采用进程权重值的比例来量化和计算实际运行时间。另外，引入了虚拟时间（vruntime）的概念，也称为虚拟运行时间。作为对照，还有一个实际运行时间（real run time）的概念，它是进程在物理时钟下实际运行的时间。每个进程的虚拟时间是实际运行时间相对于 nice 值为 0 的进程的权重的比值。进程按照各自不同的速率比在物理时钟下运行。对于 nice 值小的进程，优先级高，权重也高，虚拟时间比真实时间过得慢，因此可以获得比较多的运行时间；对于 nice 值大的进程，优先级低，权重也低，虚拟时间比真实时间过得快，因此可以获得比较少的运行时间。CFS 总是选择虚拟时间最短的进程（即选择 vruntime 最小的进程），它像一个多级变速箱，nice 为 0 的进程是基准齿轮，其他各个进程在不同的变速比下相互追赶，从而达到公平。

　　所以 CFS 的核心是如何计算进程的虚拟时间以及如何选择下一个运行的进程。

第 8 章　进程管理之调度与负载均衡

本章高频面试题

1. 请简述进程优先级、nice 值和权重之间的关系。
2. 请简述 CFS 是如何工作的。
3. CFS 中 vruntime 是如何计算的？
4. vruntime 是何时更新的？
5. CFS 中的 min_vruntime 有什么作用？
6. CFS 对新创建的进程和刚唤醒的进程有何特殊处理？
7. 内核代码中定义了若干个表，请分别说出它们的含义，如 prio_to_weight、prio_to_wmult、runnable_avg_yN_inv。
8. 如果一个普通进程在就绪队列里等待了很长时间才被调度，那么它的量化负载该如何计算？
9. 为什么 switch_to() 函数有 3 个参数？ prev 和 next 就足够了，为何还需要 last？
10. switch_to() 函数后面的代码（如 finish_task_switch(prev)），该由谁来运行？什么时候运行？
11. 假设进程 A 和进程 B 都是在用户空间运行的两个进程，它们不主动陷入内核态，调度器要做切换，那么需要做什么事情才能把进程 A 切换到进程 B？
12. 接上题，进程 B 运行的时候，它从什么地方开始运行第一条指令？直接运行被暂停在用户空间的那条指令吗？为什么？
13. 在进程切换时需要刷新 TLB，在 ARM64 处理器中如何提高 TLB 的性能？
14. CFS 在什么时候检查是否需要调度？
15. 在一个双核处理器里，CPU0 和 CPU1 的就绪队列中都只有一个进程在运行，而且进程的优先级和权重相同，但是 CPU0 上的进程一直在占用 CPU0，而 CPU1 上的进程是走走停停的，那么 CPU0 和 CPU1 的负载是否相同呢？
16. 请简述负载衰减的意义。
17. 请简述 PELT 算法中量化负载的计算方法。
18. 请简述什么是处理器的额定算力和当前实际算力。
19. 在 PELT 算法中，LOAD_AVG_MAX 宏代表什么含义？
20. 在 PELT 算法中，如何计算第 n 个周期的衰减？
21. 在 PELT 算法中，如何计算一个进程的可运行状态的量化负载 load_avg？
22. 在 PELT 算法中，如何计算一个调度队列的可运行状态的量化负载 runnable_load_avg？
23. 在 PELT 算法中，如何计算一个进程的实际算力 util_avg？
24. 一个 4 核处理器中的每个物理 CPU 拥有独立 L1 高速缓存且不支持超线程技术，4 个物理 CPU 被分成两个簇 cluster0 和 cluster1，每个簇包含两个物理 CPU，簇中的 CPU 共享 L2 高速缓存。请画出该处理器在 Linux 内核里调度域和调度组的拓扑关系。

25. 假设 CPU0 和 CPU1 属于同一个调度域且它们都不是空闲的 CPU，那么 CPU1 可以做负载均衡吗？

26. 如何查找出一个调度域里最繁忙的调度组？

27. 如果一个调度域负载不均衡，请问如何计算需要迁移的负载量呢？

28. 如果使用内核提供的唤醒进程接口函数（如 wake_up_process()）来唤醒一个进程，那么进程唤醒后应该在哪个 CPU 上运行呢？是调用 wake_up_process() 的那个 CPU，还是之前运行该进程的那个 CPU，或者是其他 CPU 呢？

29. 绿色节能调度器如何衡量一个进程的计算能力？

30. 当一个进程被唤醒时，绿色节能调度器如何选择在哪个 CPU 上运行？

31. 绿色节能调度器是否会做 CPU 间的负载均衡呢？

32. 目前在 Linux 5.0 内核中，CPU 动态调频调压模块 CPUFreq 和进程调度器之间是如何协同工作的？有什么优缺点？

33. 什么是能效模型？

34. 绿色节能调度器如何读取能效模型的数据？

35. 绿色节能调度器如何计算一个 CPU 的功耗？

36. 什么是硬实时和软实时？

37. 如何计算实时系统的延时？

38. 请列举产生中断延时的场景。

39. 请列举产生中断处理延时的场景。

40. 请列举产生调度延时的场景。

41. 调度的时机是什么？操作系统在什么时候会发生调度？

42. 如何合理选择下一个进程？

43. 什么是进程上下文？进程上下文包含哪些内容？

44. 进程上下文保存到哪里？

45. 进程切换时需要切换哪些东西？

8.1 CFS

本节主要讲述普通进程的调度，包括交互进程和批处理进程等。在完全公平调度器（Completely Fair Scheduler，CFS）出现之前，早期 Linux 内核中曾经出现过两个调度器，分别是 $O(n)$ 和 $O(1)$ 调度器。$O(n)$ 调度器发布于 1992 年，该调度器算法比较简洁，从就绪队列中比较所有进程的优先级，然后选择一个优先级最高的进程作为下一个调度进程。每个进程有一个固定时间片，当进程时间片使用完之后，调度器会选择下一个调度进程，当所有进程都运行一遍后再重新分配时间片。该调度器选择下一个调度进程前需要遍历整个就绪队列，花费 $O(n)$ 时间。

在 Linux 2.6.23 内核发布之前有一款名为 $O(1)$ 的调度器，优化了选择下一个进程的时间。它为每个 CPU 维护一组进程优先级队列，每个优先级一个队列，这样在选择下一个进程时，只需要查询优先级队列相应的位图即可知道哪个队列中有就绪进程，所以查询时间为常数 $O(1)$。

$O(1)$ 调度器在处理某些交互式进程时依然存在问题，特别是在有一些测试场景下导致交互式进程反应缓慢。另外，它对 NUMA 的支持也不完善，因此大量难以维护和阅读的代码被加入该调度器代码实现中。Linux 内核社区的一位传奇人物 Con Kolivas[1]提出了楼梯调度算法来实现公平性，在社区的一番争论之后，Red Hat 公司的 Ingo Molnar 借鉴楼梯调度算法的思想提出了 CFS 算法。

8.1.1 vruntime 的计算

内核使用 0~139 的数值表示进程的优先级，数值越低，优先级越高。优先级 0~99 给实时进程使用，100~139 给普通进程使用。另外，在用户空间中有一个传统的变量 nice，它映射到普通进程的优先级，即 100~139。

内核使用 load_weight 数据结构来记录调度实体的权重（weight）信息。

```
<include/linux/sched.h>

struct load_weight {
    unsigned long weight;
    u32 inv_weight;
};
```

其中，weight 是调度实体的权重，inv_weight 指 inverse weight，它是权重的一个中间计算结果，稍后会介绍如何使用。调度实体的数据结构中已经内嵌了 load_weight 数据结构，它用于描述调度实体的权重。

```
<include/linux/sched.h>

struct sched_entity {
    struct load_weight load;
...
}
```

代码中经常通过 p->se.load 来获取进程 p 的权重信息。nice 值的范围是-20~19，进程默认的 nice 值为 0。这些值类似于级别，可以理解成有 40 个等级，nice 值越高，优先级越低，反之亦然。如果一个 CPU 密集型的应用程序的 nice 值从 0 增加到 1，那么它相对于其他 nice 值为 0 的应用程序将减少 10%的 CPU 时间。因此，进程每降低一个 nice 级别，优先级则提高一个级别，相应的进程多获得 10%的 CPU 时间；进程每提升一个 nice 级别，优先级则降低一个级别，相应的进程少获得 10%的 CPU 时间。为了计算方便，内核约定 nice 值为 0 的权重值为 1024，其他 nice 值对应的权重值可以通过查表的方式[2]来获取，内核预先计算好了一个表 sched_prio_to_weight [40]，表的下标对应 nice 值-20~19。

```
<kernel/sched/core.c>

const int sched_prio_to_weight[40] = {
88761,      71755,      56483,      46273,      36291,
29154,      23254,      18705,      14949,      11916,
 9548,       7620,       6100,       4904,       3906,
```

---

[1] Con Kolivas 是内核的传奇的开发者，他的主业是麻醉师，在内核社区中一直关注用户体验的提升，并设计了相当不错的调度器算法，但最终没有被社区采纳，后来他设计了一款名为 BFS 的调度器。
[2] 查表的方式是一种比较快的优化方式，如写一个函数来计算 prio_to_weight 永远没有查表快。

```
    3121,        2501,        1991,        1586,        1277,
    1024,         820,         655,         526,         423,
     335,         272,         215,         172,         137,
     110,          87,          70,          56,          45,
      36,          29,          23,          18,          15,
};
```

前面所述的 10%的影响是相对的、累加的，如一个进程增加了 10%的 CPU 时间，则另外一个进程减少 10%，因此差距大约是 20%，这里使用一个系数 1.25 来计算。举个例子，若进程 A 和进程 B 的 nice 值都为 0，那么权重值都是 1024，它们获得 50%的 CPU 时间，计算公式为 1024/(1024+1024)=50%。假设进程 A 增加 nice 值，即 nice=1，进程 B 的 nice 值不变，那么进程 B 应该获得 55%的 CPU 时间，进程 A 应该获得 45%的 CPU 时间。我们利用 prio_to_weight[] 表来计算，对于进程 A，820/(1024+820)≈44.5%；而对于进程 B，1024/(1024+820)≈55.5%。

内核中还提供了表 sched_prio_to_wmult [40]，它也是预先计算好的。

```
<kernel/sched/core.c>

const u32 sched_prio_to_wmult[40] = {
     48388,       59856,       76040,       92818,      118348,
    147320,      184698,      229616,      287308,      360437,
    449829,      563644,      704093,      875809,     1099582,
   1376151,     1717300,     2157191,     2708050,     3363326,
   4194304,     5237765,     6557202,     8165337,    10153587,
  12820798,    15790321,    19976592,    24970740,    31350126,
  39045157,    49367440,    61356676,    76695844,    95443717,
 119304647,   148102320,   186737708,   238609294,   286331153,
};
```

sched_prio_to_wmult 表的计算公式如下。

$$inv\_weight = \frac{2^{32}}{weight} \tag{8.1}$$

其中，inv_weight 表示 inverse weight，指权重被倒转了，作用是为后面计算提供便利。

内核提供一个函数来查询这两个表，然后把值存放在 p->se.load 数据结构中，即 load_weight 数据结构中。

```
static void set_load_weight(struct task_struct *p)
{
    int prio = p->static_prio - MAX_RT_PRIO;
    struct load_weight *load = &p->se.load;

    load->weight = scale_load(sched_prio_to_weight[prio]);
    load->inv_weight = sched_prio_to_wmult[prio];
}
```

sched_prio_to_wmult[]表有什么用途呢？

在 CFS 中有一个计算虚拟时间的核心函数 calc_delta_fair()，它的计算公式为

$$vruntime = \frac{delta\_exec \times nice\_0\_weight}{weight} \tag{8.2}$$

其中，vruntime 表示进程虚拟的运行时间，delta_exec 表示实际运行时间，nice_0_weight 表示 nice 值为 0 的进程的权重值，weight 表示该进程的权重值。

vruntime 该如何理解呢？

假设系统中只有 3 个进程 A、B 和 C，它们的 nice 值都为 0，也就是权重值都是 1024。它们分配到的运行时间相同，即都应该分配到 1/3 的运行时间。如果 A、B、C 三个进程的权重值不同，会出现什么情况呢？如图 8.1 所示，当进程的 nice 值不等于 0 时，它们的虚拟时间过得和真实时间就不一样了。nice 值小的进程的优先级高，虚拟时间比真实时间过得慢；nice 值大的进程的优先级低，虚拟时间比真实时间过得快。

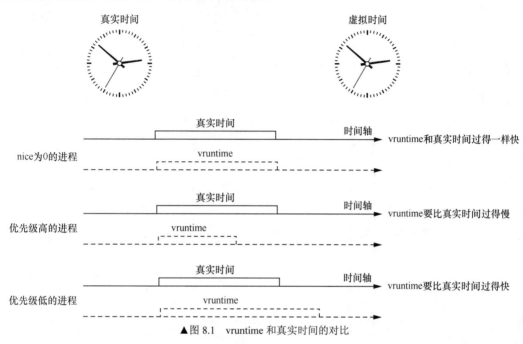

▲图 8.1 vruntime 和真实时间的对比

假设某个进程的 nice 值为 1，其权重值为 820，delta_exec=10ms，代入公式计算 vruntime = (10 × 1024)/820，这里会涉及浮点运算。为了计算高效，函数 calc_delta_fair() 的计算方式变成乘法和移位运算，公式如下。

$$\text{vruntime} = (\text{delta\_exec} \times \text{nice\_0\_wight} \times \text{inv\_weight}) \gg \text{shift} \qquad (8.3)$$

把 inv_weight 代入计算公式后，得到如下计算公式。

$$\text{vruntime} = \left(\frac{\text{delta\_exec} \times \text{nice\_0\_weight} \times 2^{32}}{\text{weight}} \right) \gg 32 \qquad (8.4)$$

这里巧妙地运用 sched_prio_to_wmult[] 预先做了除法，因此实际的计算只有乘法和移位操作，2^{32} 是为了预先做除法和移位操作。calc_delta_fair() 函数等价于如下代码片段。

```
static inline u64 calc_delta_fair(u64 delta, struct sched_entity *se)
{
    if (unlikely(se->load.weight != NICE_0_LOAD))
        delta = __calc_delta(delta, NICE_0_LOAD, &se->load);
    return delta;
}
```

```
static u64 __calc_delta(u64 delta_exec, unsigned long weight, struct load_weight *lw)
{
    u64 fact = weight;
    int shift = 32;

    fact = (u64)(u32)fact * lw->inv_weight;

    while (fact >> 32) {
        fact >>= 1;
        shift--;
    }
    return (u64)((delta_exec * fact) >> shift);
}
```

以上讲述了进程权重、优先级和 vruntime 的计算方法。

8.1.2 调度器的数据结构

本节介绍与调度器相关的几个重要数据结构的定义。

1. task_struct

我们采用进程描述符（Process Control Block，PCB）来抽象和描述一个进程，Linux 内核里使用 task_struct 数据结构来描述。数据结构 task_struct 用于描述进程运行状况和控制进程运行的全部信息，是 Linux 内核中用来感知进程存在的一个非常重要的数据结构，其中与调度器相关的成员如表 8.1 所示。

表 8.1　　　　　　　　　　task_struct 数据结构中与调度器相关的成员

名　　称	类　　型	说　　明
state	volatile long	进程的当前状态
on_cpu	int	表示进程正处于运行（running）状态
cpu	unsigned int	表示进程正运行在哪个 CPU 上
wakee_flips	unsigned int	用于 wake affine 特性
wakee_flip_decay_ts	unsigned long	用于记录上一次 wakee_flips 的时间
last_wakee	struct task_struct*	表示上一次唤醒的是哪个进程
wake_cpu	int	表示进程上一次运行在哪个 CPU 上
on_rq	int	用于设置进程的状态，支持的状态如下。 ❑ TASK_ON_RQ_QUEUED：表示进程正在就绪队列中运行。 ❑ TASK_ON_RQ_MIGRATING：表示处于迁移过程中的进程，它可能不在就绪队列里
prio	int	进程动态优先级
static_prio	int	进程静态优先级
normal_prio	int	基于 static_prio 和调度策略计算出来的优先级
rt_priority	unsigned int	实时进程优先级
sched_class	const struct sched_class *	调度类
se	struct sched_entity	普通进程调度实体
rt	struct sched_rt_entity	实时进程调度实体
dl	struct sched_dl_entity	实时进程调度实体

名　称	类　型	说　明
nr_cpus_allowed	int	进程允许运行的 CPU 个数
cpus_allowed	cpumask_t	进程允许运行的 CPU 位图
sched_info	struct sched_info	调度相关信息

2. sched_entity

进程调度有一个非常重要的数据结构 sched_entity，它称为调度实体，它描述进程作为一个调度实体参与调度所需要的所有信息，如 load 表示该调度实体的权重，run_node 表示该调度实体在红黑树中的节点。sched_entity 数据结构定义在 include/linux/sched.h 头文件中。

```
<include/linux/sched.h>

struct sched_entity {
    struct load_weight        load;
    ...
};
```

sched_entity 数据结构的重要成员如表 8.2 所示。

表 8.2　　　　　　　　　　　　sched_entity 数据结构的重要成员

成　员	类　型	说　明
load	struct load_weight	调度实体的权重
runnable_weight	unsigned long	表示进程在可运行（runnable）状态的权重，这个值等于进程的权重
run_node	struct rb_node	调度实体作为一个节点插入 CFS 的红黑树里
group_node	struct list_head	在就绪队列里有一个链表 rq->cfs_tasks，调度实体添加到就绪队列之后会添加到该链表中
on_rq	unsigned int	进程进入就绪队列时（调用 enqueue_entity()），on_rq 会被设置为 1。当该进程出于睡眠等原因退出就绪队列时（调用 dequeue_entity()），on_rq 会被清零
exec_start	u64	计算调度实体虚拟时间的起始时间
sum_exec_runtime	u64	调度实体的总运行时间，这是真实时间
vruntime	u64	调度实体的虚拟时间
prev_sum_exec_runtime	u64	上一次统计调度实体运行的总时间
nr_migrations	u64	该调度实体发生迁移的次数
statistics	struct sched_statistics	统计信息
avg	struct sched_avg	与负载相关的信息

3. rq

rq 数据结构是描述 CPU 的通用就绪队列，rq 数据结构中记录了一个就绪队列所需要的全部信息，包括一个 CFS 就绪队列数据结构 cfs_rq、一个实时进程调度器就绪队列数据结构 rt_rq 和一个实时调度器就绪队列数据结构 dl_rq，以及就绪队列的负载权重等信息。rq 数据结构的定义如下。

```
struct rq {
    unsigned int nr_running;
```

```
        struct load_weight load;
        struct cfs_rq cfs;
        struct rt_rq rt;
        struct dl_rq dl;
        struct task_struct *curr, *idle, *stop;
        u64 clock;
        u64 clock_task;
        int cpu;
        int online;
        ...
    };
```

rq 数据结构中重要成员如表 8.3 所示。

表 8.3　　　　　　　　　　　　　　rq 数据结构中的重要成员

成　员	类　型	说　明
lock	raw_spinlock_t	用于保护通用就绪队列的自旋锁
nr_running	unsigned int	就绪队列中可运行的进程数量
cpu_load[ ]	unsigned long	每个就绪队列维护一个 cpu_load[]数组，在每个调度器节拍（scheduler tick）重新计算，让 CPU 的负载显得更加平滑
load	struct load_weight	就绪队列的权重
nr_load_updates	unsigned long	记录 cpu_load[]更新的次数
nr_switches	u64	记录进程切换的次数
cfs	struct cfs_rq	指向 CFS 的就绪队列
rt	struct rt_rq	指向实时进程的就绪队列
dl	struct dl_rq	指向实时进程的就绪队列
nr_uninterruptible	unsigned long	统计不可中断（uninterruptible）状态的进程进入就绪队列的数量
curr	struct task_struct　*	指向正在运行的进程
idle	struct task_struct　*	指向 idle 进程
stop	struct task_struct　*	指向系统的 stop 进程
next_balance	unsigned long	下一次做负载均衡的时间
prev_mm	struct mm_struct　*	进程切换时用于指向前任进程的内存描述符 mm
clock_update_flags	unsigned int	用于更新就绪队列时钟的标志位
clock	u64	每次时钟节拍到来时会更新这个时钟
clock_task	u64	每次时钟节拍到来时会更新这个时钟，计算进程 vruntime 时使用该时钟
rd	struct root_domain*	调度域的根
sd	struct sched_domain*	指向 CPU 对应的最低等级的调度域，如果系统中没有配置 CONFIG_SCHED_SMT，那么指向该 CPU 对应的 MC 等级调度域
cpu_capacity	unsigned long	CPU 对应普通进程的量化计算能力，系统大约会预留最高计算能力的 80%给普通进程，预留 20%的计算能力给实时进程和实时进程
cpu_capacity_orig	unsigned long	CPU 最高的量化计算能力，系统中拥有最强处理器能力的 CPU 通常量化为 1024
misfit_task_load	unsigned long	若一个进程的实际算力大于 CPU 额定算力的 80%，那么这个进程称为不合适的进程（misfit_task）。misfit_task_load 记录这种进程的量化负载
push_cpu	int	用于负载均衡，表示迁移的目标 CPU

成 员	类 型	说 明
cpu	int	用于表示就绪队列运行在哪个 CPU 上
online	int	用于表示 CPU 处于 active 状态或者 online 状态
cfs_tasks	struct list_head	可运行状态的调度实体会添加到这个链表头里

系统中每个 CPU 有一个就绪队列，它是 PER-CPU 类型的，即每个 CPU 有一个 rq 数据结构。this_rq()可以获取当前 CPU 的数据结构 rq。

```
<kernel/sched/sched.h>

DECLARE_PER_CPU_SHARED_ALIGNED(struct rq, runqueues);

#define cpu_rq(cpu)            (&per_cpu(runqueues, (cpu)))
#define this_rq()         this_cpu_ptr(&runqueues)
#define task_rq(p)           cpu_rq(task_cpu(p))
#define cpu_curr(cpu)        (cpu_rq(cpu)->curr)
#define raw_rq()         raw_cpu_ptr(&runqueues)
```

4. cfs_rq

cfs_rq 是表示 CFS 就绪队列的数据结构，定义如下。

```
<kernel/sched/sched.h>

struct cfs_rq {
    struct load_weight load;
    unsigned int nr_running, h_nr_running;
    u64 exec_clock;
    u64 min_vruntime;
    struct sched_entity *curr, *next, *last, *skip;
    unsigned long runnable_load_avg, blocked_load_avg;
    ...
};
```

cfs_rq 数据结构的重要成员如表 8.4 所示。

表 8.4   cfs_rq 数据结构的重要成员

成 员	类 型	说 明
load	struct load_weight	就绪队列的总权重
runnable_weight	unsigned long	就绪队列中可运行状态进程的权重
nr_running	unsigned int	可运行状态的进程数量
h_nr_running	unsigned int	h 指 hierarchy。在支持组调度机制时，这个成员表示 CFS 就绪队列中包含组调度里所有可运行状态的进程数量
exec_clock	u64	统计就绪队列的总运行时间
min_vruntime	u64	单步递增的，用于跟踪整个 CFS 就绪队列中红黑树里的最小 vruntime 值
tasks_timeline	struct rb_root_cached	CFS 的红黑树的根
curr	struct sched_entity*	指向当前正在运行的进程
next	struct sched_entity*	用于切换下一个即将运行的进程

续表

成　员	类　型	说　明
last	struct sched_entity*	用于抢占内核，当唤醒进程抢占了当前进程时，last 指向这个当前进程
avg	struct sched_avg	基于 PELT 算法的负载计算

task_cfs_rq() 函数可以取出当前进程对应的 CFS 就绪队列。

```
#define task_thread_info(task)    ((struct thread_info *)(task)->stack)

static inline unsigned int task_cpu(const struct task_struct *p)
{
    return p->cpu;
}

#define cpu_rq(cpu)        (&per_cpu(runqueues, (cpu)))
#define task_rq(p)         cpu_rq(task_cpu(p))

static inline struct cfs_rq *task_cfs_rq(struct task_struct *p)
{
    return &task_rq(p)->cfs;
}
```

5. 调度类的操作方法集

每个调度类都定义了一个操作方法集，如表 8.5 所示。

表 8.5　　　　　　　　　　　　调度类的操作方法集

操作方法	说　明
enqueue_task	把进程添加到就绪队列中
dequeue_task	把进程移出就绪队列
yield_task	用于 sched_yield() 系统调用
yield_to_task	用于 yield_to() 接口函数
check_preempt_curr	检查是否需要抢占当前进程
pick_next_task	从就绪队列中选择一个最优进程来运行
put_prev_task	把 prev 进程重新添加到就绪队列中
select_task_rq	为进程选择一个最优的 CPU 就绪队列
migrate_task_rq	迁移进程到一个新的就绪队列
task_woken	处理进程被唤醒的情况
set_cpus_allowed	设置进程可运行的 CPU 范围
rq_online	设置该就绪队列的状态为 online
rq_offline	关闭就绪队列
set_curr_task	设置当前正在运行进程的相关信息
task_tick	处理时钟节拍
task_fork	处理 fork 新进程与调度相关的一些初始化信息
task_dead	处理进程已经终止的情况
switched_from	用于切换调度类
switched_to	切换到下一个进程来运行

续表

操作方法	说　　明
prio_changed	改变进程优先级
update_curr	更新就绪队列的运行时间，对于 CFS 的调度类，更新虚拟时间

内核中调度器的相关数据结构的关系如图 8.2 所示，看起来很复杂，其实它们是有关联的。

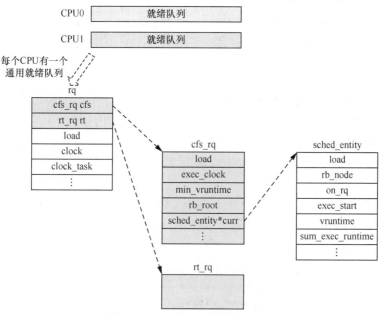

▲图 8.2　调度器的相关数据结构的关系

8.1.3　对进程创建代码的分析

进程的创建通过 _do_fork()函数来完成，_do_fork()在运行过程中参与了进程调度相关的初始化，它实现在 sched_fork()函数中。

```
<_do_fork()->sched_fork()>

int sched_fork(unsigned long clone_flags, struct task_struct *p)
{
    __sched_fork(clone_flags, p);
    p->state = TASK_NEW;
    p->prio = current->normal_prio;
    p->sched_class = &fair_sched_class;

    init_entity_runnable_average(&p->se);
    __set_task_cpu(p, smp_processor_id());
    p->sched_class->task_fork(p);
    return 0;
}
```

sched_fork()函数在进程创建时用于调度器的初始化，其主要步骤如下。

（1）__sched_fork()函数会把创建进程的调度实体的相关成员初始化为 0，因为这些值不能复用父进程的相关值，子进程将来要加入调度器中参与调度，和父进程"分道扬镳"。

（2）设置子进程运行状态为 TASK_NEW，表明这是一个新进程。这里还没真正开始运行该进程，因为它还没被添加到调度器里。

（3）设置子进程的优先级为父进程的 normal_prio。

（4）设置子进程的调度类，这里假设子进程是普通进程，选用 CFS 的调度类 fair_sched_class。

（5）init_entity_runnable_average() 函数初始化与子进程的调度实体 se 相关的成员。

（6）__set_task_cpu() 函数设置子进程将来要在哪个 CPU 上运行，这里只是暂时预设。

（7）调用调度类操作方法集的 task_fork 方法来进一步初始化。

进程创建流程如图 8.3 所示。

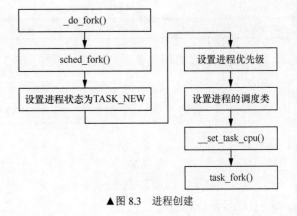

▲图 8.3　进程创建

1. task_fork() 方法

每个调度类都定义了一个操作方法集，调用 CFS 的调度类的 task_fork 方法做一些与 fork 相关的初始化。CFS 的调度类定义的操作方法集如下。

```
<kernel/sched/fair.c>

const struct sched_class fair_sched_class = {
    .next               = &idle_sched_class,
    .enqueue_task       = enqueue_task_fair,
    .dequeue_task       = dequeue_task_fair,
    .yield_task         = yield_task_fair,
    .yield_to_task      = yield_to_task_fair,
    .check_preempt_curr = check_preempt_wakeup,
    .pick_next_task     = pick_next_task_fair,
    ...
};
```

task_fork 方法实现在 fair.c 文件中。

```
<kernel/sched/fair.c>

static void task_fork_fair(struct task_struct *p)
{
    struct cfs_rq *cfs_rq;
    struct sched_entity *se = &p->se, *curr;
    struct rq *rq = this_rq();

    update_rq_clock(rq);

    cfs_rq = task_cfs_rq(current);
    curr = cfs_rq->curr;
    if (curr) {
        update_curr(cfs_rq);
        se->vruntime = curr->vruntime;
    }
```

```
    place_entity(cfs_rq, se, 1);
    se->vruntime -= cfs_rq->min_vruntime;
}
```

task_fork_fair()函数的参数 p 表示新创建的进程。task_struct 数据结构中内嵌了 sched_entity，因此由 task_struct 可以得到该进程的调度实体 se。

task_fork_fair()函数中的主要操作如下。

（1）task_cfs_rq()函数用于获取当前进程所在的 CFS 就绪队列数据结构（cfs_rq）。调度器代码中经常有类似的转换，如取出当前 CPU 的 rq 数据结构，取出当前进程对应的通用就绪队列，取出当前进程对应的 CFS 就绪队列等。

（2）update_curr()函数是 CFS 中的核心函数，用于更新进程的虚拟时间（vruntime）。

（3）place_entity()函数根据情况对进程虚拟时间进行一些惩罚。

为何通过 place_entity()函数计算得到的 se->vruntime 要减去 min_vruntime 呢？难道不用担心 vruntime 变得很小导致新进程恶意占用调度器吗？新进程还没有被添加到调度器中，加入调度器时会重新增加 min_vruntime 值。换个角度来思考，新进程在 place_entity()函数中得到了一定的惩罚，惩罚的虚拟时间由 sched_vslice()计算，在某种程度上这也是为了防止新进程恶意占用 CPU 时间。

2. update_curr()函数

update_curr()函数的代码片段如下。

```
<kernel/sched/fair.c>

static void update_curr(struct cfs_rq *cfs_rq)
{
    struct sched_entity *curr = cfs_rq->curr;
    u64 now = rq_clock_task(rq_of(cfs_rq));
    u64 delta_exec;

    delta_exec = now - curr->exec_start;

    curr->exec_start = now;

    curr->sum_exec_runtime += delta_exec;

    curr->vruntime += calc_delta_fair(delta_exec, curr);
    update_min_vruntime(cfs_rq);
}
```

update_curr()函数的参数是当前进程对应的 CFS 就绪队列，curr 指针指向当前进程的调度实体，在本场景中指的是父进程。

rq_clock_task()获取当前就绪队列保存的 clock_task 值，该变量在每个时钟节拍到来时更新。

delta_exec 计算该进程从上次调用 update_curr()函数到现在的时间差。calc_delta_fair()使用 delta_exec 来计算该进程的 vruntime。calc_delta_fair()函数的实现如下。

```
<kernel/sched/fair.c>

static inline u64 calc_delta_fair(u64 delta, struct sched_entity *se)
```

```
{
    if (unlikely(se->load.weight != NICE_0_LOAD))
        delta = __calc_delta(delta, NICE_0_LOAD, &se->load);

    return delta;
}
```

sched_entity 数据结构中有一个成员 load，它用于记录该进程的权重。calc_delta_fair()首先判断该调度实体的权重是否为 NICE_0_LOAD，如果是，则直接使用 delta 时间。NICE_0_LOAD 类似于参考权重，__calc_delta()利用参考权重来计算虚拟时间。把 nice 值为 0 的进程作为一个参考进程，系统中所有的进程都以此为参照物，根据参考进程权重和当前进程权重之间的比值作为运行速率。nice 值的范围是−20～19，nice 值越大，优先级越低。对于进程，优先级越低，权重也越小。因此，按照 vruntime 的计算公式，对于进程，权重小，vruntime 反而越大；优先级高，权重也大，vruntime 反而越小。CFS 总是在红黑树中选择 vruntime 最小的进程进行调度，优先级高的进程总会被优先选择，随着 vruntime 的增长，优先级低的进程也会有机会被调度。

3. place_entity()函数

place_entity()函数的代码片段如下。

```
<kernel/sched/fair.c>

static void
place_entity(struct cfs_rq *cfs_rq, struct sched_entity *se, int initial)
{
    u64 vruntime = cfs_rq->min_vruntime;

    if (initial && sched_feat(START_DEBIT))
        vruntime += sched_vslice(cfs_rq, se);

    se->vruntime = max_vruntime(se->vruntime, vruntime);
}
```

place_entity()函数的参数 cfs_rq 指父进程对应的 CFS 就绪队列，se 是新进程的调度实体，initial 值为 1。

每个 cfs_rq 中都有一个成员 min_vruntime。min_vruntime 其实是单步递增的，用于跟踪整个 CFS 就绪队列中红黑树的最小 vruntime 值。

如果当前进程用于创建新进程，那么这里会对新进程的 vruntime 做一些惩罚，因为新创建的进程导致 CFS 就绪队列的权重发生了变化。惩罚值通过 sched_vslice()函数来计算。新创建的进程会得到惩罚，惩罚的时间根据新进程的权重由 sched_vslice()函数计算得到。

最后新进程调度实体的虚拟时间是调度实体的虚拟时间和 CFS 就绪队列的 min_vruntime 中的较大值。

4. sched_vslice()函数

下面是 sched_vslice()函数的代码片段，根据 sched_slice()中计算得到的时间来计算虚拟时间，calc_delta_fair()是用于计算 vruntime 的。

```
static u64 sched_vslice(struct cfs_rq *cfs_rq, struct sched_entity *se)
```

```
{
    return calc_delta_fair(sched_slice(cfs_rq, se), se);
}
```

sched_slice()的代码片段如下。

```
static unsigned int sched_nr_latency = 8;
unsigned int sysctl_sched_min_granularity = 750000ULL;
unsigned int sysctl_sched_latency   = 6000000ULL;

static u64 __sched_period(unsigned long nr_running)
{
    if (unlikely(nr_running > sched_nr_latency))
        return nr_running * sysctl_sched_min_granularity;
    else
        return sysctl_sched_latency;
}

static u64 sched_slice(struct cfs_rq *cfs_rq, struct sched_entity *se)
{
    u64 slice = __sched_period(cfs_rq->nr_running + !se->on_rq);

    for_each_sched_entity(se) {
        struct load_weight *load;
        struct load_weight lw;

        cfs_rq = cfs_rq_of(se);
        load = &cfs_rq->load;

        if (unlikely(!se->on_rq)) {
            lw = cfs_rq->load;

            update_load_add(&lw, se->load.weight);
            load = &lw;
        }
        slice = __calc_delta(slice, se->load.weight, load);
    }
    return slice;
}
```

首先，__sched_period()函数会计算 CFS 就绪队列中一个调度周期的长度，可以理解为一个调度周期的总时间片，它根据当前运行的进程数量来计算。CFS 有一个默认调度时间片，默认值为 6ms，详见 sysctl_sched_latency 变量。当就绪队列中的进程数量大于 8 时，按照进程最小的调度延时（sysctl_sched_min_granularity，即 0.75ms）乘以就绪队列中的进程数量来计算调度周期时间片，反之，用系统默认的调度时间片，即 sysctl_sched_latency，也就是 6ms。

sched_slice()根据当前进程的权重来计算在 CFS 就绪队列总权重中可以瓜分到的调度时间。最后 sched_vslice()根据 sched_slice()计算得到的时间来计算可以得到多少虚拟时间。

8.1.4 对进程加入调度器的代码的分析

新进程创建完成后，需要由 wake_up_new_task()函数把新进程添加到调度器中，调用路径是_do_fork()→wake_up_new_task()。wake_up_new_task()函数的代码片段如下。

```
<_do_fork()->wake_up_new_task()>

void wake_up_new_task(struct task_struct *p)
{
    p->state = TASK_RUNNING;
    __set_task_cpu(p, select_task_rq(p, task_cpu(p), SD_BALANCE_FORK, 0));

    activate_task(rq, p, ENQUEUE_NOCLOCK);
    p->on_rq = TASK_ON_RQ_QUEUED;
}
```

wake_up_new_task()函数中与调度相关的主要操作如下。

（1）设置进程的状态为 TASK_RUNNING。

（2）set_task_cpu()函数为子进程设置即将要运行的 CPU。在前面 sched_fork()函数已经设置了父进程的 CPU 到子进程 thread_info->cpu 中，为何这里要重新设置呢？因为在创建新进程的过程中，cpus_allowed 可能会发生变化。另外，由于之前选择的 CPU 可能关闭了，因此重新选择 CPU。select_task_rq()函数会调用 CFS 的调度类的 select_task_rq()函数来选择一个最合适的 CPU，其选择方法是选择最合适的调度域中最悠闲的 CPU。

（3）activate_task()调用 enqueue_task()函数来把子进程添加到调度器中。

（4）设置 p->on_rq 的状态为 TASK_ON_RQ_QUEUED。

enqueue_task()函数最终会调用 CFS 的调度类中的 enqueue_task_fair()。enqueue_task_fair()的核心代码比较简单，即调用 enqueue_entity()函数来实现。

```
<kernel/sched/fair.c>

static void
enqueue_task_fair(struct rq *rq, struct task_struct *p, int flags)
{
    for_each_sched_entity(se) {

        enqueue_entity(cfs_rq, se, flags);
        cfs_rq->h_nr_running++;

        flags = ENQUEUE_WAKEUP;
    }
}
```

enqueue_entity()函数实现在 kernel/sched/fair.c 文件中，精简后的代码片段如下。

```
<kernel/sched/fair.c>

static void
enqueue_entity(struct cfs_rq *cfs_rq, struct sched_entity *se, int flags)
{
    update_curr(cfs_rq);
    se->vruntime += cfs_rq->min_vruntime;
    update_load_avg(cfs_rq, se, UPDATE_TG | DO_ATTACH);
    enqueue_runnable_load_avg(cfs_rq, se);

    place_entity(cfs_rq, se, 0);
```

```
        __enqueue_entity(cfs_rq, se);
        se->on_rq = 1;
}
```

enqueue_entity()函数中主要的操作如下。

在第 3880 行中，调用 update_curr()函数来更新当前进程的 vruntime。

在第 3888 行中，新进程是刚创建的，因此该进程的 vruntime 要加上 min_vruntime。之前在 task_fork_fair()函数中，vruntime 减去 min_vruntime，这里又添加回来，这是因为 task_fork_fair()函数只创建进程，还没有把该进程添加到调度器中，其间 min_vruntime 已经发生变化，所以添加上 min_vruntime 是比较准确的。

在第 3899 行中，调用 update_load_avg()函数来计算新进程的负载并更新整个 CFS 就绪队列的负载。

在第 3901 行中，调用 enqueue_runnable_load_avg()函数来更新 CFS 就绪队列的负载情况，如更新 runnable_load_avg 和 runnable_load_sum。

在第 3904 行中，处理刚被唤醒的进程，place_entity()函数对唤醒进程有一定的补偿，最多可以补偿一个调度周期的一半（默认值为 sysctl_sched_latency/2，即 3ms），vruntime 减去半个调度周期时间。

在第 3901 行中，调用__enqueue_entity()函数把该调度实体添加到 CFS 就绪队列的红黑树中。

在第 3912 行中，设置该调度实体的 on_rq 成员为 1，表示该进程已经在 CFS 就绪队列中。

enqueue_entity()函数的流程如图 8.4 所示。

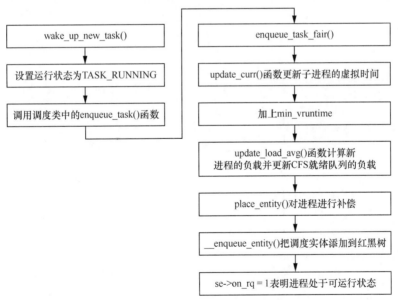

▲图 8.4　enqueue_entity()函数的流程

8.1.5　进程调度

__schedule()是调度器的核心函数，其作用是让调度器选择和切换到一个合适进程并运行。调度的时机可以分为如下 3 种。

- ❏　在阻塞操作中，如使用互斥量（mutex）、信号量（semaphore）、等待队列（waitqueue）等。
- ❏　在中断返回前和系统调用返回用户空间时，检查 TIF_NEED_RESCHED 标志位以判断是否需要调度。

- ❑ 将要被唤醒的进程不会马上调用 schedule()，而是会被添加到 CFS 就绪队列中，并且设置了 TIF_NEED_RESCHED 标志位。

那么被唤醒的进程什么时候被调度呢？这要根据内核是否具有可抢占功能（CONFIG_PREEMPT=y）分两种情况。

如果内核可抢占，则根据情况执行不同操作。

- ❑ 如果唤醒动作发生在系统调用或者异常处理上下文中，在下一次调用 preempt_enable() 时会检查是否需要抢占调度。
- ❑ 如果唤醒动作发生在硬中断处理上下文中，硬件中断处理返回前会检查是否要抢占当前进程。

如果内核不可抢占，则执行以下操作。

（1）当前进程调用 cond_resched()时会检查是否要调度。

（2）主动调用 schedule()。

在 Linux 内核里 schedule()是内部使用的接口函数，有不少其他函数会直接调用该函数。除此之外，schedule()函数还有不少变种的封装。

- ❑ preempt_schedule()用于可抢占内核的调度。
- ❑ preempt_schedule_irq()用于可抢占内核的调度，从中断结束返回时调用该函数。
- ❑ schedule_timeout(signed long timeout)用于使进程睡眠，直到超时为止。

schedule()函数实现在 kernel/sched/core.c 文件中，其代码实现比较简单，代码片段如下。

```
<kernel/sched/core.c>

asmlinkage void __sched schedule(void)
{
    do {
        preempt_disable();
        __schedule(false);
        sched_preempt_enable_no_resched();
    } while (need_resched());
}
```

schedule()函数的主体是一个 while 循环。

- ❑ preempt_disable()关闭内核抢占。
- ❑ __schedule()是核心实现。
- ❑ sched_preempt_enable_no_resched()打开内核抢占。

__schedule()函数的参数是 preempt，它是布尔类型变量，用于表示本次调度是否为抢占调度。__schedule()函数调用 pick_next_task()让调度器从就绪队列中选择一个最合适的进程 next，调用 context_switch()函数切换到 next 进程。

下面是__schedule()函数中的主要操作，它实现在 kernel/sched/core.c 文件中。

在第 3403 行中，smp_processor_id()函数获取当前 CPU。

在第 3404 行中，cpu_rq()函数由当前 CPU 获取数据结构 rq。

在第 3405 行中，prev 指向当前进程。当调度完成之后，prev 就指向前一个进程了。

在第 3407 行中，schedule_debug()用于判断当前进程是否处于 atomic 上下文中，所谓的 atomic 上下文包含硬件中断上下文、软中断上下文等。若此时处于 atomic 上下文中，这是一个 bug，那么内核会发出警告并且输出内核函数调用栈（Backtrace）。发出的警告是"BUG: scheduling while atomic"。在中断场景下调用 schedule()等可睡眠函数是一个很不好的编程习惯,Linux 内核会输出上述警告。虽然内核能处理这种情况,但是在有些特殊场景下会导致中断栈被破坏,从而产生宕机问题,详情见卷 2 的 2.5.3 节。

在第 3412 行中,local_irq_disable()函数关闭本地 CPU 中断。

在第 3423 行中,rq_lock()函数申请一个自旋锁。

在第 3431 行中,这里的 if 判断语句比较有意思。基于以下两种情况来考虑。

❑ preempt 用于判断本次调度是否为抢占调度,即是否中断返回前夕或者系统调用返回用户空间前夕发生的抢占调度。如果发生了调度抢占,那么不参与第 3431~3457 行的判断,直接调用 pick_next_task()函数来选择下一个进程。

❑ prev->state 用于判断当前进程的运行状态。若当前进程处于运行状态(TASK_RUNNING 的值为 0),则 prev->state 的值为 0;若当前进程处于非运行状态,如 TASK_UNINTERRUPTIBLE 或者 TASK_INTERRUPTIBLE,则 prev->state 的值不为 0。如果当前进程处于运行状态,说明此刻正在发生抢占调度。如果当前进程处于其他状态,说明它主动请求调度,如主动调用 schedule()。通常主动请求调用之前会提前设置当前进程的运行状态为 TASK_UNINTERRUPTIBLE 或者 TASK_INTERRUPTIBLE,如 wait_event()函数。

综上所述,第 3431 行的判断语句用于判断当前进程是否主动请求调度。若主动调度了 schedule(),则调用 deactivate_task()函数把当前进程移出就绪队列。

为什么这里要对进程是否抢占调度进行判断呢?下面以睡眠等待函数 wait_event()为例进行讲述,当前进程调用 wait_event()函数,当条件(condition)不满足时,就会把当前进程添加到 wq 中,然后 schedule()函数调度其他进程,直到满足 condition 为止。wait_event()函数等价于如下代码片段。

```
0  #定义 wait_event(wq, condition)      \
1  do {                                 \
2      DEFINE_WAIT(_wait);              \
3      for (;;) {                       \
4          _wait->private = current;\
5          list_add(&_wait->task_list, &wq->task_list);\
6          set_current_state(TASK_UNINTERRUPTIBLE); \
                                        //此处发生中断 A
7          if (condition)               \
8              break;                   \
9          schedule();                  \
10     }                                \
11     set_current_state(TASK_RUNNING); \
12     list_del_init(&_wait->task_list); \
13 } while (0)
```

这里需要考虑以下两种情况。

❑ 假设 wait_event()函数在运行过程中没有发生中断和抢占,那么进程 p 会在 schedule()函数中被移出就绪队列。

❑ 假设进程 p 在第 6 行和第 7 行代码之间发生了中断,中断处理返回前夕进程 p 被抢占调度。如果不对当前进程的 preempt 条件进行判断,那么当前进程会被移出运行队列。如果读者在编写代码时没有处理好设置进程状态和加入等待队列的顺序关系,例如把上述第 5 行和第 6 行代码交换位置，那么进程 p 将永远也回不来了，因为进程 p 还没有添加到等待队列里，所以即使调用 wake_up()函数也没有办法唤醒进程 p。

注意，在 Linux 内核里，当进程处于运行态和就绪态时，进程都是在就绪队列里的。当进程需要睡眠时，会把它移出就绪队列；当进程被唤醒时，会重新把它加入就绪队列中。另外，进程在迁移状态时也会被移出就绪队列。

在第 3459 行中，pick_next_task()函数从就绪队列中选择下一个最合适的进程。

在第 3460 行中，clear_tsk_need_resched()函数清除当前进程的 TIF_NEED_RESCHED 标志位，表明它接下来不会被调度。

在第 3463～3485 行中，若选择出来的下一个进程和当前进程不是同一个进程，那么可以进行进程的切换了。context_switch()函数就是负责进程切换的。

pick_next_task()函数也实现在 kernel/sched/core.c 文件里。

```
<kernel/sched/core.c>

static inline struct task_struct *
pick_next_task(struct rq *rq, struct task_struct *prev, struct rq_flags *rf)
```

pick_next_task()函数中主要的操作如下。

在第 3327 行中，代码有一个小的优化，如果当前进程 prev 的调度类是 CFS 的调度类，并且该 CPU 整个就绪队列中的进程数量等于 CFS 就绪队列中进程数量，那么说明该 CPU 就绪队列中只有普通进程而没有其他调度类进程；否则，需要遍历整个调度类。

在第 3343 行中，遍历整个调度类，调用调度类中的 pick_next_task()来找出最合适运行的下一个进程。调度类按优先级从高到低的顺序为 stop_sched_class、dl_sched_class、rt_sched_class、fair_sched_class、idle_sched_class。

stop_sched_class 类是优先级最高的调度类，它可以抢占其他调度类的进程来运行一些特殊的功能，如进程迁移、CPU 热插拔等。接下来是 dl_sched_class 和 rt_sched_class 类，它们表示实时进程，所以当系统有实时进程时，它们总是优先执行。

CFS 调度类的 pick_next_task()的实现函数是 pick_next_task_fair()函数，它实现在 kernel/sched/fair.c 文件中。它最核心的地方就是调用 pick_next_entity()函数，选择 CFS 就绪队列中红黑树最左边的进程。

8.1.6　进程切换

在操作系统中把当前正在运行的进程挂起并且恢复以前挂起的某个进程的执行，这个过程称为进程切换或者上下文切换。Linux 内核实现进程切换的核心函数是 context_switch()。

进程上下文是进程执行活动时的静态描述，它包含与执行该进程有关的各种寄存器、内核栈、task_struct 等数据结构。我们把已执行过的进程指令和相关数据称为上文，把待执行的指令和数据称为下文。进程切换主要涉及 3 个操作。

❑　保存当前进程（prev 进程）的上下文。
❑　恢复某个先前被调度出去的进程（next 进程）的上下文。
❑　运行 next 进程。

1. context_switch()函数

context_switch()函数实现进程上下文切换，精简后的代码片段如下。

```
<kernel/sched/core.c>

static __always_inline struct rq *
context_switch(struct rq *rq, struct task_struct *prev,
            struct task_struct *next, struct rq_flags *rf)
{
    prepare_task_switch(rq, prev, next);
    switch_mm_irqs_off(oldmm, mm, next);
    switch_to(prev, next, prev);
    return finish_task_switch(prev);
}
```

context_switch()函数中一共传递了 4 个参数，其中 rq 表示进程切换所在的就绪队列，prev 指将要被换出的进程，next 指将要被换入的进程，rf 表示 rq_flags。

在第 2809 行中，prepare_task_switch()调用 prepare_task()函数，设置 next 进程描述符中的 on_cpu 成员为 1，表示 next 进程即将进入执行状态。on_cpu 成员会在 Mutex 模块和读写信号量的乐观自旋等待机制中用到。

在第 2811～2812 行中，变量 mm 指向 next 进程的数据结构 mm_struct，变量 oldmm 指向 prev 进程正在使用的数据结构（prev->active_mm）。对于普通进程来说，task_struct 数据结构中的 mm 成员和 active_mm 成员都指向进程的内存描述符 mm_struct；对于内核线程来说，是没有进程地址空间的（mm = NULL），但是出于进程调度的需要，需要借用一个进程的地址空间，因此有了 active_mm 成员。

在第 2827～2830 行中，若 next 进程的 mm 成员为空，则说明这是一个内核线程，需要借用 prev 进程的活跃内存描述符 active_mm。为什么这里要借用 prev->active_mm，而不是 prev->mm 呢？prev 进程也可能是一个内核线程。mmgrab()增加 prev->active_mm 的 mm_count，保证"债主"不会释放 mm，那由谁递减 mm_count 呢？finish_task_switch()函数会递减。

在第 2832 行中，对于普通进程，需要调用 switch_mm_irqs_off()函数来做一些进程地址空间切换的处理，稍后会详细分析该函数。switch_mm_irqs_off()等同于 switch_mm()函数。

在第 2834～2837 行中，处理 prev 进程也是一个内核线程的情况，prev 进程马上就要被换出，因此设置 prev->active_mm 为 NULL。另外，rq 数据结构的成员 prev_mm 记录了 prev->active_mm 的值，该值稍后会在 finish_task_switch()函数中用到。

在第 2844 行中，switch_to()函数切换进程，从 prev 进程切换到 next 进程来运行。该函数执行完成后，CPU 运行 next 进程，prev 进程被调度出去，俗称"睡眠了"。

在第 2847 行中，在 finish_task_switch()函数中会递减 mm_count。另外，finish_task_switch()中的 finish_lock_switch()会设置 prev 进程的 task_struct 数据结构的 on_cpu 成员为 0，表示 prev 进程已经退出执行状态，相当于由 next 进程来收拾 prev 进程的"残局"。context_switch()函数的流程如图 8.5 所示。

再思考一个问题，当被调度出去的 prev 进程再次被调度时，它可能在原来的 CPU 上，也可能被迁移到其他 CPU 上。总之，是在 switch_to()函数切换完进程后开始运行的。

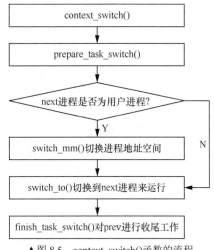

▲图 8.5 context_switch()函数的流程

　　总而言之，switch_to()函数是新旧进程的切换点。所有进程在调度时的切入点都在 switch_to()函数中，即完成 next 进程栈切换后开始执行 next 进程。next 进程一直在运行，直到下一次执行 switch_to()函数，并且当前处理器的相关寄存器等内容保存到 next 进程的硬件上下文数据结构中为止。task_struct 数据结构中使用相关数据结构（如 cpu_context 数据结构）存储硬件上下文。

　　一个特殊情况是新建进程，第一次执行的切入点在copy_thread()函数中指定的ret_from_fork汇编函数中，pc 指针指向该汇编函数。因此，当 switch_to()函数切换到新建进程时，新进程从 ret_from_fork 汇编函数开始执行。

　　虽然每个进程都可以拥有属于自己的进程地址空间，但是所有进程必须共享 CPU 的寄存器等资源，所以在进程切换时必须把 next 进程在上一次挂起时保存的寄存器值重新装载到 CPU里。进程恢复执行前必须装入的 CPU 寄存器的数据称为硬件上下文。进程切换可以总结为如下两步。

　　（1）切换进程的进程地址空间，也就是切换 next 进程的页表到硬件页表中，这是由 switch_mm()函数实现的。

　　（2）切换到 next 进程的内核态栈和硬件上下文，这是由 switch_to()函数实现的。硬件上下文提供了内核执行 next 进程所需要的所有硬件信息。

2.　switch_mm()函数

　　switch_mm()函数把新进程的页表基地址设置到页表基地址寄存器中。对于 ARM64 处理器，switch_mm()函数实现在 arch/arm64/include/asm/mmu_context.h 文件。switch_mm()函数中最主要的一个函数是 check_and_switch_context()，它完成与 ARM 架构相关的硬件设置，如刷新 TLB和设置硬件页表等。

　　在运行进程时，除了高速缓存会缓存进程的数据外，MMU 内部还有一个叫作 TLB（Translation Lookaside Buffer，快表）的硬件单元，它为了加快虚拟地址到物理的转换速度而将部分的页表项内容缓存起来，避免频繁地访问页表。当一个 prev 进程运行时，CPU 内部的 TLB和高速缓存会缓存 prev 进程的数据。如果进程切换到 next 进程时没有刷新 prev 进程的数据，由于 TLB 和高速缓存中缓存了 prev 进程的数据，可能导致 next 进程访问的虚拟地址被翻译成 prev 进程缓存的数据，造成数据不一致和系统不稳定，因此进程切换时需要对 TLB 进行刷新操作（在 ARM 架构中也称为失效（invalidate）操作）。但是这种方法不太合理，对整个 TLB 进行刷新操作后，next 进程面对一个空白的 TLB，因此刚开始执行时会出现很严重的 TLB 未命中和高速缓存未命中，导致系统性能下降。

　　如何提高 TLB 的性能？这是最近几十年来芯片设计人员和操作系统设计人员共同努力解决的问题。从 Linux 内核角度看，地址空间可以划分为内核地址空间和用户空间，TLB 可以分成全局（global）类型和进程独有（process-specific）类型。

- □　全局类型的 TLB：内核空间是所有进程共享的空间，因此这部分空间的虚拟地址到物理地址的翻译是不会变化的，可以理解为全局的。
- □　进程独有类型的 TLB：用户地址空间是每个进程独立的地址空间。从 prev 进程切换到 next 进程时，TLB 中缓存的 prev 进程的相关数据对于 next 进程是无用的，因此可以刷新。

　　为了支持进程独有类型的 TLB，ARM 架构出现了一种硬件解决方案，叫作进程地址空间 ID（Address Space ID，ASID），TLB 可以识别哪些 TLB 项是属于某个进程的。ASID 方案让每个 TLB 表项包含一个 ASID，ASID 用于标识每个进程的地址空间，TLB 命中查询的标准在原来的虚拟地址判断之上，再加上 ASID 条件。因此有了 ASID 硬件机制的支持，进程切换不需要刷新整个 TLB，即使 next 进程访问了相同的虚拟地址，prev 进程缓存的 TLB 项也不会影响到 next 进程，因为 ASID 机制从硬件上保证了 prev 进程和 next 进程的 TLB 不会产生冲突。

对于 ARM64 架构，ASID 的代码实现在 arch/arm64/mm/context.c 文件中。ID_AA64MMFR0_EL1 寄存器中的 ASIDBits 字段显示当前 CPU 支持多少位宽的 ASID。当 ASIDBits 字段为 0 时，表示支持 8 位宽的 ASID，也就是最多支持 256 个 ID。当 ASIDBits 字段为 1 时，表示支持 16 位宽的 ASID，最多支持 65536 个 ID。

在使能了 CONFIG_UNMAP_KERNEL_AT_EL0 配置的内核里为每个进程分配两个 ASID，即奇、偶数组成一对。当进程运行在用户态时，使用奇数 ASID 来查询 TLB；当进程陷入内核态运行时，使用偶数 ASID 来查询 TLB。

当系统中所有 CPU 的硬件 ASID 加起来超过硬件最大值时会发生溢出，需要刷新全部 TLB，然后重新分配硬件 ASID，这个过程还需要软件来协同处理。

系统初始化时会通过 asids_init() 函数来初始化 ASID。它由 get_cpu_asid_bits() 函数来判断当前系统支持的 ASID 位宽，并存储在 asid_bits 变量中。

硬件 ASID 的分配通过位图来管理，分配时通过 asid_map 位图变量来记录，见 asids_init() 函数。另外，还有一个全局原子变量 asid_generation，其中 Bit[31:8] 用于存放软件管理用的软件 generation 计数。软件 generation 计数是从 ASID_FIRST_VERSION 开始计算的，每当硬件 ASID 溢出时，软件 generation 计数要加上 ASID_FIRST_VERSION（ASID_FIRST_VERSION 其实是 $1 << \text{asid\_bits}$）。

在 AArch32 状态下，硬件 ASID 存放在 CONTEXTIDR 寄存器的 ASID 域中。在 AArch64 状态下，硬件 ASID 存放在 TTBR1_EL1 中。

软件 ASID 是 ARM Linux 软件提出的概念，它存放在进程的 mm->context.id 中，它包括两个域，低 8 位是硬件 ASID，剩余的位是软件 generation 计数。

```
<arch/arm64/mm/context.c>

static u32 asid_bits;

static atomic64_t asid_generation;
static unsigned long *asid_map;
#define ASID_FIRST_VERSION    (1UL << asid_bits)
```

当硬件 ASID 都分配完毕后需要刷新 TLB，同时增加软件 generation 计数，然后重新分配 ASID。asid_generation 存放在 mm->context.id 的 Bit[31:8] 中，调度该进程时需要判断 asid_generation 是否有变化，从而判断 mm->context.id 存放的 ASID 是否有效。

下面我们来分析一下 check_and_switch_context() 函数，其调用关系是 switch_mm()→__switch_mm()→check_and_switch_context()。

```
<arch/arm64/mm/context.c>

void check_and_switch_context(struct mm_struct *mm, unsigned int cpu)
```

check_and_switch_context() 函数中主要的操作如下。

在第 202 行中，由于进程的软件 ASID 通常存放在 mm->context.id 成员中，因此通过原子变量的函数 atomic64_read()来读取软件 ASID。

在第 218 行中，Per-CPU 变量的 active_asids 表示活跃的 ASID，通过 atomic64_read()来读取 active_asids。

在第 219～223 行中，如果全局原子变量 asid_generation 存储的软件 generation 计数和进程内存描述符存储的软件 generation 计数相同，说明换入进程的 ASID 还依然属于同一个批次。也就是说，还没有发生 ASID 硬件溢出，因此切换进程不需要任何的 TLB 刷新操作，可以直接跳转到 switch_mm_fastpath ()函数中进行地址切换。另外，通过 atomic64_read()函数来读取全局原子变量 asid_generation 的值，其中 Bit[31:8]用于存放软件管理用的软件 generation 计数。这里通过异或操作来判断软件 generation 计数和进程的 ASID 存放的值是否一致。另外，还需要通过 atomic64_xchg()原子交换指令来设置新的 ASID 到 Per-CPU 变量 active_asids 中。

在第 227～231 行中，重新做一次软件 generation 计数的比较，如果还不相同，说明至少发生了一次 ASID 硬件溢出，需要分配一个新的软件 ASID 计数，并且设置到 mm->context.id 中。稍后会详细介绍 new_context()函数。

在第 234 行中，硬件 ASID 发生溢出时，需要刷新本地的 TLB。

在第 239 行中，switch_mm_fastpath 标签表示换入进程的 ASID 依然属于同一个批次。也就是说，还没有发生 ASID 硬件溢出，因此可以直接调用 cpu_switch_mm()进行页表的切换。稍后会分析 cpu_switch_mm()函数。

new_context()函数实现在 arch/arm64/mm/context.c 文件中。其原型如下。

```
static u64 new_context(struct mm_struct *mm)
```

new_context()函数中主要的操作如下。

在第 148 行中，通过 atomic64_read()函数读取当前进程的 ASID。

在第 149 行中，通过 atomic64_read()函数读取当前系统的 ASID，这个值存储在全局原子变量 asid_generation 中。

在第 151 行中，刚创建进程时，mm->context.id 值初始化为 0。如果这时 ASID 不为 0，说明该进程已经分配过 ASID。如果原来的 ASID 还有效，那么只需要再加上新的 generation 值即可组成一个新的软件 ASID。check_update_reserved_asid()判断当前的 ASID 是否有效。

在第 176 行中，如果之前的硬件 ASID 不能使用，那么从 asid_map 中查找第一个空闲的位并将其作为这次的硬件 ASID。注意，0 号的 ASID 预留给 init_mm 使用。另外，在使能了 CONFIG_UNMAP_KERNEL_AT_EL0 配置的内核里为每个进程分配两个 ASID，即奇、偶数组配成一对。

在第 181 行中，如果找不到一个空闲的位，说明发生了溢出，那么只能提升 generation 值，并调用 flush_context()函数刷新所有 CPU 上的 TLB，同时把 asid_map 清零。

在第 186 行中，在 asid_map 中找到一个空闲的位，这次一定能成功，因为刚才已近把 asid_map 清零了。

在第 188～189 行中，新生成一个 ASID。

最后，new_context()函数返回一个新的软件 ASID。

下面来看 cpu_switch_mm()函数，它实现在 arch/arm64/include/asm/mmu_context.h 文件中。

```
static inline void cpu_switch_mm(pgd_t *pgd, struct mm_struct *mm)
{
    BUG_ON(pgd == swapper_pg_dir);
    cpu_set_reserved_ttbr0();
```

```
    cpu_do_switch_mm(virt_to_phys(pgd),mm);
}
```

cpu_switch_mm()函数有两个参数，pgd 表示用户进程 PGD，mm 表示用户进程的内存描述符 mm。该函数中主要的操作如下。

（1）使用 BUG_ON()来对 pgd 进行判断，若等于 swapper_pg_dir，则说明这是一个无效的 pgd，因为我们这里要切换的是用户进程。如果 next 进程是一个内核线程，就不需要调用 switch_mm_irqs_off()来切换用户空间的进程地址空间了。

（2）cpu_set_reserved_ttbr0()函数设置 TTBR0_EL1 指向一个 empty_zero_page。

（3）cpu_do_switch_mm()进行真正的页表切换。

cpu_do_switch_mm()函数的实现是一段汇编函数 cpu_do_switch_mm()，它位于 arch/arm64/mm/proc.S 文件中。该函数有两个参数，一个是 pgd_phys，它表示 next 进程 PGD 的基地址，另外一个是 mm，即 next 进程的内存描述符。

关于 cpu_do_switch_mm()汇编函数的代码分析如下。

在第 166 行中，读取 TTBR1_EL1 的值到通用寄存器 X2。

在第 167 行中，mmid 是一个宏，用于读取 mm->context.id 成员的值，它实现在 arch/arm64/include/asm/assembler.h 头文件中。

在第 168 行中，phys_to_ttbr 也是一个宏，它实现在 arch/arm64/include/asm/pgtable.h 头文件中。对于 48 位的地址总线，该宏是一个空操作。

在第 178～179 行中，BFI 指令是一个位操作指令，把 ASID 设置到 TTBR1_EL1 里[1]。TTBR1_EL1 的 Bit[63:48]用于存放 ASID 的值。

在第 180 行中，更新完页表基地址寄存器后，需要使用内存屏障指令 ISB 来保证页表设置完成。

在第 181 行中，设置 next 进程的页表基地址到 TTBR0_EL1 里。

在第 182 行中，调用 ISB 指令来保证页表设置完成。

综上所述，ARM64 架构的 ASID 机制如图 8.6 所示，假设系统的硬件 ASID 支持 16 位，那么最多支持 65536 个 ASID。每个进程需要一对 ASID，asid_map 位图只需要 32768 位即可，其中第 0 位预留给内核线程的 init_mm 使用。Linux 内核使用的 ASID 存储在 mm 数据结构（即 mm->context.id 成员）里，它由硬件 ASID 和软件 asid_generation 组合而成。当进程切换时，设置新进程的硬件 ASID 到 TTBR1_EL1 中。

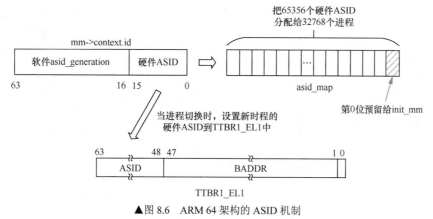

▲图 8.6　ARM 64 架构的 ASID 机制

---

[1] 详见《ARM Architecture Reference Manual—ARMv8, for ARMv8-A architecture profile》v8.4 版本，D12.2.114 节有关于 TTBR1_EL1 的描述。

3. switch_to()函数

处理完 TLB 和页表基地址后，还需要进行栈空间的切换，这样 next 进程才能开始运行，这正是 switch_to()函数的目的。

```
<include/asm-generic/switch_to.h>

#define switch_to(prev, next, last)                    \
    do {                                               \
        ((last) = __switch_to((prev), (next)));        \
    } while (0)
```

switch_to()函数一共有 3 个参数，prev 表示将要被调度出去的进程 prev，next 表示将要被调度进来的进程，参数 last 是什么意思呢？

进程切换还有一个比较神奇的地方，我们有不少的疑惑。

❑　为什么 switch_to()函数有 3 个参数？prev 和 next 就足够了，为何还需要 last？

❑　switch_to()函数后面的代码（如 finish_task_switch(prev)）该由谁来执行？什么时候执行？

如图 8.7（a）所示，switch_to()函数被切分成两部分，前半部分是"代码 A0"，后半部分是"代码 A1"，这两部分代码其实属于同一个进程。

如图 8.7（b）所示，假设现在进程 A 在 CPU0 上执行了 switch_to(A, B, last)函数，以主动切换进程 B 来运行，那么进程 A 执行了"代码 A0"，然后运行了 switch_to()函数。在 switch_to()函数中，CPU0 切换到了进程 B 的硬件上下文，让进程 B 运行。注意，这时进程 B 会直接从自己的进程代码中运行，而不会运行"代码 A1"。而进程 A 则被换出，也就是说，进程 A 睡眠了。注意，在这个时间点上，"代码 A1"暂时没有运行，last 指向进程 A。

既然 last 指向进程 A，那么为什么不直接使用 switch_to()函数的第一个参数呢？switch_to()函数的第一个参数（prev）也指向进程 A。

在 switch_to()函数运行之前，prev 参数的确指向进程 A，可是 switch_to()函数运行完成之后，CPU 已经运行了进程 B，此时内核栈已经从进程 A 的内核栈切换到进程 B 了。读取 prev 参数变成读取进程 B 的 prev 参数，而不是进程 A 的参数，此时，它不一定指向进程 A，因为 prev 参数的值极有可能存储在进程 A 和进程 B 的内核栈里。ARM64 中的做法是利用函数调用标准的规则，以 prev 参数作为第一个参数传递给 switch_to()函数，prev 参数会存储在 X0 寄存器中，而函数返回值也存储在 X0 寄存器，因此 switch_to()函数返回进程 A 的 task_struct 数据结构。

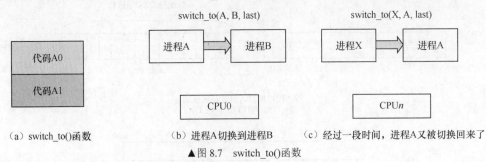

（a）switch_to()函数　　　　（b）进程 A 切换到进程 B　　（c）经过一段时间，进程 A 又被切换回来了

▲图 8.7　switch_to()函数

如图 8.7（c）所示，经过一段时间，某个 CPU 上某个进程（这里假设是进程 X）执行了 switch_to(X, A, last)函数，要从进程 X 切换到进程 A。注意，进程 A 相当于从 CPU0 切换到了 CPU*n* 上。这时进程 X 睡眠了，进程 A 被加载到 CPU*n* 上，它会从上次的睡眠点开始运行。也就是说，开始运行"代码 A1"片段，这时 last 指向进程 X。通常"代码 A1"是 finish_task_switch(last)函

数，在这个场景下会对进程 X 进行一些清理工作，即进程 A 重新得到运行，但是在运行进程 A 自己的代码之前，需要对进程 X 做一些收尾工作，这就是 switch_to()第三个参数的妙用了。

综上所述，next 进程执行 finish_task_switch(last)函数来对 last 进程进行清理工作，通常 last 进程指的是 prev 进程。需要注意的是，这里执行的 finish_task_switch()函数属于 next 进程，只是把 last 进程的进程描述符作为参数传递给 finish_task_switch()函数。

__switch_to()函数最终会调用 cpu_switch_to()函数来实现。cpu_switch_to()由一段汇编代码来完成，实现在 arch/arm64/kernel/entry.S 文件中。

task_struct 数据结构里有一个 thread_struct 数据结构，它用于存放和具体架构相关的一些信息。对于 ARM64 架构来说，thread_struct 数据结构定义在 arch/arm64/include/asm/processor.h 文件中。

```
<arch/arm64/include/asm/processor.h>

struct thread_struct {
    struct cpu_context  cpu_context;
    struct {
        unsigned long    tp_value;
        unsigned long    tp2_value;
        struct user_fpsimd_state fpsimd_state;
    } uw;

    unsigned int        fpsimd_cpu;
    void                *sve_state;
    unsigned int        sve_vl;
    unsigned int        sve_vl_onexec;
    unsigned long       fault_address;
    unsigned long       fault_code;
    struct debug_info   debug;
};
```

其中的相关说明如下。

❑ cpu_context：保存进程上下文的相关信息到 CPU 的相关通用寄存器中。

❑ tp_value：TLS 寄存器。

❑ tp2_value：TLS 寄存器。

❑ fpsimd_state：与 FP 和 SMID 相关的状态。

❑ fpsimd_cpu：与 FP 和 SMID 相关信息。

❑ sve_state：SVE 寄存器。

❑ sve_vl：SVE 向量寄存器的长度。

❑ sve_vl_onexec：下一次执行之后 SVE 向量寄存器的长度。

❑ fault_address：异常地址。

❑ fault_code：异常错误值，从 ESR_EL1 中读出。

cpu_context 数据结构是非常重要的一个数据结构，它描述了一个进程切换时，CPU 需要保存哪些寄存器，我们称之为硬件上下文。对于 ARM64 处理器来说，在进程切换时，我们需要把 prev 进程的 X19~X28 寄存器、FP、SP 以及 PC 寄存器保存到这个 cpu_context 数据结构中，然后把 next 进程中上一次保存的 cpu_context 的值恢复到实际硬件的寄存器中，这样就完成了进程上下文切换。为什么 cpu_context 数据结构只包含了 X19~X28 寄存器，而没有 X0~X18 寄存器？其实，根据 ARM64 架构函数调用的标准和规范，X19~X28 寄存器在函数调用过程中是需要保存到栈里的，因为它们是函数调用者和被调用者共用的数据，而 X0～X7 寄存器用于传递函数参数，剩余的通用寄存器大多数用作临时寄存器，它们在进程切换过程中不需要保存。

cpu_context 数据结构的定义如下。

```
<arch/arm64/include/asm/processor.h>

struct cpu_context {
    unsigned long x19;
    unsigned long x20;
    unsigned long x21;
    unsigned long x22;
    unsigned long x23;
    unsigned long x24;
    unsigned long x25;
    unsigned long x26;
    unsigned long x27;
    unsigned long x28;
    unsigned long fp;
    unsigned long sp;
    unsigned long pc;
};
```

下面来分析 cpu_switch_to() 汇编函数，它有两个参数，x0 是移出进程（prev 进程）的描述符，x1 是移入进程（next 进程）的描述符。cpu_switch_to() 汇编函数实现在 arch/arm64/kernel/entry.S 文件中。cpu_switch_to() 汇编函数中的主要操作如下。

在第 1041 行中，THREAD_CPU_CONTEXT 实现在 arch/arm64/kernel/asm-offsets.c 里，其目的是获取 task_struct 数据结构中的 thread_struct.cpu_context 成员的偏移量。

在第 1043～1051 行中，把当前的 X19～X28 寄存器、FP 寄存器以及 SP 寄存器的值存储到 prev 进程的 cpu_context 数据结构里。另外，把 LR 的值也存储到 cpu_context 数据结构的 pc 成员里。

在第 1052～1059 行中，把 next 进程的 cpu_context 中保存的值恢复到对应的寄存器里。

在第 1060 行中，把 next 进程的描述符的指针存储到 SP_EL0 寄存器里。在 next 进程的运行过程中，为了通过 SP_EL0 寄存器来获取 task_struct，可以使用 current() 宏。

进程上下文切换过程如图 8.8 所示。在进程切换过程中，把进程硬件上下文中重要的寄存器保存到 prev 进程的 cpu_context 数据结构中，进程硬件上下文包括 X19～X28 寄存器、FP 寄存器、SP 寄存器以及 PC 寄存器，如图 8.8（a）所示。然后，把 next 进程存储的上下文恢复到 CPU 中，如图 8.8（b）所示。

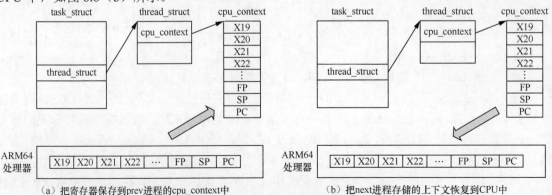

（a）把寄存器保存到prev进程的cpu_context中　　　（b）把next进程存储的上下文恢复到CPU中

▲图 8.8　进程上下文切换过程

8.1.7 调度节拍

每当时钟中断发生时，Linux 调度器的 scheduler_tick() 函数会被调用，执行和调度相关的一些操作，如检查是否有进程需要调度和切换。

当一个系统时钟中断发生后，函数调用流程如图 8.9 所示。

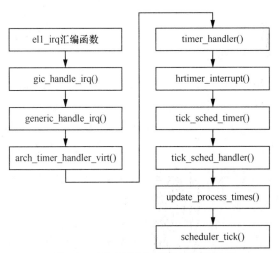

▲图 8.9　时钟中断发生后的函数调用流程

scheduler_tick() 函数实现在 kernel/sched/core.c 文件中。

```
<kernel/sched/core.c>

void scheduler_tick(void)
```

scheduler_tick() 函数中的主要操作如下。

在第 3060 行中，update_rq_clock() 函数会更新当前 CPU 就绪队列（rq）中的时钟计数 clock 和 clock_task 成员。

在第 3061 行中，task_tick() 是调度类中实现的方法，用于处理时钟节拍到来时与调度器相关的事情，我们稍后会详细分析该方法。

在第 3062 行中，update_cpu_load_active() 函数更新运行队列中的 cpu_load[] 数组。

在第 3072 行中，trigger_load_balance() 函数触发 SMP 负载均衡机制。

task_tick() 方法在 CFS 的调度类中的实现函数是 task_tick_fair()，该函数实现在 kernel/sched/fair.c 文件中。

```
<kernel/sched/fair.c>

void task_tick_fair(struct rq *rq, struct task_struct *curr, int queued)
{
    struct sched_entity *se = &curr->se;
    for_each_sched_entity(se) {
        cfs_rq = cfs_rq_of(se);
        entity_tick(cfs_rq, se, queued);
    }
}
```

如果系统没有实现组调度机制（CONFIG_FAIR_GROUP_SCHED），那么 for_each_sched_

entity()宏仅仅遍历当前进程的调度实体；如果系统实现了组调度机制，那么 for_each_sched_entity()宏需要遍历进程调度实体及其上一级调度实体。

```
//没有实现组调度机制
#define for_each_sched_entity(se) \
        for (; se; se = NULL)

//实现组调度机制
#define for_each_sched_entity(se) \
        for (; se; se = se->parent)
```

　　task_tick_fair()函数中最重要的操作是调用 entity_tick()检查是否需要调度。下面来看entity_tick()函数。

```
<kernel/sched/fair.c>

static void
entity_tick(struct cfs_rq *cfs_rq, struct sched_entity *curr, int queued)
```

　　entity_tick()函数中主要的操作如下。
　　在第 4184 行中，update_curr()函数更新当前进程的 vruntime 和就绪队列的 min_vruntime。
　　在第 4189 行中，update_load_avg()函数更新该进程调度实体的负载和就绪队列的负载。
　　在第 4210 行中，check_preempt_tick()函数检查当前进程是否需要调度。其原型如下。

```
<kernel/sched/fair.c>

static void
check_preempt_tick(struct cfs_rq *cfs_rq, struct sched_entity *curr)
```

　　check_preempt_tick()函数中主要的操作如下。
　　在第 4029 行中，ideal_runtime 是理论运行时间，即该进程根据权重在一个调度周期里分到的实际运行时间，由 sched_slice()函数计算。
　　在第 4030 行中，delta_exec 是实际运行时间，如果实际运行时间已经超过了理论运行时间，那么该进程要被调度出去。resched_curr()函数设置该进程thread_info中的TIF_NEED_RESCHED标志位。
　　在第 4046 行中，系统中使用一个变量定义进程最短运行时间，即 sysctl_sched_min_granularity，它的默认值是 0.75ms。如果该进程实际运行时间小于这个值，它不需要被调度。
　　最后将该进程的虚拟时间和就绪队列红黑树中最左边的调度实体的虚拟时间做比较，差值为 delta。如果差值小于最左边的调度实体的虚拟时间，则不用触发调度；如果差值大于该进程的理论运行时间，则会触发调度。
　　综上所述，entity_tick()函数的流程如图 8.10 所示。

8.1.8　组调度机制

　　CFS 的调度粒度是进程，但是在某些应用场景中，用户希望的调度粒度是用户组，如在一台服务器中有 N 个用户登录，希望这 N 个用户可以平均分配 CPU 时间。这在调度粒度为进程的 CFS 里是很难做到的，拥有进程数量多的登录用户将会被分配比较多的 CPU 资源，组调度可以满足这方面的应用需求。
　　CFS 定义了一个数据结构 task_group 来抽象和描述组调度，它定义在 kernel/sched/sched.h

头文件中。

```
<kernel/sched/sched.h>

struct task_group {
    struct cgroup_subsys_state css;
    struct sched_entity **se;
    struct cfs_rq        **cfs_rq;
    unsigned long        shares;
    atomic_long_t        load_avg ____cacheline_aligned;

    struct rcu_head      rcu;
    struct list_head     list;

    struct task_group    *parent;
    struct list_head     siblings;
    struct list_head     children;

#ifdef CONFIG_SCHED_AUTOGROUP
    struct autogroup     *autogroup;
#endif
    struct cfs_bandwidth    cfs_bandwidth;
};
```

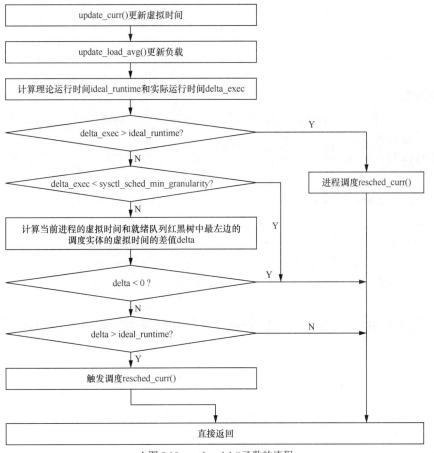

▲图 8.10　entity_tick()函数的流程

组调度属于 cgroup 架构中的 cpu 子系统，在系统配置时需要打开 CONFIG_CGROUP_SCHED 和 CONFIG_FAIR_GROUP_SCHED 宏。我们直接从 sched_create_group()函数来看如何创建和组织一个组调度。

```
<cpu_cgroup_css_alloc()->sched_create_group()>

struct task_group *sched_create_group(struct task_group *parent)
{
    struct task_group *tg;

    tg = kmem_cache_alloc(task_group_cache, GFP_KERNEL | __GFP_ZERO);

    alloc_fair_sched_group(tg, parent);

    return tg;
}
```

参数 parent 指向上一级的组调度节点，系统中有一个组调度的根，命名为 root_task_group。首先分配一个 task_group 数据结构实例 tg，然后调用 alloc_fair_sched_group()函数创建 CFS 需要的组调度数据结构，alloc_rt_sched_group()函数创建 realtime 调度器需要的组调度数据结构。这里我们只看 CFS 的组调度。

```
<kernel/sched/fair.c>

int alloc_fair_sched_group(struct task_group *tg, struct task_group *parent)
```

alloc_fair_sched_group()函数中的主要操作如下。

在第 10325 行中，cfs_rq 其实是一个指针数组，分配 nr_cpu_ids 个 cfs_rq 数据结构并将其存放到该指针数组中。

在第 10332 行中，task_group 数据结构中 shares 成员表示该组的权重，这里暂时初始化为 nice 值为 0 的进程权重。

在第 10334 行中，init_cfs_bandwidth()函数初始化 CFS 中与带宽控制相关的信息。

在第 10336～10350 行中，for 循环遍历系统中所有的 CPU，为每个 CPU 分配一个 cfs_rq 调度队列和 sched_entity 调度实体。init_cfs_rq()函数初始化 cfs_rq 调度队列中的 tasks_timeline 和 min_vruntime 等信息。init_tg_cfs_entry()函数用于构建组调度结构的关键函数。

init_tg_cfs_entry()函数对组调度的相关数据结构进行初始化，图 8.11 所示为在一个双核处理器系统中组调度的数据结构关系。组调度里初始化了两个 CFS 调度队列和两个调度实体，其中调度实体 se 的 cfs_rq 成员指向系统中的 CFS 就绪队列，my_q 成员指向组调度里自身的 CFS 就绪队列。

要把进程添加到组调度的情况，调用 cgroup 里的接口函数 cpu_cgroup_attach()。

```
<kernel/sched/core.c>

static void cpu_cgroup_attach(struct cgroup_taskset *tset)
{
    struct task_struct *task;
    struct cgroup_subsys_state *css;
```

```
cgroup_taskset_for_each(task, css, tset)
    sched_move_task(task);
}
```

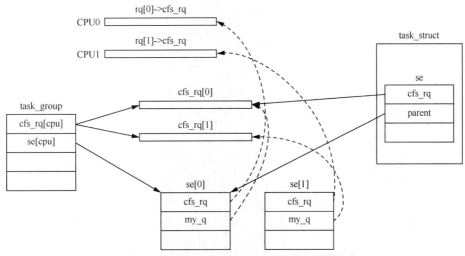

▲图 8.11　双核处理器系统中的组调度数据结构关系

cgroup_taskset_for_each()函数遍历参数 tset 包含的进程链表，调用 sched_move_task()函数将进程迁移到组调度中。

sched_move_task()函数实现在 kernel/sched/core.c 文件中。

```
<kernel/sched/core.c>

void sched_move_task(struct task_struct *tsk)
```

sched_move_task()函数中的主要操作如下。

在第 6371 行中，task_current()方法判断该进程是否正在运行。

在第 6372 行中，task_on_rq_queued()方法判断该进程是否在就绪队列里或者正在运行中。task_struct 数据结构中的 on_rq 成员表示该进程的状态，TASK_ON_RQ_QUEUED 表示该进程在就绪队列中或者正在运行中，TASK_ON_RQ_MIGRATING 表示该进程正在迁移中。

在第 6374 行中，如果该进程处于就绪态，那么要让该进程暂时先退出就绪队列。

在第 6376 行中，如果该进程正在运行中，刚才已经调用 dequeue_task()函数让进程退出就绪队列，现在只能将其添加回就绪队列中。

在第 6379 行中，sched_change_group()函数调用 CFS 的调度类的操作方法集中的 task_change_group()方法。另外，这里还调用 set_task_rq()函数设置进程调度实体中的 cfs_rq 成员和 parent 成员，cfs_rq 成员指向组调度中自身的 CFS 就绪队列，parent 成员指向组调度中的 se 调度实体。

在第 6381 行中，调用 enqueue_task()函数把退出就绪队列的进程和组调度重新添加回就绪队列。

for_each_sched_entity()宏在使能 CONFIG_FAIR_GROUP_SCHED 功能后，变得与之前不一样了，现在需要遍历进程调度实体和它的上一级调度实体，如组调度。

```
#ifdef CONFIG_FAIR_GROUP_SCHED
#define for_each_sched_entity(se) \
```

```
        for (; se; se = se->parent)
#else
#define for_each_sched_entity(se) \
        for (; se; se = NULL)
#endif
```

第一次遍历的调度实体是进程本身的 p->se，它对应的 cfs_rq 是组调度中的就绪队列，因为进程加入了组调度的就绪队列中。第二次遍历的调度实体是组调度自身的 tg->se[]，它对应的 cfs_rq 是系统本身的 CFS 就绪队列。注意，CFS 的组调度机制可以支持 N 级，这里只以简单的两级为例。

因此可以看到组调度的基本策略如下。

❑　在创建组调度 tg 时，tg 为每个 CPU 同时创建组调度内部使用的 cfs_rq。

❑　组调度作为一个调度实体添加到系统的 CFS 就绪队列 rq->cfs_rq 中。

❑　进程添加到一个组中后，进程就脱离了系统的 CFS 就绪队列，并且添加到组调度里的 CFS 就绪队列 tg->cfs_rq[] 中。

❑　在选择下一个进程时，从系统的 CFS 就绪队列开始，如果选中的调度实体是组调度 tg，那么还需要继续遍历 tg 中的就绪队列，从中选择一个进程来运行。

8.1.9　小结

内核根据进程的优先级属性支持多个调度类，包括 deadline、realtime、CFS 和 idle 调度类，为了更好地管理，定义了很多数据结构和一些重要的变量，包括 rq、cfs_rq、sched_entity、sched_avg、vruntime、min_vruntime 等，现归纳总结如下。

❑　每个 CPU 有一个 rq（rq=this_rq()）。

❑　每个进程的 task_struct 中内嵌一个 sched_entity 数据结构 se（se=&p->se）。

❑　每个 rq 数据结构中内嵌关于 CFS 就绪队列、realtime 就绪队列和 deadline 就绪队列的数据结构（如 cfs_rq = &rq->cfs）。

❑　每个 se 内嵌一个 load_weight load 数据结构。

❑　每个 se 内嵌一个与负载信息相关的 sched_av avg 数据结构。

❑　每个 se 中有一个 vruntime 成员，表示该调度实体的虚拟时间。

❑　每个 se 中有一个 on_rq 成员，表示该调度实体是否在就绪队列中接受调度。

❑　每个 CFS 就绪队列中内嵌一个 load_weight 数据结构。

❑　每个 CFS 就绪队列中有一个 min_vruntime，用于跟踪该队列的红黑树中最小的 vruntime 值。

❑　每个 CFS 就绪队列中有一个 runnable_load_avg 变量，用于跟踪该队列中的总量化负载。

❑　task_struct 数据结构中有一个 on_cpu 成员，表示进程是否正在运行，on_rq 成员表示进程的调度状态。另外，se 中也有一个 on_rq 成员，表示调度实体是否在就绪队列中接受调度。上述三者易混淆，注意区分。

下面对本章开始的几个问题做简短的回答。

❑　CFS 中 vruntime 是如何计算的？

答：详见 update_curr() 函数。

❑　vruntime 是何时更新的？

答：创建新进程，加入就绪队列、调度节拍等都会更新当前 vruntime。

❑　CFS 中的 min_vruntime 有什么作用？

答：min_vruntime 在 CFS 就绪队列数据结构中单步递增，用于跟踪该就绪队列红黑树中最小的 vruntime。

❑　CFS 对新创建的进程和刚唤醒的进程有何特殊处理？

答：对于睡眠进程，其 vruntime 在睡眠期间不增长，在唤醒后如果还用原来的 vruntime 值，会进行报复性满载运行，所以要修正 vruntime，详见 enqueue_entity() 函数，计算公式如下。

$$vruntime = MAX(vruntime, min - sched\_latency) \tag{8.5}$$

其中，min 指的是 min_vruntime；sched_latency 指的是 sysctl_sched_latency。

对于新创建的进程，为了不让新进程恶意占用 CPU，新创建的进程需要加上一个调度周期的虚拟时间（详见 sched_vslice()）。首先在 task_fork_fair() 函数中，place_entity() 增加了调度周期的虚拟时间，相当于惩罚，即 se->vruntime = min_vruntime + sched_vslice。其中，sched_vslice 是通过 sched_vslice() 函数计算出的虚拟时间。接着在添加新进程到就绪队列时，在 wake_up_new_task()→activate_task()→enqueue_entity() 函数中，se->vruntime 会加上 CFS 就绪队列的最小 vruntime（se->vruntime += min_vruntime）。

8.2　负载计算

8.2.1　如何衡量一个 CPU 的负载

首先，给出一个示例。

假设在一个双核的 ARM 处理器里，如图 8.12 所示，CPU0 的就绪队列里有 4 个进程，CPU1 的就绪队列里有两个进程，那么究竟哪个 CPU 的负载更大呢？

（a）CPU0的就绪队列里有4个进程　　　　（b）CPU1的就绪队列里有两个进程

▲图 8.12　CPU 的负载比较 1

假设上述 6 个进程的 nice 值是相同的，也就是优先级和权重都相同，那么由于 CPU0 上的就绪队列中有 4 个进程，这明显要比 CPU1 上就绪队列里的进程数目多，因此得出了 CPU0 的负载比 CPU1 的负载更大的结论。

$$CPU的负载 = 就绪队列的总权重 \tag{8.6}$$

计算一个 CPU 的负载，最简单的方法是计算 CPU 的就绪队列中所有进程的权重，在 Linux 内核早期的实现里，的确是采用就绪队列中可运行状态下的进程的总权重来衡量的。

但是，仅考虑优先级和权重是有问题的，因为没有考虑该进程的行为，有的进程使用的 CPU 是突发性的，有的是恒定的，有的是 CPU 密集型的，有的是 I/O 密集型的。对于进程调度，考虑优先级和权重的方法可行，但是如果延伸到多 CPU 之间的负载均衡就显得不准确了。

然后，再给出一个示例。

如图 8.13 所示，在一个双核 ARM 处理器里，CPU0 和 CPU1 的就绪队列里都只有一个进程在运行，而且进程的优先级和权重相同，但是 CPU0 上的进程一直在占用 CPU，而 CPU1 上的进程是间歇性运行的，那么 CPU0 和 CPU1 的负载是否相同呢？

从第一个例子的判断条件来看，两个 CPU 的负载是相同的。但是，从直观感受来看，CPU0 的进程一直占用 CPU，CPU0 是一直满负荷运行的，而 CPU1 间歇性运行，其 CPU 使用率是不高的。为什么会得出不一样的结论呢?

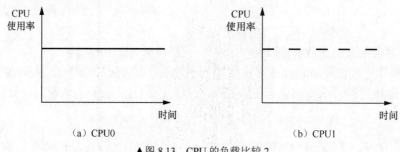

▲图 8.13　CPU 的负载比较 2

　　这就是因为第一个例子里使用的计算方法没有考虑历史负载对当前负载的影响。对于那些长时间不活动而突然短时间访问 CPU 的进程或者访问磁盘被阻塞后等待的进程,它们的历史负载要比 CPU 密集型的进程小很多,如矩阵乘法运算的进程。

　　那该如何来计算历史负载对 CPU 负载的影响呢?

8.2.2　工作负载和量化负载

　　下面用经典的电话亭例子来说明问题。假设现在有一个电话亭(好比是 CPU),有 4 个人要打电话(好比是进程),电话管理员(好比是内核调度器)按照最简单的规则轮流给每个打电话的人分配 1 分钟的时间,时间到了之后,马上把电话亭使用权给下一个人,还需要继续打电话的人只能到后面排队(好比是就绪队列),那么管理员如何判断哪个人是电话的重度使用者呢? 可以使用如下公式。

$$电话使用率 = \frac{使用电话的时间}{分配的时间} \times 100\% \tag{8.7}$$

　　电话的使用率就是每个使用者使用电话的时间除以分配的时间。使用电话的时间和分配的时间是不一样的,如在分配到的 1min 里,一个人查询电话本用了 20s,打电话只用了 40s,那么使用电话的时间是 40s,分配的时间是 60s。因此电话管理员通过计算一段统计时间里每个人的电话平均使用率便可知道哪个人是电话重度使用者。

　　类似的情况有很多,如现在很多人是"低头族",即手机重度使用者,现在你要比较在过去 24h 内身边的人谁是最严重的低头族。那么以 1h 为周期,统计过去 24 个周期内的手机使用率,将其相加再比较大小,即可知道哪个人是最严重的低头族。

　　从电话亭的例子我们可以反推出 CPU 的负载。计算 CPU 的负载的公式如下。

$$CPU的负载 = \left(\frac{运行时间}{总时间} \right) \times 就绪队列的总权重 \tag{8.8}$$

其中,运行时间表示就绪队列占用 CPU 的总时间;总时间表示采样的总时间,这个时间包括 CPU 处于空闲状态的时间以及 CPU 在运行的时间;权重表示在就绪队列里所有进程的总权重。

　　式(8.8)相比式(8.6)考虑了运行时间对负载的影响,这就解决了第二个例子中的问题。当运行时间无限接近于采样总时间时,我们认为 CPU 的负载等于就绪队列中所有进程权重之和,运行时间越短,CPU 的负载就越小,它相当于权重的一个比值。总之,式(8.8)把负载量化为权重,这样不同运行行为的进程就用一个量化的标准来衡量负载,本书把这种用运行时间与采样总时间的比值来计算的权重,称为量化负载。另外,我们把时间与权重的乘积称为工作负载，这类似于电学中的功率。

8.2.3　历史累计衰减的计算

式（8.8）并不完美，因为它把历史工作负载和当前工作负载平等对待了。从物理学知识中我们知道，信号在介质中传播的过程中，会有一部分能量转化成热能或者被介质吸收，从而造成信号强度不断减弱，这种现象称为衰减（decay），如图 8.14 所示。因此，历史工作负载在时间轴上也会有衰减效应。

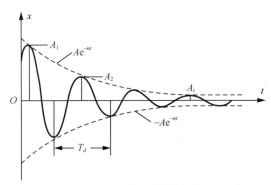

▲图 8.14　物理学上的衰减

从 Linux 3.8 内核[①]以后进程的负载计算不仅考虑权重，而且跟踪每个调度实体的历史负载情况，该算法称为 PELT（Per-entity Load Tracking）算法。在 PELT 算法里，引入了"the accumulation of an infinite geometric series"，英文本义是无穷几何级数的累加，本书把这个概念简单称为历史累计计算。

我们把 1ms（准确来说是 1024μs，为了方便移位操作）的时间跨度算成一个周期（period），简称 PI。一个调度实体（可以是一个进程，也可以是一个调度组）在 PI 内对工作负载的贡献和以下两个因素有关。

❏　进程的权重。

❏　PI 内可运行的时间（runnable_time）的衰减累计值，这里包括运行时间和等待 CPU 的时间。

历史累计衰减负载的计算公式如下。

$$decay\_sum\_load = decay\_sum\_time \times weight \tag{8.9}$$

其中，各个参数的含义如下。

❏　decay_sum_load：历史累计衰减工作负载，简称累计工作总负载，它的值为累计衰减时间乘以权重。注意，这个值在 Linux 内核中只是一个临时使用的值。

❏　decay_sum_time：历史累计衰减总时间，简称累计衰减总时间。这里计算进程在过去几个周期可运行时间的衰减累计值。

❏　weight：进程的权重。

式（8.9）的意义在于，把进程的历史工作负载考虑进来，这样不仅可以避免系统无法分辨进程的运行行为，如进程长时间睡眠然后突然占用 CPU，还可以避免进程长时间占用 CPU。

按照式（8.9）计算一个进程的累计工作负载的难点是计算它在运行时的累计衰减总时间。

---

① Linux 3.8 内核增加了 PELT 功能。

下面我们来看一下如何计算历史累计衰减总时间。如图 8.15 所示，假设当前时间为 A，P_0 表示当前时间 A 所在的周期，如 P_0 在第 0 个周期里，P_1 表示过去的第 1 个周期，P_2 表示过去的第 2 个周期，P_n 表示过去的第 n 个周期。

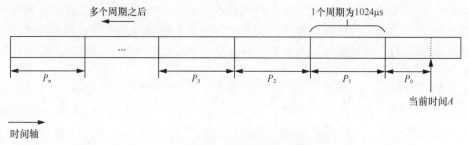

▲图 8.15　累计衰减总时间的计算

假设 L_i 是一个调度实体在第 i 个周期内的贡献，那么这个累计衰减总时间的计算公式如式（8.10）所示。

$$L = L_0 + L_1 y + L_2 y^2 + L_3 y^2 + \cdots + L_{32} y^{32} + \cdots + L_i y^i \tag{8.10}$$

过去的时间也是影响因素，它有一个衰减因子。因为调度实体时需要考虑时间的因素，不仅要考虑当前时间点的贡献，还要考虑其在过去一段时间的表现。衰减的意义类似于信号处理中的采样，距离当前时间点越远，衰减系数越大，对总体影响越小。其中，y 是一个预先选定好的衰减系数，y^{32} 约等于 0.5，因此，计算过去的第 32 个周期的贡献度可以简单地把负载值减半。

8.2.4　量化负载的计算

我们使用式（8.9）来计算进程的累计工作负载。如果我们要比较两个进程的负载大小，使用工作负载似乎不太合理。原因在于，式（8.9）中的权重是一个容易量化的值，而累计衰减时间是很难进行量化比较的。假设进程 A 和进程 B 的权重值相同，进程 A 运行了几天几夜，而进程 B 只运行了几分钟，如何比较进程 A 和进程 B 的负载呢？按照式（8.9）来计算的累计衰减负载，进程 A 的累计工作负载更大，因为它可以把更多的历史衰减的值统计在内。

如何更加科学地比较和量化两个进程的负载呢？我们应该使用量化负载。Linux 内核借鉴了电话亭使用率的方法，通过计算进程的可运行时间与总采用时间的比值，然后乘以进程的权重，作为量化负载。我们把前面提到的量化负载和历史累计衰减这两个概念合并起来，我们称为历史累计衰减量化负载，本书中简称为量化负载。Linux 内核使用量化负载来计算和比较一个进程以及就绪队列的负载。

根据量化负载的定义，量化负载的计算公式如下。

$$\text{decay\_avg\_load} = \left(\frac{\text{decay\_sum\_runnable\_time}}{\text{decay\_sum\_period\_time}} \right) \text{weight} \tag{8.11}$$

其中，各个参数的含义如下。

❑ decay_avg_load：量化负载，其中 avg 是英文单词 average 的缩写，average 有按比例分配的意思，我们把它理解为量化更贴切些。

❑ decay_sum_runnable_time：就绪队列或者调度实体在可运行状态下的所有历史累计衰减时间。

❑ decay_sum_period_time：就绪队列或者调度实体在所有的采样周期里全部时间的累加衰减时间。通常从进程开始执行时就计算和累计该值了。

❏ weight：调度实体或者就绪队列的权重。

计算进程的量化负载意义在于，把负载量化到权重里。当一个进程的 decay_sum_runnable_time 无限接近 decay_sum_period_time 时，它的量化负载就无限接近权重值，这说明这个进程一直在占用 CPU，满负荷工作，即 CPU 占用率很高。一个进程的 decay_sum_runnable_time 越小，它的量化负载就越小，这说明这个进程的工作负载很小，占用的 CPU 资源很少，即 CPU 占用率很低。这样，对负载做一个统一和标准化的量化计算之后，不同行为的进程就可以进行标准化的负载计算和比较了。

我们把 CPU 对应的就绪队列中所有进程的量化负载累加起来就得到 CPU 总负载。我们在 SMP 负载均衡机制里使用的负载指的是量化负载，而不是工作负载。原因在于，我们需要比较就绪队列总的量化负载。

式（8.11）中需要特别注意如下几点。

❏ decay_sum_runnable_time 和 decay_sum_period_time 都以时间（一个周期）为计算单位，计算的是时间，而不是负载。把时间乘以就绪队列或者调度实体的权重，得出工作负载。

❏ decay_sum_runnable_time 统计的是就绪队列或者调度实体处于可运行状态下的累计衰减时间，而 decay_sum_period_time 统计的是采样周期内的累计衰减总时间，可以理解为从一个进程开始执行时就开始采样和不停地累加了。

Linux 内核中的 SMP 负载均衡算法会使用量化负载来比较两个 CPU 的负载是否均衡。

8.2.5 实际算力的计算

处理器有一个计算能力的概念，也就是这个处理器最大的处理能力。在 SMP 架构下，系统中所有处理器的计算能力是一样的，但是在 ARM 的大/小核架构下，处理器的计算能力就不一样了。Linux 内核使用量化计算能力来描述处理器的计算能力，若系统中功能最强大的 CPU 的量化计算能力设定为 1024，那么系统中计算能力比较弱的 CPU 的量化计算能力就要小于 1024。通常，CPU 的量化计算能力通过设备树或者 BIOS 等方式提供给 Linux 内核。rq 数据结构中用 cpu_capacity_orig 成员来描述这个计算能力。

类比机械学中额定功率的概念，我们把系统中处理器的最大量化计算能力称为处理器额定算力。我们把一个进程或者就绪队列当前计算能力称为实际算力，它是当前的计算能力需求的一个体现。

参照量化负载计算公式，即式（8.11），我们可以得出实际算力的计算公式。

$$\text{util\_avg} = \left(\frac{\text{decay\_sum\_running\_time}}{\text{decay\_sum\_period\_time}}\right)\text{cpu\_capacity} \tag{8.12}$$

其中，各个参数的含义如下。

❏ util_avg：实际算力，util 是英文 utilization 的缩写，可以理解为额定算力的利用率或者 CPU 利用率。

❏ cpu_capacity：处理器的额定算力，它的默认值为 1024（SCHED_CAPACITY_SCALE），也就是系统中最强的 CPU 的量化计算能力。另外，额定算力和处理器的运行频率有关。

❏ decay_sum_running_time：统计就绪队列或者调度实体处于运行状态的历史累计衰减总时间。

❑ decay_sum_period_time：就绪队列或者调度实体在所有采样周期里的累加衰减时间。通常从进程开始执行时就计算和累计该值了。

从式（8.12）可以看到，如果一个调度实体的执行时间越接近采样时间，它的实际算力就越接近额定算力，也可以理解为它的 CPU 使用率越高。因此，如果一个调度实体的 CPU 使用率越高，那么它的实际算力需求越大。

Linux 内核中的绿色节能调度器会使用实际算力来进行进程的迁移调度。

8.2.6　sched_avg 数据结构

sched_avg 用于描述调度实体的负载信息[1]。另外，它还能描述一个就绪队列的负载信息。

```
struct sched_avg {
    u64             last_update_time;
    u64             load_sum;
    u64             runnable_load_sum;
    u32             util_sum;
    u32             period_contrib;
    unsigned long        load_avg;
    unsigned long        runnable_load_avg;
    unsigned long        util_avg;
    struct util_est      util_est;
};
```

sched_avg 数据结构的主要成员如表 8.6 所示。另外，除了 sched_entity 包含了 sched_avg 数据结构外，CFS 就绪队列也包含 sched_avg 数据结构，它用于描述整个就绪队列的负载情况。

```
struct sched_entity {
    struct sched_avg      avg;
}

struct cfs_rq {
    struct sched_avg      avg;
}
```

表 8.6　　　　　　　　　　　　　　　sched_avg 数据结构的主要成员

成　　员	类　　型	说　　明
last_update_time	u64	上一次更新的时间点，用于计算时间间隔
load_sum	u64	对于调度实体来说，它的统计对象是进程的调度实体在可运行状态下的累计衰减总时间。 对于调度队列来说，它是调度队列中所有进程的累计工作总负载（decay_sum_load）
load_sum	u64	对于调度实体和调度队列来说，这个值是有区别的。区别在于，对于调度实体，它统计的仅仅是时间，而对于调度队列，它统计的是工作负载，即时间乘权重
runnable_load_sum	u64	对于调度实体来说，它是在就绪队列里可运行状态下的累计衰减总时间（decay_sum_time）。 对于调度队列来说，它统计就绪队列里所有可运行状态下进程的累计工作总负载（decay_sum_load）

---

[1] Linux 3.8 patch, commit 9d85f21c94, "sched: Track the runnable average on a per-task entity basis" 中引入 sched_avg 数据结构以及 runnable_avg_sum、runnable_avg_period 变量。

成　员	类　型	说　明
util_sum	u32	对于调度实体来说，它是正在运行状态下的累计衰减总时间（decay_sum_time）。使用 cfs_rq->curr == se 来判断当前进程是否正在运行。 对于调度队列来说，它整个就绪队列中所有处于运行状态进程的累计衰减总时间（decay_sum_time）。只要就绪队列里有正在运行的进程，它就会去计算和累加
period_contrib	u32	存放着上一次时间采样时，不能凑成一个周期（1024μs）的剩余的时间
load_avg	unsigned long	对于调度实体来说，它是可运行状态下的量化负载（decay_avg_load）。在负载均衡算法中，使用该成员来衡量一个进程的负载贡献值，如衡量迁移进程的负载量。 对于调度队列来说，它是调度队列中总的量化负载
runnable_load_avg	unsigned long	对于调度实体来说，它是可运行状态下的量化负载，等于 load_avg。 对于调度队列来说，它统计就绪队列里所有可运行状态下进程的总量化负载，在 SMP 负载均衡算法中使用该成员来比较 CPU 的负载大小
util_avg	unsigned long	实际算力。通常用于体现一个调度实体或者 CPU 的实际算力需求，类似于 CPU 使用率的概念

需要特别说明几点。

❑ 需要区分可运行状态（runnable）和正在运行状态（running）这两个概念。可运行状态表示该调度实体在就绪队列里（se->on_rq=1），它处于可运行状态。进程进入就绪队列时（如调用 enqueue_entity()函数），on_rq 会设置为 1，但是该进程出于睡眠等原因退出就绪队列时（如调用 dequeue_entity()函数），on_rq 会被清零。调度实体在就绪队列中的时间包括两部分。

■ 一是正在运行的时间，称为 running 时间。

■ 二是在就绪队列中等待的时间，称为 runnable 时间，其中包含正在运行的时间和等待的时间。

❑ load_sum 在对于调度实体和调度队列来说是有区别的。对于调度实体来说，它统计的仅仅是时间，是累计衰减总时间（decay_sum_time）；而对于调度队列来说，它统计的是累计工作总负载（decay_sum_load）。需要注意的是，在 Linux 5.0 内核代码里，对于调度实体来说，load_sum 并没有乘以进程的权重。

❑ runnable_load_sum 和 load_sum 类似。不同在于，对于调度队列来说，load_sum 统计的是所有进程的工作负载，而 runnable_load_sum 统计的是就绪队列中可运行状态进程的工作负载。

❑ 对于调度实体来说，runnable_load_sum 和 load_sum 是相等的，都统计进程在可运行状态的累计衰减时间（decay_sum_time）。

❑ util_sum 统计的是正在运行状态下的累计衰减总时间（decay_sum_time）。注意，util_sum 统计的是时间，它始终没有乘以调度实体或者调度队列的权重。util_sum 主要用于衡量 CPU 的使用率。它考虑到了 CPU 的频率和计算能力的影响。

❑ 如何判断当前进程是否正在运行？可以通过 cfs_rq 中的 curr 指针来判断，如果 curr 指针指向当前进程的调度实体，则说明进程正在运行。

❑ load_sum 对应的量化负载是 load_avg，runnable_load_sum 对应的量化负载是 runnable_load_avg，util_sum 对应的量化计算能力是 util_avg，那怎么理解这些 avg 呢？avg 是

英文单词 average 的缩写，它有按比例分配的意思，我们把它理解为量化会更贴切些。load_avg 计算的是量化负载，它是一个量化值，把负载量化到权重值里，这样不同行为的进程才有一个统一和量化的比较标准，见前面的 decay_avg_load 计算公式。

❑ util_avg 指的是实际算力，表示一个进程或者 CPU 的当前实际使用率。

那些长时间不活动但突然短时间访问 CPU 的进程或者访问磁盘被阻塞后等待的进程的 runnable_load_sum 要比 CPU 密集型的进程小很多，如矩阵乘法运算的密集型进程。对于 I/O 密集型的进程，decay_sum_runnable_time 要远远小于 decay_sum_period_time；对于 CPU 密集型的进程，它们几乎是相等的。

如果一个长时间运行的 CPU 密集型的进程突然不需要 CPU 了，那么即使它之前是一个很占用 CPU 的进程，此刻该进程的负载也是比较小的，因为历史负载对当前负载的贡献是随着时间而衰减的。

cfs_rq 数据结构中的成员 runnable_load_avg 用于累加在该就绪队列上所有调度实体的量化负载的总和，它在 SMP 负载均衡调度器中用于衡量 CPU 是否繁忙。

8.2.7　PELT 代码分析

1. 衰减系数

Linux 内核定义了表 runnable_avg_yN_inv[] 来方便使用衰减系数。

```
<kernel/sched/sched-ptlt.h>

static const u32 runnable_avg_yN_inv[] = {
     0xffffffff, 0xfa83b2da, 0xf5257d14, 0xefe4b99a, 0xeac0c6e6, 0xe5b906e6,
     0xe0ccdeeb, 0xdbfbb796, 0xd744fcc9, 0xd2a81d91, 0xce248c14, 0xc9b9bd85,
     0xc5672a10, 0xc12c4cc9, 0xbd08a39e, 0xb8fbaf46, 0xb504f333, 0xb123f581,
     0xad583ee9, 0xa9a15ab4, 0xa5fed6a9, 0xa2704302, 0x9ef5325f, 0x9b8d39b9,
     0x9837f050, 0x94f4efa8, 0x91c3d373, 0x8ea4398a, 0x8b95c1e3, 0x88980e80,
     0x85aac367, 0x82cd8698,
};
```

为了处理器计算方便，该表对应的因子乘以 2^{32}，计算完成后再右移 32 位。在处理器中，乘法运算比浮点运算快得多，它等同于如下计算公式。

$$\frac{A}{B} = \frac{2^{32}A}{2^{32}B} = \frac{A\left(\dfrac{2^{32}}{B}\right)}{2^{32}} \tag{8.13}$$

其中，除以 2^{32} 可以通过右移 32 位来计算。runnable_avg_yN_inv[] 表相当于提前计算了式（8.13）中 $(2^{32})/B$ 的值。runnable_avg_yN_inv[] 表包括 32 个下标，对应过去 0～32ms 的负载贡献的衰减因子。举例说明，假设当前进程的负载贡献度是 100，要求计算过去第 32ms 的负载，首先查表得到过去 32ms 的衰减因子——runnable_avg_yN_inv[31]。计算公式为 Load =（100 runnable_avg_yN_inv[31] >>32），最后计算结果为 51。

runnable_avg_yN_org[] 表是我们换算的衰减系数。

```
static const u32 runnable_avg_yN_org[] = {
     0.999, 0.978, 0.957, 0.937, 0.917, 0.897,
     0.878, 0.859, 0.840, 0.822, 0.805, 0.787,
```

```
   ...
   ...
   ...
   0.522, 0.510,
};
```

这是，衰减系数只保留小数点后 3 位数。[①]

2. 计算第 *n* 个周期的衰减值

内核中的 decay_load()函数用于计算第 *n* 个周期的衰减值，代码片段如下。

```
<kernel/sched/pelt.c>

#define LOAD_AVG_PERIOD 32
static u64 decay_load(u64 val, u64 n)
{
    unsigned int local_n;

    if (unlikely(n > LOAD_AVG_PERIOD * 63))
        return 0;

    local_n = n;

    if (unlikely(local_n >= LOAD_AVG_PERIOD)) {
        val >>= local_n / LOAD_AVG_PERIOD;
        local_n %= LOAD_AVG_PERIOD;
    }

    val = mul_u64_u32_shr(val, runnable_avg_yN_inv[local_n], 32);
    return val;
}
```

参数 val 表示 *n* 个周期前的负载值，*n* 表示第 *n* 个周期，第 *n* 个周期的衰减值为 val y^n，计算 y^n 采用查表的方式，因此计算公式变为以下形式。

$$decay\_load = (val \times running\_avg\_yN\_inv[n]) \gg 32 \tag{8.14}$$

因为定义了 32ms 的衰减系数为 1/2，每增加 32ms 都要衰减 1/2，所以如果周期太大，衰减后值会变得很小，几乎等于 0。

decay_load()函数中的主要操作如下。

（1）如果周期大于 2016ms（即 63 LOAD_AVG_PERIOD），直接返回 0。

（2）如果周期处于 32～2016ms，每增加 32ms 就要衰减 1/2，相当于右移一位。

（3）runnable_avg_yN_inv[]表为了避免 CPU 做浮点运算，把实际的一组浮点类型数值乘以 2^{32}，CPU 做乘法和移位要比浮点运算快得多。这里使用 mul_u64_u32_shr()辅助函数来实现。

3. 计算 *n* 个周期的衰减总和

为了方便计算，内核又维护了一个表 runnable_avg_yN_sum[][②]，其中已预先计算好如下值。

[①] 为了方便读者理解，runnable_avg_yN_org[]是换算后的衰减因子，这也是 PELT 作者想要的衰减因子。runnable_avg_yN_inv[]为了计算方便乘以了 2^{32}。由 runnable_avg_yN_inv[]推导回 runnable_avg_yN_org[]，计算公式是((1000 runnable_avg_ yN_inv[]) >> 32)/1000。

[②] 这个表在 Linux 4.12 内核中已经被删除。参见 Linux 4.12 patch, commit 05296e7,"sched/fair: Fix corner case in __accumulate_sum()"。

$$\text{runnable\_avg\_yN\_sum}[] = 1024(y + y^2 + y^3 + \cdots + y^n) \tag{8.15}$$

其中，n 取 1～32 的整数。为什么系数是 1024 呢？因为内核的 runnable_avg_yN_sum[] 表通常用于计算时间的衰减，准确地说是周期，一个周期是 1024μs。$n=2$ 时，sum = 1024(runnable_avg_yN[1] + runnable_avg_yN[2]) = 1024×(0.978 + 0.957) = 1981.44，即约等于 runnable_avg_yN_sum[2]，详见 runnable_avg_yN_sum[] 表。

```
static const u32 runnable_avg_yN_sum[] = {
        0, 1002, 1982, 2941, 3880, 4798, 5697, 6576, 7437, 8279, 9103,
     9909,10698,11470,12226,12966,13690,14398,15091,15769,16433,17082,
    17718,18340,18949,19545,20128,20698,21256,21802,22336,22859,23371,
};
```

4. LOAD_AVG_MAX 宏

内核里还有一个宏 LOAD_AVG_MAX，用于表示在无限个时间周期里，历史累计衰减总时间的最大值是多少。LOAD_AVG_MAX 可以用于表示在无限个周期里，decay_sum_period_time 的最大值，因此式（8.11）可以简化如式（8.16）。

$$\text{decay\_avg\_load} = \left(\frac{\text{decay\_sum\_runnable\_time}}{\text{LOAD\_AVG\_MAX}} \right) \text{weight} \tag{8.16}$$

5. 工作负载的计算

前面已经提到了计算工作负载的计算公式，下面我们来结合实际的场景来介绍如何计算。假设一个进程在上一次更新时间点的累计工作总负载为 load_sum，那我们需要计算当前时间点 now 进程的累计工作总负载 load_sum_now。

如图 8.16 所示，从上一次更新时间点 time0 到本次更新时间点 time1 可以分成以下几段。

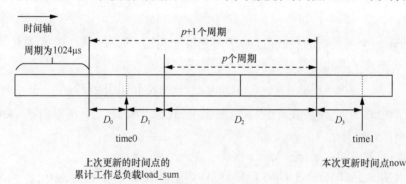

▲图 8.16　进程工作负载计算[①]

❏　D_0：上一次更新时间点 time0 不满一个周期的剩余时间。

❏　D_1：上一次更新时间点 time0 到下一个周期之间剩下的时间。

❏　D_2：经历了 p 个完整的周期。

❏　D_3：本次更新时间点到上一个周期之间的空隙，也就是不满足一个周期的时间。

因此，要计算本次更新时间点 time1 时刻的工作负载，可以分成如下几个步骤。

（1）计算时间时需要加上上一次不满一个周期的剩余时间 D_0，这次的总时间 = time1 −

---

① Linux 4.12 patch, commit a481db3, "sched/fair: Optimize ___update_sched_avg()"。

time0 + D_0。

（2）对上一次更新时的总负载进行衰减计算，一共经历了 $p+1$ 个完整周期。

（3）计算 D_2 这段时间里，p 个周期的时间进程负载的衰减总和。

（4）计算 D_3 这段时间的工作负载。

（5）把上述步骤的计算结果加起来就是进程在 time1 时刻的累计工作总负载 load_sum_new。

（6）计算量化负载 load_avg = load_sum_new / LOAD_AVG_MAX。

步骤（1）和（2）中的计算公式如下。

$$load_1 = (load\_sum + weight \times scaleD_1)y^{p+1} \tag{8.17}$$

步骤（3）中的计算公式如下。

$$load_2 = weight \times scale \times 1024\sum_{n=1}^{p} y^n \tag{8.18}$$

步骤（4）中的计算公式如下。

$$load_3 = weight \times scaleD_3 y^0 \tag{8.19}$$

因此，进程总工作负载的计算公式如下。

$$load\_sum\_new = load_1 + load_2 + load_3 \tag{8.20}$$

我们可以把上述公式中的 weight × scale 提取为公因式，因此进程工作负载的计算公式如下。

$$load\_sum\_new = load\_sum y^{p+1} + \\ weight \times scale\left(D_1 y^{p+1} + 1024\sum_{n=1}^{p} y^n + D_3 y^0\right) \tag{8.21}$$

上述公式可以分成两部分来计算，一个是 $load\_sum y^{p+1}$，另一个是 $weight \times scale$ $\left(D_1 y^{p+1} + 1024\sum_{n=1}^{p} y^n + D_3 y^0\right)$。

Linux 5.0 内核里实现上述计算公式的函数是 ___update_load_sum()，它实现在 kernel/sched/pelt.c 文件中。

___update_load_sum()函数的代码片段如下。

```
<kernel/sched/pelt.c>

static int
__update_load_sum(u64 now, int cpu, struct sched_avg *sa,
        unsigned long load, unsigned long runnable, int running)
{
    u64 delta;

    delta = now - sa->last_update_time;
    delta >>= 10;
    sa->last_update_time += delta << 10;
    accumulate_sum(delta, cpu, sa, load, runnable, running)

    return 1;
}
```

___update_load_sum()函数中的主要操作如下。

在第 185 行中，首先计算时间差 delta，以当前时间 now 减去上一次计算时的时间（sa->last_update_time），详见 kernel/sched/pelt.c 文件的第 185 行。

在第 190 行，处理特殊情况，如 TSC 时钟发生溢出。

在第 199 行中，把 delta 的时间单位转换成微秒，这里为了提高计算效率右移 10 位，相当于除以 1024。

在第 203 行中，更新当前时间到 sa->last_update_time 中。

在第 224 行中，调用 accumulate_sum()函数计算工作负载。

accumulate_sum()函数实现在 kernel/sched/pelt.c 文件中。其中的主要操作如下。

在第 116 行中，arch_scale_freq_capacity()函数是 CFS 更新了绿色节能调度器的一些补丁而引进的函数，它用于计算 CPU 在不同频率下的计算能力。arch_scale_cpu_capacity()函数用于计算不同内核的 CPU 的计算能力。

在第 119 行中，sa->period_contrib 存放着上一次总周期数中不能凑成一个周期（1024μs）的剩余的时间，如图 8.16 中的 D_0。

在第 120 行中，periods 表示有多少个完整的周期，它的计算方式是把 $D_0+D_1+D_2+D_3$ 的结果除以 1024，它最后会经历 p+1 个完整的周期。

接下来进行负载的计算，这里根据上一次更新到本次更新的时间 delta 来分成两种情况。一种是经历过一个完整的周期，另外一种情况下不足一个完整的周期。

这里会计算 sa->load_sum、sa->runnable_load_sum 以及 sa->util_sum，如表 8.7 所示。这里以 sa->load_sum 为例。

在第 126 行中，使用 decay_load()函数计算 sa->load_sum 在 periods 个周期的衰减值，即式（8.21）的第一项。

在第 134~135 行中，使用__accumulate_pelt_segments()来计算式（8.21）的第二项。

在第 138 行中，delta 表示这一次不能凑成一个周期的部分，如图 8.16 中的 D_3，把它存储在 sa->period_contrib 中。

在第 140 行中，__accumulate_pelt_segments()函数计算出来的值需要乘以 cale_freq，其中 cale_freq 表示 CPU 在不同频率下的计算能力。

在第 141 行中，计算完成之后相加便得到进程最后的负载值，如 sa->load_sum。

在第 145 行中，为了计算实际算力（sa->util_sum），还需要乘以 scale_cpu，其中 cale_freq 表示不同架构下的 CPU 额定算力，如大/小核的 CPU 额定算力是不一样的。

表 8.7　　　　　　　　　　　　　　　　工作负载计算

项目	调度实体	调度队列
load_sum	调度实体在可运行状态下的累计衰减总时间	调度队列在可运行状态下的工作负载，它计算调度队列中所有调度实体的总和，计算公式为 $$\sum weight \times load\_sum$$
runnable_load_sum	调度实体在可运行状态下的累计衰减总时间，等同于 load_sum	调度队列在可运行状态下的工作负载，通常情况下该值等于 load_sum
util_sum	调度实体在运行状态下的总算力	调度队列在运行状态下的总算力

__accumulate_pelt_segments()函数用来计算式（8.21）的第二项。

<kernel/sched/pelt.c>

```
static u32 __accumulate_pelt_segments(u64 periods, u32 d1, u32 d3)
{
    u32 c1, c2, _c3 = d3; /* y^0 == 1 */
    c1 = decay_load((u64)d1, periods);
    c2 = LOAD_AVG_MAX - decay_load(LOAD_AVG_MAX, periods) - 1024;
    return c1 + c2 + c3;
}
```

__accumulate_pelt_segments()函数的代码不长,它一共有 3 个参数。其中参数 periods 表示这一次经历过多少个完整的周期,如图 8.16 中的 $p+1$;参数 d1 相当于图 8.16 中的 D_1;参数 d3 相当于图 8.16 中的 D_3。该函数会计算如下部分。

❑ c1:表示计算 $D_1 y^{p+1}$。

❑ c2:表示计算 $1024 \sum_{n=1}^{p} y^n$。

❑ c3:表示计算 $D_3 y^0$。

这里最难理解的是 c2 的计算,这里面有巧妙的转换技巧,读者可以阅读 Linux 4.12 内核的补丁。在 Linux 4.0 内核里是使用 runnable_avg_yN_sum[]数组来计算这个值的。

___update_load_sum()函数的计算公式如下。

$$load\_sum\_new = prev\_decay\_load\_sum + \sum_{n=0}^{period} decay \qquad (8.22)$$

式(8.22)是去除了不满足一个周期等特殊情况的简化公式,其中参数的含义如下。

❑ period 是指上一次统计到当前统计经历的周期个数。

❑ prev_decay_load_sum 是指上一次统计时负载值 prev_load_sum 在 period 个周期的衰减值。

❑ $\sum_{n=0}^{period} decay$ 指进程在 peroid 个周期的衰减值和。

6. 量化负载的计算

___update_load_sum()函数计算工作负载之和,按照式(8.11)以及式(8.16)来计算量化负载。量化负载的计算见___update_load_avg()函数。

```
<kernel/sched/pelt.c>

static void
___update_load_avg(struct sched_avg *sa, unsigned long load, unsigned long runnable)
{
    u32 divider = LOAD_AVG_MAX - 1024 + sa->period_contrib;

    sa->load_avg = div_u64(load * sa->load_sum, divider);
    sa->runnable_load_avg =    div_u64(runnable * sa->runnable_load_sum, divider);
    WRITE_ONCE(sa->util_avg, sa->util_sum / divider);
}
```

量化负载的计算结果保存在 sched_avg 数据结构中的 load_avg.runnable_load_avg 与 until_avg 成员中,如表 8.8 所示。

表 8.8　　　　　　　　　　　　　　保存量化负载的计算结果的成员

成　　员	调度实体	调度队列
load_avg	调度实体在可运行状态下的量化负载	调度队列在可运行状态下的量化，它是计算调度队列中所有调度实体量化负载的总和，计算公式为 $$\sum se->avg.load\_avg$$
runnable_load_avg	调度实体在可运行状态下的量化，等同于 load_avg	调度队列在可运行状态下的量化负载，它是调度队列中所有调度实体可运行状态下的量化负载总和，该值通常等同于 load_avg。计算公式为 $$\sum se->avg.running\_load\_avg$$
util_avg	调度实体的实际算力	调度队列的实际算力

8.2.8　PELT 接口函数

　　Linux 内核的 SMP 负载均衡机制与绿色节能调度器会使用以下 PELT 接口函数来计算进程和处理器的负载。

　　以下函数用于更新调度实体 se 的负载信息。

```
<kernel/sched/pelt.h>

int __update_load_avg_se(u64 now, int cpu, struct cfs_rq *cfs_rq, struct sched_
entity *se);
```

　　以下函数用于更新 CFS 就绪队列的负载信息。

```
<kernel/sched/pelt.h>

int __update_load_avg_cfs_rq(u64 now, int cpu, struct cfs_rq *cfs_rq);
```

　　以下函数用于更新一个调度实体在阻塞状态下的负载信息。

```
<kernel/sched/pelt.h>

int __update_load_avg_blocked_se(u64 now, int cpu, struct sched_entity *se);
```

　　以下函数用于获取 CFS 就绪队列的量化负载 runnable_load_avg，该值主要用于 SMP 负载均衡。

```
static inline unsigned long cfs_rq_runnable_load_avg(struct cfs_rq *cfs_rq)
{
    return cfs_rq->avg.runnable_load_avg;
}
```

　　以下函数用于获取进程的实际能力 util_avg，该值主要用于绿色节能调度器和 CPU 调频。

```
static inline unsigned long task_util(struct task_struct *p)
{
    return READ_ONCE(p->se.avg.util_avg);
}
```

　　以下函数用于获取 CPU 实际算力 util_avg，该值主要用于绿色节能调度器和 CPU 调频。

```
static inline unsigned long cpu_util(int cpu)
{
```

```
    struct cfs_rq *cfs_rq;
    unsigned int util;

    cfs_rq = &cpu_rq(cpu)->cfs;
    util = READ_ONCE(cfs_rq->avg.util_avg);
    return min_t(unsigned long, util, capacity_orig_of(cpu));
}
```

8.3 SMP 负载均衡

8.3.1 CPU 管理位图

内核对 CPU 的管理是通过位图（bitmap）变量来管理的，并且定义了 possible、present、online 和 active 这 4 种状态。

```
<include/linux/cpumask.h>

#define cpu_possible_mask ((const struct cpumask *)&__cpu_possible_mask)
#define cpu_online_mask   ((const struct cpumask *)&__cpu_online_mask)
#define cpu_present_mask  ((const struct cpumask *)&__cpu_present_mask)
#define cpu_active_mask   ((const struct cpumask *)&__cpu_active_mask)
```

❑ cpu_possible_mask：表示系统中有多少个可以运行（现在运行或者将来某个时间点运行）的 CPU 内核。

❑ cpu_online_mask：表示系统中有多少个正处于运行（online）状态的 CPU 内核。

❑ cpu_present_mask：表示系统中有多少个可处于运行状态的 CPU 内核，它们不一定都处于运行状态，有的 CPU 内核可能被热插拔了。

❑ cpu_active_mask：表示系统中有多少个活跃的 CPU 内核。

上述 4 个变量都是位图类型变量。

位图类型变量使用一个长整数类型数组 name[]，每位代表一个 CPU。对于 64 位处理器来说，一个长整数类型数组成员只能表示 64 个 CPU 内核。内核配置中有一个宏 CONFIG_NR_CPUS，表示该系统最大的 CPU 内核数量。假设 CONFIG_NR_CPUS 为 8，那么只需要一个长整数类型数组成员即可。cpumask 数据结构本质上也是位图，内核通常使用 cpumask 的相关接口函数来管理 CPU 内核数量，lib/cpumask.c 和 include/linux/cpumask.h 文件中实现了大部分与 cpumask 相关的接口函数。

```
#define DECLARE_BITMAP(name,bits) \
    unsigned long name[BITS_TO_LONGS(bits)]

typedef struct cpumask { DECLARE_BITMAP(bits, NR_CPUS); } cpumask_t;
```

下面先看 cpu_possible_mask 的初始化。

```
<start_kernel()->setup_arch()->smp_init_cpus()>

void __init smp_init_cpus(void)
{
    int i;
```

```
        if (acpi_disabled)
            of_parse_and_init_cpus();
        else
            acpi_parse_and_init_cpus();

        for (i = 1; i < nr_cpu_ids; i++) {
            if (cpu_logical_map(i) != INVALID_HWID) {
                if (smp_cpu_setup(i))
                    cpu_logical_map(i) = INVALID_HWID;
            }
        }
    }
```

在系统启动时，smp_init_cpus()函数会通过 ACPI 或者 DTS 表来查询和获取 CPU 内核的数量，然后通过 smp_cpu_setup()函数设置到 cpu_possible_bits 位图中，从而设置 cpu_possible_mask 变量。

of_parse_and_init_cpus()函数用于查询 DTS 表，而 acpi_parse_and_init_cpus()函数用于查询 ACPI 表。

smp_cpu_setup()函数调用 set_cpu_possible()函数来设置 cpu_possible_mask 位图。

```
static inline void
set_cpu_possible(unsigned int cpu, bool possible)
{
    if (possible)
        cpumask_set_cpu(cpu, &__cpu_possible_mask);
    else
        cpumask_clear_cpu(cpu, &__cpu_possible_mask);
}
```

知道了 cpu_possible_mask 位图，下面看一下 cpu_present_mask 位图是怎么得到的。

```
<start_kernel()->rest_init()->kernel_init()->kernel_init_freeable()->smp_prepare_
cpus()>

void __init smp_prepare_cpus(unsigned int max_cpus)
{
    for_each_possible_cpu(cpu) {
        set_cpu_present(cpu, true);
    }
}
```

在系统初始化 SMP 时，smp_prepare_cpus()函数把 cpu_possible_mask 复制到 cpu_present_mask 中。

下面看一下 cpu_active_mask 是如何初始化的。

```
<start_kernel()->rest_init()->kernel_init()->kernel_init_freeable()->smp_init()>

void __init smp_init(void)
{
    pr_info("Bringing up secondary CPUs ...\n");

    for_each_present_cpu(cpu) {
```

```
                cpu_up(cpu);
        }
}
```

smp_init()函数遍历 cpu_present_mask 中的 CPU 内核，然后使能该 CPU 内核。该 CPU 内核使能完成（见 cpu_up()函数）后就会被添加到 cpu_active_mask 变量中，总结如下。

❑ cpu_possible_mask 通过查询系统 DTS 表或者 ACPI 表获取系统 CPU 内核数量。

❑ cpu_present_mask 等同于 cpu_possible_mask。

❑ cpu_active_mask 是经过使能后（见 cpu_online()函数）的 CPU 内核数量。

CPU 位图的初始化流程如图 8.17 所示。

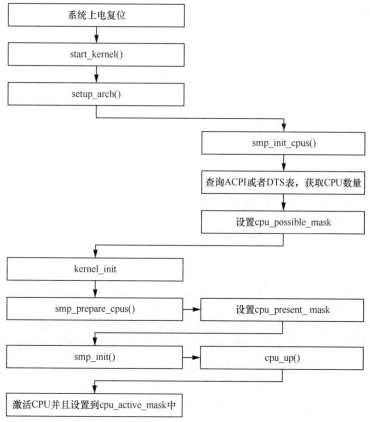

▲图 8.17 CPU 位图的初始化流程

8.3.2 CPU 调度域

根据系统的内存和高速缓存的布局，CPU 域分成如下几类，如表 8.9 所示。

表 8.9   CPU 域的分类

CPU 域的分类	Linux 内核分类	说　明
超线程（Simultaneous MultiThreading，SMT）	CONFIG_SCHED_SMT	一个物理核心可以有两个或者更多的运行线程，这称为超线程技术。超线程使用相同 CPU 资源且共享 L1 高速缓存，迁移进程不会影响高速缓存利用率
多核（Multi-Core，MC）	CONFIG_SCHED_MC	每个物理核心独享 L1 高速缓存，多个物理核心可以组成一个簇，簇里的 CPU 共享 L2 高速缓存
处理器（SoC）	内核称为 DIE	SoC 级别

Linux 内核通过数据结构 sched_domain_topology_level 来描述 CPU 的层次关系，本节将其简称为 SDTL。

```
<include/linux/sched/topology.h>

struct sched_domain_topology_level {
    sched_domain_mask_f mask; //函数指针，用于指定某个 SDTL 的 cpumask 位图
    sched_domain_flags_f sd_flags; //函数指针，用于指定某个 SDTL 的标志位
    int            flags;
    struct sd_data      data;
};
```

另外，内核默认定义了一个数组 default_topology[]来概括 CPU 物理域的层次结构。

```
<kernel/sched/topology.c>

/*
 * CPU 拓扑关系，从下往上
 */
static struct sched_domain_topology_level default_topology[] = {
#ifdef CONFIG_SCHED_SMT
    { cpu_smt_mask, cpu_smt_flags, SD_INIT_NAME(SMT) },
#endif
#ifdef CONFIG_SCHED_MC
    { cpu_coregroup_mask, cpu_core_flags, SD_INIT_NAME(MC) },
#endif
    { cpu_cpu_mask, SD_INIT_NAME(DIE) },
    { NULL, },
};

struct sched_domain_topology_level *sched_domain_topology = default_topology;
```

从 default_topology[]数组来看，DIE 类型是标配，SMT 和 MC 类型需要在内核配置与实际硬件架构配置中相匹配，这样才能发挥硬件的性能和均衡效果。目前，ARM64 架构的配置文件里支持 CONFIG_SCHED_MC 和 CONFIG_SCHED_SMT。

初始化一个调度层级至少要包含 mask 函数指针、sd_flags 函数指针以及 flags。比如，cpu_smt_mask()函数描述 SMT 层级的 CPU 位图组成方式，cpu_coregroup_mask ()描述 MC 层级的 CPU 位图组成方式，cpu_cpu_mask()描述 DIE 层级的 CPU 位图组成方式。

sd_flags 函数指针里指定了该调度层级的标志位。如 SMT 调度层级中的 sd_flags 函数 cpu_smt_flags()，说明了该调度层级包括 SD_SHARE_CPUCAPACITY 和 SD_SHARE_PKG_RESOURCES 两个标志位。

```
static inline int cpu_smt_flags(void)
{
    return SD_SHARE_CPUCAPACITY | SD_SHARE_PKG_RESOURCES;
}
```

再如 MC 调度层级的 sd_flags 函数 cpu_core_flags()，说明该调度层级只包括了 SD_SHARE_PKG_RESOURCES 标志位。

```
static inline int cpu_core_flags(void)
```

```
{
    return SD_SHARE_PKG_RESOURCES;
}
```

调度域标志位如表 8.10 所示。

表 8.10 调度域标志位

调度域标志位	说　明
SD_LOAD_BALANCE	表示该调度域运行后做负载均衡调度
SD_BALANCE_NEWIDLE	表示当 CPU 变成空闲后做负载均衡调度
SD_BALANCE_EXEC	表示一个进程调用 exec 时会重新选择一个最优的 CPU 来运行，详见 sched_exec() 函数
SD_BALANCE_FORK	表示派生一个新进程后会选择一个最优的 CPU 来运行新进程，详见 wake_up_new_task()函数
SD_BALANCE_WAKE	表示唤醒一个进程时会选择一个最优的 CPU 来唤醒该进程，详见 wake_up_process()函数
SD_WAKE_AFFINE	支持 wake affine 特性
SD_ASYM_CPUCAPACITY	表示该调度域有不同架构的 CPU，如大/小核
SD_SHARE_CPUCAPACITY	表示调度域中的 CPU 都是可以共享 CPU 资源的，主要用于描述 SMT 调度层级
SD_SHARE_POWERDOMAIN	表示该调度域的 CPU 可以共享电源域
SD_SHARE_PKG_RESOURCES	表示该调度域的 CPU 可以共享高速缓存
SD_ASYM_PACKING	用于描述与 SMT 调度层级相关的一些例外
SD_NUMA	用于描述 NUMA 调度层级
SD_PREFER_SIBLING	表示可以在兄弟调度域中迁移进程

在 Linux 内核中使用 sched_domain 数据结构来描述调度层级，从 default_topology[]数组可知，系统默认支持 DIE 层级、SMT 层级以及 MC 层级。另外，在调度域里划分调度组，使用 sched_group 来描述调度组，调度组是负载均衡调度的最小单位。在最低层级的调度域中，通常一个调度组描述一个 CPU。

在一个支持 NUMA 架构的处理器中，假设它支持 SMT 技术，那么整个系统的调度域和调度组的关系如图 8.18 所示，它在默认调度层级中新增一个 NUMA 层级的调度域。

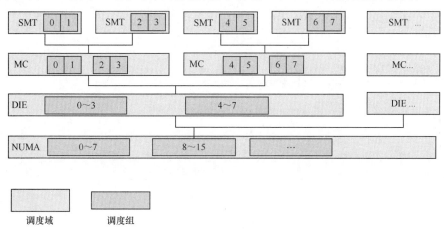

▲图 8.18　调度域和调度组的关系

在超大系统中，系统会频繁访问调度域数据结构，为了提升系统的性能和可扩展性，调度域 sched_domain 数据结构采用 Per-CPU 变量来构建。

8.3.3　建立 CPU 调度域拓扑关系

接下来看如何构建 CPU 调度域拓扑关系，在系统启动时即开始构建 CPU 调度域拓扑关系。

```
<start_kernel()→rest_init()→kernel_init()→kernel_init_freeable()→sched_init_
smp()→sched_init_domains()>

int sched_init_domains(const struct cpumask *cpu_map)
{
    ndoms_cur = 1;
    doms_cur = alloc_sched_domains(ndoms_cur);
    cpumask_and(doms_cur[0], cpu_map, housekeeping_cpumask(HK_FLAG_DOMAIN));
    build_sched_domains(doms_cur[0], NULL);
}
```

sched_init_domains() 函 数 中 传 入 的 参 数 是 cpu_active_mask，其中 housekeeping_cpumask 表示要剔除的 CPU，这里假设没有要剔除的 CPU。build_sched_domains()是真正开始建立 CPU 调度域拓扑关系的函数。build_sched_domains()函数实现在 kernel/sched/topolopy.c 文件中，流程如图 8.19 所示。

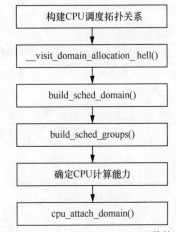

▲图 8.19　build_sched_domains()函数的流程

1. 分配调度域等数据结构

__visit_domain_allocation_hell() 函 数 主 要 调 用 __sdt_alloc()来创建调度域等数据结构。__sdt_alloc() 实现在 kernel/sched/topolopy.c 文件中。

__sdt_alloc()中主要的操作如下。

在第 1709 行中，有一个 for 循环，for_each_sd_topology()遍历系统默认的 CPU 拓扑层次关系数组 default_topology，系统中的指针 sched_domain_topology 指向 default_topology 数组。

for_each_sd_topology()宏的定义如下。

```
static struct sched_domain_topology_level *sched_domain_topology =
    default_topology;

#define for_each_sd_topology(tl)                \
    for (tl = sched_domain_topology; tl->mask; tl++)
```

default_topology 数组定义在 kernel/sched/topolopy.c 文件中。

```
static struct sched_domain_topology_level default_topology[] = {
#ifdef CONFIG_SCHED_SMT
    { cpu_smt_mask, cpu_smt_flags, SD_INIT_NAME(SMT) },
#endif
#ifdef CONFIG_SCHED_MC
    { cpu_coregroup_mask, cpu_core_flags, SD_INIT_NAME(MC) },
#endif
    { cpu_cpu_mask, SD_INIT_NAME(DIE) },
    { NULL, },
};
```

假设系统中只定义了 CONFIG_SCHED_MC，那么 default_topology 数组只有 MC 和 DIE 两层。通常不同的架构有不同的定义。

在第 1712～1724 行中，分别使用 alloc_percpu() 来为每个 SDTL 层级的调度域（sched_domain）、调度组（sched_group）和调度组能力（sched_group_capacity）分配 Per-CPU 变量的数据结构。

在第 1728～1767 行中，for_each_cpu() 遍历所有的 cpu_active_mask 的 CPU。为每个 CPU 都创建一个 sched_domain、sched_group 和 sched_group_capacity 数据结构，并且存放在 Per-CPU 变量中。

总之，__sdt_alloc() 函数实现了如下功能。

❑ 每个 SDTL 都通过一个 sched_domain_topology_level 数据结构来描述，并且内嵌了一个 sd_data 数据结构，其中包含 sched_domain、sched_group 和 sched_group_capacity 的二级指针。

❑ 每个 SDTL 都分配一个 Per-CPU 变量的 sched_domain、sched_group 和 sched_group_capacity 数据结构。

❑ 在每个 SDTL 中为每个 CPU 都分配 sched_domain、sched_group 和 sched_group_capacity 数据结构，即每个 CPU 在每个 SDTL 中都有对应的调度域和调度组。

2. 创建调度域

创建完必要的数据结构之后，要为每个 CPU 创建调度域。build_sched_domains() 函数相应的代码片段如下。

```
<kernel/sched/topolopy.c>
<build_sched_domain()函数创建调度域的代码片段>

for_each_cpu(i, cpu_map) {
        struct sched_domain_topology_level *tl;
        for_each_sd_topology(tl) {
                sd = build_sched_domain(tl, cpu_map, attr, sd, dflags, i);
        }
    }
```

这里两个 for 循环的宏叠加，一个是 for_each_cpu() 宏，二是 for_each_sd_topology() 宏。

❑ 在第 1920～1941 行中，使用一个 for_each_cpu() 宏来遍历所有活跃（即 cpu_active_mask 位图中）的 CPU，然后对每个 CPU 遍历所有的 SDTL 层级（见第 1924～1940 行），相当于每个 CPU 都有一套 SDTL 对应的调度域，为每个 CPU 都初始化一整套 SDTL 对应的调度域和调度组。

❑ for_each_sd_topology() 遍历数组 default_topology，为每个 CPU 中的每个 SDTL 都调用 build_sched_domain() 函数来建立一套调度域和调度组。

❑ 在第 1932 行中，调用 build_sched_domain() 函数来初始化某个 CPU 的某个 SDTL 层级的调度域，稍后会分析这个函数。

下面分析一下 build_sched_domain() 函数的实现。注意，build_sched_domains() 函数和 build_sched_domain() 函数很类似，二者却是两个不同的函数。

```
<kernel/sched/topolopy.c>
```

```
static struct sched_domain *build_sched_domain(
            struct sched_domain_topology_level *tl,
            const struct cpumask *cpu_map,
            struct sched_domain_attr *attr,
            struct sched_domain *child,
            int dflags, int cpu)
```

build_sched_domain()函数有 5 个参数。参数 tl 指的是层级，从最底层 SMT 遍历到 DIE；参数 cpu_map 指的是 cpu_active_mask 位图；参数 attr 指的是 sched_domain_attr；参数 child 指的是子层级的调度域，就是下一级的调度域；参数 cpu 指的是当前正在处理的 CPU 编号。该函数的主要步骤如下。

在第 1813 行中，sd_init()函数由 tl 和 CPU 编号来获取对应的 sched_domain 数据结构并初始化其成员。稍后会分析该函数。

在第 1815～1833 行中，由于 SDTL 的遍历是从 SMT 层级到 MC 层级再到 DIE 层级递进的，因此 SMT 层级的 CPU 可以看作层 MC 级的孩子，MC 层级可以看作 SMT 层级 CPU 的父亲，它们存在父子关系或上下级关系。sched_domain 数据结构中的 parent 和 child 成员用于描述此关系。因此 sched_domain 数据结构中有 parent 成员指向上一级的 sched_domain 数据结构。

在第 1828 行中，sched_domain_span()表示该调度域管辖的 CPU 范围。cpumask_or()把父子层级的调度域管辖的 CPU 都记录在父层级的调度域里，也就是 sched_domain_span()是往下包含的。

下面我们来分析一下 sd_init()函数，它实现在 kernel/sched/topolopy.c 文件中。下面是 sd_init()函数中的主要操作。

在第 1283～1284 行中，从 tl->data 中获取该 CPU 对应的 sched_domain 数据结构。

在第 1294 行中，tl 数据结构中的 mask 和 sd_flags 都是函数指针变量。tl->mask（cpu）返回该 CPU 在某个 SDTL 下对应的兄弟 CPU 的位图。cpumask_weight()函数返回 CPU 位图的有效位宽。

对于 SMT 调度，该 mask 函数指针指向 cpu_smt_mask()函数；对于 MC 调度，该 mask 函数指针指向 cpu_coregroup_mask()函数；对于 DIE 调度，该 mask 函数指针指向 cpu_cpu_mask()函数。

```
<include/linux/topology.h>

#ifdef CONFIG_SCHED_SMT
static inline const struct cpumask *cpu_smt_mask(int cpu)
{
    return topology_sibling_cpumask(cpu);
}
#endif

static inline const struct cpumask *cpu_cpu_mask(int cpu)
{
    return cpumask_of_node(cpu_to_node(cpu));
}
```

对于 ARM64 处理器，cpu_coregroup_mask()函数实现在 arch/arm64/kernel/topology.c 文件中。ARM64 处理器还定义了一个 cputopo_arm 数据结构来描述 CPU 之间的关系。

```
<arch/arm64/include/asm/topology.h>

struct cpu_topology {
    int thread_id;
    int core_id;
    int package_id;
    int llc_id;
    cpumask_t thread_sibling;
    cpumask_t core_sibling;
    cpumask_t llc_sibling;
};
```

在第 1305～1340 行中，初始化调度域相关字段。

在第 1342 行中，tl->mask(cpu)返回该 CPU 某个 SDTL 下兄弟 CPU 的位图，cpumask_and()用于把该 CPU 对应 SDTL 的兄弟 CPU 位图复制到 span[]中。sched_domain 数据结构中的 span 成员描述该 SDTL 层级下包含的兄弟 CPU 的位图。

在第 1343 行中，变量 sd_id 表示 sd 里第一个 CPU。

在第 1349 行中，初始化具有 SD_ASYM_CPUCAPACITY 属性的调度域。

在第 1362 行中，初始化具有 SD_SHARE_CPUCAPACITY 属性的调度域。

在第 1365 行中，初始化具有 SD_SHARE_PKG_RESOURCES 属性的调度域。

在第 1395 行中，初始化具有 SD_SHARE_PKG_RESOURCES 属性的调度域。

在第 1403 行中，返回初始化完成的调度域。

3. 创建调度组

创建完调度域之后，build_sched_domains()函数就要为每个 CPU 创建调度组。build_sched_domains()函数中相应的代码片段如下。

```
<kernel/sched/topolopy.c>
<build_sched_domains()函数中创建调度组的相关代码片段>

for_each_cpu(i, cpu_map) {
        for (sd = *per_cpu_ptr(d.sd, i); sd; sd = sd->parent)
                build_sched_groups(sd, i)
    }
```

创建调度组依然会做两次嵌套遍历，一次是遍历 cpu_active_mask 中所有的 CPU，另一次是遍历该 CPU 对应的调度域，因为每个 CPU 在每个 SDTL 都分配了调度域。

（1）通过 for_each_cpu()来遍历所有活跃（在 cpu_active_mask 位图中）的 CPU。

（2）for 循环遍历刚才创建好的调度域，从最底层的 SMT 调度域开始往上遍历。这里 *per_cpu_ptr(d.sd, i)获取最低 SDTL 层级对应的调度域，sd->parent 得到上一级的调度域。

（3）调用 build_sched_groups()函数来创建调度组。稍后会详细分析该函数。

build_sched_groups()函数为 CPU 在某个调度域里创建对应的调度组。和调度域一样，每个 CPU 在各个 SDTL 都会创建一个调度组。

```
<kernel/sched/topolopy.c>

static int
build_sched_groups(struct sched_domain *sd, int cpu)
```

该函数有两个参数，参数 sd 指向调度域，参数 cpu 指向 CPU。sched_domain 数据结构中的 groups 指针指向该调度域里的调度组链表，sched_group 数据结构中的 next 成员把同一个调度域中所有调度组都串成一个链表。build_sched_groups()函数实现在 kernel/sched/topolopy.c 文件中。build_sched_groups()函数中主要的操作如下。

第 1071 行中，span 是指调度域所管辖的 CPU 的位图。

在第 1080 行中，for_each_cpu_wrap()是一个改进版的 for_each_cpu()，它可以从指定的位置开始执行 for 循环。这里从指定 CPU 开始遍历调度域所管辖的 CPU 位图。

在第 1086 行中，get_group 用于获取指定 CPU 的调度组。如果该调度域里还有子调度域，那么会获取子调度域中对应的调度组。

在第 1088 行中，把 get_group()返回的调度组所管辖的 CPU 位图复制到临时变量里。

在第 1090~1094 行中，如果该调度域里有多个调度组，那么这些调度组会串成一个调度组的链表，由 sched_group 数据结构中 next 指针来构成。

在第 1097 行中，调度域的 sched_domain 数据结构里的 groups 指针指向这些调度组链表。

4. 添加到就绪队列

前面已经把调度域和调度组构建完毕，最后一步是把这些调度域和调度组添加到就绪队列中。cpu_attach_domain()不仅把相关的调度域关联到 rq 的 root_domain 中，还会对各个级别的调度域做一些精简，如调度域和上一级调度域的兄弟位图相同，或者调度域的兄弟位图只有一个，就要删掉一个兄弟位图。

5. 举例

下面举例来说明，如图 8.20 所示，假设在一个 4 核处理器中，每个 CPU 拥有独立 L1 高速缓存且不支持超线程技术，4 个物理 CPU 被分成两个簇 Cluster0 和 Cluster1，每个簇包含两个物理 CPU，簇中的 CPU 共享 L2 高速缓存，请画出该处理器在 Linux 内核里的调度域和调度组拓扑关系。

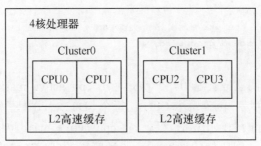

▲图 8.20　4 核处理器

先总结在 Linux 内核里构建 CPU 调度域和调度组拓扑关系的一些原则。

❑ 根据 CPU 物理属性分层次，从下到上，由 SMT->MC->DIE 的递进关系来分层，用 SDTL 层级来描述。

❑ 每个 SDTL 都为调度域和调度组建立一个 Per-CPU 变量，并且为每个 CPU 分配相应的数据结构。

❑ 在同一个 SDTL 中由芯片决定哪些 CPU 是兄弟关系。兄弟关系的 CPU 在调度域中由

span 成员来描述，在调度组中由 cpumask 成员来描述。

❑ 同一个 CPU 的不同 SDTL 的调度域有父子关系。每个调度域里包含了相应的调度组并且这些调度组被串联成一个链表，调度域的 groups 成员是该链表的头。

因为每个 CPU 内核只有一个运行线程，所以 4 核处理器没有 SMT 层级。簇由两个 CPU 组成，这两个 CPU 处于 MC 层级且是兄弟关系。整个处理器可以看作处于 DIE 层级，因此该处理器只有两个层级，即 MC 和 DIE。根据上述原则，画出上述 4 核处理器的调度域和调度组的拓扑关系，如图 8.21 所示。

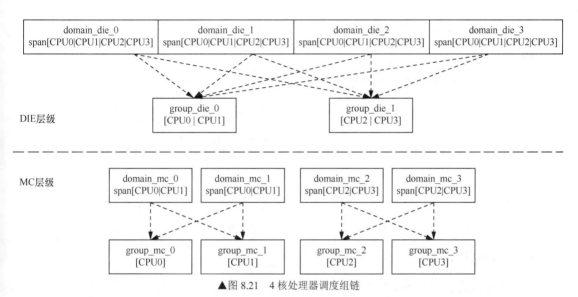

▲图 8.21　4 核处理器调度组链

在每个 SDTL 都为每个 CPU 分配了对应的调度域和调度组，以 CPU0 为例，在图 8.37 中，虚线表示管辖。

❑ 对于 DIE 层级，CPU0 对应的调度域是 domain_die_0，该调度域管辖着 4 个 CPU 并包含两个调度组，分别为 group_die_0 和 group_die_1。

❑ 调度组 group_die_0 管辖 CPU0 和 CPU1。

❑ 调度组 group_die_1 管辖 CPU2 和 CPU3。

❑ 对于 MC 层级，CPU0 对应的调度域是 domain_mc_0，该调度域中管辖着 CPU0 和 CPU1 并包含两个调度组，分别为 group_mc_0 和 group_mc_1。

❑ 调度组 group_mc_0 管辖 CPU0。

❑ 调度组 group_mc_1 管辖 CPU1。

注意，DIE 层级的所有调度组只有 group_die_0 和 group_die_1。除此以外，还有两层关系。一是父子关系，通过 sched_domain 数据结构中的 parent 和 child 成员来完成；二是同一个 SDTL 中调度组都被串联成一个链表，通过 sched_domain 数据结构中的 groups 成员来完成，如图 8.22 所示。

综上所述，为了提升系统的性能和可扩展性，sched_domain 数据结构采用 Per-CPU 变量来构建，这样可以减少 CPU 之间的访问竞争。而 sched_group 数据结构则是调度域内共享的。

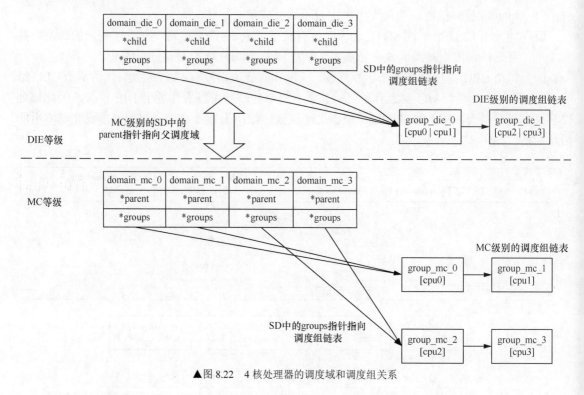

▲图 8.22　4 核处理器的调度域和调度组关系

6. LLC 调度域

在负载均衡算法中，我们常常需要快速找到系统中最高层级的并且具有高速缓存共享属性的调度域。通常在一个系统，我们把最后一级高速缓存（Last Level Cache，LLC）称为 LLC。在调度域标志位中，SD_SHARE_PKG_RESOURCE 标志位用于描述高速缓存的共享属性。因此，在调度域层级中，包含 LLC 的最高一级调度域称为 LLC 调度域。在 Linux 内核中实现一组特殊用途的指针，用来指向 LLC 调度域，这些指针是 Per-CPU 变量。查找和设置 LLC 调度域是在 update_top_cache_domain()函数中实现的。在 select_idle_cpu()等函数中会使用到 LLC 调度域。

```
<kernel/sched/topology.c>

DEFINE_PER_CPU(struct sched_domain *, sd_llc);
DEFINE_PER_CPU(int, sd_llc_size);
DEFINE_PER_CPU(int, sd_llc_id);
DEFINE_PER_CPU(struct sched_domain *, sd_asym_cpucapacity);
DEFINE_STATIC_KEY_FALSE(sched_asym_cpucapacity);

static void update_top_cache_domain(int cpu)
```

其中，参数的含义如下。
- □　sd_llc：指向 LLC 调度域。
- □　sd_llc_size：LLC 调度域包含多少个 CPU。
- □　sd_llc_id：LLC 调度域第一个 CPU 的编号。
- □　sd_asym_cpucapacity：指向第一个包含不同 CPU 架构的调度域，主要用于大/小核架构。

8.3.4　负载均衡

1. 负载均衡机制的触发

负载均衡机制从注册软中断开始，每次系统处理调度节拍时会检查当前是否需要处理负载均衡。

```
<start_kernel()->sched_init()->init_sched_fair_class()>

__init void init_sched_fair_class(void)
{
    open_softirq(SCHED_SOFTIRQ, run_rebalance_domains);
}
```

rebalance_domains()函数是负载均衡的核心入口。下面是简化后的代码片段。

```
<kenrel/sched/fair.c>

static void rebalance_domains(struct rq *rq, enum cpu_idle_type idle)
{
    for_each_domain(cpu, sd)
            load_balance(cpu, rq, sd, idle, &continue_balancing)
}
```

rebalance_domains()函数有两个参数，rq 表示当前 CPU 的通用就绪队列。如果当前 CPU 是空闲 CPU，idle 参数为 CPU_IDLE；否则，idle 参数为 CPU_NOT_IDLE。for_each_domain()循环从当前 CPU 开始从下到上遍历调度域。核心函数调用 load_balance()来做负载均衡。

2. load_balance()函数

load_balance()函数实现在 kernel/sched/fair.c 文件中。

```
<kernel/sched/fair.c>

static int load_balance(int this_cpu, struct rq *this_rq,
            struct sched_domain *sd, enum cpu_idle_type idle,
            int *continue_balancing)
```

load_balance()函数一共有 5 个参数。参数 this_cpu 指的是当前正在运行的 CPU，参数 this_rq 表示当前就绪队列，参数 sd 表示当前正在做负载均衡的调度域，参数 idle 表示当前 CPU 是否处于 IDLE 状态，参数 continue_balancing 表示当前调度域是否还需要继续做负载均衡。

load_balance()函数中主要的操作如下。

在第 8920～8930 行中，lb_env env 数据结构在 load_balance()函数内部使用，用于传递一些重要的参数。sd 表示当前的调度域，dst_cpu 表示当前的 CPU（后面可能要把一些繁忙的进程迁移到该 CPU 上），dst_rq 表示当前 CPU 对应的就绪队列，dst_grpmask 表示当前调度域里的第一个调度组的 CPU 位图，loop_break 表示本次最多迁移 32 个进程（sched_nr_migrate_break 全局变量的默认值为 32），cpus 是 load_balance_mask 位图。

在第 8932 行中，把 sd 调度域管辖的 CPU 位图复制到 load_balance_mask 位图里。

在第 8937 行中，should_we_balance()函数判断当前 CPU 是否需要做负载均衡。稍后会详细分析该函数。

在第 8942 行中，find_busiest_group()函数用于查找该调度域中最繁忙的调度组。稍后会详细分析该函数。

在第 8948 行中，find_busiest_queue()函数在刚才找到最繁忙的调度组中查找最繁忙的就绪队列。稍后会详细分析该函数。

在第 8958～8959 行中，env.src_cpu 指向刚才找到的最繁忙的调度组里最繁忙的就绪队列中的 CPU，env.src_rq 指向这个最繁忙的就绪队列。

接下来要做迁移动作，从最繁忙的 CPU 中迁移一些进程到当前 CPU。第 8980 行中，detach_tasks()函数遍历最繁忙的就绪队列中所有的进程，找出适合被迁移的进程，然后让这些进程退出就绪队列。cur_ld_moved 变量表示已经迁出了多少个进程。

在第 8993 行中，attach_tasks()函数把刚才从最繁忙就绪队列中迁出的进程都迁入当前 CPU 的就绪队列中。

在第 9023～9039 行中，由于进程设置了 CPU 亲和性，不能迁移进程到 dst_cpu，因此还有负载没迁移完成，需要换一个新的 dst_cpu 继续做负载迁移。

负载均衡流程如图 8.23 所示。

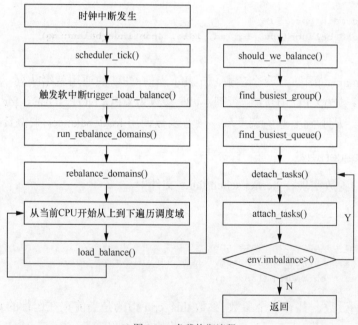

▲ 图 8.23　负载均衡流程

3. should_we_balance()函数

should_we_balance()函数主要用于判断当前 CPU 是否需要做负载均衡，该函数实现在 kernel/sched/fair.c 文件中。

```
<kernel/sched/fair.c>

static int should_we_balance(struct lb_env *env)
```

should_we_balance()函数中主要的操作如下。

在第 8869 行中，sg 指调度域中的第一个调度组。

在第 8887~8893 行中，查找当前调度组是否有空闲 CPU，如果有空闲 CPU，那么使用变量 balance_cpu 记录该 CPU。

在第 8895~8896 行中，查找该调度组有哪些 CPU 适合做负载均衡。

❑ 若调度组里有空闲 CPU，则优先选择空闲 CPU。

❑ 调度组里没有空闲 CPU，则选择调度组的第一个 CPU。

然后判断适合做负载均衡的 CPU 是否为当前 CPU。若为当前 CPU，则 should_we_balance() 函数返回 true，表示可以做负载均衡。

4. find_busiest_group()函数

find_busiest_group()函数用于查找最繁忙的调度组，它实现在 kernel/sched/fair.c 文件中。

```
<kernel/sched/fair.c>

static struct sched_group *find_busiest_group(struct lb_env *env)
```

首先为了计算方便，定义了 sd_lb_stats 数据结构，该数据结构描述调度域中的总负载、总能力系数和量化负载等信息。调度组也有一个类似的数据结构 sg_lb_stats，它用于描述该调度组里的相关信息，如量化负载、总权重以及平均权重等信息。上述两个数据结构都是在 find_busiest_group()函数内部使用的。

```
<kernel/sched/fair.c>

struct sd_lb_stats { //描述调度域里的相关信息
    unsigned long avg_load;
    unsigned long group_load;
    unsigned long sum_weighted_load;
    unsigned long load_per_task;
    unsigned long group_capacity;
    unsigned long group_util;
    unsigned int sum_nr_running;
    unsigned int idle_cpus;
    unsigned int group_weight;
    enum group_type group_type;
    int group_no_capacity;
    unsigned long group_misfit_task_load;
};

struct sg_lb_stats { //描述调度组里的相关信息
    struct sched_group *busiest;
    struct sched_group *local;
    unsigned long total_running;
    unsigned long total_load;
    unsigned long total_capacity;
    unsigned long avg_load;

    struct sg_lb_stats busiest_stat;
    struct sg_lb_stats local_stat;
};
```

find_busiest_group()函数中主要的操作如下。

在第 8631 行中，初始化 sd_lb_stats 结构体。

在第 8637 行中，利用 update_sd_lb_stats()更新该调度域中负载的相关统计信息。

在第 8654 行中，如果没有找到最繁忙的调度组或者最繁忙的调度组中没有正在运行的进程，那么跳过该调度域。

在第 8658 行中，计算该调度域的平均负载。

在第 8666 行中，如果最繁忙的调度组的组类型是 group_imbalanced，那么跳转到 force_balance 标签处。

在第 8685 行中，若本地调度组的平均负载比刚才计算出来的最繁忙调度组的平均负载还要大，那就不需要做负载均衡。

在第 8692 行中，若本地调度组的平均负载比整个调度域的平均负载还要大，那就不需要做负载均衡。

在第 8695 行中，如果当前 CPU 处于空闲状态，最繁忙的调度组里的空闲 CPU 数量大于本地调度组里的空闲 CPU 数量，说明不需要做负载均衡。

在第 8706 行中，如果当前 CPU 不处于空闲状态，那么比较本地调度组的平均量化负载和最繁忙调度组的平均量化负载，这里使用了 imbalance_pct 系数，它在 sd_init()函数中初始化，默认值为 125。若本地调度组的平均量化负载大于最繁忙组的平均量化负载，说明该调度组不忙，不需要做负载均衡。

在第 8716 行中，在 force_balance 标签里，调用 calculate_imbalance()函数计算需要迁移多少负载量才能达到均衡。

最后，返回最繁忙的调度组。

find_busiest_group()函数中有两个函数比较重要，分别是 update_sd_lb_stats()和 calculate_imbalance()。理解 update_sd_lb_stats()对理解负载均衡非常重要。

5. update_sd_lb_stats()函数

下面来分析 update_sd_lb_stats()函数，该函数实现在 kernel/sched/fair.c 文件中。

```
<kernel/sched/fair.c>

static inline void update_sd_lb_stats(struct lb_env *env, struct sd_lb_stats *sds)
```

update_sd_lb_stats()函数中的主要操作如下。

在第 8328 行中，child 表示当前调度域的子调度域。

在第 8329 行中，sg 指向当前调度域中的第一个调度组。

在第 8340~8388 行中，这是一个 do...while 循环，依次遍历调度域中所有的调度组。我们知道调度域里管辖的调度组都被串成一个链表，链表头是调度域中的 groups 指针。

在第 8344 行中，变量 local_group 用于判断一个调度组是否为本地调度组（local_group），即是否包含当前 CPU。

在第 8354 行中，调用 update_sg_lb_stats()函数来更新该调度组里的相关负载信息，稍后会详细分析该函数。

在第 8369 行中，处理本地调度组调度能力有盈余的情况。

在第 8376 行中，update_sd_pick_busiest()函数更新当前调度组为最繁忙的调度组。sds->busiest 用于指向当前最繁忙的调度组。在 do...while 循环中通过比较各个调度组量化负载的平均值（avg_load）来找出最繁忙的调度组。

6. update_sg_lb_stats()函数

上文的代码分析中可以看到 update_sd_lb_stats()函数主要用于遍历调度域中所有的调度组，来找出一个最繁忙的调度组。那怎么衡量一个调度组的繁忙程度呢？繁忙程度由 update_sg_lb_stats()函数来衡量。

```
<kernel/sched/fair.c>

static inline void update_sg_lb_stats(struct lb_env *env,
                         struct sched_group *group,
                         struct sg_lb_stats *sgs,
                         int *sg_status)
```

update_sg_lb_stats()函数中主要的操作如下。

在第 8143 行中，local_group 指的是当前 CPU 所在的调度组。

在第 8144 行中，get_sd_load_idx()函数根据当前 CPU 空闲与否来获取 load_idx 参数，该参数稍后会用到。通常空闲 CPU 的 load_idx 为 1，非空闲 CPU 的 load_idx 为 2，具体见 sd_init()函数。

在第 8150 行中，for_each_cpu_and()遍历该调度组里所有的 CPU。

各个 CPU 的负载通过 target_load()或 source_load()计算，本地调度组用 target_load()函数，非本地调度组用 source_load()函数，两者的计算方法类似。注意，计算 CPU 的量化负载时应使用 cfs_rq->avg.runnable_load_avg 而不是 cfs_rq->load，load 是权重的意思，它只描述该 CPU 上所有的权重，并没有考虑时间的因素。每个就绪队列维护一个 cpu_load[5]数组，在每个调度节拍中会重新计算，让 CPU 的负载显得更加平滑，详见 update_cpu_load_active()函数。这里返回 cpu_load[]和 runnable_load_avg 中的最大值。

在第 8162 行中，sgs->group_load 统计调度组的总量化负载。

在第 8163 行中，计算这个调度组总的实际算力。

在第 8164 行中，sgs->sum_nr_running 统计运行中的进程数目。

在第 8177 行中，sgs->sum_weighted_load 统计该调度组所有 CPU 的量化负载之总和，这里读取 cfs_rq->avg.runnable_load_avg 并将其作为 CPU 的量化负载。

在第 8181 行中，sgs->idle_cpus 统计处于空闲状态的 CPU 个数。

在第 8193 行中，avg_load 计算该调度组中每个 CPU 的平均量化负载，这里要除以调度组能力系数，它是调度组中所有 CPU 的能力系数之和，所以，这里计算一个调度组的量化负载的平均值。

在第 8195 行中，load_per_task 是该调度组的所有进程量化负载的平均值。group_weight 是该调度组包含的 CPU 个数。假设一个调度组中有两个 CPU，每个 CPU 的能力系数都是 SCHED_CAPACITY_SCALE（即 1024），那么该调度组的 group_capacity_factor 等于 2。

在第 8201 行中，group_classify()函数返回该调度组的状态，枚举类型 group_type 定义了 3 种状态。

- ❑　group_imbalanced 表示该调度组有负载不均衡的情况。
- ❑　group_overloaded 表示调度组里正在运行的进程数量大于 group_capacity_factor。
- ❑　group_misfit_task 表示调度组里有计算需求很大的进程。

当运行中的进程数大于 group_capacity_factor 时，返回 group_overloaded。当 sched_group_capacity 中的成员 imbalance 为 1 时，返回 group_imbalanced[①]。如果 group_capacity_factor 大于当前运行中的进程数目，说明该调度组还可以被利用，group_has_free_capacity 为 1。

7. calculate_imbalance()函数

下面来分析一下 calculate_imbalance()函数。

```
<kernel/sched/fair.c>

static inline void calculate_imbalance(struct lb_env *env, struct sd_lb_stats *sds)
```

如果最繁忙调度组的平均量化负载小于或等于该调度域的平均量化负载，或者本地调度组的平均量化负载大于或等于该调度域的平均量化负载，说明该调度域处于平衡状态，那么跳转到 fix_small_imbalance()函数。查看最繁忙调度组的平均量化负载（即 avg_load，组里每个 CPU 的平均量化负载，而不是组的总量化负载）、本地调度组的平均量化负载以及整个调度域的平均量化负载之间的差值来计算该调度域的负载不均衡值（env->imbalance）。最后如果计算出来的不均衡值比最繁忙调度域里的每个进程平均量化负载小，那么调用 fix_small_imbalance()函数，该函数计算最小的不均衡值。

find_busiest_group()函数比较长，该函数用于查找出该调度域中最繁忙的调度组，并计算出负载不均衡值，简单归纳为如下步骤。

（1）遍历该调度域中每个调度组，计算各个调度组中的平均量化负载等相关信息。根据平均量化负载，找出最繁忙的调度组。

（2）获取本地调度组的平均量化负载、最繁忙调度组的平均量化负载以及该调度域的平均量化负载。

（3）如果本地调度组的平均量化负载大于最繁忙调度组的平均量化负载，或者本地调度组的平均量化负载大于调度域的平均量化负载，说明不适合做负载均衡，退出此次负载均衡处理。

（4）根据最繁忙调度组的平均量化负载、调度域的平均量化负载和本地调度组的平均量化负载来计算该调度域需要迁移的负载不均衡值。

8. find_busiest_queue()函数

当找到最繁忙的调度组之后，我们需要在这个调度组里查找最繁忙的就绪队列。find_busiest_queue()函数实现在 kernel/sched/fair.c 文件中。

```
<kernel/sched/fair.c>

static struct rq *find_busiest_queue(struct lb_env *env,
                    struct sched_group *group)
```

find_busiest_queue()函数中主要的操作如下。

（1）for_each_cpu_and()遍历该调度组里所有的 CPU。

（2）通过就绪队列的量化负载（runnable_load_avg）与 CFS 额定算力（cpu_capacity）的乘

---

① 什么时候设置 imbalance 为 1 呢？在 load_balance()函数中，若迁移进程时发现由于进程的 cpus_allowed，有些进程不能在目标 CPU 上运行，就会标记 LBF_SOME_PINNED 标志位，详见 can_migrate_task()函数。若运行完进程的迁移之后还没有处理完不均衡负载，则设置父调度域的 sd_parent->groups->sgc->imbalance 为 1。

积来进行比较。使用 weighted_cpuload()来获取 cfs_rq->avg.runnable_load_avg 的值，通过 capacity_of()来获取 cpu_capacity 的值。这里要考虑不同处理器架构计算能力的不同对处理器负载的影响。

注意，数据结构 rq 中的 cpu_capacity_orig 成员指的是 CPU 的额定算力，而 cpu_capacity 成员指的是 CFS 就绪队列的额定算力，通常 CFS 额定算力最大能达到 CPU 额定算力的 80%。

9. detach_tasks()函数

detach_tasks()的主要作用是查找就绪队列中哪些进程可以被迁出，该函数实现在 kernel/sched/fair.c 文件中。

```
<kernel/sched/fair.c>

static int detach_tasks(struct lb_env *env)
```

detach_tasks()函数中主要的操作如下。

在第 7497 行中，env->imbalance 表示还有多少不均衡的负载需要迁移。

在第 7500 行中，while 循环遍历最繁忙的就绪队列中所有的进程。

在第 7522 行中，在 can_migrate_task()函数中判断哪些进程可以迁移，哪些进程不能迁移。不适合迁移的原因一是进程允许运行的 CPU 位图的限制（cpus_allowed），二是当前进程正在运行，三是热高速缓存（cache-hot）的问题。另外，如果进程负载的一半大于要迁移负载总量（env->imbalance），则该进程也不适合迁移。

在第 7533 行中，detach_task()函数让进程退出就绪队列，然后设置进程的运行 CPU 为迁移目的地 CPU，并设置 p->on_rq 为 TASK_ON_RQ_MIGRATING。

在第 7534 行中，把要迁移的进程添加到 env->tasks 链表中。

在第 7537 行中，递减不均衡负载总量 env->imbalance。

10. attach_tasks()函数

attach_tasks()函数主要用于把 detach_tasks()分离出来的进程，重新添加到目标就绪队列中，它实现在 kernel/sched/fair.c 文件中。

```
<kernel/sched/fair.c>

static void attach_tasks(struct lb_env *env)
```

attach_tasks()函数中主要的操作是遍历 env->tasks 链表，然后调用 attach_task()函数把进程添加到目标 CPU 的就绪队列中。

至此，load_balance()函数大致框架已介绍完毕，主要流程如下。

（1）负载均衡以当前 CPU 开始，自下而上地遍历调度域，从最底层的调度域开始做负载均衡。

（2）允许做负载均衡的首要条件是当前 CPU 是该调度域中第一个 CPU，或者当前 CPU 是空闲 CPU。详见 should_we_balance()函数。

（3）在调度域中查找最繁忙的调度组，更新调度域和调度组的相关信息，计算出该调度域的不均衡负载值（imbalance）。

（4）在最繁忙的调度组中找出最繁忙的 CPU，并把最繁忙 CPU 中的进程迁移到当前 CPU

上，迁移的负载量为不均衡负载值。

8.3.5　唤醒进程

唤醒进程是操作系统中核心的操作之一，Linux 内核提供了一个 wake_up_process()接口函数来唤醒进程。唤醒进程涉及应该由哪个 CPU 来运行唤醒进程，是本地 CPU 或当前 CPU（称为 wakeup_cpu，因为它调用了 wake_up_process()函数），还是该进程之前运行的 CPU（称为 prev_cpu）呢？

```
<kernel/sched/core.c>

int wake_up_process(struct task_struct *p)
{
    return try_to_wake_up(p, TASK_NORMAL, 0);
}
```

wake_up_process()函数内部调用 try_to_wake_up()函数，它实现在 kernel/sched/core.c 文件中。

```
<kernel/sched/core.c>

static int
try_to_wake_up(struct task_struct *p, unsigned int state, int wake_flags)
{
    cpu = select_task_rq(p, p->wake_cpu, SD_BALANCE_WAKE, wake_flags);
}
```

try_to_wake_up()函数有 3 个参数，参数 p 表示将要被唤醒的进程，参数 state 表示唤醒进程的状态，参数 wake_flags 表示唤醒标志位。它主要调用调度类的 select_task_rq 方法来选择一个 CPU 并运行唤醒进程。

1.　select_task_rq 方法

select_task_rq 方法在 CFS 调度类中具体的实现函数是 select_task_rq_fair()，它实现在 kernel/sched/fair.c 文件中。

```
<kernel/sched/fair.c>

static int
select_task_rq_fair(struct task_struct *p, int prev_cpu, int sd_flag, int wake_flags)
```

select_task_rq_fair()函数有 4 个参数。参数 p 表示将要唤醒的进程，参数 prev_cpu 表示该进程上一次调度运行的 CPU，参数 sd_flag 表示调度域的标志位（在本场景里是 SD_BALANCE_WAKE），参数 wake_flags 表示唤醒标志位。

select_task_rq_fair()函数中主要的操作如下。

在第 6603 行中，变量 cpu 指的是 wakeup_cpu。

在第 6604 行中，new_cpu 指的是 prev_cpu，sync 表示是否需要同步。

在第 6608～6620 行中，若 sd_flag 包含 SD_BALANCE_WAKE 标志位，表示这是一个唤醒进程的动作。调用路径为 wake_up_process()→try_to_wake_up()→select_task_rq()。want_affine 表示有机会采用 wakeup_cpu 或者 prev_cpu 来唤醒这个进程，这是一个快速优化路径。

在第 6623 行中，for_each_domain()由 wakeup_cpu 开始，从下至上遍历调度域。判断符合快速优化路径的 3 个条件。

- ❑ 这是一个唤醒进程的动作，即 sd_flag 包含 SD_BALANCE_WAKE 标志位，见第 6608～6620 行的判断。
- ❑ wakeup_cpu 和 prev_cpu 在同一个调度域。
- ❑ 调度域包含 SD_WAKE_AFFINE 标志位，表示运行唤醒进程的 CPU 可以运行这个被唤醒的进程。

当同时满足上述 3 个条件，说明我们可以进入快速优化路径。

wake_affine()函数会重新计算 wakeup_cpu 和 prev_cpu 的负载情况，并且比较使用哪个 CPU 来唤醒进程是最合适的。如果 wakeup_cpu 的负载加上唤醒进程的负载比 prev_cpu 的负载小，那么使用 wakeup_cpu 来唤醒进程；否则，使用 prev_cpu。wake affine 特性稍后会深入介绍。

当找到合适的 CPU 来唤醒进程之后，设置 sd 为 NULL，并退出 for 循环。

在第 6646 行中，若没找到合适的调度域（因为在之前代码里，找到合适调度域的情况会设置 sd 为 NULL），那么进入慢速优化路径，调用 find_idlest_cpu()来查找一个最悠闲的 CPU。

若找到合适调度域，那么进入快速优化路径，将调用 select_idle_sibling()函数选择一个合适的 CPU。

最后返回找到的合适 CPU。

2. 快速优化路径

下面来看一下快速优化路径处理函数 select_idle_sibling()的实现。

```
<kernel/sched/fair.c>

static int select_idle_sibling(struct task_struct *p, int prev, int target)
```

select_idle_sibling()函数有 3 个参数，第 1 个参数表示要唤醒的进程，第 2 个参数表示 prev_cpu，第 3 个参数表示前面通过计算推荐的 CPU。该函数优先选择空闲 CPU，如果没找到空闲 CPU，那么只能选择 prev_cpu 或 wakeup_cpu。

在第 6169 行中，available_idle_cpu()检查 target 指向的 CPU 是否为空闲 CPU。

在第 6175 行中，cpus_share_cache()函数判断两个 CPU 是否具有高速缓存的亲和性。若它们同属于一个 SMT 或 MC 调度域，则共享高速缓存，这是通过 Per-CPU 变量 sd_llc_id 来判断的，sd_llc_id 在 update_top_cache_domain()函数中赋值。

若 prev_cpu 和 target_cpu 不是同一个 CPU，但是它们具有高速缓存的亲和性并且 prev_cpu 现在是空闲 CPU，那么也会优先选择 prev_cpu。

在第 6179～6190 行中，task_struct 数据结构里使用一个 recent_used_cpu 成员记录了进程最近经常使用的 CPU。接下来根据如下条件来判断。

- ❑ recent_used_cpu 和 prev_cpu 不是同一个 CPU。
- ❑ recent_used_cpu 和 target_cpu 不是同一个 CPU。
- ❑ recent_used_cpu 和 target_cpu 具有共享高速缓存的亲和性。
- ❑ recent_used_cpu 现在是空闲 CPU。
- ❑ recent_used_cpu 在进程允许运行的 CPU 位图里。

若满足上述条件，那么选择 recent_used_cpu 作为候选者，并且返回 recent_used_cpu。

若不能找到合适的 CPU 来唤醒进程，那么只能从调度域里找了。sd_llc 也是一个 Per-CPU 变量，在 update_top_cache_domain()函数中赋值，它指向包含 SD_SHARE_PKG_ RESOURCES

标志位的最高层级的调度域。以 4 核 CPU 为例，若 SDTL 包含 MC 和 DIE，那么 sd_llc 指向 CPU 对应的 MC 调度域。

　　分别调用 select_idle_core()、select_idle_cpu() 和 select_idle_smt() 函数来查找空闲的 CPU。相当于从 sd_llc 对应的调度域开始从上向下遍历子调度域。select_idle_core() 函数会从第 6634 行找到的候选 CPU 开始遍历 sd_llc 调度域中的 CPU，查找在 SMT 层级的 CPU 里是否有空闲的 CPU。若有，这个就是最佳候选者了。同理，select_idle_cpu() 也遍历 sd_llc 调度域中的 CPU，在 MC 层级的 CPU 里查找是否有空闲的 CPU。

　　如果上述遍历过程都没找到合适的 CPU，那么只能返回 target_cpu。

3. 慢速优化路径

　　下面来看一下慢速优化路径处理函数 find_idlest_cpu() 的实现。

```
<kernel/sched/fair.c>

static inline int find_idlest_cpu(struct sched_domain *sd, struct task_struct *p,
int cpu, int prev_cpu, int sd_flag)
```

　　该函数包含 5 个参数，参数 sd 表示从这个调度域里查找的最合适的候选者，参数 p 表示将要唤醒的进程，参数 cpu 表示 wakeup_cpu，参数 prev_cpu 表示唤醒进程之前运行的 CPU，参数 sd_flag 表示调用者传递下来的调度域标志，在本场景中包含 SD_BALANCE_WAKE 标志位。

　　find_idlest_cpu() 函数中主要的操作如下。

　　在第 5933 行中，若 sd 里的 CPU 都不在进程允许运行的 CPU 位图里，则直接返回 prev_cpu。

　　在第 5940 行中，若 sd_flag 标志没有包含 SD_BALANCE_FORK，则说明不是因为 fork() 系统调用而调用到本函数的，调用 sync_entity_load_avg() 函数更新系统的负载信息。

　　在第 5943～5976 行中，从 sd 开始，自上而下地遍历调度域。

- ❑　调用 find_idlest_group() 函数查找一个最空闲的调度组。遍历 sd 中所有的调度组，通过比较每个调度组中的量化负载来找出负载最小的一个调度组。
- ❑　find_idlest_group_cpu() 从上述调度组中找出一个负载最小的 CPU 作为最佳候选者。

最后，返回最佳候选者。

　　find_idlest_cpu() 函数会从 sd 中找出一个负载最小的 CPU 作为最佳候选者。

　　综上所述，在唤醒进程过程中，选择最合适的 CPU 来运行这个唤醒进程的流程如图 8.24 所示。

8.3.6　wake affine 特性

　　下面来看 wake affine 特性。select_task_rq_fair() 函数中的 wake affine 特性希望把被唤醒进程尽可能地运行在 wakeup_cpu 上，这样可以让一些有相关性的进程尽可能地运行在具有高速缓存共享的调度域中，获得一些高速缓存命中带来的性能提升。假设有以下两个进程。

- ❑　waker：一个正在运行的进程，通过调用 wake_up_process() 等唤醒接口函数来唤醒另外一个处于睡眠状态的进程。
- ❑　wakee：表示将要被唤醒的进程。

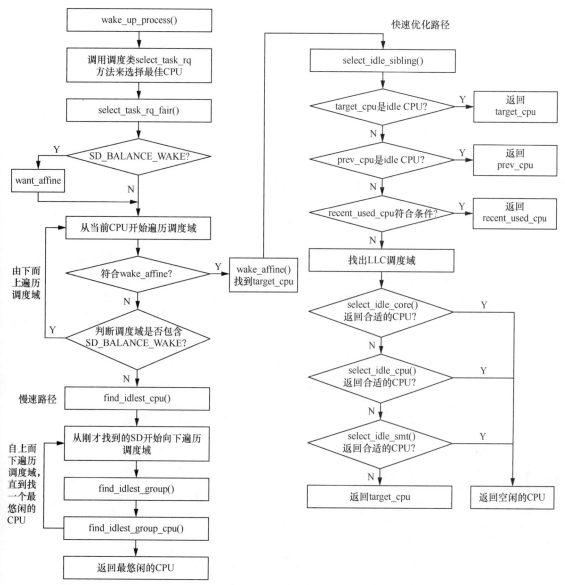

▲图 8.24　唤醒进程的流程

如图 8.25 所示，假设进程 A 和 B 是相关性很强的两个进程，进程 A 和进程 B 访问相同的内存，假设进程 A（waker）运行在 CPU0 上，进程 B（wakee）上一次运行在 CPU2 上，进程 A 要唤醒进程 B。那么进程 B 应该在 CPU2 上被唤醒，还是在 CPU0 上被唤醒呢？显然，进程 B 如果在 CPU0 上唤醒，会和进程 A 共享 L1 和 L2 高速缓存，性能得到了提升，这也是 wake affine 设计的初衷，但这也是一把"双刃剑"。

Android 操作系统软件设计通常采用客户端/服务器端（Client/Server，C/S）架构，即服务器端会管理多个客户端，假设服务器端管理了 3 个客户端，它们分别运行在不同的 CPU 上，其中服务器端运行在 CPU0 上，经过一轮唤醒之后，服务器端及其管理的客户端都运行在 CPU0 上，如图 8.26 所示。

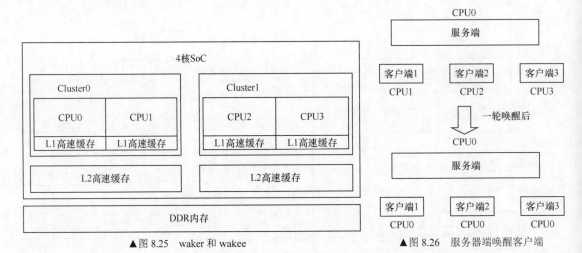

▲图 8.25　waker 和 wakee　　　　　　　　　▲图 8.26　服务器端唤醒客户端

图 8.26 所示为 1:*N* 的软件模型，wake affine 会导致服务器端进程产生饥饿的现象，因为所有的客户端进程都被吸引到 CPU0 上，而其他 CPU 处于空闲状态，从而导致性能下降。Linux 3.12 内核针对此问题提出了解决方案[1]，在 task_struct 数据结构中增加了两个成员——last_wakee 和 wakee_flips。当进程 A 每次唤醒进程 B 时，会调用 record_wakee()函数来比较，如果发现进程 A 上次唤醒的进程不是进程 B，那么 wakee_flips++。wakee_flips 表示 waker 在切换不同的 wakee，这个值越大，说明 waker 唤醒了多个 wakee，唤醒频率越高。

```
<wake_up_process()→try_to_wake_up()→record_wakee()>

static void record_wakee(struct task_struct *p)
{
    ...
    if (current->last_wakee != p) {
        current->last_wakee = p;
        current->wakee_flips++;
    }
}
```

若 select_task_rq_fair()下的 wake_affine()函数返回 true，表示建议使用 wakeup_cpu 来唤醒进程，即建议进程 B 在进程 A 的 CPU 上运行，但是首先要根据 wake_wide()进行判断。

```
<select_task_rq_fair()->wake_affine()>

static int wake_affine(struct sched_domain *sd, struct task_struct *p, int sync)
{
    if (wake_wide(p))
        return 0;
    ...

    return 1;
}
```

若 wake_wide()返回 true，说明 wakeup_cpu 已经频繁地唤醒了很多进程，因此不适宜继续把 wakee 放到自己的 CPU 中。

---

[1] Linux 3.12 patch, commit 62470419, "sched: Implement smarter wake-affine logic", by Michael Wang.

```
<kernel/sched/fair.c>

static int wake_wide(struct task_struct *p)
{
    unsigned int master = current->wakee_flips;
    unsigned int slave = p->wakee_flips;
    int factor = this_cpu_read(sd_llc_size);

    if (master < slave)
        swap(master, slave);
    if (slave < factor || master < slave * factor)
        return 0;
    return 1;
}
```

　　sd_llc_size 在 update_top_cache_domain()函数中被赋值，它表示 CPU 由下而上地寻找第一个包含 SD_SHARE_PKG_RESOURCES 标志位的调度域，然后返回该调度域管辖的 CPU 的个数，在图 8.25 所示的例子中，sd_llc_size 值为 2。

　　如果一个 wakee 的 wakee_flips 值比较大，那么 waker 把这种 wakee 放到自身的 CPU 中来运行是比较危险的事情（类似于"引狼入室"），把 wakee 的下线 wakee 进程都放到自身的 CPU上，加剧了 CPU 调度的竞争。另外，waker 的 wakee_flips 值比较大，说明很多进程依赖它来唤醒，waker 的调度延迟会增大，再把新的 wakee 放进来显然不是好办法。因此代码中通过如下判断来过滤上述情况。

```
wakee->wakee_flips > factor && waker->wakee_flips > (factor * wakee->wakee_flips)
```

8.3.7　调试

　　初次接触 SMP 负载均衡的读者可以使用 QEMU 虚拟机来单步调试这部分代码。

　　SMP 负载均衡提供了一个名为 sched_migrate_task 的追踪点。sched_migrate_task 可以在进程迁移到不同 CPU 时给开发者提供跟踪信息，如迁移进程名称、迁移进程 ID、源 CPU、目标CPU 等。

```
<include/trace/events/sched.h>

TRACE_EVENT(sched_migrate_task,

    TP_PROTO(struct task_struct *p, int dest_cpu),
    TP_ARGS(p, dest_cpu),
    TP_STRUCT__entry(
        __array( char,      comm,    TASK_COMM_LEN    )
        __field( pid_t,    pid             )
        __field( int,    prio        )
        __field( int,    orig_cpu    )
        __field( int,    dest_cpu    )
    ),
    TP_fast_assign(
        memcpy(__entry->comm, p->comm, TASK_COMM_LEN);
        __entry->pid    = p->pid;
```

```
        __entry->prio       = p->prio;
        __entry->orig_cpu   = task_cpu(p);
        __entry->dest_cpu   = dest_cpu;
    ),

    TP_printk("comm=%s pid=%d prio=%d orig_cpu=%d dest_cpu=%d",
        __entry->comm, __entry->pid, __entry->prio,
        __entry->orig_cpu, __entry->dest_cpu)
);
```

可以使用 trace-cmd 和 kernelshark 工具抓取进程迁移的相关信息。

```
# trace-cmd record -e 'sched_wakeup*' -e sched_switch -e 'sched_migrate*'
# kernelshark trace.dat
```

从 kernelshark 工具显示可以看到，trace-cmd-16933 进程从 CPU3 迁移到 CPU1 上，如图 8.27 所示。

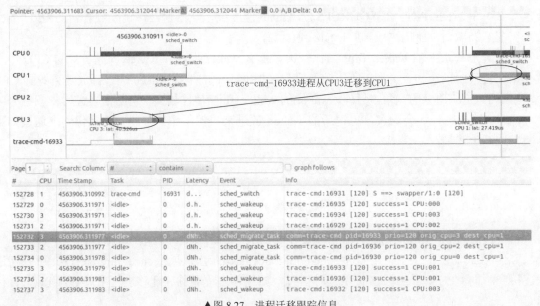

▲图 8.27　进程迁移跟踪信息

8.3.8　小结

SMP 负载均衡是进程调度和管理中的热门话题，最近几年，ARM 公司的 big.LITTLE 架构在移动设备、VR 等设备上广泛使用，负载均衡再次成为 Linux 内核社区中热门的主题。本节主要讲述了 SMP 架构的 SMP 负载均衡机制，主要应用场景是 PC 和服务器。读者要理解负载均衡中复杂的代码逻辑和算法，并重点理解 Linux 内核中调度域和调度组的拓扑关系，因为调度域和调度组等数据结构错综复杂的关系都围绕拓扑关系展开。本章还会介绍在负载均衡其他方面一些最新的技术，如在 Linux 5.0 内核中新增的绿色节能调度器等。

8.4　绿色节能调度器

异构多处理（Heterogeneous Multi-Processing，HMP）调度器是在 2015 年发布的，之后没有再更新。原来 Linaro 和高通等 ARM 厂商不满足 HMP 调度器的设计，又提出了绿色节能调度器。

2012 年，谷歌工程师 Paul Turner 针对 CFS 在计算负载的不合理之处提出了称为"Per-entity Load Tracking"的进程负载计算方法，简称 PELT，该方法已在 8.2 节中详细介绍过。但是在移动设备，特别是手机等应用场景中发现 PELT 有很多缺陷。

举一个简单的例子，一个进程工作 20ms，然后睡眠 20ms，其 CPU 使用率的曲线如图 8.28 所示，横坐标轴表示时间，纵坐标轴表示 CPU 利用率，经过了 180ms，CPU 利用率最高只有 60%。在手机使用中经常会产生一些突发的重活（Heavy Task，即负载大的任务），如滑屏或者浏览网页。若能快速地识别重活并迅速提高 CPU 频率或者将其迁移到计算能力强的 CPU 内核上（大核或者最大频率比较高的核），则可以有效地提高手机的流畅性。

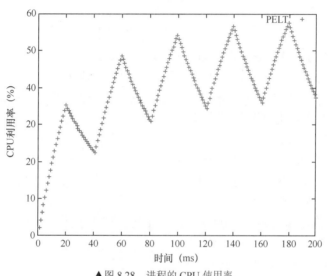

▲图 8.28　进程的 CPU 使用率

若任务突然由轻活（light task）变成了重活，如渲染线程突然要在屏幕上渲染更多内容，则 PELT 在辨别进程负载的变化上显得有些迟钝，对于一个突然 100%持续运行的进程，它大概需要用 74ms 才能达到最大负载的 80%，需要大约 139ms 才能达到最大负载的 95%。

PELT 使用 32ms 的衰减时间，大约 213ms 才能把之前的负载忘记，也就是将历史负载清零。这个特性对一些周期性的进程不是很友好，因此有些进程需要存储 CPU 和频率等信息来提高吞吐量，如由于网络延迟等，一个进程睡眠了 300ms，然后突然发送或者接收大量网络数据包，PELT 就不能立马识别出它是一个重活。

对于睡眠或阻塞的进程，PELT 还会继续计算其衰减负载，也就是继续为就绪队列贡献量化负载，但是这些继续贡献的负载对于下一次唤醒其实没有什么用处，因此会推延降低 CPU 频率的速度，从而增加 CPU 功耗。

针对上述在移动设备上的问题，可以使用新的计算进程负载的算法——窗口辅助负载追踪（Window-Assisted Load Tracking，WALT）算法，该算法已经被 Android 社区采纳，并在 Android 7.x 中被采用，但是官方的 Linux 内核并没有采纳。

在绿色节能调度器的发展过程中，为了把绿色节能调度器合并到 Linux 社区里，绿色节能调度器放弃使用 WALT 算法，而采用 Linux 内核的 PELT 算法。在 Linux 5.0 内核中，绿色节能调度器的大部分代码已经合并到 Linux 社区里。

现在 Linux 内核中关于电源管理的几个重要模块都比较独立，并没有完全协同工作，如 CFS、CPUidle 模块、CPUfreq 模块和针对大/小核设计的 HMP 调度器等模块都有各自的独有机制和策略，如图 8.29 所示。

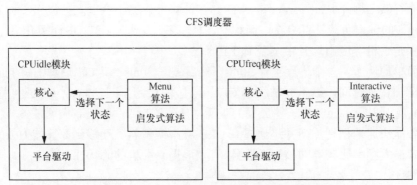

▲图 8.29　Linux 内核中关于电源管理的几个重要模块

　　HMP 调度器脱离主流 Linux 内核，自带 CPU 拓扑关系；绿色节能调度器则使用主流 Linux 内核中的 CPU 调度域拓扑关系，方便支持更多的处理器架构，如 SMP 架构、多簇 SMP（multi-cluster SMP）架构和大/小核架构等。此外，它采用一个科学的、可测量的、统一的能效模型（energy model），而不是各模块各自调节参数。为此，设计一种考虑 CPU 频率和计算能力的负载算法显得很有必要，因为 Linux 内核默认采用的 PELT 算法在计算进程的负载时只考虑 CPU 的利用率，没有考虑不同 CPU 频率和不同 CPU 架构计算能力的差异所导致的负载计算的不准确性。此外，Linux 内核默认的调度器也没有考虑不同 CPU 架构在功耗方面的差异。图 8.30 所示为绿色节能调度算法的架构。

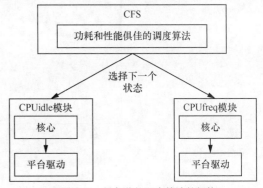

▲图 8.30　绿色节能调度算法的架构

　　不同的应用场景对调度器有不同的需求，主要的需求如下。

- ❑　性能优先。一些应用场景下希望能更多、更快地运行进程，如服务器应用场景、benchmark 场景。
- ❑　功耗优先。一些应用场景下希望在满足最基本的计算要求的同时，还能尽可能地省电，如手机。
- ❑　实时性优先。如现在热门的 VR 设备、AR 设备、IoT 设备等。

　　Mainline Linux 内核的 CFS 和 SMP 负载均衡主要是为了性能优先场景而考虑的，它希望把任务平均分配到系统所有可用的 CPU 上，最大限度地增加系统的吞吐量。显然，这不适合手机应用场景。

　　ARM 和 Linaro 组织希望对以性能优先的调度策略、调度器、CPUidle 模块和 CPUfreq 模块之间相对独立的现状做出改变，让它们可以紧密地工作在一起，从而进一步降低功耗并提升效率，这个改变叫作绿色节能调度（Energy Aware Scheduling，EAS），本书中把对应的调度器称为绿色节能调度器。绿色节能调度器的设计目标是在保证系统性能的前提下尽可能地降低功耗。绿色节能调度器由 Linaro 组织负责开发，本书采用绿色节能调度器核心开发人员 Quentin Perret 单独维护的内核版本，该内核版本在 Linux 5.0 内核的 EAS 补丁的基础上为 Android 操作系统又新增了十几个补丁，如图 8.31 所示。

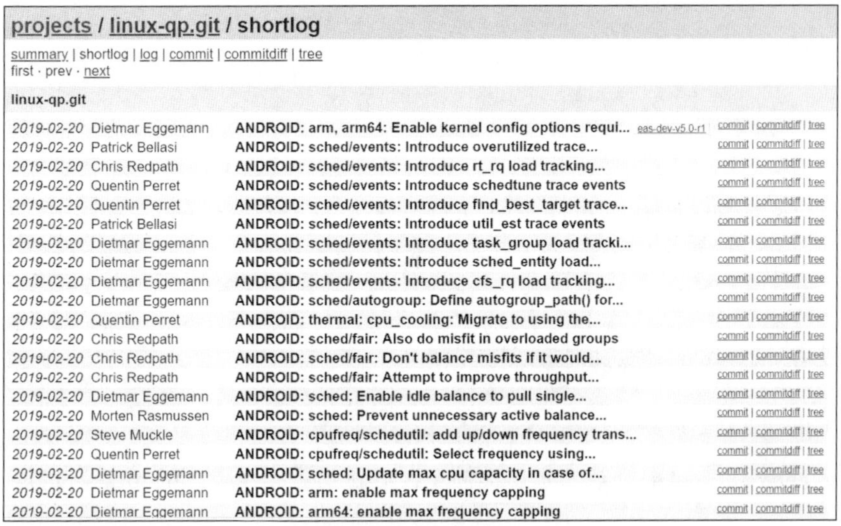
projects / linux-qp.git / shortlog

summary | shortlog | log | commit | commitdiff | tree
first · prev · next

linux-qp.git

2019-02-20	Dietmar Eggemann	ANDROID: arm, arm64: Enable kernel config options requi...	eas-dev-v5.0-r1	commit | commitdiff | tree
2019-02-20	Patrick Bellasi	ANDROID: sched/events: Introduce overutilized trace...		commit | commitdiff | tree
2019-02-20	Chris Redpath	ANDROID: sched/events: Introduce rt_rq load tracking...		commit | commitdiff | tree
2019-02-20	Quentin Perret	ANDROID: sched/events: Introduce schedtune trace events		commit | commitdiff | tree
2019-02-20	Quentin Perret	ANDROID: sched/events: Introduce find_best_target trace...		commit | commitdiff | tree
2019-02-20	Patrick Bellasi	ANDROID: sched/events: Introduce util_est trace events		commit | commitdiff | tree
2019-02-20	Dietmar Eggemann	ANDROID: sched/events: Introduce task_group load tracki...		commit | commitdiff | tree
2019-02-20	Dietmar Eggemann	ANDROID: sched/events: Introduce sched_entity load...		commit | commitdiff | tree
2019-02-20	Dietmar Eggemann	ANDROID: sched/events: Introduce cfs_rq load tracking...		commit | commitdiff | tree
2019-02-20	Dietmar Eggemann	ANDROID: sched/autogroup: Define autogroup_path() for...		commit | commitdiff | tree
2019-02-20	Quentin Perret	ANDROID: thermal: cpu_cooling: Migrate to using the...		commit | commitdiff | tree
2019-02-20	Chris Redpath	ANDROID: sched/fair: Also do misfit in overloaded groups		commit | commitdiff | tree
2019-02-20	Chris Redpath	ANDROID: sched/fair: Don't balance misfits if it would...		commit | commitdiff | tree
2019-02-20	Chris Redpath	ANDROID: sched/fair: Attempt to improve throughput...		commit | commitdiff | tree
2019-02-20	Dietmar Eggemann	ANDROID: sched: Enable idle balance to pull single...		commit | commitdiff | tree
2019-02-20	Morten Rasmussen	ANDROID: sched: Prevent unnecessary active balance...		commit | commitdiff | tree
2019-02-20	Steve Muckle	ANDROID: cpufreq/schedutil: add up/down frequency trans...		commit | commitdiff | tree
2019-02-20	Quentin Perret	ANDROID: cpufreq/schedutil: Select frequency using...		commit | commitdiff | tree
2019-02-20	Dietmar Eggemann	ANDROID: sched: Update max cpu capacity in case of...		commit | commitdiff | tree
2019-02-20	Dietmar Eggemann	ANDROID: arm: enable max frequency capping		commit | commitdiff | tree
2019-02-20	Dietmar Eggemann	ANDROID: arm64: enable max frequency capping		commit | commitdiff | tree

▲图 8.31 新增的补丁

本节分析的代码来自 Quentin Perret 单独维护的一个内核仓库，名为 eas_dev_v5.0_r1。

8.4.1 量化计算能力

绿色节能调度器提出了两个概念，分别是频率恒定引擎（Frequency Invairant Engine，FIE）和 CPU 恒定引擎（CPU Invariant Engine，CIE）。FIE 是指在计算 CPU 负载时考虑 CPU 频率的变化，CIE 是指考虑不同 CPU 架构的计算能力对负载的影响，如在相同频率下，ARM 的大/小核架构的 CPU 计算能力是不同的。

为了体现 FIE 和 CIE 的概念，绿色节能调度器在 rq 数据结构中添加了 cpu_capacity_orig 和 cpu_capacity 这两个成员，它们之间有什么联系呢？

```
<kernel/sched/sched.h>

struct rq {
    ...
    unsigned long       cpu_capacity;
    unsigned long       cpu_capacity_orig;
    ...
}
```

其中 cpu_capacity_orig 成员表示该 CPU 原本的计算能力，在系统启动之初，建立系统调度域拓扑时就会计算每个 CPU 的计算能力。

```
<sched_init_smp()->sched_init_domains()->build_sched_domains()->init_sched_groups_
capacity()->update_group_capacity()->update_cpu_capacity()>

static void update_cpu_capacity(struct sched_domain *sd, int cpu)
{
    unsigned long capacity = arch_scale_cpu_capacity(sd, cpu);

    cpu_rq(cpu)->cpu_capacity_orig = capacity;

    capacity *= arch_scale_max_freq_capacity(sd, cpu);
```

```
            capacity >>= SCHED_CAPACITY_SHIFT;

skip_unlock:
    capacity = scale_rt_capacity(cpu, capacity);
    cpu_rq(cpu)->cpu_capacity = capacity;
}
```

　　arch_scale_cpu_capacity()函数计算 CPU 原本的计算能力，然后将其设置到 rq->cpu_capacity_orig 成员中。arch_scale_cpu_capacity()函数被定义成一个宏，实际上由 topology_get_cpu_scale()函数实现。

```
<arch/arm64/include/asm/topology.h>

#define arch_scale_cpu_capacity topology_get_cpu_scale
```

　　topology_get_cpu_scale()函数的实现很简单，它读取一个 Per-CPU 变量 cpu_scale 的值。

```
<include/linux/arch_topology.h>

DECLARE_PER_CPU(unsigned long, cpu_scale);

static inline
unsigned long topology_get_cpu_scale(struct sched_domain *sd, int cpu)
{
    return per_cpu(cpu_scale, cpu);
}
```

　　变量 cpu_scale 的值是在 drivers/base/arch_topology.c 文件中初始化的。

```
<drivers/base/arch_topology.c>

bool __init topology_parse_cpu_capacity(struct device_node *cpu_node, int cpu)
{

    ret = of_property_read_u32(cpu_node, "capacity-dmips-mhz",
                    &cpu_capacity);
    if (!ret) {
        capacity_scale = max(cpu_capacity, capacity_scale);
        raw_capacity[cpu] = cpu_capacity;
    }

    return !ret;
}
```

　　在 topology_parse_cpu_capacity()函数中，查询设备树的 capacity-dmips-mhz 节点，并且把该节点的值存储在全局变量 raw_capacity[]数组里，capacity_scale 用于存放最大值。

　　下面以 HiKey960 芯片为例。

```
<arch/arm64/boot/dts/hisilicon/hi3660.dtsi>

cpu0: cpu@0 {
            compatible = "arm,cortex-a53", "arm,armv8";
            device_type = "cpu";
```

```
    reg = <0x0 0x0>;
    capacity-dmips-mhz = <592>;
};

cpu4: cpu@100 {
    compatible = "arm,cortex-a73", "arm,armv8";
    device_type = "cpu";
    reg = <0x0 0x100>;
    capacity-dmips-mhz = <1024>;
};
```

我们可以从中知道，小核处理器的 capacity-dmips-mhz 为 592，而大核处理器的 capacity_dmips_mhz 则为 1024，所以 capacity_scale 是 1024。

在 topology_normalize_cpu_scale()函数中会设置每个 CPU 的量化计算能力。

```
void topology_normalize_cpu_scale(void)
{
    for_each_possible_cpu(cpu) {
        capacity = (raw_capacity[cpu] << SCHED_CAPACITY_SHIFT)
            / capacity_scale;
        per_cpu(cpu_scale, cpu) = capacity;
    }
}
```

其计算公式如下所示。

$$capacity = \frac{raw\_capacity \ll SCHEN\_CAPACITY\_SHIFT}{capacity\_scale} \qquad (8.23)$$

其中，raw_capactiy 是每个 CPU 原始的计算能力；SCHED_CAPACITY_SHIFT 是量化系数，1<< SCHED_CAPACITY_SHIFT 等于 1024；capacity_scale 就是系统中性能最高的处理器的计算能力，通常系统中性能最高的处理器的计算能力可以量化为 1024。

在之前的 update_cpu_capacity()函数中，arch_scale_cpu_capacity()函数计算出处理器原本的量化计算能力，并将其设置到 rq-> cpu_capacity_orig 成员中。

接下来，arch_scale_max_freq_capacity()函数获取系统中最大的频率，不过在 Quentin Perret 单独维护的 eas-dev-v5.0-r1 分支上并没有实现从设备树中获取系统最高频率，只是简单地设置为 SCHED_CAPACITY_SCALE，其默认值为 1024。

scale_rt_capacity()函数实现在 kernel/sched/fair.c 文件中，代码片段如下。

```
<kernel/sched/fair.c>

static unsigned long scale_rt_capacity(int cpu, unsigned long max)
{
    struct rq *rq = cpu_rq(cpu);
    unsigned long used, free;

    used = READ_ONCE(rq->avg_rt.util_avg);
    used += READ_ONCE(rq->avg_dl.util_avg);

    free = max - used;
```

```
    return free;
}
```

cpu_capacity_orig 指最大的计算能力，它指所有的调度器类的计算能力之和，如 realtime 调度类、deadline 调度类和 CFS 调度类。rq 数据结构中的成员 cpu_capacity 用于表示 CPU 在 CFS 调度类中的计算能力。另外，调度组里的数据结构 sched_group_capacity 中的 capacity 和 max_capacity 也指 CFS 调度类的计算能力。因此，cpu_capacity 代表的计算能力不包含 realtime 调度类和 deadline 调度类的计算能力。

rq 数据结构中有 cpu_capacity_orig 和 cpu_capacity 两个成员。另外，sched_group_capacity 数据结构里也有 capacity 成员，读者要注意区分。

❑ cpu_capacity_orig 指 CPU 在系统中定义（可以在设备树里定义或者在 BIOS 里定义）的最高的计算能力，这是量化值，系统中最强处理器的量化计算能力默认设置为 1024。本书参照机械学中额定功率的概念，把系统中最强处理器的量化计算能力称为处理器额定算力，简称额定算力。如在 HiKey960 芯片中，大核处理器采用 Cortex-A73 处理器，它在系统中的量化计算能力就是 1024；而小核处理器采用 Cortex-A53，它的量化计算能力是 592。代码中经常使用 capacity_orig_of() 获取当前 CPU 额定计算能力。

❑ rq 数据结构中的 cpu_capacity 和 sched_group_capacity 数据结构中的 capacity 成员指最大计算能力（max_capacity）扣除了 deadline 调度类与 realtime 调度类之后剩余的 CFS 调度类的量化计算能力，我们把它称为 CFS 额定算力。代码经常使用 capacity_of() 来获取当前 CPU 的 CFS 调度类的量化计算能力。

除了处理器额定算力和 CFS 额定算力之外，我们在前面还提出了一个实际算力的概念，详见 sched_avg 数据结构中的 util_avg 成员。

8.4.2　能效模型

1. 能效模型概述

绿色节能调度器是基于能效模型构建的。能效模型需要考虑 CPU 的计算能力（capacity）和功耗（energy）两方面的因素。在 Linux 内核中实现了一个能效模型软件层，为 Linux 内核调度器与 Thermal 模块提供 CPU 计算能力和功耗等数据信息，这样绿色节能调度器可以根据能效模型获得的信息来做出最佳的调度策略。能效模型的架构如图 8.32 所示。

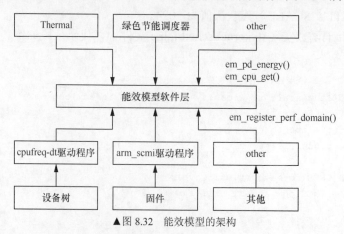

▲图 8.32　能效模型的架构

2. 能效模型数据结构

绿色节能调度器使用性能域（Performance Domain，PD）来表述哪些 CPU 可以组成一个组来进行性能和功耗调整，如调整 CPU 频率等。通常在同一个性能域中的 CPU 必须拥有同样的架构，如采用相同的微处理器架构。Cortex-A53 和 Cortx-A73 就是不同微处理器架构的实现，它们的架构和计算能力都是不一样的。

性能域采用 em_perf_domain 数据结构描述。

```
<include/linux/energy_model.h>

struct em_perf_domain {
    struct em_cap_state *table;
    int nr_cap_states;
    unsigned long cpus[0];
};
```

其中，table 指表述 CPU 频率和功耗之间关系的一个表，代码中使用 em_cap_state 数据结构来描述；nr_cap_states 表示 CPU 有多少个频率点或者能力点；cpus 表示这个性能域所包含的 CPU 位图。

em_perf_domain 数据结构中的 table 成员指向一个表，表的每项描述一个动态电压和调频性能操作点（Dynamic Voltage and Frequency Scaling Operating Performance Point，DVFS OPP）。性能操作点（OPP）指 SoC 中某个电源域（power domain）的频率和电压的节点，通常指 CPU。通常 CPU 的核心电压和 CPU 频率存在某种对应的关系，高频率必然需要比较高的 CPU 内核电压，同时也会带来高功耗。CPUfreq 模块驱动通常维护着一个频率和电压的对应表，每个表项就是 OPP。

OPP 用 em_cap_state 数据结构来描述，它用来描述 CPU 的频率和功耗之间的关系，它定义在 include/linux/energy_model.h 头文件中，这些关系可以构成一个表，我们通常称其为 CPU 的频率表。

```
< include/linux/energy_model.h >

struct em_cap_state {
    unsigned long frequency;
    unsigned long power;
    unsigned long cost;
};
```

其中，frequency 表示 CPU 的频率，单位为千赫兹（kHz）；power 表示在该频率下的功耗，单位是毫瓦（mW）；cost 表示该频率下的能效系数，通常，cost = power × max_frequency / frequency。

3. 能效模型接口

要使用绿色节能调度器的能效模型，必须要打开 CONFIG_ENERGY_MODEL 配置。

首先，驱动程序（如 CPUfreq 驱动程序）必须通过 em_register_perf_domain()接口函数来向能效模型软件层注册一个性能域。

```
<kernel/power/energy_model.c>

int em_register_perf_domain(cpumask_t *span, unsigned int nr_states,
```

```
                          struct em_data_callback *cb)
```

em_register_perf_domain() 函数有 3 个参数。其中参数 span 表示一个性能域的 CPU 位图，也就是该性能域包含哪几个 CPU；参数 nr_states 表示有几个性能状态点（Capacity State Point）或者说 OPP；参数 cb 表示一个回调函数，用于获取每个 OPP 的 CPU 频率和功耗数据，这些数据可以从设备树或者固件中获取。

然后，获取一个性能域。em_cpu_get() 函数用于获取一个给定 CPU 的性能域。

```
<kernel/power/energy_model.c>

struct em_perf_domain *em_cpu_get(int cpu)
{
    return READ_ONCE(per_cpu(em_data, cpu));
}
```

最后，预测功耗。em_pd_energy() 用于预测一个性能域的功耗情况。

```
<kernel/power/energy_model.h>

static inline unsigned long em_pd_energy(struct em_perf_domain *pd,
            unsigned long max_util, unsigned long sum_util)
```

em_pd_energy() 函数有 3 个参数。其中，参数 pd 表示将要预测哪个性能域的功耗情况；参数 max_util 表示在这个性能域中所有的 CPU 里面最高的 CPU 使用率；参数 sum_util 表示所有 CPU 的总 CPU 使用率。

4. 例子

在内核源代码的 Documents/power/energy-model.txt 文件中有一个如何使用上述接口函数的例子。通常在 CPUfreq 驱动程序中使用 em_register_perf_domain() 函数来注册绿色节能调度器的能效模型。下面是一个称为"foo"的 CPUfreq 驱动程序的例子。

```
<一个使用能效模型的 CPUfreq 驱动程序的例子，假设这个 CPUfreq 驱动程序叫作"foo">

01    static int est_power(unsigned long *mW, unsigned long *KHz, int cpu)
02    {
03        long freq, power;
04
05        /* 获取 CPU 频率*/
06        freq = foo_get_freq_ceil(cpu, *KHz);
07        if (freq < 0);
08            return freq;
09
10        /* 在给定的频率中预测功耗 */
11        power = foo_estimate_power(cpu, freq);
12        if (power < 0);
13            return power;
14
15        /* 返回功耗和频率 */
16        *mW = power;
17        *KHz = freq;
18
```

```
19          return 0;
20      }
21
22      static int foo_cpufreq_init(struct cpufreq_policy *policy)
23      {
24          struct em_data_callback em_cb = EM_DATA_CB(est_power);
25          int nr_opp, ret;
26
27          /* 初始化 CPUfreq 驱动程序 */
28          ret = do_foo_cpufreq_init(policy);
29          if (ret)
30              return ret;
31
32          /* 查找在这个 CPUfreq 驱动程序下有多个 OPP */
33          nr_opp = foo_get_nr_opp(policy);
34
35          /* 向能效模型软件层注册性能域 */
36          em_register_perf_domain(policy->cpus, nr_opp, &em_cb);
37
38          return 0;
39      }
```

在驱动程序入口函数 foo_cpufreq_init()中，首先调用 do_foo_cpufreq_init()函数做 CPUfreq 驱动程序的初始化，foo_get_nr_opp()函数会查找这个 CPUfreq 驱动程序下有多少个 OPP。最后，调用 em_register_perf_domain()向能效模型软件层注册性能域。这个性能域有一个回调函数 est_power()，用于从 OPP 中读取 CPU 功耗和频率值。

8.4.3 OPP 子系统

OPP 是用于描述 CPU 的频率和功耗的。现在片上系统（SoC）的设计越来越复杂，集成的功能模块越来越多，但是并不是每一个功能模块时时刻刻都运行在最高的频率下，有时候有些功能模块并没有很繁忙的工作需要处理，因此让这些功能模块运行在低频率、低功耗模式下就显得非常有必要。通常在设计芯片的时候把这些能单独设置频率和电压的功能模块称为电源域。我们把这些频率和电压组成的点称为 OPP。对于电源域来说，它可能由多个 OPP 组成，并形成一个表（OPP 表）。

如某个硬件单元在 300MHz 下的工作电压是 1V，在 800MHz 频率下的工作电压是 1.2V，在 1GHz 下的工作电压是 1.3V。

```
{300MHz at minimum voltage of 1V},
{800MHz at minimum voltage of 1.2V},
{1GHz at minimum voltage of 1.3V}
```

因此，在设备树的脚本文件里使用{频率，工作电压}的方式来表述它。

```
{300000000, 1000000}
{800000000, 1200000}
{1000000000, 1300000}
```

1. HiKey960 芯片

下面举一个实际的例子。HiKey960 芯片是一款比较高端的芯片，采用大/小核架构，其中

Cluster0 采用 4 个 Cortex-A53 小核处理器，最高运行在 1.8GHz 的频率下；Cluster1 采用 4 个 Cortex-A73 的大核处理器，最高运行在 2.4GHz 的频率下，如图 8.33 所示。

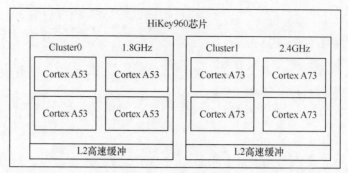

▲图 8.33　HiKey960 芯片

　　描述 HiKey960 芯片的设备树实现在 arch/arm64/boot/dts/hisilicon/hi3660.dtsi 文件中。该文件首先描述 CPU 的分组情况，cpu0～cpu3 表示一组，cpu4～cpu7 表示另外一组。

```
<arch/arm64/boot/dts/hisilicon/hi3660.dtsi>

27          cpu-map {
28              cluster0 {
29                  core0 {
30                      cpu = <&cpu0>;
31                  };
32                  core1 {
33                      cpu = <&cpu1>;
34                  };
35                  core2 {
36                      cpu = <&cpu2>;
37                  };
38                  core3 {
39                      cpu = <&cpu3>;
40                  };
41              };
42              cluster1 {
43                  core0 {
44                      cpu = <&cpu4>;
45                  };
46                  core1 {
47                      cpu = <&cpu5>;
48                  };
49                  core2 {
50                      cpu = <&cpu6>;
51                  };
52                  core3 {
53                      cpu = <&cpu7>;
54                  };
55              };
56          };
```

　　下面看一下 cpu0 的描述。

```
58            cpu0: cpu@0 {
59                    compatible = "arm,cortex-a53", "arm,armv8";
60                    device_type = "cpu";
61                    reg = <0x0 0x0>;
62                    enable-method = "psci";
63                    next-level-cache = <&A53_L2>;
64                    cpu-idle-states = <&CPU_SLEEP_0 &CLUSTER_SLEEP_0>;
65                    capacity-dmips-mhz = <592>;
66                    clocks = <&stub_clock HI3660_CLK_STUB_CLUSTER0>;
67                    operating-points-v2 = <&cluster0_opp>;
68                    #cooling-cells = <2>;
69                    dynamic-power-coefficient = <110>;
70            };
```

我们可以看到 cpu0 采用 Cortex-A53 架构，为此，cluster0 是由小核来构成的。另外，它支持
operating-points-v2 格式的 OPP 表，OOP 表定义在 cluster0_opp 中。另外一个非常重要的参数是
dynamic-power-coefficient，它用于表示这个处理器架构的能效，这里定义为 110。

下面我们再来看一下 cpu4 的描述。

```
111            cpu4: cpu@100 {
112                    compatible = "arm,cortex-a73", "arm,armv8";
113                    device_type = "cpu";
114                    reg = <0x0 0x100>;
115                    enable-method = "psci";
116                    next-level-cache = <&A73_L2>;
117                    cpu-idle-states = <&CPU_SLEEP_1 &CLUSTER_SLEEP_1>;
118                    capacity-dmips-mhz = <1024>;
119                    clocks = <&stub_clock HI3660_CLK_STUB_CLUSTER1>;
120                    operating-points-v2 = <&cluster1_opp>;
121                    #cooling-cells = <2>;
122                    dynamic-power-coefficient = <550>;
123            };
```

我们可以看到 cpu4 采用 Cortex-A73 架构，支持 operating-points-v2 格式的 OPP 表，OOP
表示定义在 cluster1_opp 中，这就和 cpu0 定义的不一样了。Cortex-A73 架构是 ARM 公司研发
的大核处理器架构，它的能效要比小核 Cortex-A53 架构高，也就是计算能力更强，功耗自然也
就更高了，它的 dynamic-power-coefficient 值设置为 550。

下面来看一下 cluster0 中定义的 OPP 表。

```
213        cluster0_opp: opp_table0 {
214                compatible = "operating-points-v2";
215                opp-shared;
216
217                opp00 {
218                        opp-hz = /bits/ 64 <533000000>;
219                        opp-microvolt = <700000>;
220                        clock-latency-ns = <300000>;
221                };
222
223                opp01 {
224                        opp-hz = /bits/ 64 <999000000>;
225                        opp-microvolt = <800000>;
```

```
226                        clock-latency-ns = <300000>;
227                    };
228
229               opp02 {
230                        opp-hz = /bits/ 64 <1402000000>;
231                        opp-microvolt = <900000>;
232                        clock-latency-ns = <300000>;
233                    };
234
235               opp03 {
236                        opp-hz = /bits/ 64 <1709000000>;
237                        opp-microvolt = <1000000>;
238                        clock-latency-ns = <300000>;
239                    };
240
241               opp04 {
242                        opp-hz = /bits/ 64 <1844000000>;
243                        opp-microvolt = <1100000>;
244                        clock-latency-ns = <300000>;
245                    };
246           };
```

从这个设备树定义中可以看到，cluster0 支持 5 级的 OPP 表，也就是 5 级的频率和电压调节，如表 8.11 所示。

表 8.11　　　　　　　　　　　HiKey960 中小核处理器的 5 级 OPP 表

频 率（MHz）	电 压（V）
533	0.7
999	0.8
1402	0.9
1709	1
1844	1.1

下面来看 cluster1 里定义的 OPP 表。

```
248           cluster1_opp: opp_table1 {
249                    compatible = "operating-points-v2";
250                    opp-shared;
251
252               opp10 {
253                        opp-hz = /bits/ 64 <903000000>;
254                        opp-microvolt = <700000>;
255                        clock-latency-ns = <300000>;
256                    };
257
258               opp11 {
259                        opp-hz = /bits/ 64 <1421000000>;
260                        opp-microvolt = <800000>;
261                        clock-latency-ns = <300000>;
262                    };
263
264               opp12 {
```

```
265                    opp-hz = /bits/ 64 <1805000000>;
266                    opp-microvolt = <900000>;
267                    clock-latency-ns = <300000>;
268                };
269
270            opp13 {
271                    opp-hz = /bits/ 64 <2112000000>;
272                    opp-microvolt = <1000000>;
273                    clock-latency-ns = <300000>;
274                };
275
276            opp14 {
277                    opp-hz = /bits/ 64 <2362000000>;
278                    opp-microvolt = <1100000>;
279                    clock-latency-ns = <300000>;
280                };
281        };
```

从这个设备树定义中可以看到，cluster1 也支持 5 级的 OPP 表，也就是 5 级的频率和电压调节，如表 8.12 所示。

表 8.12　　　　　　　　　　　HiKey960 中大核处理器的 5 级 OPP 表

频率（MHz）	电压（V）
903	0.7
1421	0.8
1805	0.9
2112	1
2362	1.1

2. OPP 接口函数

OPP 在 Linux 内核中实现了一整套的接口函数给驱动开发者使用。OPP 最早是由 TI 的工程师开发的，在 Linux 4.14 内核之后，它的代码路径从 drivers/base/power/移到了 drivers/opp 目录。驱动开发者若要使用 OPP 提供的接口函数，需要在内核配置中打开 CONFIG_PM_OPP 选项。

dev_pm_opp_add()函数把一个新的 OPP 添加到 dev 指定的设备里。参数 freq 和 u_volt 构成了一个新的 OPP。

```
static inline int dev_pm_opp_add(struct device *dev, unsigned long freq,
                    unsigned long u_volt)
```

dev_pm_opp_find_freq_exact()函数用于在系统的 OPP 表里查找给定的频率对应的 OPP。

```
static inline struct dev_pm_opp *dev_pm_opp_find_freq_exact(struct device *dev,
unsigned long freq, bool available)
```

dev_pm_opp_find_freq_floor()函数用于在系统 OPP 表里查找一个给定的频率，返回一个不超过频率的 OPP。

```
static inline struct dev_pm_opp *dev_pm_opp_find_freq_floor(struct device *dev,
unsigned long *freq)
```

dev_pm_opp_find_freq_ceil()函数用于在系统 OPP 表里查找一个给定的频率，返回一个不低于频率的 OPP。

```
static inline struct dev_pm_opp *dev_pm_opp_find_freq_ceil(struct device *dev,
unsigned long *freq)
```

dev_pm_opp_enable()函数用于使能某个频率的 OPP。

```
int dev_pm_opp_enable(struct device *dev, unsigned long freq);
```

dev_pm_opp_disable()函数用于关闭某个频率的 OPP。

```
int dev_pm_opp_disable(struct device *dev, unsigned long freq);
```

dev_pm_opp_get_voltage()函数用于取回某个 OPP 的电压值。

```
unsigned long dev_pm_opp_get_voltage(struct dev_pm_opp *opp);
```

dev_pm_opp_get_freq()函数用于取回某个 OPP 的频率值。

```
unsigned long dev_pm_opp_ get_freq(struct dev_pm_opp *opp);
```

dev_pm_opp_get_opp_count()函数用于获取设备的 OPP 表的项数。

```
int dev_pm_opp_get_opp_count(struct device *dev);
```

8.4.4　初始化 CPUfreq-dt 驱动程序

对于 ARM64 处理器，我们通常使用一个基于设备树的 CPUfreq 驱动程序，即 CPUfreq-dt 驱动程序，它实现在 drivers/cpufreq/cpufreq-dt.c 文件里。在 cpufreq_init()初始化函数中会完成对 OPP 表和能效模型进行初始化，这是深入理解绿色节能调度器的基础。cpufreq_init()函数的代码片段如下。

```
<drivers/cpufreq/cpufreq-dt.c>

static int cpufreq_init(struct cpufreq_policy *policy)
```

cpufreq_init()函数中主要的操作如下。

在第 165 行中，使用 get_cpu_device()函数获取 CPU 设备。

在第 171 行中，clk_get()函数获取 CPU 设备的时钟。

在第 179 行中，dev_pm_opp_of_get_sharing_cpus()函数查询系统的设备树是否支持 operating-points-v2 格式的 OPP。

在第 227 行中，调用 OPP 的接口函数 dev_pm_opp_of_cpumask_add_table()函数来初始化 OPP 表，该函数实现在 drivers/opp/of.c 文件中。它会查询系统的设备树固件，并且把 opp-hz 和 opp-microvolt 的值填入系统的 OPP 表里。

在第 234 行中，dev_pm_opp_get_opp_count()函数获取 OPP 表的项数，用于检查 OPP 表创建是否成功。

在第 254 行中，dev_pm_opp_init_cpufreq_table()函数用来创建 CPUfreq 表。

在第 283 行中，调用能效模型的接口函数 dev_pm_opp_of_register_em()注册能效模型子系统。

综上所述，OPP 和能效模型的初始化流程如图 8.34 所示。

▲图 8.34 OPP 和能效模型的初始化流程

8.4.5 注册能效模型子系统

在 CPUfreq-dt 驱动初始化时,我们使用 dev_pm_opp_of_register_em()接口函数来把 CPU 注册到能效模型子系统中,该函数实现在 drivers/opp/of.c 文件中[1]。

```
<drivers/opp/of.c>

void dev_pm_opp_of_register_em(struct cpumask *cpus)
{
    struct em_data_callback em_cb = EM_DATA_CB(_get_cpu_power);

    cpu_dev = get_cpu_device(cpu);
    nr_opp = dev_pm_opp_get_opp_count(cpu_dev);
    np = of_node_get(cpu_dev->of_node);

    ret = of_property_read_u32(np, "dynamic-power-coefficient", &cap);
    em_register_perf_domain(cpus, nr_opp, &em_cb);
}
```

dev_pm_opp_of_register_em()函数的参数 cpus 表示一个 CPU 位图,目的是用这个 CPU 位图里的所有 CPU 来创建一个性能域。这个函数的实现需要有一个回调函数,这个回调函数需要驱动开发者来实现。

---

① 该函数在 Linux 5.1 内核版本之后合并到社区。

```
<include/linux/energy_model.h>

struct em_data_callback {
    int (*active_power)(unsigned long *power, unsigned long *freq, int cpu);
};

#define EM_DATA_CB(_active_power_cb) { .active_power = &_active_power_cb }
```

　　回调函数 active_power()用于获取 OPP 表里的频率值（单位是千赫兹）和计算好的功耗值（单位是毫瓦）。该函数会从 OPP 表的最低的频率开始往上查找，最后频率和功耗值会通过指针来呈现。

　　dev_pm_opp_of_register_em()函数中主要的操作如下。

　　在第 1116 行中，填充 em_data_callback 的回调函数_get_cpu_power()。

　　在第 1122 行中，get_cpu_device()函数获取 CPU。

　　在第 1126 行中，dev_pm_opp_get_opp_count()函数获取该 OPP 表的项数。

　　在第 1141 行中，在设备树里查找和读取 dynamic-power-coefficient 的值。

　　在第 1146 行中，调用 em_register_perf_domain()接口函数向能效模型子系统注册。

　　em_register_perf_domain()是能效模型子系统中一个非常重要的函数，用于向能效模型子系统注册一个性能域。它实现在 kernel/power/energy_model.c 文件中。

```
<kernel/power/energy_model.c>

int em_register_perf_domain(cpumask_t *span, unsigned int nr_states,
                    struct em_data_callback *cb)
```

　　em_register_perf_domain()函数有 3 个参数。其中参数 span 表示 CPU 位图，这个位图里的 CPU 会组成一个性能域；参数 nr_states 表示 OPP 表里有 nr_states 个表项，也就是有 nr_states 个频率点；参数 cb 表示 em_data_callback 的回调函数，它的 active_power 成员指向_get_cpu_power()函数。

　　em_register_perf_domain()函数中主要的操作如下。

　　在第 215～234 行中，遍历 CPU 位图，检查这个 CPU 位图里每个 CPU 的计算能力是否一致，因为同一个性能域上所有的 CPU 必须属于同一个处理器架构，不能混搭不同架构的 CPU，如 Cortex-A53 和 Cortex-A73 等。

　　在第 237 行中，调用 em_create_pd()函数来创建一个性能域。

　　在第 243～250 行中，遍历 CPU 位图，把 pd 指针存放到每个 CPU 的 Per-CPU 类型的 em_data 变量里，方便以后使用 em_cpu_get()接口函数来获取每个 CPU 的 pd 指针。

　　em_create_pd()同样实现在 kernel/power/energy_model.c 文件中，其目的是创建一个性能域，并且创建一个新的表，这个表叫作 em_cap_state 表。在绿色节能调度器里，我们不会直接读取 OPP 子系统中的 OPP 表，而是读取能效模型子系统的 em_cap_state 表。em_create_pd()函数相当于在 OPP 表和 em_cap_state 表之间做了一个转换。

```
<kernel/power/energy_model.c>

static struct em_perf_domain *em_create_pd(cpumask_t *span, int nr_states,
struct em_data_callback *cb)
{
```

```
    pd = kzalloc(sizeof(*pd) + cpumask_size(), GFP_KERNEL);

    table = kcalloc(nr_states, sizeof(*table), GFP_KERNEL);

    for (i = 0, freq = 0; i < nr_states; i++, freq++) {
        ret = cb->active_power(&power, &freq, cpu);

        table[i].power = power;
        table[i].frequency = prev_freq = freq;
    }

    fmax = (u64) table[nr_states - 1].frequency;
    for (i = 0; i < nr_states; i++) {
        table[i].cost = div64_u64(fmax * table[i].power,
                      table[i].frequency);
    }

    pd->table = table;
    pd->nr_cap_states = nr_states;
    cpumask_copy(to_cpumask(pd->cpus), span);

    return pd;
}
```

em_create_pd()函数中主要的操作如下。

在第 94 行中，创建一个数据结构 em_perf_domain。

在第 98 行中，创建一个 em_cap_state 的表。分配一个指向 em_cap_state 数据结构的指针数组，这个数组能容纳 nr_states 个 em_cap_state，目的是把 OPP 子系统的数据填充到这个表里。

在第 103 行中，通过 for 循环遍历 OPP 表，依次调用 em_data_callback 的回调函数 active_power()提取 OPP 子系统的 OPP 表，并且把 power 填充到 em_cap_state->power 成员里，把频率填充到 em_cap_state-> frequency 成员里。注意，回调函数 active_power()会按照低频率到高频率的顺序把 OPP 表的内容提取出来。第一次调用 active_power()时 freq 的值为 0，即从最低频率开始查找 OOP 表，从而得到 OPP 表里频率最低的项，读取出最低频率和最小电压。for 循环依次往上遍历高频率，直到遍历完 nr_cap_states 个表项。

在第 151 行中，计算能效系数 cost，并依次填入 em_cap_state->cost 成员。

在第 156 行中，pd 数据结构的 table 成员会指向这个填充好的 em_cap_state 表。

在第 157 行中，pd 数据结构的 nr_cap_states 记录这个 em_cap_state 表有多少项。

em_create_pd()函数的核心是调用 em_data_callback 的回调函数 active_power()来调取 OPP 子系统中的 OPP 表。active_power 回调函数可以有不同的实现，对于使用设备树的系统来说，可以直接使用 drivers/opp/of.c 文件中实现的_get_cpu_power()函数。该函数的代码片段如下。

```
<drivers/opp/of.c>

static int _get_cpu_power(unsigned long *mW, unsigned long *kHz,
                   int cpu)
{
    ret = of_property_read_u32(np, "dynamic-power-coefficient", &cap);
```

```
    Hz = *kHz * 1000;
    opp = dev_pm_opp_find_freq_ceil(cpu_dev, &Hz);

    mV = dev_pm_opp_get_voltage(opp) / 1000;

    tmp = (u64)cap * mV * mV * (Hz / 1000000);
    do_div(tmp, 1000000000);

    *mW = (unsigned long)tmp;
    *kHz = Hz / 1000;

    return 0;
}
```

_get_cpu_power()函数中主要的操作如下。

在第 1075 行中，get_cpu_device()函数获取 CPU 设备。

在第 1083 行中，查找设备树中的 dynamic-power-coefficient 节点，获取能效系数。

在第 1089 行中，调用 dev_pm_opp_find_freq_ceil()函数来查找频率。第一次调用_get_cpu_power()函数时会向 freq 传入 0，这样就可以得到 OPP 表里频率最低的项，从而得到最低频率和最小电压，然后依次往上遍历高频率，直到遍历完 nr_cap_states 个表项。

在第 1098～1102 行中，计算功耗值。

函数通过形参来返回功耗值和频率值。

计算功耗（power）的公式如下。

$$power = dynamic\_power\_coefficient \times freq \times 电压的平方 \tag{8.24}$$

计算能效系数（cost）的公式如下。

$$cost = power\frac{max\_freq}{freq} \tag{8.25}$$

根据上面的公式，我们可以简单计算出 HiKey960 芯片小核处理器的 OPP 表，如表 8.13 所示。HiKey960 芯片大核处理器的 OPP 表如表 8.14 所示。

表 8.13　　　　　　　　　　　　HiKey960 芯片小核处理器的 OPP 表

频率（MHz）	电压（V）	功耗（mW）	能效系数
533	0.7	28.7	96
999	0.8	70	129
1402	0.9	124	163
1709	1	187	201
1844	1.1	245	245

表 8.14　　　　　　　　　　　　HiKey960 芯片大核处理器的 OPP 表

频率（MHz）	电压（V）	功耗（mW）	能效系数
903	0.7	243	635
1421	0.8	500	831
1805	0.9	804	1052
2112	1	1161	1298
2362	1.1	1571	1571

综上所述，注册能效模型子系统的流程如图 8.35 所示。

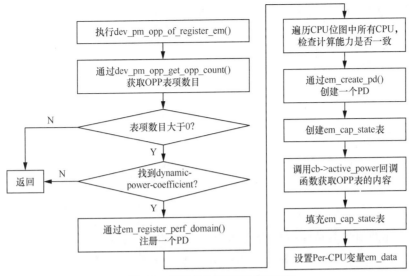

▲图 8.35 注册能效模型子系统的流程

8.4.6 该选择哪个 CPU 来执行唤醒进程 p 呢

与 CFS 相比，绿色节能调度器的重要改变是在唤醒进程时如何选择 CPU。

如图 8.36 所示，假设在此场景中，进程 p 要被唤醒，需要找到一个合适的 CPU 来运行进程 p。CPU0 和 CPU2 中都有进程正在运行，CPU1 和 CPU3 处于空闲状态，即没有进程在运行。CPU0 和 CPU1 是小核 CPU，CPU2 和 CPU3 是大核 CPU，并且 CPU1 和 CPU3 都有足够的计算能力容纳进程 p。在官方 Linux 内核中，CPU1 和 CPU3 都可能被选中，那么绿色节能调度器究竟会选择谁呢？

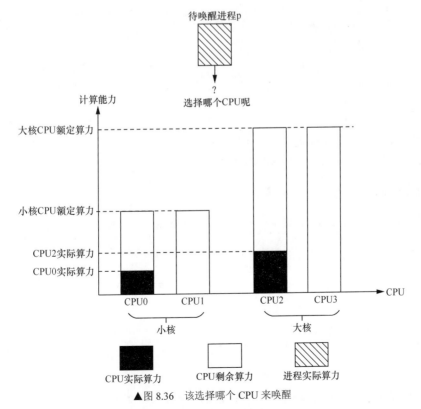

▲图 8.36 该选择哪个 CPU 来唤醒

内核在唤醒进程时通常需要选择一个最合适的 CPU。下面从 wake_up_process()→try_to_wake_up()→select_task_rq()这个代码路径开始看。

```
<kernel/sched/core.c>
<wake_up_process()->try_to_wake_up()>

static int
try_to_wake_up(struct task_struct *p, unsigned int state, int wake_flags)
{
    ...
    cpu = select_task_rq(p, p->wake_cpu, SD_BALANCE_WAKE, wake_flags);
    ...
}
```

select_task_rq()函数为待唤醒进程选择一个最合适的就绪队列，最终会调用调度类中的 select_task_rq 方法，如 CFS 调度类的 select_task_rq_fair()方法。

```
<wake_up_process()->try_to_wake_up()->select_task_rq_fair()>

static int
select_task_rq_fair(struct task_struct *p, int prev_cpu, int sd_flag, int wake_flags,
int sibling_count_hint)
{
    if (sd_flag & SD_BALANCE_WAKE) {
        if (static_branch_unlikely(&sched_energy_present)) {
            if (schedtune_prefer_idle(p) && !sched_feat(EAS_PREFER_IDLE) && !sync)
                goto sd_loop;

            new_cpu = find_energy_efficient_cpu(p, prev_cpu, sync);
            if (new_cpu >= 0)
                return new_cpu;
        }
    }
}
```

对于绿色节能调度器来说，select_task_rq_fair()函数首先判断当前系统是否支持绿色节能调度器，系统用一个全局变量 sched_energy_present 来控制。接下来，调用 find_energy_efficient_cpu()函数，查找一个能效比最优的 CPU 来唤醒进程。

1. find_energy_efficient_cpu()函数分析

find_energy_efficient_cpu()函数实现在 kernel/sched/fair.c 文件中。

```
<kenrel/sched/fair.c>

static int find_energy_efficient_cpu(struct task_struct *p,
                int prev_cpu, int sync)
```

find_energy_efficient_cpu()函数中主要的操作如下[①]。

在第 7009～7011 行中，若系统中没有初始化性能域或者满足 overutilized 条件，那么直接

---

① 这里分析的代码来自 git clone git://linux-arm.org/linux-qp.git; git checkout eas-dev-v5.0-r1。

退出该函数。

在第 7017～7021 行中，读取当前 CPU 对应的 sd_asym_cpucapacity 调度域，这个 sd_asym_cpucapacity 调度域是在 update_top_cache_domain()函数中初始化的。sd_asym_cpucapacity 调度域表示有高速缓存共享属性的调度域，如 HiKey960 芯片中 CPU0～CPU3 共享 L2 高速缓存，属于 MC 层级的调度域，而 CPU4～CPU7 又共享另外一个 L2 高速缓存，属于另外一个 MC 层级的调度域。CPU0 对应的 sd_asym_cpucapacity 调度域只能到达 MC 层级的调度域，因为 DIE 层级的调度域中的 CPU 没有高速缓存的共享属性。

接下来，从该调度域往上查找一个合适的调度域，该合适的调度域需要包含当前 CPU 和 prev_cpu，因为这两个 CPU 是最有可能用来运行这个待唤醒进程的 CPU。

在第 7023 行中，有一个进程马上要被唤醒了，因此调用 sync_entity_load_avg()函数来更新该进程的 blocked 负载。

在第 7024 行中，task_util_est()获取进程的实际算力，如果进程的实际算力为 0，那这算异常情况。task_util()函数获取进程的实际算力，它是通过读取进程调度实体里的 sched_avg 数据结构中 util_avg 成员的值来实现的。

```
static inline unsigned long task_util(struct task_struct *p)
{
    return READ_ONCE(p->se.avg.util_avg);
}
```

在第 7028 行中，初始化一个 CPU 位图变量 candidates。

在第 7031～7034 行中，使用 find_best_target()函数或者 select_max_spare_cap_cpus()来选择候选 CPU，并且把候选 CPU 放到 CPU 位图 candidates 里。如果调度器特性里设置了 FIND_BEST_TARGET，选择 find_best_target()函数，该函数会考虑很多临界情况，实现起来比较复杂。而 select_max_spare_cap_cpus()函数的实现则简洁很多。我们后续会详细分析 select_max_spare_cap_cpus()函数的实现。

在第 7037 行中，使用 cpumask_weight()计算 CPU 位图 candidates 的位宽，若它等于 0，说明刚才没有找到合适的候选 CPU。

在第 7042～7046 行中，若 candidates CPU 位图里只有一个 CPU，就只能选择它了。

在第 7049～7052 行中，compute_energy()是很重要的函数，假设进程 p 迁移到 dst_cpu 的就绪队列里并运行，它会计算性能域的整体功耗是多少。因此，如果 prev_cpu 是进程允许运行的 CPU，那么首先计算当进程 p 迁移到 prev_cpu 上运行的整体功耗 prev_energy。我们稍后以此功耗值作为比较的基准。

在第 7055～7063 行中，for_each_cpu()遍历候选 CPU 位图 candidates 里所有的 CPU，使用 compute_energy()函数来预测功耗情况，从中选择一个功耗值最小的 CPU。这个被选择的 CPU 就是最佳 CPU，即 best_energy_cpu。

在第 7074 行中，选择的 best_energy_cpu 还不能直接使用，因为如果选择的 best_energy_cpu 的预测功耗值和 prev_cpu 的预测功耗值差不多，这里优先选择 prev_cpu，这样可以使用 prev_cpu 高速缓存的热度。如果它们之间的预测功耗值相差比较大，如差值大于 prev_cpu 的预测功耗值的 1/8，就值得选择 best_energy_cpu。

综上所述，绿色节能调度器选择最佳 CPU 来唤醒进程的流程如图 8.37 所示。

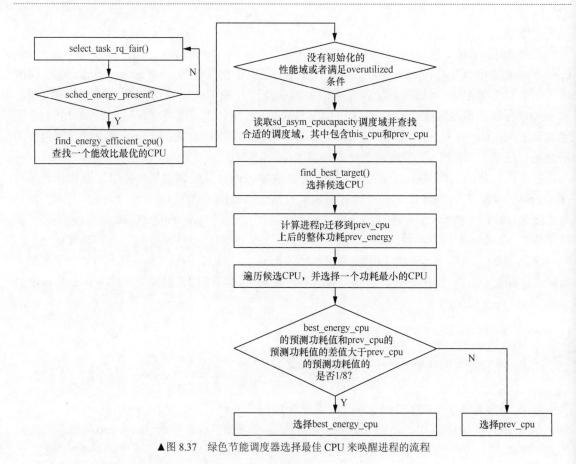

▲图 8.37　绿色节能调度器选择最佳 CPU 来唤醒进程的流程

2. select_max_spare_cap_cpus()函数分析

在选择候选 CPU 时，有两个函数可用，一个是 find_best_target()函数，另外一个是 select_max_spare_cap_cpus()函数。find_best_target()函数只有存在于绿色节能调度器核心开发人员 Quentin Perret 单独维护的一个分支上，而 Linux 5.0 和 Linux 5.1 内核的代码都没包含它。find_best_target()函数会考虑很多特殊情况，select_max_spare_cap_cpus()函数会简单很多，只考虑功耗情况。

下面我们来看 select_max_spare_cap_cpus()函数的实现，它同样实现在 kernel/sched/fair.c 文件中。

```
<kenrel/sched/fair.c>

static void select_max_spare_cap_cpus(struct sched_domain *sd, cpumask_t *cpus,
struct perf_domain *pd, struct task_struct *p)
```

select_max_spare_cap_cpus()函数中实现的主要操作如下。

在第 6920 行中，遍历所有的性能域。

在第 6924 行中，遍历调度域和性能域中重叠的 CPU。

（1）cpu_util_next()函数会计算当进程迁移到这个 CPU 之后的实际算力。接下来要进行一番比较，如果迁移后的 CPU 实际算力比这个 CPU 原本能承受的计算能力还要大，那一定是不合适的。这里还设置了一个 capacity_margin，这是为了预留 20%的裕量。换句话说，我们最好不要把 CPU 的实际算力利用率提高到 100%，大约只能使用到 CPU 最大计算能力的 80%，因为我们还需要预留一点计算能力给实时进程，这就是我们说的 CFS 额定算力。

（2）计算 CPU 的剩余计算能力 spare_cap。

（3）找出在当前性能域中剩余计算能力最大的那个 CPU。

（4）设置这个 CPU 到候选 CPU 位图里，遍历下一个性能域，重复上述步骤。

如图 8.38 所示，在大/小核系统当中，两个大核 CPU 组成的簇构成一个性能域，而两个小核 CPU 组成的簇构成另外一个性能域。在小核性能域里，待唤醒进程 p 分别迁移到 CPU0 和 CPU1，我们可以计算出迁移后的预测计算能力和剩余计算能力。从图 8.38 中可以看到，根据 select_max_spare_cap_cpus() 函数的规则，我们会选择 CPU1 作为候选 CPU，因为 CPU1 的剩余计算能力是最大的。同样在大核性能域里，我们观察到 CPU3 的剩余计算能力是最大的，因此 CPU3 也顺利地成为候选 CPU。

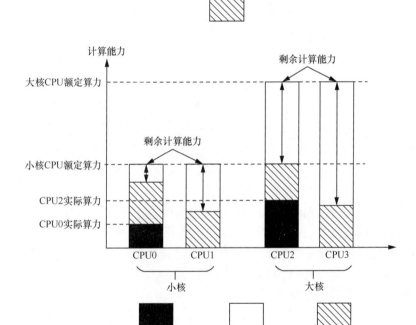

▲图 8.38　计算大/小核性能域当中最大的剩余算力

这里有两个疑问。

❑　为什么在一个性能域中要选择剩余计算能力最大的那个 CPU 作为候选 CPU？

❑　若 CPU1 和 CPU3 都成为候选 CPU，那绿色节能调度器究竟会选择谁？

3. compute_energy()函数分析

compute_energy()函数是绿色节能调度器里非常重要的一个函数，它的作用是当进程 p 迁移到 dst_cpu 之后，计算系统的整体功耗值是多少。

```
<kernel/sched/fair.c>

static long
compute_energy(struct task_struct *p, int dst_cpu, struct perf_domain *pd)
```

```
{
    long util, max_util, sum_util, energy = 0;
    int cpu;

    for (; pd; pd = pd->next) {
        max_util = sum_util = 0;

        for_each_cpu_and(cpu, perf_domain_span(pd), cpu_online_mask) {
            util = cpu_util_next(cpu, p, dst_cpu);
            util += cpu_util_rt(cpu_rq(cpu));
            util = schedutil_energy_util(cpu, util);
            max_util = max(util, max_util);
            sum_util += util;
        }

        energy += em_pd_energy(pd->em_pd, max_util, sum_util);
    }

    return energy;
}
```

compute_energy()函数中主要的操作如下。

在第 6888 行中，首先在第一个 for 循环里，遍历系统中所有的性能域，然后计算每一个性能域的功耗，最后合并计算结果。

在第 6900 行中，通过 for_each_cpu_and()遍历性能域中每一个在线和活跃的 CPU。

（1）若进程 p 迁移到 dst_cpu，那么 cpu_util_next ()函数计算该 CPU 的实际算力。

（2）cpu_util_rt()计算 CPU 的实时进程的实际算力。

（3）util 是进程 p 迁移到 dst_cpu 后的总的实际算力。

（4）max_util 是通过比较后得出的这个性能域里最大的实际算力。

（5）sum_util 是该性能域中所有 CPU 的实际算力总和。

在第 6908 行中，em_pd_energy()通过该性能域的总实际算力 sum_util 和 CPU 最大实际算力 max_util 来计算该性能域的整体功耗。

最后返回系统的整体功耗。整体功耗是一个预测功耗，前提条件是进程 p 迁移到 dst_cpu。

em_pd_energy()函数计算整个性能域的功耗，它实现在 include/linux/energy_model.h 文件中。

```
<include/linux/energy_model.h>

static inline unsigned long em_pd_energy(struct em_perf_domain *pd,
                unsigned long max_util, unsigned long sum_util)
{

    cpu = cpumask_first(to_cpumask(pd->cpus));
    scale_cpu = arch_scale_cpu_capacity(NULL, cpu);
    cs = &pd->table[pd->nr_cap_states - 1];
    freq = map_util_freq(max_util, cs->frequency, scale_cpu);

    for (i = 0; i < pd->nr_cap_states; i++) {
        cs = &pd->table[i];
        if (cs->frequency >= freq)
            break;
```

```
    }

    return cs->cost * sum_util / scale_cpu;
}
```

em_pd_energy()函数有 3 个参数。其中，参数 pd 表示性能域，用于获取该性能域的 em_cap_state 表；参数 max_util 表示这个性能域中 CPU 使用率的最高值；参数 sum_util 表示这个性能域的当前总计算能力。

em_pd_energy()函数中主要的操作如下。

在第 92 行中，arch_scale_cpu_capacity()函数获取性能域里第一个 CPU 的额定算力，以进一步获得整个性能域中所有 CPU 的额定算力，因为性能域里所有 CPU 基于相同的微处理器架构，额定算力也是一样的。

在第 93 行中，获取该性能域里频率最高的表项。

在第 94 行中，map_util_freq()函数做一个映射，为 CPU 最大实际算力 max_util、CPU 额定算力以及 OPP 表里的最高频率建立一个映射关系，以换算 max_util 对应的频率（freq）是多少。

在第 100～104 行中，在 OPP 表里，查找一个正好和刚才换算出来的 freq 相等或者稍微大一点的频率点，接下来就使用这个频率点来计算整个性能域的功耗。

在第 148 行中，计算性能域的功耗。

下面来介绍一下性能域的功耗的计算公式。

CPU 的当前计算能力 current_capacity 是和 CPU 的当前运行频率、CPU 最高运行频率以及 CPU 的额定算力是相关的，计算公式如下。

$$\text{current\_capacity} = \text{scale\_cpu} \frac{\text{freq}}{\text{max\_freq}} \tag{8.26}$$

一个 CPU 的功耗可以通过如下公式来计算。

$$\text{cpu\_energy} = \text{power} \frac{\text{sum\_util}}{\text{current\_capacity}} \tag{8.27}$$

其中，power 是 CPU 在某个频率点的功耗；sum_util 是当前 CPU 的总实际算力，是该性能域中所有 CPU 的实际算力的总和；current_capacity 是当前 CPU 的计算能力。

sum_util 和 current_capacity 都指的是计算能力，但是它们是有明显区别的，sum_util 指的是某个性能域中所有 CPU 的计算能力方面的需求总和，而 current_capacity 指的是 CPU 原本的额定算力。

把式（8.26）和式（8.27）合并，可以得到式（8.28）。

$$\text{cpu\_energy} = \left(\text{power} \frac{\text{max\_freq}}{\text{freq}} \right) \frac{\text{cpu\_util}}{\text{scale\_cpu}} \tag{8.28}$$

其中，$\text{power} \frac{\text{max\_freq}}{\text{freq}}$ 是一个恒定的值，即能效系数，它是在 em_create_pd()函数中计算的，这个值存放在 em_cap_state 数据结构的 cost 成员中，因此上述公式合并之后变成式（8.29）。

$$\text{cpu\_energy} = \text{cost} \frac{\text{cpu\_util}}{\text{scale\_cpu}} \tag{8.29}$$

4. 要点总结

回到本节开始的题目上，绿色节能调度器最终会选择 CPU1 来运行唤醒进程 p。下面我们来总结和分析一下，如图 8.39 所示。

（1）一个系统中 CPU 的最高计算能力被量化成 1024 (SCHED_CAPACITY_SCALE)。如在 HiKey960 芯片里，大核 CPU 的最高计算能力被量化为 1024，而小核 CPU 的最高计算能力为 592。

（2）要判断一个就绪队列的当前实际计算能力有多少，采用实际算力，读取 cfs_rq->avg.util_avg 可得到 CFS 就绪队列的实际算力。

（3）要计算一个进程 p 的实际算力，我们采用 p->se.avg.util_avg。

（4）需要在小核性能域以及大核性能域里面对每个 CPU 进行计算。假如把进程 p 添加到该 CPU 里面，是否能容得下呢？容纳的条件是 CFS 就绪队列的实际算力（cfs_rq->avg.util_avg）不能超过处理器额定算力的 80%。如图 8.39 所示，CPU0～CPU3 都可以容纳进程 p。

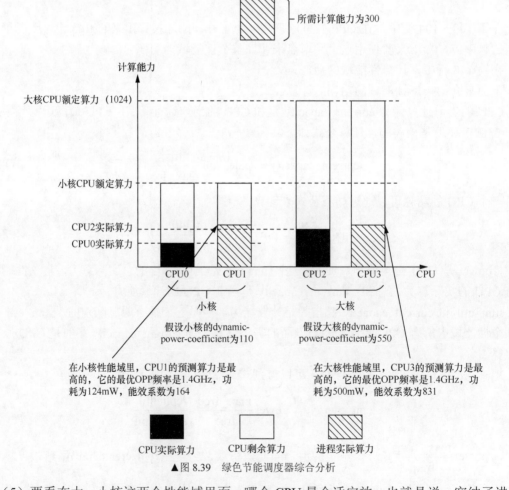

▲图 8.39　绿色节能调度器综合分析

（5）要看在大、小核这两个性能域里面，哪个 CPU 最合适安放，也就是说，容纳了进程 p 之后，它的剩余的计算能力最多的为候选者。我们通过计算，发现小核性能域的 CPU1 和大核性能域的 CPU3 为候选者。

（6）比较进程运行在 CPU1 还是 CPU3 上最省电。

❑ 假设进程 p 迁移到 CPU1 上并运行，在 CPU0 和 CPU1 之间，CPU1 的当前计算能力最高。按照 CPU1 的计算能力来选择一个最优的 OPP 频率。我们假设选择 1.4GHz 的频率，它的功耗为 124mW，能效系数为 163。假设 CPU0 的负载为 200，CPU1 的负载为 300，那么根据计算公式，整个小核性能域的功耗为 $163×(200+300)/592≈137.7(mW)$。

❑ 假设进程 p 迁移到 CPU3 上并运行，在 CPU2 和 CPU3 之间，CPU3 的当前计算能力最高。按照 CPU3 的计算能力来选择一个最优的 OPP 频率，我们选择 1.4GHz 的频率，它的功耗为 500mW，能效系数为 831。假设 CPU2 的负载为 256，CPU3 的负载为 300，根据计算公式，整个大核性能域的功耗为 $831×(256+300)/1024≈451(mW)$。

❑ 通过上述比较，我们发现把进程 p 迁移到小核的 CPU1 上运行是最省电的。

8.4.7 overutilized 条件判断

在 find_energy_efficient_cpu() 函数中，绿色节能调度器在做选择时总是选择计算能力刚刚好的 CPU，这样可以有效地节能。

下面思考另外一个问题，绿色节能调度器是如何与 SMP 负载均衡协同工作的呢？

官方 Linux 内核的 SMP 负载均衡的设计目标是尽可能地提高系统的吞吐量，即属于性能优先类型，而绿色节能调度器的设计目标是功耗优先的。假设现在大核 CPU 都睡眠了，小核 CPU 上还在运行几个进程，那么应该把进程派发（spreading）到大核上，还是使其继续在小核上运行呢？派发的意思是把进程平均地分配到所有的 CPU 上，以提高系统吞吐量。

find_busiest_queue() 函数中有关于 overutilized 条件的判断，也就是说，如果当前系统还没有触发 overutilized 的 "Tipping Point" 条件，那么绿色节能调度器会禁止启动负载均衡。只有触发了这个条件，绿色节能调度器才会实现负载均衡，详见 load_balance()→find_busiest_group() 函数中有 overutilized 条件的判断。

```
<load_balance()→find_busiest_group()>

static struct sched_group *find_busiest_group(struct lb_env *env)
{

    if ((sched_energy_present)) {
        struct root_domain *rd = env->dst_rq->rd;

        if (rd->pd && !rd->overutilized)
            goto out_balanced;
    }

out_balanced:
    env->imbalance = 0;
    return NULL;
}
```

在 update_sd_lb_stats()→update_sg_lb_stats() 函数中会做如下判断。

```
<load_balance()→find_busiest_group()→update_sd_lb_stats()→update_sg_lb_ stats()>

static inline void update_sg_lb_stats(struct lb_env *env,
                struct sched_group *group, int load_idx,
```

```
                int local_group, struct sg_lb_stats *sgs,
                bool *overload, bool *overutilized)
{

    for_each_cpu_and(i, sched_group_cpus(group), env->cpus) {


        if (cpu_overutilized(i)) {
            *sg_status |= SG_OVERUTILIZED;
        }
    }
    ...
}
```

cpu_overutilized()函数比较简单，它判断 CPU 的当前实际算力需求是否超过了该 CPU 额定算力的 80%，如果超过，说明触发了 overutilized 条件，那么会设置 SG_OVERUTILIZED 标志位，然后在 update_sd_lb_stats()函数中将其设置到 rd->overutilized 中。

另外，cpu_util()函数用于计算 CPU 的当前实际算力。

```
static inline unsigned long cpu_util(int cpu)
{
    cfs_rq = &cpu_rq(cpu)->cfs;
    util = READ_ONCE(cfs_rq->avg.util_avg);

    return min_t(unsigned long, util, capacity_orig_of(cpu));
}

static inline bool cpu_overutilized(int cpu)
{
    return (capacity_of(cpu) * 1024) < (cpu_util(cpu) * capacity_margin);
}
```

除了在负载均衡时会判断 overutilized 条件外，每次在时钟节拍处理函数也会做这样的判断，在时钟中断发生后，其代码调用路径为 scheduler_tick()→task_tick_fair()→update_overutilized_ status()。

```
static inline void update_overutilized_status(struct rq *rq)
{
    if (!READ_ONCE(rq->rd->overutilized) && cpu_overutilized(rq->cpu))
        WRITE_ONCE(rq->rd->overutilized, SG_OVERUTILIZED);
}
```

8.4.8　CPU 动态调频

调度器跟踪所有进程的负载情况并且保证每个进程可以公平地得到 CPU 资源，而 CPUfreq 驱动程序同样跟踪进程负载情况，然后动态地设置每个 CPU 的电压和频率，以便可以获得比较长的续航时间。通常 CPU 的核心电压和频率之间存在线性关系，即高频率需要比较高的 CPU 内核电压，低频率则内核电压也低，因此 CPU 内核电压和 CPU 功耗有相关性。在一定的时间周期内，CPUfreq 驱动程序追求在满足进程所需要的计算能力的情况下降低 CPU 频率和内核电压。

Linux 内核现有的 CPUfreq 管理者（governor）都是通过内核接口函数采样 CPU 的空闲时

间（idle time）和活跃时间（active time）来进行调压调频（修改 CPU 的 DVFS OPP）的，这种方法存在如下一些问题。

- 对系统调度情况反应滞后或难以控制。
- 采样过快，调频调压变得过于灵敏，无法过滤一些"毛刺"。
- 采样过慢，对一些突然出现的高 CPU 利用率的场景反应迟钝。

一直以来 Linux 内核调度器和 CPUfreq 驱动程序是分离的两套设计，彼此关联比较少。现在官方 Linux 内核的调度器和 CPUfreq 驱动程序之间存在如下一些问题。

- CPUfreq 驱动程序通过间接启发式的方式获取 CPU 负载信息，但是调度器里有 CPUfreq 驱动程序需要的所有信息。
- 调度器可以决定一个进程负载的贡献度，如进程发生迁移、唤醒等，调度器可以知道目标 CPU 上负载的变化，但是 CPUfreq 驱动程序只能被动地关注量化负载的变化，并且有一定的滞后性。
- 为了保证进程运行的公平性，调度器记录了每个进程的运行时间等信息，但并不知道 CPU 频率变化信息，例如，有两个优先级相同的进程，一个在低频率的 CPU 上运行，另一个在高频率的 CPU 上运行，调度器会给它们相同的运行时间，可是这对运行在低频率 CPU 的进程来说不公平。
- 如果正在运行 SMP 负载均衡时，目标 CPU 被降频了，并且有比较多的进程迁移到目标 CPU 上，由于调度器和 CPUfreq 驱动程序没有沟通机制，所以它们可能各自单独行动，调度器可能迁移进程失败或者 CPUfreq 驱动程序对目标 CPU 进行升频，CPU 没有被充分利用，而且可能重复上述的动作。

现在 Linaro 社区和 ARM 厂商已经在思考如何将调度器和 CPUfreq 驱动程序整合到一起以便更高效地工作。一个处理器里每个 CPU 的运行频率可能都不一样，目前官方 Linux 内核的调度器并没有考虑到 CPU 频率对负载计算的影响，要将 CPU 频率和每个 CPU 计算效率的因素考虑在内，必须有一套合适的负载跟踪算法或者修正因子用于跟踪 CPU 运行在不同频率上的负载贡献，并且这个负载是可以预测的[①]。

在 Linux 4.7 内核开发期间，Intel 的工程师 Rafael J. Wysocki 提交了一个新的 CPUfreq 驱动程序——schedutil。这是一个充分利用调度器提供的 CPU 使用率（CPU Utilization）信息来作为 CPU 频率调节依据的新驱动程序。schedutil 驱动程序实现在 kernel/sched/cpufreq_schedutil.c 文件中。如果要使用这个驱动程序，需要在配置内核时打开 CONFIG_CPU_FREQ_GOV_SCHEDUTIL 选项。

1. schedutil 驱动程序初始化

在 schedutil 驱动程序初始化时会注册一个 CPUfreq 管理者子系统。

```
<kernel/sched/cpufreq_schedutil.c>

struct cpufreq_governor schedutil_gov = {
    .name             = "schedutil",
    .owner            = THIS_MODULE,
    .dynamic_switching = true,
    .init             = sugov_init,
```

---

① 从 Linux 4.4 内核开始已经把一些相关的补丁添加到官方 Linux 内核中。

```
    .exit            = sugov_exit,
    .start           = sugov_start,
};

static int __init sugov_register(void)
{
    return cpufreq_register_governor(&schedutil_gov);
}
fs_initcall(sugov_register);
```

在 sugov_start()函数中会为每个 CPU 建立 schedutil 的一个回调函数。

```
static int sugov_start(struct cpufreq_policy *policy)
{
    for_each_cpu(cpu, policy->cpus) {
        struct sugov_cpu *sg_cpu = &per_cpu(sugov_cpu, cpu);

        cpufreq_add_update_util_hook(cpu, &sg_cpu->update_util,
                        policy_is_shared(policy) ?
                            sugov_update_shared :
                            sugov_update_single);
    }
    return 0;
}
```

这里主要调用 cpufreq_add_update_util_hook()函数来建立回调函数。

```
<include/linux/sched/cpufreq.h>

void cpufreq_add_update_util_hook(int cpu, struct update_util_data *data,
void (*func)(struct update_util_data *data, u64 time,
                    unsigned int flags))
{
    data->func = func;
    rcu_assign_pointer(per_cpu(cpufreq_update_util_data, cpu), data);
}
```

update_util_data 数据结构主要的成员是一个 func 函数指针。另外，我们还定义了一个 Per-CPU 变量的 update_util_data 实例 cpufreq_update_util_data，这是调度器和 schedutil 驱动程序沟通的"桥梁"。

```
DECLARE_PER_CPU(struct update_util_data *, cpufreq_update_util_data);

struct update_util_data {
        void (*func)(struct update_util_data *data, u64 time, unsigned int flags);
};
```

cpufreq_add_update_util_hook()函数设置这个 Per-CPU 类型的 update_util_data 实例，在调度器里可以很方便地访问这个函数指针。在调度器里实现了一个接口函数 cpufreq_update_util()，这个接口函数以 Per-CPU 类型的 cpufreq_update_util_data 作为桥梁，访问 func 指向的回调函数。

```
<kernel/sched/sched.h>

static inline void cpufreq_update_util(struct rq *rq, unsigned int flags)
```

```
{
    struct update_util_data *data;

    data = rcu_dereference_sched(*per_cpu_ptr(&cpufreq_update_util_data,
                        cpu_of(rq)));
    if (data)
        data->func(data, rq_clock(rq), flags);
}
```

2. 什么时候触发调频

在 CFS 里有很多地方会调用 cpufreq_update_util()函数来请求 CPU 进行调频。我们以调度节拍为例。当有时钟中断发生时，经过硬件中断处理后跳转到 scheduler_tick()处理函数，然后调用调度类的 task_tick 方法。在 CFS 里，task_tick 方法会调用 task_tick_fair()函数。在 task_tick_fair()函数里，会调用 update_load_avg()函数更新当前进程和当前 CPU 的 CFS 就绪队列的负载，然后调用 cfs_rq_util_change()函数尝试请求调频，如图 8.40 所示。

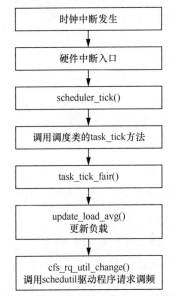

▲图 8.40　通过时钟节拍触发 CPU 调频的流程

系统会多次调用 cfs_rq_util_change()函数进行调频，如图 8.41 所示。

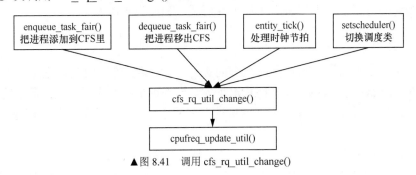

▲图 8.41　调用 cfs_rq_util_change()

8.4.9　小结

绿色节能调度器的软件架构如图 8.42 所示。

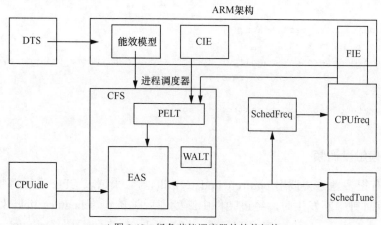

▲图 8.42　绿色节能调度器的软件架构

关于绿色节能调度算法有如下一些要点。

❑ 量化的计算能力分成处理器额定算力、CFS 额定算力以及实际算力。

❑ 复用 Linux 内核中的 CPU 调度域拓扑关系，增加了描述能效模型的数据结构的性能域。

❑ 绿色节能调度器把 CPU 实际算力、CPU 频率和 CPU 计算能力三者完美地量化到同一量化值中，这就是所谓的标准化负载跟踪（scale-invariant load tracking）。

❑ 就绪队列或者进程调度实体的实际算力计算，详见 cpu_util() 或者 task_util() 等函数。

❑ CPU overutilized 条件，其中包含 Tipping Point 条件。当一个 CPU 触发 overutilized 条件时，整个系统暂时退出绿色节能调度器。

❑ 新增了 CPU 调频接口 schedutil 驱动程序。

8.5　实时调度

实时指的是一个特定任务的执行时间必须是确定的并且可预测的，在任何情况下都能保证任务的最大执行时间限制。通常实时分成软实时和硬实时两种。

❑ 软实时：仅仅要求事件响应是实时的，并不要求任务必须在多长时间内完成，大多数情况下要求的是统计意义上实时，不需要 100% 达到实时，如视频播放器，偶尔不能在限定时间完成任务也是能接受的。

❑ 硬实时：对任务的执行时间的要求非常严格，无论在什么情况下，任务的执行时间必须得到绝对保证，否则将产生灾难性后果，如飞行控制器等。

8.5.1　实时延时分析

下面以一个例子来分析 Linux 操作系统的实时延时，我们假设 Linux 操作系统已经打开了内核抢占功能，即配置了 CONFIG_PREEMPT 宏。当外设中断发生后，我们需要唤醒进程 A 来响应这个事件，从中断发生到进程 A 开始执行之间的这段延时，我们称为实时延时，如图 8.43 所示。

在初始时，进程 A 处于睡眠等待状态（TASK_INTERRUPTIBLE）。

在 T0 时刻，外设中断发生。从中断发生到 Linux 内核响应之间有一个延时，称为中断延时。产生中断延时的原因有很多种。

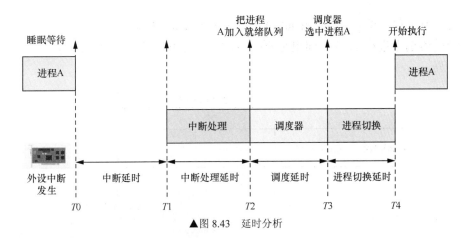

▲图 8.43　延时分析

- 发生中断时，Linux 内核正处于关中断的状态，如正在 spinlock_irq() 和 spin_lock_irqsave() 的临界区里执行，因此本地处理器将无法立刻响应这个中断，如图 8.44 所示。
- 中断控制器的调度延时。现代的中断控制器支持中断优先级调度和抢占，因此，它可能会被高优先级中断抢占。

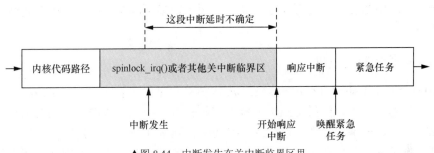

▲图 8.44　中断发生在关中断临界区里

在 $T1$ 时刻，CPU 响应了这个中断，Linux 内核的中断处理分成了上半部和下半部。上半部处理会很快完成，而且没有其他中断打扰，但是下半部是在开中断情况下执行的，可能被其他中断打断。如图 8.45 所示，在处理完中断 A 的上半部之后，其他外设中有中断发生，CPU 转向处理其他中断了，这样延时处理中断 A 的下半部。我们把开始响应中断到这个中断完全处理的这段时间称为中断处理延时。

▲图 8.45　被打断的下半部

在 $T2$ 时刻，中断处理完成，唤醒进程 A。从唤醒进程到进程被调度器选中的这段延时称为调度延时。产生调度延时的主要原因如下。

- 当中断发生时 Linux 内核正在自旋锁临界区里执行。这样，中断完成之后不能马上抢占调度，必须等到 Linux 内核执行完成自旋锁临界区才能抢占调度，如图 8.46 所示。自旋锁临界区是关闭内核抢占的，当退出自旋锁临界区时会打开内核抢占并且尝试抢占当前进程，见 preempt_enable()→_preempt_schedule()函数。

❑ 调度器选中进程 A 的时间也是不确定的，可能就绪队列中有比进程 A 优先级更高的进程。

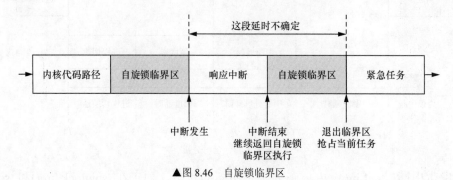

▲图 8.46　自旋锁临界区

在 T3 时刻，调度器选中了进程 A，还需要进程上下文切换后才能执行进程 A，上下文切换也是有一定延时的。

在 T4 时刻，进程 A 终于等到了执行的机会。

综上所述，从中断发生到进程执行，其间经历了很多不确定的延时，这对实时的实现带来了很大的挑战。

8.5.2　Linux 内核实时性改进

早在 2001 年时，Robert Love[①]就给 Linux 内核打上了抢占补丁，所以 Linux 内核支持可抢占已经有十几年的时间了。如果 Linux 内核不支持抢占，那么进程要么主动要求调度，如调用 schedule()或者 cond_resched()等，要么在系统调用、异常处理和中断处理完成返回用户空间前夕进行调度，上述条件都导致了早期 Linux 内核的调度延迟非常大。在支持可抢占的内核中，如果唤醒动作发生在系统调用或者异常处理上下文中，在下一次调用 preempt_enable()时会检查是否需要抢占调度。preempt_enable()函数会主动调用 __preempt_schedule()来判断是否需要抢占当前进程。

```
<include/linux/preempt.h>

#ifdef CONFIG_PREEMPT
#define preempt_enable() \
do { \
    barrier(); \
    if (unlikely(preempt_count_dec_and_test())) \
        __preempt_schedule(); \
} while (0)
#endif
```

另外，中断处理返回前会检查是否要抢占当前进程。注意，这里是中断处理返回，而不是用户空间返回，二者之间是有很大区别的。

thread_info 数据结构中有一个成员 preempt_count 计数，Linux 内核为了支持内核抢占引入了该成员。当 preempt_count 为 0 时，表示内核可以被安全抢占；当它大于 0 时，则禁止抢占。

---

① Robert Love 在谷歌公司工作，著有《Linux Kernel Development》一书。

```
<arch/arm64/include/asm/thread_info.h>

struct thread_info {
    ...
    union {
        u64        preempt_count;
        struct {
            u32    count;
            u32    need_resched;
        } preempt;
    };
    ...
};
```

内核提供 preempt_disable() 来关闭抢占，之后 preempt_count 会加 1。preempt_enable() 函数用于打开抢占，preempt_count 计数减 1 后，程序会判断其是否为 0，如果为 0，则调用 __preempt_schedule() 函数完成调度抢占。

preempt_count 包含 preempt、softirq、hardirq、NMI 以及 need_resched 几个域，如图 8.47 所示。

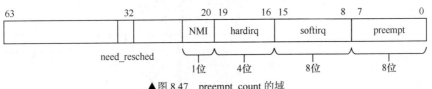

▲图 8.47　preempt_count 的域

内核仅仅支持可抢占调度，要达到硬实时系统（hard real-time systerm）的要求还远远不够，为此社区中有一群人致力于 Linux 内核的实时性优化和改进。最近几年有很多优化的补丁已经添加到了官方 Linux 内核中，如表 8.15 所示。

表 8.15　　　　　　　　　　　　优化的补丁

主要功能	进入的 Linux 内核版本	说　　明
Preemption support	2.5	在 Linux 2.5 内核开发期间已经加入该特性
PI Mutexes	N/A	PI 指 Priority Inheritance，即优先级继承的互斥锁
High-Resolution Timer	2.6.24	高精度定时器
Preemptive Read-Copy Update	2.6.25	可抢占 RCU 锁
IRQ Threads	2.6.30	中断线程化
Forced IRQ Threads	2.6.39	强制中断线程化
Deadline scheduler	3.14	deadline 调度器
Full Realtime Preemption support	rt-patchesset	在 kernel 网站中可以下载对应的补丁集

Linux 内核中的 ftrace 工具提供了很好的方法，用于检查系统中哪些地方有比较大的调度延迟，如某个驱动程序关闭抢占的时间太长，会导致调度延迟的增加。ftrace 中有一些非常好用的跟踪器，如 preemptirqsoff 跟踪器可以跟踪关闭中断并禁止进程抢占代码的延时，同时记录关闭的最大时长。

下面显示在某个 ARM 平台上 MMC 驱动程序的延迟，大概有 1ms。

```
# tracer: preemptirqsoff
```

```
#
# preemptirqsoff latency trace v1.1.5
# --------------------------------------------------------------------
# latency: 992 us, #403/403, CPU#1 | (M:preempt VP:0, KP:0, SP:0 HP:0 #P:4)
#    -----------------
#    | task: mmcqd/0-1569 (uid:0 nice:0 policy:0 rt_prio:0)
#    -----------------
#  => started at: sdhci_execute_tuning
#  => ended at:    sdhci_execute_tuning
#
#
#                 _------=> CPU#
#                / _-----=> irqs-off
#               | / _----=> need-resched
#               || / _---=> hardirq/softirq
#               ||| / _--=> preempt-depth
#               |||| /    delay
# cmd     pid   ||||| time  |   caller
#    \   /      ||||| \     |   /
        ...
 mmcqd/0-1569        1d..1  991us : idle_cpu <-irq_exit
 mmcqd/0-1569        1d..1  991us : rcu_irq_exit <-irq_exit
 mmcqd/0-1569        1...1  992us : _raw_spin_unlock_irqrestore <-sdhci_execute_tuning
 mmcqd/0-1569        1...1  993us+: trace_preempt_on <-sdhci_execute_tuning
 mmcqd/0-1569        1...1 1035us : <stack trace>
=> preempt_count_sub
=> _raw_spin_unlock_irqrestore
=> sdhci_execute_tuning
=> sdhci_request
=> mmc_start_request
=> mmc_start_req
=> mmc_blk_issue_rw_rq
=> mmc_blk_issue_rq
=> mmc_queue_thread
=> kthread
=> ret_from_fork
```

　　mmc_queue_thread 线程在处理块层发送请求时，通过 MMC 驱动程序发送请求给 MMC，但在 MMC 驱动程序的处理过程中，spin_lock_irqsave()函数关闭抢占时间的太长，导致出现长时间的延迟，因此 preemptirqsoff 跟踪器能把它抓取下来，以便开发者后续详细分析。

　　Linux 内核中还集成了 latencytop 工具，它在内核上下文切换时记录被切换进程的内核栈，然后通过匹配内核栈函数来判断导致上下文切换的原因。这不仅方便判断系统出现了哪方面的延迟，还有助于查看某个进程或者线程的延迟情况。下面是在 Android 操作系统中抓取某个 sensor 应用程序的延时数据。

```
//在 Android 操作系统中抓取某个 sensor 应用程序的延时数据
Latencies for process 3822:
   Maximum        Average      Count Reason
   4.99 ms        0.75 ms       6821  futex_wait_queue_me
   4.90 ms        1.16 ms     1636492  ep_poll
   4.89 ms        0.45 ms      30438  binder_thread_read
```

```
4.85 ms     1.63 ms      665  __skb_recv_datagram
4.75 ms     1.10 ms  3327542  poll_schedule_timeout
3.15 ms     0.33 ms    13490  binder_ioctl
2.65 ms     1.24 ms       95  thermal_zone_get_temp
2.65 ms     0.80 ms     1634  usleep_range
2.41 ms     0.88 ms       95  intel_soc_pmic_dptf_handler
2.08 ms     0.36 ms    16340  ffs_epfile_io.isra.16
```

除了 ftrace 和 latencytop 工具外，还有一个常用的测试系统实时性能的小工具 cyclictest。

第9章　进程管理之调试与案例分析

本章高频面试题

1. 如何查看进程的调度信息？
2. 如何查看 CFS 的调度信息？
3. 如何查看调度域的拓扑关系？
4. 在/proc/sys/kernel 目录下面的 sched_latency_ns 和 sched_min_granularity_ns 这两个节点有什么区别？
5. 假设在一个双核处理器的系统中，在 Shell 界面下运行 test 程序，CPU0 的就绪队列中有 4 个进程，而 CPU1 的就绪队列中有 1 个进程。test 程序和这 5 个进程的 nice 值都为 0。
   - ❏ 请画出 test 程序在内核空间的运行流程。
   - ❏ 若干时间之后，CPU0 和 CPU1 的就绪队列如何变化？
6. 进程的本质是什么？
7. 在 Linux 内核实现中有哪些概念和进程优先级相关？
8. 站在 CPU 的角度，进程切换时，CPU 会区分谁是 prev 进程，谁是 next 进程吗？
9. 假设 next 进程和 prev 进程都是用户进程，从 prev 进程切换到 next 进程后，next 进程执行的下一条语句是什么？是 next 进程在用户空间被中断的那条指令吗？
10. 假设 prev 进程正在执行时发生了时钟中断，然后发生了进程切换，并切换到 next 进程，那么这个时钟中断的中断现场会在什么时候恢复？
11. 假设 prev 进程在时钟中断的驱动下发生了进程切换，并选择 next 进程是新创建的进程，那么新创建的进程从哪里开始执行？由于时钟中断处理是在关中断下进行的，若新创建的进程一直在 loop 里执行，那么是不是系统会因为没办法再一次响应时钟中断，一直运行这个新创建的进程？
12. 在中断处理函数中，能不能直接调用 schedule()函数？为什么？
13. 假设在 raw_local_irq_disable()函数后直接调用 schedule()函数，若调度器选择的 next 进程是一个 loop 执行的进程，那是不是系统就不能响应时钟中断，从而瘫痪？

9.1　进程管理之调试

Linux 内核为开发者提供了丰富的进程调度信息，这些调度信息都需要在内核配置时打开 CONFIG_SCHED_DEBUG 选项。

9.1.1　查看与进程相关的调度信息

有时候我们需要查看进程相关的调度信息，如进程的 nice 值、优先级、调度策略、vruntime

以及量化计算能力等信息。在 Linux 的 proc 目录中，为每个进程提供一个独立的目录，该目录包含了与进程相关的信息。图 9.1 所示为 ID 为 560 的进程的 proc 目录。

```
root@benshushu:~# cat /proc/560/
autogroup        fdinfo/          oom_adj          stack
auxv             gid_map          oom_score        stat
cgroup           limits           oom_score_adj    statm
clear_refs       map_files/       pagemap          status
cmdline          maps             personality      syscall
comm             mem              projid_map       task/
coredump_filter  mountinfo        root/            timers
cpuset           mounts           sched            timerslack_ns
cwd/             mountstats       schedstat        uid_map
environ          net/             setgroups        wchan
exe              ns/              smaps
fd/              numa_maps        smaps_rollup
```

▲图 9.1 ID 为 560 的进程的 proc 目录

在进程 proc 目录里，看到和进程调度相关的节点为 sched，读者可以使用 cat 命令来读取这个节点的信息，如图 9.2 所示。

```
root@benshushu:~# cat /proc/560/sched
systemd (560, #threads: 1)
-------------------------------------------------------------------
se.exec_start                                :        620908.231648
se.vruntime                                  :           176.812354
se.sum_exec_runtime                          :           631.815280
se.nr_migrations                             :                    3
nr_switches                                  :                   61
nr_voluntary_switches                        :                   18
nr_involuntary_switches                      :                   43
se.load.weight                               :              1048576
se.runnable_weight                           :              1048576
se.avg.load_sum                              :                39064
se.avg.runnable_load_sum                     :                39064
se.avg.util_sum                              :             39075722
se.avg.load_avg                              :                  851
se.avg.runnable_load_avg                     :                  851
se.avg.util_avg                              :                  832
se.avg.last_update_time                      :         620908230656
se.avg.util_est.ewma                         :                  748
se.avg.util_est.enqueued                     :                  833
policy                                       :                    0
prio                                         :                  120
clock-delta                                  :                  944
mm->numa_scan_seq                            :                    0
numa_pages_migrated                          :                    0
numa_preferred_nid                           :                   -1
total_numa_faults                            :                    0
current_node=0, numa_group_id=0
numa_faults node=0 task_private=0 task_shared=0 group_private=0 group_shared=0
```

▲图 9.2 sched 节点的信息

从图 9.2 我们可以得到很多有用的信息，这些信息是在 proc_sched_show_task()函数中输出的，该函数实现在 kernel/sched/debug.c 文件中。这些信息如下。

- 进程的名称为 systemd，ID 是 560，线程有 1 个。
- 进程的优先级为 120。
- 进程的调度策略是 SCHED_NORMAL，使用的调度类是 CFS 调度类（fair_sched_class）。
- 当前进程的虚拟时间（vruntime）是 176.812354ms。总运行时间为 631.815280ms。
- 进程发生过 3 次迁移，61 次进程上下文切换，其中主动调度有 18 次，被抢占调度有 43 次。
- 进程的权重 se.load.weight 和 se.runnable_weight 相等，都是 1048576。注意，这两个值

均为原本的权重值乘以 1024。进程优先级为 120，nice 值为 0，它原本的权重值为 1024。

- 当前时刻，进程的 se.avg.load_sum 值和 se.avg.runnable_load_sum 相等，都是 39064。
- 进程的 se.avg.load_avg 和 se.avg.runnable_load_avg 是相等的，都是 851。对于该进程来说，它的量化负载的最大值就等于它的权重值，即 1024，这是在 100%占用 CPU 的情况下得到的。
- 进程的量化计算能力（se.avg.util_avg）为 832。

Linux 内核还提供一个与调度信息相关的数据结构 sched_statistics，其中包含了非常多和调度相关的统计信息。要查看这些统计信息，需要打开 CONFIG_SCHEDSTATS 配置选项。另外，还需要打开 sched_schedstats 节点。

```
echo 1 > /proc/sys/kernel/sched_schedstats
```

重新查看 ID 为 560 的进程调度信息，我们会发现里面多了很多统计信息，如图 9.3 所示。

```
root@benshushu:~# cat /proc/560/sched
systemd (560, #threads: 1)
-------------------------------------------------------------------
se.exec_start                                :        620908.231648
se.vruntime                                  :           176.812354
se.sum_exec_runtime                          :           631.815280
se.nr_migrations                             :                    3
se.statistics.sum_sleep_runtime              :             0.000000
se.statistics.wait_start                     :             0.000000
se.statistics.sleep_start                    :             0.000000
se.statistics.block_start                    :             0.000000
se.statistics.sleep_max                      :             0.000000
se.statistics.block_max                      :             0.000000
se.statistics.exec_max                       :             0.000000
se.statistics.slice_max                      :             0.000000
se.statistics.wait_max                       :             0.000000
se.statistics.wait_sum                       :             0.000000
se.statistics.wait_count                     :                    0
se.statistics.iowait_sum                     :             0.000000
se.statistics.iowait_count                   :                    0
se.statistics.nr_migrations_cold             :                    0
se.statistics.nr_failed_migrations_affine    :                    0
se.statistics.nr_failed_migrations_running   :                    0
```

▲图 9.3　与 ID 为 560 的进程调度相关的统计信息

9.1.2　查看 CFS 的信息

Linux 内核在调度方面实现了一些调试接口，为开发者提供窥探调度器内部信息的接口。在 proc 目录下面有一个 sched_debug 节点，其信息如图 9.4 所示。

```
/ # cat /proc/sched_debug
Sched Debug Version: v0.11, 5.0.0+ #11
ktime                                   : 45627.690352
sched_clk                               : 45682.491856
cpu_clk                                 : 45682.493184
jiffies                                 : 4294903702

sysctl_sched
  .sysctl_sched_latency                    : 6.000000
  .sysctl_sched_min_granularity            : 0.750000
  .sysctl_sched_wakeup_granularity         : 1.000000
  .sysctl_sched_child_runs_first           : 0
  .sysctl_sched_features                   : 4118075
  .sysctl_sched_tunable_scaling            : 1 (logaritmic)
```

▲图 9.4　sched_debug 节点的信息

图 9.4 显示了如下信息。

- ❑ Sched 调试信息的版本号：v0.11。
- ❑ Linux 内核版本号：5.0.0。
- ❑ 内核时间（ktime）的值。
- ❑ sched_clock 和 cpu_clk 的值。
- ❑ 当前 jiffies 的值。
- ❑ 和调度相关的 sysctl_sched 的值。
  - ■ 调度周期 sysctl_sched_latency 为 6ms。
  - ■ 调度最小粒度为 0.75ms。
  - ■ 唤醒的最小粒度为 1ms。
  - ■ fork 调用完成之后禁止子进程先运行。
  - ■ 调度支持的特性。

图 9.5 所示为和 CPU 相关的信息。

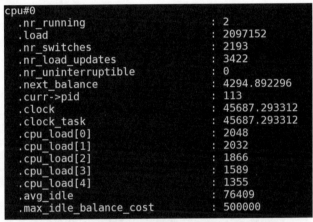

▲图 9.5 和 CPU 相关的信息

- ❑ nr_running：有两个进程在就绪队列里。
- ❑ load：就绪队列的权重值为 2097152。注意，该权重值为原来的权重值乘以 1024。这个值除以 1024 之后变成 2048。
- ❑ nr_switches：就绪队列发生进程切换的次数。
- ❑ nr_load_updates：就绪队列的 cpu_load[]平滑负载更新的次数。
- ❑ next_balance：下一次做负载均衡的时间。
- ❑ curr->pid：正在运行状态的 PID。
- ❑ clock 和 clock_task：当前系统采样的时刻。
- ❑ cpu_load[]：CPU 历史负载数组。

图 9.6 所示为 CFS 就绪队列的相关信息。

- ❑ exec_clock：CFS 就绪队列的总运行时间。
- ❑ MIN_vruntime：表示 CFS 就绪队列的红黑树中最左边节点的 vruntime 的值。
- ❑ min_vruntime：CFS 就绪队列里 min_vruntime 的值。
- ❑ max_vruntime：CFS 就绪队列的红黑树中最右边节点的 vruntime 的值。
- ❑ nr_running：CFS 就绪队列中的进程数。
- ❑ load：CFS 就绪队列的总权重。
- ❑ runnable_weight：CFS 就绪队列中可运行状态的进程总权重。

```
cfs_rq[0]:
  .exec_clock                    : 0.000000
  .MIN_vruntime                  : 12706.316406
  .min_vruntime                  : 12704.544981
  .max_vruntime                  : 12706.316406
  .spread                        : 0.000000
  .spread0                       : 0.000000
  .nr_spread_over                : 0
  .nr_running                    : 2
  .load                          : 2097152
  .runnable_weight               : 2097152
  .load_avg                      : 2111
  .runnable_load_avg             : 2048
  .util_avg                      : 1024
  .util_est_enqueued             : 638
  .removed.load_avg              : 0
  .removed.util_avg              : 0
  .removed.runnable_sum          : 0
```

▲图 9.6　CFS 就绪队列的信息

- ❑ load_avg：调度队列中总的量化负载，这是 CFS 就绪队列中所有进程的量化负载之和。
- ❑ runnable_load_avg：CFS 就绪队列里所有可运行状态下的进程总量化负载，可以看到它的值和 load_avg 相等。
- ❑ util_avg：CFS 就绪队列当前的量化计算能力。

接下来，显示实时调度和 deadline 调度的相关信息，如图 9.7 所示。

```
rt_rq[0]:
  .rt_nr_running                 : 0
  .rt_nr_migratory               : 0
  .rt_throttled                  : 0
  .rt_time                       : 0.000000
  .rt_runtime                    : 950.000000

dl_rq[0]:
  .dl_nr_running                 : 0
  .dl_nr_migratory               : 0
  .dl_bw->bw                     : 996147
  .dl_bw->total_bw               : 0
```

▲图 9.7　实时调度和 deadline 调度的相关信息

最后会输出所有进程的相关信息，如图 9.8 所示。

```
runnable tasks:
 S           task   PID         tree-key  switches  prio     wait-time             sum-exec        sum-sleep
-----------------------------------------------------------------------------------------------------------
 S        linuxrc     1     10106.156042       381   120      0.000000          1883.607296         0.000000 0 0
 S       kthreadd     2      9206.873603        68   120      0.000000            82.054768         0.000000 0 0
 I         rcu_gp     3        20.712982         2   100      0.000000             2.317136         0.000000 0 0
 I     rcu_par_gp     4        22.039945         2   100      0.000000             0.249328         0.000000 0 0
 I    kworker/0:0     5        46.927036         6   120      0.000000             3.987152         0.000000 0 0
 I   kworker/0:0H     6      8821.210686         5   100      0.000000             5.816064         0.000000 0 0
 I   kworker/u2:0     7     12691.684918       149   120      0.000000            87.521312         0.000000 0 0
 I   mm_percpu_wq     8        27.767055         2   100      0.000000             0.137920         0.000000 0 0
 S    ksoftirqd/0     9     10095.277658        38   120      0.000000            18.802528         0.000000 0 0
 I      rcu_sched    10     12701.726565       530   120      0.000000           303.689072         0.000000 0 0
 S    migration/0    11         0.000000        17     0      0.000000            13.492480         0.000000 0 0
 I    kworker/0:1    12     11916.345286        43   120      0.000000            42.251200         0.000000 0 0
 S        cpuhp/0    13      8906.853159         9   120      0.000000             6.088800         0.000000 0 0
 S      kdevtmpfs    14      9324.435953       102   120      0.000000            59.839568         0.000000 0 0
 I          netns    15        96.869979         2   100      0.000000             0.179808         0.000000 0 0
 S     khungtaskd    16       303.227051         2   120      0.000000             1.164336         0.000000 0 0
 S     oom_reaper    17       305.478394         2   120      0.000000             0.681328         0.000000 0 0
 I      writeback    18       307.643710         2   100      0.000000             1.384800         0.000000 0 0
 S     kcompactd0    19       316.197274         2   120      0.000000             0.779568         0.000000 0 0
 S           ksmd    20       324.930454         2   125      0.000000             0.395808         0.000000 0 0
 I         crypto    21       325.522712         2   100      0.000000             0.099312         0.000000 0 0
 I    kintegrityd    22       327.059486         2   100      0.000000             0.107392         0.000000 0 0
 I        kblockd    23       328.605186         2   100      0.000000             0.119184         0.000000 0 0
 I     devfreq_wq    24       348.153034         2   100      0.000000             0.132160         0.000000 0 0
 S      watchdogd    25         0.000000         2     0      0.000000             1.204416         0.000000 0 0
 S        kswapd0    26      1298.207189         4   120      0.000000             9.588592         0.000000 0 0
 I   kworker/u2:1    28      9170.978326         5   120      0.000000             7.302048         0.000000 0 0
 I  ipv6_addrconf    92      9028.187445         2   100      0.000000             0.154592         0.000000 0 0
 I   kworker/u2:2    94      9171.680838         2   120      0.000000             0.712032         0.000000 0 0
 S             sh   110     12693.589414       113   120      0.000000           261.238320         0.000000 0 0
 R           test   112     12706.316406        74   120      0.000000          2310.659360         0.000000 0 0
>R            cat   113     12704.544981         2   120      0.000000             8.243536         0.000000 0 0
```

▲图 9.8　所有进程的相关信息

第 1 列显示进程的状态。R 表示可运行状态，也就是在 CFS 就绪队列中的进程；S 表示睡眠状态的进程。第 2 列显示进程的名称。第 3 列显示 PID。第 4 列显示进程在 CFS 就绪队列的红黑树中的键值。第 5 列显示进程切换的次数。第 6 列显示进程的优先级。第 7 列显示进程等待时间。第 8 列显示进程运行的总时间。第 9 列显示进程休眠的总时间。

9.1.3 查看调度域信息

在理解 SMP 负载均衡机制的过程中，CPU 的拓扑关系是一个难点。Linux 内核新增了一个调试节点来帮助开发者理解（详见 kernel/sched/topology.c 文件）。在编译内核时，不仅需要打开 CONFIG_SCHED_DEBUG 选项，还需要在内核启动参数里传递 sched_debug 参数。

在内核启动之后，可以通过 dmesg 命令来得到 CPU 拓扑关系，如图 9.9 所示。

```
[    0.224258] CPU0 attaching sched-domain(s):
[    0.224422]  domain-0: span=0-3 level=MC
[    0.224780]   groups: 0:{ span=0 }, 1:{ span=1 }, 2:{ span=2 }, 3:{ span=3 }
[    0.227045] CPU1 attaching sched-domain(s):
[    0.227111]  domain-0: span=0-3 level=MC
[    0.227179]   groups: 1:{ span=1 }, 2:{ span=2 }, 3:{ span=3 }, 0:{ span=0 }
[    0.227347] CPU2 attaching sched-domain(s):
[    0.227407]  domain-0: span=0-3 level=MC
[    0.227471]   groups: 2:{ span=2 }, 3:{ span=3 }, 0:{ span=0 }, 1:{ span=1 }
[    0.228416] CPU3 attaching sched-domain(s):
[    0.228485]  domain-0: span=0-3 level=MC
[    0.228553]   groups: 3:{ span=3 }, 0:{ span=0 }, 1:{ span=1 }, 2:{ span=2 }
[    0.228757] root domain span: 0-3 (max cpu_capacity = 1024)
```

▲图 9.9　CPU 拓扑关系

可以看出，该系统只有 MC 层级，从 CPU0 角度看，它对应的调度域是 domain-0，管辖的范围是 CPU[0～3]，调度层级是 MC。同理，可以得出 CPU1、CPU2 以及 CPU3 的 CPU 拓扑关系。

一台 8 核处理器的台式计算机的 CPU 拓扑关系如图 9.10 所示，使用的处理器是 Intel Core i7-4770。

```
[    0.032040] CPU0 attaching sched-domain(s):
[    0.032042]  domain-0: span=0,4 level=SMT
[    0.032043]   groups: 0:{ span=0 cap=589 }, 4:{ span=4 cap=589 }
[    0.032046]  domain-1: span=0-7 level=MC
[    0.032047]   groups: 0:{ span=0,4 cap=1178 }, 1:{ span=1,5 cap=1178 }, 2:{ span=2,6 cap=1178 }, 3:{ span=3,7 cap=1178

[    0.032054] CPU1 attaching sched-domain(s):
[    0.032054]  domain-0: span=1,5 level=SMT
[    0.032055]   groups: 1:{ span=1 cap=589 }, 5:{ span=5 cap=589 }
[    0.032057]  domain-1: span=0-7 level=MC
[    0.032058]   groups: 1:{ span=1,5 cap=1178 }, 2:{ span=2,6 cap=1178 }, 3:{ span=3,7 cap=1178 }, 0:{ span=0,4 cap=1178

[    0.032062] CPU2 attaching sched-domain(s):
[    0.032062]  domain-0: span=2,6 level=SMT
[    0.032063]   groups: 2:{ span=2 cap=589 }, 6:{ span=6 cap=589 }
[    0.032065]  domain-1: span=0-7 level=MC
[    0.032066]   groups: 2:{ span=2,6 cap=1178 }, 3:{ span=3,7 cap=1178 }, 0:{ span=0,4 cap=1178 }, 1:{ span=1,5 cap=1178

[    0.032070] CPU3 attaching sched-domain(s):
[    0.032071]  domain-0: span=3,7 level=SMT
[    0.032072]   groups: 3:{ span=3 cap=589 }, 7:{ span=7 cap=589 }
[    0.032074]  domain-1: span=0-7 level=MC
[    0.032075]   groups: 3:{ span=3,7 cap=1178 }, 0:{ span=0,4 cap=1178 }, 1:{ span=1,5 cap=1178 }, 2:{ span=2,6 cap=1178

[    0.032079] CPU4 attaching sched-domain(s):
[    0.032079]  domain-0: span=0,4 level=SMT
[    0.032080]   groups: 4:{ span=4 cap=589 }, 0:{ span=0 cap=589 }
[    0.032082]  domain-1: span=0-7 level=MC
[    0.032083]   groups: 0:{ span=0,4 cap=1178 }, 1:{ span=1,5 cap=1178 }, 2:{ span=2,6 cap=1178 }, 3:{ span=3,7 cap=1178

[    0.032087] CPU5 attaching sched-domain(s):
[    0.032088]  domain-0: span=1,5 level=SMT
[    0.032088]   groups: 5:{ span=5 cap=589 }, 1:{ span=1 cap=589 }
[    0.032090]  domain-1: span=0-7 level=MC
[    0.032091]   groups: 1:{ span=1,5 cap=1178 }, 2:{ span=2,6 cap=1178 }, 3:{ span=3,7 cap=1178 }, 0:{ span=0,4 cap=1178

[    0.032096] CPU6 attaching sched-domain(s):
[    0.032096]  domain-0: span=2,6 level=SMT
[    0.032097]   groups: 6:{ span=6 cap=589 }, 2:{ span=2 cap=589 }
[    0.032099]  domain-1: span=0-7 level=MC
[    0.032100]   groups: 2:{ span=2,6 cap=1178 }, 3:{ span=3,7 cap=1178 }, 0:{ span=0,4 cap=1178 }, 1:{ span=1,5 cap=1178

[    0.032104] CPU7 attaching sched-domain(s):
[    0.032104]  domain-0: span=3,7 level=SMT
[    0.032105]   groups: 7:{ span=7 cap=589 }, 3:{ span=3 cap=589 }
[    0.032107]  domain-1: span=0-7 level=MC
[    0.032108]   groups: 3:{ span=3,7 cap=1178 }, 0:{ span=0,4 cap=1178 }, 1:{ span=1,5 cap=1178 }, 2:{ span=2,6 cap=1178

[    0.032113] span: 0-7 (max cpu_capacity = 589)
```

▲图 9.10　8 核处理器的 CPU 拓扑关系

以 CPU0 为例，CPU0 会有两个调度层级，一个是 SMT 层级，另一个是 MC 层级。

在 SMT 层级里，CPU0 对应的调度域是 domain-0，管辖的 CPU 有 CPU0 和 CPU4。domain-0 调度域里有两个调度组 group0 和 group4。group0 管理 CPU0，group4 管理 CPU4。

在 SMT 层级的调度域 domain-0 有一个父调度域 domain-1，管辖的 CPU 是 CPU0～CPU7，称为 MC 层级。domain-1 调度域的层级为 MC 层级。domain-1 调度域里有 4 个调度组，分别为 group0、group1、group2 以及 group3。

9.1.4　与调度相关的调试节点

和调度相关的调试节点在/proc/sys/kernel 目录下，下面来简单介绍一下。

❑ sched_cfs_bandwidth_slice_us：用于设置 CFS 的带宽限制，默认值为 5ms。

❑ sched_child_runs_first：通过 fork 调用创建进程之后，sched_child_runs_first 可以用于控制是父进程还是子进程先运行。若该值为 1，表示子进程先运行。默认值为 0。

❑ sched_domain：与调度域相关的目录。

❑ sched_latency_ns：设置 CFS 就绪队列调度的总时间片 sysctl_sched_latency，默认值为 6ms。sched_latency_ns 表示一个运行队列中所有进程运行一次的时间片，它与运行队列的进程数有关。如果进程数超过 sched_nr_latency（默认是 8），那么调度周期就是 sched_min_granularity_ns 乘以运行队列里的进程数量；否则，就是 sysctl_sched_latency。

❑ sched_migration_cost_ns：判断一个进程是否可以利用高速缓存的热度。如果进程的运行时间（now - p->se.exec_start）小于它，那么内核认为它的数据还在高速缓存里，所以该进程可以利用高速缓存的热度，在迁移的时候就不会考虑它。

❑ sched_min_granularity_ns：设置 CPU 密集型进程最小的调度时间片，也就是进程最短运行时间，用于防止频繁切换。默认值为 0.75ms。

❑ sched_nr_migrate：设置在 SMP 负载均衡机制里每次最多可以从目标 CPU 迁移多少个进程到源 CPU 里。在迁移的过程中关闭了中断，包括软中断机制，因此增大该值会导致中断延迟，同时也增大了实时进程的延迟。该值默认设置为 32。

❑ sched_schedstats：用于打开调度统计信息。

❑ sched_wakeup_granularity_ns：待唤醒进程会检查是否需要抢占当前进程，若待唤醒进程的睡眠时间短于 sched_wakeup_granularity_ns，那么不会抢占当前进程。增加该值会减小待唤醒进程的抢占概率。若减小该值，那么发生抢占的概率就越大。默认值为 1ms。

另外，在/sys/kernel/debug/目录下也有几个和调度相关的节点。

❑ sched_features：表示调度器支持的特性，如 START_DEBIT（新进程尽量早调度），WAKEUP_PREEMPT（唤醒的进程是否可以抢占当前运行的进程）等。所有的特性详见 kernel/sched/sech_features.h 文件的定义。

❑ sched_debug：调度器的调试信息的开关。注意，该值仅仅控制 sched_debug_enabled，并不会控制/proc/sched_debug 节点。

关于 sched_debug_enabled 的示例代码如下。

```
static int __init sched_debug_setup(char *str)
{
    sched_debug_enabled = true;
```

```
    return 0;
}
early_param("sched_debug", sched_debug_setup);
```

9.2 综合案例分析——系统调度

下面给出一个综合案例，如图 9.11 所示，在一个双核处理器的系统中，在 Shell 界面下运行 test 程序。CPU0 的就绪队列中有 4 个进程，而 CPU1 的就绪队列中有 1 个进程。test 程序和这 5 个进程的 nice 值都为 0。

```
<test 程序>

#include <stdio.h>

int main()
{
        unsigned long i = 0;

        while (1) {
                i++;
        };

        return 0;
}
```

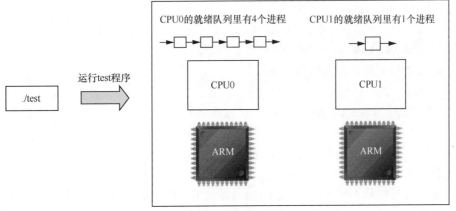

▲图 9.11 运行 test 程序

（1）请画出 test 程序在内核空间的运行流程。

（2）若干时间之后，CPU0 和 CPU1 的就绪队列如何变化？

站在用户空间的角度，在 Shell 界面运行 test 程序，Shell 程序会调用 fork()系统调用函数来创建一个新进程，然后调用 exec()系统调用函数来装载 test 程序，因此新进程便开始运行 test 程序。站在用户空间的角度看问题，我们只能看到 test 程序被运行了，但是我们看不到新进程是如何创建的、它会添加到哪个 CPU 里、它是如何运行的，以及 CPU0 和 CPU1 之间如何做负载均衡等。

运行 test 程序的流程如图 9.12 所示。

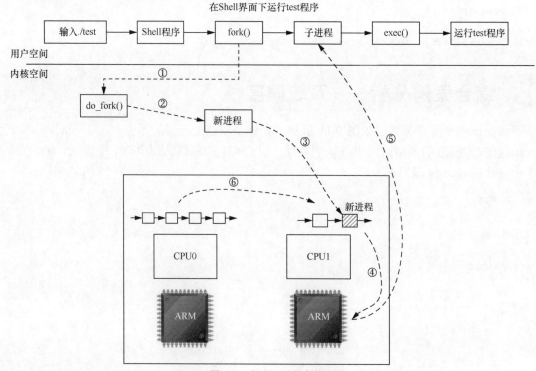

▲图 9.12　运行 test 程序的流程

其中的操作步骤如下。

（1）调用系统调用 fork() 来创建一个新进程。

（2）使用_do_fork() 创建新进程。

① 创建新进程的 task_struct 数据结构。

② 复制父进程的 task_struct 数据结构到新进程。

③ 复制父进程相关的页表项到新进程。

④ 设置新进程的内核栈。

（3）父进程调用 wake_up_new_task() 尝试去唤醒新进程。

① 调用调度类的 select_task_rq()，为新进程寻找一个负载最轻的 CPU，这里选择 CPU1。

② 调用调度类的 enqueue_task() 把新进程添加到 CPU1 的就绪队列里。

（4）CPU1 重新选择一个合适的进程来运行。

① 每次时钟节拍到来时，scheduler_tick() 会调用调度类的 task_tick() 检查是否需要重新调度。check_preempt_tick() 会做检查，当需要重新调度时会设置当前进程的 thread_info 中的 TIF_NEED_RESCHED 标志位。假设这时 CPU1 准备调度新进程，就会设置当前进程的 thread_info 中的 TIF_NEED_RESCHED 标志位。

② 在中断返回前会检查当前进程是否需要调度。如果需要调度，调用 preempt_schedule_irq() 来切换进程运行。

③ 调度器的 schedule() 函数会调用调度类的 pick_next_task() 来选择下一个最合适运行的进程。在该场景中，选择新进程。

④ switch_mm() 切换父进程和新进程的页表。

⑤ 在 CPU1 上，switch_to() 切换新进程来运行。

（5）运行新进程。

① 新进程第一次运行时会调用 ret_from_fork() 函数。

② 返回用户空间运行 Shell 程序。

③ Shell 程序调用 exec() 来运行 test 程序，最终新进程变成了 test 进程。

（6）实现负载均衡。

① 在每个时钟节拍到来时，检查是否需要触发软中断来实现 SMP 负载均衡，即调用 scheduler_tick()→trigger_load_balance()。下一次实现负载均衡的时间点存放在就绪队列的 next_balance 成员里。

② 触发 SCHED_SOFTIRQ 软中断。

③ 在软中断处理函数 run_rebalance_domains() 里，从当前 CPU 开始遍历 CPU 拓扑关系，从调度域的低层往高层遍历调度域，并寻找有负载不均匀的调度组。本例子中的 CPU 拓扑关系很简单，只有一层 MC 层级的调度域，如图 9.13 所示。

④ CPU0 对应的调度域是 domain_mc_0，对应的调度组是 group_mc_0；CPU1 对应的调度域是 domain_mc_1，对应的调度组是 group_mc_1。CPU0 的调度域 domain_mc_0 管辖 CPU0 和 CPU1，其中 group_mc_0 和 group_mc_1 这两个调度组会被链接到 domain_mc_0 的一个链表中。同理，CPU1 的调度域 domain_mc_1 管理着 group_mc_1 和 group_mc_0 这两个调度组。

⑤ 假设当前运行的 CPU 是 CPU1，也就是说，运行 run_rebalance_domains() 函数的 CPU 为 CPU1，那么在当前 MC 的调度域（domain_mc_1）里找哪个调度组是最繁忙的。很容易发现 CPU0 的调度组（group_mc_0）是最繁忙的，然后计算需要迁移多少负载到 CPU1 上才能保持两个调度组负载平衡。

⑥ 从 CPU0 迁移部分进程到 CPU1。

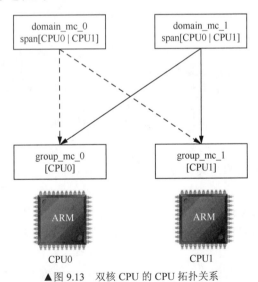

▲图 9.13　双核 CPU 的 CPU 拓扑关系

9.3　进程管理

9.3.1　进程的本质

本章重点围绕进程来展开。本章的终极目标是探讨进程的本质是什么。

从操作系统定义来讲，进程是运行中的程序。若操作系统中有且只有一个进程，那就简单多了，不需要有优先级和调度等概念了，因为整个 CPU 都是这个进程的。

操作系统中不能只有一个进程，而要有成千上万个进程。这些进程为操作系统提供各种不同的服务，如播放 MP3 文件，用 Word 写文档，用 Vim 编辑代码，使用邮件客户端在后台收邮件等。一个 CPU 服务多个进程，那么如何为多个进程提供公平的服务呢？这关系到进程的本质，也就是说，进程（线程）是用于分配 CPU 时间（CPU 资源）的基本单位。

计算机技术从单核处理器发展到多核处理器，从 SMP 架构发展到 HMP 架构以及 NUMA 架构。从进程的调度看，SMP 负载均衡算法为了尽快给进程提供服务，提高系统的吞吐量。在大/小核架构下的 ARM 系统中，绿色节能调度算法则在满足进程基本服务需求的前提下，追求系统的最低功耗。

9.3.2 逃离不掉的进程优先级

有一条纽带一直贯穿着进程的整个生命周期，那就是进程的优先级，如图 9.14 所示。根据优先级把进程分成了三六九等，优先级高的进程理应获得更多的 CPU 资源（CPU 运行时间），而优先级低的进程获得的 CPU 资源就相对少一些。

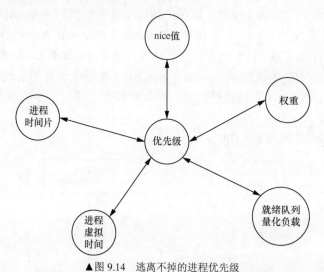

▲图 9.14　逃离不掉的进程优先级

Linux 内核发展了三代的调度器，从早期的 $O(n)$ 调度器到 Linux 2.6 内核的 $O(1)$ 调度器，以及当今使用的 CFS，变化的是具体算法的逻辑，不变的是一直都没有抛弃进程的优先级这一概念。

UNIX 系统最早使用 nice 值来表示进程优先级，但是 nice 值的取值范围为 $-20 \sim 19$。为了计算方便，Linux 内核使用权重（weight）这个概念，权重是直接和优先级相关的。优先级越高，权重越大。

CFS 与进程优先级和权重密切相关。CFS 就绪队列的总调度周期是相对固定的，具体和就绪队列的进程数目有关。那么进程在这个调度周期里能分配到多少时间呢？这个和进程的权重与就绪队列总权重的比值有关。

CFS 使用的虚拟时间也是和进程的优先级有关的。进程的优先级越高，虚拟时间过得越慢，得到的 CPU 资源就越多；反之，进程的优先级越低，虚拟时间过得越快，得到的 CPU 资源就越少。这非常符合优先级的语义。

SMP 负载均衡也没有脱离进程优先级。早期的 SMP 负载均衡算法统计每个 CPU 上就绪队列的总权重。最近的 Linux 内核提出了量化负载的概念。它把历史负载的贡献也考虑进去，如果一个 CPU 一直满负荷运行很长时间，那么这个 CPU 的量化负载就无限接近于就绪队列的总权重。早期的负载计算方法相当于现在量化负载方法的一个子集。总之，"万变不离其宗"，始终没有脱离进程优先级的概念。

9.3.3 调度器的选择

本章的重点之一是调度，包括进程调度、SMP 负载调度以及绿色节能调度器。调度器的出现是因为需求总是大于供应，所以需要进行调度。如果在单核处理器的系统中运行了 n 个进程，那么需求方是 n 个进程，而供应方只有一个处理器。显然，这是供不应求的局面。

在操作系统的发展历史中出现了很多调度算法。

- ❑ 先进先出调度算法。
- ❑ 最短任务优先调度算法。
- ❑ 最短完成时间优先算法。
- ❑ 轮转算法。
- ❑ 优先级调度算法。
- ❑ 多级队列反馈算法。
- ❑ 彩票算法。

多级队列反馈算法体现了优先级调度的思想，而彩票算法体现了比例份额的思想，具有分享（share）的语义。Linux 内核发展历史中出现了 3 种截然不同的调度算法，其中 $O(n)$ 调度器算法是最简单的优先级调度，$O(1)$ 调度器算法是多级队列反馈算法的延伸，而 CFS 算法更像彩票算法的延伸，它同时吸收了优先级调度和比例份额的调度思想。

调度器在设计和选择过程中面临了很多挑战。

- ❑ 调度器设计目标根据不同的应用场景而不同，如在服务器领域追求高吞吐量，在个人计算机领域追求低延时和交互性，在移动设备中追求低功耗，在工业应用领域追求实时性等。因此，很难用一个调度器来满足所有的应用场景。如在 40Gbit/s 的智能高速网卡场景下，假设网络报文大小是 64 字节，那么每秒需要处理 5950 万个报文，这种场景下任何调度器都很难满足需求。目前流行的数据平面开发工具包（Data Plane Development Kit，DPDK）的做法是，采用一个专门的 CPU 来处理网络报文，这个 CPU 不参与 Linux 内核的 CFS 和 SMP 负载均衡，相当于把调度器抛弃了。
- ❑ 开销导致的高吞吐和低时延之间的矛盾。直接影响调度开销的因素包括中断延时、调度器选择下一个进程的延时、上下文切换延时等。间接影响因素包括进程切换刷新 TLB 带来的性能影响、刷新高速缓存带来的性能影响等。
- ❑ 高性能和低功耗直接存在天然矛盾。如对于手机设备，有用户需要高性能，如玩大型游戏，有的用户需要待机时间长。目前 Android 操作系统中默认使用绿色节能调度器来消除性能和功耗之间的矛盾。

综上所述，没有一种调度器能适用所有的场景，Linux 内核采用的 CFS 和 SMP 负载均衡算法或者 CFS 和绿色节能调度器的组合，也只是尽可能地适用大多数场景，它是一种取舍和折中的艺术。

9.3.4 用四维空间来理解负载

进程的负载是一个比较难理解的概念，而且在学术上没有一个明确的计算公式来计算进程的负载。在 Linux 内核的发展历史中，出现了两次截然不同的负载计算方法。在早期的 Linux

内核中，直接将进程的权重当作负载，于是 CPU 的负载就等于就绪队列中所有进程的权重总和。而在 Linux 3.8 内核之后的 PELT 算法中引入了量化负载。如果从四维空间的角度来思考，权重是一个静态值，只要系统管理员不修改进程优先级，权重就一直是一个静态不变的值，它可以被视为零维空间中一个静态的点；而量化负载带来了四维空间的时间概念，它相当于四维空间中一个变化的物体。

在物理学中，零维空间是一个点，两个点可以连成一条直线，形成了一维空间。两条相交的直线可以组成一个面，形成二维空间，二维空间有长度和宽度。如果把一个面卷起来形成了一个曲面，就产生了三维空间，有了长度、宽度以及深度。而四维空间多了时间这个轴，我们就生活在一个匀速地、连续地以及变化地四维空间里。从四维空间的角度来看进程，进程是一个随时间变化的物体，它可能一直占用 CPU，也可能间歇性运行，因此，直接采用零维空间的权重来表示进程的负载显然不合适。负载是一个随时间变化而变化的值，我们应当考虑历史使用情况来评估负载的影响，这就是 PETL 算法的核心思想。

量化负载还考虑了另一个因素，就是进程在可运行状态下的时间占比，这个时间占比类似于 CPU 使用率的概念。在采样时间里，进程的可运行状态的时间占比越高，它的负载越重。从式（8.11）可知，若一个进程一直待在就绪队列里，那么它的量化负载就无限接近它的权重，这样对不同类型的进程就有了一个可比较的标准。时间占比也考虑了四维空间中的时间因素。

当然，量化负载的计算也有缺点，它通过计算过去一段时间内的时间占比来推测当前时间点的负载，在某些场景下这是不准确的，这好比通过后视镜来推测前面的车况。

9.3.5　案例分析——为何不能调度

假设 Linux 内核只有 3 个线程（见图 9.15），线程 0 创建了线程 1 和线程 2，它们永远不会退出。当系统时钟中断到来时，时钟中断处理函数会检查是否有进程需要调度。当有进程需要调度时，调度器会选择运行线程 1 或者线程 2。

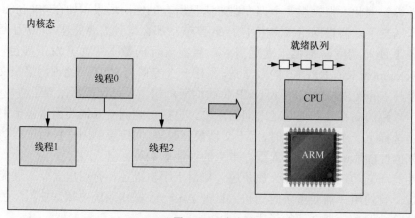

▲图 9.15　3 个线程

假设线程 0 先运行，那么在这个场景下会发生什么情况？

这是一个有意思的问题，涉及调度器的实现机制、中断处理、内核抢占、新建进程如何被调度、进程切换等知识点。我们只有把这些知识点都弄明白了，才能真正搞明白这个问题。

1. 场景分析

这个场景中的主要操作步骤如下。

（1）start_kernel()运行在线程 0 里。线程 0 创建了线程 1 和线程 2。函数调用关系是 start_kernel()→kernel_thread()→_do_fork()。在_do_fork()函数会创建新线程，并且把新线程添加到调度器的就绪队列中。线程 0 创建线程 1 和线程 2 后，进入 while 死循环，线程 0 不会退出，它正在等待被调度出去。

（2）产生时钟中断。处理器采用时钟定时器来周期性地提供系统脉搏。时钟中断是普通外设中断的一种。调度器利用时钟中断来定时检测当前正在运行的线程是否需要调度。

（3）当时钟中断检测到当前线程需要调度时，设置 need_resched 标志位。

（4）当时钟中断返回时，根据 Linux 内核是否支持内核抢占来确定是否需要调度，下面分两种情况来讨论。

❑　支持内核抢占的内核：发生在内核态的中断返回时，检查当前线程的 need_resched 标志位是否置位，如果置位，说明当前线程需要调度。

❑　不支持内核抢占的内核：发生在内核态的中断在返回时不会检查是否需要调度。

在不支持内核抢占功能的 Linux 内核（见图 9.16）里，即使线程 0 的 need_resched 标志位置位了，Linux 内核也不会调度线程 1 或者线程 2。只有发生在用户态的中断返回或者系统调用返回用户空间时，才会检查是否需要调度。

在不支持抢占的 Linux 内核中，判断与调度的流程如图 9.16 所示。

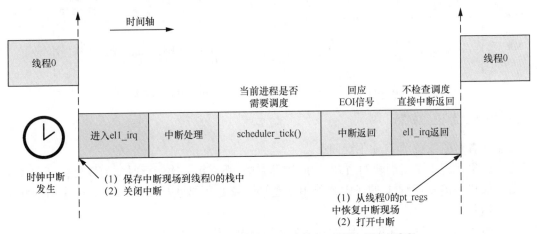

▲图 9.16　不支持内核抢占的 Linux 内核中，中断与调度的流程

（1）发生时钟中断。触发时钟中断时当前进程（线程）有可能在用户态执行，也可能在内核态执行。如果进程运行在用户态时发生了中断，那么会进入异常向量表的 el0_irq 汇编函数；如果进程运行在内核态时发生了中断，那么会进入异常向量表的 el1_irq 汇编函数中。在本场景中，因为 3 个线程都是内核线程，所以时钟中断只能跳转到 el1_irq 汇编函数里。当进入中断时，CPU 会自动关闭中断。

（2）在 el1_irq 汇编函数里，首先会保存中断现场（也称为中断上下文）到当前进程的栈中，Linux 内核使用 pt_regs 数据结构来实现 pt_regs 栈框，用来保存中断现场。

（3）中断处理过程包括切换到 Linux 内核的中断栈、硬件中断号的查询、中断服务程序的处理等，详细分析可以参考本书卷 2。

（4）当确定当前中断源是时钟中断后，scheduler_tick()函数会取检查当前进程的是否需要调度。如果需要调度，则设置当前进程的 need_resched 标志位（thread_info 中的 TIF_NEED_RESCHED 标志位）。

（5）中断返回。这里需要给中断控制器返回一个中断结束（End Of Interrupt, EOI）信号。

（6）在 el1_irq 汇编函数直接恢复中断现场，这里会使用线程 0 的 pt_regs 来恢复中断现场。在不支持内核抢占的系统里，el1_irq 汇编函数不会检查是否需要调度。在中断返回时，CPU 打开中断，然后从中断的地方开始继续执行进程 0。

在支持内核抢占功能的 Linux 内核中，中断返回时会检查当前进程是否设置了 need_resched 标志位置位。如果置位，那么调用 preempt_schedule_irq() 函数以调度其他进程（线程）并运行。如图 9.17 所示，在支持内核抢占的 Linux 内核中，中断与调度的流程和图 9.16 略有不一样。在 el1_irq 汇编函数即将返回中断现场时，判断当前进程是否需要调度。如果需要调度，调度器会选择下一个进程，并且进行进程的切换。如果选择了线程 1，则从线程 1 的 pt_regs 中恢复中断现场并打开中断，然后继续执行内核线程 1 的代码。

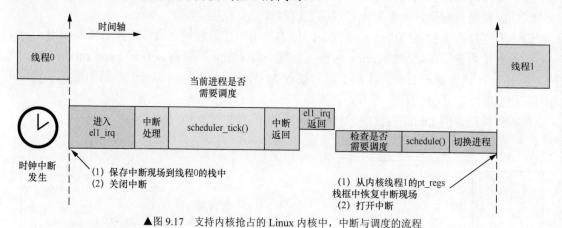

▲图 9.17　支持内核抢占的 Linux 内核中，中断与调度的流程

2. 如何让新进程执行

可能读者对图 9.17 会有如下疑问：

- 如果线程 1 是新创建的，它的栈应该是空的，那它第一次运行时如何恢复中断现场呢？
- 如果不能从线程 1 的栈中恢复中断现场，那是不是线程 1 一直在关闭中断的状态下运行？

对于内核线程来说，在创建时会对如下两部分内容进行设置与保存。

- 进程的硬件上下文。它是保存在进程中的 cpu_context 数据结构，进程硬件上下文包括 X19～X28 寄存器、FP 寄存器、SP 寄存器以及 PC 寄存器。对于 ARM64 处理器来说，设置 PC 寄存器为 ret_from_fork，即指向 ret_from_fork 汇编函数。设置 SP 寄存器指向栈的 pt_regs 栈框。
- pt_regs 栈框。

上述操作是在 copy_thread() 函数里实现的。

```
<arch/arm64/kernel/process.c>

int copy_thread( )
{
    …
childregs->pstate = PSR_MODE_EL1h;
    p->thread.cpu_context.x19 = stack_start;
 p->thread.cpu_context.x20 = stk_sz;
```

```
p->thread.cpu_context.pc = (unsigned long)ret_from_fork;
p->thread.cpu_context.sp = (unsigned long)childregs;
    …
}
```

stack_start 指向内核线程的回调函数，而 x20 指向回调函数的参数。

在进程切换时，switch_to()函数会完成进程硬件上下文的切换，即把下一个进程（next 进程）的 cpu_context 数据结构保存的内容恢复到处理器的寄存器中，从而完成进程的切换。此时，处理器开始运行 next 进程了。根据 PC 寄存器的值，处理器会从 ret_from_fork 汇编函数里开始执行，新进程的执行过程如图 9.18 所示。

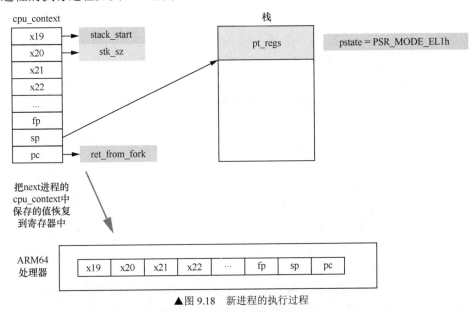

▲图 9.18   新进程的执行过程

ret_from_fork 汇编函数实现在 arch/arm64/kernel/entry.S 文件中。

```
1  ENTRY(ret_from_fork)
2      bl  schedule_tail
3      cbz x19, 1f        // 不是一个内核线程
4      mov x0, x20
5      blr x19
6  1:  get_thread_info tsk
7      b   ret_to_user
```

在第 2 行中，调用 schedule_tail()函数来对 prev 进程做收尾工作。在 finish_lock_switch()函数里会调用 raw_spin_unlock_irq()函数来打开本地中断。因此，next 进程是运行在打开中断的环境下的。

在第 3 行中，判断 next 线程是否为内核线程。如果 next 进程是内核线程，在创建时会设置 X19 寄存器指向 stack_start。如果 X19 寄存器的值为 0，说明这个 next 进程是用户进程，直接跳转到第 6 行，调用 ret_to_user 汇编函数，返回用户空间。

在第 4~5 行中，如果 next 进程是内核线程，那么直接跳转到内核线程的回调函数里。

综上所述，当处理器切换到内核线程 1 时，它从 ret_from_fork 汇编函数开始执行，schedule_tail()函数会打开中断，因此，不用担心内核线程 1 在关闭中断的状态下运行。另外，此时，线程 1 不会从中断现场返回，因为到目前为止，线程 1 还没有触发任何一个中断。那么，

对于线程 0 触发的中断现场怎么处理呢？中断现场保存在中断进程的栈里，只有当调度器再一次调度该进程时，它才会从栈中恢复中断现场，然后继续运行该进程。

3. 调度的本质

下面是一个常见的思考题。

```
raw_local_irq_disable() //关闭本地中断

schedule()   //调用 schedule()函数来切换进程

raw_local_irq_enable()   //打开本地中断
```

有读者这么认为，假设进程 A 在关闭本地中断的情况下切换到进程 B 来运行，进程 B 会在关闭中断的情况下运行，如果进程 B 一直占用 CPU，那么系统会一直没有办法响应时钟中断，系统就处于瘫痪状态。

显然，上述分析是不正确的。因为进程 B 切换执行时会打开本地中断，以防止系统瘫痪。我们接下来详细分析这个问题。

调度与中断密不可分，而调度的本质是选择下一个进程来运行。理解调度有如下几个关键点。

- ❑ 什么情况下会触发调度？
- ❑ 如何合理和高效选择下一个进程？
- ❑ 如何切换到下一个进程来执行？
- ❑ 下一个进程如何返回上一次暂停的地方？

我们以一个场景为例，假设系统中只有一个用户进程 A 和一个内核线程 B，在不考虑自愿调度和系统调用的情况下，请描述这两个进程（线程）是如何相互切换并运行的。

如图 9.19 所示，用户进程 A 切换到内核线程 B 的过程如下。

（1）假设在 $T0$ 时刻之前，用户进程 A 正在用户空间运行。

（2）在 $T0$ 时刻，时钟中断发生。

（3）CPU 打断正在运行的用户进程 A，处于异常模式。CPU 会跳转到异常向量表中的 el0_irq 里。在 el0_irq 汇编函数里，首先把中断现场保存到进程 A 的 pt_regs 栈框中。

（4）处理中断。

（5）调度滴答处理函数。在调度滴答处理中，检查当前进程是否需要调度。如果需要调度，则设置当前进程的 need_resched 标志位（thread_info 中的 TIF_NEED_RESCHED 标志位）。

（6）中断处理完成之后，返回 el0_irq 汇编函数里。在即将返回中断现场前，ret_to_user 汇编函数会检查当前进程是否需要调度。

（7）若当前进程序需要调度，则调用 schedule()函数来选择下一个进程并进行进程切换。

（8）在 switch_to()函数里进行进程切换。

（9）$T1$ 时刻，switch_to()函数返回时，CPU 开始运行内核线程 B 了。

（10）CPU 沿着内核线程 B 保存的栈帧回溯，一直返回。返回路径为 finish_task_switch()→el1_preempt()→el1_irq。

（11）在 el1_irq 汇编函数里把上一次发生中断时保存在栈里的中断现场进行恢复，最后从上一次中断的地方开始执行内核线程 B 的代码。

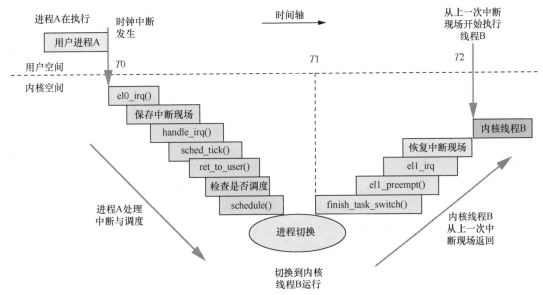

▲图 9.19　用户进程 A 切换到内核线程的过程

从栈帧的角度来观察，进程调度的栈帧变化情况如图 9.20 所示。

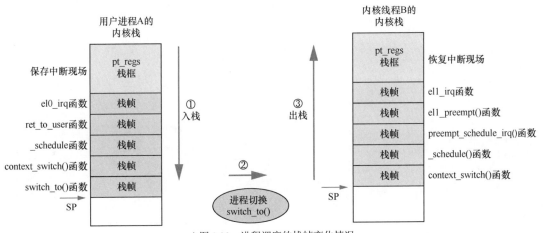

▲图 9.20　进程调度的栈帧变化情况

首先，对于用户进程 A，从中断触发到进程切换这段时间内，内核栈的变化情况如图 9.20 左边视图所示，栈的最高地址位于 pt_regs 栈框，用来保存中断现场。

然后，依次保存 el0_irq 汇编函数、ret_to_user 汇编函数、_schedule()函数、context_switch() 函数以及 switch_to()函数的栈帧，此时 SP 寄存器指向 switch_to()函数栈帧，这个过程称为压栈。

接下来，切换进程。

switch_to()函数返回之后，即完成了进程切换。此时，CPU 的 SP 寄存器指向了内核线程 B 的内核栈中的 switch_to()函数栈帧。CPU 沿着栈帧一直返回，并且恢复了上一次保存在 pt_regs 栈框的中断现场，最后跳转到内核线程 B 中断的地方并开始执行，这个过程称为出栈。

综上所述，上述过程中有几个比较难理解的地方。

❑ 刚切换到 CPU 运行的进程（next 进程），它需要沿着上一次调度时保留在栈中的踪迹一直返回，并且从栈中恢复上一次的中断现场。我们假设只考虑中断导致的调度，对于主动发生调度的情况以及系统调用返回时发生调度的情况，留给读者思考。

❑ next 进程需要为刚调度出去的进程（prev 进程）做一些收尾工作，比如，调用 raw_spin_unlock_irq() 来释放锁并打开本地中断，见 finish_task_switch() 函数。

❑ switch_to() 函数是进程切换的场所。对于系统中所有的进程，不管是用户进程，还是内核线程，都必须在 switch_to() 函数里进行进程切换。用户进程必须借助中断或者系统调用陷入内核，才能有机会从 switch_to() 函数里把自己调度出去，这个过程必然会在栈中留下踪迹。当用户进程需要重新调度执行时，它必须根据帧栈的回溯返回用户态，才能继续执行进程本身的代码。

❑ 以时钟中断驱动的进程切换涉及两种上下文（一个是中断上下文，一个是进程上下文）的保存和恢复。中断上下文保存在中断进程的栈（即 pt_regs 栈框）中。进程上下文保存在进程的 task_struct 数据结构里。

最后留给读者一个有意思的思考题：

在中断处理函数中能不能调用 schedule() 函数？

有兴趣的读者可以参考本书卷 2 的 2.5.3 节。